软件项目开发全程实录

Java项目开发全程实录（第4版）

明日科技　编著

清華大學出版社
北京

内 容 简 介

《Java 项目开发全程实录（第 4 版）》以企业 QQ、蓝宇快递打印系统、开发计划管理系统、酒店管理系统、图书馆管理系统、学生成绩管理系统、进销存管理系统、神奇 Book——图书商城、企业门户网站、棋牌游戏系统之网络五子棋 10 个实际项目开发程序为案例，从软件工程的角度出发，按照项目的开发顺序，系统、全面地介绍了 J2SE 和 J2EE 项目的开发流程。从开发背景、需求分析、系统功能分析、数据库分析、数据库建模、网站开发和网站发布或者程序打包与运行方面进行讲解，每一过程都进行了详细的介绍。

本书及资源包特色包括 10 套项目开发完整案例，项目开发案例的同步视频和其源程序。登录网站还可获取各类资源库（模块库、题库、素材库）等项目案例常用资源，网站还提供技术论坛支持等。

本书案例涉及行业广泛，实用性非常强。通过对本书的学习，读者可以了解各个行业的特点，能够针对某一行业进行软件开发，也可以通过资源包中提供的案例源代码和数据库进行二次开发，以减少开发系统所需要的时间。

图书在版编目（CIP）数据

Java 项目开发全程实录/明日科技编著. —4 版. —北京：清华大学出版社，2018(2023.1重印)
（软件项目开发全程实录）
ISBN 978-7-302-49881-0

Ⅰ. ①J… Ⅱ. ①明… Ⅲ. ①JAVA 语言-程序设计 Ⅳ. ①TP312.8

中国版本图书馆 CIP 数据核字（2018）第 052539 号

责任编辑： 贾小红
封面设计： 刘　超
版式设计： 魏　远
责任校对： 马子杰
责任印制： 宋　林

出版发行： 清华大学出版社
网　　址： http://www.tup.com.cn，http://www.wqbook.com
地　　址： 北京清华大学学研大厦 A 座　　**邮　　编：** 100084
社 总 机： 010-83470000　　**邮　　购：** 010-62786544
投稿与读者服务： 010-62776969，c-service@tup.tsinghua.edu.cn
质 量 反 馈： 010-62772015，zhiliang@tup.tsinghua.edu.cn
印 装 者： 三河市铭诚印务有限公司
经　　销： 全国新华书店
开　　本： 203mm×260mm　　**印　　张：** 30.25　　**字　　数：** 808 千字
版　　次： 2008 年 6 月第 1 版　2018 年 5 月第 4 版　　**印　　次：** 2023 年 1 月第 6 次印刷
定　　价： 69.80 元

产品编号：078907-01

前言（第4版）

Preface 4th Edition

编写目的与背景

众所周知，当前社会需求和高校课程设置严重脱节，一方面企业难寻可迅速上手的人才，另一方面大学生就业难。如果有一些面向工作应用的案例参考书，让大学生得以参考，并能亲自动手去做，势必能缓解这种矛盾。本书就是这样一本书：项目开发案例型的、面向工作应用的软件开发类图书。编写本书的首要目的就是架起让学生从学校走向社会的桥梁。

其次，本书以完成小型项目为目的，让学生切身感受到软件开发给工作带来的实实在在的用处和方便，并非只是枯燥的语法和陌生的术语，从而激发学生学习软件的兴趣，让学生变被动学习为自主自发学习。

再次，本书的项目开发案例过程完整，不但适合在学习软件开发时作为小型项目开发的参考书，而且可以作为毕业设计的案例参考书。

最后，丛书第1版于2008年6月出版，于2011年和2013年进行了两次改版升级，因为编写细腻，易学实用，配备全程视频讲解等特点，备受读者瞩目，丛书累计销售20多万册，成为近年来最受欢迎的软件开发项目案例类丛书之一。

转眼5年已过，我们根据读者朋友的反馈，对丛书内容进行了优化和升级，进一步修正之前版本中疏漏之处，并增加了大量的辅助学习资源，相认这套书一定能带给您惊喜！

本书特点

微视频讲解

对于初学者来说，视频讲解是最好的导师，它能够引导初学者快速入门，使初学者感受到编程的快乐和成就感，进一步增强学习的信心。鉴于此，本书为大部分章节都配备了视频讲解，使用手机扫描正文小节标题一侧的二维码，即可在线学习项目制作的全过程。同时，本书提供了程序配置使用说明的讲解视频，扫描封底的二维码即可进行学习。

典型案例

本书案例均从实际应用角度出发，应用了当前流行的技术，涉及的知识广泛，读者可以从每个案例中积累丰富的实战经验。

代码注释

为了便于读者阅读程序代码，书中的代码均提供了详细的注释，并且整齐地纵向排列，可使读者快速领略作者意图。

代码贴士

案例类书籍通常会包含大量的程序代码，冗长的代码往往令初学者望而生畏。为了方便读者阅读和理解代码，本书避免了连续大篇幅的代码，将其分割为多个部分，并对重要的变量、方法和知识点设计了独具特色的代码贴士。

知识扩展

为了增加读者的编程经验和技巧，书中每个案例都标记有注意、技巧等提示信息，并且在每章中都提供有一项专题技术。

本书约定

由于篇幅有限，本书每章并不能逐一介绍案例中的各模块。作者选择了基础和典型的模块进行介绍，对于功能重复的模块，由于技术、设计思路和实现过程基本雷同，因此没有在书中体现。读者在学习过程中若有相关疑问，请登录本书官方网站。本书中涉及的功能模块在资源包中都附带有视频讲解，方便读者学习。

适合读者

本书适合作为计算机相关专业的大学生、软件开发相关求职者和爱好者的毕业设计和项目开发的参考书。

本书服务

为了给读者提供更方便快捷的服务，读者可以登录本书官方网站（www.mingrisoft.com）或清华大学出版社网站（www.tup.com.cn），在对应图书页面下载本书资源包，也可加入 QQ（4006751066）进行学习交流。学习本书时，请先扫描封底的二维码，即可学习书中的各类资源。

本书作者

本书由明日科技软件开发团队组织编写，主要由申小琦执笔，参与本书编写工作的还有王小科、王国辉、赛奎春、张鑫、杨丽、高春艳、辛洪郁、周佳星、李菁菁、冯春龙、白宏健、何平、张宝华、张云凯、庞凤、吕玉翠、申野、宋万勇、贾景波、赵宁、李磊等，在此一并感谢！

在编写本书的过程中，我们本着科学、严谨的态度，力求精益求精，但错误、疏漏之处在所难免，敬请广大读者批评指正。

感谢您购买本书，希望本书能成为您的良师益友，成为您步入编程高手之路的踏脚石。

宝剑锋从磨砺出，梅花香自苦寒来。祝读书快乐！

编　者

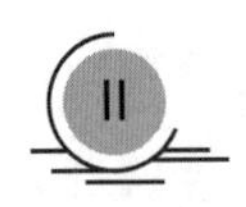

目 录

Contents

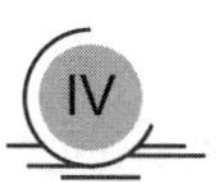

第 1 章

企业 QQ

（Swing+Derby 实现）

近年来，各种企业QQ得到了飞速发展。它可以不用连接Internet，直接在局域网内实现信息通信、工作交流、提交计划等业务。这种通信系统广泛应用于中、小型企业的内部通信，可以大大提高职工的工作效率，在方便企业内部职工交流的同时，也创造了一个安静的工作环境，是现代企业不可缺少的辅助工具。

本章将介绍如何使用Java Swing技术和Derby数据库开发跨平台的应用程序。

通过阅读本章，可以学习到：

- **Derby 数据库的应用**
- **如何使用系统托盘**
- **如何实现多点通信**
- **Java 如何调用其他程序**
- **使用 UDP 通信协议**

1.1 开发背景

×××有限公司是一个中型的私营企业，企业内部的员工经常需要沟通和交流工作中的常见问题，频繁地使用电话会影响其他工作人员。另外，在实验室、档案室等需要安静气氛的环境中，使用电话沟通更不方便。为了便于职工之间的交流和工作信息的传递，企业 QQ 的开发就显得迫切而重要。于是，该公司决定根据企业的内部结构，开发一个符合本企业工作流程的通信系统。它可以帮助企业快速搭建内部即时通信结构，大幅度提高企业的工作效率，使上级与下级之间的交流更方便。

1.2 系统分析

1.2.1 需求分析

通过与×××有限公司的沟通，在需求分析中要求企业 QQ 具有以下功能。

☑ 操作简单，界面友好。
☑ 规范、完善的基础信息设置。
☑ 支持网络通信。
☑ 支持系统托盘和程序最小化功能，避免影响其他工作。
☑ 使用独立的本地数据库。
☑ 自动搜索和手动添加网络内的通信用户。
☑ 提供用户的更名、删除等操作。

1.2.2 可行性分析

根据《GB8567－88 计算机软件产品开发文件编制指南》中可行性分析的要求，制定的可行性研究报告如下。

1. 引言

（1）编写目的

以文件的形式给企业的决策层提供项目实施的参考依据，其中包括项目存在的风险、项目需要的投资和能够收获的最大效益。

（2）背景

×××有限公司是一家中型的私营企业，为了提高企业的工作效率、实现信息化管理，公司决定开发企业 QQ。

2. 可行性研究的前提

（1）要求

企业 QQ 必须提供网络通信功能，在通信过程中禁止使用聊天表情、文件传送等功能，避免资料

外泄，或因发送错误而导致上级资料的丢失以及其他损失。最重要的是必须适应任何操作系统，即实现跨平台技术，因为由于企业内部的工作需要，工作环境中使用了多个操作系统来完成不同的工作。另外，系统不需要使用服务器中转和记录通信内容，可以独立完成通信任务，排除职工对领导监视工作进度等逆反心理。

（2）目标

企业 QQ 的目标是实现企业的信息化通信，提高企业通信能力，提高任务理解和执行能力，减少不必要的人员流动和资金损耗，以最快的速度提升企业的市场竞争力。

（3）条件、假定和限制

为实现企业的信息化通信，必须对操作人员进行培训，需要花费部分时间和精力来完成。为不影响企业的正常运行，企业 QQ 必须在两个月的时间内交付用户使用。

系统分析人员需要两天内到位，用户需要 3 天时间确认需求分析文档。去除其中可能出现的问题，例如用户可能临时有事，占用 4 天时间确认需求分析。那么程序开发人员需要在 1 个月零 19 天的时间内进行系统设计、程序编码、系统测试、程序调试和网站部署工作。其间，还包括了员工每周的休息时间。

（4）评价尺度

根据用户的要求，项目主要以企业通信功能为主，对于通信信息仅提供本次系统启动后的通信内容。由于职工人数过多，而公司在楼内公告板上的公告信息难以及时通知每位职工，系统中公告功能要及时地通知所有员工最新的公告内容。

3．投资及效益分析

（1）支出

根据系统的规模及项目的开发周期（两个月），公司决定投入 4 个人。为此，公司将直接支付 3 万元的工资及各种福利待遇。在项目安装及调试阶段，用户培训、员工出差等费用支出需要 1 万元。在项目维护阶段预计需要投入 2 万元的资金。累计项目投入需要 6 万元资金。

（2）收益

用户提供项目资金 12 万元。对于项目运行后进行的改动，采取协商的原则根据改动规模额外提供资金。因此从投资与收益的效益比上，公司可以获得 6 万元的利润。

项目完成后，会给公司提供资源储备，包括技术、经验的积累，其后再开发类似的项目时，可以极大地缩短项目开发周期。

4．结论

根据上面的分析，在技术上不会存在问题，因此项目延期的可能性很小。在效益上公司投入 4 个人、两个月的时间获利 6 万元，效益比较可观。在公司今后发展上可以储备网站开发的经验和资源。因此认为该项目可以开发。

1.2.3　编写项目计划书

根据《GB8567－88 计算机软件产品开发文件编制指南》中的项目开发计划要求，结合单位实际情况，设计项目计划书如下。

1. 引言

（1）编写目的

为了保证项目开发人员按时、保质地完成预定目标，更好地了解项目实际情况，按照合理的顺序开展工作，现以书面的形式将项目开发生命周期中的项目任务范围、团队组织结构、团队成员的工作责任、团队内外沟通协作方式、开发进度、检查项目工作等内容描述出来，作为项目相关人员之间的共识和约定及项目生命周期内的所有项目活动的行动基础。

（2）背景

企业 QQ 是由×××有限公司委托本公司开发的通信系统，主要功能是实现企业内部通信和企业公告，项目周期为两个月。项目背景规划如表 1.1 所示。

表 1.1　项目背景规划

项 目 名 称	项目委托单位	任务提出者	项目承担部门
企业 QQ	×××有限公司	陈经理	策划部门 研发部门 测试部门

2. 概述

（1）项目目标

项目目标应当符合 SMART 原则，把项目要完成的工作用清晰的语言描述出来。企业 QQ 的项目目标如下。

企业 QQ 的主要目的是实现企业的内部通信，主要的业务就是信息交流和企业公告。项目实施后，能够避免无谓的支出、合理控制任务计划、减少资金占用并提升企业工作效率。整个项目需要在两个月的时间内交付给用户使用。

（2）产品目标

时间就是金钱，效率就是生命。项目实施后，企业 QQ 能够为企业节省大量人力资源，减少管理费用，从而间接为企业节约成本，并提高企业的竞争力。

（3）应交付成果

☑ 在项目开发完成后，交付内容有企业 QQ 的源程序、系统的数据库文件、系统使用说明书。

☑ 将开发的企业 QQ 打包并安装到企业的网络计算机中。

☑ 企业 QQ 交付用户后，进行系统无偿维护和服务 6 个月，超过 6 个月进行系统有偿维护与服务。

（4）项目开发环境

操作系统为 Windows 7 以上版本，使用集成开发工具 Eclipse，数据库采用 Derby，项目运行环境为 JDK8。

（5）项目验收方式与依据

项目验收分为内部验收和外部验收两种方式。在项目开发完成后，首先进行内部验收，由测试人员根据用户需求和项目目标进行验收。项目在通过内部验收后，交给客户进行验收，验收的主要依据为需求规格说明书。

3. 项目团队组织

（1）组织结构

为了完成企业 QQ 的项目开发，公司组建了一个临时的项目团队，由公司项目经理、软件工程师、美工设计师和测试人员构成，如图 1.1 所示。

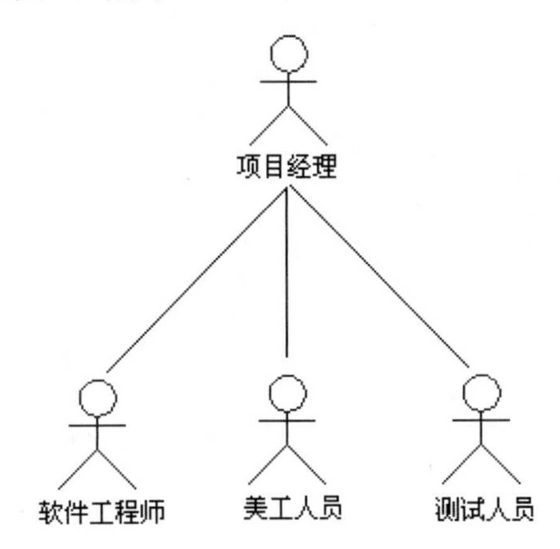

图 1.1　项目团队组织结构图

（2）人员分工

为了明确项目团队中每个人的任务分工，现制定人员分工表如表 1.2 所示。

表 1.2　人员分工表

姓　　名	技 术 水 平	所 属 部 门	角　　色	工 作 描 述
李××	MBA	策划部门	项目经理	负责项目的前期分析、策划、项目开发进度的跟踪、项目质量的检查
钟××	高级软件工程师	软件研发部	软件工程师	负责软件分析、设计与编码
尉××	中级美术设计师	美术设计部	美工人员	负责界面的设计和美工
赵××	高级软件工程师	测试部门	测试人员	负责软件测试与评定

1.3　系 统 设 计

1.3.1　系统目标

根据企业对内部通信系统的要求，本系统可以实现以下目标。

☑　操作简单方便，界面简洁美观。

☑　更方便访问企业公共资源。

☑　及时显示企业公共信息。

☑　在通信窗口显示对方 IP 信息。

☑　局域网内用户自动搜索。

☑　系统运行稳定、安全可靠。

1.3.2 系统功能结构

企业 QQ 的功能结构如图 1.2 所示。

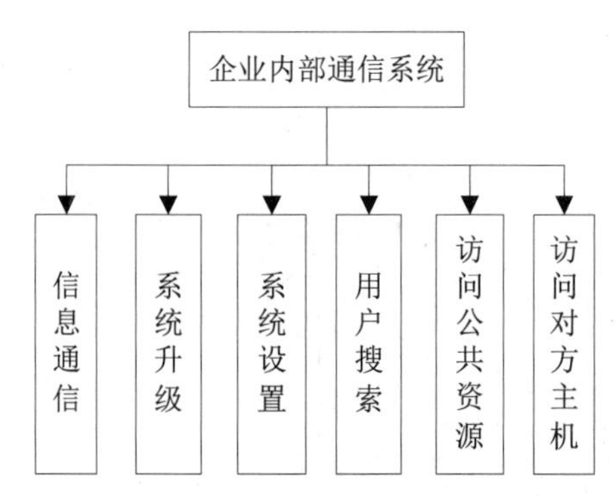

图 1.2 企业内部通信系统的功能结构

1.3.3 系统业务流程

企业 QQ 的业务流程图如图 1.3 所示。

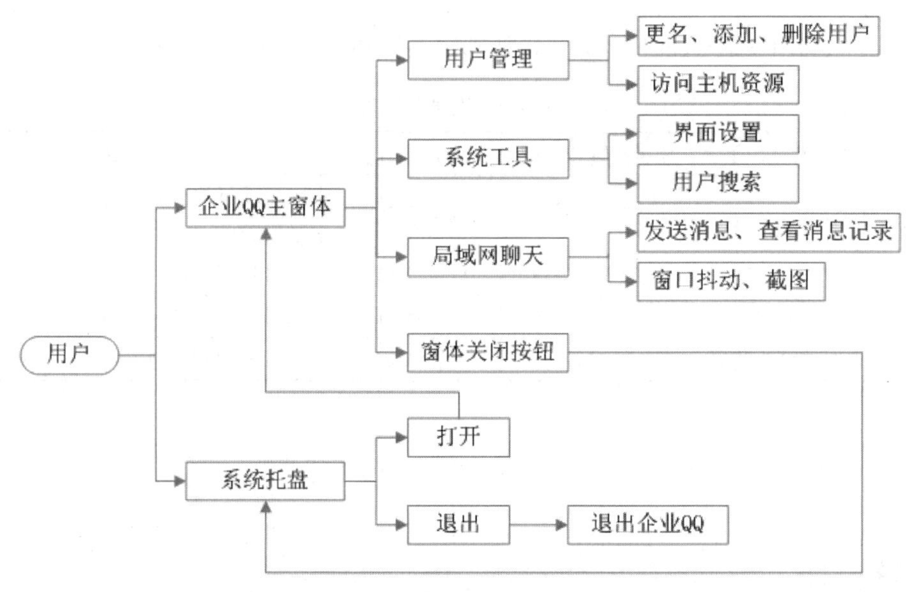

图 1.3 企业 QQ 业务流程图

1.3.4 数据库设计

1. 数据库分析

本系统是一个桌面应用程序，它可以直接在本地计算机上运行，而不需要像 Web 应用那样部署到指定的服务器中，所以企业 QQ 的数据库应该随系统存在，即数据库和企业 QQ 在同一个计算机中，

将数据库和应用程序捆绑在一起，可以节省开销，提升系统安全性。本系统采用 JavaDB 数据库。其数据库运行环境如下。

（1）硬件平台

☑ CPU：P4 1.6GHz。
☑ 内存：128MB 以上。
☑ 硬盘空间：100MB。

（2）软件平台

☑ 操作系统：Windows 2003 以上。
☑ 数据库：Derby。
☑ Java 虚拟机：JDK8 以上。

2. 企业 QQ 的 E-R 图

企业 QQ 包含用户和窗体位置两个实体，这两个实体分别用于记录用户信息和通信窗体的当前位置。

（1）用户实体

用户实体是企业 QQ 的通信用户，它记载了系统搜索或添加的所有用户信息，主要包括用户 IP 地址、主机名称、用户名称、提示信息和头像信息，如图 1.4 所示。

（2）窗体位置实体

窗体位置实体是窗体的定位参数，它将记录窗体最后的移动位置、窗体大小等信息，主要包括窗体位置的 X 坐标和 Y 坐标、窗体的宽度及高度，如图 1.5 所示。

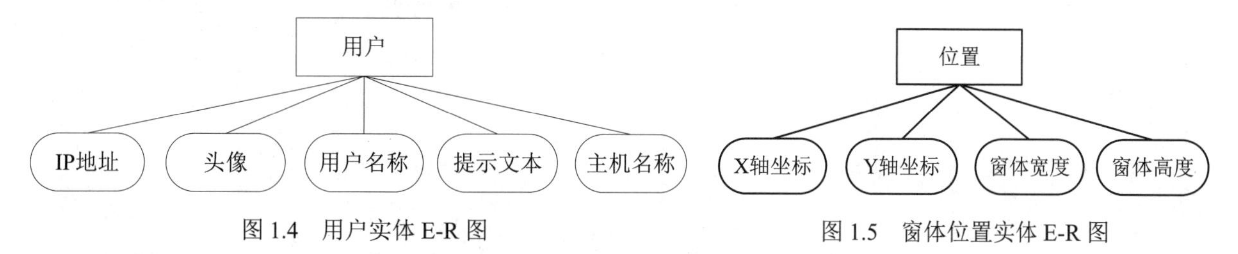

图 1.4　用户实体 E-R 图　　图 1.5　窗体位置实体 E-R 图

3. 数据库逻辑结构设计

在本系统中创建了一个数据库 db_EQ，一共包含了两个数据表，下面分别介绍这两个数据表的逻辑结构。

（1）tb_users（用户信息表）

用户信息表主要用来保存企业内的通信用户，即职工信息。表 tb_users 的结构如表 1.3 所示。

表 1.3　表 tb_users 的结构

字段名	数据类型	是否为空	是否主键	默认值	描述
ip	Varchar(16)	No	Yes		用户 IP 地址
host	Varchar(30)	Yes	No	NULL	主机名称
name	Varchar(20)	Yes	No	NULL	姓名
tooltip	Varchar(50)	Yes	No	NULL	提示文本
icon	Varchar(50)	Yes	No	NULL	头像

（2）tb_location（窗体位置信息表）

窗体位置信息表主要用来保存通信窗体的位置和窗体大小。表 tb_ location 的结构如表 1.4 所示。

表 1.4　表 tb_ location 的结构

字 段 名	数 据 类 型	是 否 为 空	是 否 主 键	默 认 值	描　述
xLocation	Int	Yes	No	NULL	X 轴坐标
yLocation	Int	Yes	No	NULL	Y 轴坐标
width	Int	Yes	No	NULL	窗体宽度
heigth	Int	Yes	No	NULL	窗体高度

1.3.5　系统预览

企业 QQ 由多个程序界面组成，下面仅列出几个典型界面的预览，其他界面参见资源包中的源程序。

企业 QQ 的主界面如图 1.6 所示，该界面包含调用所有功能模块的控件。通信窗体界面如图 1.7 所示，该界面用于发送和接收通信信息；另外，还可以在对方未开启企业通信系统的情况下，向对方发送信使信息。

系统工具界面如图 1.8 所示，该界面主要用于更换界面外观、搜索用户和系统更新。

图 1.6　主窗体

（资源包\…\EQ.java）

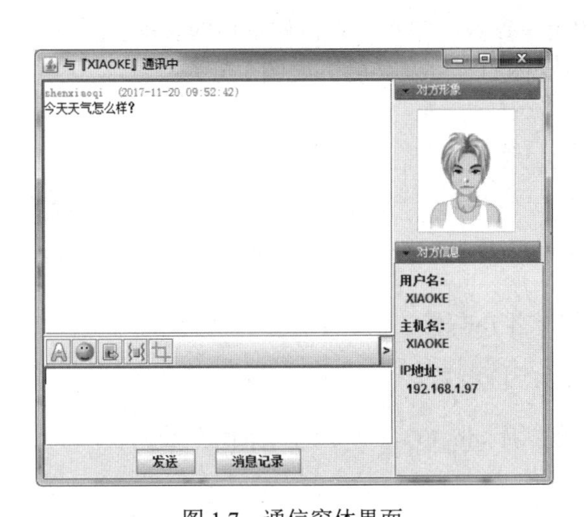

图 1.7　通信窗体界面

（资源包\…\frame\TelFrame.java）

图 1.8　系统工具界面

（资源包\…\EQ.java）

说明　由于路径太长，因此省略了部分路径，省略的路径是“TM\01\企业 QQ\src\com\mingrisoft”。

1.3.6　文件夹组织结构

在进行系统开发前，需要规划文件夹组织结构，即建立多个文件夹，对各个功能模块进行划分，实现统一管理。这样做的好处是易于开发、管理和维护。本系统的文件夹组织结构如图 1.9 所示。

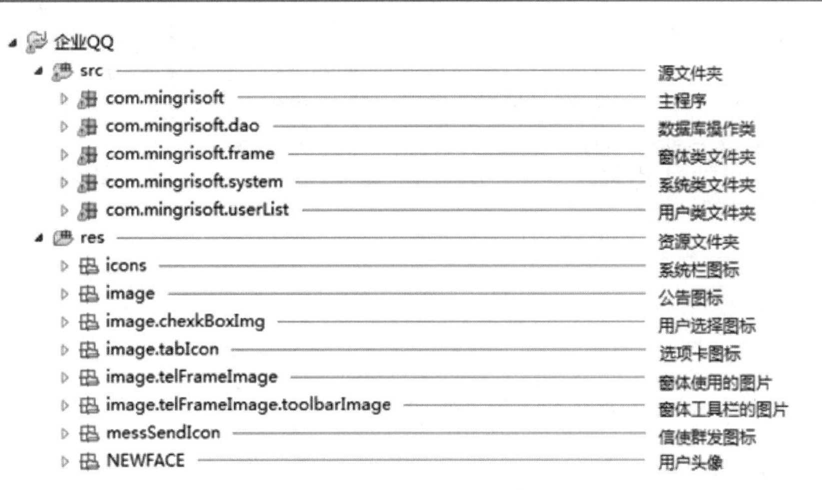

图 1.9　文件夹组织结构

视频讲解

1.4　主窗体设计

主窗体界面也是企业 QQ 的用户列表，它由用户列表、公告提示、系统选项卡等组成。其中，系统选项卡用于切换不同管理界面，包括系统工具和系统设计界面。主窗体的运行效果如图 1.10 所示。

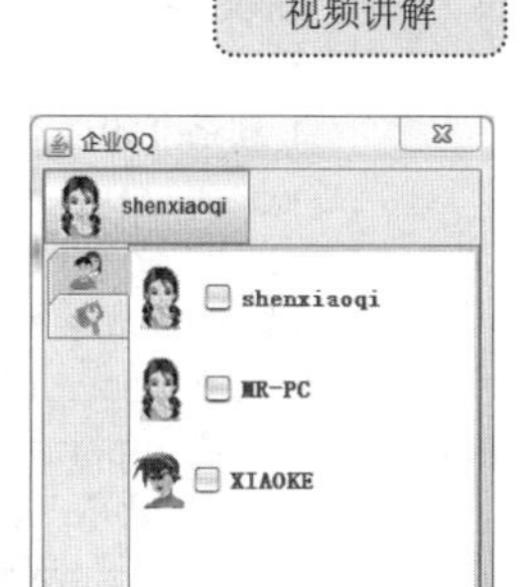

图 1.10　主窗体界面

1.4.1　创建主窗体

创建主窗体的步骤如下。

（1）创建 EQ 类，在类中创建窗体对象，为窗体添加选项卡面板，并添加用户列表、系统工具、系统设置 3 个选项卡和状态栏标签、公告按钮等属性。关键代码如下：

例程 01　代码位置：TM\01\企业 QQ\src\com\mingrisoft\EQ.java

```
public class EQ extends Dialog {
    public static EQ frame = null;                          //主窗体本类对象
    private JTextField ipEndTField;                         //IP 搜索范围结束值
    private JTextField ipStartTField;                       //IP 搜索范围开始值
    private ChatTree chatTree;                              //用户列表树
    private JPopupMenu popupMenu;                           //鼠标右键菜单（弹出式菜单）
    private JTabbedPane tabbedPane;                         //主标签面板
    private JToggleButton searchUserButton;
    private JProgressBar progressBar;                       //鼠标右键菜单（弹出式菜单）
    private JList faceList;                                 //界面风格集合
    private JButton selectInterfaceOKButton;                //确定界面效果按钮
    private DatagramSocket ss;                              //UDP 套接字
    private final JLabel stateLabel;                        //底部状态栏标签
    private Rectangle location;                             //窗口位置对象
```

```
    public static TrayIcon trayicon;                          //系统托盘图标
    private Dao dao;                                          //数据库接口
    //创建首选项对象，使用系统的根首选项节点。此对象可以保存我们的偏好设置
    public final static Preferences preferences = Preferences.systemRoot();
    private JButton userInfoButton;                           //用户信息按钮
…//省略部分代码
}
```

（2）在构造方法中初始化窗体上的控件、数据库操作类、首选项对象等属性，另外还要为窗体和公告信息按钮添加事件监听器等。关键代码如下：

例程 02　代码位置：TM\01\企业 QQ\src\com\mingrisoft\EQ.java

```
public EQ() {
    super(new Frame());                                       //调用父类方法，创建一个空父类窗体
    frame = this;
    dao = Dao.getDao();                                       //获取数据库接口对象
    location = dao.getLocation();                             //获取数据库中的位置
    setTitle("企业 QQ");
    setBounds(location);                                      //指定窗口大小即所处位置
    progressBar = new JProgressBar();
    progressBar.setBorder(new BevelBorder(BevelBorder.LOWERED));
    tabbedPane = new JTabbedPane();
    popupMenu = new JPopupMenu();
    chatTree = new ChatTree(this);
    stateLabel = new JLabel();                                //状态栏标签
    addWindowListener(new FrameWindowListener());             //添加窗体监视器
    addComponentListener(new ComponentAdapter() {             //添加组件侦听器
        public void componentResized(final ComponentEvent e) { //窗体改变大小时
            saveLocation();                                   //保存主窗体位置的方法
        }
        public void componentMoved(final ComponentEvent e) {  //窗体移动时
            saveLocation();                                   //保存主窗体位置的方法
        }
    });
    try {
        ss = new DatagramSocket(1111);                        //启动通信服务端口
    } catch (SocketException e2) {
        if (e2.getMessage().startsWith("Address already in use"))
            JOptionPane.showMessageDialog(this, "服务端口被占用，或者本软件已经运行。");
        System.exit(0);
    }
    final JPanel BannerPanel = new JPanel();
    BannerPanel.setLayout(new BorderLayout());
    add(BannerPanel, BorderLayout.NORTH);
    userInfoButton = new JButton();
    BannerPanel.add(userInfoButton, BorderLayout.WEST);
    userInfoButton.setMargin(new Insets(0, 0, 0, 10));
    initUserInfoButton();                                     //初始化本地用户头像按钮
```

```
        add(tabbedPane, BorderLayout.CENTER);
        tabbedPane.setTabPlacement(SwingConstants.LEFT);
        ImageIcon userTicon = new ImageIcon(EQ.class.getResource("/image/tabIcon/tabLeft.PNG"));
        tabbedPane.addTab(null, userTicon, createUserList(), "用户列表");
        ImageIcon sysOTicon = new ImageIcon(EQ.class.getResource("/image/tabIcon/tabLeft2.PNG"));
        tabbedPane.addTab(null, sysOTicon, createSysToolPanel(), "系统操作");
        setAlwaysOnTop(true);                                          //使窗体显示在最顶端
}
```

（3）初始化 Socket 服务器，指定端口使用 1111，如果初始化失败，提示用户服务器端口被占用，或者是本软件已经运行，并退出程序。该步骤很关键，它用于接收其他用户发送的通信信息，如果启动失败将无法接收信息，所以必须退出系统。关键代码如下：

例程 03　代码位置：TM\01\企业 QQ\src\com\mingrisoft\EQ.java

```
try {                                                              //启动通信服务端口
        ss = new DatagramSocket(1111);                             //初始化服务器
} catch (SocketException e2) {
        if (e2.getMessage().startsWith("Address already in use"))  //如果异常提示该信息
                showMessageDialog("服务端口被占用，或者本软件已经运行。"); //显示提示信息
        System.exit(0);                                            //退出系统
}
```

（4）编写 initUserInfoButton()方法，用于初始化本地用户信息，并在主窗体左上角显示本地用户的头像和名称，在用户更改本地用户名称时，它会同步更新。关键代码如下：

例程 04　代码位置：TM\01\企业 QQ\src\com\mingrisoft\EQ.java

```
private void initUserInfoButton() {                                //初始化用户信息按钮
        try {
                String ip = InetAddress.getLocalHost().getHostAddress();  //获取本地 IP
                User user = dao.getUser(ip);                       //从数据库获取用户对象
❶               userInfoButton.setIcon(user.getIconImg());
❷               userInfoButton.setText(user.getName());
❸               userInfoButton.setIconTextGap(JLabel.RIGHT);       //设置文本显示在头像右侧
❹               userInfoButton.setToolTipText(user.getTipText());  //设置提示文本
                userInfoButton.getParent().doLayout();
        } catch (UnknownHostException e1) {
                e1.printStackTrace();
        }
}
```

代码贴士

❶ setIcon()：该方法用于设置按钮的图标。

❷ setText()：该方法用于设置按钮的文本内容。

❸ setIconTextGap()：该方法用于设置按钮中的文本和图像的显示顺序。

❹ setToolTipText()：该方法用于设置按钮的提示文本。

（5）编写 main()方法，该方法是主程序的入口方法，在该方法中首先获取用户设置的界面外观，

其中包括“当前系统”和“Java 默认”两种外观，然后调用 UIManager 类的 setLookAndFeel()方法设置指定的外观，并生成主窗体对象，最后初始化服务器端口和系统栏图标。关键代码如下：

例程 05　代码位置：TM\01\企业 QQ\src\com\mingrisoft\EQ.java

```
public static void main(String args[]) {
    try {
        String laf = preferences.get("lookAndFeel", "java 默认");          //获取用户选择的外观
        if (laf.indexOf("当前系统")>-1)
            UIManager.setLookAndFeel(UIManager
                    .getSystemLookAndFeelClassName());                   //设置外观
        EQ frame = new EQ();                                             //创建主窗体对象
        frame.setVisible(true);                                          //显示窗体
        frame.SystemTrayInitial();                                       //初始化系统栏
        frame.server();                                                  //启动服务端口
        frame.checkPlacard();                                            //检测系统公告
    } catch (Exception e) {
        e.printStackTrace();
    }
}
```

1.4.2　记录窗体位置

主窗体使用的数据表：tb_location

（1）为窗体添加控件监听器，当改变窗体大小或者移动位置时，调用 saveLocation()方法将窗体的当前位置和大小保存到数据库中。关键代码如下：

例程 06　代码位置：TM\01\企业 QQ\src\com\mingrisoft\EQ.java

```
addComponentListener(new ComponentAdapter() {
    public void componentResized(final ComponentEvent e) {               //当窗体改变大小
        saveLocation();                                                  //保存到数据库
    }
    public void componentMoved(final ComponentEvent e) {                 //当窗体改变位置
        saveLocation();                                                  //保存到数据库
    }
});
```

（2）编写 saveLocation()方法，在该方法中调用 Dao 数据库操作类的 updateLocation()方法将窗体的位置和大小保存到数据库中。关键代码如下：

例程 07　代码位置：TM\01\企业 QQ\src\com\mingrisoft\EQ.java

```
private void saveLocation() {                                            //保存主窗体位置的方法
    location = getBounds();                                              //获取窗体位置和大小
    dao.updateLocation(location);                                        //调用 updateLocation() 方法
}
```

1.5　公共模块设计

在本系统的项目空间中，有部分模块是公用的，或者是多个模块甚至整个系统的配置信息，它们被多个模块重复调用完成指定的业务逻辑，本节将这些公共模块提出来做单独介绍。

1.5.1　数据库操作类

Dao 类主要负责有关数据库的操作，该类在构造方法中驱动并连接数据库，然后将构造方法设置为 private 私有属性，通过静态的 getDao()方法获取 Dao 类的实例对象，这是典型的单例模式。在连接数据库时，可以指定 create 参数为 true 直接创建数据库，但在此之前需要调用 dbExists()方法来判断数据库是否存在。Dao 类的关键代码如下：

例程 08　代码位置：TM\01\企业 QQ\src\com\mingrisoft\dao\Dao.java

```
public class Dao {
    private static final String driver = "org.apache.derby.jdbc.EmbeddedDriver";    //数据库驱动
    private static String url = "jdbc:derby:db_EQ";                                  //数据库 URL
    private static Connection conn = null;                                           //数据库连接
    private static Dao dao = null;
    private Dao() {
        try {
❶           Class.forName(driver);                                                   //加载驱动
            if (!dbExists()) {                                                       //如果数据库不存在
            conn = DriverManager.getConnection(url + ";create=true");                //创建数据库
                createTable();                                                       //创建数据表
            } else
❷               conn = DriverManager.getConnection(url);                             //连接数据库
            addDefUser();                                                            //添加本地用户到数据库
        } catch (Exception e) {
            e.printStackTrace();
            JOptionPane.showMessageDialog(null, "数据库连接异常，或者本软件已经运行。");
            System.exit(0);
        }
    }
❸   private boolean dbExists() {                                                     //检测数据库的方法
        boolean bExists = false;
        File dbFileDir = new File("db_EQ");
        if (dbFileDir.exists()) {
            bExists = true;
        }
        return bExists;
    }
❹   public static Dao getDao() {                                                     //获取 DAO 实例的方法
        if (dao == null)
            dao = new Dao();
```

```
        return dao;
    }
    public void createTable() {                                          //创建数据表的方法
        String createUserSql = "CREATE TABLE tb_users ("
                + "ip varchar(16) primary key," + "host varchar(30),"
                + "name varchar(20)," + "tooltip varchar(50),"
                + "icon varchar(50))";
        String createLocationSql = "CREATE TABLE tb_location ("
                + "xLocation int," + "yLocation int," + "width int,"
                + "height int)";
        try {
            Statement stmt = conn.createStatement();
            stmt.execute(createUserSql);                                 //创建用户数据表
            stmt.execute(createLocationSql);                             //创建窗体定位数据表
            addDefLocation();
            stmt.close();
        } catch (SQLException e) {
            e.printStackTrace();
        }
    }
}
```

代码贴士

❶ forName()：该方法用于加载指定的类。

❷ getConnection()：该方法用于获取数据库的连接对象。

❸ dbExists()：该自定义方法用于检测数据库文件夹是否存在，如果存在，说明数据库已经建立。

❹ getDao()：该自定义方法用于获取数据库访问类的实例。

1．addDefLocation()方法

该方法用于添加窗体默认位置和大小到数据库，在企业 QQ 首次运行时，将使用该方法设置窗体的位置和大小。如果用户更改了窗体位置或者窗体大小，该方法所保存的数据将不再起作用。关键代码如下：

例程 09　代码位置：TM\01\企业 QQ\src\com\mingrisoft\dao\Dao.java

```
public void addDefLocation() {                                           //添加默认窗体位置
    String sql = "insert into tb_location values(?,?,?,?)";              //定义带参数的 SQL 语句
    try {
        PreparedStatement pst = conn.prepareStatement(sql);
        pst.setInt(1, 100);                                              //传递第 1 个 SQL 参数
        pst.setInt(2, 0);                                                //传递第 2 个 SQL 参数
        pst.setInt(3, 240);                                              //传递第 3 个 SQL 参数
        pst.setInt(4, 500);                                              //传递第 4 个 SQL 参数
        pst.executeUpdate();                                             //执行 SQL 更新
        pst.close();
    } catch (SQLException e) {
        e.printStackTrace();
    }
}
```

2. addDefUser()方法

该方法使用本机 IP 地址创建默认用户，并添加到数据库中。除了使用本机 IP 地址外，默认的用户还包括主机名称、姓名、提示文本和头像图标等属性。关键代码如下：

例程 10　代码位置：TM\01\企业 QQ\src\com\mingrisoft\dao\Dao.java

```
public void addDefUser() {                                          //创建本机用户
    try {
        InetAddress local = InetAddress.getLocalHost();             //获取本机地址对象
        User user = new User();                                     //创建新用户对象
        user.setIp(local.getHostAddress());                         //初始化用户对象
        user.setHost(local.getHostName());
        user.setName(local.getHostName());
        user.setTipText(local.getHostAddress());
        user.setIcon("1.gif");
        if (getUser(user.getIp()) == null) {
            addUser(user);                                          //添加该用户到数据库中
        }
    } catch (UnknownHostException e) {
        e.printStackTrace();
    }
}
```

3. getLocation()方法

该方法用于从数据库中获取窗体位置和窗体大小信息，并将这些信息封装成 Rectangle 类的实例对象，然后作为方法的返回值。关键代码如下：

例程 11　代码位置：TM\01\企业 QQ\src\com\mingrisoft\dao\Dao.java

```
public Rectangle getLocation() {                                    //获取窗体位置
    Rectangle rec = new Rectangle(100, 0, 240, 500);                //创建 rec 对象并带有默认数据
    String sql = "select * from tb_location";
    try {
        Statement stmt = conn.createStatement();
        ResultSet rs = stmt.executeQuery(sql);                      //从数据库读取数据
        if (rs.next()) {
            rec.x = rs.getInt(1);                                   //初始化 rec 对象
            rec.y = rs.getInt(2);
            rec.width = rs.getInt(3);
            rec.height = rs.getInt(4);
        }
        rs.close();
        stmt.close();
    } catch (SQLException e) {
        e.printStackTrace();
    }
    return rec;
}
```

4．addUser()方法

该方法用于添加指定用户到数据库中，方法接收 User 类的实例对象，即用户对象作为参数，在 SQL 语句中将用户对象的属性作为参数插入到数据库中。关键代码如下：

例程 12　代码位置：TM\01\企业 QQ\src\com\mingrisoft\dao\Dao.java

```
public void addUser(User user) {                                    //添加用户
    try {
        String sql = "insert into tb_users values(?,?,?,?,?)";     //添加用户的 SQL 语句
        PreparedStatement ps = null;
        ps = conn.prepareStatement(sql);
        ps.setString(1, user.getIp());                              //填充 SQL 语句的参数
        ps.setString(2, user.getHost());
        ps.setString(3, user.getName());
        ps.setString(4, user.getTipText());
        ps.setString(5, user.getIcon());
        ps.execute();                                               //执行 SQL 语句
        ps.close();
    } catch (SQLException e) {
        e.printStackTrace();
    }
}
```

5．delUser()方法

该方法用于从数据库中删除指定用户的记录，方法接收 User 类的实例对象参数，并以该用户对象的 IP 属性为查询条件，从数据库中删除指定 IP 的用户信息。关键代码如下：

例程 13　代码位置：TM\01\企业 QQ\src\com\mingrisoft\dao\Dao.java

```
public void delUser(User user) {                                    //删除用户
    try {
        String sql = "delete from tb_users where ip=?";            //删除用户的 SQL 语句
        PreparedStatement ps = null;
        ps = conn.prepareStatement(sql);
        ps.setString(1, user.getIp());                              //填充 SQL 语句的参数
        ps.executeUpdate();                                         //执行 SQL 语句
        ps.close();
    } catch (SQLException e) {
        e.printStackTrace();
    }
}
```

6．getUser()方法

该方法用于从数据库获取指定 IP 的用户对象，该用户对象包含了指定 IP 地址的用户的所有属性，并且将这些属性封装到用户对象中，然后作为方法的返回值。关键代码如下：

例程 14　代码位置：TM\01\企业 QQ\src\com\mingrisoft\dao\Dao.java

```
public User getUser(String ip) {                                    //获取指定 IP 的用户
    String sql = "select * from tb_users where ip=?";              //定义查询用户表的 SQL 语句
```

```
    User user = null;
    try {
        PreparedStatement pst = conn.prepareStatement(sql);
        pst.setString(1, ip);
        ResultSet rs = pst.executeQuery();                        //执行用户查询
        if (rs.next()) {
            user = new User();                                    //创建用户对象
            user.setIp(rs.getString(1));                          //初始化用户对象
            user.setHost(rs.getString(2));
            user.setName(rs.getString(3));
            user.setTipText(rs.getString(4));
            user.setIcon(rs.getString(5));
        }
        rs.close();
    } catch (SQLException e) {
        e.printStackTrace();
    }
    return user;                                                  //返回用户对象
}
```

7．updateLocation()方法

该方法用于更新窗体位置和窗体大小信息，将接收 Rectangle 类的实例对象作参数，将位置、宽度和高度等参数保存到数据库中。关键代码如下：

例程 15　代码位置：TM\01\企业 QQ\src\com\mingrisoft\dao\Dao.java

```
public void updateLocation(Rectangle location) {                  //更新窗体位置
    String sql = "update tb_location set xLocation=?,yLocation=?,width=?,height=?";
    try {
❶       PreparedStatement pst
❷                               = conn.prepareStatement(sql);
❸       pst.setInt(1, location.x);                                //初始化 SQL 语句的参数
        pst.setInt(2, location.y);
        pst.setInt(3, location.width);
        pst.setInt(4, location.height);
❹       pst.executeUpdate();                                      //执行 SQL 更新语句
        pst.close();
    } catch (SQLException e) {
        e.printStackTrace();
    }
}
```

代码贴士

❶ PreparedStatement：该类用于定义带参数的 SQL 语法对象。

❷ prepareStatement()：该方法用于创建 PreparedStatement 的实例对象。

❸ setInt()：该方法用于设置 PreparedStatement 实例对象的整数参数，还可用于设置其他参数类型的方法。

❹ executeUpdate()：该方法用于执行 PreparedStatement 实例对象所定义的 SQL 语句。

8. updateUser()方法

该方法用于更新用户信息，其中可更新的内容包括除 IP 地址以外的所有信息，如用户的主机名称、头像、姓名等。关键代码如下：

例程 16　代码位置：TM\01\企业 QQ\src\com\mingrisoft\dao\Dao.java

```
public void updateUser(User user) {                                    //修改用户
	try {
		String sql = "update tb_users set host=?,name=?,tooltip=?,icon=? where ip='"
				+ user.getIp() + "'";
		PreparedStatement ps = null;
		ps = conn.prepareStatement(sql);
		ps.setString(1, user.getHost());                              //初始化 SQL 语句的参数
		ps.setString(2, user.getName());
		ps.setString(3, user.getTipText());
		ps.setString(4, user.getIcon());
		ps.executeUpdate();                                           //执行 SQL 更新语句
		ps.close();
	} catch (SQLException e) {
		e.printStackTrace();
	}
}
```

1.5.2　系统工具类

Resource 类是企业 QQ 中的工具类，该类中的工具方法都是静态的，可以直接调用，而不用创建 Resource 类的实例对象。这些工具方法包括搜索用户的方法、登录公共资源的方法、信使群发的方法和单条信息发送的方法。

1. searchUsers()方法

该方法用于搜索局域网中的通信用户，即搜索企业中的所有职工。该方法将获取用户指定的 IP 搜索范围，并在该范围内搜索所有可以访问的计算机，如果用户没有指定 IP 范围，那么系统默认的范围是 192.168.0.1～192.168.1.255。searchUsers()方法的关键代码如下：

例程 17　代码位置：TM\01\企业 QQ\src\com\mingrisoft\system\Resource.java

```
public static void searchUsers(ChatTree tree, JProgressBar progressBar,
		JList list, JToggleButton button) {
	String ipStart = EQ.preferences.get("ipStart", "192.168.0.1");
	String ipEnd = EQ.preferences.get("ipEnd", "192.168.1.255");
	String[] is = ipStart.split("\\.");
	String[] ie = ipEnd.split("\\.");
	int[] ipsInt = new int[4];
	int[] ipeInt = new int[4];
	for (int i = 0; i < 4; i++) {
		ipsInt[i] = Integer.parseInt(is[i]);
		ipeInt[i] = Integer.parseInt(ie[i]);
```

```
    }
    progressBar.setIndeterminate(true);
    progressBar.setStringPainted(true);
    DefaultListModel model = new DefaultListModel();
    model.addElement("搜索结果：");
    list.setModel(model);
    try {
        for (int l = ipsInt[0]; l <= ipeInt[0]; l++) {
            boolean b0 = l < ipeInt[0];                       //记录第一层循环的条件
            int k = l != ipsInt[0] ? 0 : ipsInt[1];           //从第二次循环以后为 k 赋值 0
            for (; b0 ? k < 256 : k <= ipeInt[1]; k++) {
                boolean b1 = b0 || k < ipeInt[1];             //记录第二层循环的条件
                int j = k != ipsInt[1] ? 0 : ipsInt[2];       //从第二次循环以后为 j 赋值 0
                for (; b1 ? j < 256 : j <= ipeInt[2]; j++) {
                    boolean b2 = b1 || b1 ? j < 256 : j < ipeInt[2];
                    int i = j != ipsInt[2] ? 0 : ipsInt[3];
                    for (; b2 ? i < 256 : i <= ipeInt[3]; i++) {
                        if(!button.isSelected()){             //如果搜索新用户按钮没有被选择
                            progressBar.setIndeterminate(false); //取消进度条的滚动
                            return;
                        }
                        Thread.sleep(100);                    //线程休息 100 毫秒
                        String ip = l + "." + k + "." + j + "." + i;
                        progressBar.setString("正在搜索：" + ip); //设置进度条文本
                        if (tree.addUser(ip, "search"))
                            model.addElement("<html><b><font color=green>添加"
                                        + ip + "</font></b></html>");//添加新用户
                    }
                }
            }
        }
    } catch (Exception e) {
        e.printStackTrace();
    }finally{
        progressBar.setIndeterminate(false);                  //停止进度条
        progressBar.setString("搜索完毕");                     //进度条显示搜索完毕
        button.setText("搜索新用户");                          //恢复搜索新用户按钮文本
        button.setSelected(false);                            //恢复搜索新用户按钮状态
    }
}
```

2．loginPublic()方法

该方法用于登录程序升级的服务器，它获取用户指定的升级路径、用户名和密码，使用 net use 命令访问服务器，并返回访问成功或者失败的 boolean 值。关键代码如下：

例程 18　代码位置：TM\01\企业 QQ\src\com\mingrisoft\system\Resource.java

```
public static boolean loginPublic(String user, String pass) {
    try {
```

```
            String userName = user;
            String updatePath = EQ.preferences.get("updatePath", null);           //获取升级路径
            if (updatePath == null)                                                //如果未指定路径
                return false;                                                      //返回失败结果
            File file = new File(updatePath);
            if (!file.exists())
                return false;
            if (file.isFile())
                updatePath = file.getParent();
            if (userName != null && !userName.equals(""))
                userName = "/user:" + userName;
            Process process = Runtime.getRuntime().exec(
                    "cmd/c %windir%" + File.separator + "System32"
                            + File.separator + "net use " + updatePath + " "
                            + pass + userName);                                    //访问升级服务器
            Scanner sce = new Scanner(process.getErrorStream());
            StringBuilder stre = new StringBuilder();
            while (sce.hasNextLine()) {
                stre.append(sce.nextLine());                                       //获取访问结果
            }
            process.destroy();
            String resulte = stre.toString();
            if (resulte.equals(""))                                                //如果没有访问结果
                return true;                                                       //访问成功
            else                                                                   //否则
                JOptionPane.showMessageDialog(EQ.frame, resulte, "错误信息",
                        JOptionPane.ERROR_MESSAGE);                                //提示错误信息
        } catch (IOException e) {
            e.printStackTrace();
        }
        return false;
}
```

3．sendMessenger()方法

该方法用于发送信使到指定用户的操作系统。当通信对方没有运行企业 QQ 时，就无法接收到通信系统发送的内容，这时可以调用该方法向对方发送信使，对方的操作系统接收到信使后会以对话框的通知方式显示信使内容。关键代码如下：

例程 19　代码位置：TM\01\企业 QQ\src\com\mingrisoft\system\Resource.java

```
public static void sendMessenger(User user, String message, TelFrame frame) {     //发送信使信息
    class TheThread implements Runnable {                                          //定义内部线程类
…//省略部分代码
        public void run() {
            try {
                sendButton.setEnabled(false);                                      //取消发送按钮的状态
                Process process = Runtime.getRuntime().exec(
                        "net send " + user.getIp() + " " + message);               //执行信使发送命令
                InputStream is = process.getInputStream();
```

```
                int i, j;
                StringBuilder sb = new StringBuilder();
                while ((i = is.read()) != -1) {
                    sb.append((char) i);                              //获取信使发送结果
                }
                String runls = new String(sb.toString().getBytes(
                        "iso-8859-1")).trim().replace(user.getIp(),
                        user.getName());                              //将结果信息转码
                InputStream eis = process.getErrorStream();
                StringBuilder esb = new StringBuilder();
                while ((j = eis.read()) != -1) {
                    esb.append((char) j);                             //获取信使发送的错误
                }
                String runEis = new String(esb.toString().getBytes(
                        "iso-8859-1")).trim().replace(user.getIp(),
                        user.getName());                              //将错误信息转码
                frame.appendReceiveText(runls, new Color(187, 30, 193));//显示信使发送结果
                if (runEis.length() > 0)                              //如果存在错误信息
                    frame.appendReceiveText(runls, Color.RED);        //提示发送失败
                sendButton.setEnabled(true);                          //恢复发送按钮的状态
            } catch (IOException e) {
                e.printStackTrace();
            }
        }
    }
    new Thread(new TheThread(user, message, frame)).start();
}
```

4．sendGroupMessenger()方法

该方法可以向指定用户群体发送信使，如果企业中有针对会议参与人员的信息或者是个别群体职工的信息，可以使用该方法向指定群体发送信使。群发信使的界面效果如图 1.11 所示。

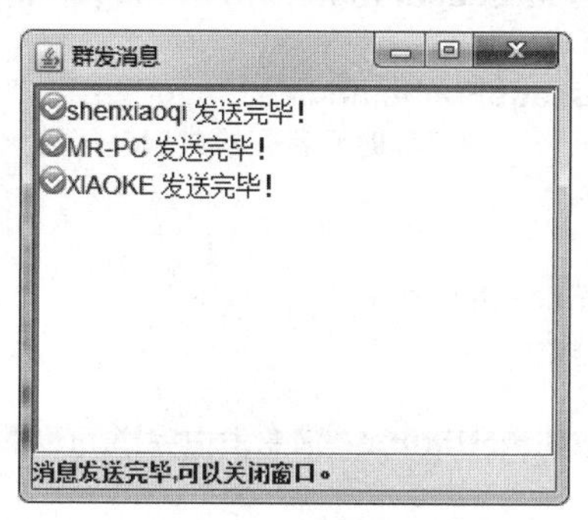

图 1.11　群发信使界面效果

使用该方法的关键代码如下：

例程 20　代码位置：TM\01\企业 QQ\src\com\mingrisoft\system\Resource.java

```
public static void sendGroupMessenger(final TreePath[] selectionPaths, final String message) {//群发信使信息
    new Thread(new Runnable() {                                              //创建内部线程
```

```
            int bufferSize = 512;
            public void run() {
                MessageFrame messageFrame = new MessageFrame();                    //创建信使窗口
                try {
                    for (TreePath path : selectionPaths) {                         //遍历选择的用户
                        DefaultMutableTreeNode  node  =  (DefaultMutableTreeNode)  path.getLastPath
Component();
                        User user = (User) node.getUserObject();
                        messageFrame.setStateBarInfo("<html>正在给<font color=blue>"
                                        + user.getName()+ "</font>发送消息……</html>");//提示发送信使
                        Thread.sleep(20);                                          //线程休眠
                        InetAddress addr
❶                                   = InetAddress.getByName(user.getIp());
                        if (!addr.getHostAddress().equals(addr.getHostName())) {
❷                           Process process
❸                                   = Runtime.getRuntime()
❹                                           .exec(
                                    "net send " + user.getIp() + " " + message);   //发送信使
                            InputStream is = process.getInputStream();
                            int i;
                            String sb = null;
                            byte[] data = new byte[bufferSize];
                            if ((i = is.read(data)) != -1) {
                                sb = new String(data, 0, i);                       //获取发送结果
                            }
                            String runIs = sb;
                            runIs = runIs.replace(user.getIp(), user.getName()).trim();
                            process.destroy();
                            if (runIs.indexOf("出错") < 0)                           //如果结果包含错误
                                messageFrame.addMessage(runIs, true);              //显示错误信息
                            else                                                   //否则
                                messageFrame.addMessage(runIs, false);             //显示成功信息
                        } else {
                            messageFrame.addMessage("错误：" + user.getName()
                                    + "可能没有开机或启动了防火墙", false);           //发送失败的提示
                        }
                    }
                } catch (InterruptedException e) {
                    e.printStackTrace();
                }
                messageFrame.setStateBarInfo("消息发送完毕,可以关闭窗口。");       //提示信使群发完毕
            }
        }).start();
}
```

代码贴士

❶ getByName()：该方法用于获取指定主机名称的 InetAddress 类的实例对象，该类用于封装网络通信地址。

❷ Process：该类是本机进程类，它提供了执行进程、获取进程输入/输出流、检查进程状态以及销毁进程的方法。

❸ getRuntime()：该方法用于获取 Process 类的实例对象。
❹ exec()：该方法用于执行指定的外部进程并返回 Process 类的实例。

5．startFolder()方法

该方法用于打开指定的文件夹或者网络共享资源。它通过“cmd /c start”指令打开 str 参数指定的文件夹位置。关键代码如下：

例程 21　代码位置：TM\01\企业 QQ\src\com\mingrisoft\system\Resource.java

```
public static void startFolder(String str) {
    try {
        Runtime.getRuntime().exec("cmd /c start " + str);
    } catch (IOException e) {
        e.printStackTrace();
    }
}
```

1.6　系统托盘模块设计

1.6.1　系统托盘模块概述

系统托盘模块用于定义系统栏图标。企业 QQ 的主窗体是继承对话框窗体编写的，该窗体在系统任务栏不会显示相应的任务标题，如果主窗体最小化之后将会隐藏，这时必须使用快捷键或者系统托盘中的图标执行显示窗体的命令。本系统在系统托盘中的效果如图 1.12 所示。

图 1.12　系统托盘效果

1.6.2　系统托盘模块技术分析

系统托盘模块是 JDK 6.0 提供的功能，其中包含 SystemTray 类和 TrayIcon 类，它们分别用于创建系统托盘和系统栏图标对象。JDK6.0 以上版本均保留了此项功能。另外，系统栏图标使用了弹出菜单技术，为企业 QQ 提供了部分快捷操作。创建弹出菜单和菜单项由 PopupMenu 类和 MenuItem 类实现，一个 PopupMenu 对象可以使用 add()方法添加多个 MenuItem 对象，每个 MenuItem 对象必须使用 addActionListener()方法添加实现指定菜单项业务逻辑的监听器，其监听器的实现和普通按钮相同。

1.6.3　系统托盘模块实现过程

系统托盘模块的开发步骤如下。

（1）在程序主类中编写 SystemTrayInitial()方法，该方法用于初始化系统托盘。在方法中初始化系统托盘中的提示文本、系统栏图标，然后调用 createMenu()方法为系统栏图标创建弹出菜单，同时为系统栏图标添加 SysTrayActionListener 类事件监听器。关键代码如下：

例程 22　代码位置：TM\01\企业 QQ\src\com\mingrisoft\EQ.java

```
private void SystemTrayInitial() {
    if (!SystemTray.isSupported())                                   //判断当前系统是否支持系统栏
        return;
    try {
        String title = "企业 QQ";                                     //系统栏通知标题
        String company = "吉林省 XXX 科技有限公司";                      //系统通知栏内容
        SystemTray sysTray = SystemTray.getSystemTray();             //获取系统默认托盘
        Image image = Toolkit.getDefaultToolkit()
                    .getImage(EQ.class.getResource("/icons/sysTray.png"));//创建系统栏图标
        trayicon = new TrayIcon(image, title + "\n" + company, createMenu()); //创建系统栏图标对象
        trayicon.setImageAutoSize(true);                             //设置自动大小
        trayicon.addActionListener(new SysTrayActionListener());     //添加事件监听器
        sysTray.add(trayicon);                                       //添加系统栏图标到系统托盘
        trayicon.displayMessage(title, company, MessageType.INFO);   //显示系统栏图标提示文本
    } catch (Exception e) {
        e.printStackTrace();
    }
}
```

代码贴士

❶ getSystemTray()：该方法用于获取系统托盘 SystemTray 类的实例对象，该实例对象无法通过构造方法创建。
❷ TrayIcon：该类是系统托盘的图标对象。
❸ setImageAutoSize()：该方法用于设置系统托盘图标大小的自动调整。
❹ addActionListener()：该方法用于为系统托盘图标添加事件监听器。
❺ add()：该方法用于添加系统栏图标到系统托盘中。
❻ displayMessage()：该方法用于显示系统托盘上的气泡提示文本。

（2）编写 createMenu()方法，该方法用于创建系统栏图标的弹出菜单，该菜单包括打开和退出两个菜单项和菜单项分隔符。当用户选择“打开”菜单项时，将显示企业 QQ 的主窗体。另外主窗体没有提供退出功能，单击右上角的“关闭”按钮时执行的是最小化操作，所以只能使用“退出”菜单项完成程序的退出功能。关键代码如下：

例程 23　代码位置：TM\01\企业 QQ\src\com\mingrisoft\EQ.java

```
private PopupMenu createMenu() {
    PopupMenu menu = new PopupMenu();
    MenuItem exitItem = new MenuItem("退出");
    exitItem.addActionListener(new ActionListener() {                 //系统栏退出事件
        public void actionPerformed(ActionEvent e) {
            System.exit(0);
        }
    });
    MenuItem openItem = new MenuItem("打开");
    openItem.addActionListener(new ActionListener() {                 //系统栏打开菜单项事件
        public void actionPerformed(ActionEvent e) {
            if (!isVisible()) {                                       //如果主窗体隐藏
                setVisible(true);                                     //显示主窗体
```

```
                toFront();                              //使主窗体显示在最上层
            } else
                toFront();                              //使主窗体显示在最上层
        }
    });
    menu.add(openItem);                                 //添加打开菜单项
    menu.addSeparator();                                //添加菜单项分隔符
    menu.add(exitItem);                                 //添加退出菜单项
    return menu;
}
```

（3）创建 SysTrayActionListener 内部类，它实现了 ActionListener 接口，是系统栏图标的双击事件监听器。当用户双击系统栏图标后，该监听器将实现主窗体的显示，这和系统栏图标的“打开”菜单命令所实现的功能相同，但是双击系统栏图标会更加方便。关键代码如下：

例程 24　代码位置：TM\01\企业 QQ\src\com\mingrisoft\EQ.java

```
class SysTrayActionListener implements ActionListener {     //系统栏双击事件
    public void actionPerformed(ActionEvent e) {
        setVisible(true);
        toFront();
    }
}
```

1.7　系统工具模块设计

1.7.1　系统工具模块概述

企业 QQ 的系统工具模块起到维护系统的作用，其功能包括用户搜索、更换程序外观、系统升级。在企业 QQ 第一次运行时，使用用户搜索功能可以搜索内部网络中所有正在运行的计算机，并使用计算机的信息创建用户对象，然后将该用户对象保存到数据库中。在企业 QQ 有新版本程序时，可以使用系统升级功能直接升级到最新版本，而不用重新安装。系统工具模块的运行效果如图 1.13 所示。

图 1.13　系统工具模块运行效果

1.7.2　系统工具模块技术分析

系统工具模块中使用了 Java 的 LookAndFeel 外观技术，每个 LookAndFeel 外观会包含不同控件的 UI 界面，不同的外观中控件的外观也会不同。

使用 UIManager 类的 setLookAndFeel()方法可以设置不同的 LookAndFeel 外观。企业 QQ 提供了“当前系统”和“Java 默认值”

两个外观选项，其中“Java 默认值”是 Swing 默认的外观，不需要特别设置，而“当前系统”外观需要使用 getSystemLookAndFeelClassName()方法获取当前系统的外观名称，然后调用 setLookAndFeel()方法将该外观名称设置为默认外观。

注意 必须在创建窗体和控件之前，使用 UIManager 类的 setLookAndFeel()方法设置外观，否则会造成外观样式显示不完整的后果。

1.7.3 系统工具模块实现过程

系统工具使用的数据表：tb_users

系统工具模块的开发步骤如下。

（1）在程序主类中编写 createSysToolPanel()方法，用于创建系统工具选项卡，在该选项卡中包括界面选择、用户搜索和系统操作 3 部分，其中系统操作用于程序更新，它们都被添加到系统工具面板中，createSysToolPanel()方法必须设置好该面板的布局和初始化工作。关键代码如下：

例程 25 代码位置：TM\01\EQ\src\com\lzw\EQ.java

```
private JScrollPane createSysToolPanel() {
	JPanel sysToolPanel = new JPanel();                                   //系统工具面板
	sysToolPanel.setLayout(new BorderLayout());                           //设置面板布局
	JScrollPane sysToolScrollPanel = new JScrollPane();                   //创建滚动面板
	sysToolScrollPanel
			.setHorizontalScrollBarPolicy(ScrollPaneConstants.HORIZONTAL_SCROLLBAR_NEVER);
	sysToolScrollPanel.setBorder(new EmptyBorder(0, 0, 0, 0));            //设置滚动面板的边框
	sysToolScrollPanel.setViewportView(sysToolPanel);                     //使面板可以滚动
	sysToolPanel.setBorder(new BevelBorder(BevelBorder.LOWERED));         //设置系统工具面板边框
…//省略部分代码
	return sysToolScrollPanel;
}
```

（2）在 createSysToolPanel()方法中创建界面选择部分，该部分以列表控件显示了两种外观选择，当用户选择其中一种外观并单击“确定”按钮后，选择的外观会保存到首选项中，然后提示用户重新运行本软件。关键代码如下：

例程 26 代码位置：TM\01\EQ\src\com\lzw\EQ.java

```
JPanel interfacePanel = new JPanel();                                   //创建界面面板
sysToolPanel.add(interfacePanel, BorderLayout.NORTH);                   //设置面板的布局位置
interfacePanel.setLayout(new BorderLayout());                           //设置面板布局管理器
interfacePanel.setBorder(new TitledBorder("界面选择-再次启动生效"));    //设置面板的 Title 边框
faceList = new JList(new String[]{"当前系统", "java 默认"});            //创建界面选择列表
interfacePanel.add(faceList);
faceList.setBorder(new BevelBorder(BevelBorder.LOWERED));               //设置列表的边框
final JPanel interfaceSubPanel = new JPanel();
interfaceSubPanel.setLayout(new FlowLayout());
interfacePanel.add(interfaceSubPanel, BorderLayout.SOUTH);
```

```
selectInterfaceOKButton = new JButton("确定");                                    //创建“确定”按钮
selectInterfaceOKButton.addActionListener(new ActionListener() {                  //添加按钮事件监听器
    public void actionPerformed(ActionEvent e) {
        preferences.put("lookAndFeel", faceList.getSelectedValue()
                .toString());                                                     //保存界面选择到首选项
        JOptionPane.showMessageDialog(EQ.this, "重新运行本软件后生效"); //提示重新运行软件
    }
});
interfaceSubPanel.add(selectInterfaceOKButton);                                   //添加按钮到面板中
```

（3）在 createSysToolPanel()方法中创建用户搜索部分，包括搜索列表、搜索进度条和“搜索新用户”按钮 3 个控件。当单击“搜索新用户”按钮时，系统会根据用户在系统设置界面所设置的 IP 搜索范围搜索所有计算机信息，并创建对应的用户对象，然后保存到数据库中。关键代码如下：

例程 27　代码位置：TM\01\EQ\src\com\lzw\EQ.java

```
JPanel searchUserPanel = new JPanel();                                            //用户搜索面板
sysToolPanel.add(searchUserPanel);
searchUserPanel.setLayout(new BorderLayout());                                    //设置面板布局管理器
final JPanel searchControlPanel = new JPanel();
searchControlPanel.setLayout(new GridLayout(0, 1));
searchUserPanel.add(searchControlPanel, BorderLayout.SOUTH);
final JList searchUserList = new JList(new String[]{"检测用户列表"});             //定义搜索用户列表
final JScrollPane scrollPane_2 = new JScrollPane(searchUserList);
scrollPane_2.setDoubleBuffered(true);
earchUserPanel.add(scrollPane_2);
searchUserList.setBorder(new BevelBorder(BevelBorder.LOWERED));                   //设置用户列表边框
searchUserButton = new JToggleButton("搜索新用户");                               //创建“搜索新用户”按钮
searchUserButton.addActionListener(new SearchUserActionListener(searchUserList));//添加按钮的事件监听器
searchControlPanel.add(progressBar);
searchControlPanel.add(searchUserButton);
searchUserPanel.setBorder(new TitledBorder("搜索用户"));                          //设置面板的 Title 边框
```

（4）创建“搜索新用户”按钮的事件监听器 SearchUserActionListener 类，在该监听器中调用 Resource 工具类的 searchUsers()方法搜索指定 IP 范围内的所有用户计算机信息。为避免等待搜索用户的业务逻辑过长而导致程序界面死锁，监听器创建了另一个线程来执行用户搜索的业务。关键代码如下：

例程 28　代码位置：TM\01\企业 QQ\src\com\mingrisoft\EQ.java

```
class SearchUserActionListener implements ActionListener {
    private final JList list;
    SearchUserActionListener(JList list) {
        this.list = list;
    }
    public void actionPerformed(ActionEvent e) {
        //IP 地址的正则表达式
        String regex = "(\\d|[1-9]\\d|1\\d{2}|2[0-4]\\d|25[0-5])(\\.(\\d|[1-9]\\d|1\\d{2}|2[0-4]\\d|25[0-5])){3}";
        String ipStart = ipStartTField.getText().trim();                          //获得开始 IP 的地址
        String ipEnd = ipEndTField.getText().trim();                              //获得结束 IP 的地址
        if (ipStart.matches(regex) && ipEnd.matches(regex)) {                     //如果两个 IP 地址都符合格式要求
```

```
            if (searchUserButton.isSelected()) {                         //如果按钮是选中状态
                searchUserButton.setText("停止搜索");                    //按钮文本设为“停止搜索”
                new Thread(new Runnable() {
                    public void run() {
                        //搜索用户
                        Resource.searchUsers(chatTree, progressBar, list, searchUserButton,
                                ipStart, ipEnd);
                    }
                }).start();                                              //开启线程
            } else {
                searchUserButton.setText("搜索新用户");
            }
        } else {
            JOptionPane.showMessageDialog(EQ.this,
                    "请检查 IP 地址格式", "注意", JOptionPane.WARNING_MESSAGE);
            searchUserButton.setSelected(false);                         //将按钮设为未选中状态
        }
    }
}
```

视频讲解

1.8 用户管理模块设计

1.8.1 用户管理模块概述

用户管理模块类似聊天软件的好友列表，其中包含所有用户信息，另外在用户名称上单击鼠标右键，会弹出管理菜单，菜单中包括更名、添加用户、删除用户、信使群发、访问主机资源和访问公共程序，其中访问主机资源是访问该用户的共享文件夹。用户管理模块的运行效果如图 1.14 所示。

图 1.14 用户管理模块界面效果

1.8.2 用户管理模块技术分析

用户管理模块主要用于显示用户列表，这个用户列表是使用 JTree 树控件实现的。JTree 控件的树节点默认的界面效果难以满足用户列表的外观，用户列表需要绘制当前选择用户的边框、头像、状态图标等信息。为提高用户列表的美观性，用户管理模块必须实现 TreeCellRenderer 接口，创建实现显示自定义图标的树单元格渲染器，这样就可以自定义树节点的样式了。

TreeCellRenderer 接口只定义了一个 getTreeCellRendererComponent()方法，该方法将关于绘制树节点的全部信息作为参数，在实现自己的树单元格渲染器时，可以忽略不需要的参数，也可以直接访问树节点 value 参数。getTreeCellRendererComponent()方法的语法格式如下：

```
Component getTreeCellRendererComponent(JTree tree,
                                       Object value,
                                       boolean selected,
                                       boolean expanded,
                                       boolean leaf,
                                       int row,
                                       boolean hasFocus)
```

语法中涉及的参数说明如表 1.5 所示。

表 1.5　参数说明

参数名称	描　述	参数名称	描　述
tree	JTree 树对象	leaf	是否是树的叶节点
value	当前树单元格的值	row	当前节点所在行号
selected	树单元格（也就是树节点）是否被选中	hasFocus	当前节点是否拥有焦点
expanded	节点是否展开		

1.8.3　用户管理模块实现过程

用户管理模块的开发步骤如下。

（1）创建 UserTreeRanderer 类，该类继承 JPanel 类成为一个面板控件，同时该类也实现了 TreeCellRenderer 接口成为树节点的渲染器。该类的构造方法中接收 3 个图标参数，分别用于树节点的打开、关闭和叶节点的图标。关键代码如下：

例程 29　代码位置：TM\01\EQ\src\com\lzw\userList\UserTreeRanderer.java

```
public class UserTreeRanderer extends JPanel implements TreeCellRenderer {
    private Icon openIcon;                                    //节点展开时的图标
    private Icon closedIcon;                                  //节点关闭时的图标
    private Icon leafIcon;                                    //节点默认图标
    private String tipText = "";                              //提示内容
    private final JCheckBox label = new JCheckBox();          //单选框，文本用户显示用户名
    private final JLabel headImg = new JLabel();              //头像
    private static User user;                                 //用户
    public UserTreeRanderer() {
        super();
        user = null;
    }
    public UserTreeRanderer(Icon open, Icon closed, Icon leaf) {
        openIcon = open;                                      //节点展开时的图标
        closedIcon = closed;                                  //节点关闭时的图标
        leafIcon = leaf;                                      //节点默认图标
        setBackground(new Color(0xF5B9BF));                   //设置背景颜色
        label.setFont(new Font("宋体", Font.BOLD, 14))         //设置单选框字体
        URL trueUrl = EQ.class
                .getResource("/image/chexkBoxImg/CheckBoxTrue.png"); //选中图标
```

```
            label.setSelectedIcon(new ImageIcon(trueUrl));              //设置单选框的选中图标
            URL falseUrl = EQ.class
                    .getResource("/image/chexkBoxImg/CheckBoxFalse.png");  //未选中图标
            label.setIcon(new ImageIcon(falseUrl));                     //单选框载入未选中图片
            label.setForeground(new Color(0, 64, 128));                 //单选框字体颜色
            final BorderLayout borderLayout = new BorderLayout();  //创建边界布局
            setLayout(borderLayout);                                    //节点面板使用边界布局
            user = null;                                                //清空用户资料
        }
…//省略部分代码
}
```

（2）在 UserTreeRanderer 类中重写父类的 getTreeCellRendererComponent()方法，它负责渲染树节点的界面样式。该方法将获取主窗体的宽度，并使用该宽度值设置节点的宽度，使节点与窗体同宽。当用户选择某个节点时，该方法将使用指定颜色绘制节点的边框，以突出该节点被选择的效果。关键代码如下：

例程 30　代码位置：TM\01\企业 QQ\src\com\mingrisoft\userList\UserTreeRanderer.java

```
public Component getTreeCellRendererComponent(JTree tree, Object value,
        boolean selected, boolean expanded, boolean leaf, int row,
        boolean hasFocus) {
    if (value instanceof DefaultMutableTreeNode) {              //如果单元格的值属于节点值
        DefaultMutableTreeNode node = (DefaultMutableTreeNode) value;  //转为节点对象
        Object uo = node.getUserObject();                       //获取节点中的用户对象
        if (uo instanceof User)                                 //如果属于本项目中的用户类
            user = (User) uo;                                   //转为用户对象
    } else if (value instanceof User)                           //如果单元格的值属于本项目中的用户类
        user = (User) value;                                    //转为用户对象
    if (user != null && user.getIcon() != null) {               //如果用户为空或者用户没有头像
        int width = EQ.frame.getWidth();                        //获得窗体宽度
        if (width > 0)                                          //如果宽度大于 0
            setPreferredSize(new Dimension(width, user.getIconImg()
                    .getIconHeight()));                         //设置用户节点面板宽度
        headImg.setIcon(user.getIconImg());                     //设置头像图片
        tipText = user.getName();                               //设置提示内容
    } else {
        if (expanded)                                           //扩展该节点时
            headImg.setIcon(openIcon);                          //使用节点展开时的图标
        else if (leaf)                                          //如果是叶子节点时
            headImg.setIcon(leafIcon);                          //节点默认图标
        else                                                    //否则
            headImg.setIcon(closedIcon);                        //节点关闭时的图标
    }
    add(headImg, BorderLayout.WEST);                            //头像放到面板西部
    label.setText(value.toString());                            //设置单选框的值
    label.setOpaque(false);                                     //不绘制边界
    add(label, BorderLayout.CENTER);
    if (selected) {                                             //如果节点被选中
```

```
            label.setSelected(true);                                    //单选框被选中
            setBorder(new LineBorder(new Color(0xD46D73), 2, false));   //设置线布局
            setOpaque(true);                                            //绘制边界
        } else {
            setOpaque(false);                                           //不绘制边界
            label.setSelected(false);                                   //单选框未选中
            setBorder(new LineBorder(new Color(0xD46D73), 0, false));   //设置线布局
        }
        return this;
    }
```

（3）创建 ChatTree 类，该类继承 JTree 类实现自定义的树控件，并且使用了之前定义的 UserTreeRanderer 树节点渲染器，它在构造方法中初始化类的属性，然后调用 sortUsers()方法添加并显示用户列表。关键代码如下：

例程 31　代码位置：TM\01\EQ\src\com\lzw\userList\ChatTree.java

```
public class ChatTree extends JTree {
    private DefaultMutableTreeNode root;                            //用户树的根节点
    private DefaultTreeModel treeModel;                             //用户树数据模型
    private List<User> userMap;
    private Dao dao;                                                //数据库接口
    private EQ eq;                                                  //主窗体对象
    public ChatTree(EQ eq) {
        super();
        root = new DefaultMutableTreeNode("root");                 //创建根节点
        treeModel = new DefaultTreeModel(root);                     //数据模型添加根节点
        userMap = new ArrayList<User>();
        dao = Dao.getDao();                                         //初始化数据库接口
        addMouseListener(new ThisMouseListener());                  //添加自定义鼠标事件
        setRowHeight(50);                                           //每一样高度为 50 像素
        setToggleClickCount(2);                    //设置节点展开或关闭之前鼠标的单击数为两次
        setRootVisible(false);                                      //根节点不可见
        DefaultTreeCellRenderer defaultRanderer = new DefaultTreeCellRenderer();
        //创建用户（树）节点面板类，传入默认的 3 个图标
        UserTreeRanderer treeRanderer = new UserTreeRanderer(
                defaultRanderer.getOpenIcon(), defaultRanderer.getClosedIcon(),
                defaultRanderer.getLeafIcon());
        setCellRenderer(treeRanderer);             //设置树节点渲染对象，即创建用户（树）节点面板类
        setModel(treeModel) ;                                       //设置树节点数据模型
        sortUsers();                                                //排序用户列表
        this.eq = eq;
    }
…//省略部分代码
}
```

（4）在 ChatTree 类中编写 sortUsers()方法，该方法的主体是一个内部线程，该线程首先获取本地 IP 地址，使用该地址从数据库中获取本地用户对象，并将本地用户显示在用户列表的首位。然后，从数据库中获取所有用户对象，将除自己以外的用户分别添加到用户列表中。最后，使第一个用户处于

被选中的状态，并更新状态栏标签中显示的用户数量。关键代码如下：

例程 32　代码位置：TM\01\企业 QQ\src\com\mingrisoft\userList\ChatTree.java

```
private synchronized void sortUsers() {
    new Thread(new Runnable() {                                    //匿名线程内部类
            public void run() {
                try {
                    Thread.sleep(100);
                    root.removeAllChildren();                      //根节点删除所有用户节点
                    String ip = InetAddress.getLocalHost()
                            .getHostAddress();                     //获取本地 IP
                    User localUser = dao.getUser(ip);              //获取符合本地 IP 的用户
                    if (localUser != null) {                       //如果本地用户不为空
                        DefaultMutableTreeNode node = new DefaultMutableTreeNode(
                                localUser);                        //创建本地用户节点
                        root.add(node);                            //把自己显示在首位
                    }
                    userMap = dao.getUsers();                      //获取所有用户
                    Iterator<User> iterator = userMap.iterator();  //获取所有用户的迭代器
                    while (iterator.hasNext()) {                   //迭代器依次迭代
                        User user = iterator.next();               //获取用户对象
                        if (user.getIp().equals(localUser.getIp())) { //如果与本地用户 IP 相同
                            continue;                              //跳过此次循环
                        }
                            //用户树根节点添加用户节点
                        root.add(new DefaultMutableTreeNode(user));
                    }
                    treeModel.reload();                            //用户树模型重新加载
                    ChatTree.this.setSelectionRow(0);
                    if (eq != null)                                //如果主窗体对象不为空
                        eq.setStatic("    总人数：" + getRowCount()); //设置状态栏信息
                } catch (Exception e) {
                    e.printStackTrace();
                }
            }
        }).start();                                                //启动线程
    }
```

（5）在 ChatTree 类中编写 delUser()方法，用于删除当前用户列表中选择的用户对象。该方法首先获取选择的树节点，从该节点中获取绑定的用户对象，然后以对话框提示用户是否确认删除，如果经过用户确认，将调用 delUser()方法从数据库中删除用户信息，最后调用根节点的 remove()方法删除该用户节点。关键代码如下：

例程 33　代码位置：TM\01\企业 QQ\src\com\mingrisoft\userList\ChatTree.java

```
public void delUser() {
    TreePath path = getSelectionPath();                            //返回首选节点的路径
    if (path == null)                                              //此节点不存在
        return;
```

```
        User user = (User) ((DefaultMutableTreeNode) path
                .getLastPathComponent()).getUserObject();        //获取此节点的用户对象
        int operation = JOptionPane.showConfirmDialog(this, "确定要删除用户：" + user
                + "?", "删除用户", JOptionPane.YES_NO_OPTION,
                JOptionPane.QUESTION_MESSAGE);                  //弹出确认对话框
        if (operation == JOptionPane.YES_OPTION) {              //选择确定
            dao.delUser(user);                                   //数据库删除用户资料
                //根节点删除对应的用户节点
            root.remove((DefaultMutableTreeNode) path.getLastPathComponent());
            treeModel.reload();                                  //数据库模型重新载入数据
        }
}
```

（6）在 ChatTree 类中编写 addUser()方法，它可以向用户列表中添加新用户。该方法首先使用传递的 IP 参数到数据库中获取对应的用户对象，如果成功获取用户对象，说明数据库已存在该 IP 地址的用户，系统将使用对话框提示“用户已存在”，否则执行该 IP 地址的搜索任务。当确定该 IP 地址可以访问后，为该 IP 地址创建一个新的用户对象并添加到数据库中，然后调用 sortUsers()方法重新加载用户列表并提示用户添加成功。关键代码如下：

例程 34　代码位置：TM\01\企业 QQ\src\com\mingrisoft\userList\ChatTree.java

```
public boolean addUser(String ip, String opration) {
    try {
        if (ip == null)                                          //如果 IP 不是空
            return false;
        User oldUser = dao.getUser(ip);                          //查找此 IP 是否存在过
        if (oldUser == null) {                                   //如果数据库中不存在该用户
            InetAddress addr = InetAddress.getByName(ip);        //创建 IP 地址对象
            if (addr.isReachable(1500)) {                        //如果在 1500 毫秒内可以到达该地址
                String host = addr.getHostName();                //获取这个地址的名称
                //创建新的用户节点
                DefaultMutableTreeNode newNode = new DefaultMutableTreeNode(
                        new User(host, ip));
                root.add(newNode);                               //新节点添加到用户树中
                User newUser = new User();                       //创建新用户对象
                newUser.setIp(ip);                               //记录 IP
                newUser.setHost(host);                           //记录用户地址名
                newUser.setName(host);                           //记录用户名
                newUser.setIcon("1.gif");                        //记录用户头像
                dao.addUser(newUser);                            //向数据库中添加此用户信息
                sortUsers();                                     //用户列表重新排序
                if (!opration.equals("search"))                  //如果调用的此方法不是查询业务
                    JOptionPane.showMessageDialog(EQ.frame, "用户" + host
                            + "添加成功", "添加用户",
                            JOptionPane.INFORMATION_MESSAGE);
                return true;
            } else {
                if (!opration.equals("search"))                  //如果调用的此方法不是查询业务
```

```
                    //弹出错误对话框
                    JOptionPane.showMessageDialog(EQ.frame, "检测不到用户 IP："
                            + ip, "错误添加用户", JOptionPane.ERROR_MESSAGE);
                return false;
            }
        } else {
            if (!opration.equals("search"))                    //如果调用的此方法不是查询业务
                //弹出警告对话框
                JOptionPane.showMessageDialog(EQ.frame, "已经存在用户 IP" + ip,
                        "不能添加用户", JOptionPane.WARNING_MESSAGE);
            return false;
        }
    } catch (Exception e) {
        e.printStackTrace();
    }
    return false;
}
```

1.9 通信模块设计

1.9.1 通信模块概述

通信模块是企业 QQ 的核心模块，它用于不同职工之间的通信，这种通信方式能够实现多个职工之间的通话，而不存在类似电话的占线问题，增加了任务分配的新方式，从而提高企业的工作效率。该模块可以使用 UDP 协议和系统信使两种方式发送通信信息。通信模块的界面运行效果如图 1.15 所示。

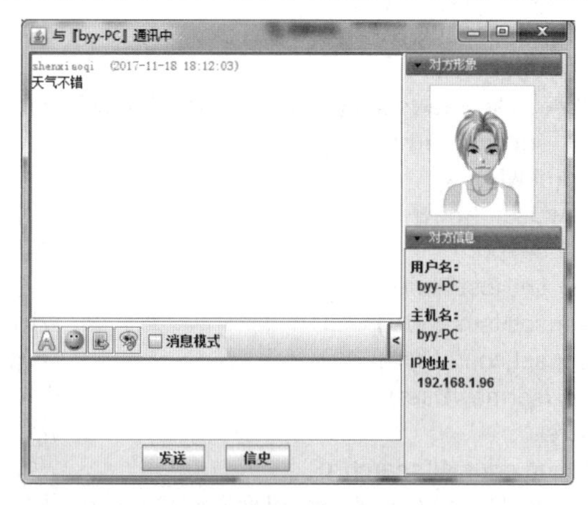

图 1.15　通信模块的界面运行效果

1.9.2 通信模块技术分析

通信模块使用基于 UDP 协议的数据报和套接字实现计算机之间的信息通信。UDP（User Datagram

Protocol）协议就是用户数据报协议，它是一种无连接协议，在用该协议进行数据传输时，发送方只需要知道对方的 IP 地址和端口号就可以发送数据，并不需要进行连接，当连接的远程主机端口号处于监听状态时，则 UDP 必须处于连接状态。

Java 中对 UDP 数据报的发送和接收是通过 DatagramSocket 类实现的，DatagramPacket 类表示 UDP 数据包，它封装了数据报的属性和数据，这两个类的工作流程如图 1.16 所示。

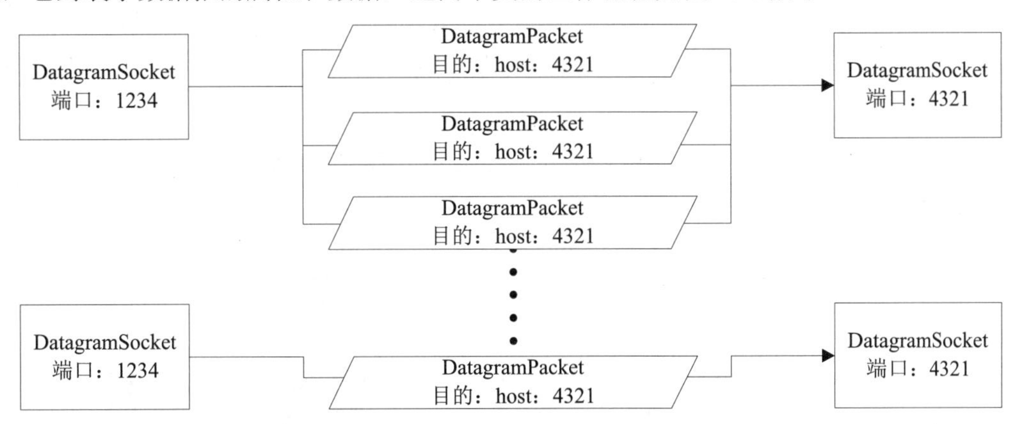

图 1.16　DatagramSocket 类和 DatagramPacket 类的工作流程

1.9.3　消息的接收和发送

实现消息接收和发送功能的步骤如下。

（1）编写 receiveInfo()方法，用于接收其他用户发送的通信信息。该方法首先从数据报中获取发送信息的用户 IP 地址，然后从数据库中获取该 IP 用户的姓名，最后将这些用户 IP、用户姓名和发送时间显示在信息文本框中。关键代码如下：

例程 35　代码位置：TM\01\企业 QQ\src\com\mingrisoft\frame\TelFrame.java

```
private void receiveInfo() {
    if (buf.length > 0) {
        //将 UDP 套接字获取的数据转为字符串
        String rText = new String(buf).replace("" + (char) 0, "");
        String hostAddress = dp.getAddress().getHostAddress();        //获取发送数据包的 IP 对象
        String info = dao.getUser(hostAddress).getName();             //获取此 IP 地址对应的用户名
        //创建日期格式化类
        SimpleDateFormat sdf = new SimpleDateFormat("yyyy-MM-dd HH:mm:ss");
        info = info + "    (" + sdf.format(new Date()) + ")";         //在消息后面添加日期
        appendReceiveText(info, Color.BLUE);                          //将用户信息追加到聊天面板中
        if (rText.equals(SHAKING)) {
            //将用户发送的消息追加到聊天面板中
            appendReceiveText("[对方发送了一个抖动窗口]\n", Color.RED);
            shaking();                                                //让自己的窗口抖动
        } else {
            appendReceiveText(rText + "\n", null);                    //将用户发送的消息追加到聊天面板中
```

```
                ChatLog.writeLog(user.getIp(), info);                //记录发送的聊天记录（用户名）
                ChatLog.writeLog(user.getIp(), rText);               //记录发送的聊天记录（消息）
            }
        }
}
```

（2）创建“发送”按钮的动作事件监听器 sendActionListener 类，它是一个内部类，并且该类实现了 ActionListener 接口，拥有处理按钮事件的能力。它在 actionPerformed()方法中获取数据报中的通信信息。关键代码如下：

例程 36　代码位置：TM\01\企业 QQ\src\com\mingrisoft\frame\TelFrame.java

```
class sendActionListener implements ActionListener {
    public void actionPerformed(final ActionEvent e) {
        String sendInfo = getSendInfo();                             //获取要发送的消息
        if (sendInfo == null)                                        //如果消息为空
            return;
        insertUserInfoToReceiveText();                               //聊天记录窗口插入当前用户名
        appendReceiveText(sendInfo + "\n", null);                    //聊天记录添加无颜色文本
        byte[] tmpBuf = sendInfo.getBytes();                         //将字符串变为字节数组
        DatagramPacket tdp = null;                                   //创建 UDP 数据包
        try {
            //初始化数据包，参数：数据数组，数组长度，要发送的地址
            tdp = new DatagramPacket(tmpBuf, tmpBuf.length,
                    new InetSocketAddress(ip, 1111));
            ss.send(tdp);                                            //UDP 套接字发送数据包
            //记录发送的聊天记录（聊天信息）（用户名记录在 insertUserInfoToReceiveText()方法中）
            ChatLog.writeLog(user.getIp(), sendInfo);
        } catch (SocketException e2) {
            e2.printStackTrace();
        } catch (IOException e1) {
            e1.printStackTrace();
            JOptionPane.showMessageDialog(TelFrame.this, e1.getMessage());
        }
        sendText.setText(null);                                      //清空输入框内容
        sendText.requestFocus();                                     //输入框获得焦点
    }
}
```

1.9.4　显示消息记录

显示消息记录功能的实现步骤如下。

（1）创建 ChatDialog 类，该类通过继承 JDialog 类实现对话框。在 ChatDialog 类中，需要的组件包括显示消息记录的文本域、文本域的滚动面板以及主容器面板等。此外，将消息记录文件存放在 List 集合类的实例对象中，并通过用户 IP 获取相应的消息记录文件。关键代码如下：

例程 37　代码位置：TM\01\企业 QQ\src\com\mingrisoft\frame\ChatDialog.java

```
public class ChatDialog extends JDialog {
    public ChatDialog(Frame owner, User user) {
        super(owner, true);                                      //调用父类构造方法
        int x = owner.getX();                                    //获取父窗体坐标
        int y = owner.getY();
        setBounds(x + 20, y + 20, 400, 350);                     //设定对话框坐标和大小
        setDefaultCloseOperation(DISPOSE_ON_CLOSE); //单击红叉按钮销毁窗体
        setTitle("与『" + user + "』消息记录");                  //窗体标题
        JTextArea area = new JTextArea();                        //显示内容的文本域
        area.setEditable(false);                                 //不可编辑
        area.setLineWrap(true);                                  //自动换行
        area.setWrapStyleWord(true);                             //激活断行不断字
        List<String> logs = ChatLog.readAllLog(user.getIp());//获取此用户的消息记录文件
        if (logs.size() == 0) {                                  //如果没有任何消息
            area.append("(无)");                                 //显示无
        } else {                                                 //如有消息
            for (String log : logs) {                            //遍历消息集合
                area.append(log + "\n");                         //逐行打印
            }
        }
        JScrollPane scro = new JScrollPane(area);                //创建文本域的滚动面板
        scro.doLayout();                          //滚动条重新布置组件，使滑块可以正确判断最底部位置
        JScrollBar scroBar = scro.getVerticalScrollBar();        //获取垂直滑块
        scroBar.setValue(scroBar.getMaximum());                  //滚动条滑到底
        JPanel mainPanel = new JPanel();                         //创建主容器面板
        mainPanel.setLayout(new BorderLayout());                 //主容器采用边界布局
        mainPanel.add(scro, BorderLayout.CENTER);                //滚动面板放入主容器中间
        setContentPane(mainPanel);                               //将主容器面板放入主容器中
        setResizable(false);                                     //窗体不可改变
        setVisible(true);                                        //显示窗体
    }
}
```

（2）创建“消息记录”按钮的动作事件监听器 MessageButtonActionListener 类，该类实现了 ActionListener 接口，拥有处理按钮事件的能力。它在 actionPerformed()方法中调用了 ChatDialog 类的实例对象，这个实例对象包含两个参数：聊天窗口对象和对方用户类。关键代码如下：

例程 38　代码位置：TM\01\企业 QQ\src\com\mingrisoft\frame\TelFrame.java

```
private class MessageButtonActionListener implements ActionListener {
    public void actionPerformed(final ActionEvent e) {
        new ChatDialog(frame, user);                             //打开消息记录窗口
    }
}
```

例程 37 和例程 38 的作用是实现查看消息记录的功能。鼠标单击通信窗体中的“消息记录”按钮，即可弹出显示消息记录的对话框，如图 1.17 所示。

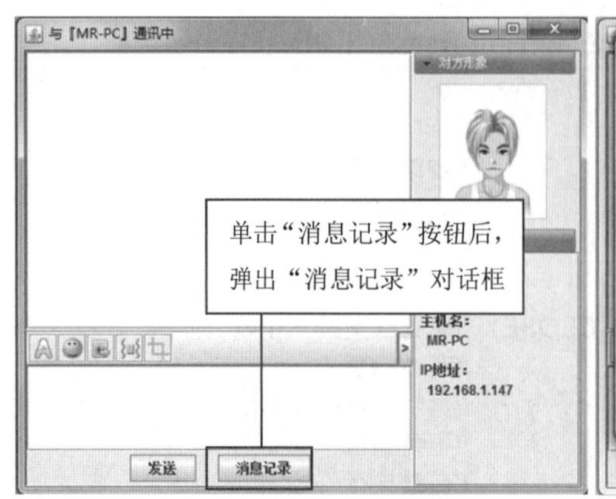

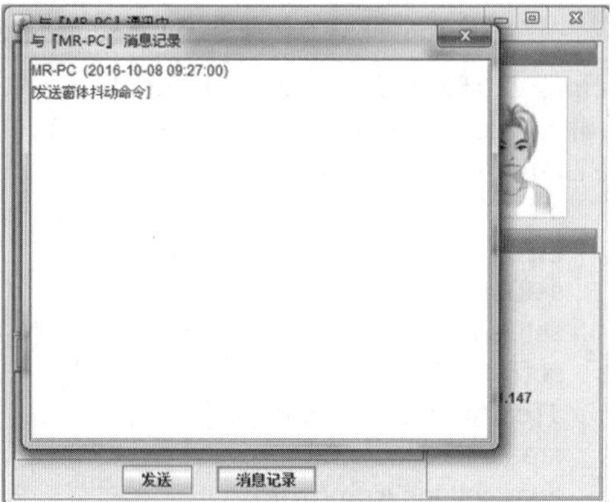

图 1.17　“消息记录”对话框

1.9.5　仿 QQ 抖动功能的实现

实现仿 QQ 抖动功能的步骤如下。

（1）创建功能栏触发监听 toolbarActionListener 类，它是一个内部类，并且该类实现了 ActionListener 接口，拥有处理按钮事件的能力。它在 actionPerformed()方法中调用了发送窗口抖动的指令，即 sendShakeCommand(e)。关键代码如下：

例程 39　代码位置：TM\01\企业 QQ\src\com\mingrisoft\frame\TelFrame.java

```
class toolbarActionListener implements ActionListener {
    public void actionPerformed(final ActionEvent e) {
        String command = e.getActionCommand();                          //获取按钮动作指令
        switch (command) {                                              //判断按钮动作指令
        case "shaking":                                                 //如果按钮指令为抖动
            insertUserInfoToReceiveText();                              //聊天记录窗口插入当前用户名
            //聊天记录添加无颜色文本
            appendReceiveText("[您发送了一个抖动窗口，3 秒之后可再次发送]\n", Color.GRAY);
            ChatLog.writeLog(user.getIp(), "[发送窗体抖动命令]");        //记录发送的聊天记录(用户)
            sendShakeCommand(e);                                        //发送抖动指令
            break;
        case "CaptureScreen":
            new CaptureScreenUtil();
            break;
        default:
            JOptionPane.showMessageDialog(TelFrame.this, "此功能尚在建设中。");
        }
    }
}
```

（2）编写 sendShakeCommand()方法，该方法用于发送窗口抖动的指令。在该方法中创建了一个线程内部类，这个线程内部类的作用是使得通信窗体抖动 3 秒。关键代码如下：

例程 40　代码位置：TM\01\企业 QQ\src\com\mingrisoft\frame\TelFrame.java

```
private void sendShakeCommand(ActionEvent e) {
    Thread t = new Thread() {                                           //创建匿名线程内部类
```

```
            public void run() {                            //重写 run 方法
                Component c = (Component) e.getSource();   //获取触发抖动指令的组件
                try {
                    byte[] tmpBuf = SHAKING.getBytes();    //将抖动命令变为字节数组
                    //创建 UDP 数据包。初始化数据包，参数：数据数组，数组长度，要发送的地址
                    DatagramPacket tdp = new DatagramPacket(tmpBuf,
                            tmpBuf.length, new InetSocketAddress(ip, 1111));
                    ss.send(tdp);                          //UDP 套接字发送数据包
                } catch (IOException e1) {
                    e1.printStackTrace();
                } finally {
                    c.setEnabled(false);                   //禁止使用触发抖动指令的组件
                    try {
                        Thread.sleep(3000);                //3 秒之后
                    } catch (InterruptedException e1) {
                        e1.printStackTrace();
                    } finally {
                        c.setEnabled(true);                //触发抖动指令的组件回复可使用状态
                    }
                }
            };
        };
        t.start();                                         //开启线程
}
```

（3）编写 shaking()方法，这个方法的主要作用是使得通信窗体的坐标在指定范围内变动，进而实现通信窗体的抖动效果。关键代码如下：

例程 41　代码位置：TM\01\企业 QQ\src\com\mingrisoft\frame\TelFrame.java

```
private void shaking() {
    int x = getX();                                        //获取窗体横坐标
    int y = getY();                                        //获取窗体纵坐标
    for (int i = 0; i < 10; i++) {                         //循环 10 次
        if (i % 2 == 0) {                                  //如果 i 为偶数
            x += 5;                                        //横坐标加 5
            y += 5;                                        //纵坐标加 5
        } else {
            x -= 5;                                        //横坐标减 5
            y -= 5;                                        //纵坐标减 5
        }
        setLocation(x, y);                                 //重新设置窗体位置
        try {
            Thread.sleep(50);                              //休眠 50 毫秒
        } catch (InterruptedException e) {
            e.printStackTrace();
        }
    }
}
```

例程 39、例程 40 和例程 41 实现了窗体抖动的功能。首先，鼠标双击用户，进入到通信窗体。然后，单击通信窗体中的“抖”按钮，即可实现窗体抖动功能，如图 1.18 所示。

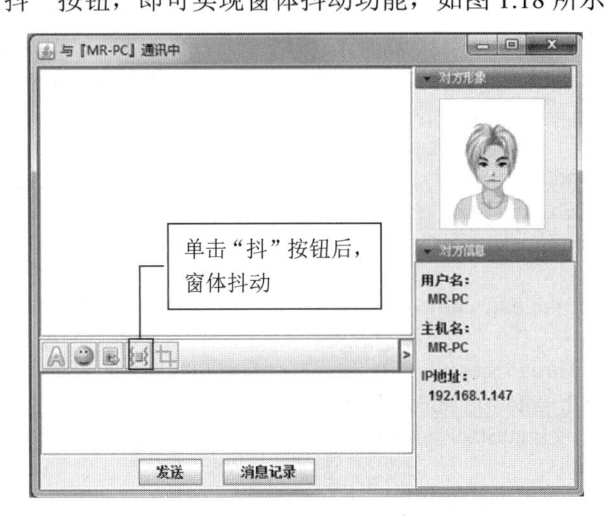

图 1.18　通信窗体中的“抖”按钮

1.9.6　截图功能的实现

截图功能的实现步骤如下。

（1）创建 CaptureScreenUtil 类，该类继承 JWindow 类，JWindow 是一个容器，可以显示在用户桌面上的任何位置。CaptureScreenUtil 类中组件有可访问图像数据缓冲区的图片、工具栏窗体以及组件工具包。此外，还需要声明鼠标定位时的开始坐标与结束坐标。关键代码如下：

例程 42　代码位置：TM\01\企业 QQ\src\com\mingrisoft\frame\CaptureScreenUtil.java

```
public class CaptureScreenUtil extends JWindow {
    private int startX, startY;                          //鼠标定位的开始坐标
    private int endX, endy;                              //鼠标定位的结束坐标
    private BufferedImage screenImage = null;            //桌面全屏图片
    private BufferedImage tempImage = null;              //修改后成暗灰色的全屏图片
    private BufferedImage saveImage = null;              //截图
    private ToolsWindow toolWindow = null;               //工具栏窗体
    private Toolkit tool = null;                         //组件工具包
    //…省略部分代码
}
```

（2）在 CaptureScreenUtil 类的构造方法中初始化 CaptureScreenUtil 类中的部分属性，其中包括组件工具包、桌面全屏图片等。关键代码如下：

例程 43　代码位置：TM\01\企业 QQ\src\com\mingrisoft\frame\CaptureScreenUtil.java

```
public CaptureScreenUtil() {
    tool = Toolkit.getDefaultToolkit();                  //创建系统该默认组件工具包
    Dimension d = tool.getScreenSize();                  //获取屏幕尺寸，赋给一个二维坐标对象
    setBounds(0, 0, d.width, d.height);                  //设置截图窗口坐标和大小
```

```
    Robot robot;                                                //创建 Java 自动化测试类
    try {
        robot = new Robot();
        Rectangle fanwei = new Rectangle(0, 0, d.width, d.height);   //创建区域范围类
        screenImage = robot.createScreenCapture(fanwei);       //捕捉此区域所有像素所生成的图像
        addAction();                                            //添加动作监听
        setVisible(true);                                       //窗体可见
    } catch (AWTException e) {
        e.printStackTrace();
        JOptionPane.showMessageDialog(null, "截图功能无法使用", "错误",
                JOptionPane.ERROR_MESSAGE);
    }
}
```

（3）编写 addAction()方法，该方法主要作用是为截图窗体添加鼠标监听事件和鼠标拖曳事件。其中，鼠标监听事件作用是分别记录鼠标按下、松开时的横、纵坐标；鼠标拖曳事件作用是在鼠标被按下时，记录拖动鼠标轨迹。关键代码如下：

例程 44　代码位置：TM\01\企业 QQ\src\com\mingrisoft\frame\CaptureScreenUtil.java

```
private void addAction() {
    //截图窗体添加鼠标事件监听
    addMouseListener(new MouseAdapter() {
        @Override
        public void mousePressed(MouseEvent e) {                //鼠标按下时
            startX = e.getX();                                  //记录此时鼠标横坐标
            startY = e.getY();                                  //记录此时鼠标纵坐标
            if (toolWindow != null) {                           //如果工具栏窗体对象已存在
                toolWindow.setVisible(false);                   //让工具栏窗体隐藏
            }
        }
        @Override
        public void mouseReleased(MouseEvent e) {               //鼠标松开时
            if (toolWindow == null) {                           //如果工具栏窗体对象是 null
                toolWindow = new ToolsWindow(e.getX(), e.getY()); //创建新的工具栏窗体
            } else {
                toolWindow.setLocation(e.getX(), e.getY());     //指定工具栏窗体在屏幕上的位置
            }
            toolWindow.setVisible(true);                        //工具栏窗显示
            toolWindow.toFront();                               //工具栏窗体置顶
        }
    });
    //截图窗体添加鼠标拖曳事件监听
    addMouseMotionListener(new MouseMotionAdapter() {
        public void mouseDragged(MouseEvent e) {                //当鼠标被按下并拖曳时
            //记录鼠标拖动轨迹
            endX = e.getX();                                    //横坐标
            endy = e.getY();                                    //纵坐标
            //临时图像，用于缓冲屏幕区域放置屏幕闪烁
```

```
                Image backgroundImage = createImage(getWidth(), getHeight());    //创建背景图像
                Graphics g = backgroundImage.getGraphics(); //获得背景图像的绘图对象
                g.drawImage(tempImage, 0, 0, null);              //在背景中绘制暗灰色的屏幕图片
                int x = Math.min(startX, endX);                  //在鼠标起始位置和结束位置区一个最小的
                int y = Math.min(startY, endy);                  //在鼠标起始位置和结束位置区一个最小的
                int width = Math.abs(endX - startX) + 1;         //图片最小宽度为 1 像素
                int height = Math.abs(endy - startY) + 1;        //图片最小高度为 1 像素
                g.setColor(Color.BLUE);                          //使用蓝色画笔画边框
                //画一个矩形，留出一个像素的距离让边框可以显示
                g.drawRect(x - 1, y - 1, width + 1, height + 1);
                saveImage = screenImage.getSubimage(x, y, width, height);       //截图全屏图片
                g.drawImage(saveImage, x, y, null);              //在背景中绘制截取出的图片
                getGraphics().drawImage(backgroundImage, 0, 0,
                        CaptureScreenUtil.this);                 //背景图像
            }
        });
}
```

（4）编写 saveImage()方法，该方法的作用是将当前截图保存到本地。在保存截图的过程中，首先通过只显示.jpg 图片格式的文件选择器选择用于保存截图的文件夹，然后分别将图片格式设置为.jpg，图片名称设置为当前日期，最后保存至指定的文件夹里。关键代码如下：

例程 45　代码位置：TM\01\企业 QQ\src\com\mingrisoft\frame\CaptureScreenUtil.java

```
public void saveImage() {
    JFileChooser jfc = new JFileChooser();                          //创建文件过滤器
    jfc.setDialogTitle("保存图片");                                  //设置文件选择器标题
    FileNameExtensionFilter filter = new FileNameExtensionFilter("JPG",
            "jpg");                                                 //创建文件过滤器，只显示.jpg 后缀的图片
    jfc.setFileFilter(filter);                                      //文件选择器使用过滤器
    SimpleDateFormat sdf = new SimpleDateFormat("yyyymmddHHmmss");       //创建日期格式化类
    String fileName = sdf.format(new Date());                       //将当前日期作为文件名
    FileSystemView view = FileSystemView.getFileSystemView();            //获取系统文件视图类
    File filePath = view.getHomeDirectory();                        //获取桌面路径
    File saveFile = new File(filePath, fileName + ".jpg");          //创建要被保存的图片文件
    jfc.setSelectedFile(saveFile);                                  //将文件选择器的默认选中文件设为 saveFile
    int flag = jfc.showSaveDialog(this);                            //在主窗体中弹出文件选择器，获取用户操作码
    if (flag == JFileChooser.APPROVE_OPTION) {                      //如果选中的是保存按钮
        try {
            ImageIO.write(saveImage, "jpg", saveFile);              //生成 jpg 格式的图片文件
        } catch (IOException e) {
            e.printStackTrace();
            JOptionPane.showMessageDialog(this, "文件无法保存！", "错误",
                    JOptionPane.ERROR);
        } finally {
            disposeAll();                                           //销毁所有截图窗体
        }
    }
}
```

鼠标双击用户，进入到通信窗体。单击通信窗体中的“抖”按钮，即可实现窗体抖动功能，如图 1.19 所示。

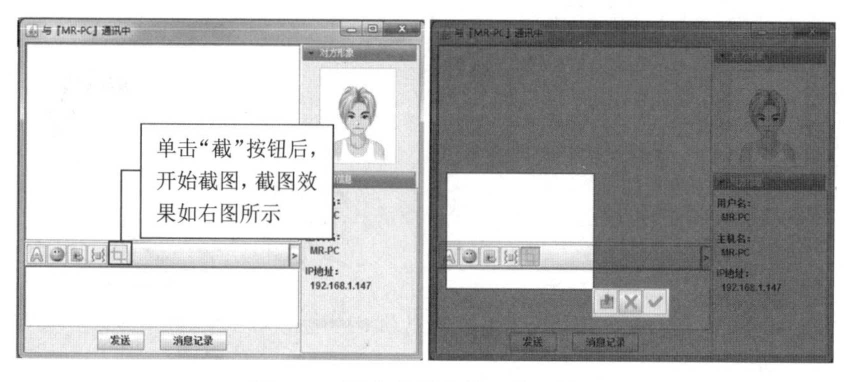

图 1.19　通信窗体中的“截”按钮

1.10　开发技巧与难点分析

Java 应用程序的资源（如图片、声音等）是应用程序不可缺少的组成部分，当程序需要设计窗体背景、按钮图片、提示音等功能时需要获取这些资源，但是这些资源如果和程序的 JAR 打包文件分开存放，很容易因资源丢失而导致程序无法运行，或者无法显示界面。

如果将资源与程序存放在一起并打包到一个 JAR 文件中，则可以保证程序和资源的同步。这可以通过 Class 类的 getResource()方法实现获取资源的 URL 路径，然后使用 ImageIcon 类创建程序界面需要的背景图片或者按钮的图标文件，也可以通过该 URL 路径创建其他资源，如文本文件、声音文件等。获取资源路径的关键代码如下：

```
URL path = EQ.class.getResource("/NEWFACE/" + faceNum + ".png");          //获取资源路径
ImageIcon img = new ImageIcon(path);                                        //创建图片资源
```

注意　资源文件的名称应该尽量使用英文，因为中文名称在打包成 JAR 文件后会产生乱码，那样即使路径正确，也无法获取文件名混乱的资源。

1.11　本 章 小 结

本章主要以 UDP 协议的通信方式，制作了一个企业 QQ，该系统可以实现在线通信、信使发送功能。通过对本章的学习，读者可以掌握 UDP 协议的通信方式；另外，还可以学到 Derby 数据库和系统托盘两个新特性，希望读者能熟练掌握这些新技术，为以后的程序开发奠定基础。

第 2 章

蓝宇快递打印系统

（Swing+MySQL 实现）

随着社会的发展，人们的生活节奏不断加快。快递这种新兴的行业逐步走入人们的视野。在快递过程中，需要填写大量的表单，例如物品信息等。为了提高快递的效率，可以采用计算机来辅助表单的填写工作。本章将开发一个快递打印系统，该系统支持表单内容的记录与打印。主要使用 PrintJob 类获得打印对象与实现打印，通过实现 Printable 接口中 print()方法设置打印内容的位置。

通过阅读本章，可以学习到：

- 数据库的设计
- 获取打印对象
- 设置打印内容
- 实现系统登录
- 添加与修改快递信息
- 打印和设置快递信息
- 修改用户密码
- 了解程序调试与错误处理

2.1　开 发 背 景

随着社会的发展，人们的生活节奏不断加快。为了节约宝贵的时间，快递业务应运而生。在快递过程中，需要填写大量的表单。如果使用计算机来辅助填写及保存相应的记录，则能大大提高快递的效率。因此，需要开发一个快递打印系统。该系统应该支持快速录入关键信息，例如发件人和收件人的姓名、电话和地址等，快递物品的信息等，并将其保存在数据库中方便以后查看。程序的主界面如图 2.1 所示。

图 2.1　蓝宇快递打印系统界面

2.2　系 统 分 析

2.2.1　需求分析

通过与×××有限公司的沟通，在需求分析中要求企业内部通信系统具有以下功能。

☑　操作简单，界面友好。

☑　规范、完善的基础信息设置。

☑　支持打印功能。

☑　使用独立的本地数据库。

☑　可以添加、维护快递单信息。

☑　提供用户的添加、修改密码操作。

2.2.2 可行性分析

根据《GB8567－88 计算机软件产品开发文件编制指南》中可行性分析的要求，制定的可行性研究报告如下。

1. 引言

（1）编写目的

以文件的形式给企业的决策层提供项目实施的参考依据，其中包括项目存在的风险、项目需要的投资和能够收获的最大效益。

（2）背景

×××有限公司是一家中型的私有企业，为了提高企业的工作效率、实现信息化管理，公司决定开发快递打印系统。

2. 可行性研究的前提

（1）要求

由于电子商务在我国发展迅速，企业要想完成线下业务到线上业务的转型，必须实现业务的信息化、自动化。当企业接收到大量的订单之后，需要在最短的时间内完成拣货和出库，传统手写填单的操作极大影响出库效率。企业通过电子商务平台获取用户信息，包括地址、联系方式等，就可以实现自动打印快递单业务。因此需要开发快递打印系统，极大地缩短出库业务所消耗的时间。

（2）目标

蓝宇快递打印系统的目标是实现企业信息化处理物流业务，废除原始的手写快递单工作，从而提高企业工作效率，以最快的速度提升企业的市场竞争力。

（3）条件、假定和限制

为实现企业自动化打印单据业务，必须对操作人员进行培训，需要花费部分时间和精力来完成。为不影响企业的正常运行，蓝宇快递打印系统必须在两个月的时间内交付用户使用。

系统分析人员需要两天内到位，用户需要 3 天时间确认需求分析文档。去除其中可能出现的问题，例如用户可能临时有事，占用 4 天时间确认需求分析。那么程序开发人员需要在 1 个月零 19 天的时间内进行系统设计、程序编码、系统测试、程序调试和网站部署工作。其间，还包括了员工每周的休息时间。

（4）评价尺度

根据用户的要求，项目主要以打印快递单据为主。企业只需对库管员等负责出库、交付物流的员工进行培训。

3. 投资及效益分析

（1）支出

根据系统的规模及项目的开发周期（两个月），公司决定投入 4 个人。为此，公司将直接支付 3 万元的工资及各种福利待遇。在项目安装及调试阶段，用户培训、员工出差等费用支出需要 1 万元。在项目维护阶段预计需要投入 2 万元的资金。累计项目投入需要 6 万元资金。

（2）收益

用户提供项目资金 12 万元。对于项目运行后进行的改动，采取协商的原则根据改动规模额外提供资金。因此从投资与收益的效益比上看，公司可以获得 6 万元的利润。

项目完成后，会给公司提供资源储备，包括技术、经验的积累，其后再开发类似的项目时，可以极大地缩短项目开发周期。

4. 结论

根据上面的分析，在技术上不会存在问题，因此项目延期的可能性很小。在效益上公司投入 4 个人、两个月的时间获利 6 万元，效益比较可观。在公司今后发展上可以储备网站开发的经验和资源。因此认为该项目可以开发。

2.2.3 编写项目计划书

根据《GB8567－88 计算机软件产品开发文件编制指南》中的项目开发计划要求，结合单位实际情况，设计项目计划书如下。

1. 引言

（1）编写目的

为了保证项目开发人员按时、保质地完成预定目标，更好地了解项目实际情况，按照合理的顺序开展工作，现以书面的形式将项目开发生命周期中的项目任务范围、团队组织结构、团队成员的工作责任、团队内外沟通协作方式、开发进度、检查项目工作等内容描述出来，作为项目相关人员之间的共识和约定及项目生命周期内的所有项目活动的行动基础。

（2）背景

企业内部通信系统是由×××有限公司委托本公司开发的通信系统，主要功能是实现企业内部通信和企业公告，项目周期两个月。项目背景规划如表 2.1 所示。

表 2.1　项目背景规划

项 目 名 称	项目委托单位	任务提出者	项目承担部门
蓝宇快递打印系统	×××有限公司	陈经理	策划部门 研发部门 测试部门

2. 概述

（1）项目目标

项目目标应当符合 SMART 原则，把项目要完成的工作用清晰的语言描述出来。企业内部通信系统的项目目标如下。

企业内部通信系统的主要目的是实现企业的内部通信，主要的业务就是信息交流和企业公告。项目实施后，能够避免无谓的支出、合理控制任务计划、减少资金占用并提升企业工作效率。整个项目需要在两个月的时间内交付用户使用。

（2）产品目标

时间就是金钱，效率就是生命。项目实施后，企业内部通信系统能够为企业节省大量人力资源，减少管理费用，从而间接为企业节约成本，并提高了企业的竞争力。

（3）应交付成果

☑ 在项目开发完成后，交付内容有蓝宇快递打印系统的源程序、系统的数据库文件、系统使用说明书。

☑ 将开发的蓝宇快递打印系统打包并安装到企业的计算机中。

☑ 蓝宇快递打印系统交付用户后，进行系统无偿维护和服务 6 个月，超过 6 个月进行系统有偿维护与服务。

（4）项目开发环境

操作系统为 Windows 7 以上版本，使用集成开发工具 Eclipse，数据库采用 MySQL 5.7，项目运行环境为 JDK 8。

（5）项目验收方式与依据

项目验收分为内部验收和外部验收两种方式。在项目开发完成后，首先进行内部验收，由测试人员根据用户需求和项目目标进行验收。项目在通过内部验收后，交给客户进行验收，验收的主要依据为需求规格说明书。

3．项目团队组织

（1）组织结构

为了完成企业内部通信系统的项目开发，公司组建了一个临时的项目团队，由公司项目经理、软件工程师、美工设计师和测试人员构成，如图 2.2 所示。

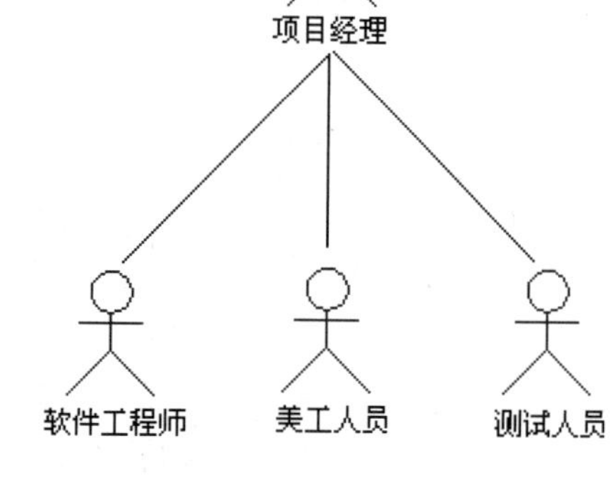

图 2.2　项目团队组织结构图

（2）人员分工

为了明确项目团队中每个人的任务分工，现制定人员分工表如表 2.2 所示。

表 2.2　人员分工表

姓　　名	技术水平	所属部门	角　　色	工作描述
李××	MBA	策划部门	项目经理	负责项目的前期分析、策划、项目开发进度的跟踪、项目质量的检查
钟××	高级软件工程师	软件研发部	软件工程师	负责软件分析、设计与编码
尉××	中级美术设计师	美术设计部	美工人员	负责界面的设计和美工
赵××	高级软件工程师	测试部门	测试人员	负责软件测试与评定

2.3　系统设计

2.3.1　系统目标

通过对系统进行深入的分析得知，本系统需要实现以下目标。

☑ 操作简单方便，界面整洁大方。
☑ 保证系统的安全性。
☑ 方便添加和修改快递信息。
☑ 完成快递单的打印功能。
☑ 支持用户添加和密码修改操作。

2.3.2 系统功能结构

在需求分析的基础上，确定了该模块需要实现的功能。根据功能设计出该模块的功能结构图，如图 2.3 所示。

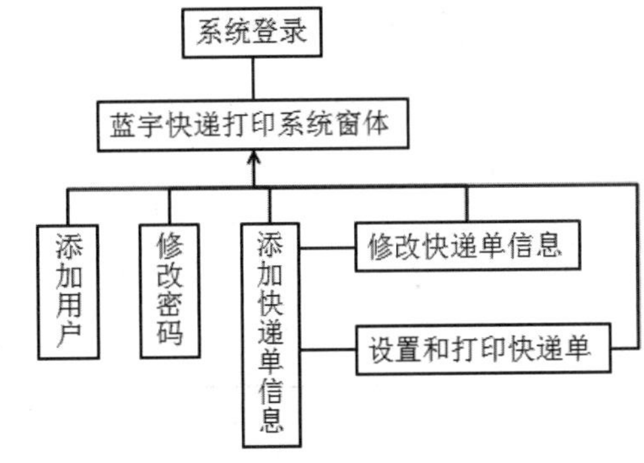

图 2.3　蓝宇快递打印系统功能结构图

2.3.3 数据库设计

1. 数据库分析

本系统采用 MySQL 作为后台数据库。根据需求分析和功能结构图，为整个系统设计了两个数据表，分别用于存储快递单信息和用户信息。根据这两个表的存储信息和功能，分别设计对应的 E-R 图和数据表。其数据库运行环境如下。

（1）硬件平台

☑ CPU：P4 1.6GHz。
☑ 内存：128MB 以上。
☑ 硬盘空间：100MB。

（2）软件平台

☑ 操作系统：Windows 2003 以上。
☑ 数据库：MySQL 5.7。
☑ Java 虚拟机：JDK 8。

2. 蓝宇快递打印系统的 E-R 图

蓝宇快递打印系统包含用户和快递单两个实体，这两个实体分别用于记录用户信息和快递单信息。

（1）用户实体

用户实体是蓝宇快递打印系统的登录用户，它记载了用户的编号、账号和密码信息，如图 2.4 所示。

（2）快递单实体

快递单实体是蓝宇快递打印系统记录的快递单信息，它记载了快递单中的寄件人姓名、寄件人区号电话、寄件单位、寄件人地址、寄件人邮编、收件人姓名、收件人区号电话、收件单位、收件人地址、收件人邮编、打印位置和快递单尺寸，如图 2.5 所示。

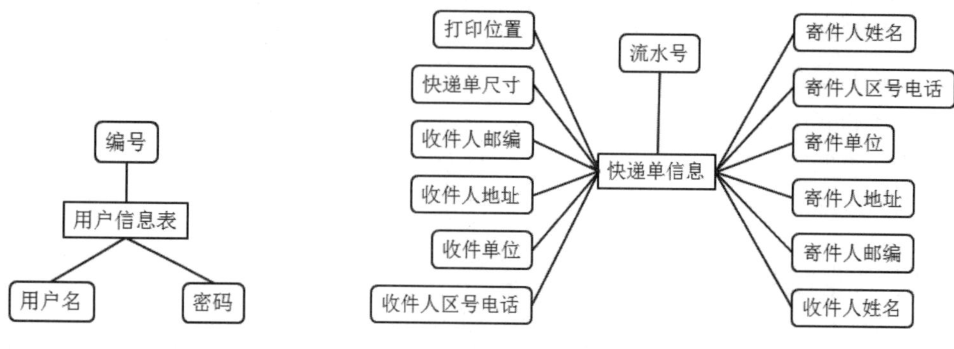

图 2.4　用户实体 E-R 图

图 2.5　快递单实体 E-R 图

3．数据库逻辑结构设计

在本系统中创建了一个数据库 db_ExpressPrint，一共包含了两个数据表，下面分别介绍这两个数据表的逻辑结构。

（1）tb_user（用户信息表）

用户信息表主要用来保存登录用户的账号和密码。表 tb_user 的结构如表 2.3 所示。

表 2.3　表 tb_user 的结构

字　段　名	数 据 类 型	是 否 为 空	是 否 主 键	默　认　值	描　　述
id	int	No	Yes		编号
username	varchar(20)	Yes	No	NULL	用户名
password	varchar(20)	Yes	No	NULL	密码

（2）tb_receiveSendMessage（快递单信息表）

快递单信息表主要用来保存快递单信息。表 tb_receiveSendMessage 的结构如表 2.4 所示。

表 2.4　表 tb_receiveSendMessage 的结构

字　段　名	数 据 类 型	是 否 为 空	是 否 主 键	默　认　值	描　　述
id	int	No	Yes		流水号
sendName	varchar(20)	Yes	No	NULL	寄件人姓名
sendTelephone	varchar(30)	Yes	No	NULL	寄件人区号电话
sendCompary	varchar(30)	Yes	No	NULL	寄件单位
sendAddress	varchar(100)	Yes	No	NULL	寄件人地址
sendPostcode	varchar(10)	Yes	No	NULL	寄件人邮编
receiveName	varchar(20)	Yes	No	NULL	收件人姓名
recieveTelephone	varchar(30)	Yes	No	NULL	收件人区号电话
recieveCompary	varchar(30)	Yes	No	NULL	收件单位
receiveAddress	varchar(100)	Yes	No	NULL	收件人地址
receivePostcode	varchar(10)	Yes	No	NULL	收件人邮编
ControlPosition	varchar(200)	Yes	No	NULL	打印位置
expressSize	varchar(20)	Yes	No	NULL	快递单尺寸

2.3.4　系统预览

蓝宇快递打印系统由多个窗体组成，下面仅列出几个典型窗体，其他窗体参见本书资源包中的源程序。

系统登录窗体的运行效果如图 2.6 所示，主要用于限制非法用户进入到系统内部。

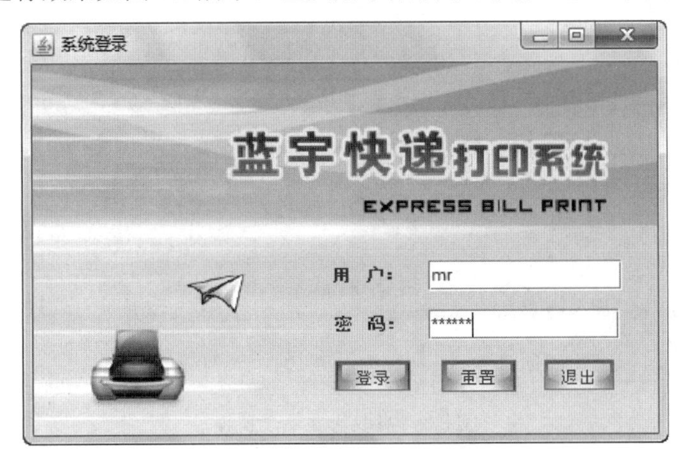

图 2.6　系统登录窗体

系统主窗体的运行效果如图 2.1 所示，主要功能是调用执行本系统的所有功能。

添加快递信息窗体的运行效果如图 2.7 所示，主要功能是完成快递单的编辑工作。这些信息包括发件人的姓名、电话、地址和收件人的姓名、电话、地址等。

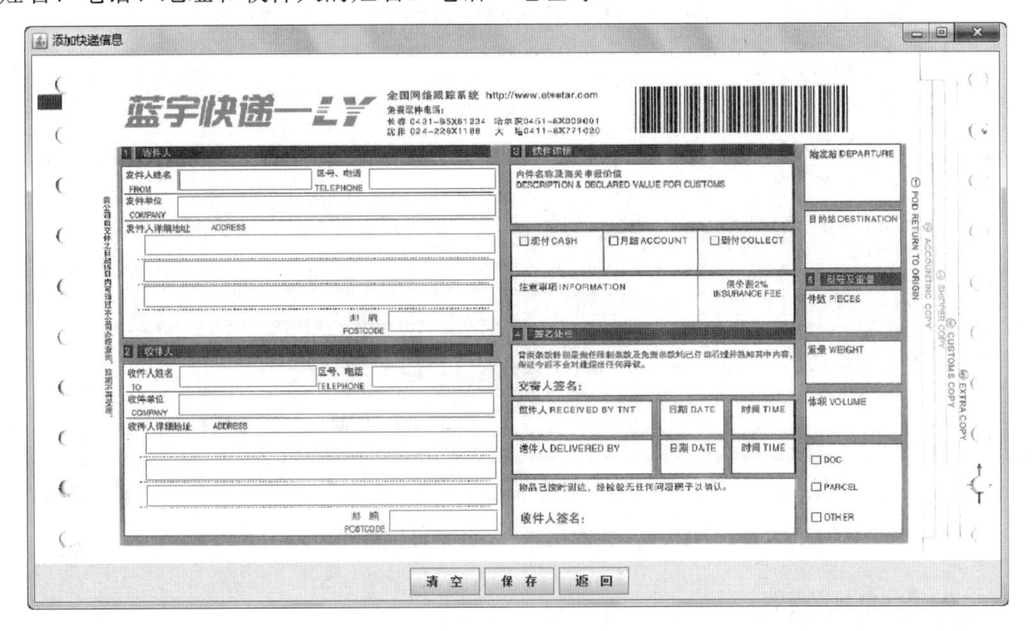

图 2.7　添加快递信息窗体

修改快递信息窗体的运行效果如图 2.8 所示，主要功能是完成对已经保存的快递信息的修改操作。

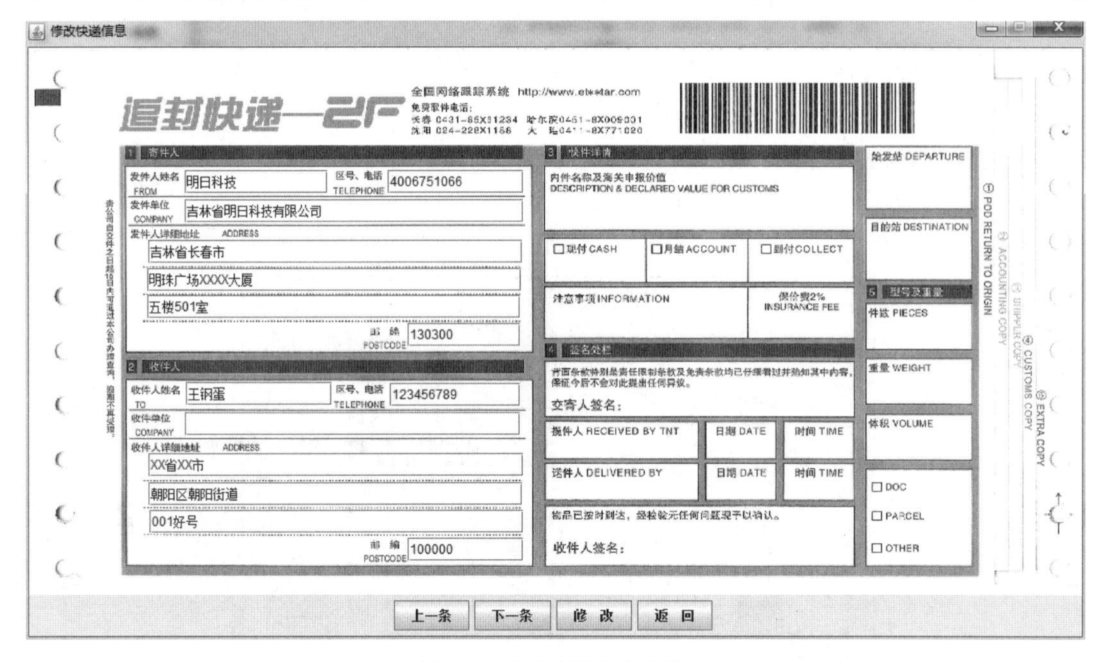

图 2.8　修改快递信息窗体

打印快递单与打印设置窗体的运行效果如图 2.9 所示，主要功能是完成快递单的打印。

图 2.9　打印快递单与打印设置窗体

2.3.5　文件夹组织结构

在进行系统开发前，需要规划文件夹组织结构，即建立多个文件夹，对各个功能模块进行划分，实现统一管理。这样做的好处是易于开发、管理和维护。本系统的文件夹组织结构如图 2.10 所示。

```
蓝宇快递打印系统
  src ——————————————— 程序源码文件夹
    com.zzk.bean ——————— 实体类包
    com.zzk.dao ———————— 数据库包
    com.zzk.frame —————— 窗体包
    com.zzk.panel —————— 面板包
    com.zzk.tool ——————— 工具类包
    image —————————————— 图片资源文件夹
  Referenced Libraries ——— 扩展库
  JRE System Library [jdk] — jre库
  database ——————————————— 数据库脚本文件夹
  lib ———————————————————— 扩展Jar包文件夹
```

图 2.10　文件夹组织结构

2.4　公共模块设计

视频讲解

公共模块通常包含程序中的公有功能，例如处理公有数据、模块之间的交互功能等，这些功能被多个模块重复调用完成指定的业务逻辑。本系统的公共模块包含两部分内容：对数据库进行操作的 DAO 类和保存用户信息工具 SaveUserStateTool 类。

2.4.1　公共类 DAO

在 com.zzk.dao 包中定义了公共类 DAO，该类用于加载数据库驱动及建立数据库连接。通过调用该类的静态方法 getConn()可以获得到数据库 db_AddressList 的连接对象，当其他程序需要对数据库进行操作时，可以通过 DAO.getConn()直接获得数据库连接对象。该类代码如下：

例程 01　代码位置：TM\02\蓝宇快递打印系统\src\com\zzk\dao\Dao.java

```
public class DAO {
    private static DAO dao = new DAO();                         //声明 DAO 类的静态实例
    static {
        try {
            Class.forName("com.mysql.jdbc.Driver");             //加载数据库驱动
        } catch (ClassNotFoundException e) {
            JOptionPane.showMessageDialog(null, "数据库驱动加载失败，请将驱动包配置到构建路径中。
\n" + e.getMessage());
            e.printStackTrace();
        }
    }
    public static Connection getConn() {
        try {
            Connection conn = null;                              //定义数据库连接
            String url = "jdbc:mysql://127.0.0.1:3306/db_ExpressPrint";    //数据库 db_Express 的 URL
```

```
                String username = "root";                                   //数据库的用户名
                String password = "123456";                                 //数据库密码
                conn = DriverManager.getConnection(url, username, password);  //建立连接
                return conn;                                                //返回连接
            } catch (Exception e) {
                JOptionPane.showMessageDialog(
                        null,
                        "数据库连接失败。\n 请检查是否安装了 SP4 补丁，\n 以及数据库用户名和密码是否正
确。" + e.getMessage());
                return null;
            }
        }
        public static void main(String[] args) {
            System.out.println(getConn());
        }
}
```

2.4.2　公共类 SaveUserStateTool

在 com.zzk.tool 包中定义了公共类 SaveUserStateTool，该类用于保存登录用户的用户名和密码。该类主要用于修改用户的密码，因为用户只能修改自己的密码，这样通过该类可以知道原密码是否正确。

例程 02　代码位置：TM\02\蓝宇快递打印系统\src\com\zzk\tool\SaveUserStateTool.java

```
public class SaveUserStateTool {
    private static String username = null;                          //用户名称
    private static String password = null;                          //用户密码
    public static void setUsername(String username) {               //用户名称的 setter 方法
        SaveUserStateTool.username = username;
    }
    public static String getUsername() {                            //用户名称的 getter 方法
        return username;
    }
    public static void setPassword(String password) {               //用户密码的 setter 方法
        SaveUserStateTool.password = password;
    }
    public static String getPassword() {                            //用户密码的 getter 方法
        return password;
    }
}
```

视频讲解

2.5　系统登录模块设计

在本系统的项目空间中，有部分模块是公用的，或者是多个模块甚至整个系统的配置信息，它们被多个模块重复调用完成指定的业务逻辑，本节将这些公共模块提出来做单独介绍。

2.5.1　系统登录模块概述

系统登录窗体用于对用户身份进行验证，目的是防止非法用户进入系统。操作员只有输入正确的用户名和密码方可进入系统，否则不能进入系统。系统登录窗体运行效果如图 2.6 所示。

2.5.2　系统登录模块技术分析

系统登录模块用到的主要技术是背景图片的绘制。

（1）在绘制背景图片前，需要先获得该图片。使用 ImageIcon 类的 getImage()方法可以获得 Image 类型的对象。该方法的声明如下：

```
public Image getImage()
```

为了获得 ImageIcon 类型的对象，可以使用该类的构造方法。此时，可以为该构造方法传递一个类型为 URL 的参数，该参数表明图片的具体位置。

（2）在获得了背景图片后，可以重写在 JComponent 类中定义的 paintComponent()方法将图片绘制到窗体背景中。该方法的声明如下：

```
protected void paintComponent(Graphics g)
```

g：表示要保护的 Graphics 对象。

（3）在绘制图片时需要使用 Graphics 类的 drawImage()方法，该方法的声明如下：

```
public abstract boolean drawImage(Image img,int x,int y,ImageObserver observer)
```

drawImage()方法的参数说明如表 2.5 所示。

表 2.5　drawImage()方法参数说明

参　　数	描　　述
img	要绘制的 Image 对象
x	绘制位置的 x 坐标
y	绘制位置的 y 坐标
observer	当更多图像被转换时需要通知的对象

本章使用自定义的 BackgroundPanel 类来实现登录窗体背景图片的绘制，该类的代码如下：

例程 03　代码位置：TM\02\蓝宇快递打印系统\src\com\zzk\panel\BackgroundPanel.java

```
public class BackgroundPanel extends JPanel {
    private static final long serialVersionUID = 8625597344192321465L;
    private Image image;                                        //定义图像对象
    public BackgroundPanel(Image image) {
        super();                                                //调用超类的构造方法
        this.image = image;                                     //为图像对象赋值
```

```
        initialize();
    }
    protected void paintComponent(Graphics g) {
        super.paintComponent(g);                          //调用父类的方法
        Graphics2D g2 = (Graphics2D) g;                   //创建 Graphics2D 对象
        if (image != null) {
            int width = getWidth();                       //获得面板的宽度
            int height = getHeight();                     //获得面板的高度
            g2.drawImage(image, 0, 0, width, height, this);   //绘制图像
        }
    }
    private void initialize() {
        this.setSize(300, 200);
    }
}
```

2.5.3 系统登录模块实现过程

1. 设计系统登录窗体

系统登录窗体用到一个文本框、一个密码框、两个标签、3 个命令按钮和一个自定义的背景面板，其中主要控件的名称和作用如表 2.6 所示。

表 2.6 系统登录窗体用到的主要控件名称与作用

控　件	控 件 名 称	作　用
JTextField	tf_username	用于输入用户名称
JPasswordField	pf_password	用于输入用户密码
JButton	btn_login	单击该按钮对用户名和密码进行验证

在 com.zzk.frame 包中创建 LoginFrame 类，该类继承自 JFrame 类成为窗体类，在该类中定义如下成员，用于声明作为窗体背景的面板。

```
private URL url = null;                                   //声明图片的 URL
private Image image = null;                               //声明图像对象
private BackgroundPanel jPane = null;
```

然后在背景面板的 getJPanel()方法中添加如下代码，用于创建作为登录窗体背景的面板。

```
url = LoginFrame.class.getResource("/image/登录.jpg");    //获得图片的 URL
image = new ImageIcon(url).getImage();                    //创建图像对象
jPanel = new LoginBackPanel(image);                       //创建背景面板
```

背景面板控件的布局为绝对布局，用户可以将控件添加到任意位置并调整其大小。这里没有讲解控件的放置。

2. 实现系统登录功能

为“登录”按钮（即名为 btn_login 的按钮）配置事件监听器，添加验证用户登录信息的代码，实现系统登录的功能。代码如下：

例程 04　代码位置：TM\02\蓝宇快递打印系统\src\com\zzk\frame\LoginFrame.java

```
btn_login.addActionListener(new java.awt.event.ActionListener() {
    public void actionPerformed(java.awt.event.ActionEvent e) {
        String username = tf_username.getText().trim();               //获得用户名
        String password = new String(pf_password.getPassword());      //获得密码
        User user = new User();                                       //创建 User 类的实例
        user.setName(username);                                       //封装用户名
        user.setPwd(password);                                        //封装密码
        if (UserDao. userLogin (user)) {                              //如果用户名与密码正确
            MainFrame thisClass = new MainFrame();                    //创建主窗体的实例
            thisClass.setDefaultCloseOperation(JFrame.DO_NOTHING_ON_CLOSE);
            Toolkit tookit = thisClass.getToolkit();                  //获得 Toolkit 对象
            Dimension dm = tookit.getScreenSize();                    //获得屏幕的大小
            //使主窗体居中
            thisClass.setLocation((dm.width - thisClass.getWidth()) / 2, (dm.height - thisClass.getHeight()) / 2);
            thisClass.setVisible(true);                               //显示主窗体
            dispose();                                                //销毁登录窗体
        }
    }
});
```

“登录”按钮事件中 if 语句的条件表达式用到了 com.zzk.bean 包中的 User 类和 com.zzk.dao 包中的 UserDao 类。其中，类 User 用于封装用户输入的登录信息，类 UserDao 用于对用户名和密码进行验证。该类中有个 userLogin()方法可以判断用户名与用户密码是否正确。如果用户名与密码正确，userLogin()方法返回 true，表示登录成功；否则 userLogin()方法返回 false，表示登录失败。UserDao 类中 userLogin()方法代码如下：

例程 05　代码位置：TM\02\蓝宇快递打印系统\src\com\zzk\dao\UserDao.java

```
public static boolean userLogin (User user) {
    Connection conn = null;
    try {
        String username = user.getName();
        String pwd = user.getPwd();
        conn = DAO.getConn();                                         //获得数据库连接
        //创建 PreparedStatement 对象，并传递 SQL 语句
        PreparedStatement ps = conn.prepareStatement("select password from tb_user where username=?");
        ps.setString(1, username);                                    //为参数赋值
        ResultSet rs = ps.executeQuery();                             //执行 SQL 语句，获得查询结果集
        if (rs.next() && rs.getRow() > 0) {                           //查询到用户信息
            String password = rs.getString(1);                        //获得密码
            if (password.equals(pwd)) {
                SaveUserStateTool.setUsername(username);
```

```
                SaveUserStateTool.setPassword(pwd);
                return true;                                            //密码正确返回 true
            } else {
                JOptionPane.showMessageDialog(null, "密码不正确。");
                return false;                                           //密码错误返回 false
            }
        } else {
            JOptionPane.showMessageDialog(null, "用户名不存在。");
            return false;                                               //用户不存在返回 false
        }
    } catch (Exception ex) {
        JOptionPane.showMessageDialog(null, "数据库异常！\n" + ex.getMessage());
        return false;                                                   //数据库异常返回 false
    } finally {
        if (conn != null) {
            try {
                conn.close();
            } catch (SQLException e) {
                e.printStackTrace();
            }
        }
    }
}
```

视频讲解

2.6　系统主界面模块设计

2.6.1　系统主界面模块概述

蓝宇快递打印系统主界面简洁美观，通过主窗体可以完成系统的全部操作，包括添加快递单信息、修改快递单信息、打印和设置快递单、添加用户和修改密码等。蓝宇快递打印系统主界面的运行效果如图 2.9 所示。

2.6.2　系统主界面模块技术分析

系统主界面模块使用的主要技术是如何获取图片资源。在应用程序中，使用恰当的图片资源可以起到很好的美化效果。在 Java 中，使用 Image 类来表示图片资源。为了方便，通常是使用 ImageIcon 类的 getImage()方法来获得 Image 类型对象。

ImageIcon 类提供了多种构造方法，比较简单的是直接使用图片文件的路径。但是也可以使用表示图片文件的 URL。为了获得 URL，通常是使用 getResource()方法，该方法的声明如下：

```
public URL getResource(String name)
```

name：表示所需资源的名称。

2.6.3　系统主界面模块实现过程

1. 设计系统主界面

主窗体用于控制整个系统的功能，在该窗体通过菜单命令打开其他的操作窗口，从而实现了交互操作。

在 com.zzk.frame 包中创建 MainFrame 类，该类继承了 JFrame。在该类中定义如下成员：

```
private URL url = null;                                    //声明图片的 URL
private Image image=null;                                  //声明图像对象
private BackgroundPanel jPane=null;                        //声明自定义背景面板对象
```

然后在背景面板的 getJPanel()方法中添加如下代码，用于创建作为登录窗体背景的面板。

```
url = LoginFrame.class.getResource("/image/主界面.jpg");      //获得图片的 URL
image = new ImageIcon(url).getImage();                     //创建图像对象
jPanel = new LoginBackPanel(image);                        //创建背景面板
```

2. 通过菜单项打开操作窗口

在使用该模块时，单击菜单项需要打开操作窗口，然后进行操作。为此需要为菜单项编写事件监听代码，使其能打开相应的窗口。下面以“添加快递单”菜单项为例，说明如何在应用程序中响应用户的操作。“添加快递单”菜单项的事件代码如下：

例程 06　代码位置：TM\02\蓝宇快递打印系统\src\com\zzk\frame\MainFrame.java

```
addExpressMI.addActionListener(new java.awt.event.ActionListener() {
    public void actionPerformed(java.awt.event.ActionEvent e) {
        AddExpressFrame thisClass = new AddExpressFrame();
        thisClass.setDefaultCloseOperation(JFrame.DISPOSE_ON_CLOSE);
        Toolkit tookit = thisClass.getToolkit();                 //获得 Toolkit 对象
        Dimension dm = tookit.getScreenSize();                   //获得屏幕的大小
        thisClass.setLocation((dm.width - thisClass.getWidth()) / 2,
                    (dm.height - thisClass.getHeight()) / 2);    //窗体居中
        thisClass.setVisible(true);                              //显示窗体
    }
});
```

说明　当为主窗体的“添加快递单”菜单项添加完上述代码后，运行程序并选择主窗体中的“快递单管理”→“添加快递单”命令，将打开“添加快递信息”窗体。用户就可以录入快递单信息了，从而方便地实现了用户与应用程序的交互操作。由于其他菜单项的事件与“添加快递单”菜单项相同，这里就不一一进行讲解了。其他菜单项的事件代码可以查看本模块的源程序代码。

2.7 添加快递信息模块设计

2.7.1 添加快递信息模块概述

添加快递信息窗体用于添加寄件人的快递信息，包括寄件人和收件人的相关信息。选择主窗体中的“快递单管理”→“添加快递单”命令，就可以打开添加快递信息窗体，如图 2.7 所示。

2.7.2 添加快递信息模块技术分析

添加快递信息模块用到的主要技术是 StringBuffer 类的使用。在 Java 中，处理字符串通常有 3 个类可供选择，分别是 String 类、StringBuilder 类和 StringBuffer 类。对于 String 类而言，是最常规的选择。但是由于 String 类是 final 的，因此每个 String 类的对象是不可修改的。这样如果涉及大量的字符串操作，如字符串相加操作、截取操作等，会创建大量的对象，此时系统效率就会下降。

为了弥补这个不足，在 JDK 中提供了两个可变的字符串类，即 StringBuilder 和 StringBuffer。两者的主要区别是 StringBuffer 类是线程安全的，而 StringBuilder 类不是。为了保证线程安全，会有一些额外的开销，所以 StringBuilder 类性能略好。

本节使用 StringBuilder 类来完成字符串的相加操作，这类用到了 append()方法，它可以将指定的参数添加到字符串的后面。该方法有多重重载形式，本节使用的形式声明如下：

```
public StringBuffer append(String str)
```

str：需要添加的字符串。

2.7.3 添加快递信息模块实现过程

系统工具使用的数据表：tb_receivesendmessage

1．设计添加快递信息窗体

添加快递信息窗体用于快递信息的录入，该窗体用到 14 个文本框和 3 个命令按钮，其中主要控件的名称和作用如表 2.7 所示。

表 2.7 添加快递信息窗体的主要控件及其名称与作用

控 件	控 件 名 称	作 用
JTextField	tf_sendName	寄件人姓名
JTextField	tf_sendTelephone	寄件人区号、电话
JTextField	tf_sendCompony	寄件公司
JTextField	tf_sendAddress1	寄件人地址
JTextField	tf_sendAddress2	寄件人地址

续表

控　　件	控 件 名 称	作　　用
JTextField	tf_sendAddress3	寄件人地址
JTextField	tf_sendPostcode	寄件人邮编
JTextField	tf_receiveName	收件人姓名
JTextField	tf_receiveTelephone	收件人区号、电话
JTextField	tf_receiveCompony	收件公司
JTextField	tf_receiveAddress1	收件人地址
JTextField	tf_receiveAddress2	收件人地址
JTextField	tf_receiveAddress3	收件人地址
JTextField	tf_receivePostcode	收件人邮编
JButton	btn_clear	单击该按钮清空录入的快递信息
JButton	btn_save	单击该按钮来保存快递信息
JButton	btn_return	销毁添加快递信息窗体，返回主窗体

在 com.zzk.frame 包中创建 AddExpressFrame 类，该类继承自 JFrame 类成为窗体类，可以使用 AddExpressFrame 类在窗体上添加控件。

2．保存快递信息

添加快递信息窗体中的“保存”按钮用于保存用户输入的快递信息。为“保存”按钮（名为 btn_save）增加事件监听，关键代码如下：

例程 07　代码位置：TM\02\蓝宇快递打印系统\src\com\zzk\frame\AddExpressFrame.java

```
btn_save.addActionListener(new java.awt.event.ActionListener() {
    public void actionPerformed(java.awt.event.ActionEvent e) {
        StringBuffer buffer = new StringBuffer();                          //创建字符串缓冲区
        ExpressMessage m = new ExpressMessage();                           //创建打印信息对象
        m.setSendName(tf_sendName.getText().trim());                       //封装发件人姓名
        m.setSendTelephone(tf_sendTelephone.getText().trim());             //封装发件人区号电话
        m.setSendCompary(tf_sendCompany.getText().trim());                 //封装发件公司
        m.setSendAddress(tf_sendAddress1.getText().trim() + "|" + tf_sendAddress2.getText().trim()
                        + "|" + tf_sendAddress3.getText().trim());         //封装发件人地址
        m.setSendPostcode(tf_sendPostcode.getText().trim());               //封装发件人邮编
        m.setReceiveName(tf_receiveName.getText().trim());                 //封装收件人姓名
        m.setReceiveTelephone(tf_receiveTelephone.getText().trim());       //封装收件人区号电话
        m.setReceiveCompary(tf_receiveCompany.getText().trim());           //封装收件公司
        m.setReceiveAddress(tf_receiveAddress1.getText().trim() + "|" + tf_receiveAddress2.getText().trim()
                        + "|"+ tf_receiveAddress3.getText().trim());       //封装收件地址
        m.setReceivePostcode(tf_receivePostcode.getText().trim());         //封装收件人邮编
        buffer.append(tf_sendName.getX() + "," + tf_sendName.getY() + "/");   //发件人姓名坐标
        buffer.append(tf_sendTelephone.getX() + "," + tf_sendTelephone.getY() + "/");
        buffer.append(tf_sendCompany.getX() + "," + tf_sendCompany.getY() + "/");//发件公司坐标
        buffer.append(tf_sendAddress1.getX() + "," + tf_sendAddress1.getY() + "/");
```

```
            buffer.append(tf_sendAddress2.getX() + "," + tf_sendAddress2.getY() + "/");
            buffer.append(tf_sendAddress3.getX() + "," + tf_sendAddress3.getY() + "/");
            buffer.append(tf_sendPostcode.getX() + "," + tf_sendPostcode.getY() + "/");         //发件人邮编坐标
            buffer.append(tf_receiveName.getX() + "," + tf_receiveName.getY() + "/");           //收件人姓名坐标
            buffer.append(tf_receiveTelephone.getX() + "," + tf_receiveTelephone.getY() + "/");
            buffer.append(tf_receiveCompany.getX() + "," + tf_receiveCompany.getY() + "/");//收件公司坐标
            buffer.append(tf_receiveAddress1.getX() + "," + tf_receiveAddress1.getY() + "/");
            buffer.append(tf_receiveAddress2.getX() + "," + tf_receiveAddress2.getY() + "/");
            buffer.append(tf_receiveAddress3.getX() + "," + tf_receiveAddress3.getY() + "/");
            buffer.append(tf_receivePostcode.getX() + "," + tf_receivePostcode.getY());         //收件人邮编坐标
            m.setControlPosition(new String(buffer));
            m.setExpressSize(jPanel.getWidth() + "," + jPanel.getHeight());
            ExpressMessageDao.insertExpress(m);
        }
});
```

上面代码用到了 ExpressMessage 类和 ExpressMessageDao 类中的 insertExpress()方法，其中 ExpressMessage 类在 com.zzk.bean 包中，该类用于封装用户在添加快递信息窗体中输入的快递信息；而 ExpressMessageDao 类在 com.zzk.dao 包中，其 insertExpress()方法用于将快递信息保存到对应的快递信息表中。ExpressMessageDao 类中 insertExpress()方法的关键代码如下：

例程 08　代码位置：TM\02\蓝宇快递打印系统\src\com\zzk\dao\ExpressMessageDao.java

```
public static void insertExpress(ExpressMessage m) {
    if (m.getSendName() == null || m.getSendName().trim().equals("")) {
        JOptionPane.showMessageDialog(null, "寄件人信息必须填写。");
        return;
    }
    if (m.getSendTelephone() == null || m.getSendTelephone().trim().equals("")) {
        JOptionPane.showMessageDialog(null, "寄件人信息必须填写。");
        return;
    }
    if (m.getSendCompary() == null || m.getSendCompary().trim().equals("")) {
        JOptionPane.showMessageDialog(null, "寄件人信息必须填写。");
        return;
    }
    if (m.getSendAddress() == null || m.getSendAddress().trim().equals("||")) {
        JOptionPane.showMessageDialog(null, "寄件人信息必须填写。");
        return;
    }
    if (m.getSendPostcode() == null || m.getSendPostcode().trim().equals("")) {
        JOptionPane.showMessageDialog(null, "寄件人信息必须填写。");
        return;
    }
    if (m.getReceiveName() == null || m.getReceiveName().trim().equals("")) {
        JOptionPane.showMessageDialog(null, "收件人信息必须填写。");
        return;
    }
    if (m.getReceiveTelephone() == null || m.getReceiveTelephone().trim().equals("")) {
```

```
            JOptionPane.showMessageDialog(null, "收件人信息必须填写。");
            return;
        }
        if (m.getReceiveCompary() == null || m.getReceiveCompary().trim().equals("")) {
            JOptionPane.showMessageDialog(null, "收件人信息必须填写。");
            return;
        }
        if (m.getReceiveAddress() == null || m.getReceiveAddress().trim().equals("||")) {
            JOptionPane.showMessageDialog(null, "收件人信息必须填写。");
            return;
        }
        if (m.getReceivePostcode() == null || m.getReceivePostcode().trim().equals("")) {
            JOptionPane.showMessageDialog(null, "收件人信息必须填写。");
            return;
        }
        Connection conn = null;                                         //声明数据库连接
        PreparedStatement ps = null;                                    //声明 PreparedStatement 对象
        try {
            conn = DAO.getConn();                                       //获得数据库连接
            //创建 PreparedStatement 对象，并传递 SQL 语句
            ps = conn.prepareStatement("insert into tb_receiveSendMessage (sendName, sendTelephone,
sendCompary,
            sendAddress, sendPostcode, receiveName, recieveTelephone, recieveCompary, receiveAddress,
            receivePostcode, ControlPosition, expressSize)  values(?,?,?,?,?,?,?,?,?,?,?,?)");
            ps.setString(1, m.getSendName());                           //为参数赋值
            ps.setString(2, m.getSendTelephone());                      //为参数赋值
            ps.setString(3, m.getSendCompary());                        //为参数赋值
            ps.setString(4, m.getSendAddress());                        //为参数赋值
            ps.setString(5, m.getSendPostcode());                       //为参数赋值
            ps.setString(6, m.getReceiveName());                        //为参数赋值
            ps.setString(7, m.getReceiveTelephone());                   //为参数赋值
            ps.setString(8, m.getReceiveCompary());                     //为参数赋值
            ps.setString(9, m.getReceiveAddress());                     //为参数赋值
            ps.setString(10, m.getReceivePostcode());                   //为参数赋值
            ps.setString(11, m.getControlPosition());                   //为参数赋值
            ps.setString(12, m.getExpressSize());                       //为参数赋值
            int flag = ps.executeUpdate();
            if (flag > 0) {
                JOptionPane.showMessageDialog(null, "添加成功。");
            } else {
                JOptionPane.showMessageDialog(null, "添加失败。");
            }
        } catch (Exception ex) {
            JOptionPane.showMessageDialog(null, "添加失败！");
            ex.printStackTrace();
        } finally {
            try {
                if (ps != null) {
                    ps.close();                                         //关闭 PreparedStatement 对象
```

```
            }
            if (conn != null) {
                conn.close();                                    //关闭数据库连接
            }
        } catch (SQLException e) {
            e.printStackTrace();
        }
    }
}
```

视频讲解

2.8 修改快递信息模块设计

2.8.1 修改快递信息模块概述

修改快递信息窗体用于快递信息的浏览和修改。通过单击该窗体上的“上一条”和“下一条”按钮可以浏览快递信息。输入修改后的内容，单击“修改”按钮可以保存修改的快递信息。选择主窗体中的“快递单管理”→“修改快递单”命令，就可以打开修改快递信息窗体，如图 2.8 所示。

2.8.2 修改快递信息模块技术分析

修改快递信息模块使用的主要技术是使用 Vector 类来保存 ResultSet 中的数据。ResultSet 是 JDBC 中定义的保存查询结果的类，它使用起来并不方便，因为经常需要处理异常信息。为了简化使用，通常将查询的结果再转存到容器类中，如 Vector、List 等。之所以使用 Vector 这个集合类，是因为它能保证线程安全。

2.8.3 修改快递信息模块实现过程

系统工具使用的数据表：tb_receivesendmessage

1. 设计修改快递信息窗体

修改快递信息窗体用于快递信息的修改，该窗体用到 14 个文本框和 4 个命令按钮，其中主要控件的名称和作用如表 2.8 所示。

表 2.8　修改快递信息窗体的主要控件及其名称与作用

控　　件	控 件 名 称	作　　用
JTextField	tf_sendName	寄件人姓名
JTextField	tf_sendTelephone	寄件人区号、电话
JTextField	tf_sendCompony	寄件公司
JTextField	tf_sendAddress1	寄件人地址

续表

控　　件	控 件 名 称	作　　用
JTextField	tf_sendAddress2	寄件人地址
JTextField	tf_sendAddress3	寄件人地址
JTextField	tf_sendPostcode	寄件人邮编
JTextField	tf_receiveName	收件人姓名
JTextField	tf_receiveTelephone	收件人区号、电话
JTextField	tf_receiveCompony	收件公司
JTextField	tf_receiveAddress1	收件人地址
JTextField	tf_receiveAddress2	收件人地址
JTextField	tf_receiveAddress3	收件人地址
JTextField	tf_receivePostcode	收件人邮编
JButton	btn_pre	浏览前一条快递信息
JButton	btn_next	浏览下一条快递信息
JButton	btn_update	保存修改后的快递信息
JButton	jButton2	返回

在 com.zzk.frame 包中创建 UpdateExpressFrame 类。该类继承自 JFrame 类成为窗体类，使用 UpdateExpressFrame 类在窗体上添加控件用于修改快递信息。

2．保存修改后的快递信息

“修改”按钮可以修改用户所录入的快递信息。在“修改”按钮（即名为 btn_update 的按钮）上增加事件监听器，关键代码如下：

例程 09　代码位置：TM\02\蓝宇快递打印系统\src\com\zzk\frame\UpdateExpressFrame.java

```
btn_update.addActionListener(new java.awt.event.ActionListener() {
    public void actionPerformed(java.awt.event.ActionEvent e) {
        StringBuffer buffer = new StringBuffer();                          //创建字符串缓冲区对象
        ExpressMessage m = new ExpressMessage();                           //创建打印信息对象
        m.setId(id);                                                       //封装流水号
        m.setSendName(tf_sendName.getText().trim());                       //封装发件人姓名
        m.setSendTelephone(tf_sendTelephone.getText().trim());             //封装发件人区号电话
        m.setSendCompary(tf_sendCompany.getText().trim());                 //封装发件公司
        m.setSendAddress(tf_sendAddress1.getText().trim() + "|" + tf_sendAddress2.getText().trim() +
                    "|" + tf_sendAddress3.getText().trim());               //封装发件地址
        m.setSendPostcode(tf_sendPostcode.getText().trim());               //封装发件人邮编
        m.setReceiveName(tf_receiveName.getText().trim());                 //封装收件人姓名
        m.setReceiveTelephone(tf_receiveTelephone.getText().trim());       //封装收件人区号电话
        m.setReceiveCompary(tf_receiveCompany.getText().trim());           //封装收件公司
        m.setReceiveAddress(tf_receiveAddress1.getText().trim() + "|"
                + tf_receiveAddress2.getText().trim() + "|"
                + tf_receiveAddress3.getText().trim());                    //封装收件地址
```

```
        m.setReceivePostcode(tf_receivePostcode.getText().trim());                //封装收件人邮编
        buffer.append(tf_sendName.getX() + "," + tf_sendName.getY() + "/");       //发件人姓名
        buffer.append(tf_sendTelephone.getX() + "," + tf_sendTelephone.getY() + "/");  //发件人区号电话
        buffer.append(tf_sendCompany.getX() + "," + tf_sendCompany.getY() + "/");      //发件公司
        buffer.append(tf_sendAddress1.getX() + "," + tf_sendAddress1.getY() + "/");
        buffer.append(tf_sendAddress2.getX() + "," + tf_sendAddress2.getY() + "/");
        buffer.append(tf_sendAddress3.getX() + "," + tf_sendAddress3.getY() + "/");
        buffer.append(tf_sendPostcode.getX() + "," + tf_sendPostcode.getY() + "/");    //发件人邮编
        buffer.append(tf_receiveName.getX() + "," + tf_receiveName.getY() + "/");      //收件人姓名
        buffer.append(tf_receiveTelephone.getX() + "," + tf_receiveTelephone.getY() + "/"); //收件人区号电话
        buffer.append(tf_receiveCompany.getX() + "," + tf_receiveCompany.getY() + "/");
        buffer.append(tf_receiveAddress1.getX() + "," + tf_receiveAddress1.getY() + "/");//收件人地址
        buffer.append(tf_receiveAddress2.getX() + "," + tf_receiveAddress2.getY() + "/");
        buffer.append(tf_receiveAddress3.getX() + "," + tf_receiveAddress3.getY() + "/");
        buffer.append(tf_receivePostcode.getX() + "," + tf_receivePostcode.getY());    //收件人邮编
        m.setControlPosition(new String(buffer));
        m.setExpressSize(jPanel.getWidth() + "," + jPanel.getHeight());
        ExpressMessageDao.updateExpress(m);                                        //保存更改
    }
});
```

上面代码用到了 ExpressMessage 类和 ExpressMessageDao 类中的 updateExpress()方法，其中 ExpressMessage 类在 com.zzk.bean 包中，该类用于封装用户在添加快递信息窗体中输入的快递信息。ExpressMessageDao 类在 com.zzk.dao 包中，其 updateExpress()方法用于对修改后的快递信息进行保存。ExpressMessageDao 类中 updateExpress()方法的关键代码如下：

例程 10　代码位置：TM\02\蓝宇快递打印系统\src\com\zzk\dao\ExpressMessageDao.java

```
public static void updateExpress(ExpressMessage m) {
    Connection conn = null;                                                        //声明数据库连接
    PreparedStatement ps = null;                                       //声明 PreparedStatement 对象
    try {
        conn = DAO.getConn();                                                      //获得数据库连接
        //创建 PreparedStatement 对象，并传递 SQL 语句
        ps = conn.prepareStatement("update tb_receiveSendMessage set sendName=?, sendTelephone=?,
                sendCompary=?, sendAddress=?, sendPostcode=?, receiveName=?, recieveTelephone=?,
                recieveCompary=?, receiveAddress=?, receivePostcode=?, ControlPosition=?, expressSize=?
                where id = ?");
        ps.setString(1, m.getSendName());                                          //为参数赋值
        ps.setString(2, m.getSendTelephone());                                     //为参数赋值
        ps.setString(3, m.getSendCompary());                                       //为参数赋值
        ps.setString(4, m.getSendAddress());                                       //为参数赋值
        ps.setString(5, m.getSendPostcode());                                      //为参数赋值
        ps.setString(6, m.getReceiveName());                                       //为参数赋值
        ps.setString(7, m.getReceiveTelephone());                                  //为参数赋值
        ps.setString(8, m.getReceiveCompary());                                    //为参数赋值
        ps.setString(9, m.getReceiveAddress());                                    //为参数赋值
        ps.setString(10, m.getReceivePostcode());                                  //为参数赋值
        ps.setString(11, m.getControlPosition());                                  //为参数赋值
```

```
            ps.setString(12, m.getExpressSize());                        //为参数赋值
            ps.setInt(13, m.getId());                                    //为参数赋值
            int flag = ps.executeUpdate();
            if (flag > 0) {
                JOptionPane.showMessageDialog(null, "修改成功。");
            } else {
                JOptionPane.showMessageDialog(null, "修改失败。");
            }
        } catch (Exception ex) {
            JOptionPane.showMessageDialog(null, "修改失败！" + ex.getMessage());
            ex.printStackTrace();
        } finally {
            try {
                if (ps != null) {
                    ps.close();
                }
                if (conn != null) {
                    conn.close();                                        //关闭数据库连接
                }
            } catch (SQLException e) {
                e.printStackTrace();
            }
        }
    }
```

3．浏览快递信息

修改快递信息窗体中的“上一条”和“下一条”按钮用于对快递单信息进行浏览。对“上一条”按钮（即名为 btn_pre 的按钮）增加事件监听器，用于浏览前一条快递信息。关键代码如下：

例程 11　代码位置：TM\02\蓝宇快递打印系统\src\com\zzk\frame\UpdateExpressFrame.java

```
btn_pre.addActionListener(new java.awt.event.ActionListener() {
    public void actionPerformed(java.awt.event.ActionEvent e) {
        queryResultVector = ExpressMessageDao.queryExpress();
        if (queryResultVector != null) {
            queryRow--;                                              //查询行的行号减 1
            if (queryRow < 0) {                                      //如果查询行的行号小于 0
                queryRow = 0;                                        //行号等于 0
                JOptionPane.showMessageDialog(null, "已经是第一条信息。");
            }
            ExpressMessage m = (ExpressMessage) queryResultVector.get(queryRow);
            showResultValue(m);                                      //调用 showResultValue()方法显示数据
        }
    }
});
```

对“下一条”按钮（即名为 btn_next 的按钮）增加事件监听器，用于浏览后一条快递信息。关键代码如下：

例程 12　代码位置：TM\02\蓝宇快递打印系统\src\com\zzk\frame\UpdateExpressFrame.java

```
btn_next.addActionListener(new java.awt.event.ActionListener() {
    public void actionPerformed(java.awt.event.ActionEvent e) {
        queryResultVector = ExpressMessageDao.queryExpress();
        if (queryResultVector != null) {
            queryRow++;                                          //查询行的行号加 1
            if (queryRow > queryResultVector.size() - 1) {       //如果查询行的行号大于总行数减 1 的值
                queryRow = queryResultVector.size() - 1;         //行号等于总行数减 1
                JOptionPane.showMessageDialog(null, "已经是最后一条信息。");
            }
            ExpressMessage m = (ExpressMessage) queryResultVector.get(queryRow);
            showResultValue(m);                                  //调用 showResultValue()方法显示数据
        }
    }
});
```

说明　上面代码用到了 UpdateExpressFrame 类中的 showResultValue()方法，该方法用于在修改快递信息窗体界面中显示所浏览的快递单信息。

UpdateExpressFrame 类中的 showResultValue()方法的关键代码如下：

例程 13　代码位置：TM\02\蓝宇快递打印系统\src\com\zzk\frame\UpdateExpressFrame.java

```
private void showResultValue(ExpressMessage m) {
    id = m.getId();
    tf_sendName.setText(m.getSendName());                        //设置显示的发件人姓名
    tf_sendTelephone.setText(m.getSendTelephone());              //设置显示的发件人区号电话
    tf_sendCompany.setText(m.getSendCompary());                  //设置显示的发件公司
    String addressValue1 = m.getSendAddress();                   //获得发件人的地址信息
    tf_sendAddress1.setText(addressValue1.substring(0, addressValue1.indexOf("|")));
    tf_sendAddress2.setText(addressValue1.substring(addressValue1.indexOf("|")
                                + 1, addressValue1.lastIndexOf("|")));
    tf_sendAddress3.setText(addressValue1.substring(addressValue1.lastIndexOf("|") + 1));
    tf_sendPostcode.setText(m.getSendPostcode());                //设置显示的发件人邮编
    tf_receiveName.setText(m.getReceiveName());                  //设置显示的收件人姓名
    tf_receiveTelephone.setText(m.getReceiveTelephone());        //设置显示的收件人区号电话
    tf_receiveCompany.setText(m.getReceiveCompary());            //设置显示的收件公司
    String addressValue2 = m.getReceiveAddress();                //获得收件人的地址信息
    tf_receiveAddress1.setText(addressValue2.substring(0, addressValue2.indexOf("|")));
    tf_receiveAddress2.setText(addressValue2.substring(addressValue2.indexOf("|")
                                + 1, addressValue2.lastIndexOf("|")));
    tf_receiveAddress3.setText(addressValue2.substring(addressValue2.lastIndexOf("|") + 1));
    tf_receivePostcode.setText(m.getReceivePostcode());          //设置显示的收件人邮编
    controlPosition = m.getControlPosition();
    expressSize = m.getExpressSize();
}
```

2.9　打印快递单与打印设置模块设计

视频讲解

2.9.1　打印快递单与打印设置模块概述

打印快递单与打印设置窗体用于对快递单进行打印以及对打印位置进行设置。在主窗体中选择“打印管理”→“打印快递单”命令，就可以打开打印快递单与打印设置窗体，如图 2.11 所示。

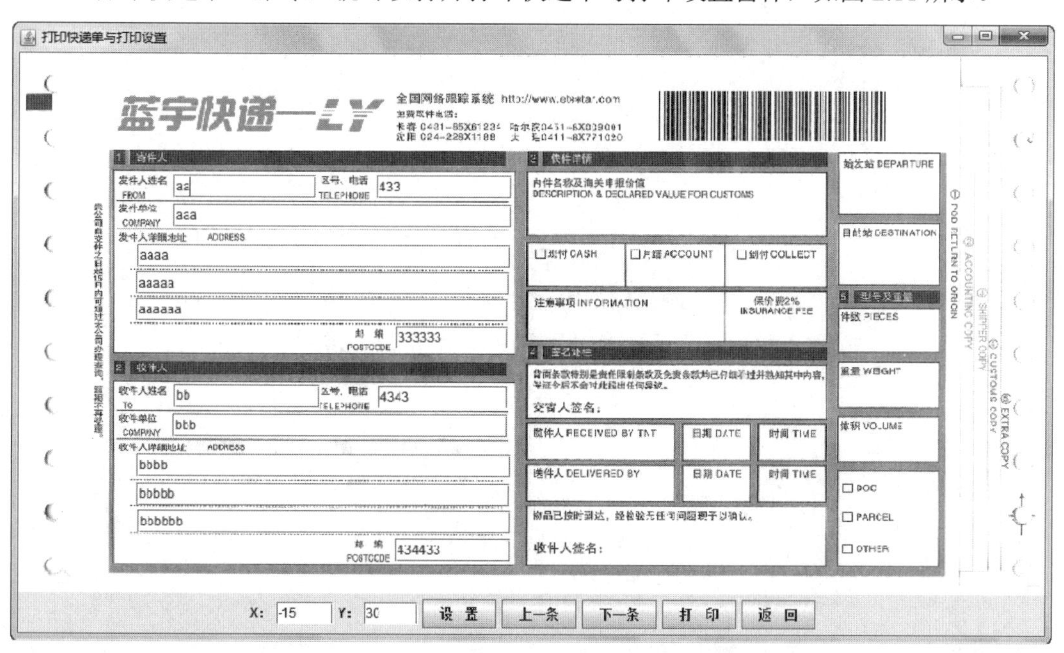

图 2.11　打印快递单与打印设置窗体

2.9.2　打印快递单与打印设置模块技术分析

打印快递单与打印设计模块用到的主要技术是获取打印对象和设置打印内容。

1．获取打印对象

为了在 Java 应用程序中使用打印功能，需要先获得打印对象。使用 PrinterJob 类可以完成设置打印任务、打开“打印”对话框、执行页面打印等任务。

由于 PrinterJob 类是抽象类，因此不能使用构造方法来创建该类的对象。该类提供了一个静态方法 getPrinterJob() ，其返回值是 PrinterJob 类型。获得 PrinterJob 对象的代码如下：

```
PrinterJob job = PrinterJob.getPrinterJob(); //获得打印对象 job
```

在获得了 PrinterJob 类的对象之后，可以使用 printDialog()方法打开打印对话框进行页面设置。例如设置纸张大小、横向打印还是纵向打印、打印份数等。调用 printDialog()方法的代码如下：

```
if (!job.printDialog()) {
    return;
}
```

说明 在图 2.12 中，可以设置选择打印机并设置打印的份数。

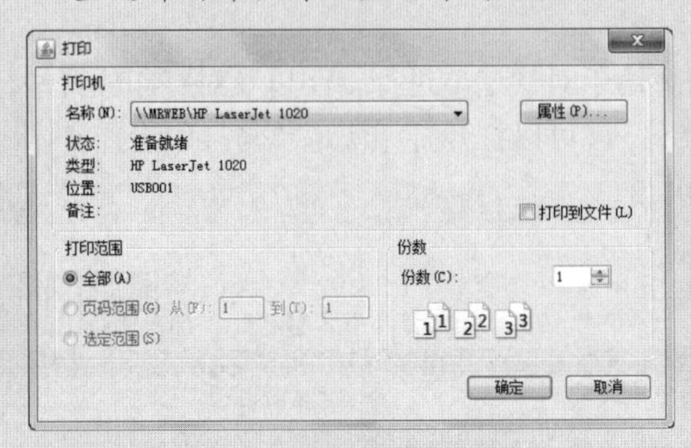

图 2.12 “打印”对话框

单击“属性”按钮，弹出如图 2.13 所示对话框。

图 2.13 “打印属性”对话框

在图 2.13 中，可以设置选择页面大小和打印方向。

2. 设置打印内容

在获得 PrinterJob 类对象后，可以使用 setPrintable()方法设置打印内容。打印内容是 java.awt.print 包中 Printable 接口的实现类，因此要进行打印必须要为 setPrintable()方法传递一个 Printable 接口的实现类。

在 Printable 接口中，仅定义了一个 print()方法，该方法的声明如下：

```
int print(Graphics graphics,PageFormat pageFormat,int pageIndex)throws PrinterException
```

☑ graphics：打印的内容。

☑ pageFormat：打印的页面大小和方向。

☑ pageIndex：基于 0 的打印页面。

例如：

```
PrinterJob job = PrinterJob.getPrinterJob();                       //获得打印对象
if (!job.printDialog()){
    return;
}
job.setPrintable(new Printable() {                                 //实现 Printable 接口
    public int print(Graphics graphics, PageFormat pageFormat, int pageIndex) {
        if (pageIndex > 0){
            return Printable.NO_SUCH_PAGE;
        }
        int x = (int) pageFormat.getImageableX();                  //获得可打印区域起始位置的横坐标
        int y = (int) pageFormat.getImageableY();                  //获得可打印区域起始位置的纵坐标
        Graphics2D g2 = (Graphics2D) graphics;                     //强制转换为 Graphics2D 类型
        g2.drawString("这是打印内容", x + 20, y +20);               //绘制打印的内容
        return Printable.PAGE_EXISTS;
    }
});
job.print();
```

说明　print()方法的返回值通常为 Printable.NO_SUCH_PAGE 或 Printable.PAGE_EXISTS。NO_SUCH_PAGE 表示 pageIndex 太大所以页面并不存在。PAGE_EXISTS 表示请求的页面被生成。

当 print()方法的返回值为 PAGE_EXISTS 时，就可以通过 PrinterJob 类的 print()方法进行打印了。

2.9.3　打印快递单与打印设置模块实现过程

1. 设计打印快递单与打印设置窗体

打印快递单与打印设置窗体可以进行快递单的打印以及对打印位置进行设置，该窗体用到两个标签、16 个文本框和 5 个命令按钮，其中主要控件的名称和作用如表 2.9 所示。

表 2.9　打印快递单与打印设置窗体的主要控件及其名称与作用

控　件	控 件 名 称	作　用
JTextField	tf_sendName	寄件人姓名
JTextField	tf_sendTelephone	寄件人区号、电话
JTextField	tf_sendCompony	寄件公司
JTextField	tf_sendAddress1	寄件人地址
JTextField	tf_sendAddress2	寄件人地址
JTextField	tf_sendAddress3	寄件人地址
JTextField	tf_sendPostcode	寄件人邮编

续表

控　件	控件名称	作　用
JTextField	tf_receiveName	收件人姓名
JTextField	tf_receiveTelephone	收件人区号、电话
JTextField	tf_receiveCompony	收件公司
JTextField	tf_receiveAddress1	收件人地址
JTextField	tf_receiveAddress2	收件人地址
JTextField	tf_receiveAddress3	收件人地址
JTextField	tf_receivePostcode	收件人邮编
JTextField	tf_x	打印位置的横坐标，负值左移，正值右移
JTextField	tf_y	打印位置的纵坐标，负值上移，正值下移
JButton	btn_printSet	对打印位置进行设置
JButton	btn_pre	浏览前一条快递信息
JButton	btn_next	浏览下一条快递信息
JButton	btn_update	打印快递单信息
JButton	btn_return	返回

在 com.zzk.frame 包中创建 PrintAndPrintSetFrame 类，该类继承自 JFrame 类成为窗体类，在窗体上添加控件，图 2.15 就是创建后的打印快递单与打印设置窗体界面。

2．打印快递单

设置完打印位置，单击窗体上的“打印”按钮，可以打印快递单。为“打印”按钮（即名为 btn_print 的按钮）增加事件监听器，关键代码如下：

例程 14　代码位置：TM\02\蓝宇快递打印系统\src\com\zzk\frame\PrintAndPrintSetFrame.java

```
btn_print.addActionListener(new java.awt.event.ActionListener() {
    public void actionPerformed(java.awt.event.ActionEvent e) {
        try {
            PrinterJob job = PrinterJob.getPrinterJob();
            if (!job.printDialog())
                return;
            job.setPrintable(new Printable() {                          //使用匿名内容类实现 Printable 接口
                public int print(Graphics graphics, PageFormat pageFormat, int pageIndex) {
                    if (pageIndex > 0) {
                        return Printable.NO_SUCH_PAGE;                  //不打印
                    }
                    int x = (int) pageFormat.getImageableX();          //获得可打印区域的横坐标
                    int y = (int) pageFormat.getImageableY();          //获得可打印区域的纵坐标
                    int ww = (int) pageFormat.getImageableWidth();     //获得可打印区域的宽度
                    int hh = (int) pageFormat.getImageableHeight();    //获得可打印区域的高度
                    Graphics2D g2 = (Graphics2D) graphics;             //转换为 Graphics2D 类型
                    //获得图片的 URL
```

```
URL ur = UpdateExpressFrame.class.getResource("/image/追封快递单.JPG");
Image img = new ImageIcon(ur).getImage();                    //创建图像对象
int w = Integer.parseInt(expressSize.substring(0, expressSize.indexOf(",")));
int h = Integer.parseInt(expressSize.substring(expressSize.indexOf(",") + 1));
if (w > ww) {                                    //如果图像的宽度大于打印区域的宽度
    w = ww;                                      //让图像的宽度等于打印区域的宽度
}
if (h > hh) {                                    //如果图像的宽度大于打印区域的高度
    h = hh;                                      //让图像的宽度等于打印区域的高度
}
g2.drawImage(img, x, y, w, h, null);                         //绘制打印的图像
String[] pos = controlPosition.split("/");                   //分割字符串
int px = Integer.parseInt(pos[0].substring(0, pos[0].indexOf(",")));
int py = Integer.parseInt(pos[0].substring(pos[0].indexOf(",") + 1));
String sendName = tf_sendName.getText();
g2.drawString(sendName, px + addX, py + addY);               //绘制发件人姓名
px = Integer.parseInt(pos[1].substring(0, pos[1].indexOf(",")));
py = Integer.parseInt(pos[1].substring(pos[1].indexOf(",") + 1));
String sendTelephone = tf_sendTelephone.getText();
g2.drawString(sendTelephone, px + addX, py + addY);          //绘制发件人区号电话
px = Integer.parseInt(pos[2].substring(0, pos[2].indexOf(",")));
py = Integer.parseInt(pos[2].substring(pos[2].indexOf(",") + 1));
String sendCompory = tf_sendCompany.getText();
g2.drawString(sendCompory, px + addX, py + addY);            //绘制发件公司
px = Integer.parseInt(pos[3].substring(0, pos[3].indexOf(",")));
py = Integer.parseInt(pos[3].substring(pos[3].indexOf(",") + 1));
String sendAddress1 = tf_sendAddress1.getText();
g2.drawString(sendAddress1, px + addX, py + addY);           //绘制发件人地址
px = Integer.parseInt(pos[4].substring(0, pos[4].indexOf(",")));
py = Integer.parseInt(pos[4].substring(pos[4].indexOf(",") + 1));
String sendAddress2 = tf_sendAddress2.getText();
g2.drawString(sendAddress2, px + addX, py + addY);           //绘制发件人地址
px = Integer.parseInt(pos[5].substring(0, pos[5].indexOf(",")));
py = Integer.parseInt(pos[5].substring(pos[5].indexOf(",") + 1));
String sendAddress3 = tf_sendAddress3.getText();
g2.drawString(sendAddress3, px + addX, py + addY);           //绘制发件人地址
px = Integer.parseInt(pos[6].substring(0, pos[6].indexOf(",")));
py = Integer.parseInt(pos[6].substring(pos[6].indexOf(",") + 1));
String sendPostCode = tf_sendPostcode.getText();
g2.drawString(sendPostCode, px + addX, py + addY);           //绘制发件人邮编
px = Integer.parseInt(pos[7].substring(0, pos[7].indexOf(",")));
py = Integer.parseInt(pos[7].substring(pos[7].indexOf(",") + 1));
String receiveName = tf_receiveName.getText();
g2.drawString(receiveName, px + addX, py + addY);            //绘制收件人姓名
px = Integer.parseInt(pos[8].substring(0, pos[8].indexOf(",")));
py = Integer.parseInt(pos[8].substring(pos[8].indexOf(",") + 1));
String receiveTelephone = tf_receiveTelephone.getText();
g2.drawString(receiveTelephone, px + addX, py + addY);       //绘制收件人区号电话
```

```
                    px = Integer.parseInt(pos[9].substring(0, pos[9].indexOf(",")));
                    py = Integer.parseInt(pos[9].substring(pos[9].indexOf(",") + 1));
                    String receiveCompory = tf_receiveCompany.getText();
                    g2.drawString(receiveCompory, px + addX, py + addY);        //绘制收件公司
                    px = Integer.parseInt(pos[10].substring(0, pos[10].indexOf(",")));
                    py = Integer.parseInt(pos[10].substring(pos[10].indexOf(",") + 1));
                    String receiveAddress1 = tf_receiveAddress1.getText();
                    g2.drawString(receiveAddress1, px + addX, py + addY);       //绘制收件人地址
                    px = Integer.parseInt(pos[11].substring(0, pos[11].indexOf(",")));
                    py = Integer.parseInt(pos[11].substring(pos[11].indexOf(",") + 1));
                    String receiveAddress2 = tf_receiveAddress2.getText();
                    g2.drawString(receiveAddress2, px + addX, py + addY);       //绘制收件人地址
                    px = Integer.parseInt(pos[12].substring(0, pos[12].indexOf(",")));
                    py = Integer.parseInt(pos[12].substring(pos[12].indexOf(",") + 1));
                    String receiveAddress3 = tf_receiveAddress3.getText();
                    g2.drawString(receiveAddress3, px + addX, py + addY);       //绘制收件人地址
                    px = Integer.parseInt(pos[13].substring(0, pos[13].indexOf(",")));
                    py = Integer.parseInt(pos[13].substring(pos[13].indexOf(",") + 1));
                    String receivePostCode = tf_receivePostcode.getText();
                    g2.drawString(receivePostCode, px + addX, py + addY);       //绘制收件人邮编
                    return Printable.PAGE_EXISTS;
                }
            });
            job.setJobName("打印快递单");                                        //设置打印任务的名称
            job.print();                                                          //执行打印任务
        } catch (Exception ex) {
            ex.printStackTrace();
            JOptionPane.showMessageDialog(null, ex.getMessage());
        }
    }
});
```

说明

实现 Printable 接口的 print()方法时，Graphics 类型参数用于绘制打印内容。

视频讲解

2.10 添加用户窗体模块设计

2.10.1 添加用户窗体模块概述

添加用户窗体用于进行新用户的添加。在该窗体中输入用户名、密码和确认密码后，单击“保存”按钮可以将新用户信息保存到用户表中。在主窗体中选择“系统”→“添加用户”命令，就可以打开添加用户窗体，如图 2.14 所示。

图 2.14　添加用户窗体

2.10.2　添加用户窗体模块技术分析

添加用户窗体模块使用的主要技术是如何比较 char 类型数组是否相同。对于密码框控件，为了保证安全性，使用 getPassword()方法获得密码的返回值是 char 类型数组。如果采用遍历数组的方式进行比较显然很麻烦。在此笔者推荐使用 String 类的构造方法，将 char 类型的数组转换成 String 类型，然后比较两个字符串是否相同即可。

2.10.3　添加用户窗体模块实现过程

系统工具使用的数据表：tb_user

1．设计添加用户窗体

添加用户窗体用于添加新的操作员。该窗体用到 4 个标签、一个文本框、两个密码框和两个按钮。其中主要控件的名称和作用如表 2.10 所示。

表 2.10　添加用户窗体的主要控件及其名称与作用

控　件	控 件 名 称	作　用
JTextField	tf_user	新用户名
JPasswordField	pf_pwd	密码
JPasswordField	pf_okPwd	确认密码
JButton	btn_save	保存新用户信息
JButton	btn_return	销毁添加用户窗体，返回主窗体

2．保存新用户信息

在添加用户窗体输入用户信息，单击“保存”按钮可以保存新添加的用户信息。为“保存”按钮（即名为 btn_save 的按钮）增加事件监听器，关键代码如下：

例程 15　代码位置：TM\02\蓝宇快递打印系统\src\com\zzk\frame\AddUserFrame.java

```
btn_save.addActionListener(new java.awt.event.ActionListener() {
    public void actionPerformed(java.awt.event.ActionEvent e) {
        String username = tf_user.getText().trim();                          //获得用户名
        String password = new String(pf_pwd.getPassword());                  //获得密码
        String okPassword = new String(pf_okPwd.getPassword());              //获得确认密码
```

```
            User user = new User();                                         //创建 User 类的实例
            user.setName(username);                                         //封装用户名
            user.setPwd(password);                                          //封装密码
            user.setOkPwd(okPassword);                                      //封装确认密码
            UserDao.insertUser(user);                                       //保存用户信息
        }
});
```

说明 在添加新用户时，用到了 com.zzk.bean 包中的 User 类和 com.zzk.dao 包中 UserDao 类的 insertUser()方法。其中，User 类用于封装在添加用户信息窗体中输入的新用户信息。insertUser()方法用于保存新用户的信息。

UserDao 类中 insertUser()方法的关键代码如下：

例程 16 代码位置：TM\02\蓝宇快递打印系统\src\com\zzk\dao\UserDao.java

```
public static void insertUser(User user) {
    Connection conn = null;
    try {
        String username = user.getName();                                   //获得用户名
        String pwd = user.getPwd();                                         //获得密码
        String okPwd = user.getOkPwd();                                     //获得确认密码
        if (username == null || username.trim().equals("") || pwd == null || pwd.trim().equals("") ||
                okPwd == null || okPwd.trim().equals("")) {
            JOptionPane.showMessageDialog(null, "用户名或密码不能为空。");
            return;
        }
        if (!pwd.trim().equals(okPwd.trim())) {
            JOptionPane.showMessageDialog(null, "两次输入的密码不一致。");
            return;
        }
        conn = DAO.getConn();                                               //获得数据库连接
        //创建 PreparedStatement 对象，并传递 SQL 语句
        PreparedStatement ps = conn.prepareStatement("insert into tb_user (username,password)   values(?,?)");
        ps.setString(1, username.trim());                                   //为参数赋值
        ps.setString(2, pwd.trim());                                        //为参数赋值
        int flag = ps.executeUpdate();                                      //执行 SQL 语句
        if (flag > 0) {
            JOptionPane.showMessageDialog(null, "添加成功。");
        } else {
            JOptionPane.showMessageDialog(null, "添加失败。");
        }
    } catch (Exception ex) {
        JOptionPane.showMessageDialog(null, "用户名重复，请换个名称！");
        return;
    } finally {
        try {
            if (conn != null) {
```

```
                conn.close();                                    //关闭数据库连接对象
            }
        } catch (Exception ex) {
        }
    }
}
```

2.11　修改用户密码窗体模块设计

2.11.1　修改用户密码窗体模块概述

为了提高系统安全性，用户可以定期对密码进行修改。在修改密码时应首先输入原密码，然后输入新密码和确认密码。在主窗体中选择“系统”→“修改密码”命令，就可以打开修改用户密码窗体，如图 2.15 所示。

图 2.15　修改用户密码窗体

2.11.2　修改用户密码窗体模块技术分析

修改用户密码窗体使用的主要技术是如何保存用户的状态。

在该窗体中，仅要求输入原来的密码和新密码，那么系统是如何知道修改的是哪个用户的密码呢？原来系统使用 SaveUserStateTool 类来保存登录用户的信息。通过阅读这个类的代码，可以知道该类的属性都是使用 static 关键字修饰的，而该关键字的作用是可以让变量在运行中保存用户的信息。

2.11.3　修改用户密码窗体模块实现过程

系统工具使用的数据表：tb_user

1. 设计修改用户密码窗体

修改用户密码窗体用于对用户的密码进行修改，提高系统安全性。该窗体用到 3 个标签、3 个密码框和两个命令按钮，其中主要控件的名称和作用如表 2.11 所示。

表 2.11　修改用户密码窗体的主要控件及其名称与作用

控　件	控 件 名 称	作　用
JPasswordField	tf_oldPwd	原密码
JPasswordField	pf_newPwd	新密码
JPasswordField	pf_okNewPwd	确认新密码
JButton	btn_update	保存对密码的修改
JButton	btn_return	销毁修改用户密码窗体，返回主窗体

在 com.zzk.frame 包中创建 UpdateUserPasswordFrame 类，该类继承自 JFrame。在窗体上添加控件，图 2.15 就是创建后的修改用户密码窗体界面。

2. 保存用户密码的修改

在修改用户密码窗体输入用户的原密码和新密码，单击“修改”按钮可以保存用户密码的修改。为“修改”按钮（即名为 btn_update 的按钮）增加事件监听器，关键代码如下：

例程 17　代码位置：TM\02\蓝宇快递打印系统\src\com\zzk\frame\UpdatePasswordFrame.java

```
btn_update.addActionListener(new java.awt.event.ActionListener() {
    public void actionPerformed(java.awt.event.ActionEvent e) {
        String oldPwd = new String(pf_oldPwd.getPassword());             //获得原密码
        String newPwd = new String(pf_newPwd.getPassword());             //获得新密码
        String okPwd = new String(pf_okNewPwd.getPassword());            //获得确认密码
        UserDao.updateUser(oldPwd, newPwd, okPwd);                       //更新密码
    }
});
```

说明 在添加新用户时，用到了 com.zzk.bean 包中的 User 类和 com.zzk.dao 包中 UserDao 类的 insertUser()方法。其中，User 类用于封装在添加用户信息窗体中输入的新用户信息。insertUser()方法用于保存新用户的信息。

UserDao 类中 updateUser()方法的关键代码如下：

例程 18　代码位置：TM\02\蓝宇快递打印系统\src\com\zzk\dao\UserDao.java

```
public static void updateUser(String oldPwd, String newPwd, String okPwd) {
    try {
        if (!newPwd.trim().equals(okPwd.trim())) {
            JOptionPane.showMessageDialog(null, "两次输入的密码不一致。");
            return;
        }
        if (!oldPwd.trim().equals(SaveUserStateTool.getPassword())) {
            JOptionPane.showMessageDialog(null, "原密码不正确。");
            return;
        }
        Connection conn = DAO.getConn();                                  //获得数据库连接
        //创建 PreparedStatement 对象，并传递 SQL 语句
        PreparedStatement ps = conn.prepareStatement("update tb_user set password = ? "
                                        +" where username = ?");
        ps.setString(1, newPwd.trim());                                   //为参数赋值
        ps.setString(2, SaveUserStateTool.getUsername());                 //为参数赋值
        int flag = ps.executeUpdate();                                    //执行 SQL 语句
        if (flag > 0) {
            JOptionPane.showMessageDialog(null, "修改成功。");
        } else {
            JOptionPane.showMessageDialog(null, "修改失败。");
        }
```

```
            ps.close();
            conn.close();                                                    //关闭数据库连接
        } catch (Exception ex) {
            JOptionPane.showMessageDialog(null, "数据库异常！ " + ex.getMessage());
            return;
        }
}
```

2.12　开发技巧与难点分析

蓝宇快递打印系统是针对打印快递单开发的，所以不需要很多页面组件，并且同一型号的快递单可以使用相同的页面布局，这样可以减少开发者的工作量。

本系统的关键功能是对快递单的维护和打印功能。系统将快递单的信息都录入到数据库中保存，然后编写数据库接口类，将所有业务封装，直接调用接口方法即可以实现增、改、查，效率非常高。系统中创建 java.awt.print.PrinterJob 打印类对象，将快递单和快递单上的所有信息绘制对象当中，最后启用本地的打印服务完整打印。

2.13　本 章 小 结

通过蓝宇快递打印系统模块的开发，应该能够掌握程序开发的基本流程。主要包括需求分析、功能的确定、设计 E-R 图、设计数据库和数据表、公共类的设计、程序的开发与调试等。

第 3 章

开发计划管理系统

（Swing+MySQL 实现）

随着计算机的普及应用，越来越多的企业个人使用它来辅助完成日常工作。由此产生了种类繁多的软件，例如财务管理系统、票据打印系统等。本章将以图书开发工作为例，介绍如何使用 Java 技术完成一个开发计划管理系统，其主要功能包括计划的创建、任务分配、进度监控、查询以及管理公司人员等功能。

通过阅读本章，可以学习到：

- 使用 Swing 开发桌面应用程序
- 掌握数据库建模
- 了解项目分析与系统设计
- 熟悉控件布局
- 解除开发工具语法限制
- 掌握开发环境的定制

3.1　开 发 背 景

随着公司人员与任务的不断增加，管理层的工作会越来越复杂。如果不采取统一的管理方式，日后的工作将更显凌乱。在这样的需求下，完成一个开发计划管理系统就显得非常必要。

3.2　系 统 分 析

公司需要完成一个开发计划管理系统，用来管理和统计所有人员的工作计划，理顺工作流程，从而提高工作效率。

根据需求分析的结果，要求系统支持以下功能。

（1）部门信息管理功能

用于部门信息及人员职务的添加与维护。人员职务需要指定职务级别，数值为 1～3，不同级别将影响界面左侧人员列表的读取范围。

（2）员工信息管理功能

包括员工信息的增加与维护功能。员工信息分为基础信息、联系方式和详细信息 3 个部分，并且可以分别进行修改。

（3）项目信息的添加与修改

项目信息是指独立的图书开发任务而不是分配给个人的单元计划。这个功能需要提供项目的增加与维护功能。

（4）管理指定项目的详细计划

项目的详细计划就是单元计划，它针对单个人员进行指派。每个人可以维护自己的单元计划，包括页码、开始结束日期和开发进度，其中修改开发进度要能更新总体项目的开发进度。

（5）每个项目完成进度的统计

项目开发需要随时掌握开发进度，并适时进行调整，避免影响项目提交时间。这个功能要为每个项目提供准确的开发进度。

（6）个人所有单元计划列表显示

每个人员登录系统之后有具体的单元维护界面，但是它不便于个人全部任务的统计。这个功能要把个人负责的所有单元计划体现在界面上，方便分析与调整开发速度。

（7）在常用位置体现近期工作计划

登录系统之后首先应该了解目前开发到哪里，迅速掌握目前需要开发的单元，直接进入到开发状态，所以本功能需要在登录的第一界面体现近期工作计划。

（8）各功能要有权限限制

计划管理系统中的各项功能有不同的结构和关联，针对不同的管理级别开放不同的功能。否则普通员工有可能会误删除项目或者部门以及人员信息，这样会影响系统数据的安全性，所以必须对个别功能进行权限限制。

3.3 系统设计

3.3.1 系统目标

通过对系统进行深入的分析得知，本系统需要实现以下目标。

☑ 操作简单方便，界面简洁大方。
☑ 保证系统的安全性。
☑ 支持对整个开发计划的管理。
☑ 支持对个人开发进度的管理。
☑ 支持对公司人员的管理。
☑ 支持对公司部门的管理。
☑ 支持用户添加和密码修改操作。

3.3.2 系统功能结构

根据公司对计划管理系统提出的需求进行分析，规划并定制了以下功能。

（1）我的工作台

该功能主要用于查看近期或者指定日期的工作计划，目的是方便计划安排，提醒近期工作内容和完成进度。

（2）个人计划表

该功能把指定人员定制的所有工作计划呈现在表格中，方便工作人员查看。同时该功能也可以通过文本方式查看计划的详细信息和所属项目的详细信息。

（3）计划管理

该功能主要用于公司的计划管理。本系统以图书开发计划为题，介绍计划管理功能的策划与开发，其中包括每个项目的详细计划定制、修改与删除等。

（4）人员管理

该功能用于维护公司人员的基本信息、联系方式和详细信息，以及指定人员职位、所属部门登录账号和密码等。

（5）部门管理

提供部门的维护功能，其中包括部门信息的添加、修改和删除，指定部门负责人和上级部门等。

各功能的具体结构如图 3.1 所示。

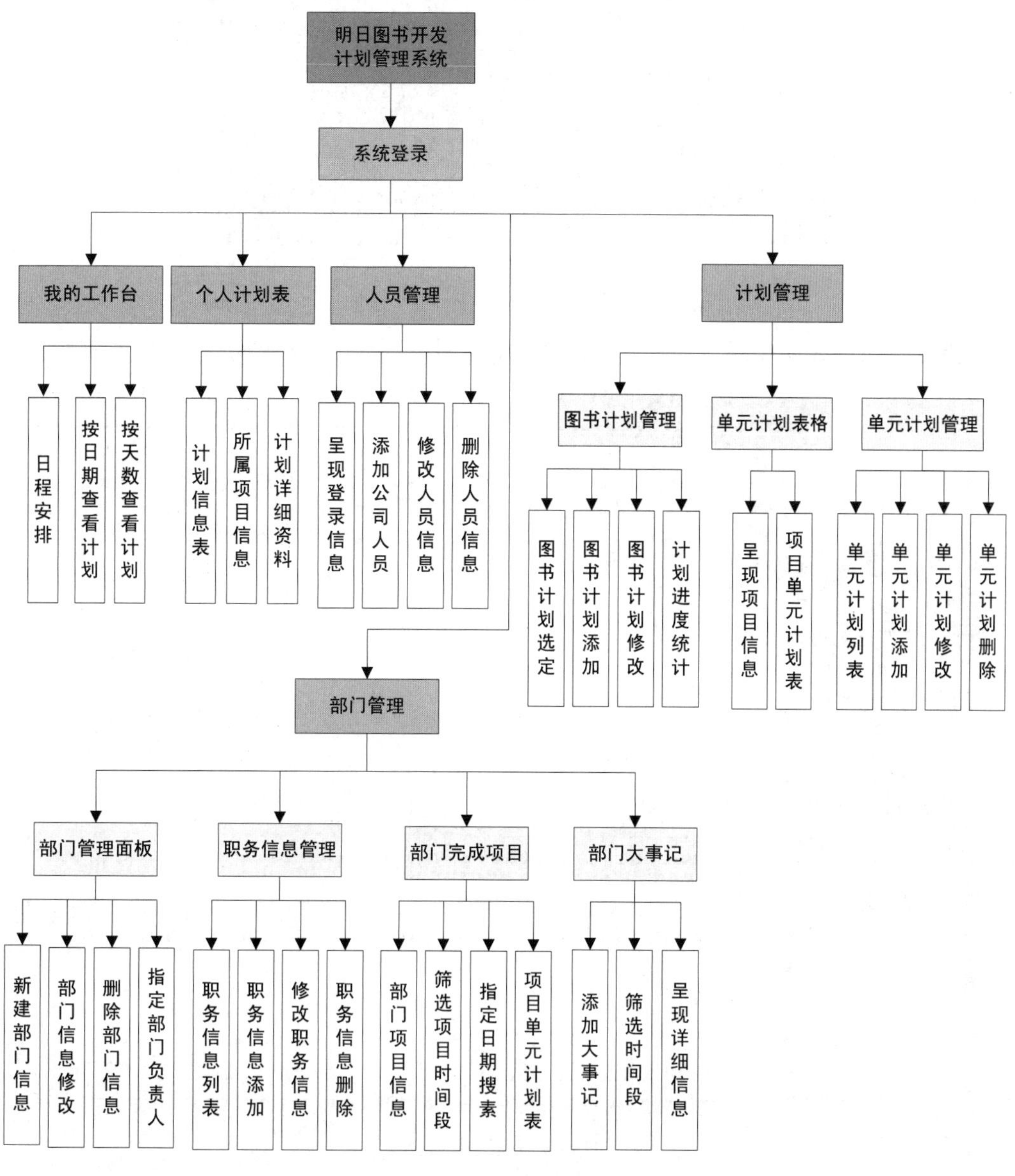

图 3.1　功能结构图

3.3.3　系统预览

明日开发计划管理系统的程序窗体包括登录窗体和主窗体，而主窗体中又包含大量的功能界面，每个界面的功能和用途不同，在程序开发之前本节先简单列举一些常用的程序窗体，其他窗体参见资源包中的源程序。

系统登录窗体的运行效果如图 3.2 所示，主要用于限制非法用户进入到系统内部。

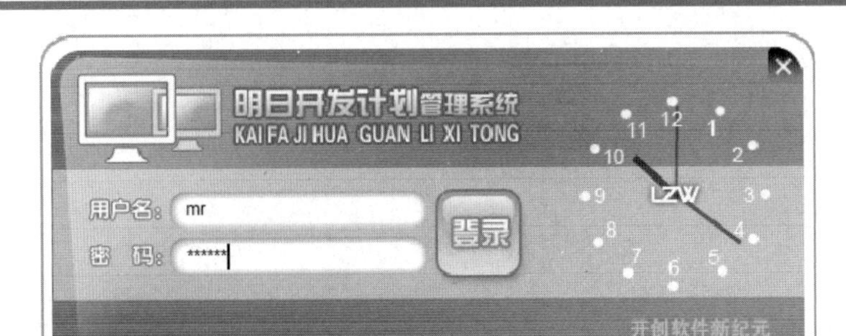

图 3.2　系统登录窗体

系统主窗体的运行效果如图 3.3 所示，主要功能是调用执行本系统的所有功能。

图 3.3　系统主窗体

个人计划表窗体的运行效果如图 3.4 所示，主要功能是显示当前个人计划的完成情况。

图书计划窗体的运行效果如图 3.5 所示，主要功能是显示当前图书计划的完成情况，并可以定制个人计划。

人员管理窗体的运行效果如图 3.6 所示，主要功能是添加和删除公司的员工。在添加员工时，需要输入部门、姓名、职务等相关信息。

部门管理窗体的运行效果如图 3.7 所示，主要功能是添加和删除公司的部门。在添加部门时，需要输入部门名称、部门职责等信息。

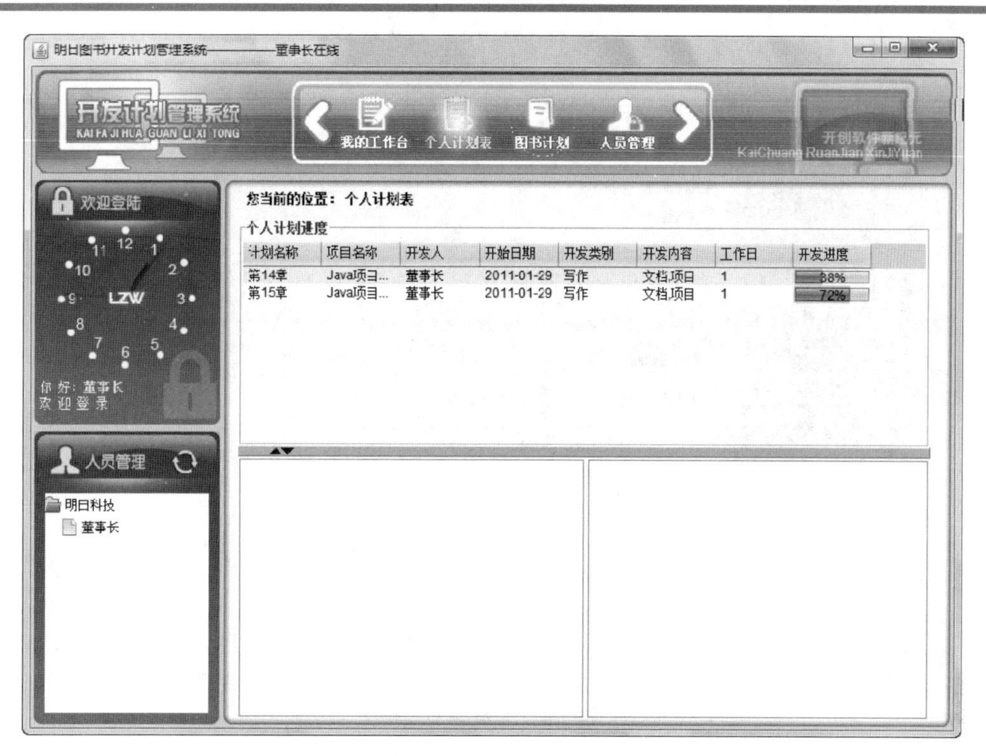

图 3.4　个人计划表窗体

图 3.5　图书计划窗体

图 3.6　人员管理窗体

图 3.7　部门管理窗体

3.3.4　文件夹结构设计

每个项目都会有相应的文件夹组织结构。当项目中的窗体过多时，为了便于查找和使用，可以将

窗体进行分类，放入不同的文件夹中，这样既便于前期开发，又便于后期维护。本系统文件夹组织结构如图 3.8 所示。

```
◢ 开发计划管理系统
  ◢ src ———————————————— 程序源码文件夹
    ▷ com.lzw ———————————— 程序根目录
    ▷ com.lzw.bookProject ———— 图书项目包
    ▷ com.lzw.dao ——————————— 数据库包
    ▷ com.lzw.dao.model ——————— 实体类包
    ▷ com.lzw.dept —————————— 部门包
    ▷ com.lzw.exception ——————— 异常包
    ▷ com.lzw.frame ————————— 窗体包
    ▷ com.lzw.frame.buttonIcons —— 按钮图片包
    ▷ com.lzw.Listener ———————— 监听包
    ▷ com.lzw.login ————————— 登陆面板包
    ▷ com.lzw.personnel ——————— 个人信息包
    ▷ com.lzw.personnel.panel ——— 个人信息面板包
    ▷ com.lzw.widget ———————— 小控件包
  ▷ Referenced Libraries ——————— 扩展库
  ▷ JRE System Library [jdk] ————— JRE库
  ▷ 数据库脚本 ————————————— 数据库脚本文件夹
  ▷ lib ———————————————— 扩展Jar包文件夹
```

图 3.8　开发计划管理系统文件夹结构图

3.4　数据库设计

在开发应用程序时，对数据库的操作是必不可少的，而一个数据库的设计优秀与否，将直接影响到软件的开发进度和性能，所以对数据库的设计就显得尤为重要。数据库的设计要根据程序的需求及其功能制定，如果在开发软件之前不能很好地设计数据库，在开发过程中将反复修改数据库，这会严重影响开发进度。

3.4.1　数据库分析

像其他计划管理系统一样，首先要设计部门和员工表。为了能将员工信息细化，在员工表的基础上扩展出员工职务表、员工联系信息表和员工详细信息表。因为本系统主要用于制订图书的编写计划，所以需要设计出版社表用于保存出版社信息。

当所有实体对象都有对应数据表之后，要开始设计工作流相关的数据表。设计图书计划表，用于记录公司的图书编写计划；设计个人图书单元计划表，用于保存公司图书编写计划之下的明细计划。

除此之外，为了更好地展示工作计划进度，还要创建图书计划与项目参与人视图。

以上就是本系统所需的数据结构。

3.4.2 数据库概念设计

在设计数据库时使用 PowerDesigner 工具进行建模，主要数据表包括出版社表、图书计划表、个人图书单元计划表、项目参与人员、部门大事记、部门、员工等。另外还有一个图书计划与项目参与人视图，数据库名称为 ProjectManagerDB，其建模视图如图 3.9 所示。

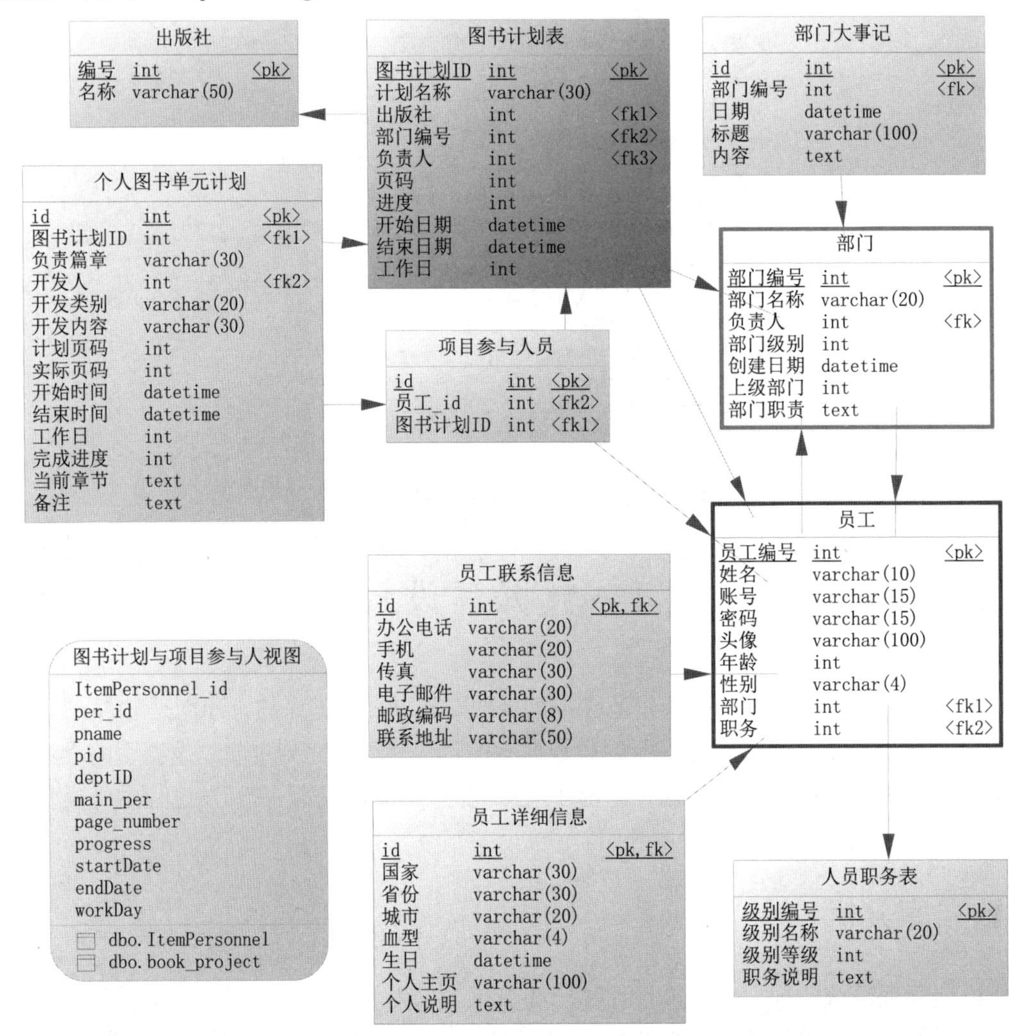

图 3.9 数据库建模视图

3.4.3 数据库逻辑结构设计

本项目的数据库用于记录公司的部门信息、人员信息、计划信息等内容。其中，计划信息分为计划主表、计划详细表、出版社信息表和项目参与人。人员信息表分为员工数据表、员工联系信息数据表、员工详细信息表和人员职务表等。各表之间的关联已经在数据库建模视图中体现了，本节将介绍几个主要数据表，为读者学习后面的章节做铺垫。

1. 部门信息表

部门信息表主要用于保存部门的编号、名称、负责人、部门级别、创建日期等。其中，部门编号是唯一的，其结构如表 3.1 所示。

表 3.1　dept 部门信息表

字 段 名 称	数 据 类 型	字 段 大 小	主键/外键	说　　明
deptID	int	4	主键	部门编号
name	varchar	20		部门名称
main_per	int	4	外键	部门负责人
level	Int	4	外键	部门级别
cDate	datetime	8		部门创建日期
uplevel	int	4		上级部门编号
remark	text	16		部门职责说明

2. 员工信息表

员工信息表用于保存公司内员工的基本信息，包括其系统登录的账号与密码，其中的部门与人员级别（即职务）信息必须填写，其表结构如表 3.2 所示。

表 3.2　personnel 员工信息表

字 段 名 称	数 据 类 型	字 段 大 小	主键/外键	说　　明
id	int	4	主键	人员编号
name	varchar	10		人员姓名
userName	varchar	15		登录账号
passWord	varchar	15		登录密码
age	int	4		年龄
sex	varchar	4		性别
deptID	int	4	外键	所属部门
level	int	4	外键	人员级别

3. 人员职务表

人员职务表用于定义一个部门或者整个公司的人员层次，包括管理层与工作层。这些职务信息需要在创建人员信息之前添加好数据，因为创建员工信息时必须指定员工的职务信息。其表结构如表 3.3 所示。

表 3.3　personnel_level 人员职务表

字 段 名 称	数 据 类 型	字 段 大 小	主键/外键	说　　明
id	int	4	主键	职务编号
name	varchar	20		职务名称
level	int	4		职务级别
remark	text	16		职务说明

4．图书计划表

图书计划表是图书项目的主表，其作用主要是保存公司的图书类项目的计划信息，包括负责人、开发部门、开始与结束日期、工作日核算、当前进度统计等功能，其表结构如表 3.4 所示。

表 3.4　book_project 图书计划表

字段名称	数据类型	字段大小	主键/外键	说　明
id	int	4	主键	图书计划编号
pid	int	4	外键	出版社编号
deptID	int	4	外键	部门编号
pname	varchar	30		项目计划名称
main_per	int	4	外键	项目负责人编号
page_number	int	4		计划页码
progress	int	4		项目进程
startDate	datetime	8		开始日期
endDate	datetime	8		结束日期
workDay	int	4		工作日

5．个人图书单元计划表

个人图书单元计划表可以说是图书计划表的子表，它用于保存每个图书项目计划对应的详细单元计划，即每个图书项目计划分不同章节给不同的项目参与人。大家分别制订自己的单元计划，这些单元计划可以汇总出总体计划的进度。其数据结构如表 3.5 所示。

表 3.5　book_project_details 个人图书单元计划表

字段名称	数据类型	字段大小	主键/外键	说　明
id	int	4	主键	单元计划编号
book_id	int	4	外键	图书项目编号
unit	varchar	30	外键	负责篇章
writer	int	4	外键	作者编号
type	varchar	30		开发类型
content	varchar	50		开发内容
page_number	int	4		计划页码
stat_number	int	4		实际页码
start_date	datetime	8		开始日期
end_date	datetime	8		结束日期
work_day	int	4		工作日
progress	int	4		进度
current_content	text	16		当前开发内容
remark	text	16		备注

3.5　公共模块设计

公共模块的设计是软件开发的一个重要组成部分，它既起到了代码重用的作用，又起到了规范代码结构的作用，尤其在团队开发的情况下，是解决重复编码的最好方法，这样对软件的后期维护也起到了积极的作用。

3.5.1　操作数据库的公共类 BaseDao

在整个项目中，与数据库的操作非常重要。本程序使用的是基本的 JDBC 来完成这类操作。为了简化代码，开发了公共类 BaseDao，它位于 com.lzw.dao 包中。在这个类中，定义了 getConn()方法，用于获得数据库的连接。由于及时释放资源能够大幅度提高系统运行效率，因此该类中也定义了若干释放资源的方法。BaseDao 类的代码如下：

例程 01　代码位置：mr\03\开发计划管理系统\src\com\lzw\dao\BaseDao.java

```
public abstract class BaseDao implements Remote {
    //数据库驱动名称
    private static String driver = "com.mysql.jdbc.Driver";
    //数据库访问路径
    private String dbUrl = "jdbc:mysql://127.0.0.1:3306/ProjectManagerDB";
    //访问数据库的账号
    private String dbUser = "root";
    //访问数据库的密码
    private String dbPass = "123456";
    protected Connection getConn() throws SQLException { //连接数据库
        Connection connection = null;
        try {
            connection = getConnection(dbUrl, dbUser, dbPass);
        } catch (SQLException e) {
            if (e.getMessage().contains("No suitable driver")) {
                try {
                    Class.forName(driver);
                    connection = getConnection(dbUrl, dbUser, dbPass);
                } catch (ClassNotFoundException e1) {
                    e1.printStackTrace();
                    e.printStackTrace();
                }
            }
        }
        return connection;
    }
    //关闭 SQL 指令对象与数据库连接对象
    protected void closeStatementAndConnection(Statement ps, Connection conn) {
        try {
```

```
            if (ps != null)
                ps.close();
            if (conn != null)
                conn.close();
        } catch (SQLException e) {
            e.printStackTrace();
        }
    }

    protected void closeStatement(Statement ps) { //关闭 SQL 指令对象
        try {
            if (ps != null)
                ps.close();
        } catch (SQLException e) {
            e.printStackTrace();
        }
    }

    protected void closeConn(Connection conn) { //关闭数据库连接
        try {
            if (conn != null)
                conn.close();
        } catch (SQLException e) {
            e.printStackTrace();
        }
    }
}
```

3.5.2 实体类的编写

为了简化开发，可以使用实体类来封装后台数据库中的表格。下面以 BookWriteType 类为例，说明如何定义实体类。通常先将类的属性设置成私有的，然后为这些属性提供 get 和 set 方法。如果需要，还可以重写在 Object 类中定义的 equals()、hashCode()和 toString() 3 个方法。BookWriteType 类的代码如下：

例程 02　代码位置：mr\03\开发计划管理系统\src\com\lzw\dao\model\BookWriteType.java

```
public class BookWriteType implements Serializable {
    private static final long serialVersionUID = 1L;
    private Integer id;
    private String typeName;
    private Collection<BookProjectDetails> bookProjectDetialsCollection;
    public BookWriteType() {
    }
        public BookWriteType(Integer id) {
        this.id = id;
    }
     public boolean equals(Object object) {
        if (!(object instanceof BookWriteType)) {
```

```
			return false;
		}
		BookWriteType other = (BookWriteType) object;
		if ((this.id == null && other.id != null)
				|| (this.id != null && !this.id.equals(other.id))) {
			return false;
		}
		return true;
	}

	public Collection<BookProjectDetails> getBookProjectDetialsCollection() {
		return bookProjectDetialsCollection;
	}

	public Integer getId() {
		return id;
	}

	public String getTypeName() {
		return typeName;
	}

	public int hashCode() {
		int hash = 0;
		hash += (id != null ? id.hashCode() : 0);
		return hash;
	}

	public void setBookProjectDetialsCollection(
			Collection<BookProjectDetails> bookProjectDetialsCollection) {
		this.bookProjectDetialsCollection = bookProjectDetialsCollection;
	}

	public void setId(Integer id) {
		this.id = id;
	}

	public void setTypeName(String typeName) {
		this.typeName = typeName;
	}

	public String toString() {
		return "com.lzw.model.BookWriteType[id=" + id + "]";
	}
}
```

说明 由于路径太长，因此省略了部分路径，省略的路径是“TM\03\PersonnalManage\src\com\mwq\frame”。

视频讲解

3.6 系统登录模块设计

3.6.1 系统登录模块概述

登录模块是用户接触本项目的第一个程序界面，用户需要通过该界面以合法的身份和密码来登录系统。作为首界面，功能虽然明确为登录，但是界面设计应该让用户感到新颖，内容丰富，从界面上应该能够明白登录的是什么管理系统，而且界面的配色不能和主窗体有太大的反差。本项目在登录窗体上放置了一个时钟控件，使界面更美观；而且增添了一些实用性。其界面效果如图 3.2 所示。

当用户输入正确的用户名和密码时，就可以登录系统。在登录过程中会有登录提示信息，而登录界面会以模糊效果过滤，这样用户的视觉焦点就会集中在登录信息上，效果如图 3.10 所示。这时用户是处于有目的的等待状态，程序也避免了连接数据库耗时而产生的假死状态。

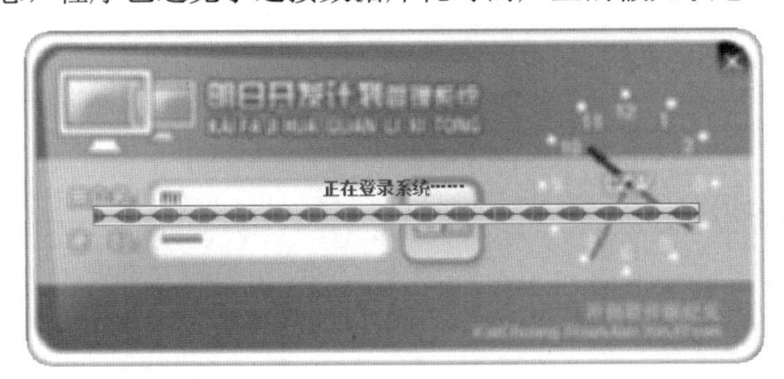

图 3.10　登录中的界面

3.6.2 系统登录模块技术分析

系统登录模块用到的主要技术是为控件绘制背景图片。

（1）在绘制背景图片前，需要先获得该图片。使用 ImageIcon 类的 getImage()方法可以获得 Image 类型的对象。该方法的声明如下：

```
public Image getImage()
```

为了获得 ImageIcon 类型的对象，可以使用该类的构造方法。此时，可以为该构造方法传递一个类型为 URL 的参数，该参数表明图片的具体位置。

（2）在获得了背景图片后，可以重写在 JComponent 类中定义的 paintComponent()方法将图片绘制到窗体背景中，该方法的声明如下：

```
protected void paintComponent(Graphics g)
```

g：表示要保护的 Graphics 对象

（3）在绘制图片时需要使用 Graphics 类的 drawImage()方法，该方法的声明如下：

```
public abstract boolean drawImage(Image img,int x,int y,ImageObserver observer)
```

drawImage()方法的参数说明如表 3.6 所示。

表 3.6　drawImage()方法参数说明

参　　数	描　　述
img	要绘制的 Image 对象
x	绘制位置的 x 坐标
y	绘制位置的 y 坐标
observer	当更多图像被转换时需要通知的对象

本章使用自定义的 LoginPanel 类来实现登录窗体背景图片的绘制，该类的代码如下：

例程 03　代码位置：mr\03\开发计划管理系统\src\com\lzw\login\LoginPanel.java

```
public class LoginPanel extends JPanel {
    private static final long serialVersionUID = 1L;
    private ImageIcon bg;                                    //背景图片对象
    public LoginPanel() {
        super();
        //获取图片路径
        URL url = getClass().getResource("loginBG.png");
        bg = new ImageIcon(url);                             //加载图片对象
        //设置面板与背景相同大小
        setSize(bg.getIconWidth(), bg.getIconHeight());
    }
    protected void paintComponent(Graphics g) {
        Graphics2D g2 = (Graphics2D) g.create();
        super.paintComponent(g2);
        if (bg != null) {                                    //如果背景图片对象初始化完毕
            //绘制图片到界面中
            g2.drawImage(bg.getImage(), 0, 0, this);
        }
    }
}
```

3.6.3　系统登录模块实现过程

系统维护使用的主要数据表：personnel

登录窗体将登录面板、登录进度面板和其他控件组合到一个窗体中。用户可以在“用户名”和“密码”文本框中输入登录信息，然后决定是单击“登录”按钮进入系统，还是单击“关闭”按钮离开系统。下面来介绍一下登录窗体的程序代码。

（1）首先需要编写构造方法。登录窗体的构造方法中初始化了登录进度面板，这个面板在以后登录过程中会用到。现在先将这个面板设置为窗体的 GlassPane 面板，然后执行 initialize()方法来初始化程序界面，最后将窗体居中。

说明 由于路径太长，因此省略了部分路径，省略的路径是“TM\03\PersonnalManage\src\com\mwq\frame”。

构造方法的关键代码如下：

例程 04 代码位置：mr\03\开发计划管理系统\src\com\lzw\LoginFrame.java

```
public LoginFrame() {
    super();
    panel = new ProgressPanel();                    //创建登录进度面板
    setGlassPane(panel);                            //把登录进度面板设置为窗体顶层
    initialize();                                   //调用初始化界面的方法
    setLocationRelativeTo(null);                    //窗体居中
}
```

（2）构造方法中调用了 initialize()方法来初始化程序界面，这个方法负责整个窗体界面的设置。它首先取消了窗体修饰，因为这个窗体要自定义程序界面，不需要窗体的边框。然后设置了窗体的内容面板，内容面板包含了窗体中几乎所有控件，这里是由 getJContentPane()方法创建的内容面板，最后设置窗体的大小。

说明 由于路径太长，因此省略了部分路径，省略的路径是“TM\03\PersonnalManage\src\com\mwq\frame”。

程序关键代码如下：

例程 05 代码位置：mr\03\开发计划管理系统\src\com\lzw\LoginFrame.java

```
private void initialize() {
    setUndecorated(true);                           //取消窗体修饰
    AWTUtilities.setWindowShape(this, new RoundRectangle2D.Double(0, 0, 541, 237, 40, 40));
    this.setContentPane(getJContentPane());         //设置窗体内容面板
    setSize(new Dimension(547, 243));               //设置窗体大小
    this.addWindowListener(new WindowAdapter() {
        @Override
        public void windowOpened(WindowEvent e) {
            getUserName().requestFocus();
        }
    });
}
```

（3）创建内容面板。在该面板中设置边界布局管理器，并添加登录面板到窗体界面的居中位置。关键代码如下：

例程 06 代码位置：mr\03\开发计划管理系统\src\com\lzw\LoginFrame.java

```
private JPanel getJContentPane() {
    if (jContentPane == null) {
```

```
            jContentPane = new JPanel();
            jContentPane.setLayout(new BorderLayout());                              //设置布局管理器
            jContentPane.add(getLoginPanel(), BorderLayout.CENTER);                  //添加登录面板到内容面板
        }
        return jContentPane;
    }
```

（4）创建登录面板。getLoginPanel()方法中首先创建 LoginPanel 登录面板的对象，然后向面板中分别添加“用户名”文本框、“密码”文本框、“登录”按钮、“关闭”按钮和时钟控件，最后为面板添加了两个鼠标事件监听器，它们用于实现窗体的拖动效果。

说明 由于路径太长，因此省略了部分路径，省略的路径是“TM\03\PersonnalManage\src\com\mwq\frame”。

关键代码如下：

例程 07　代码位置：mr\03\开发计划管理系统\src\com\lzw\LoginFrame.java

```
private LoginPanel getLoginPanel() {
    if (loginPanel == null) {
        loginPanel = new LoginPanel();                                        //创建登录面板对象
        loginPanel.setLayout(null);
        loginPanel.add(getUserName(), null);                                  //添加文本框
        loginPanel.add(getPassword(), null);                                  //添加密码框
        loginPanel.add(getLoginButton(), null);                               //添加“登录”按钮
        loginPanel.add(getCloseButton(), null);                               //添加“关闭”按钮
        loginPanel.add(getClockPanel(), null);                                //添加时钟控件
        loginPanel.addMouseListener(new TitleMouseAdapter());                 //添加鼠标事件监听器
        loginPanel.addMouseMotionListener(new TitleMouseMotionadapter());     //添加鼠标动作监听器
    }
    return loginPanel;
}
```

（5）登录面板的“登录”按钮是登录窗体的核心业务控件。它负责登录窗体的主要业务处理，其中包括连接数据库、读取并验证登录信息、加载主窗体、切换登录窗体与主窗体界面的显示等。该按钮由 getLoginButton()方法创建。

说明 由于路径太长，因此省略了部分路径，省略的路径是“TM\03\PersonnalManage\src\com\mwq\frame”。

例程 08　代码位置：mr\03\开发计划管理系统\src\com\lzw\LoginFrame.java

```
private JButton getLoginButton() {
    if (loginButton == null) {
        loginButton = new JButton();
        //设置按钮位置与大小
```

```
            loginButton.setBounds(new Rectangle(275, 104, 68, 68));
            //设置按钮图标
            loginButton.setIcon(new ImageIcon(getClass().getResource("/com/lzw/logBut1.png")));
            loginButton.setContentAreaFilled(false);
            //设置按钮按下动作的图标
            loginButton.setPressedIcon(new ImageIcon(getClass().getResource("/com/lzw/logBut2.png")));
            //设置鼠标经过按钮的图标
            loginButton.setRolloverIcon(new ImageIcon(getClass().getResource("/com/lzw/logBut3.png")));
            //添加按钮事件监听器
            loginButton.addActionListener(new loginActionListener());
        }
        return loginButton;
    }
```

（6）编写“登录”按钮的事件监听器。这个事件监听器才是“登录”按钮的核心，当用户单击“登录”按钮时，“登录”按钮会向该监听器发送事件，监听器会接收该事件并执行登录相关的业务逻辑。“登录”按钮在验证登录信息时，如果登录信息不合法，会提示错误信息，其界面效果如图 3.11 所示。

图 3.11　登录失败界面

关键代码如下：

例程 09　代码位置：mr\03\开发计划管理系统\src\com\lzw\LoginFrame.java

```
private final class loginActionListener implements ActionListener {
    private ConvolveOp getFilter(int radius) {
        int size = radius * 2 + 1;
        float width = 1.0f / (size * size);
        float data[] = new float[size * size];
        for (int i = 0; i < data.length; i++) {
            data[i] = width;
        }
        Kernel kernel = new Kernel(size, size, data);
        return new ConvolveOp(kernel, ConvolveOp.EDGE_ZERO_FILL, null);
    }
    @Override
    public void actionPerformed(ActionEvent e) {
        createBackImage();
        String userNameStr = getUserName().getText();
        char[] passChars = getPassword().getPassword();
```

```
        String passwordStr = new String(passChars);
        try {
            doLogin(userNameStr, passwordStr);                              //执行登录
        } catch (Exception e1) {
            ExceptionTools.showExceptionMessage(e1);
        }
    }
    private void createBackImage() {
        Container pane = getContentPane();                                  //获取窗体容器
        int width = pane.getWidth();                                        //获取容器大小
        int height = pane.getHeight();
        //创建图片对象
        BufferedImage bimage = new BufferedImage(width, height, BufferedImage.TYPE_INT_ARGB);
        //获取图片对象的绘图上下文
        Graphics2D g2 = bimage.createGraphics();
        pane.paint(g2);                                                     //将容器界面绘制到图片对象
        bimage.flush();
        bimage = getFilter(2).filter(bimage, null);                         //为图片对象应用模糊滤镜
        panel.setBackImage(bimage);                                         //将模糊后的图片作为背景
    }
    private void doLogin(final String userNameStr, final String passwordStr) {
        new Thread() {                                                      //开辟新线程
            @Override
            public void run() {
                getGlassPane().setVisible(true);                            //显示窗体的登录进度面板
                PersonnelDao dao = new PersonnelDao();                      //创建人员数据表操作对象
                Personnel user = dao.getPersonnel(userNameStr, passwordStr); //获取指定账户的人员对象
                if (user != null) {                                         //判断是否成功获取人员对象
                    Session.setUser(user);                                  //人员对象保存会话对象中
                    ProjectFrame frame = new ProjectFrame();                //创建主窗体对象
                    frame.setVisible(true);                                 //显示主窗体
                    LoginFrame.this.dispose();                              //销毁登录窗体
                } else {
                    showMessageDialog(null, "提供的用户名和密码无法登录");
                }
                getGlassPane().setVisible(false);                           //完成登录后隐藏登录进度面板
            }
        }.start();
    }
}
```

3.7　主窗体模块设计

视频讲解

3.7.1　主窗体模块概述

本项目的主窗体包括功能按钮组、登录信息面板、人员管理面板、功能区面板共 4 个部分。窗体

设计效果如图 3.12 所示。

图 3.12　程序主窗体界面

主窗体中的各部分说明如下。

（1）功能按钮组

该部分的核心控件是一个滚动的按钮面板，其中存放了所有模块的控制按钮，可以控制各模块界面的切换显示。

（2）登录信息面板

在窗体左侧有一个时钟控件，它下面是用户登录信息，这两个控件组成了登录信息面板的全部内容。

（3）人员管理面板

这部分主要包括一个 JTree 树控件和一个刷新按钮，其中树控件包含了公司所有部门和员工的名称。

（4）功能区面板

这部分面板主要用于放置各个功能模块的界面，其中显示的模块界面是由功能按钮组控制的。

3.7.2　主窗体模块技术分析

主窗体模块难点在于功能按钮组的编写。功能按钮组用到的主要技术是自定义的控件和事件监听器的编写。下面通过代码进行详细介绍。

功能按钮组在项目中是由一个移动面板和包含按钮的面板组成的。其中，移动面板是项目中自定义的，控件的类名是 SmallScrollPanel，它实现的主要功能是由左右两个方向按钮控制容器中的控件滚

动显示。在搭配包含一定数量控件的面板后，其界面效果如图 3.13 所示。

图 3.13　功能按钮组

说明　移动面板中放置了一个面板控件，面板控件中又放置所有功能按钮控件，如果按钮数量过多超出显示范围，就会显示左右两个方向按钮来调整显示内容。

1. 移动面板

下面先介绍一下自定义移动面板的代码。

（1）移动面板是由 SmallScrollPanel 类实现的，它在构造方法中调用 initialize()方法初始化程序界面之前先创建了左右滚动按钮的事件监听器，并初始化程序界面需要用到的图片对象。关键代码如下：

例程 10　代码位置：mr\03\开发计划管理系统\src\com\lzw\widget\SmallScrollPanel.java

```
public SmallScrollPanel() {
    scrollMouseAdapter = new ScrollMouseAdapter();                    //初始化处理器
    //初始化程序用图
    icon1 = new ImageIcon(getClass().getResource("top01.png"));
    icon2 = new ImageIcon(getClass().getResource("top02.png"));
    setIcon(icon1);                                                   //设置用图
    setIconFill(BOTH_FILL);                                           //将图标拉伸适应界面大小
    initialize();                                                     //调用初始化方法
}
```

（2）initialize()方法负责程序界面的初始化，它一般在构造方法中被调用，方法体中分别为程序界面添加了滚动面板、左侧微调按钮和右侧微调按钮。关键代码如下：

例程 11　代码位置：mr\03\开发计划管理系统\src\com\lzw\widget\SmallScrollPanel.java

```
private void initialize() {
    BorderLayout borderLayout = new BorderLayout();
    borderLayout.setHgap(0);
    this.setLayout(borderLayout);                                     //设置布局管理器
    this.setSize(new Dimension(300, 84));
    this.setOpaque(false);                                            //使控件透明
    this.add(getAlphaScrollPanel(), BorderLayout.CENTER);             //添加滚动面板到界面居中位置
    this.add(getLeftScrollButton(), BorderLayout.WEST);               //添加左侧微调按钮
    this.add(getRightScrollButton(), BorderLayout.EAST);              //添加右侧微调按钮
}
```

（3）界面中的滚动面板被放置在居中的位置，它用于控制指定的视图容器或控件，它是由 getAlphaScrollPanel()方法创建的。其中关键步骤是添加了滚动事件监听器。关键代码如下：

例程 12　代码位置：mr\03\开发计划管理系统\src\com\lzw\widget\SmallScrollPanel.java

```
public AlphaScrollPane getAlphaScrollPanel() {
    if (alphaScrollPane == null) {
        alphaScrollPane = new AlphaScrollPane();
        //设置初始大小
        alphaScrollPane.setPreferredSize(new Dimension(564, 69));
        //不显示垂直滚动条
        alphaScrollPane.setVerticalScrollBarPolicy(ScrollPaneConstants.VERTICAL_SCROLLBAR_NEVER);
        //不显示水平滚动条

alphaScrollPane.setHorizontalScrollBarPolicy(ScrollPaneConstants.HORIZONTAL_SCROLLBAR_NEVER);
        //取消滚动面板边框
        alphaScrollPane.setBorderPaint(false);
        //添加事件监听器
        alphaScrollPane.addComponentListener(new ScrollButtonShowListener());
    }
    return alphaScrollPane;
}
```

（4）界面左侧的微调按钮用于控制容器中控件向左移动，这个按钮是通过 getLeftScrollButton()方法创建的，其中设置了按钮的图标和边框、初始大小，并添加了相应的事件监听器来处理按钮单击事件。关键代码如下：

例程 13　代码位置：mr\03\开发计划管理系统\src\com\lzw\widget\SmallScrollPanel.java

```
private JButton getLeftScrollButton() {
    if (leftScrollButton == null) {
        leftScrollButton = new JButton();
        //创建按钮图标
        ImageIcon icon1 = new ImageIcon(getClass().getResource("/com/lzw/frame/buttonIcons/zuoyidongoff.png"));
        //创建按钮图标 2
        ImageIcon icon2 = new ImageIcon(getClass().getResource("/com/lzw/frame/buttonIcons/zuoyidongon.png"));
        leftScrollButton.setOpaque(false);                                    //按钮透明
        leftScrollButton.setBorder(createEmptyBorder(0, 10, 0, 0));           //设置边框
        leftScrollButton.setIcon(icon1);                                      //设置按钮图标
        leftScrollButton.setPressedIcon(icon2);                               //设置按钮图标
        leftScrollButton.setRolloverIcon(icon2);                              //设置按钮图标
        leftScrollButton.setContentAreaFilled(false);                         //取消按钮内容填充
        leftScrollButton.setPreferredSize(new Dimension(38, 0));              //设置初始大小
        leftScrollButton.setFocusable(false);                                 //取消按钮焦点功能
        leftScrollButton.addMouseListener(scrollMouseAdapter);                //添加滚动事件监听器
    }
    return leftScrollButton;
}
```

（5）界面右侧的微调按钮用于控制容器中控件向右移动，这个按钮是由 getRightScrollButton()方法创建的，其中设置了按钮的图标和边框、初始大小，并添加了相应的事件监听器来处理按钮单击事件。关键代码如下：

例程 14　代码位置：mr\03\开发计划管理系统\src\com\lzw\widget\SmallScrollPanel.java

```
private JButton getRightScrollButton() {
    if (rightScrollButton == null) {
        rightScrollButton = new JButton();
        //创建按钮图标
        ImageIcon icon1 = new ImageIcon(getClass().getResource("/com/lzw/frame/buttonIcons/youyidongoff.png"));
        //创建按钮图标 2
        ImageIcon icon2 = new ImageIcon(getClass().getResource("/com/lzw/frame/buttonIcons/youyidongon.png"));
        rightScrollButton.setOpaque(false);                                    //按钮透明
        rightScrollButton.setBorder(createEmptyBorder(0, 0, 0, 10));           //设置边框
        rightScrollButton.setIcon(icon1);                                      //设置按钮图标
        rightScrollButton.setPressedIcon(icon2);                               //设置按钮图标
        rightScrollButton.setRolloverIcon(icon2);                              //设置按钮图标
        rightScrollButton.setContentAreaFilled(false);                         //取消按钮内容绘制
        rightScrollButton.setPreferredSize(new Dimension(38, 92));             //设置按钮初始大小
        rightScrollButton.setFocusable(false);                                 //取消按钮焦点功能
        rightScrollButton.addMouseListener(scrollMouseAdapter);                //添加滚动事件监听器
    }
    return rightScrollButton;
}
```

（6）ScrollMouseAdapter 类是项目自定义的一个事件监听器，它在鼠标单击左右微调两个按钮时处理相应的滚动事件。其中滚动面板内容时，使用了多线程技术，这样在单击一个按钮时，滚动操作是连续的，直到鼠标按键抬起。关键代码如下：

例程 15　代码位置：mr\03\开发计划管理系统\src\com\lzw\widget\SmallScrollPanel.java

```
private final class ScrollMouseAdapter extends MouseAdapter implements Serializable {
    private static final long serialVersionUID = 5589204752770150732L;
    //获取滚动面板的水平滚动条
    JScrollBar scrollBar = getAlphaScrollPanel().getHorizontalScrollBar();
    private boolean isPressed = true;                                          //定义线程控制变量
    @Override
    public void mousePressed(MouseEvent e) {
        Object source = e.getSource();                                         //获取事件源
        isPressed = true;
        //判断事件源是左侧按钮还是右侧按钮，并执行相应操作
        if (source == getLeftScrollButton()) {
            scrollMoved(-1);
        } else {
            scrollMoved(1);
        }
    }
    private void scrollMoved(final int orientation) {
        new Thread() {                                                         //开辟新的线程
            //保存原有滚动条的值
            private int oldValue = scrollBar.getValue();
            @Override
            public void run() {
```

```
                while (isPressed) {                                          //循环移动面板
                    try {
                        Thread.sleep(10);
                    } catch (InterruptedException e1) {
                        e1.printStackTrace();
                    }
                    //获取滚动条当前值
                    oldValue = scrollBar.getValue();
                    EventQueue.invokeLater(new Runnable() {
                        @Override
                        public void run() {
                            //设置滚动条移动 3 个像素
                            scrollBar.setValue(oldValue + 3 * orientation);
                        }
                    });
                }
            }
        }.start();
    }
}
```

2. 编写按钮组面板

按钮组面板位于主窗体类 ProjectFrame，它只是一个普通的 JPanel 面板，其中放置了所有功能模块的控制按钮，其设计界面如图 3.14 所示。

图 3.14　容纳模块控制按钮的面板设计界面

这个面板被添加到移动面板中形成了一个按钮组控制面板。下面来介绍一下按钮组面板的程序代码。

（1）这个放置模块控制按钮的面板使用了 GridLayout 布局管理器，将所有按钮设置相等宽度与高度，然后把这些按钮添加到一个（ButtonGroup）按钮组对象中。关键代码如下：

例程 16　代码位置：mr\03\开发计划管理系统\src\com\lzw\ProjectFrame.java

```
private BGPanel getJPanel() {
    if (jPanel == null) {
        GridLayout gridLayout = new GridLayout();
        gridLayout.setRows(1);
        gridLayout.setHgap(0);
        gridLayout.setVgap(0);
        jPanel = new BGPanel();
        jPanel.setLayout(gridLayout);                                //设置布局管理器
        jPanel.setPreferredSize(new Dimension(400, 50));             //设置初始大小
        jPanel.setOpaque(false);                                     //设置透明
        jPanel.setSize(new Dimension(381, 54));
        //添加按钮
        jPanel.add(getWorkSpaceButton(), null);                      //工作台按钮
        jPanel.add(getProgressButton(), null);                       //个人进度表按钮
        jPanel.add(getBookProjectButton(), null);                    //图书计划按钮
```

```
            jPanel.add(getPersonnelManagerButton(), null);          //人员管理按钮
            jPanel.add(getDeptManageButton(), null);                //部门管理按钮
            if (buttonGroup == null) {
                buttonGroup = new ButtonGroup();
            }
            //把所有按钮添加到一个组控件中
            buttonGroup.add(getWorkSpaceButton());
            buttonGroup.add(getProgressButton());
            buttonGroup.add(getBookProjectButton());
            buttonGroup.add(getPersonnelManagerButton());
            buttonGroup.add(getDeptManageButton());
        }
        return jPanel;
}
```

（2）把按钮组面板添加到移动面板中，并且设置为移动面板的视图。关键代码如下：

例程 17　代码位置：mr\03\开发计划管理系统\src\com\lzw\ProjectFrame.java

```
private SmallScrollPanel getModuleButtonGroup() {
    if (moduleButtonGroup == null) {
        moduleButtonGroup = new SmallScrollPanel();                 //创建移动面板
        moduleButtonGroup.setOpaque(false);
        moduleButtonGroup.setViewportView(getJPanel());             //将按钮组面板作为移动面板的视图
    }
    return moduleButtonGroup;
}
```

3.7.3　主窗体模块实现过程

1．编写登录信息面板

登录信息面板包含一个时钟控件，在用户登录后，会在时钟下方显示欢迎登录的信息。其界面效果如图 3.15 所示。

本节介绍该面板的实现过程。

登录信息面板在主窗体 ProjectFrame 类中由 getLoginInfoPanel()方法实现。在该方法中，核心内容是向面板中添加时钟控件和登录信息的标签控件，并使用布局管理器定位控件位置。关键代码如下：

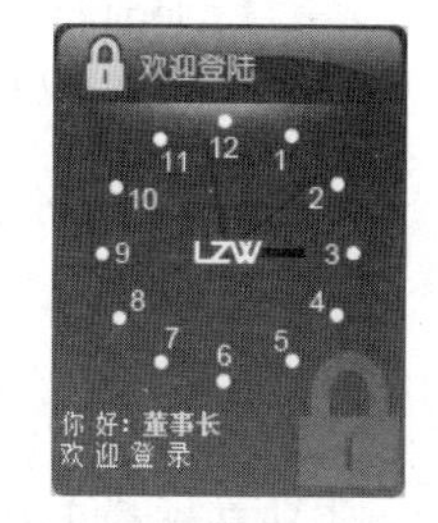

图 3.15　登录信息面板

例程 18　代码位置：mr\03\开发计划管理系统\src\com\lzw\ProjectFrame.java

```
private BGPanel getLoginInfoPanel() {
    if (loginInfoPanel == null) {
        //创建布局参数 1
        GridBagConstraints gridBagConstraints1 = new GridBagConstraints();
        gridBagConstraints1.gridx = 0;
        gridBagConstraints1.weighty = 0.0;
```

```
            gridBagConstraints1.fill = GridBagConstraints.BOTH;
            gridBagConstraints1.insets = new Insets(0, 5, 0, 5);
            gridBagConstraints1.gridheight = 1;
            gridBagConstraints1.weightx = 1.0;
            gridBagConstraints1.anchor = GridBagConstraints.CENTER;
            gridBagConstraints1.ipady = 15;
            gridBagConstraints1.gridy = 1;
            jLabel2 = new JLabel();                                          //创建登录信息标签
            Personnel user = Session.getUser();                              //获取登录用户对象
            if (user != null) {                                              //如果用户成功登录
                //定义欢迎信息字符串
                String info = "<html><body>" + "<font color=#FFFFFF>你  好：</font>" + "<font color=yellow><b>"
+ user + "</b></font>"
                + "<br><font color=#FFFFFF>欢  迎  登  录</font>" + "</body></html>";
                jLabel2.setText(info);                                       //设置欢迎信息
            }
            //设置信息字体
            jLabel2.setFont(new Font("宋体", Font.PLAIN, 12));
            //布局参数 2
            GridBagConstraints gridBagConstraints2 = new GridBagConstraints();
            gridBagConstraints2.gridx = 0;
            gridBagConstraints2.anchor = GridBagConstraints.CENTER;
            gridBagConstraints2.fill = GridBagConstraints.NONE;
            gridBagConstraints2.weighty = 0.0;
            gridBagConstraints2.weightx = 0.0;
            gridBagConstraints2.insets = new Insets(35, 0, 0, 0);
            gridBagConstraints2.gridy = 0;
            loginInfoPanel = new BGPanel();                                  //创建面板
            //设置面板图标
            loginInfoPanel.setIcon(new ImageIcon(getClass().getResource("/com/lzw/frame/login.png")));
            loginInfoPanel.setIconFill(BGPanel.NO_FILL);
            loginInfoPanel.setPreferredSize(new Dimension(180, 228));        //设置初始大小
            loginInfoPanel.add(getClockPanel(), gridBagConstraints2);        //添加时钟控件到面板
            loginInfoPanel.add(jLabel2, gridBagConstraints1);                //添加欢迎信息标签控件到面板
        }
        return loginInfoPanel;
}
```

2．编写人员管理面板

计划管理离不开人员信息的分类，人员信息可以根据部门和职务来区分公司人员的定位，人员管理面板就是为了实现这一功能而创建的，在选择人员时，对应的功能模块界面会转变为该人员的相关操作。其界面效果如图 3.16 所示。

图 3.16　人员管理面板

人员管理面板中使用了一个树控件来显示所有部门和人员层次，这个树控件是项目中自定义的，其中集成了加载部门和人员信息的操作。关键代码如下：

例程 19　代码位置：mr\03\开发计划管理系统\src\com\lzw\personnel\PersonnelTree.java

```
public class PersonnelTree extends JTree {
    private static final long serialVersionUID = 1L;
    private DefaultMutableTreeNode rootNode;                    //树根节点
    private DeptDao dao = new DeptDao();                        //部门数据库操作对象
    public PersonnelTree() {
        super();
        initialize();
    }
    private void initialize() {
        this.setSize(300, 300);                                 //初始大小
        this.setRootVisible(false);                             //隐藏根节点
        this.setShowsRootHandles(false);                        //隐藏句柄
        loadPersonnel();                                        //加载部门和人员节点
    }
    public void loadPersonnel() {
        //初始化根节点
        rootNode = new DefaultMutableTreeNode("公司人员");
        //创建树模型对象
        DefaultTreeModel model = new DefaultTreeModel(rootNode);
        setModel(model);                                        //设置模型
        List<Dept> allDept = null;
        //获取登录用户人员对象
        Personnel user = Session.getUser();
        //根据人员职务级别加载信息
        if (user == null) {
            return;
        } else if (user.getLevel().getLevel() == 1) {
            //管理员加载所有部门和人员信息
            allDept = dao.listOneLevelDept();
        } else if (user.getLevel().getLevel() == 2) {
            //部门负责人加载本部门人员信息
            allDept = new ArrayList<Dept>();
            try {
                allDept.add(dao.getDept(Session.getDept().getDeptID()));
            } catch (TableIDException e) {
                ExceptionTools.showExceptionMessage(e);
            }
        } else if (user.getLevel().getLevel() > 2) {
            //普通人员不加载部门信息
            return;
        }
        //把从数据库读取的信息应用到树控件中
        loadDeptTreeNode(rootNode, allDept);
        //展开根节点
        this.setExpandedState(new TreePath(rootNode), true);
        this.expandRow(0);
    }
    private void loadDeptTreeNode(final DefaultMutableTreeNode parent,
```

```
            final List<Dept> allDept) {
        for (final Dept dept : allDept) {                                    //遍历部门和人员列表
            final DefaultMutableTreeNode deptNode;
            deptNode = new DefaultMutableTreeNode();
            deptNode.setUserObject(dept);                                    //创建部门节点
            parent.add(deptNode);                                            //将节点添加到父节点
            revalidate();
            //遍历子部门信息
            List<Dept> subDepts = dao.listSubDept(dept.getDeptID());
            if (subDepts.size() > 0) {
                //迭代调用本方法
                loadDeptTreeNode(deptNode, subDepts);
            }
            //读取部门的人员信息
            List<Personnel> personnels = dept.getPersennalCollection();
            //遍历部门人员添加到树控件
            for (final Personnel personnel : personnels) {
                DefaultMutableTreeNode perNode = new DefaultMutableTreeNode();
                perNode.setUserObject(personnel);
                deptNode.add(perNode);
            }
        }
    }
}
```

自定义的显示公司人员的树控件将被添加到人员管理面板中。这个面板是继承 JPanel 自定义的一个控件，它在原始面板基础上添加了背景功能，可以通过设置图标和填充方式控制背景。在面板中分别添加了显示人员信息的树控件和一个控制面板，其中控制面板包含了一个“刷新”按钮。下面介绍一下人员管理面板的关键代码。

（1）创建人员管理面板。设置面板背景和其他参数，并添加人员控制面板和树控件到面板中。关键代码如下：

例程 20　代码位置：mr\03\开发计划管理系统\src\com\lzw\ProjectFrame.java

```
private BGPanel getPersonnelManagePanel() {
    if (personnelManagePanel == null) {
        personnelManagePanel = new BGPanel();                                //创建面板
        personnelManagePanel.setLayout(new BorderLayout());                  //设置布局管理器
        personnelManagePanel.setOpaque(false);                               //面板透明
        //设置背景
        personnelManagePanel.setIcon(new
ImageIcon(getClass().getResource("/com/lzw/frame/perBack.png")));
        personnelManagePanel.setIconFill(BGPanel.BOTH_FILL);                 //背景双向填充
        personnelManagePanel.setPreferredSize(new Dimension(177, 900));      //设置初始大小
        personnelManagePanel.add(getTreeToolsBar(), BorderLayout.NORTH);     //添加工具面板
        personnelManagePanel.add(getJPanel1(), BorderLayout.CENTER);         //添加人员信息的树控件
    }
    return personnelManagePanel;
}
```

（2）显示人员信息的树控件在主窗体中是由 getPersonnelTree()方法创建的，这个方法负责树控件的创建和初始化，另外主窗体还向这个树控件中添加了很多的事件监听器，它们分别在树节点的选择事件中处理不同的业务逻辑，这些业务和其他模块的操作相关。关键代码如下：

例程 21　代码位置：mr\03\开发计划管理系统\src\com\lzw\ProjectFrame.java

```
private PersonnelTree getPersonnelTree() {
    if (personnelTree == null) {
        personnelTree = new PersonnelTree();
        personnelTree.setBackground(Color.WHITE);                              //设置背景色
        personnelTree.addTreeSelectionListener(getPersonnelPanel());           //添加人员管理事件监听器
        personnelTree.addTreeSelectionListener(getDeptPanel());                //添加部门管理事件监听器
        personnelTree.addTreeSelectionListener(getBookProjectPanel());         //添加图书计划管理事件监听器
        personnelTree.addTreeSelectionListener(getProgressManagePanel()); //添加个人计划表事件监听器
        personnelTree.addTreeSelectionListener(getMyWorkspacePanel());    //添加我的工作台事件监听器
    }
    return personnelTree;
}
```

3. 编写功能区面板

功能区用于放置不同模块功能的界面，在单击功能按钮组中不同功能按钮时，功能区面板会显示对应功能模块的界面。功能区面板还包括一个位置标识，它用于显示当前处于哪个功能模块。下面介绍一下功能区面板的代码。

（1）创建功能区面板。该面板是主窗体中的功能模块显示区域，其中包括位置标识面板和主面板。功能区面板的关键代码如下：

例程 22　代码位置：mr\03\开发计划管理系统\src\com\lzw\ProjectFrame.java

```
private BGPanel getFunctionPanel() {
    if (functionPanel == null) {
        GridBagConstraints gridBagConstraints3 = new GridBagConstraints();
        gridBagConstraints3.gridx = 0;
        gridBagConstraints3.ipadx = 0;
        gridBagConstraints3.ipady = 0;
        gridBagConstraints3.fill = GridBagConstraints.BOTH;
        gridBagConstraints3.weightx = 1.0;
        gridBagConstraints3.weighty = 1.0;
        gridBagConstraints3.insets = new Insets(0, 0, 0, 0);
        gridBagConstraints3.gridy = 1;
        GridBagConstraints gridBagConstraints2 = new GridBagConstraints();
        gridBagConstraints2.gridx = 0;
        gridBagConstraints2.ipadx = 0;
        gridBagConstraints2.fill = GridBagConstraints.BOTH;
        gridBagConstraints2.insets = new Insets(0, 0, 0, 0);
        gridBagConstraints2.ipady = 0;
        gridBagConstraints2.gridy = 0;
        functionPanel = new BGPanel();
        functionPanel.setLayout(new GridBagLayout());                          //设置布局管理器
```

```
            functionPanel.setOpaque(false);                                      //面板透明
            functionPanel.setIconFill(BGPanel.BOTH_FILL);
            //设置背景
            functionPanel.setIcon(new ImageIcon(getClass().getResource("/com/lzw/frame/right.png")));
            functionPanel.add(getLocationPanel(), gridBagConstraints2);          //添加位置标识面板
            functionPanel.add(getMainPanel(), gridBagConstraints3);              //添加主面板
        }
        return functionPanel;
}
```

（2）创建位置标识面板。这个面板用于提示用户当前操作的功能模块是什么。关键代码如下：

例程 23 代码位置：mr\03\开发计划管理系统\src\com\lzw\ProjectFrame.java

```
private BGPanel getLocationPanel() {
    if (locationPanel == null) {
        GridBagConstraints gridBagConstraints13 = new GridBagConstraints();
        gridBagConstraints13.gridx = 1;
        gridBagConstraints13.ipady = 4;
        gridBagConstraints13.fill = GridBagConstraints.HORIZONTAL;
        gridBagConstraints13.gridy = 1;
        jLabel = new JLabel();                                               //站位标签
        jLabel.setText("");                                                  //初始空文本
        GridBagConstraints gridBagConstraints10 = new GridBagConstraints();
        gridBagConstraints10.gridx = 1;
        gridBagConstraints10.fill = GridBagConstraints.HORIZONTAL;
        gridBagConstraints10.weightx = 1.0;
        gridBagConstraints10.insets = new Insets(0, 3, 0, 2);
        gridBagConstraints10.anchor = GridBagConstraints.SOUTH;
        gridBagConstraints10.weighty = 0.0;
        gridBagConstraints10.ipady = 8;
        gridBagConstraints10.gridy = 0;
        currentLocationLabel = new JLabel();                                 //初始化位置标识标签控件
        currentLocationLabel.setText("我的工作台");                           //设置标签文本
        currentLocationLabel.setVerticalAlignment(SwingConstants.BOTTOM);    //设置垂直对齐方式
        Font font = currentLocationLabel.getFont().deriveFont(Font.BOLD);
        currentLocationLabel.setFont(font);                                  //设置字体
        GridBagConstraints gridBagConstraints9 = new GridBagConstraints();
        gridBagConstraints9.gridy = 0;
        gridBagConstraints9.insets = new Insets(0, 20, 0, 0);
        gridBagConstraints9.anchor = GridBagConstraints.CENTER;
        gridBagConstraints9.fill = GridBagConstraints.NONE;
        gridBagConstraints9.ipady = 8;
        gridBagConstraints9.weighty = 0.0;
        gridBagConstraints9.ipadx = 0;
        gridBagConstraints9.gridx = 0;
        jLabel3 = new JLabel();                                              //说明性标签控件
        font = jLabel3.getFont().deriveFont(Font.BOLD);
        jLabel3.setFont(font);
        jLabel3.setText("您当前的位置：");                                     //设置标签文本
```

```
        jLabel3.setHorizontalAlignment(SwingConstants.RIGHT);               //设置标签对齐方式
        jLabel3.setVerticalAlignment(SwingConstants.BOTTOM);
        locationPanel = new BGPanel();                                      //创建位置面板
        locationPanel.setLayout(new GridBagLayout());                       //设置位置面板的布局管理器
        locationPanel.setOpaque(false);                                     //面板透明
        locationPanel.add(jLabel3, gridBagConstraints9);
        locationPanel.add(currentLocationLabel, gridBagConstraints10);      //添加位置标识标签控件
        locationPanel.add(jLabel, gridBagConstraints13);
    }
    return locationPanel;
}
```

（3）编写功能区的主面板，主面板包含了工作面板，这两个面板之间利用 GridBagLayout 布局管理器预留了面板之间的空隙，这只是程序布局中的需要，主面板的核心功能就是放置工作面板，并保持一定的空隙。关键代码如下：

例程 24　代码位置：mr\03\开发计划管理系统\src\com\lzw\ProjectFrame.java

```
private BGPanel getMainPanel() {
    if (mainPanel == null) {
        GridBagConstraints gridBagConstraints4 = new GridBagConstraints();
        gridBagConstraints4.gridx = 0;
        gridBagConstraints4.ipadx = 0;
        gridBagConstraints4.ipady = 0;
        gridBagConstraints4.fill = GridBagConstraints.BOTH;
        gridBagConstraints4.weightx = 1.0;
        gridBagConstraints4.weighty = 1.0;
        gridBagConstraints4.insets = new Insets(5, 12, 5, 20);
        gridBagConstraints4.gridy = 0;
        mainPanel = new BGPanel();                                          //创建主面板
        mainPanel.setLayout(new GridBagLayout());                           //设置布局管理器
        mainPanel.setOpaque(false);                                         //面板透明
        mainPanel.add(getWorkPanel(), gridBagConstraints4);                 //添加工作面板
    }
    return mainPanel;
}
```

（4）工作面板是功能区的核心区域，这个面板用于放置各个模块的界面，这些界面也是面板，不过功能和界面布局不同，而所有这些功能界面都放置到了功能区主面板的工作面板中。关键代码如下：

例程 25　代码位置：mr\03\开发计划管理系统\src\com\lzw\ProjectFrame.java

```
private JPanel getWorkPanel() {
    if (workPanel == null) {
        workPanel = new JPanel();
        workPanel.setLayout(new CardLayout());                              //设置布局管理器
        workPanel.setOpaque(false);                                         //面板透明
        workPanel.add(getMyWorkspacePanel(), getMyWorkspacePanel().getName());  //添加我的工作台面板
        workPanel.add(getBookProjectPanel(), getBookProjectPanel().getName());  //添加图书计划面板
        //添加个人计划表面板
```

```
            workPanel.add(getProgressManagePanel(), getProgressManagePanel().getName());
            workPanel.add(getDeptPanel(), getDeptPanel().getName());                //添加部门管理面板
            workPanel.add(getPersonnelPanel(), getPersonnelPanel().getName());      //添加人员管理面板
        }
        return workPanel;
    }
```

视频讲解

3.8 部门管理模块设计

3.8.1 部门管理模块概述

部门管理功能包括部门的添加、修改删除职务以及指定上级部门和部门的负责人。其功能界面如图 3.17 所示。

图 3.17　部门管理模块界面

3.8.2 部门管理模块分析

部门管理模块使用的主要技术是 GridBagLayout 布局管理器。GridBagLayout 类是一个灵活的布局管理器，它不要求控件大小相同便可以将控件垂直、水平或沿它们的基线对齐。每个 GridBagLayout 对象维持一个动态的矩形单元网格，每个控件占用一个或多个这样的单元，该单元被称为显示区域。

每个由 GridBagLayout 管理的控件都与 GridBagConstraints 的实例相关联。Constraints 对象指定控件的显示区域在网格中的具体放置位置，以及控件在其显示区域中的放置方式。除了 Constraints 对象之外，GridBagLayout 还考虑每个控件的最小大小和首选大小，以确定控件的大小。

网格的总体方向取决于容器的 ComponentOrientation 属性。对于水平的从左到右的方向，网格坐标

(0,0)位于容器的左上角，其中 X 向右递增，Y 向下递增。对于水平的从右到左的方向，网格坐标(0,0)位于容器的右上角，其中 X 向左递增，Y 向下递增。

为了有效使用网格包布局，必须自定义与控件关联的一个或多个 GridBagConstraints 对象。可以通过设置一个或多个实例变量来自定义 GridBagConstraints 对象。

3.8.3　部门管理模块过程

待遇管理使用的主要数据表：dept

部门管理由 DeptManage 类实现，其实现过程如下。

（1）创建构造方法。在构造方法中调用初始化程序界面和初始化界面数据的方法，然后添加事件监听器，在本面板界面显示时重新初始化界面数据。关键代码如下：

例程 26　代码位置：mr\03\开发计划管理系统\src\com\lzw\dept\DeptManage.java

```
public DeptManage() {
    super();
    setName("部门管理");
    initialize();                                       //初始化程序界面
    initDatas();                                        //初始化界面数据
    setDept(getDept());                                 //更新部门信息
    addComponentListener(new ComponentAdapter() {       //添加事件监听器
        @Override
        public void componentShown(ComponentEvent e) {
            initDatas();                                //在界面显示时初始化界面数据
        }
    });
}
```

（2）在 initialize()方法中初始化程序界面，为界面设置边框效果。在界面中添加“部门名称”文本框、“上级部门”下拉列表框、“负责人”下拉列表框、部门创建日期、部门职责说明和控制面板。关键代码如下：

例程 27　代码位置：mr\03\开发计划管理系统\src\com\lzw\dept\DeptManage.java

```
private void initialize() {
    //省略部分代码
    //设置面板边框
    this.setBorder(createTitledBorder(null, "部门管理面板", TitledBorder.DEFAULT_JUSTIFICATION,
                        TitledBorder.TOP, new Font("sansserif", Font.BOLD, 12), new Color(59, 59, 59)));
    this.add(jLabel, gridBagConstraints);
    this.add(getDeptNameField(), gridBagConstraints1);          //添加“部门名称”文本框控件
    this.add(jLabel1, gridBagConstraints2);
    this.add(getUplevelField(), gridBagConstraints3);           //添加“上级部门”下拉列表框
    this.add(jLabel2, gridBagConstraints4);
    this.add(getMainPerField(), gridBagConstraints5);           //添加“负责人”下拉列表框
    this.add(jLabel3, gridBagConstraints6);
    this.add(getCreateDateField(), gridBagConstraints7);        //添加“创建日期”文本框
```

```
        this.add(jLabel4, gridBagConstraints8);
        this.add(getAlphaScrollPane(), gridBagConstraints9);      //添加滚动面板，其中包含部门职责文本域控件
        this.add(getControlPanel(), gridBagConstraints11);                          //添加控制面板
}
```

（3）界面中的控制面板是用于放置功能按钮的，这些功能按钮包括“新建部门”按钮、“确定或修改”按钮和“删除部门”按钮。关键代码如下：

例程 28 代码位置：mr\03\开发计划管理系统\src\com\lzw\dept\DeptManage.java

```
private JPanel getControlPanel() {
    if (controlPanel == null) {
        FlowLayout flowLayout = new FlowLayout();                          //创建布局管理器
        flowLayout.setHgap(10);                                            //设置横向间距
        controlPanel = new JPanel();
        controlPanel.setOpaque(false);                                     //设置面板透明
        controlPanel.setLayout(flowLayout);                                //设置布局管理器
        controlPanel.add(getAddDeptButton(), null);                        //添加“新建部门”按钮
        controlPanel.add(getOkOrModifyButton(), null);                     //添加“确定/修改”按钮
        controlPanel.add(getDelDeptButton(), null);                        //添加“删除部门”按钮
    }
    return controlPanel;
}
```

（4）编写“新建部门”按钮，该按钮由 getAddDeptButton()方法创建。在按钮的事件监听器中会新建一个 Dept 部门类的对象，然后把这个对象设置到界面中，以更新界面内容。另外该按钮会根据登录用户的职务级别确定按钮是否可用。关键代码如下：

例程 29 代码位置：mr\03\开发计划管理系统\src\com\lzw\dept\DeptManage.java

```
private JButton getAddDeptButton() {
    if (addDeptButton == null) {
        addDeptButton = new JButton();
        addDeptButton.setText("新建部门");
        addDeptButton.addActionListener(new ActionAdapter() {             //添加按钮事件监听器
            @Override
            public void actionPerformed(ActionEvent e) {
                Dept dept = new Dept();                                    //创建新部门对象
                dept.setCDate(new Date(System.currentTimeMillis()));      //初始化部门创建日期为当日
                setDept(dept);                                             //设置界面部门信息
            }
        });
    }
    Personnel user = Session.getUser();                                    //获取登录用户
    //根据用户级别确认按钮可用
    if (user == null) {
        addDeptButton.setEnabled(true);
    } else if (Session.getUser().getLevel().getLevel() < 2)
        addDeptButton.setEnabled(true);
    else
```

```
        addDeptButton.setEnabled(false);
    return addDeptButton;
}
```

（5）“确定｜修改”按钮是由 getOkOrModifyButton()方法创建的。在按钮的事件监听器中将获取用户通过界面修改信息后的部门对象，然后通过部门数据表操作对象来修改或添加部门信息。另外该按钮会根据登录用户的职务级别确定按钮是否可用。关键代码如下：

例程 30　代码位置：mr\03\开发计划管理系统\src\com\lzw\dept\DeptManage.java

```
private JButton getOkOrModifyButton() {
    if (okOrModifyButton == null) {
        okOrModifyButton = new JButton();
        okOrModifyButton.setText("确定｜修改");
        //添加事件监听器
        okOrModifyButton.addActionListener(new ActionAdapter() {
            @Override
            public void actionPerformed(ActionEvent e) {
                Dept dept = getDept();                        //获取界面修改后的部门对象
                DeptDao dao = new DeptDao();                  //创建部门数据库操作对象
                int num = dao.insertOrUpdateDept(dept);       //执行插入或更新部门操作
                initDatas();                                  //重新初始化界面数据
                if (num != 0)
                    JOptionPane.showMessageDialog(null, "操作成功");
            }
        });
    }
    Personnel user = Session.getUser();                       //获取登录用户
    //根据用户级别确定按钮可用
    if (user == null) {
        okOrModifyButton.setEnabled(true);
    } else if (Session.getUser().getLevel().getLevel() <= 2)
        okOrModifyButton.setEnabled(true);
    else
        okOrModifyButton.setEnabled(false);
    return okOrModifyButton;
}
```

（6）“删除部门”按钮是由 getDelDeptButton()方法创建的。在按钮的事件监听器中将获取用户通过界面或主窗体中人员管理面板选择的部门对象，然后通过部门数据表操作对象从数据库中删除指定的部门信息。另外该按钮会根据登录用户的职务级别确定按钮是否可用。关键代码如下：

例程 31　代码位置：mr\03\开发计划管理系统\src\com\lzw\dept\DeptManage.java

```
private JButton getDelDeptButton() {
    if (delDeptButton == null) {
        delDeptButton = new JButton();
        delDeptButton.setText("删除部门");
        //添加事件监听器
        delDeptButton.addActionListener(new ActionAdapter() {
```

```
            @Override
            public void actionPerformed(ActionEvent e) {
                Dept dept = getDept();                                    //获取界面修改后的部门对象
                int option = JOptionPane.showConfirmDialog(null, "确认要删除【" + dept.getName() + "】部
门吗?");
                if (option != JOptionPane.YES_OPTION)
                    return;
                try {
                    new DeptDao().deleteDept(dept);                       //从数据库删除部门对象
                    initDatas();                                          //重新初始化界面数据
                    JOptionPane.showMessageDialog(null, "操作成功");
                } catch (TableIDException e1) {
                    ExceptionTools.showExceptionMessage(e1);
                }
            }
        });
    }
    Personnel user = Session.getUser();                                   //获取登录用户
    //根据用户级别确认按钮可用性
    if (user == null) {
        delDeptButton.setEnabled(true);
    } else if (Session.getUser().getLevel().getLevel() < 2)
        delDeptButton.setEnabled(true);
    else
        delDeptButton.setEnabled(false);
    return delDeptButton;
}
```

（7）getDept()方法将获取界面中的所有信息并赋值到保存的部门对象中，然后将修改过的部门对象返回给方法的调用者。关键代码如下：

例程 32　代码位置：mr\03\开发计划管理系统\src\com\lzw\dept\DeptManage.java

```
public Dept getDept() {
    if (dept == null) {
        dept = Session.getDept();
        return dept;
    }
    dept.setName(getDeptNameField().getText());                           //更新部门名称
    dept.setUplevel((Dept) getUplevelField().getSelectedItem());          //更新上级部门
    dept.setMainPer((Personnel) getMainPerField().getSelectedItem());     //更新负责人
    Object value = getCreateDateField().getValue();
    //更新部门创建日期
    if (value != null) {
        long time = ((java.util.Date) value).getTime();
        dept.setCDate(new Date(time));
    } else {
        dept.setCDate(null);
    }
    dept.setRemark(getRemarkArea().getText());                            //更新部门职务说明
```

```
        return dept;                                              //返回新的部门对象
    }
```

（8）setDept()方法正好相反，它的功能是把指定的部门对象保存为本类的成员变量，然后再用这个部门对象中的信息来更新界面中的内容。

说明 由于路径太长，因此省略了部分路径，省略的路径是“TM\03\PersonnalManage\src\com\mwq\frame”。

关键代码如下：

例程 33　代码位置：mr\03\开发计划管理系统\src\com\lzw\dept\DeptManage.java

```
public void setDept(Dept dept) {
    this.dept = dept;
    if (dept == null)
        return;
    getDeptNameField().setText(dept.getName());                      //初始化部门名称
    getUplevelField().setSelectedItem(dept.getUplevel());            //初始化上级部门
    getMainPerField().setSelectedItem(dept.getMainPer());            //初始化负责人
    getCreateDateField().setValue(dept.getCDate());                  //初始化部门创建日期
    getRemarkArea().setText(dept.getRemark());                       //初始化部门职责
}
```

（9）管理面板的界面布置完成以后需要对一些控件的值初始化。例如“负责人”下拉列表框需要从数据库中读取所有人员信息作为控件的选项列表；而“上级部门”下拉列表框同样要初始化所有部门信息作为控件的下拉列表。关键代码如下：

例程 34　代码位置：mr\03\开发计划管理系统\src\com\lzw\dept\DeptManage.java

```
private void initDatas() {
    //创建部门数据库操作对象
    DeptDao dao = new DeptDao();
    //去除原有下拉列表框内容
    getUplevelField().removeAllItems();
    List<Dept> dlist = dao.listAllDept();
    //初始化“上级部门”下拉列表框
    for (Dept dept : dlist) {
        getUplevelField().addItem(dept);
    }
    getUplevelField().addItem(null);
    //确定下拉列表框的选项
    if (dept == null) {
        getUplevelField().setSelectedItem(null);
    } else {
        getUplevelField().setSelectedItem(dept.getUplevel());
    }
    //初始化人员下拉列表框
    List<Personnel> list = new PersonnelDao().listAllPersonnel();
```

```
        getMainPerField().removeAllItems();
        for (Personnel per : list) {
            getMainPerField().addItem(per);
        }
        getMainPerField().addItem(null);
        if (dept == null) {
            getMainPerField().setSelectedItem(null);
        } else {
            getMainPerField().setSelectedItem(dept.getMainPer());
        }
    }
```

视频讲解

3.9 基本资料模块设计

3.9.1 基本资料模块概述

基本资料模块用于接收和修改人员的登录账号、密码、人员姓名、年龄、性别、部门和职务等信息，界面中的信息是必须填写的，它们将被保存到数据库的人员信息主表中。基本资料模块运行效果如图 3.18 所示。

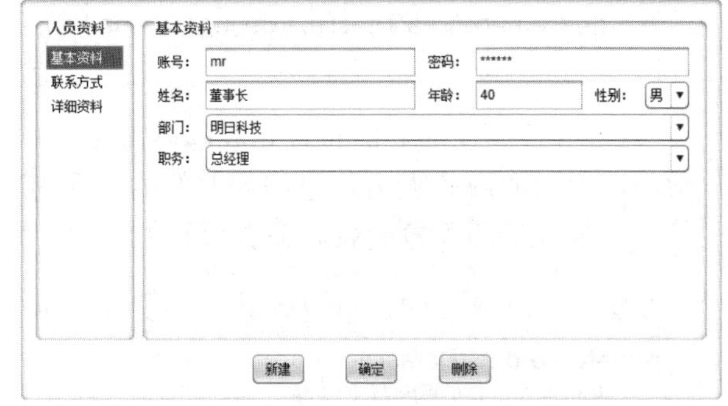

图 3.18　基本资料界面

3.9.2 基本资料模块分析

基本资料模块用到的主要技术是为控件绘制边框。在绘制边框之前，需要获得一个 Border 类型的对象。在 Java API 中，名为 BorderFactory 的类可以用于获得 Border 类型的对象。在该类中定义了若干静态方法，其返回值是 Border 类型。

本模块使用的是带有标题的边框，因此可以调用 createTitledBorder()方法。该方法有多个重载形式，本程序使用的是最复杂的形式，其声明如下：

```
public static TitledBorder createTitledBorder(Border border, String title, int titleJustification, int titlePosition,
Font titleFont, Color titleColor)
```

createTitledBorder()方法的参数说明如表 3.7 所示。

表 3.7　createdTitledBorder()方法参数说明

参　　数	描　　述	参　　数	描　　述
border	向其添加标题的 Border 对象	titlePosition	指示文本相对于边框的纵向位置的整数
title	包含标题文本的 String	titleFont	指定标题字体的 Font 对象
titleJustification	指定标题调整的整数	titleColor	指定标题颜色的 Color 对象

在获得 Border 对象之后，可以使用控件的 setBorder()方法来为控件设置边框。该方法的声明如下：

```
public void setBorder(Border border)
```

border：要设置的边框对象。

3.9.3　基本资料模块实现过程

系统维护使用的主要数据表：personnel、personnel_linkinfo、personnel_details

基本资料模块由 BaseInfoPanel 类实现，它位于 com.lzw.personnel.panel 类包中。其代码编写步骤如下。

（1）在类的构造方法中分别调用 initialize()方法初始化界面和 initDatas()方法初始化界面数据，然后在事件监听器中实现界面显示就重新初始化界面数据，以保证界面中的数据与数据库同步。关键代码如下：

例程 35　代码位置：mr\03\开发计划管理系统\src\com\lzw\personnel\panel\BaseInfoPanel.java

```
public BaseInfoPanel() {
    super();
    this.setName("基本资料");
    initialize();                                    //初始化界面
    initDatas();                                     //初始化界面数据
    //添加事件监听器
    addComponentListener(new ComponentAdapter() {
        @Override
        public void componentShown(ComponentEvent e) {
            //在显示界面时，重新初始化界面数据
            initDatas();
        }
    });
}
```

（2）构造方法中调用了 initialize()方法初始化界面，这个方法使用 GridBagLayout 布局管理器来布局页面中的所有控件，由于布局参数过多，在介绍代码时将其省略，读者可以参见本书资源包源码分析布局参数。关键代码如下：

例程 36　代码位置：mr\03\开发计划管理系统\src\com\lzw\personnel\panel\BaseInfoPanel.java

```
private void initialize() {
    //省略布局参数
    jLabel = new JLabel();                           //密码标签
    jLabel.setText("密码：");
    jLabel5 = new JLabel();                          //账号标签
    jLabel5.setText("账号：");
    jLabel4 = new JLabel();                          //年龄标签
    jLabel4.setText("年龄：");
    jLabel2 = new JLabel();                          //性别标签
```

```
    jLabel2.setText("性别：");
    jLabel1 = new JLabel();                          //姓名标签
    jLabel1.setText("姓名：");
    jLabel7 = new JLabel();                          //职务标签
    jLabel7.setText("职务：");
    jLabel6 = new JLabel();                          //部门标签
    jLabel6.setText("部门：");
    //设置布局管理器
    this.setLayout(new GridBagLayout());
    //设置边框
    this.setBorder(createTitledBorder(null, "基本资料", TitledBorder.DEFAULT_JUSTIFICATION, TitledBorder.TOP,
new Font("sansserif", Font.BOLD, 12), new Color(59, 59, 59)));
    this.add(jLabel1, gridBagConstraints);
    this.add(jLabel2, gridBagConstraints1);
    //添加“年龄”文本框
    this.add(getAgeField(), gridBagConstraints2);
    //添加“性别”下拉列表框
    this.add(getSexComboBox(), gridBagConstraints3);
    //添加“姓名”文本框
    this.add(getNameField(), gridBagConstraints4);
    this.add(jLabel5, gridBagConstraints5);
    //添加“账号”文本框
    this.add(getUserNameField(), gridBagConstraints6);
    this.add(jLabel4, gridBagConstraints7);
    this.add(jLabel6, gridBagConstraints9);
    //添加“部门”下拉列表框
    this.add(getDeptComboBox(), gridBagConstraints10);
    this.add(jLabel7, gridBagConstraints11);
    //添加“职务”下拉列表框
    this.add(getLevelComboBox(), gridBagConstraints12);
    this.add(jLabel, gridBagConstraints13);
    //添加“密码”文本框
    this.add(getPasswordField(), gridBagConstraints21);
}
```

（3）getPersonnel()方法可以获取用户在界面修改后的信息，并把这些信息保存到人员对象中，再把这个更新后的人员对象返回给方法的调用者。

说明 程序中的人员对象是类的一个成员变量，该成员变量用于保存界面所对应的数据库实体对象，也就是人员信息主表。

关键代码如下：

例程 37 代码位置：mr\03\开发计划管理系统\src\com\lzw\personnel\panel\BaseInfoPanel.java

```
public Personnel getPersonnel() {
    if (personnel == null)
        return null;
```

```
        personnel.setName(getNameField().getText());                          //更新人员对象的姓名
        personnel.setUserName(getUserNameField().getText());                  //更新人员对象的登录账号
        personnel.setAge(((Number) getAgeField().getValue()).intValue());     //更新人员对象的年龄
        personnel.setSex((String) getSexComboBox().getSelectedItem());        //更新人员对象的性别
        personnel.setDeptID((Dept) getDeptComboBox().getSelectedItem());      //更新人员对象的部门
        personnel.setLevel((PersonnelLevel) getLevelComboBox().getSelectedItem()); //更新人员对象的职务
        personnel.setPassword(getPasswordField().getText());                  //更新人员对象的密码
        return personnel;
    }
```

（4）界面中所有控件的值是通过 setPersonnel()方法设置的，该方法将接收一个 Personnel 类的实例对象，即人员基本信息对象，通过读取对象中的所有属性来更新界面中的控件值。关键代码如下：

例程 38　代码位置：mr\03\开发计划管理系统\src\com\lzw\personnel\panel\BaseInfoPanel.java

```
public void setPersonnel(Personnel personnel) {
    this.personnel = personnel;
    if (personnel == null)
        return;
    getNameField().setText(personnel.getName());                  //更新界面的“名称”文本框
    getUserNameField().setText(personnel.getUserName());          //更新界面的“账号”文本框
    getAgeField().setValue(personnel.getAge());                   //更新界面的“年龄”文本框
    getSexComboBox().setSelectedItem(personnel.getSex());         //更新界面的“性别”下拉列表框
    getDeptComboBox().setSelectedItem(personnel.getDeptID());     //更新界面的“部门”下拉列表框
    getLevelComboBox().setSelectedItem(personnel.getLevel());     //更新界面的“职务”下拉列表框
    getPasswordField().setText(personnel.getPassword());          //更新界面的“密码”文本框
}
```

（5）在构造方法的最后调用了 initDatas()方法初始化界面数据，这个方法很重要，当数据库内容被修改或增加删除数据后，界面中相应控件的值需要进行同步，同步最基本的方法就是要把界面中的数据重新加载一遍，那么这个方法在初始化界面数据的同时，有利于多次运行也能起到刷新界面数据的作用。关键代码如下：

例程 39　代码位置：mr\03\开发计划管理系统\src\com\lzw\personnel\panel\BaseInfoPanel.java

```
private void initDatas() {
    //获取登录用户
    Personnel user = Session.getUser();
    List<Dept> dlist;
    //根据用户级别读取部门信息的数据
    if (user == null || user.getLevel().getLevel() < 2) {
        //读取所有部门信息
        dlist = new DeptDao().listAllDept();
    } else {//如果是普通用户
        //加载用户本部门的数据
        dlist = new ArrayList<Dept>();
        dlist.add(user.getDeptID());
    }
    //加载部门信息
```

```
        getDeptComboBox().removeAllItems();
        for (Dept dept : dlist) {
            getDeptComboBox().addItem(dept);
        }
        //加载职务信息
        List<PersonnelLevel> list = new PersonnelDao().listAllLevel();
        getLevelComboBox().removeAllItems();
        for (PersonnelLevel level : list) {
            getLevelComboBox().addItem(level);
        }
        setPersonnel(getPersonnel());
    }
```

3.10 图书项目模块设计

3.10.1 图书项目模块概述

在图书计划功能界面中单击“添加计划”按钮将进入图书项目计划添加页面。如果单击的是“修改计划”按钮也会进入到这个界面，但是界面中显示的就是选定的项目信息，而不是如图 3.19 所示的创建新图书项目时的空信息界面。

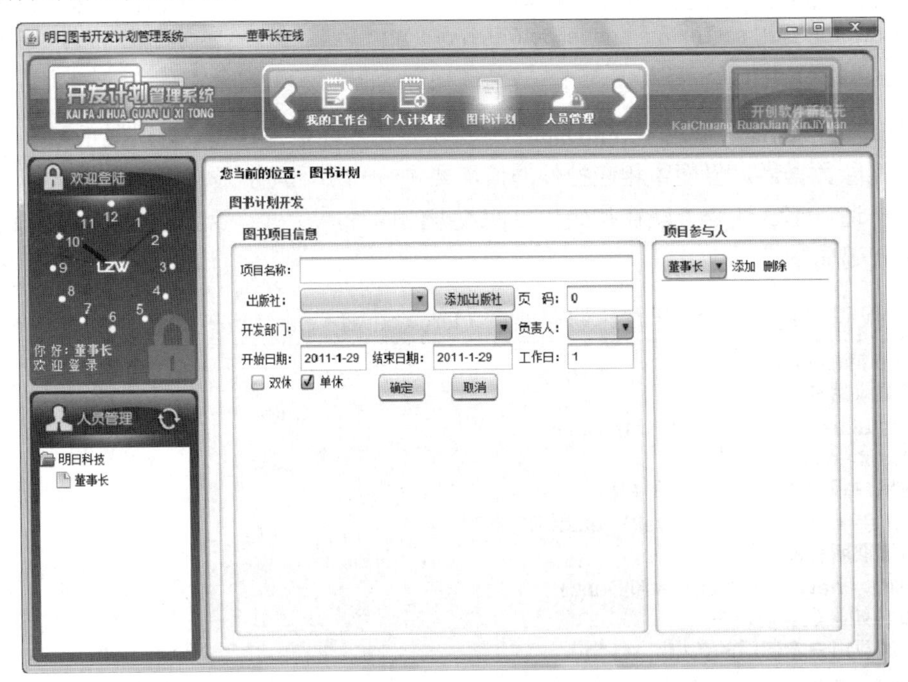

图 3.19 添加图书项目界面

3.10.2　图书项目模块技术分析

图书项目模块用到的主要技术是 ComponentListener 的使用。在 ComponentListener 接口中，定义了 4 个方法，分别用来处理控件可见、不可见、位置改变和大小改变事件。这里主要关注控件可见事件，为了简化编程而使用了该接口的适配器类 ComponentAdapter。它提供了 componentShown()方法的空实现，该方法的声明如下：

```
public void componentShown(ComponentEvent e)
```

e：需要添加的控件事件。

3.10.3　图书项目模块实现过程

系统维护使用的主要数据表：dept、publisher、book_project、ItemPersonnel

图书项目界面由 ItemPanel 类实现，它位于 com.lzw.bookProject 类包中。实现思路是继承 JPanel 面板成为一个容器控件，然后在容器中放置界面需要的控件，这些控件对应着数据表的相应字段。

编写图书项目界面的步骤如下。

（1）由于构造方法只是简单地创建了日期文本框的事件监听器和调用了初始化程序界面的方法，所以这里以初始化界面的 initialize()方法为起点，该方法使用 BorderLayout 布局管理器在面板上布置了项目参与人员列表控件、图书项目面板和出版社添加面板。然后为本界面添加了处理界面显示的事件监听器。事件监听器中实现了界面数据的加载。关键代码如下：

例程 40　代码位置：mr\03\开发计划管理系统\src\com\lzw\bookProject\ItemPanel.java

```
private void initialize() {
    this.setSize(722, 435);                                    //初始大小
    this.setLayout(new BorderLayout());                        //设置布局管理器
    this.setName("项目添加");
    //设置边框
    this.setBorder(createTitledBorder(null, "图书计划开发", TitledBorder.DEFAULT_JUSTIFICATION,
                    TitledBorder.ABOVE_TOP, new Font("sansserif", Font.BOLD, 12),new Color(59, 59, 59)));
    this.add(getPerPanel(), BorderLayout.EAST);                //添加项目参与人列表面板
    this.add(getBookItemPanel(), BorderLayout.CENTER);         //添加图书项目面板
    this.add(getPublisherPanel(), BorderLayout.SOUTH);         //添加出版社添加面板
```

为面板添加事件监听器，在显示该界面时加载出版社数据、部门数据和图书项目数据到界面对应的控件中，例如把数据添加到相应的下拉列表框中。

例程 41　代码位置：mr\03\开发计划管理系统\src\com\lzw\bookProject\ItemPanel.java

```
//添加事件监听器
this.addComponentListener(new ComponentAdapter() {
    //在界面显示时的操作
    @Override
```

```
    public void componentShown(ComponentEvent e) {
        loadPublisher();                                         //加载出版社信息
        loadDept();                                              //加载部门信息
        loadBookProject();                                       //加载图书项目信息
    }
```

事件处理方法中调用了加载图书项目信息的 loadBookProject()方法，该方法把 ItemPanel 类中保存的图书项目对象的属性信息加载到程序界面各个控件中，如项目名称、开发部门、计划页码等。关键代码如下：

例程 42　代码位置：mr\03\开发计划管理系统\src\com\lzw\bookProject\ItemPanel.java

```
private void loadBookProject() {
    if (bookProject == null)
        return;
    //加载图书项目计划名称到文本框
    getProjectNameInfoField().setText(bookProject.getPname());
    //加载项目的出版社信息
    getPublisherInfoComboBox().setSelectedItem(bookProject.getPid());
    //加载项目的部门信息
    getDeptInfoComboBox().setSelectedItem(bookProject.getDeptID());
    //加载项目的页码到界面文本框
    getPageNumInfoField().setValue(bookProject.getPageNumber());
    //加载项目的负责人
    getMainPerInfoComboBox().setSelectedItem(bookProject.getMainPer());
    {//设置开始结束日期
        Date startDate = bookProject.getStartDate();                 //加载项目的开始日期对象
        if (startDate == null)                                       //如果日期对象为空
            startDate = new Date(System.currentTimeMillis());        //使用当前日期
        getStartDateInfoField().setValue(startDate);                 //把开始日期设置到界面控件
        Date endDate = bookProject.getEndDate();                     //加载项目的结束日期对象
        if (endDate == null)                                         //如果结束日期对象为空
            endDate = new Date(System.currentTimeMillis());          //使用当前日期
        getEndDateInfoField().setValue(endDate);                     //把结束日期设置到界面控件
    }
    //加载项目工作日到界面控件
    getWorkDayInfoField().setValue(bookProject.getWorkDay());
    //获取项目参与人集合对象
    List<ItemPersonnel> list = bookProject.getItemPersonnelCollection();
    //获取项目参与人列表对象的数据模型
    DefaultListModel model = (DefaultListModel) getJList().getModel();
    model.removeAllElements();                                       //清空数据模型
    if (list != null) {                                              //遍历项目参与人集合
        for (ItemPersonnel ip : list) {
            model.addElement(ip.getPerId());                         //添加每个参与人到数据模型
        }
    }
}
```

loadPublisher()方法也在事件方法中被调用，它负责加载数据库中的出版社数据到界面对应的下拉列表框中。关键代码如下：

例程 43　代码位置：mr\03\开发计划管理系统\src\com\lzw\bookProject\ItemPanel.java

```
private void loadPublisher() {
    BookProjectDao dao = new BookProjectDao();                //创建图书项目数据库操作对象
    publisherInfoComboBox.removeAllItems();                   //清空界面“出版社”下拉列表框
    List<Publisher> list = dao.listPublisher();               //获取数据库所有出版社信息
    //遍历出版社信息集合
    for (Publisher pub : list) {
        //添加每个出版社对象到下拉列表框
        publisherInfoComboBox.addItem(pub);
        publisherInfoComboBox.revalidate();
    }
}
```

loadDept()方法负责加载数据库的部门数据到界面对应的下拉列表框中，它只更改界面的开发部门下拉列表框的数据。关键代码如下：

例程 44　代码位置：mr\03\开发计划管理系统\src\com\lzw\bookProject\ItemPanel.java

```
private void loadDept() {
    DeptDao dtptDao = new DeptDao();                          //创建部门数据库操作对象
    deptInfoComboBox.removeAllItems();                        //清除“开发部门”下拉列表框
    List<Dept> list = dtptDao.listAllDept();                  //读取所有部门数据集合
    //遍历部门数据集合
    for (Dept dept : list) {
        //添加每个部门对象到下拉列表框
        deptInfoComboBox.addItem(dept);
    }
}
```

（2）getBookItemPanel()方法将创建一个图书项目信息面板，这个面板放置在项目参与人列表的左侧，用于放置一些显示图书项目信息的控件，如图书项目的名称、出版社、开发部门、负责人、工作日等。关键代码如下：

例程 45　代码位置：mr\03\开发计划管理系统\src\com\lzw\bookProject\ItemPanel.java

```
private JPanel getBookItemPanel() {
    if (bookItemPanel == null) {
        //省略布局参数
        JLabel jLabel33 = new JLabel();                       //标签控件
        jLabel33.setText("页    码：");
        JLabel jLabel32 = new JLabel();
        jLabel32.setText("工作日：");
        JLabel jLabel31 = new JLabel();
        jLabel31.setText("结束日期：");
        JLabel jLabel30 = new JLabel();
```

```
        jLabel30.setText("开始日期：");
        JLabel jLabel29 = new JLabel();
        jLabel29.setText("负责人：");
        JLabel jLabel28 = new JLabel();
        jLabel28.setText("开发部门：");
        JLabel jLabel27 = new JLabel();
        jLabel27.setText("出版社：");
        JLabel jLabel26 = new JLabel();
        jLabel26.setText("项目名称：");
        bookItemPanel = new JPanel();                                   //创建面板控件
        //设置布局管理器
        bookItemPanel.setLayout(new GridBagLayout());
        bookItemPanel.setBorder(createTitledBorder(null, "图书项目信息",
                    TitledBorder.DEFAULT_JUSTIFICATION, TitledBorder.ABOVE_TOP,   new
Font("sansserif",Font.BOLD, 12), new Color(59, 59, 59)));
        bookItemPanel.setOpaque(false);                                 //面板透明
        bookItemPanel.add(jLabel26, gridBagConstraints47);
        //添加“项目名称”文本框控件
        bookItemPanel.add(getProjectNameInfoField(), gridBagConstraints48);
        bookItemPanel.add(jLabel27, gridBagConstraints49);
        //添加“出版社”下拉列表框控件
        bookItemPanel.add(getPublisherInfoComboBox(), gridBagConstraints50);
        bookItemPanel.add(jLabel28, gridBagConstraints52);
        //添加“开发部门”下拉列表框控件
        bookItemPanel.add(getDeptInfoComboBox(), gridBagConstraints53);
        bookItemPanel.add(jLabel29, gridBagConstraints54);
        //添加“负责人”下拉列表框控件
        bookItemPanel.add(getMainPerInfoComboBox(), gridBagConstraints55);
        bookItemPanel.add(jLabel30, gridBagConstraints56);
        //添加项目“开始日期”文本框控件
        bookItemPanel.add(getStartDateInfoField(), gridBagConstraints57);
        bookItemPanel.add(jLabel31, gridBagConstraints58);
        //添加项目“结束日期”文本框控件
        bookItemPanel.add(getEndDateInfoField(), gridBagConstraints59);
        bookItemPanel.add(jLabel32, gridBagConstraints60);
        //添加“工作日”文本框
        bookItemPanel.add(getWorkDayInfoField(), gridBagConstraints61);
        bookItemPanel.add(jLabel33, gridBagConstraints62);
        //添加计划“页码”文本框控件
        bookItemPanel.add(getPageNumInfoField(), gridBagConstraints63);
        //添加“双休”复选框
        bookItemPanel.add(getJCheckBox(), gridBagConstraints64);
        //添加项目面板中的“确定”按钮
        bookItemPanel.add(getItemOkButton(), gridBagConstraints65);
        //添加“取消”按钮
        bookItemPanel.add(getItemCancelButton(), gridBagConstraints66);
        //放置添加出版社按钮到面板
```

```
            bookItemPanel.add(getAddPublisherButton(), gridBagConstraints67);
            //添加“单体”复选框
            bookItemPanel.add(getJCheckBox1(), gridBagConstraints);
        }
        return bookItemPanel;
}
```

（3）getPerPanel()方法将创建一个滚动面板，其中包含项目参与人列表和指定项目参与人的控制面板。这样如果项目参与人过多，就可以通过滚动条来调整。关键代码如下：

例程 46　代码位置：mr\03\开发计划管理系统\src\com\lzw\bookProject\ItemPanel.java

```
private AlphaScrollPane getPerPanel() {
    if (perPanel == null) {
        perPanel = new AlphaScrollPane();                                    //创建滚动面板
        perPanel.setBorder(createTitledBorder(null, "项目参与人", TitledBorder.DEFAULT_JUSTIFICATION,
TitledBorder.ABOVE_TOP, new Font("sansserif", Font.BOLD, 12), new Color(59, 59, 59)));
        perPanel.setPreferredSize(new Dimension(200, 204));                  //初始大小
        perPanel.setBorderPaint(true);                                       //绘制边框
        perPanel.setHeaderOpaquae(false);
        perPanel.setViewportView(getJList());                                //设置滚动视图的控件
        //设置列视图的控件为人员控制面板
        perPanel.setColumnHeaderView(getPersonnelToolPanel());
        perPanel.setOpaque(false);
        perPanel.getColumnHeader().setOpaque(false);
    }
    return perPanel;
}
```

（4）项目参与人列表只是一个简单的 JList 列表控件，所以这里省略它的创建代码，而介绍其控制面板，它用于控制项目参与人员的添加和删除。界面如图 3.20 所示。

董事长 ▼ 添加 删除

图 3.20　项目参与人列表的控制面板

面板中包含“添加”和“删除”按钮，还有一个用于选择人员的下拉列表框，“添加”按钮会从选择框中选取添加人员，而“删除”按钮将从参与人列表中确认要删除的人员。

控制面板的关键代码如下：

例程 47　代码位置：mr\03\开发计划管理系统\src\com\lzw\bookProject\ItemPanel.java

```
private JToolBar getPersonnelToolPanel() {
    if (personnelToolPanel == null) {
        personnelToolPanel = new JToolBar();                               //创建工具面板
        personnelToolPanel.setFloatable(false);                            //取消浮动效果
        personnelToolPanel.add(getWriterInfoComboBox(), null);             //添加公司人员下拉选择框
        personnelToolPanel.add(getPerAddButton(), null);                   //人员添加按钮布置到界面
        personnelToolPanel.add(getPerDeleteButton(), null);                //人员删除按钮布置到界面
    }
```

```
        return personnelToolPanel;
    }
```

公司人员下拉列表框只是一个普通的控件，这里省略其创建代码。下面主要介绍两个按钮。其中，“添加”按钮从其左侧的公司人员下拉列表框中获取人员对象，然后添加到人员列表控件中。关键代码如下：

例程 48　代码位置：mr\03\开发计划管理系统\src\com\lzw\bookProject\ItemPanel.java

```
private JButton getPerAddButton() {
    if (perAddButton == null) {
        perAddButton = new JButton();                                    //创建按钮
        perAddButton.setText("添加");                                    //设置文本
        //添加事件监听器
        perAddButton.addActionListener(new ActionAdapter() {
            @Override
            public void actionPerformed(ActionEvent e) {
                //获取下拉列表框中选择的人员对象
                Personnel per = (Personnel) getWriterInfoComboBox().getSelectedItem();
                //获取参与人员列表控件的模型对象
                DefaultListModel model = (DefaultListModel) getJList().getModel();
                boolean contains = model.contains(per);
                if (!contains) {                                         //如果模型中没有该人员对象
                    //将选择的人员对象添加到列表控件的模型中
                    model.addElement(per);
                }
            }
        });
    }
    return perAddButton;
}
```

项目参与人员控制面板上的“删除”按钮将获取人员列表中处于选择状态的选项，从该选项中读取人员对象，然后从列表控件中移除。关键代码如下：

例程 49　代码位置：mr\03\开发计划管理系统\src\com\lzw\bookProject\ItemPanel.java

```
private JButton getPerDeleteButton() {
    if (perDeleteButton == null) {
        perDeleteButton = new JButton();                                 //创建按钮
        perDeleteButton.setText("删除");                                 //设置文本
        //添加事件监听器
        perDeleteButton.addActionListener(new ActionListener() {
            @Override
            public void actionPerformed(ActionEvent e) {
                //获取参与人员列表控件中选择的人员对象
                Object value = getJList().getSelectedValue();
                //获取列表控件的数据模型
                DefaultListModel model = (DefaultListModel) getJList().getModel();
                //从列表控件中移除选定的人员对象
```

```
                    model.removeElement(value);
                    getJList().revalidate();
                }
            });
        }
        return perDeleteButton;
    }
```

（5）编写图书项目界面中的“确定”按钮。这个按钮用于完成界面中的图书项目添加或者修改操作，这要根据用户的选择来判断，当用户通过“修改计划”按钮进入图书项目界面时，该界面的类的图书项目对象是数据库中已经存在的，它有 id 主键标识，那么就会导致“确定”按钮执行修改操作，否则，就执行添加操作。关键代码如下：

例程 50　代码位置：mr\03\开发计划管理系统\src\com\lzw\bookProject\ItemPanel.java

```
private JButton getItemOkButton() {
    if (itemOkButton == null) {
        itemOkButton = new JButton();                              //创建按钮控件
        itemOkButton.setText("确定");                              //设置按钮文本
        //添加按钮事件监听器
        itemOkButton.addActionListener(new ActionAdapter() {
            @Override
            public void actionPerformed(ActionEvent e) {
                BookProject project = getBookProject();
                if (project == null)                               //禁止修改空的不存在项目
                    return;
                if (project.getPname() == null || project.getPname().isEmpty()) {
                    JOptionPane.showMessageDialog(null, "必须指定项目名称");
                    return;
                }
                BookProjectDao dao = new BookProjectDao();         //创建图书项目表操作对象
                dao.insertOrUpdateBookProject(project);            //添加或修改图书计划
                //获取项目参与人控件模型
                DefaultListModel model = (DefaultListModel) getJList().getModel();
                Enumeration<?> elements = model.elements();
                try {//添加项目参与人
                    //遍历项目参与人集合
                    while (elements.hasMoreElements()) {
                        Personnel per = (Personnel) elements.nextElement();
                        ItemPersonnel ip = new ItemPersonnel();    //新建项目参与人对象
                        ip.setPerId(per);                          //初始化项目参与人信息
                        ip.setBookId(project);
                        try {
                            dao.insertPersonnel(ip);               //把项目参与人对象添加到数据库
                        } catch (Exception e1) {
                            ExceptionTools.showExceptionMessage(e1);
                        }
                    }
                    JOptionPane.showMessageDialog(null, "操作完成");
```

```
                BookProjectPanel parent = (BookProjectPanel) getParent();
                parent.loadProjects();                                          //重新加载所有图书项目
                CardLayout layout = (CardLayout) getParent().getLayout();
                layout.show(getParent(), "计划添加");
            } catch (Exception e1) {
                ExceptionTools.showExceptionMessage(e1);
            }
        }
    });
  }
  return itemOkButton;
}
```

（6）在图书项目界面中还有另外的功能界面，那就是出版社信息面板，它是由 getPublisherPanel() 方法实现的。在这个面板中可以添加出版社信息。它是通过“添加出版社”按钮激活的。程序界面如图 3.21 所示。

图 3.21　出版社信息面板

界面中的“取消”按钮可以取消并隐藏出版社信息面板。下面来看一下出版社信息面板的程序代码：

例程 51　代码位置：mr\03\开发计划管理系统\src\com\lzw\bookProject\ItemPanel.java

```
private JPanel getPublisherPanel() {
    if (publisherPanel == null) {
        GridBagConstraints gridBagConstraints71 = new GridBagConstraints();
        gridBagConstraints71.gridx = 3;
        gridBagConstraints71.gridy = 0;
        GridBagConstraints gridBagConstraints70 = new GridBagConstraints();
        gridBagConstraints70.gridx = 2;
        gridBagConstraints70.gridy = 0;
        GridBagConstraints gridBagConstraints69 = new GridBagConstraints();
        gridBagConstraints69.fill = GridBagConstraints.HORIZONTAL;
        gridBagConstraints69.gridy = 0;
        gridBagConstraints69.weightx = 1.0;
        gridBagConstraints69.insets = new Insets(0, 0, 0, 5);
        gridBagConstraints69.gridx = 1;
        GridBagConstraints gridBagConstraints68 = new GridBagConstraints();
        gridBagConstraints68.gridx = 0;
        gridBagConstraints68.gridy = 0;
        jLabel34 = new JLabel();                                             //标签
        jLabel34.setText("出版社名称：");
        publisherPanel = new JPanel();                                       //创建出版社信息面板
        publisherPanel.setLayout(new GridBagLayout());                       //设置布局管理器
        publisherPanel.setVisible(false);                                    //默认隐藏面板
        publisherPanel.setOpaque(false);                                     //面板透明
        publisherPanel.add(jLabel34, gridBagConstraints68);
```

```
            publisherPanel.add(getPublisherField(), gridBagConstraints69);        //添加“出版社名称”文本框
            publisherPanel.add(getPublisherAddButton(), gridBagConstraints70); //添加出版社“添加”按钮
            publisherPanel.add(getPublisherCancelButton(), gridBagConstraints71);//添加出版社面板的“取消”按钮
        }
        return publisherPanel;
}
```

编写出版社信息面板上的“添加”按钮，该按钮在事件监听器中接收用户输入的出版社名称，通过图书项目表的数据库操作类在数据库中添加该出版社的数据。关键代码如下：

例程 52　代码位置：mr\03\开发计划管理系统\src\com\lzw\bookProject\ItemPanel.java

```
private JButton getPublisherAddButton() {
    if (publisherAddButton == null) {
        publisherAddButton = new JButton();                              //创建按钮控件
        publisherAddButton.setText("添加");                               //设置按钮文本
        //添加事件监听器
        publisherAddButton.addActionListener(new ActionAdapter() {
            @Override
            public void actionPerformed(ActionEvent e) {
                String name = getPublisherField().getText();              //获取出版社名称
                if (name != null && !name.isEmpty()) {
                    BookProjectDao dao = new BookProjectDao();            //创建图书项目数据表操作对象
                    Publisher pub = new Publisher();                      //新建出版社对象
                    pub.setName(name);                                    //设置出版社对象名称
                    try {
                        dao.insertPublisher(pub);                         //保存出版社对象到数据库
                        getPublisherPanel().setVisible(false);            //隐藏出版社信息面板
                    } catch (TableIDException e1) {
                        e1.printStackTrace();
                    }
                }
            }
        });
    }
    return publisherAddButton;
}
```

3.11　开发技巧与难点分析

3.11.1　无法使用 JDK6 以上的 API

在使用 Eclipse 开发项目之前，需要确认编译器中的一些设置。当然，读者也可以随时调整这些设置，但是处于学习阶段的读者，最好提前设置好，避免学习中造成混淆，影响程序调试的判断力。

Eclipse 早期版本如 Eclipse3.2 默认的编译器级别为 1.4，也就是使用 JDK1.4 级别的编译器，这样

在程序编译和在 Eclipsc 中编写代码时就无法使用 JDK1.4 以上的高级 API，所以在程序开发时最好确认项目使用的 Java 环境版本，如果需要使用高版本，必须设置默认的编译器级别为 1.6。在中文环境的 Eclipse 也可能称为 6.0。

修改步骤为：在 Eclipse 菜单栏选择“窗口”→“首选项”命令，将弹出如图 3.22 所示的“首选项”对话框，在该对话框左侧展开 Java 节点，选择“编译器”子节点，在右侧会出现编译器相关设置，在“编译器一致性级别”下拉列表框中选择“1.6”选项，有的 Eclipse 版本是 6.0 选项，它们是相等的。然后单击“应用”按钮使设置生效，最后单击“确定”按钮关闭“首选项”对话框。

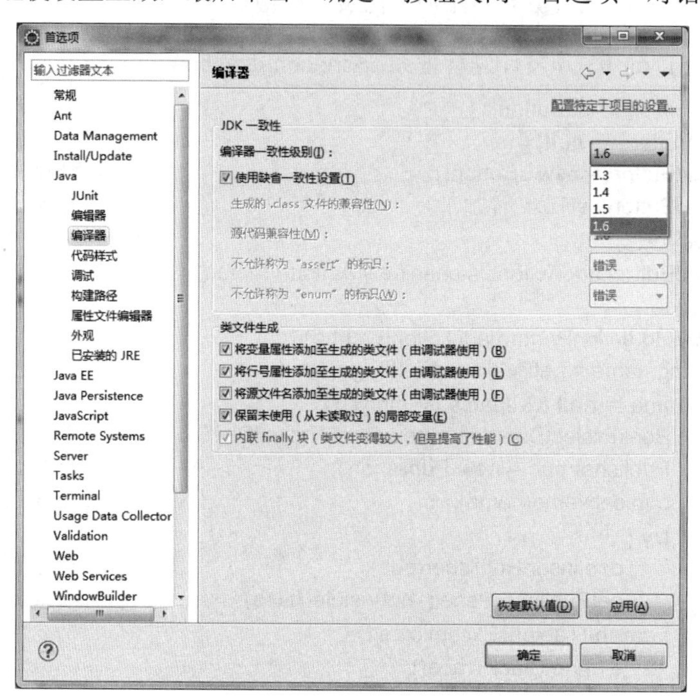

图 3.22　修改 Eclipse 默认编译器级别

这样就完成了 Eclipse 编译器级别的设置，现在的 Eclipse 开发环境可以使用最新的 Java 1.6 版本的 API 了。

3.11.2　无法连接数据库

本项目使用 MySQL 5.7 数据库，数据库连接的基本信息在 BaseDao 类中，位于 com.lzw.dao 类包中，这些数据库连接信息如果不正确，将导致数据库无法连接，特别要注意的是访问数据库的 URL 路径，其中包括数据库服务器的主机名称，如果程序和数据库不在同一个计算机，要把 localhost 修改为数据库服务器所在计算机的主机名称或者 IP 地址。关键代码如下：

```java
public abstract class BaseDao implements Remote {
    //数据库驱动名称
    private static String driver = "com.mysql.jdbc.Driver";
    //数据库访问路径
    private String dbUrl = "jdbc:mysql://127.0.0.1:3306/ProjectManagerDB";
```

```
    //访问数据库的账号
    private String dbUser = "root";
    //访问数据库的密码
    private String dbPass = "123456";
}
```

3.12　本 章 小 结

本项目根据吉林省明日科技有限公司的项目需求，定制了完整的功能结构，并利用 PowerDesigner 工具为数据库建模，在项目开发之前介绍了项目类包的规划和数据库配置，然后在项目开发期间介绍了系统登录模块、主窗体模块、部门管理模块、人员管理模块、图书计划模块等几个关键模块的开发和实现过程。最后还介绍了程序调试与错误处理、编写用户使用手册和系统发布等产品交付期的任务。

分析整个项目，涉及了“需求分析”—“系统设计”—“数据库设计”—“开发环境配置”—“模块开发”—“软件调试”—“产品交付”一整套项目开发流程。通过这个项目的系统学习，读者应该能够掌握独立开发项目和拥有交付软件产品的能力。

第 4 章

酒店管理系统

（Swing+SQL Server 2014 实现）

由于软件技术的不断发展，应用软件已经遍及社会的各行各业，大到厂矿校企，小到餐饮洗浴，并且正在以其独特的优势，服务于社会的各行各业。将应用软件应用于现代的餐饮业，解决了传统记账、统计、核算方式费时费力又容易出错的问题，通过使用酒店管理系统，可以快速完成营业记账工作，并且可以轻松地对营业额进行统计、核算，原来既费时又费力的工作，现在只需要轻点几下鼠标和键盘，就可以轻松完成，既提高了工作效率，又节省了人力资源，为餐饮企业的快速发展创造了巨大空间。

通过阅读本章，可以学习到：

- 酒店管理系统的软件结构和业务流程
- 根据用户输入的部分内容快速获取已点菜品的方法
- 人性化控制点菜数量的方法
- 系统自动结账的实现方法
- Swing 中鼠标或键盘事件的使用方法
- 年、月、日下拉列表框联动保证日期合法性的方法
- 通过正则表达式验证用户输入数据合法性的方法
- 系统时钟的实现方法

4.1 概　　述

"民以食为天"，随着人民生活水平的不断提高，餐饮业在服务行业中的地位也越来越重要，如何从激烈的竞争中脱颖而出，已经成为每位餐饮经营者在思考的问题。

经过多年的发展，对餐饮企业的管理已经逐渐由简单的人工管理，逐步进入到规范、科学管理的阶段。众所周知，在科学管理的具体实现方法中，最有效的工具就是应用管理软件进行管理。

以往的人工操作管理中存在着许多问题，例如：

☑ 人工计算账单容易出现错误。

☑ 收银工作中容易发生账单丢失。

☑ 客人具体消费信息难以查询。

☑ 无法对以往营业数据进行查询。

4.2 系 统 分 析

随着餐饮行业的迅速发展，现有的人工管理方式已不能满足管理者的需求，广大餐饮业经营者已经意识到使用计算机应用软件的重要性，决定在餐饮企业的经营管理上引入计算机应用软件管理系统。

根据餐饮行业的特点和实际情况，酒店管理系统应以餐饮业务为基础，突出前台管理，重视营业数据分析等功能，从专业角度出发，努力为餐饮管理者提供科学、有效的管理模式和数据分析功能。

开台点菜功能是酒店管理系统的最常用功能，也是酒店管理系统的主要功能之一，所以需要将该功能设计得更加人性化和智能化，例如在确定添加菜品时，既可以通过菜品编号确定，又可以通过菜品助记码确定，并且默认添加菜品的数量为一个。

自动结账功能也是酒店管理系统的最常用功能，同样是酒店管理系统的主要功能之一，用户只需要选中结账的台号，系统就会自动为选中的台号计算消费金额，并且用户输入实收金额后，系统还会自动计算出需要找零的金额，这样既节省了系统操作员的精力，又避免了由于计算失误造成的损失。

报表功能是酒店管理系统不可缺少的一部分，因为酒店管理系统是一个记账式软件，对于一个餐饮企业，日报表是不可缺少的。

再就是系统安全和系统维护功能，这是应用软件必不可少的一部分，用来保障软件的安全运行。

4.3 系 统 设 计

4.3.1 系统目标

依据餐饮行业的特点，本系统需要实现以下目标。

☑ 操作简单方便，界面简洁大方。

☑ 方便、快捷的开台点菜功能。
☑ 智能化定位菜品的功能。
☑ 快速查看开台点菜信息的功能。
☑ 自动结账功能。
☑ 按开台和商品实现的日结账功能。
☑ 按日消费额汇总统计实现的月结账功能。
☑ 按日营业额实现的年结账功能。
☑ 系统运行稳定、安全可靠。

4.3.2 系统功能结构

酒店管理系统的功能结构如图 4.1 所示。

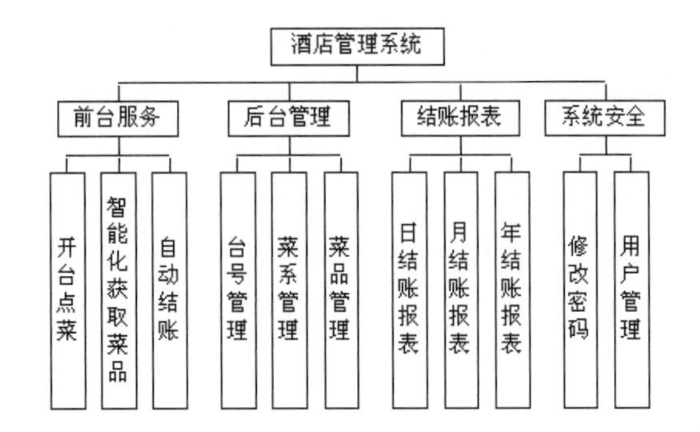

图 4.1 酒店管理系统功能结构

4.3.3 系统预览

酒店管理系统由多个程序界面组成，下面仅列出几个典型界面，其他界面效果请参见资源包中的源程序。

酒店管理系统的主窗体效果如图 4.2 所示，窗体的中间部分用来显示当前的开台及点菜信息，窗体的下方用来操作该系统，例如开台点菜，自动结账，台号、菜系和菜品的维护，营业额报表等。

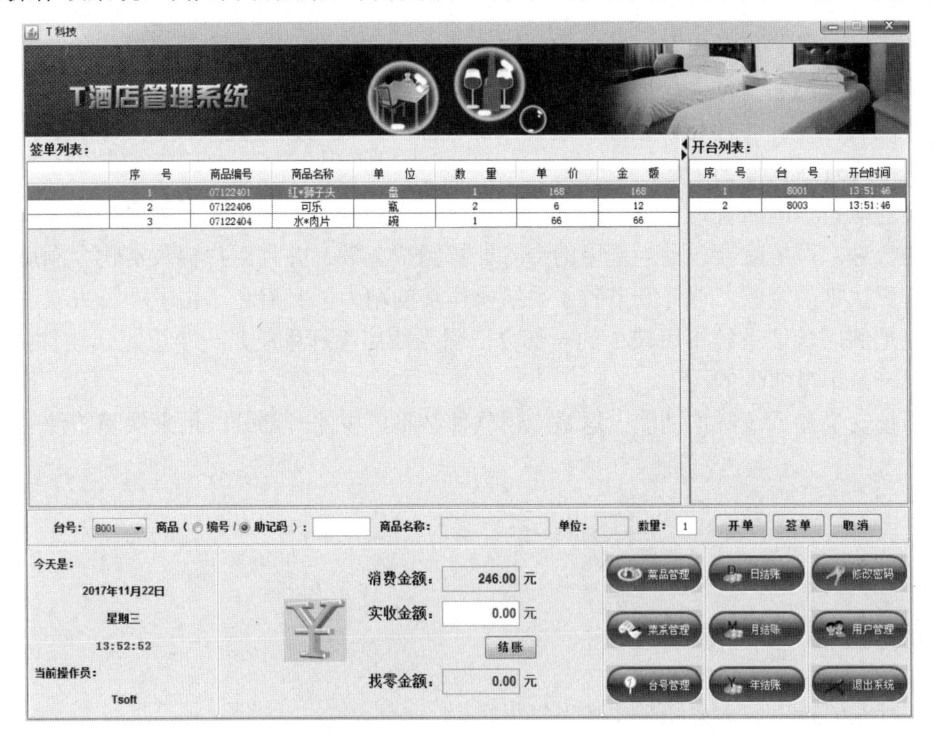

图 4.2 酒店管理系统主窗体效果（资源包\…\TipWizardFrame.java）

单击图 4.2 中右下方的“台号管理”按钮，将打开如图 4.3 所示的“台号管理”对话框，该对话框用来维护台号信息，包括台号及座位数。

单击图 4.2 中右下方的“菜品管理”按钮，将打开如图 4.4 所示的“菜品管理”对话框，该对话框用来维护菜品信息，包括名称、助记码、菜系、单位和单价，其中助记码用来在点菜时快速获取菜品信息（建议设置为菜品名称的首字母，例如将菜品“雪蔓火焰山”的助记码设置为“xmhys”）。

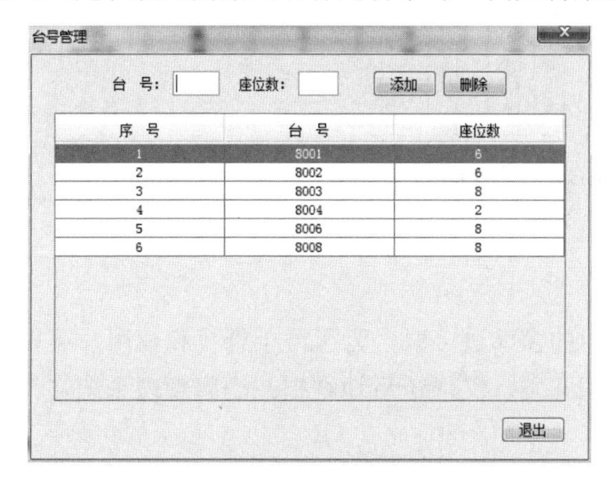

图 4.3　台号管理（资源包\…\manage\DeskNumDialog.java）

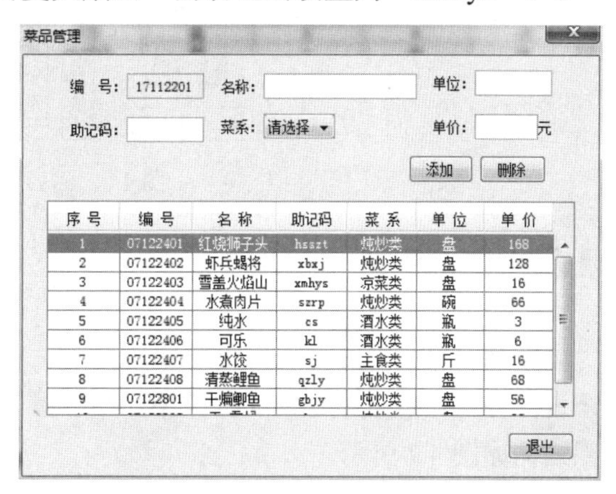

图 4.4　菜品管理（资源包\…\manage\MenuDialog.java）

单击图 4.2 中右下方的“日结账”按钮，将打开如图 4.5 所示的“日结账”对话框，该对话框用来统计指定日期的销售情况，包括日营业额和各个商品的日营业额。

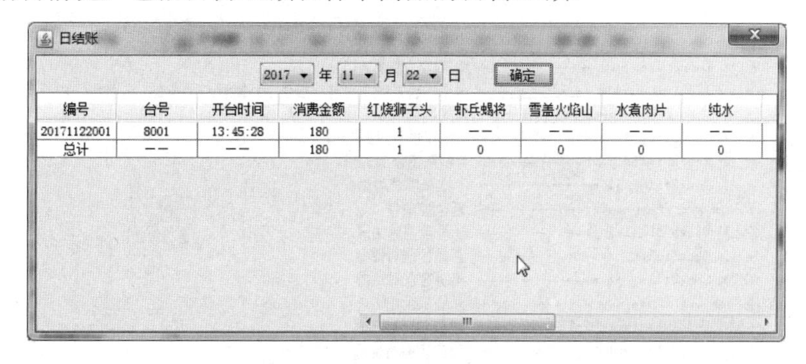

图 4.5　日结账窗体效果（资源包\…\check_out\DayDialog.java）

说明　由于路径太长，因此省略了部分路径，省略的路径是“TM\04\DrinkeryManage\src\com\mwq\frame”。

4.3.4　业务流程图

酒店管理系统的业务流程如图 4.6 所示。

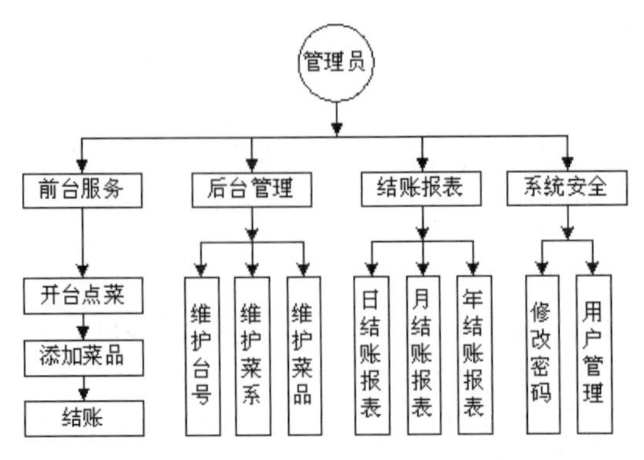

图 4.6　酒店管理系统的业务流程图

4.3.5　文件夹结构设计

每个项目都会有相应的文件夹组织结构。当项目中的窗体过多时，为了便于查找和使用，可以将窗体进行分类，放入不同的文件夹中，这样既便于前期开发，又便于后期维护。酒店管理系统文件夹组织结构如图 4.7 所示。

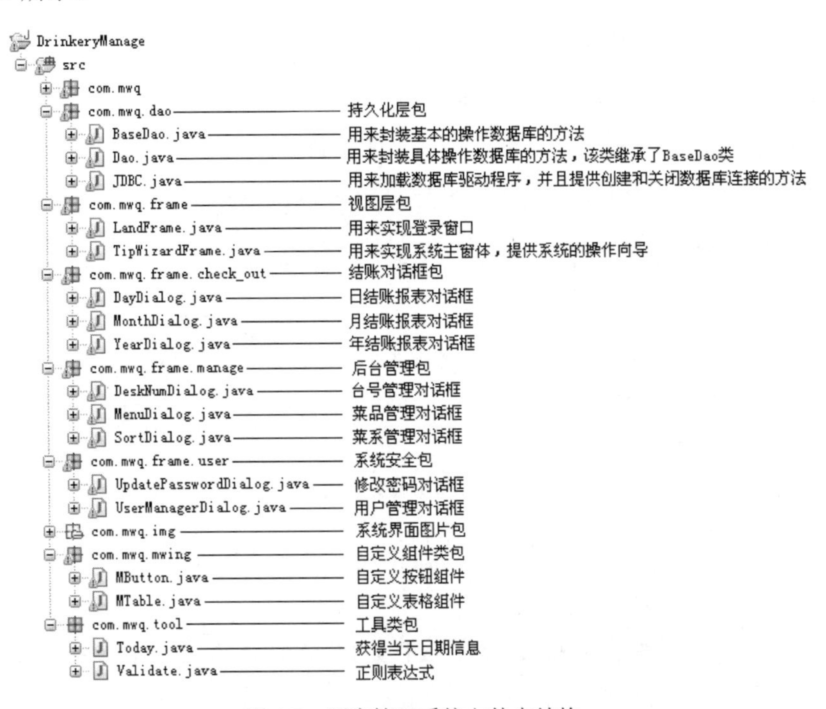

图 4.7　酒店管理系统文件夹结构

4.4　数据库设计

在开发应用程序时，对数据库的操作是必不可少的，而一个数据库的设计优秀与否，将直接影响

到软件的开发进度和性能，所以对数据库的设计就显得尤为重要。数据库的设计要根据程序的需求及其功能制定，如果在开发软件之前不能很好地设计数据库，在开发过程中将反复修改数据库，必将严重影响开发进度。

4.4.1　数据库分析

酒店管理系统的需求包括开台点菜功能、智能化获取菜品功能、自动结账功能、营业额报表功能等。在这些功能中主要涉及的数据表包括台号表、菜品表、消费单表；为了使系统更完善，还需要为菜品分类，即需要用到菜系表；为了实现菜品的日销售情况统计，还要建立一个消费项目表，用来记录消费单消费的菜品。

4.4.2　数据库概念设计

数据库设计是系统设计过程中的重要组成部分，它是通过管理系统的整体需求而制定的，数据库设计的好坏直接影响到系统的后期开发。下面对本系统中具有代表性的数据库设计进行详细说明。

餐台和菜系在本系统中是最简单的实体，在本系统中用来描述餐台信息的只有台号和座位数，而描述菜系的主要是名称。餐台信息表的 E-R 图如图 4.8 所示，菜系信息表的 E-R 图如图 4.9 所示。

在描述菜品实体时，加入了助记码，目的是为了实现智能化获取菜品功能，通过这一功能系统操作员可以快速地获取顾客所点的菜品信息。菜品信息表的 E-R 图如图 4.10 所示。

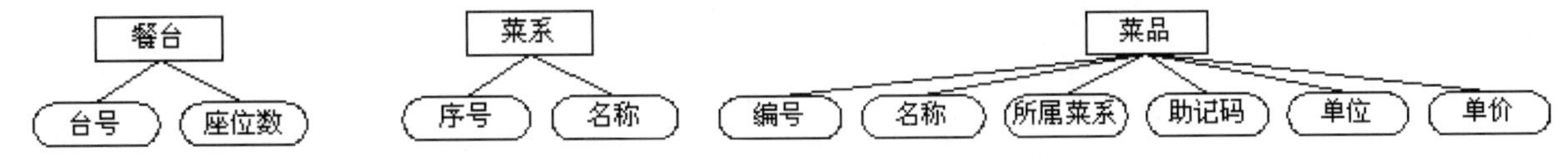

图 4.8　餐台信息表 E-R 图　图 4.9　菜系信息表 E-R 图　图 4.10　菜品信息表 E-R 图

消费单用来记录每次消费的相关信息，例如消费时使用的餐台、消费时间、消费金额等。消费单信息表的 E-R 图如图 4.11 所示。

消费项目用来记录每个消费单消费的菜品，记录的主要信息有所属消费单、消费菜品的名称、消费数量、消费额。消费项目信息表的 E-R 图如图 4.12 所示。

图 4.11　消费单信息表 E-R 图　图 4.12　消费项目信息表 E-R 图

4.4.3　数据库逻辑结构设计

在数据库概念设计中已经分析了菜品、消费单、消费项目等主要的数据库实体对象，这些实体对象是数据表结构的基本模型，最终的数据模型都要实施到数据库中，形成整体的数据结构，可以使用 PowerDesigner 工具完成这个数据库的建模。具体的模型结构如图 4.13 所示。

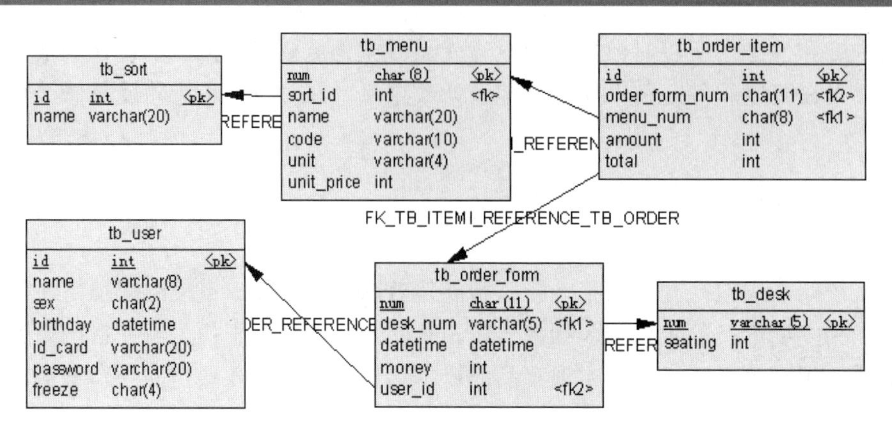

图 4.13　酒店管理系统数据库模型

4.4.4　视图设计

完成数据库建模后，还可以根据实际需要建立一些视图，通过对视图的应用，可以减少在程序中编写复杂的 SQL 语句。在开发酒店管理系统的日结账功能时，需要查询指定日期的所有消费单，然后根据消费单查询消费项目并关联查询项目名称，所以为表 tb_menu 和表 tb_order_item 建立了一个视图 v_order_item_and_menu，如图 4.14 所示。

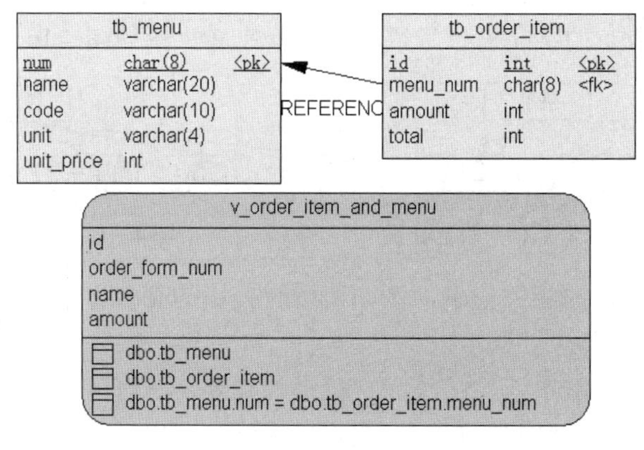

图 4.14　酒店管理系统用到的视图

4.5　公共模块设计

4.5.1　编写数据库连接类

数据库连接类负责加载数据库驱动程序，以及创建和关闭数据库连接，为了最大程度地应用每个已经创建的数据库连接，这里将其保存到 ThreadLocal 类的对象中。

（1）在数据库连接类中定义一些常量，包括连接数据库使用的驱动程序、连接数据库的路径、连接数据库使用的用户名和密码，并且定义一个 ThreadLocal 类的对象，用来保存已经创建的数据库连接。

关键代码如下：

例程 01　代码位置：mr\04\DrinkeryManage\src\com\mwq\dao\JDBC.java

```
private static final String DRIVERCLASS = "com.microsoft.sqlserver.jdbc.SQLServerDriver"; //数据库驱动
//路径
private static final String URL = "jdbc:sqlserver://127.0.0.1:1433;DatabaseName=db_DrinkeryManage";
private static final String USERNAME = "sa";                                    //连接数据库的用户名
private static final String PASSWORD = "";                                      //连接数据库的密码
private static final ThreadLocal<Connection> threadLocal = new ThreadLocal<Connection>();//创建保存连接的对象
```

（2）编写用来加载数据库驱动程序的代码，通常情况下将其放到静态代码块中，这样做的好处是只在该类第一次被加载（即第一次被调用）时执行加载数据库驱动程序的动作，避免了反复加载数据库驱动程序，从而提高软件的性能。关键代码如下：

例程 02　代码位置：mr\04\DrinkeryManage\src\com\mwq\dao\JDBC.java

```
static {                                                    //通过静态方法加载数据库驱动
    try {
        Class.forName(DRIVERCLASS).newInstance();           //加载数据库驱动
    } catch (Exception e) {
        e.printStackTrace();
    }
}
```

（3）编写用来创建和关闭数据库连接的方法，这里将这两个方法均定义为静态的，这样通过类名就可以调用方法，方便使用。在这两个方法中首先从 ThreadLocal 类的对象中获得数据库连接，然后判断是否存在可用的数据库连接，如果存在则直接返回或关闭，否则重新创建。关键代码如下：

例程 03　代码位置：mr\04\DrinkeryManage\src\com\mwq\dao\JDBC.java

```
public static Connection getConnection() {                  //创建数据库连接的方法
    Connection conn = threadLocal.get();                    //从线程中获得数据库连接
    if (conn == null) {                                     //没有可用的数据库连接
        try {
            conn = DriverManager.getConnection(URL, USERNAME, PASSWORD);//创建新的数据库连接
            threadLocal.set(conn);                          //将数据库连接保存到线程中
        } catch (SQLException e) {
            e.printStackTrace();
        }
    }
    return conn;
}
public static boolean closeConnection() {                   //关闭数据库连接的方法
    boolean isClosed = true;                                //默认关闭成功
    Connection conn = threadLocal.get();                    //从线程中获得数据库连接
    threadLocal.set(null);                                  //清空线程中的数据库连接
    if (conn != null) {                                     //数据库连接可用
        try {
            conn.close();                                   //关闭数据库连接
```

```
            } catch (SQLException e) {
                isClosed = false;                                                   //关闭失败
                e.printStackTrace();
            }
        }
        return isClosed;
}
```

4.5.2 封装常用的操作数据库的方法

对数据库的操作包括查询、添加、修改和删除，其中查询是通过 executeQuery(String sql)方法执行 SQL 语句实现的，添加、修改和删除是通过 executeUpdate(String sql)方法执行 SQL 语句实现的。在本系统中共提供了 4 个用来执行查询的方法，分别用来查询多个记录、查询指定记录、查询多个记录的指定值和查询指定记录的指定值；一个用来添加、修改和删除记录的方法。由于篇幅有限，在这里只介绍用来查询多个记录的方法，以及用来添加、修改和删除记录的方法。

下面的方法用来查询多个记录。为了将检索结果直接应用于表格组件，这里全部用 Vector 向量对象封装查询结果，并且为代表每一行的向量添加了行序号。关键代码如下：

例程 04　代码位置：mr\04\DrinkeryManage\src\com\mwq\dao\BaseDao.java

```
protected Vector selectSomeNote(String sql) {
    Vector<Vector<Object>> vector = new Vector<Vector<Object>>();   //创建结果集向量
    Connection conn = JDBC.getConnection();                          //获得数据库连接
    try {
        Statement stmt = conn.createStatement();                     //创建连接状态对象
        ResultSet rs = stmt.executeQuery(sql);                       //执行 SQL 语句获得查询结果
        int columnCount = rs.getMetaData().getColumnCount();         //获得查询数据表的列数
        int row = 1;                                                 //定义行序号
        while (rs.next()) {                                          //遍历结果集
            Vector<Object> rowV = new Vector<Object>();              //创建行向量
            rowV.add(new Integer(row++));                            //添加行序号
            for (int column = 1; column <= columnCount; column++) {
                rowV.add(rs.getObject(column));                      //添加列值
            }
            vector.add(rowV);                                        //将行向量添加到结果集向量中
        }
        rs.close();                                                  //关闭结果集对象
        stmt.close();                                                //关闭连接状态对象
    } catch (SQLException e) {
        e.printStackTrace();
    }
    return vector;                                                   //返回结果集向量
}
```

下面的方法用来添加、修改和删除记录。这里采用手动提交，目的是捕获持久化异常，并回退数据库，以保证数据的合法性。关键代码如下：

例程 05　代码位置：mr\04\DrinkeryManage\src\com\mwq\dao\BaseDao.java

```
public boolean longHaul(String sql) {
    boolean isLongHaul = true;                              //默认持久化成功
    Connection conn = JDBC.getConnection();                 //获得数据库连接
    try {
        conn.setAutoCommit(false);                          //设置为手动提交
        Statement stmt = conn.createStatement();            //创建连接状态对象
        stmt.executeUpdate(sql);                            //执行 SQL 语句
        stmt.close();                                       //关闭连接状态对象
        conn.commit();                                      //提交持久化
    } catch (SQLException e) {
        isLongHaul = false;                                 //持久化失败
        try {
            conn.rollback();                                //回退
        } catch (SQLException e1) {
            e1.printStackTrace();
        }
        e.printStackTrace();
    }
    return isLongHaul;                                      //返回持久化结果
}
```

4.5.3　自定义表格组件

在使用表格时，通常情况下将表格列的值设置为居中显示，这样看起来更美观。由 JTable 组件实现的表格将一个表格分为两个部分：一部分是表格头，即用来显示表格列名的部分；另一部分是除表格头之外的部分。表格的每一部分对应一个 DefaultTableCellRenderer 类的对象，即单元格对象，通过该对象可以设置所属表格部分包含单元格的相关属性，例如设置单元格内容的显示位置。

通过 JTable 类的 getDefaultRenderer()方法可以得到单元格对象，这个单元格对象代表的是除表格头之外的部分包含的单元格，在 MTable 类中对该方法进行了简单的重构，即通过单元格对象设置单元格内容水平为居中显示。关键代码如下：

例程 06　代码位置：mr\04\DrinkeryManage\src\com\mwq\mwing\MTable.java

```
public TableCellRenderer getDefaultRenderer(Class<?> columnClass) {
    //获得除表格头之外部分的单元格对象
❶  DefaultTableCellRenderer tableRenderer = (DefaultTableCellRenderer) super.getDefaultRenderer
(columnClass);                                              //设置单元格内容居中显示
❷  tableRenderer.setHorizontalAlignment(DefaultTableCellRenderer.CENTER);
    return tableRenderer;
}
```

代码贴士

❶ getDefaultRenderer(columnClass)：该方法用来获得表格的单元格对象。

❷ setHorizontalAlignment(int alignment)：该方法用来设置单元格内容的显示位置，可选的静态常量有 LEFT（靠左侧显示）、CENTER（居中显示）和 RIGHT（靠右侧显示）。

如果想设置表格头的相关绘制属性，首先要获得表格头对象，即 JTableHeader 类的对象，通过 JTableHeader 类的 setReorderingAllowed(boolean reorderingAllowed)方法可以设置表格列是否可以重排；通过 JTableHeader 类的 getDefaultRenderer()方法也可以得到单元格对象，这个单元格对象代表的是表格头包含的单元格，在 MTable 类中对该方法也进行了简单的重构，即通过单元格对象设置单元格内容（即列名）水平为居中显示。关键代码如下：

例程 07　代码位置：mr\04\DrinkeryManage\src\com\mwq\mwing\MTable.java

```
public JTableHeader getTableHeader() {
    //获得表格头对象
    JTableHeader tableHeader = super.getTableHeader();
❶   tableHeader.setReorderingAllowed(false);          //设置表格列不可重排
    //获得表格头的单元格对象
❷   DefaultTableCellRenderer headerRenderer = (DefaultTableCellRenderer) tableHeader.getDefaultRenderer();
    //设置单元格内容（即列名）居中显示
    headerRenderer.setHorizontalAlignment(DefaultTableCellRenderer.CENTER);
    return tableHeader;
}
```

代码贴士

❶ setReorderingAllowed(boolean reorderingAllowed)：该方法用来设置表格头是否可以重新排列，即表格的列是否可以移动，默认为 true，即默认可以移动。

❷ getDefaultRenderer()：该方法用来获得表格头（即显示列名的位置）的单元格对象。

JTable 类的 setRowSelectionInterval(int fromRow, int toRow)方法用来设置表格中选中的行，第一个参数为开始选中行的索引，第二个参数为结束选中行的索引。在本系统中表格的选择模式为单选，如果通过该方法设置，需要设置两个参数，所以在 MTable 类中实现了一个重载方法 setRowSelectionInterval(int row)，用来设置唯一被选中的行，该方法仍然需要调用前面的方法。关键代码如下：

例程 08　代码位置：mr\04\DrinkeryManage\src\com\mwq\mwing\MTable.java

```
public void setRowSelectionInterval(int row) {          //重载方法
    setRowSelectionInterval(row, row);
}
```

4.5.4　编写利用正则表达式验证数据合法性的方法

在获得用户的输入内容时，经常需要验证用户输入数据的合法性，例如对用户输入日期的验证。验证这一类数据时，较好的办法是利用正则表达式，所以本系统提供了一个可重用的利用正则表达式验证数据合法性的方法，每次使用时只需要传入验证规则和验证内容，返回值为 boolean 型，当返回 true 时表示验证通过，数据合法；当返回 false 时表示验证未通过，数据不合法。关键代码如下：

例程 09　代码位置：mr\04\DrinkeryManage\src\com\mwq\tool\Validate.java

```
public static boolean execute(String rule, String content) {
    Pattern pattern = Pattern.compile(rule);          //利用验证规则创建 Pattern 对象
```

```
        Matcher matcher = pattern.matcher(content);                //利用验证内容获得 Matcher 对象
        return matcher.matches();                                  //返回验证结果
    }
```

4.6　主窗体设计

本系统将主窗体划分为 6 个工作区，分别是开台签单工作区、自动结账工作区、后台管理工作区、结账报表工作区、系统安全工作区和系统提示区。酒店管理系统主窗体效果如图 4.15 所示。

在开台签单工作区中使用了分割面板，这样系统操作员可以根据实际需要，调整开台列表和签单列表的大小，并设置分割面板支持快速展开/折叠的分割条，效果如图 4.16 所示，既可以将光标移动到分割条的上方随意调整分割条的位置，又可以通过单击分割条上的◀或▶按钮将分割条移动到分割面板的最左侧或最右侧，单击另一个则使分割条恢复到原位置；不支持快速展开/折叠的分割条效果如图 4.17 所示。

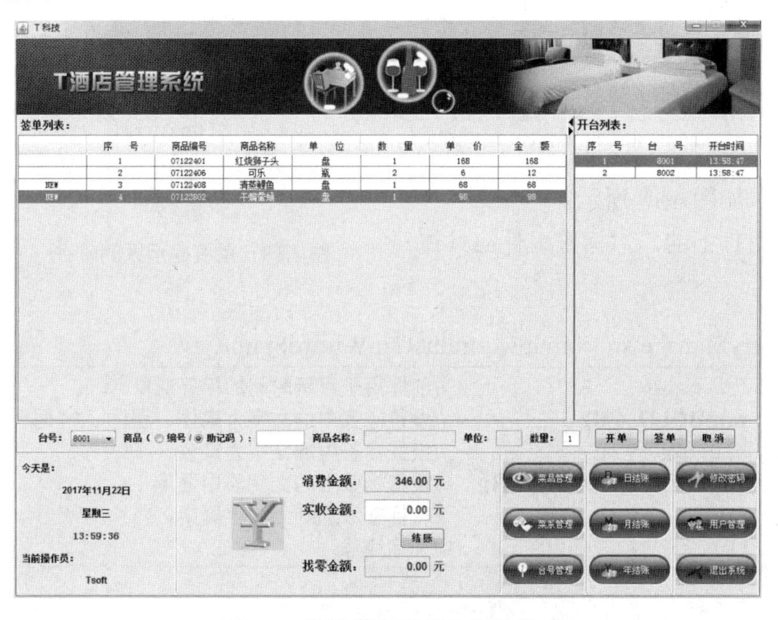

图 4.15　酒店管理系统主窗体效果

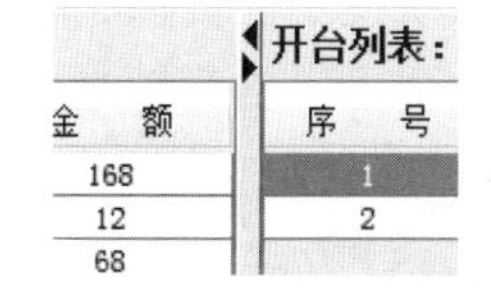

图 4.16　支持快速展开/折叠的分割条

图 4.17　不支持快速展开/折叠的分割条

实现图 4.16 所示分割面板的关键代码如下：

例程 10　代码位置：mr\04\DrinkeryManage\src\com\mwq\frame\TipWizardFrame.java

```
    final JSplitPane splitPane = new JSplitPane();                        //创建分割面板对象
❶  splitPane.setOrientation(JSplitPane.HORIZONTAL_SPLIT);                //设置为水平分割
❷  splitPane.setDividerLocation(755);                                     //设置面板默认的分割位置
❸  splitPane.setDividerSize(10);                                          //设置分割条的宽度
❹  splitPane.setOneTouchExpandable(true);                                 //设置为支持快速展开/折叠分割条
    splitPane.setBorder(new TitledBorder(null, "",
            TitledBorder.DEFAULT_JUSTIFICATION,
```

```
                TitledBorder.DEFAULT_POSITION, null, null));          //设置面板的边框
        getContentPane().add(splitPane, BorderLayout.CENTER);         //将分割面板添加到上级容器中
        final JPanel leftPanel = new JPanel();                        //创建放于分割面板左侧的普通面板对象
❺      splitPane.setLeftComponent(leftPanel);                        //将普通面板对象添加到分割面板的左侧
        …//此处省略了部分代码
        final JPanel rightPanel = new JPanel();                       //创建放于分割面板右侧的普通面板对象
❻      splitPane.setRightComponent(rightPanel);                      //将普通面板对象添加到分割面板的右侧
```

代码贴士

❶ setOrientation(int orientation)：该方法用于设置分割面板的分割方向，默认为在水平方向分割，即 HORIZONTAL_SPLIT；如果希望在垂直方向分割，则需要设置为 VERTICAL_SPLIT。

❷ setDividerLocation(int location)：该方法用于设置分割条的显示位置，入口参数为针对分割面板的绝对位置；该方法拥有一个重载方法 setDividerLocation(double proportionalLocation)，用来以百分比的形式设置分割条的显示位置，proportionalLocation 为 0～1.0 的双精度浮点值。

❸ setDividerSize (int width)：该方法用于设置分割条的宽度，默认宽度为 5 像素。

❹ setOneTouchExpandable(boolean expandable)：该方法用于设置是否支持快速展开/折叠的分割条，默认为 false，即不支持。需要注意的是，有些外观可能不支持该功能。

❺ setLeftComponent(Component comp)：该方法用来将指定的组件设置到分割面板的左侧或上方，等同于方法 setTopComponent(Component comp)。

❻ setRightComponent(Component comp)：该方法用来将指定的组件设置到分割面板的右侧或下方，等同于方法 setBottomComponent(Component comp)。

图 4.18　系统提示区的时钟

在系统提示区提供了时钟的功能，如图 4.18 所示。

系统提示区的时钟是显示到标签组件上的。对标签组件的具体设置代码如下：

例程 11　代码位置：mr\04\DrinkeryManage\src\com\mwq\frame\TipWizardFrame.java

```
timeLabel = new JLabel();                                          //创建用于显示时间的标签对象
timeLabel.setFont(new Font("宋体", Font.BOLD, 14));                //设置标签中的文字为宋体、粗体、14 号
timeLabel.setForeground(new Color(255, 0, 0));                     //设置标签中的文字为红色
timeLabel.setHorizontalAlignment(SwingConstants.CENTER);           //设置标签中的文字居中显示
clueOnPanel.add(timeLabel);                                        //将标签添加到上级容器中
new Time().start();                                                //开启线程
```

下面在 TipWizardFrame 类中创建一个内部类 Time，该类继承了线程类 Thread，并重构了 run()方法，每隔一秒修改一次用于显示时间标签中的时间信息。关键代码如下：

例程 12　代码位置：mr\04\DrinkeryManage\src\com\mwq\frame\TipWizardFrame.java

```
class Time extends Thread {                                        //创建内部类
    public void run() {                                            //重构父类的方法
        while (true) {
            Date date = new Date();                                //创建日期对象
            timeLabel.setText(date.toString().substring(11, 19));  //获取当前时间，并显示到时间标签中
            try {
                Thread.sleep(1000);                                //令线程休眠 1 秒
            } catch (InterruptedException e) {
```

```
                    e.printStackTrace();
                }
            }
        }
}
```

4.7 用户登录窗口设计

用户登录窗口是每一个应用软件都不可缺少的部分，其主要功能是保证用户的数据安全；同时用户登录窗口也是用户看到的第一个系统界面。因此，一个设计优秀的用户登录窗口，将有效地提高用户对系统的第一印象。

用户登录窗口的设计优秀与否，主要包括以下几个方面。

☑ 美观大方。

☑ 简单易懂。

☑ 安全性高。

☑ 使用方便。

要使用户登录界面美观大方，就离不开对图片的使用，但是 JPanel 类并不支持绘制背景图片的功能，即将组件绘制到图片的上方，可以通过重写 JPanel 类的 paintComponent(Graphics g)方法，实现支持绘制背景图片的功能。关键代码如下：

例程 13　代码位置：mr\04\DrinkeryManage\src\com\mwq\mwing\MPanel.java

```
public class MPanel extends JPanel {
    private ImageIcon imageIcon;                                    //声明一个图片对象
    public MPanel(URL imgUrl) {
        super();                                                    //继承父类的构造方法
        setLayout(new GridBagLayout());                             //将布局管理器修改为网格组布局
        imageIcon = new ImageIcon(imgUrl);                          //根据传入的 URL 创建 ImageIcon 对象
        setSize(imageIcon.getIconWidth(), imageIcon.getIconHeight());//设置面板与图片等大
    }
    protected void paintComponent(Graphics g) {                     //重写 Jpanel 类的 paintComponent()方法
        super.paintComponent(g);                                    //调用 Jpanel 类的 paintComponent()方法
        Image image = imageIcon.getImage();                         //通过 ImageIcon 对象获得 Image 对象
        g.drawImage(image, 0, 0, null);                             //绘制 Image 对象，即将图片绘制到面板中
    }
}
```

利用通过继承 JPanel 类得到的 MPanel 类，就可以很方便地将图片设置为面板的背景图片了。这样，在设计用于用户登录界面的背景图片时，就可以将一些辅助信息设计到图片上，如图 4.19 所示就是为本系统的用户登录界面设计的背景图片。

利用图 4.19 所示图片作为用户登录界面的背景图片，在绘制用户登录界面时，就只需要利用代码绘制一个下拉列表框、一个密码框和 3 个按钮即可。绘制完成后的本系统登录界面效果如图 4.20 所示。

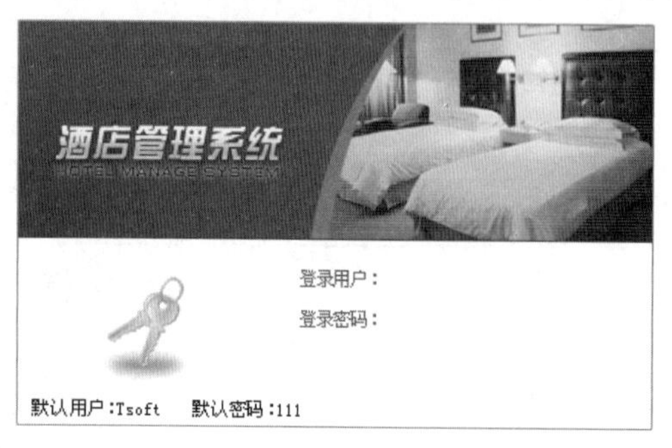

图 4.19　为用户登录界面设计的背景图片

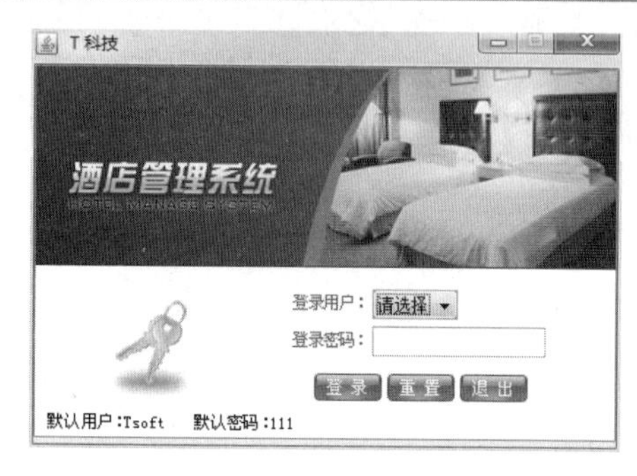

图 4.20　酒店管理系统用户登录界面

首先创建一个用于用户登录界面的窗体，为窗体设置标题、大小等信息，并将一个支持背景图片功能的面板添加到窗体中，背景图片即如图 4.18 所示的图片。关键代码如下：

例程 14　代码位置：mr\04\DrinkeryManage\src\com\mwq\frame\LandFrame.java

```
public class LandFrame extends JFrame {
    private JPasswordField passwordField;                       //密码框
    private JComboBox usernameComboBox;                         //用户名下拉列表框
    public LandFrame() {
        //首先设置窗口的相关信息
        super();                                                //调用父类的构造方法
        setTitle(" T  科技");                                    //设置窗口的标题
❶       setResizable(false);                                    //设置窗口不可以改变大小
❷       setAlwaysOnTop(true);                                   //设置窗口总在最前方
        setBounds(100, 100, 428, 292);                          //设置窗口的大小
❸       setDefaultCloseOperation(JFrame.EXIT_ON_CLOSE); //设置当关闭窗口时执行的动作
        //下面将创建一个面板对象并添加到窗口的容器中
        final MPanel panel = new MPanel(this.getClass().getResource(
                "/img/land_background.jpg"));                   //创建一个面板对象
        panel.setLayout(new GridBagLayout());                   //设置面板的布局管理器为网格组布局
        getContentPane().add(panel, BorderLayout.CENTER);       //将面板添加到窗体中
        …//此处省略了部分代码
    }
}
```

代码贴士

❶ setResizable(boolean resizable)：该方法用于设置窗口的大小是否可以调整，默认为 true，即在默认情况下可以调整；当设置为 false 时，窗口大小将不可以调整，并且最大化按钮将不可用。

❷ setAlwaysOnTop(boolean alwaysOnTop)：该方法用于设置窗口是否永远在屏幕的最前方，默认为 false；当设置为 true 时，窗口将永远在屏幕的最前方。

❸ setDefaultCloseOperation(int operation)：该方法用于设置当用户关闭此窗体时执行的操作。必须为以下 4 个静态常量之一：（1）DO_NOTHING_ON_CLOSE（常量值为 0）——不执行任何操作；（2）HIDE_ON_CLOSE（常量值为 1）——隐藏该窗体；（3）DISPOSE_ON_CLOSE（常量值为 2）——释放该窗体；（4）EXIT_ON_CLOSE（常量值为 3）——退出应用程序。默认值为静态常量 HIDE_ON_CLOSE。

下面将依次创建一个下拉列表框组件和一个密码框组件，并利用网格组布局管理器将它们添加到

背景面板中，分别用于选择登录用户和输入登录密码。关键代码如下：

例程 15　代码位置：mr\04\DrinkeryManage\src\com\mwq\frame\LandFrame.java

```
//创建并设置用户名下拉菜单
usernameComboBox = new JComboBox();                              //创建用户名下拉列表框组件对象
usernameComboBox.setMaximumRowCount(5);                          //设置下拉列表框最多可显示的选项数
usernameComboBox.addItem("请选择");                               //为下拉列表框添加提示项
usernameComboBox
        .addActionListener(new UsernameComboBoxActionListener());//为下拉列表框添加事件监听器
final GridBagConstraints gridBagConstraints = new GridBagConstraints(); //创建网格组布局管理器对象
gridBagConstraints.anchor = GridBagConstraints.WEST;             //设置为靠左侧显示
gridBagConstraints.gridy = 1;                                    //设置行索引为 1
gridBagConstraints.gridx = 2;                                    //设置列索引为 2
panel.add(usernameComboBox, gridBagConstraints);                 //将组件按指定的布局管理器添加到面板中
//创建并设置密码框
passwordField = new JPasswordField();                            //创建密码框组件对象
passwordField.setColumns(20);                                    //设置密码框可显示的字符数
passwordField.setText("      ");                                 //设置密码框默认显示 6 个空格
passwordField.addFocusListener(new PasswordFieldFocusListener()); //为密码框添加焦点监听器
final GridBagConstraints gridBagConstraints_1 = new GridBagConstraints(); //创建网格组布局管理器对象
gridBagConstraints_1.insets = new Insets(5, 0, 0, 0);            //设置组件外部上方的填充量为 5 像素
gridBagConstraints_1.anchor = GridBagConstraints.WEST;           //设置为靠左侧显示
gridBagConstraints_1.gridy = 2;                                  //设置行索引为 2
gridBagConstraints_1.gridx = 2;                                  //设置列索引为 2
panel.add(passwordField, gridBagConstraints_1);                  //将组件按指定的布局管理器添加到面板中
```

下面将创建一个用来显示按钮的面板，该面板的背景必须为透明的，否则将遮盖背景图片。该面板采用的布局管理器为水平箱布局，并且其占用网格组布局模式的两列。关键代码如下：

例程 16　代码位置：mr\04\DrinkeryManage\src\com\mwq\frame\LandFrame.java

```
//创建并设置一个用来添加 3 个按钮的面板
final JPanel buttonPanel = new JPanel();                         //创建一个用来添加按钮的面板
buttonPanel.setOpaque(false);                                    //设置面板的背景为透明
buttonPanel.setLayout(new BoxLayout(buttonPanel, BoxLayout.X_AXIS)); //设置面板采用水平箱布局
final GridBagConstraints gridBagConstraints_4 = new GridBagConstraints(); //创建网格组布局管理器对象
gridBagConstraints_4.insets = new Insets(10, 0, 0, 0);           //设置组件外部上方的填充量为 10 像素
gridBagConstraints_4.gridwidth = 2;                              //设置其占两列
gridBagConstraints_4.gridy = 3;                                  //设置行索引为 3
gridBagConstraints_4.gridx = 1;                                  //设置列索引为 1
panel.add(buttonPanel, gridBagConstraints_4);                    //将组件按指定的布局管理器添加到面板中
```

用来绘制“登录”“重置”“退出”按钮的代码基本相同，所以在这里只介绍用来绘制“登录”按钮的代码。因为按钮的显示内容均是通过图片实现的，所以在创建按钮对象时，建议不绘制按钮的边框，也不绘制按钮的内容区域，目的是使按钮变为透明，避免在按钮图片的四周出现不想要的绘制效果；并且建议将按钮边框和标签之间的间隔设置为 0。还可以为不同状态的按钮设置不同效果的图片，如图 4.21 所示为默认情况下按钮的效果，图 4.22 中的“登录”按钮则展示了当光标位于按钮上方时按

钮的效果，图 4.23 中的“登录”按钮则展示了当按钮被按下时的效果。

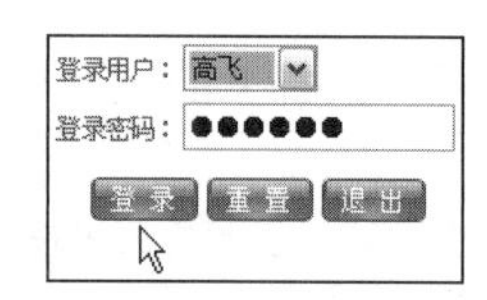

图 4.21　光标不在按钮上方

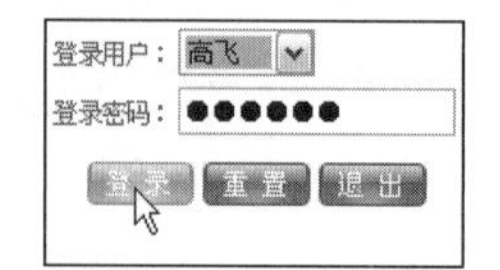

图 4.22　光标在按钮上方

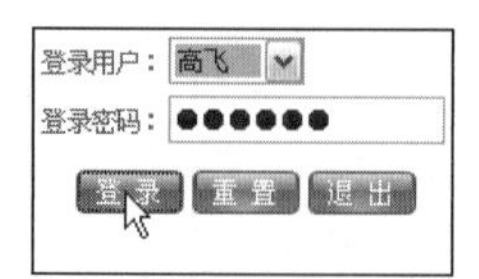

图 4.23　按钮被按下的瞬间

用来绘制“登录”按钮的关键代码如下：

例程 17　代码位置：mr\04\DrinkeryManage\src\com\mwq\frame\LandFrame.java

```
   final JButton landButton = new JButton();                      //创建“登录”按钮组件对象
❶ landButton.setMargin(new Insets(0, 0, 0, 0));                   //设置按钮边框和标签之间的间隔
❷ landButton.setContentAreaFilled(false);                         //设置不绘制按钮的内容区域
❸ landButton.setBorderPainted(false);                             //设置不绘制按钮的边框
   URL landUrl = this.getClass().getResource("/img/land_submit.png");
                                                                  //获得默认情况下“登录”按钮显示图片的 URL
❹ landButton.setIcon(new ImageIcon(landUrl));                     //设置默认情况下“登录”按钮显示的图片
   URL landOverUrl = this.getClass().getResource(
           "/img/land_submit_over.png");                          //获得当鼠标经过“登录”按钮时显示图片的 URL
❺ landButton.setRolloverIcon(new ImageIcon(landOverUrl)); //设置当鼠标经过“登录”按钮时显示的图片
   URL landPressedUrl = this.getClass().getResource(
           "/img/land_submit_pressed.png");                       //获得当“登录”按钮被按下时显示图片的 URL
❻ landButton.setPressedIcon(new ImageIcon(landPressedUrl));//设置当“登录”按钮被按下时显示的图片
   landButton.addActionListener(new LandButtonActionListener()); //为“登录”按钮添加事件监听器
   buttonPanel.add(landButton);                                   //将“登录”按钮添加到用来添加按钮的面板中
```

代码贴士

❶ setMargin(Insets m)：*该方法用于设置按钮边框和标签之间的间隔。该方法接受 Insets 类的实例，Insets 类仅提供了一个构造方法 Insets(int top, int left, int bottom, int right)，4 个入口参数依次为按钮上方、左侧、下方和右侧的间距。*

❷ setContentAreaFilled(boolean contentAreaFilled)：*该方法用于设置是否绘制按钮的内容区域，默认为 true，即默认为绘制；如果为按钮设置了图片，则在图片的四周可能出现灰色边框，所以在这里设置为不绘制。*

❸ setBorderPainted(boolean borderPainted)：*该方法用于设置是否绘制按钮的边框，默认为 true，即默认为绘制；如果为按钮设置了图片，则建议设置为 false，即不绘制按钮边框。*

❹ setIcon(Icon defaultIcon)：*该方法用于设置按钮在默认情况下显示的图片。*

❺ setRolloverIcon(Icon rolloverIcon)：*该方法用于设置当光标在按钮上方时显示的图片。*

❻ setPressedIcon(Icon pressedIcon)：*该方法用于设置当按钮被按下时显示的图片。*

当第一次使用本系统时，在数据库中将不存在系统管理员。在这种情况下，系统将提供一个默认用户，供用户登录后添加管理员，如图 4.24 所示。添加管理员后，将不再提供系统默认用户，如图 4.25 所示。

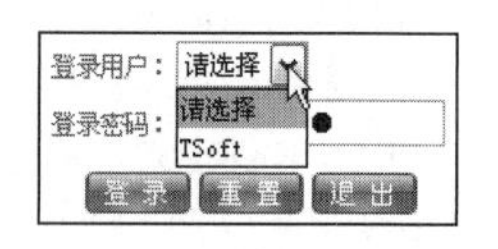

图 4.24　系统默认用户

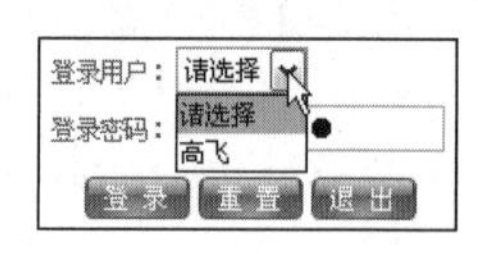

图 4.25　系统管理员

用户单击“登录”按钮后，系统将首先判断是否选择了登录用户，然后再判断是系统默认用户，还是系统管理员，最后验证登录密码，如果通过验证则登录成功，否则登录失败并弹出提示。“登录”按钮的关键代码如下：

例程 18　代码位置：mr\04\DrinkeryManage\src\com\mwq\frame\LandFrame.java

```
class LandButtonActionListener implements ActionListener {
    public void actionPerformed(ActionEvent e) {
        String username = usernameComboBox.getSelectedItem().toString();        //获得登录用户的名称
        if (username.equals("请选择")) {                                          //查看是否选择了登录用户
            JOptionPane.showMessageDialog(null, "请选择登录用户！", "友情提示",
                    JOptionPane.INFORMATION_MESSAGE);                            //弹出提示
            resetUsernameAndPassword();                                          //恢复登录用户和登录密码
        }
        char[] passwords = passwordField.getPassword();                          //获得登录用户的密码
        String inputPassword = turnCharsToString(passwords);                     //将密码从 char 型数组转换成字符串
        if (username.equals("TSoft")) {                                          //查看是否为默认用户登录
            if (inputPassword.equals("111")) {                                   //查看密码是否为默认密码
                land(null);                                                      //登录成功
                String infos[] = { "请立刻单击“用户管理”按钮添加用户！",
                        "添加用户后需要重新登录，本系统才能正常使用！" };               //组织提示信息
                JOptionPane.showMessageDialog(null, infos, "友情提示",
                        JOptionPane.INFORMATION_MESSAGE);                        //弹出提示
            } else {                                                             //密码错误
                JOptionPane.showMessageDialog(null, "默认用户“TSoft”的登录密码为“111”！",
                        "友情提示", JOptionPane.INFORMATION_MESSAGE);            //弹出提示
                passwordField.setText("111");                                    //将密码设置为默认密码
            }
        } else {
            if (inputPassword.length() == 0) {                                   //用户未输入登录密码
                JOptionPane.showMessageDialog(null, "请输入登录密码！", "友情提示",
                        JOptionPane.INFORMATION_MESSAGE);                        //弹出提示
                resetUsernameAndPassword();                                      //恢复登录用户和登录密码
            }
            Vector user = Dao.getInstance().sUserByName(username);              //查询登录用户
            String password = user.get(5).toString();                           //获得登录用户的密码
            if (inputPassword.equals(password)) {                               //查看登录密码是否正确
                land(user);                                                      //登录成功
            } else {                                                             //登录密码错误
                JOptionPane.showMessageDialog(null, "登录密码错误，请确认后重新登录！",
                        "友情提示", JOptionPane.INFORMATION_MESSAGE);            //弹出提示
                resetUsernameAndPassword();                                      //恢复登录用户和登录密码
            }
        }
    }
    private void resetUsernameAndPassword() {                                    //恢复登录用户和登录密码
        usernameComboBox.setSelectedIndex(0);                                    //恢复选中的登录用户为“请选择”项
        passwordField.setText("      ");                                         //恢复密码框的默认值为 6 个空格
        return;                                                                  //直接返回
    }
    private void land(Vector user) {                                             //登录成功
        TipWizardFrame tipWizard = new TipWizardFrame(user);                     //创建主窗体对象
        tipWizard.setVisible(true);                                              //设置主窗体可见
```

```
        setVisible(false);                                    //设置登录窗口不可见
    }
}
```

视频讲解

4.8 开台签单工作区设计

开台签单工作区是本系统最常用的工作区，所以需要将该工作区设计得更人性化和智能化。例如，在获取欲添加的菜品时，既可以通过菜品编号获得，又可以通过菜品助记码获得，并且默认菜品的数量为一个，因为这是最通用的。

4.8.1 开台签单工作区的功能概述

开台签单工作区的主要功能有开台、点菜、加菜、签单、查看开台信息和签单信息，开台签单工作区的效果如图 4.26 所示。

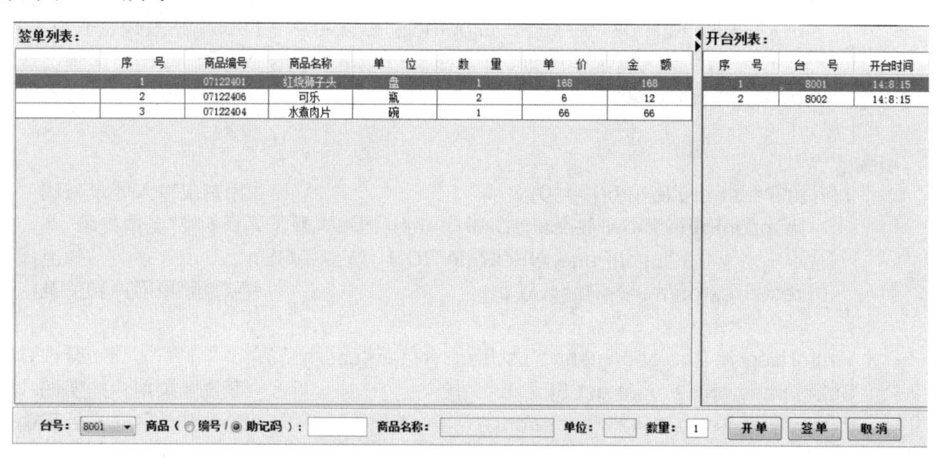

图 4.26 开台签单工作区效果

当顾客要求开台用餐时，首先在图 4.26 下方的“台号”下拉列表框中选择分配的餐台号，然后选择获取顾客点菜的方式，默认为通过助记码获取，也可以通过编号获取，这里假设以助记码获取。在输入商品助记码的过程中会在“商品名称”文本框中显示匹配商品的名称，并在“单位”文本框中显示该商品的销售单位。当在“商品名称”文本框中显示的为顾客所点的菜品时，如果点菜数量为 1，可以通过按 Enter 键将该菜品添加到“签单列表”中；如果需要修改数量，修改后则需要通过单击“开单”按钮添加到“签单列表”中。新点的菜品在表格的最前方会显示 NEW，在这种情况下可以选中后单击“取消”按钮取消该菜品。最后，在点菜结束后单击“签单”按钮，新点菜品前方的 NEW 会消失，在这种情况下将不允许取消，至此点菜完成。

如果顾客在用餐的过程中要求添加菜品，既可以在“台号”下拉列表框中选择要求添加菜品的餐台号后添加，也可以在“开台列表”中选择要求添加菜品的餐台号，因为它与“台号”下拉列表框是联动的，即当在“台号”下拉列表框中选择餐台号后，如果在“开台列表”中存在该台号，对应的行

也将被选中；如果更改“开台列表”中的选中行，在“台号”下拉列表框中也将更改为选中的餐台号。

4.8.2　开台签单工作区技术分析

在开发开台签单工作区时，为了使系统更人性化、智能化，要充分利用各种事件监听器。

例如为“台号”下拉列表框添加 ActionListener 监听器，用来捕获下拉列表框选项被改变的事件，目的是同步处理“开台列表”和“签单列表”中的信息；为“商品（编号/助记码）”文本框添加 KeyListener 监听器，用来捕获在该文本框中按键被释放的事件，目的是跟踪用户输入内容同步获取最接近的商品，尽量让用户输入最少的内容就能得到需要的商品；为“数量”文本框添加 FocusListener 监听器，用来捕获该文本框获得或失去焦点的事件，因为默认数量为 1，当获得焦点时将数量设置为空，用户在改变数量时就不用先删除默认数量 1 了，当失去焦点时，查看用户是否输入了数量，如果未输入，则恢复默认数量 1；为“开台列表”表格添加 MouseListener 监听器，用来捕获表格行被选中的事件，目的是同步处理“签单列表”和“台号”下拉列表框中的信息。

4.8.3　开台签单工作区实现过程

开台签单使用的主要数据表：tb_desk、tb_menu

（1）为“台号”下拉列表框添加事件监听器，用来处理开台或点菜的相关信息。如果选中的台号尚未开台（即新开台），则取消选择“开台列表”中的选中行，并清空“签单列表”中的所有行；如果选中的台号已经开台（即添加菜品），并且在“开台列表”中该台号未被选中，则选中“开台列表”中的该台号，并刷新“签单列表”中的菜品信息，即显示为当前选中台号所点的菜品。关键代码如下：

例程 19　代码位置：mr\04\DrinkeryManage\src\com\mwq\frame\TipWizardFrame.java

```
numComboBox.addActionListener(new ActionListener() {
    public void actionPerformed(ActionEvent e) {
❶       int rowCount = rightTable.getRowCount();                    //获得“开台列表”中的行数，即已开台数
        if (rowCount > 0) {                                          //已经有开台
❷           String selectedDeskNum = numComboBox.getSelectedItem()
                    .toString();                                     //获得“台号”下拉列表框中选中的台号
            int needSelectedRow = -1;                                //默认选中的台号未开台
            opened: for (int row = 0; row < rowCount; row++) {       //通过循环查看选中的台号是否已经开台
❸               String openedDeskNum = rightTable.getValueAt(row, 1).toString(); //获得已开台的台号
                if (selectedDeskNum.equals(openedDeskNum)) {//查看选中的台号是否已经开台
                    needSelectedRow = row;                           //选中的台号已经开台
                    break opened;                                    //跳出循环
                }
            }
            if (needSelectedRow == -1) {                             //选中的台号尚未开台，即新开台
❹               rightTable.clearSelection();                         //取消选择“开台列表”中的选中行
                leftTableValueV.removeAllElements();                 //清空“签单列表”中的所有行
❺               leftTableModel.setDataVector(leftTableValueV, leftTableColumnV);//刷新“签单列表”
            } else {                                                 //选中的台号已经开台，即添加菜品
                if (needSelectedRow != rightTable.getSelectedRow()) {
```

```
                        //“台号”下拉列表框中选中的台号在“开台列表”中未被选中
                        rightTable.setRowSelectionInterval(needSelectedRow);//在“开台列表”中选中该台号
                        leftTableValueV.removeAllElements();          //清空“签单列表”中的所有行
                        leftTableValueV.addAll(menuOfDeskV
                                .get(needSelectedRow)); //将选中台号的签单列表添加到“签单列表”中
                        leftTableModel.setDataVector(leftTableValueV, leftTableColumnV);//刷新“签单列表”
                        leftTable.setRowSelectionInterval(0);         //选中“签单列表”中的第一行
                    }
                }
            }
        }
});
```

代码贴士

❶ getRowCount()：该方法用于获取表格中拥有记录的行数，返回值为 int 型。

❷ getSelectedItem()：该方法用于获取下拉列表框中被选中的项目对象，返回值为 Object 型。

❸ getValueAt(int row, int column)：该方法用于获取指定单元格的值。需要注意的是，表格的行和列的索引均从 0 开始，返回值为 Object 型。

❹ clearSelection()：该方法用于取消选择当前表格中所有被选中的行。

❺ setDataVector(Vector dataVector, Vector columnIdentifiers)：该方法用于重新设置表格的列名和行数据。需要注意的是，第一个参数为用来封装表格行数据的向量，第二个参数为用来封装表格列名的向量。

（2）开发智能获取点菜功能，通过为文本框添加键盘事件监听器实现。当按 Enter 键时，等同于单击“开单”按钮，执行开单操作，将在后面详细讲解具体操作过程；如果按的不是 Enter 键，则获取输入的内容，同时判断输入的是商品编号，还是商品助记码，并按指定条件查询所有符合条件的菜品，如果存在符合条件的菜品，则获取第一个符合条件的菜品，并显示菜品名称和单位，否则将菜品名称和单位设置为空。关键代码如下：

例程 20 代码位置：mr\04\DrinkeryManage\src\com\mwq\frame\TipWizardFrame.java

```
codeTextField.addKeyListener(new KeyAdapter() {
❶   public void keyReleased(KeyEvent e) {                    //通过键盘监听器实现智能获取菜品
❷       if (e.getKeyCode() == KeyEvent.VK_ENTER) {           //按下 Enter 键
            makeOutAnInvoice();                              //开单
        } else {
            String input = codeTextField.getText().trim();   //获得输入内容
            Vector vector = null;                            //符合条件的菜品集合
            if (input.length() > 0) {                        //输入内容不为空
❸               if (codeRadioButton.isSelected()) {          //按助记码查询
                    vector = dao.sMenuByCode(input);         //查询符合条件的菜品
                    if (vector.size() > 0)                   //存在符合条件的菜品
                        vector = (Vector) vector.get(0);     //获得第一个符合条件的菜品
                    else                                     //不存在符合条件的菜品
                        vector = null;
                } else {                                     //按编号查询
                    vector = dao.sMenuById(input);           //查询符合条件的菜品
                    if (vector.size() > 0)                   //存在符合条件的菜品
                        vector = (Vector) vector.get(0);     //获得第一个符合条件的菜品
```

```
                    else                                            //不存在符合条件的菜品
                        vector = null;
                }
            }
            if (vector == null) {                                   //不存在符合条件的菜品
                nameTextField.setText(null);                        //设置“商品名称”文本框为空
                unitTextField.setText(null);                        //设置“单位”文本框为空
            } else {                                                //存在符合条件的菜品
                nameTextField.setText(vector.get(3).toString());    //设置为符合条件的菜品名称
                unitTextField.setText(vector.get(5).toString());    //设置为符合条件的菜品单位
            }
        }
    }
});
```

代码贴士

❶ keyReleased()：当释放键盘中的按键后会触发该方法。

❷ getKeyCode()：该方法将返回一个 int 型值，该 int 型值代表触发此次事件的按键；静态常量 VK_ENTER 代表 Enter 键。

❸ isSelected()：该方法用来查看单选按钮是否处于选中状态，如果被选中则返回 true，否则返回 false。

下面的代码将实现一个智能化的用来填写数量的文本框，默认数量为 1，当文本框获得焦点时，自动将文本框设置为空；当文本框失去焦点时，将查看文本框是否输入了内容，如果未输入内容，则仍设置为默认数量 1。关键代码如下：

例程 21　代码位置：mr\04\DrinkeryManage\src\com\mwq\frame\TipWizardFrame.java

```
amountTextField = new JTextField();                             //创建“数量”文本框
amountTextField.addFocusListener(new FocusListener() {
❶  public void focusGained(FocusEvent e) {                      //当文本框获得焦点时执行
        amountTextField.setText(null);                          //设置“数量”文本框为空
    }
❷  public void focusLost(FocusEvent e) {                        //当文本框失去焦点时执行
        String amount = amountTextField.getText().trim();       //获得输入的数量
        if (amount.length() == 0)                               //未输入数量
            amountTextField.setText("1");                       //恢复为默认数量 1
    }
});
amountTextField.setText("1");                                   //默认数量为 1
```

代码贴士

❶ focusGained(FocusEvent e)：当被监听的组件对象获得焦点时将触发该方法。

❷ focusLost(FocusEvent e)：当被监听的组件对象失去焦点时将触发该方法。

如果在输入商品编号或助记码时按下 Enter 键，或者单击“开单”按钮，将执行开台点菜操作。如果是新开台点菜，则需要先处理开台信息，即在“开台列表”中添加新开台的信息，然后再处理点菜信息，即在“签单列表”中添加新点菜的信息；如果是为已开台添加菜品，则直接处理点菜信息。关键代码如下：

例程 22　代码位置：mr\04\DrinkeryManage\src\com\mwq\frame\TipWizardFrame.java

```
private void makeOutAnInvoice() {
    String deskNum = numComboBox.getSelectedItem().toString();  //获得台号
    String menuName = nameTextField.getText();                  //获得商品名称
    String menuAmount = amountTextField.getText();              //获得数量
    if (deskNum.equals("请选择")) {                              //验证是否已经选择台号
        JOptionPane.showMessageDialog(null, "请选择台号！", "友情提示",
                JOptionPane.INFORMATION_MESSAGE);
        return;
    }
    if (menuName.length() == 0) {                               //验证是否已经确定商品
        JOptionPane.showMessageDialog(null, "请录入商品名称！", "友情提示",
                JOptionPane.INFORMATION_MESSAGE);
        return;
    }
    if (!Validate.execute("[1-9]{1}([0-9]{0,1})", menuAmount)) {  //验证数量是否有效，数量必须在 1～99 之间
        String info[] = new String[] { "您输入的数量错误！", "数量必须在 1-99 之间！" };
        JOptionPane.showMessageDialog(null, info, "友情提示", JOptionPane.INFORMATION_MESSAGE);
        return;
    }
    //处理开台信息
    int rightSelectedRow = rightTable.getSelectedRow();          //获得被选中的台号
    int leftRowCount = 0;                                        //默认点菜数量为 0
    if (rightSelectedRow == -1) {                                //没有被选中的台号，即新开台
        rightSelectedRow = rightTable.getRowCount();             //被选中的台号为新开的台
        Vector deskV = new Vector();                             //创建一个代表新开台的向量对象
        deskV.add(rightSelectedRow + 1);                         //添加开台序号
        deskV.add(deskNum);                                      //添加开台号
        deskV.add(Today.getTime());                              //添加开台时间
        rightTableModel.addRow(deskV);                           //将开台信息添加到“开台列表”中
        rightTable.setRowSelectionInterval(rightSelectedRow);    //选中新开的台
        menuOfDeskV.add(new Vector());                           //添加一个对应的签单列表
    } else {                                                     //选中的台号已经开台，即添加菜品
        leftRowCount = leftTable.getRowCount();                  //获得已点菜的数量
    }
    //处理点菜信息
    Vector vector = dao.sMenuByName(menuName);                   //获得被点菜品
    int amount = Integer.valueOf(menuAmount);                    //将菜品数量转为 int 型
    int unitPrice = Integer.valueOf(vector.get(5).toString());   //将菜品单价转为 int 型
    int money = unitPrice * amount;                              //计算菜品消费额
    Vector<Object> menuV = new Vector<Object>();                 //创建一个代表新点菜的向量对象
    menuV.add("NEW");                                            //添加新点菜标记
    menuV.add(leftRowCount + 1);                                 //添加点菜序号
    menuV.add(vector.get(0));                                    //添加菜品编号
    menuV.add(menuName);                                         //添加菜品名称
    menuV.add(vector.get(4));                                    //添加菜品单位
    menuV.add(amount);                                           //添加菜品数量
    menuV.add(unitPrice);                                        //添加菜品单价
```

```
        menuV.add(money);                                       //添加菜品消费额
        leftTableModel.addRow(menuV);                           //将点菜信息添加到“签单列表”中
        leftTable.setRowSelectionInterval(leftRowCount);        //将新点菜设置为选中行
        menuOfDeskV.get(rightSelectedRow).add(menuV);           //将新点菜信息添加到对应的签单列表
}
```

在新添加菜品的前方会有一个 NEW 标记，确定点菜结束后单击“签单”按钮，将取消所有新添加菜品前方的 NEW 标记。在未取消 NEW 标记的情况下可以选中后单击“取消”按钮取消该菜品，如果该餐台只点了该菜品，取消该菜品后将同时取消该餐台的开台信息；如果该餐台已经点了其他菜品，并且取消的不是最后点的菜品，还需要修改所点菜品的序号。关键代码如下：

例程 23　代码位置：mr\04\DrinkeryManage\src\com\mwq\frame\TipWizardFrame.java

```
String NEW = leftTable.getValueAt(lSelectedRow, 0).toString();        //获得选中菜品的新点菜标记
if (NEW.equals("")) {                                                  //没有新点菜标记，不允许取消
    JOptionPane.showMessageDialog(null, "很抱歉，该商品已经不能取消！",
            "友情提示", JOptionPane.INFORMATION_MESSAGE);
    return;
} else {
    int rSelectedRow = rightTable.getSelectedRow();     //获得“开台列表”中的选中行，即取消菜品的台号
    int i = JOptionPane.showConfirmDialog(null, "确定要取消“" + rightTable.getValueAt(rSelectedRow, 1)
            + "”中的商品“" + leftTable.getValueAt(lSelectedRow, 3) + "”？",
            "友情提示", JOptionPane.YES_NO_OPTION);                   //弹出提示信息确认是否取消
    if (i == 0) {                                                      //确认取消
        leftTableModel.removeRow(lSelectedRow);                        //从“签单列表”中取消菜品
        int rowCount = leftTable.getRowCount();                        //获得取消后的点菜数量
        if (rowCount == 0) {                                           //未点任何菜品
            rightTableModel.removeRow(rSelectedRow);                   //取消开台
            menuOfDeskV.remove(rSelectedRow);                          //移除签单列表
        } else {
            if (lSelectedRow == rowCount) {                            //取消菜品为最后一个
                lSelectedRow -= 1;                                     //设置最后一个菜品为选中的
            } else {                                                   //取消菜品不是最后一个
                Vector<Vector<Object>> menus = menuOfDeskV.get(rSelectedRow);
                for (int row = lSelectedRow; row < rowCount; row++) {       //修改点菜序号
                    leftTable.setValueAt(row + 1, row, 1);
                    menus.get(row).set(1, row + 1);
                }
            }
            leftTable.setRowSelectionInterval(lSelectedRow);    //设置选中行
        }
    }
}
```

当用户要求添加菜品时，可以在“台号”下拉列表框中选择要求添加菜品的台号，也可以在“开台列表”中选择要求添加菜品的台号，在这里选择后将同步选中“台号”下拉列表框中的相应台号。关键代码如下：

例程 24　代码位置：mr\04\DrinkeryManage\src\com\mwq\frame\TipWizardFrame.java

```
rightTable.addMouseListener(new MouseAdapter() {
❶    public void mouseClicked(MouseEvent e) {
          int rSelectedRow = rightTable.getSelectedRow();                    //获得“开台列表”中的选中行
          leftTableValueV.removeAllElements();                               //清空“签单列表”中的所有行
          leftTableValueV.addAll(menuOfDeskV.get(rSelectedRow));//将选中台号的签单列表添加到“签单列表”中
          leftTableModel.setDataVector(leftTableValueV, leftTableColumnV);   //刷新“签单列表”
          leftTable.setRowSelectionInterval(0);                              //选中“签单列表”中的第一行
          //同步选中“台号”下拉菜单中的相应台号
❷         numComboBox.setSelectedItem(rightTable.getValueAt(rSelectedRow, 1));
     }
});
```

代码贴士

❶ mouseClicked(MouseEvent e)：当鼠标按键被按下并且在原地释放时触发该方法；假设为 JTable 表格添加该监听器，如果是在第一行上方按下鼠标按键，但是并不立即释放，而是等移动到其他行再释放被按下的鼠标按键，将不会触发该方法。

❷ setSelectedItem(Object selectedItem)：该方法用来设置下拉列表框中被选中的选项。

4.8.4　单元测试

在测试快速获取商品功能时，输入部分助记码后再输入一个空格，在“商品名称”文本框中仍然显示输入空格之前的商品名称，如图 4.27 所示。

台号：8001　商品（○编号/◉助记码）：hsszt　商品名称：红烧狮子头　单位：盘　数量：1

图 4.27　输入空格后的效果

这其中有两个小错误，一个错误是输入空格后就不应该显示原来的商品名称，这是因为在获取输入内容时去掉了首尾空格。关键代码如下：

例程 25　代码位置：mr\04\DrinkeryManage\src\com\mwq\frame\TipWizardFrame.java

```
String input = codeTextField.getText().trim();                          //获取输入内容
```

另一个错误是该文本框就不应该允许输入空格，解决了这个错误，上面的小错误也就自然解决了。而且建议将去掉首尾空格的代码删除，这样对提升软件性能也是有好处的。这也是一个良好的编码习惯，就是应该尽量避免编写没有必要的代码。

如果想令文本框不允许输入空格，可以通过重载 KeyListener 类的 keyTyped(KeyEvent e)方法实现，通过该方法的入口参数 e 的 getKeyChar()方法可以得到此次输入的字符，如果为空格则通过 consume()方法销毁此次事件。关键代码如下：

例程 26　代码位置：mr\04\DrinkeryManage\src\com\mwq\frame\TipWizardFrame.java

```
public void keyTyped(KeyEvent e) {
     if (e.getKeyChar() == ' ')                                          //判断用户输入的是否为空格
          e.consume();                                                   //如果是空格则销毁此次按键事件
}
```

同样，对“数量”文本框也可以采用这种办法控制用户输入的内容，并且可以控制输入数量的最大位数和不允许输入的第一位为 0。关键代码如下：

例程 27　代码位置：mr\04\DrinkeryManage\src\com\mwq\frame\TipWizardFrame.java

```
amountTextField.addKeyListener(new KeyAdapter() {
    public void keyTyped(KeyEvent e) {
        int length = amountTextField.getText().length(); //获取当前数量的位数
        if (length < 2) {//位数小于两位
            String num = (length == 0 ? "123456789" : "0123456789"); //将允许输入的字符定义成字符串
            if (num.indexOf(e.getKeyChar()) < 0)        //查看按键字符是否包含在允许输入的字符中
                e.consume();                            //如果不包含在允许输入的字符中则销毁此次按键事件
        } else {
            e.consume();                                //如果不小于数量允许的最大位数则销毁此次按键事件
        }
    }
});
```

4.9　自动结账工作区设计

4.9.1　自动结账工作区功能概述

自动结账工作区有两个主要功能，一个功能是自动计算当前选中餐台的消费金额，例如选中餐台“8001”，如图 4.28 所示，在自动结账工作区将显示该餐台的消费金额，如图 4.29 所示。

另一个功能是在结账时自动计算找零金额。用户输入“实收金额”后单击“结账”按钮，系统将自动计算出需要找零的金额，并弹出一个结账完成的提示框，如图 4.30 所示。

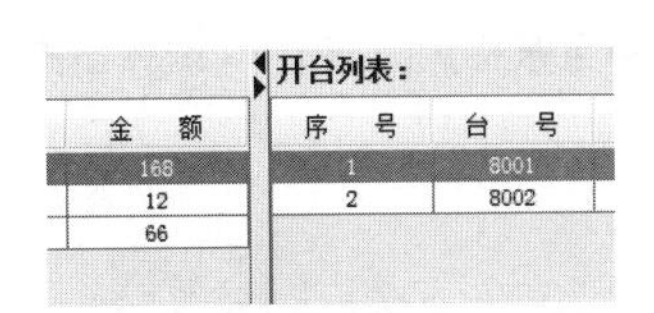

图 4.28　选中的台号为“8001”

图 4.29　“8001”的消费金额

图 4.30　结账

4.9.2　自动结账工作区技术分析

如果要实现自动计算当前选中餐台消费金额的功能，就要随时监控“签单列表”中内容的变化。例如添加或取消菜品，或者是 “开台列表”中的选中行发生了改变，都将导致“签单列表”中的内容发生改变。如果希望随时监控表格中内容的变化，可通过为表格模型添加 TableModelListener 监听器实现，无论是向表格模型中添加行，还是从表格模型中移除行，以及修改表格中某一单元格的值，都将触发该事件。

4.9.3 自动结账工作区实现过程

自动结账使用的主要数据表：tb_order_form、tb_order_item

自动结账工作区的开发步骤如下。

（1）实现自动计算当前选中餐台消费金额的功能，即为与“签单列表”对应的表格模型添加一个 TableModelListener 监听器，在监听器中通过循环重新计算该餐台的消费金额，并更新“消费金额”文本框。关键代码如下：

例程 28 代码位置：mr\04\DrinkeryManage\src\com\mwq\frame\TipWizardFrame.java

```
leftTableModel.addTableModelListener(new TableModelListener() {
    public void tableChanged(TableModelEvent e) {                 //通过表格模型监听器实现自动结账
        int rowCount = leftTable.getRowCount();                   //获得“签单列表”中的行数
        float expenditure = 0.0f;                                 //默认消费 0 元
        for (int row = 0; row < rowCount; row++) {                //通过循环计算消费金额
            expenditure += Float.valueOf(leftTable.getValueAt(row, 7).toString());//累加消费金额
        }
        expenditureTextField.setText(expenditure + "0");          //更新“消费金额”文本框
    }
});
```

（2）实现结账功能。在结账前首先要判断是否有未签单的菜品，如果有则弹出提示信息，如果没有则获得消费金额和实收金额；然后判断实收金额是否小于消费金额，如果小于同样弹出提示，否则进行结账操作，将消费信息持久化到数据库，并弹出结账完成的提示框；最后将“实收金额”和“找零金额”文本框设置为默认值。关键代码如下：

例程 29 代码位置：mr\04\DrinkeryManage\src\com\mwq\frame\TipWizardFrame.java

```
int rowCount = leftTable.getRowCount();                           //获得结账餐台的点菜数量
String NEW = leftTable.getValueAt(rowCount - 1, 0).toString();   //获得最后点菜的标记
if (NEW.equals("NEW")) {                                          //如果最后点菜被标记为 NEW，则弹出提示
    JOptionPane.showMessageDialog(null, "请先确定未签单商品的处理方式！",
            "友情提示", JOptionPane.INFORMATION_MESSAGE);
} else {
    float expenditure = Float.valueOf(expenditureTextField.getText());        //获得消费金额
    float realWages = Float.valueOf(realWagesTextField.getText());            //获得实收金额
    if (realWages < expenditure) {                                //如果实收金额小于消费金额，则弹出提示
        JOptionPane.showMessageDialog(null, "请输入实收金额！",
                "友情提示", JOptionPane.INFORMATION_MESSAGE);
❶       realWagesTextField.requestFocus();                        //令“实收金额”文本框获得焦点
    } else {
        changeTextField.setText(realWages – expenditure + "0"); //计算并设置找零金额
        String[] values = {getNum(), rightTable.getValueAt(selectedRow, 1).toString(),
                Today.getDate() + " " + rightTable.getValueAt(selectedRow, 2),
                expenditureTextField.getText(), user.get(0).toString() };     //组织消费单信息
        dao.iOrderForm(values);                                   //持久化到数据库
```

```
            values[0] = dao.sOrderFormOfMaxId();                    //获得消费单编号
            for (int i = 0; i < rowCount; i++) {                    //通过循环获得各个消费项目的信息
                values[1] = leftTable.getValueAt(i, 2).toString(); //获得商品编号
                values[2] = leftTable.getValueAt(i, 5).toString(); //获得商品数量
                values[3] = leftTable.getValueAt(i, 7).toString(); //获得商品消费金额
                dao.iOrderItem(values);                              //持久化到数据库
            }
            JOptionPane.showMessageDialog(null, rightTable
                    .getValueAt(selectedRow, 1) + "结账完成！", "友情提示",
                    JOptionPane.INFORMATION_MESSAGE); //弹出结账完成提示
❷           rightTableModel.removeRow(selectedRow);             //从“开台列表”中取消开台
            leftTableValueV.removeAllElements();                     //清空“签单列表”
            leftTableModel.setDataVector(leftTableValueV, leftTableColumnV);       //刷新“签单列表”
            realWagesTextField.setText("0.00");                      //清空“实收金额”文本框
            changeTextField.setText("0.00");                         //清空“找零金额”文本框
            menuOfDeskV.remove(selectedRow);                         //从“签单列表”集合中移除已结账的签单列表
        }
    }
```

代码贴士

❶ requestFocus()：该方法用来为调用的组件对象请求获得焦点。

❷ removeRow(int rowIndex)：该方法用来从表格中移除指定行索引所代表的行。

4.10　结账报表工作区设计

4.10.1　结账报表工作区功能概述

本系统提供了 3 种方式的结账报表，分别是日结账报表、月结账报表和年结账报表，在结账报表工作区只提供了打开这 3 种结账报表功能的按钮，如图 4.31 所示。

日结账报表功能提供了对一日营业情况的统计，包括日开台数量、各个餐台的消费金额、菜品的消费情况、各个菜品的日销售情况，以及日营业额等，如图 4.32 所示。

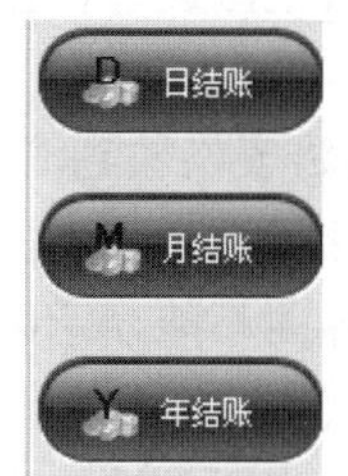

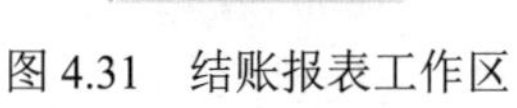

图 4.31　结账报表工作区

日结账

2017 年 11 月 22 日　确定

编号	台号	开台时间	消费金额	红烧狮子头	虾兵蟹将	雪盖火焰山	水煮肉片	纯水	可乐
20171122001	8001	13:45:28	180	1	--	--	--	--	2
20171122002	8001	14:08:15	246	1	--	--	1	--	2
20171122003	8001	14:12:58	374	1	1	--	1	--	2
总计	--	--	800	3	1	0	2	0	6

图 4.32　日结账报表

月结账报表功能提供了对一个月营业情况的统计，包括日开台总数、日总营业额、日开台的平均消费额、日开台的最大和最小消费额，以及当月的总开台数、月总营业额，以及一个月中的日平均营业额、一个月中开台的最大和最小消费额，如图 4.33 所示。

月结账

2017 年 11 月 确定

日期	开台总数	消费总额	平均消费额	最大消费额	最小消费额
18	--	--	--	--	--
19	--	--	--	--	--
20	--	--	--	--	--
21	--	--	--	--	--
22	3	800	266	374	180
23	--	--	--	--	--
24	--	--	--	--	--
25	--	--	--	--	--
26	--	--	--	--	--
27	--	--	--	--	--
28	--	--	--	--	--
29	--	--	--	--	--
30	--	--	--	--	--
总计	3	800	266	374	180

图 4.33　月结账报表

年结账报表功能提供了对一年营业情况的统计，包括一年中每天的营业额，每月的营业额、每月同一日期的总营业额，以及一年的营业额，如图 4.34 所示。

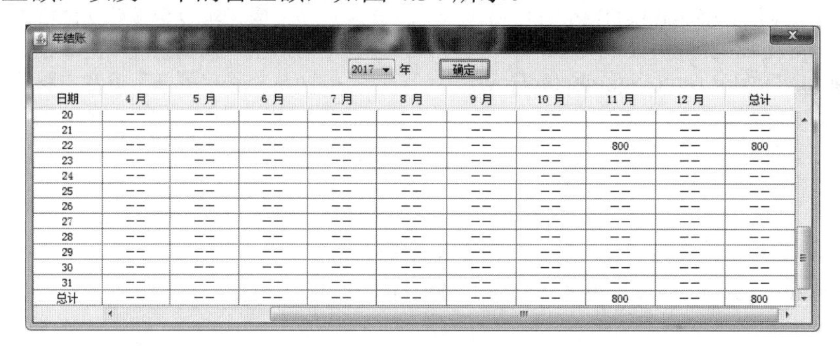

年结账

2017 年 确定

日期	4 月	5 月	6 月	7 月	8 月	9 月	10 月	11 月	12 月	总计
20	--	--	--	--	--	--	--	--	--	--
21	--	--	--	--	--	--	--	--	--	--
22	--	--	--	--	--	--	--	800	--	800
23	--	--	--	--	--	--	--	--	--	--
24	--	--	--	--	--	--	--	--	--	--
25	--	--	--	--	--	--	--	--	--	--
26	--	--	--	--	--	--	--	--	--	--
27	--	--	--	--	--	--	--	--	--	--
28	--	--	--	--	--	--	--	--	--	--
29	--	--	--	--	--	--	--	--	--	--
30	--	--	--	--	--	--	--	--	--	--
31	--	--	--	--	--	--	--	--	--	--
总计	--	--	--	--	--	--	--	800	--	800

图 4.34　年结账报表

4.10.2　结账报表工作区技术分析

在实现结账报表功能时，有以下两个技术要点。

☑ 对日期有效性的控制。例如，在实现日结账功能时，如果用户修改了统计日期的年度和月份，都要影响到日下拉列表框中的可选项，包括大月（31 天）和小月（30 天）的变化，以及 2 月份在平年（28 天）和闰年（29 天）的变化，如果不能正确处理这些变化，将导致系统无法正常运行。其实在实现月结账报表和年结账报表时也会涉及这个问题，只是在系统界面上不会明显地体会到。解决该问题的大体思路是通过为年度和月份下拉列表框添加事件监听器，实现对日下拉列表框可选项的控制。

☑ 对统计表格的控制。当系统界面不能显示出所有统计记录时，只需要将表格放到滚动面板中，这个办法对系统界面不能显示出统计记录的所有行很有效，因为在移动垂直滚动条时，表格的列名并不会随之滚动，即表格的列名是永远可见的；但是当系统界面不能显示出统计记录的所有列时，这个办法就不是很好了。因为在移动水平滚动条时，表格的所有列都会随之滚动，导致最左侧的一列或几列不可见，而表格最左侧的一列或者是几列通常情况下也希望是永远可见的，即不会随着滚动条的移动而滚动。解决该问题的大体思路是实现两个表格，一个表格用来显示最左侧希望永远可见的一列或几列，另一个表格用来显示其他列，然后将两个表格并列显示。

4.10.3 结账报表工作区实现过程

结账报表使用的主要数据表：tb_order_form、tb_order_item

首先解决在实现结账报表功能时日期的有效性问题，需要定义一个数组，用来存放各个月份拥有的天数，默认 2 月份为 28 天。为了方便使用，将月份与数组的索引一一对应，即不使用数组索引为 1 的位置。关键代码如下：

例程 30 代码位置：mr\04\DrinkeryManage\src\com\mwq\check_out\DayDialog.java

```
private int daysOfMonth[] = { 0, 31, 28, 31, 30, 31, 30, 31, 31, 30, 31, 30, 31 };
```

下面为年度下拉列表框添加事件监听器。首先获得选中的年度，并判断是平年还是闰年，以确定 2 月份的天数，即修改例程 30 中索引为 2 的值，如果为平年则修改为 28，为闰年则修改为 29；然后获得当前选中的月份，如果当前选中的是 2 月份，则继续获得日下拉列表框拥有可选项的数量，如果日下拉列表框拥有可选项的数量不等于例程 30 中索引为 2 的值，当日下拉列表框拥有可选项的数量为 28 时，则为日下拉列表框添加一个可选项“29”，否则从日下拉列表框中移除可选项“29”。关键代码如下：

例程 31 代码位置：mr\04\DrinkeryManage\src\com\mwq\check_out\DayDialog.java

```
yearComboBox.addActionListener(new ActionListener() {
    public void actionPerformed(ActionEvent e) {
        int year = (Integer) yearComboBox.getSelectedItem();          //获得选中的年度
        judgeLeapYear(year);                                          //判断是否为闰年，以确定 2 月份的天数
        int month = (Integer) monthComboBox.getSelectedItem();        //获得选中的月份
        if (month == 2) {                                             //如果选中的是 2 月
❶           int itemCount = dayComboBox.getItemCount();               //获得日下拉列表框当前的天数
            if (itemCount != daysOfMonth[2]) {              //如果日下拉列表框当前的天数不等于 2 月份的天数
                if (itemCount == 28)                                  //如果日下拉列表框当前的天数为 28 天
❷                   dayComboBox.addItem(29);                          //则添加为 29 天
                else                                                  //否则日下拉列表框当前的天数则为 29 天
❸                   dayComboBox.removeItem(29);                       //则减少为 28 天
            }
        }
    }
});
```

代码贴士

❶ getItemCount()：该方法用来获得下拉列表框拥有选项的数量。

❷ addItem(Object item)：该方法用来向下拉列表框中添加指定选项。

❸ removeItem(Object item)：该方法用来从下拉列表框中移除指定选项。

下面为月份下拉列表框添加事件监听器。首先获得选中的月份，并获得日下拉列表框拥有可选项的数量。如果日下拉列表框拥有可选项的数量不等于当前选中月份拥有的天数，当日下拉列表框拥有

可选项的数量大于当前选中月份拥有的天数时，则移除日下拉列表框中最大的可选项，并将日下拉列表框拥有可选项的数量减 1；否则将日下拉列表框拥有可选项的数量加 1，并添加到日下拉列表框的可选项中。关键代码如下：

例程 32　代码位置：mr\04\DrinkeryManage\src\com\mwq\check_out\DayDialog.java

```
monthComboBox.addActionListener(new ActionListener() {
    public void actionPerformed(ActionEvent e) {
        int month = (Integer) monthComboBox.getSelectedItem(); //获得选中的月份
        int itemCount = dayComboBox.getItemCount();            //获得日下拉列表框当前的天数
        while (itemCount != daysOfMonth[month]) {      //如果日下拉列表框当前的天数不等于选中月份的天数
            if (itemCount > daysOfMonth[month]) {              //如果大于选中月份的天数
                dayComboBox.removeItem(itemCount);             //则移除最后一个可选项
                itemCount--;                                   //并将日下拉列表框当前的天数减 1
            } else {                                           //否则小于选中月份的天数
                itemCount++;                                   //将日下拉列表框当前的天数加 1
                dayComboBox.addItem(itemCount);                //并添加为可选项
            }
        }
    }
});
```

通过年度和月份下拉列表框的事件监听器对日下拉列表框可选项的控制，无论选择哪一年或哪一月，日下拉列表框提供的日期可选项都是一个有效的日期。

下面解决当系统界面不能显示出统计记录的所有列时，移动滚动条导致最左侧的一列或几列不可见的问题。首先通过实现抽象类 AbstractTableModel，编写一个用来创建固定列表格模型的类 FixedColumnTableModel。关键代码如下：

例程 33　代码位置：mr\04\DrinkeryManage\src\com\mwq\mwing\FixedColumnTablePanel.java

```
class FixedColumnTableModel extends AbstractTableModel {
    public int getColumnCount() {                                   //返回固定列的数量
        return fixedColumn;
    }
    public int getRowCount() {                                      //返回行数
        return tableValueV.size();
    }
    public Object getValueAt(int rowIndex, int columnIndex) {       //返回指定单元格的值
        return tableValueV.get(rowIndex).get(columnIndex);
    }
    public String getColumnName(int columnIndex) {                  //返回指定列的名称
        return tableColumnV.get(columnIndex);
    }
}
```

然后再通过实现抽象类 AbstractTableModel，编写一个用来创建移动列表格模型的类 FloatingColumn TableModel。关键代码如下：

例程 34　代码位置：mr\04\DrinkeryManage\src\com\mwq\mwing\FixedColumnTablePanel.java

```
class FloatingColumnTableModel extends AbstractTableModel {
    public int getColumnCount() {                                  //返回移动列的数量
        return tableColumnV.size() - fixedColumn;                  //需要扣除固定列的数量
    }
    public int getRowCount() {                                     //返回行数
        return tableValueV.size();
    }
    public Object getValueAt(int rowIndex, int columnIndex) {      //返回指定单元格的值
        return tableValueV.get(rowIndex).get(columnIndex + fixedColumn);//需要为列索引加上固定列的数量
    }
    public String getColumnName(int columnIndex) {                 //返回指定列的名称
        return tableColumnV.get(columnIndex + fixedColumn);        //需要为列索引加上固定列的数量
    }
}
```

注意　在例程 34 中，在处理与表格列有关的信息时，均需要在表格总列数的基础上减去固定列的数量。

下面通过实现接口 ListSelectionListener，编写一个用来同步两个表格中的选中行的事件监听器类 MListSelectionListener，即当选中固定列表格中的某一行时，监听器会同时选中移动列表格中的对应行，同样，当选中移动列表格中的某一行时，监听器会同时选中固定列表格中的对应行。关键代码如下：

例程 35　代码位置：mr\04\DrinkeryManage\src\com\mwq\mwing\FixedColumnTablePanel.java

```
class MListSelectionListener implements ListSelectionListener {
    boolean isFixedColumnTable = true;                                    //默认由选中固定列表格中的行触发
    public MListSelectionListener(boolean isFixedColumnTable) {
        this.isFixedColumnTable = isFixedColumnTable;
    }
    public void valueChanged(ListSelectionEvent e) {
        if (isFixedColumnTable) {                                         //由选中固定列表格中的行触发
            int selectedRow = fixedColumnTable.getSelectedRow();          //获得固定列表格中的选中行
            floatingColumnTable.setRowSelectionInterval(selectedRow);//同时选中移动列表格中的选中行
        } else {                                                          //由选中移动列表格中的行触发
            int selectedRow = floatingColumnTable.getSelectedRow();       //获得移动列表格中的选中行
            fixedColumnTable.setRowSelectionInterval(selectedRow);        //同时选中固定列表格中的选中行
        }
    }
}
```

注意　例程 35 实现的事件监听器要求两个表格必须均是单选模式的，即一次只允许选中一行。

最后依次创建固定列表格和移动列表格，并通过这两个表格的选择模型对象，为两个表格添加事

件监听器；再创建一个滚动面板对象，并将固定列表格的列头对象添加到滚动面板的左上方；最后创建一个视口对象，先将固定表格对象添加到视口对象中，并将视口的首选大小设置为固定列表格的首选大小，并依次将视口和移动列表格添加到滚动面版的标题视口和默认视口中。关键代码如下：

例程 36　代码位置：mr\04\DrinkeryManage\src\com\mwq\mwing\FixedColumnTablePanel.java

```
fixedColumnTableModel = new FixedColumnTableModel();                    //创建固定列表格模型对象
fixedColumnTable = new MTable(fixedColumnTableModel);                   //创建固定列表格对象
ListSelectionModel fixed = fixedColumnTable.getSelectionModel();        //获得选择模型对象
fixed.addListSelectionListener(new MListSelectionListener(true));       //添加行被选中的事件监听器
floatingColumnTableModel = new FloatingColumnTableModel();              //创建移动列表格模型对象
floatingColumnTable = new MTable(floatingColumnTableModel);             //创建移动列表格对象
ListSelectionModel floating = floatingColumnTable.getSelectionModel();  //获得选择模型对象
floating.addListSelectionListener(new MListSelectionListener(false)); //添加行被选中的事件监听器
JScrollPane scrollPane = new JScrollPane();                             //创建一个滚动面板对象
scrollPane.setCorner(JScrollPane.UPPER_LEFT_CORNER, fixedColumnTable
        .getTableHeader());                                       //将固定列表格头放到滚动面板的左上方
JViewport viewport = new JViewport();                             //创建一个用来显示基础信息的视口对象
viewport.setView(fixedColumnTable);                               //将固定列表格添加到视口中
viewport.setPreferredSize(fixedColumnTable.getPreferredSize());//设置视口的首选大小为固定列表格的首选大小
scrollPane.setRowHeaderView(viewport);                            //将视口添加到滚动面板的标题视口中
scrollPane.setViewportView(floatingColumnTable);                  //将移动列表格添加到默认视口
```

4.10.4　单元测试

在测试年结账报表功能时，若系统界面不能显示出统计记录的所有列，移动滚动条可以解决最左侧的一列或几列不可见的问题；但是当选中右侧移动列表格的多行时，在左侧固定列表格中只选中了一行，如图 4.35 所示，当选中右侧移动列表格的第 8～17 行时，在左侧固定列表格中只选中了第 8 行。

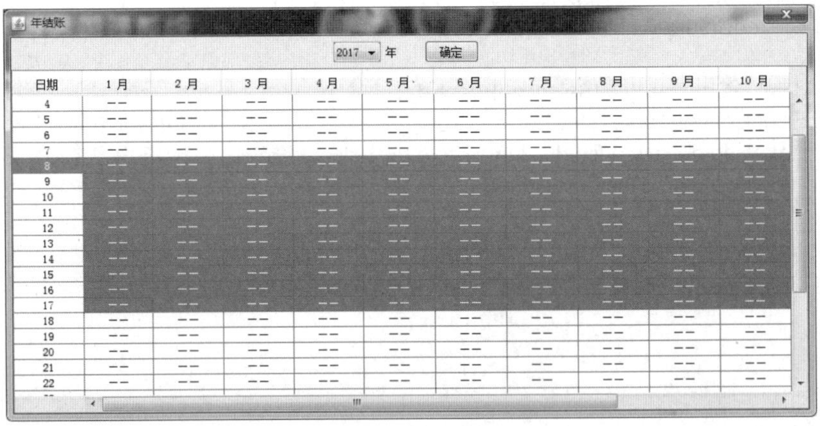

图 4.35　选中移动列表格的多行

同样，当选中左侧固定列表格的多行时，在右侧移动列表格中也只选中了一行，如图 4.36 所示，当选中左侧固定列表格的第 9～15 行时，在右侧移动列表格中只选中了第 9 行。

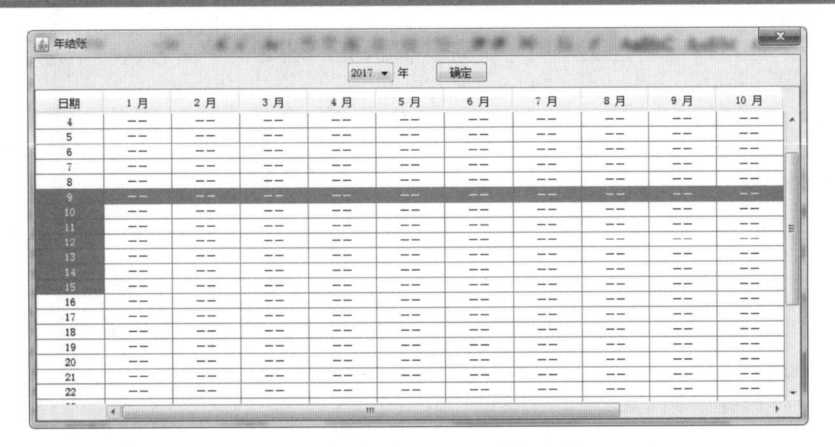

图 4.36　选中固定列表格的多行

图 4.35 和图 4.36 所示的两种情况并不是想要的，这是因为在例程 35 中实现事件监听器时，并没有同步选中关联表中的所有对应行，而只是选中了关联表中的第一个对应行，但是表格却不是单选模式的，才导致出现了这种情况。解决的办法是将表格设置为单选模式，因为这两个表格均是通过 FixedColumnTablePanel 类的内部类 MTable 实现的，所以只需要在内部类 MTable 中重构其父类 JTable 的 getSelectionModel()方法。关键代码如下：

例程 37　代码位置：mr\04\DrinkeryManage\src\com\mwq\mwing\FixedColumnTablePanel.java

```
public ListSelectionModel getSelectionModel() {
    ListSelectionModel selectionModel = super.getSelectionModel();
    selectionModel.setSelectionMode(ListSelectionModel.SINGLE_SELECTION);
    return selectionModel;
}
```

视频讲解

4.11　后台管理工作区设计

后台管理工作区用来维护软件正常运行需要的一些信息，例如台号信息、菜系信息、菜品信息，只有填写了这些信息，才能进行开台，以至结账和生成报表。

4.11.1　后台管理工作区功能概述

在后台管理工作区提供了对台号、菜系和菜品信息的维护功能，在添加信息时，一是验证数据的合法性，例如在添加台号信息时，不小心将座位数输入为 100，在单击“添加”按钮时将弹出座位数输入错误的提示，如图 4.37 所示。再就是查看新添加的信息是否已经存在，例如在添加菜系信息时，输入“炖炒类”后单击“添加”按钮，将弹出菜系已经存在的提示，因为添加同名的菜系是没有意义的，如图 4.38 所示。

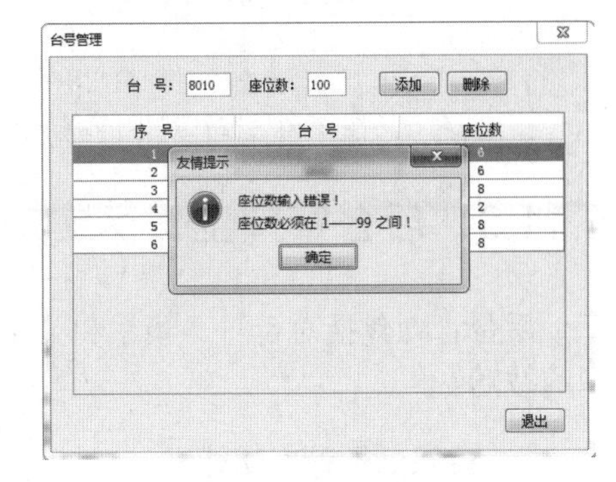

图 4.37　餐台座位数输入错误

在删除信息前，通常情况下建议弹出一个确认提示框，以免由于疏忽误删信息，如图 4.39 所示。

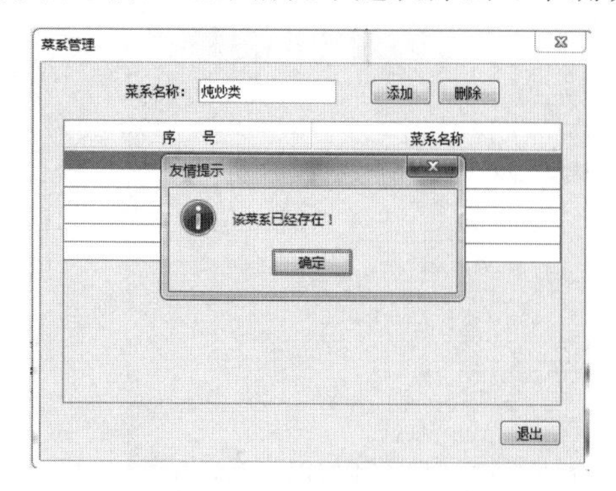

图 4.38　添加的菜系已经存在

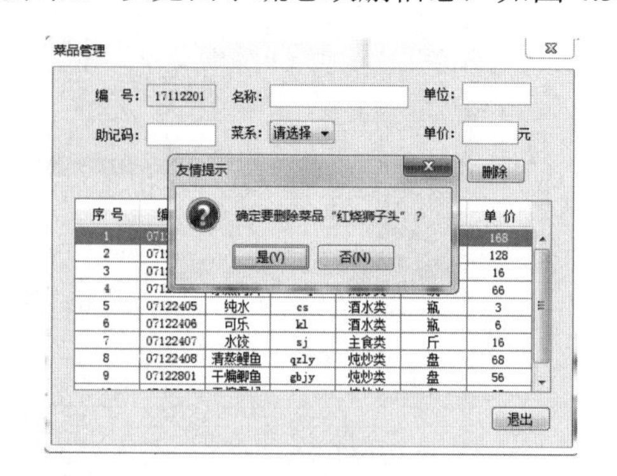

图 4.39　删除菜品之前弹出的确认提示框

4.11.2　后台管理工作区技术分析

在对用户输入的数据进行验证时，如果某个数据不符合要求，通常情况下希望对应的组件获得焦点。如果是对用户输入的数据进行逐个验证，这个问题就很好解决了；但是当对用户输入的数据进行批量验证时，就很难判断是哪个组件接收的数据不符合要求了。这个问题可以通过 Java 的反射机制解决，通过 Java 反射可以轻松地实现对组件的内容进行批量验证，并且在接收数据不符合要求的情况下，可以直接令相应的组件获得焦点，另外通过为组件设置名称，还可以弹出一个很有针对性的提示。

例如，在实现添加菜品功能时，就是通过 Java 的反射机制实现对 4 个文本框不允许为空的验证，在未输入单价的情况下直接单击“添加”按钮，就会弹出一个很有针对性的提示，如图 4.40 所示，单击提示框中的“确定”按钮后，“单价”文本框将获得焦点，如图 4.41 所示。

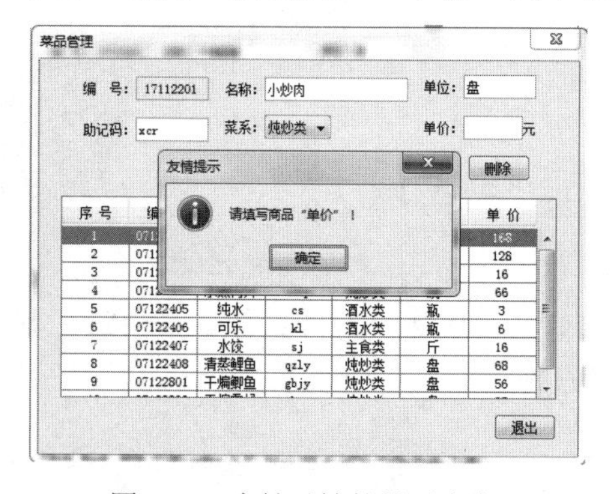

图 4.40　有针对性的提示内容

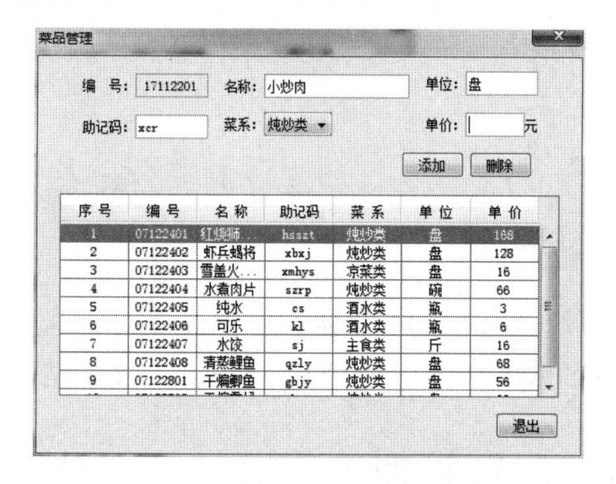

图 4.41　为空的“单价”文本框获得焦点

4.11.3　后台管理工作区实现过程

后台管理包括对台号、菜系和菜品的管理，下面将依次讲解这 3 个功能的实现过程，以及一些典型的技巧。

1．实现台号管理功能

（1）实现添加台号的功能。在执行添加台号操作时，首先要判断台号和座位数是否有效，台号最

多为 5 个字符，座位数不能大于 99 个，并且座位号允许重复；然后创建一个向量对象，用来封装新添加台号的信息，并添加到表格中；最后将新添加的台号信息保存到数据库中。关键代码如下：

例程 38　代码位置：mr\04\DrinkeryManage\src\com\mwq\manage\DeskNumDialog.java

```
final JButton addButton = new JButton();                            //创建添加台号按钮对象
addButton.addActionListener(new ActionListener() {
    public void actionPerformed(ActionEvent e) {
        String num = numTextField.getText().trim();                 //获取台号，并去掉首尾空格
        String seating = seatingTextField.getText().trim();         //获取座位数，并去掉首尾空格
        if (num.equals("") || seating.equals("")) {                  //查看是否输入了台号和座位数
            JOptionPane.showMessageDialog(null, "请输入台号和座位数！", "友情提示",
                    JOptionPane.INFORMATION_MESSAGE);
            return;
        }
        if (num.length() > 5) {                                     //查看台号的长度是否超过了 5 位
            JOptionPane.showMessageDialog(null, "台号最多只能为 5 个字符！", "友情提示",
                    JOptionPane.INFORMATION_MESSAGE);
            numTextField.requestFocus();                            //为“台号”文本框请求获得焦点
            return;
        }
        if (!Validate.execute("[1-9]{1}([0-9]{0,1})", seating)) {   //验证座位数是否在 1～99 之间
            String[] infos = { "座位数输入错误！", "座位数必须在 1～99 之间！" };
            JOptionPane.showMessageDialog(null, infos, "友情提示", JOptionPane.INFORMATION_
MESSAGE);
            seatingTextField.requestFocus();                        //为“座位数”文本框请求获得焦点
            return;
        }
        if (dao.sDeskByNum(num) != null) {                          //查看该台号是否已经存在
            JOptionPane.showMessageDialog(null, "该台号已经存在！", "友情提示",
                    JOptionPane.INFORMATION_MESSAGE);
            numTextField.requestFocus();                            //为“台号”文本框请求获得焦点
            return;
        }
        int row = table.getRowCount();                              //获得当前拥有台号的个数
        Vector newDeskNumV = new Vector();                          //创建一个代表新台号的向量
        newDeskNumV.add(new Integer(row + 1));                      //添加序号
        newDeskNumV.add(num);                                       //添加台号
        newDeskNumV.add(seating);                                   //添加座位数
        tableModel.addRow(newDeskNumV);                             //将新台号信息添加到表格中
        table.setRowSelectionInterval(row, row);                    //设置新添加的台号为选中的
        numTextField.setText(null);                                 //将“台号”文本框设置为空
        seatingTextField.setText(null);                             //将“座位数”文本框设置为空
        dao.iDesk(num, seating);                                    //将新添加的台号信息保存到数据库中
        JDBC.closeConnection();                                     //关闭数据库连接
    }
});
addButton.setText("添加");
```

（2）实现删除台号的功能。在执行删除台号操作前，首先要判断是否选中了要删除的台号；然后弹出提示确认是否真的删除，如果真的要删除，还要判断该餐台是否正在被使用；最后执行删除操作。关键代码如下：

例程 39 代码位置：mr\04\DrinkeryManage\src\com\mwq\manage\DeskNumDialog.java

```
final JButton delButton = new JButton();                                                    //创建删除台号按钮对象
delButton.addActionListener(new ActionListener() {
    public void actionPerformed(ActionEvent e) {
        int selectedRow = table.getSelectedRow();                                           //获得选中的餐台
        if (selectedRow == -1) {                                                            //未选中任何餐台
            JOptionPane.showMessageDialog(null, "请选择要删除的餐台！", "友情提示",
                    JOptionPane.INFORMATION_MESSAGE);
        } else {
            String deskNum = table.getValueAt(selectedRow, 1).toString(); //获得选中餐台的编号
            for (int row = 0; row < openedDeskTable.getRowCount(); row++) { //查看该餐台是否正在被使用
                if (deskNum.equals(openedDeskTable.getValueAt(row, 1))) {
                    JOptionPane.showMessageDialog(null, "该餐台正在使用，不能删除！", "友情提示",
                            JOptionPane.INFORMATION_MESSAGE);
                    return;                                                 //该餐台正在使用，不能删除，返回
                }
            }
            String infos[] = new String[] {                                                 //组织确认信息
                    "确定要删除餐台：",
                    "      台    号：" + deskNum,
                    "      座位数：" + table.getValueAt(selectedRow, 2) .toString() };
            int i = JOptionPane.showConfirmDialog(null, infos, "友情提示",
                    JOptionPane.YES_NO_OPTION);                                             //弹出确认提示
            if (i == 0) {                                                                   //确认删除
                dao.dDeskByNum(deskNum);                                                    //从数据库中删除
                tableModel.setDataVector(dao.sDesk(), columnNameV);                         //刷新表格
                int rowCount = table.getRowCount();                                         //获得删除后拥有的餐台数
                if (rowCount > 0) {                                                         //还拥有餐台
                    if (selectedRow == rowCount)                                            //删除的是最后一个餐台
                        selectedRow -= 1;                                                   //将选中的餐台前移一行
                    table.setRowSelectionInterval(selectedRow, selectedRow);     //设置当前选中的餐台
                }
                JDBC.closeConnection();                                                     //关闭数据库连接
            }
        }
    }
});
delButton.setText("删除");
```

2. 实现菜系管理功能

（1）实现添加菜系的功能。在执行添加菜系操作时，首先要判断菜系名称的长度是否超出了允许的最大长度，并查看该菜系名称是否已经存在；然后创建一个向量对象，用来封装新添加菜系的信息，并添加到表格中；最后将新添加的菜系信息保存到数据库中。关键代码如下：

例程 40　代码位置：mr\04\DrinkeryManage\src\com\mwq\manage\SortDialog.java

```
final JButton addButton = new JButton();                    //创建添加菜系名称按钮对象
addButton.addActionListener(new ActionListener() {
    public void actionPerformed(ActionEvent e) {
        String sortName = sortNameTextField.getText().trim();   //获得菜系名称，并去掉首尾空格
        if (sortName.equals("")) {                          //查看是否输入了菜系名称
            JOptionPane.showMessageDialog(null, "请输入菜系名称！", "友情提示",
                    JOptionPane.INFORMATION_MESSAGE);
            return;
        }
        if (sortName.length() > 10) {                       //查看菜系名称的长度是否超过了 10 个汉字
            JOptionPane.showMessageDialog(null, "菜系名称最多只能为 10 个汉字！",
                    "友情提示", JOptionPane.INFORMATION_MESSAGE);
            return;
        }
        if (dao.sSortByName(sortName).size() > 0) {         //查看该菜系名称是否已经存在
            JOptionPane.showMessageDialog(null, "该菜系已经存在！", "友情提示",
                    JOptionPane.INFORMATION_MESSAGE);
            return;
        }
        int row = tableModel.getRowCount();                 //获得当前拥有菜系名称的个数
        Vector newSortV = new Vector();                     //创建一个代表新菜系名称的向量
        newSortV.add(new Integer(row + 1));                 //添加序号
        newSortV.add(sortName);                             //添加菜系名称
        tableModel.addRow(newSortV);                        //将新菜系名称信息添加到表格中
        table.setRowSelectionInterval(row, row);            //设置新添加的菜系名称为选中的
        sortNameTextField.setText(null);                    //将“菜系名称”文本框设置为空
        dao.iSort(sortName);                                //将新添加的菜系名称信息保存到数据库中
        JDBC.closeConnection();                             //关闭数据库连接
    }
});
addButton.setText("添加");
```

（2）实现删除菜系的功能。在执行删除菜系操作前，首先要判断是否有菜系被选中；然后弹出提示确认是否真的删除；最后执行删除操作，如果删除的是表格中的最后一行，则选中删除表格中的最后一行，如果删除的不是最后一行，则选中删除该位置的表格行。关键代码如下：

例程 41　代码位置：mr\04\DrinkeryManage\src\com\mwq\manage\SortDialog.java

```
final JButton delButton = new JButton();                    //创建删除菜系名称按钮对象
delButton.addActionListener(new ActionListener() {
    public void actionPerformed(ActionEvent e) {
        int row = table.getSelectedRow();                   //获得选中的菜系
        String delSortName = (String) table.getValueAt(row, 1);  //获得选中的菜系名称
        int j = JOptionPane.showConfirmDialog(null, "确定要删除菜系“" + delSortName
                        + "”？", "友情提示", JOptionPane.YES_NO_OPTION);//弹出确认提示
        if (j == 0) {                                       //确认删除
            tableModel.removeRow(row);                      //从表格中移除菜系信息
            int rowCount = table.getRowCount();             //获得删除后拥有的菜系数
```

```
            if (rowCount > 0) {                                         //还拥有菜系
                if (row < table.getRowCount()) {                        //删除的不是位于表格最后的菜系
                    for (int i = row; i < table.getRowCount(); i++) {
                        table.setValueAt(i + 1 + "", i, 0);             //修改位于删除菜系之后的序号
                    }
                    table.setRowSelectionInterval(row, row);            //设置上移到删除行索引的菜系为被选中
                } else {                                                //删除的是位于表格最后的菜系
                    table.setRowSelectionInterval(row - 1, row - 1); //设置当前位于表格最后的菜系被选中
                }
            }
            dao.dSortByName(delSortName);                               //从数据库中删除菜系
            JDBC.closeConnection();                                     //关闭数据库连接
        }
    }
});
delButton.setText("删除");
```

3．实现菜品管理功能

（1）实现添加菜品的功能。在执行添加菜品操作时，首先通过 Java 反射机制验证 4 个文本框是否为空，如果为空则弹出要求填写信息的提示框，并且通过获取组件的标识名称，组织出有针对性的提示信息，还要为空的文本框请求获得焦点，之后再对这些信息进行具体的验证；然后创建一个向量对象，用来封装新添加菜品的信息，并添加到表格中；最后将新添加的菜品信息保存到数据库中。关键代码如下：

例程 42　代码位置：mr\04\DrinkeryManage\src\com\mwq\manage\MenuDialog.java

```
final JButton addButton = new JButton();
addButton.addActionListener(new ActionListener() {
    public void actionPerformed(ActionEvent e) {
❶       Field[] fields = MenuDialog.class.getDeclaredFields();//通过 Java 反射获取 MenuDialog 类的所有属性
        for (int i = 0; i < fields.length; i++) {
            Field field = fields[i];                                    //获得指定属性
❷           if (field.getType().equals(JTextField.class)) {             //只验证 JtextField 类型的属性
❸               field.setAccessible(true);                              //私有属性必须设置为 true 才允许访问
                JTextField textField = null;                            //声明一个 JTextField 类型的对象
                try {
❹                   textField = (JTextField) field.get(MenuDialog.this);        //获得本类中的相应对象
                } catch (Exception exception) {
                    exception.printStackTrace();
                }
                if (textField.getText().trim().equals("")) {            //文本框为空
                    JOptionPane.showMessageDialog(null, "请填写商品 “"
❺                           + textField.getName() + "” ！", "友情提示",
                            JOptionPane.INFORMATION_MESSAGE);           //弹出需要输入信息的提示
❻                   textField.requestFocus();                           //令文本框获得焦点
                    return;                                             //返回
                }
            }
```

```
}
if (sortComboBox.getSelectedIndex() == 0) {                    //单独验证下拉列表框
      JOptionPane.showMessageDialog(null, "请选择商品所属“菜系”！", "友情提示",
                  JOptionPane.INFORMATION_MESSAGE);
      return;
}
String menu[] = new String[6];                                 //创建一个数组，用来保存菜品信息
menu[0] = numTextField.getText().trim();                       //获得菜品编号
menu[1] = nameTextField.getText().trim();                      //获得菜品名称
menu[2] = codeTextField.getText().trim();                      //获得菜品助记码
menu[3] = sortComboBox.getSelectedItem().toString();           //获得菜品所属菜系
menu[4] = unitTextField.getText().trim();                      //获得菜品单位
menu[5] = unitPriceTextField.getText().trim();                 //获得菜品单价
if (menu[1].length() > 10) {
      JOptionPane.showMessageDialog(null, "菜品名称最多只能为 10 个汉字！",
                  "友情提示", JOptionPane.INFORMATION_MESSAGE);
      nameTextField.requestFocus();
      return;
}
if (menu[2].length() > 10) {
      JOptionPane.showMessageDialog(null, "助记码最多只能为 10 个字符！",
                  "友情提示", JOptionPane.INFORMATION_MESSAGE);
      codeTextField.requestFocus();
      return;
}
if (menu[4].length() > 2) {
      JOptionPane.showMessageDialog(null, "单位最多只能为 2 个汉字！",
                  "友情提示", JOptionPane.INFORMATION_MESSAGE);
      unitTextField.requestFocus();
      return;
}
if (!Validate.execute("[1-9]{1}[0-9]{0,3}", menu[5])) {
      String infos[] = { "单价输入错误！", "单价必须在 1～9999" };
      JOptionPane.showMessageDialog(null, infos, "友情提示", JOptionPane.INFORMATION_MESSAGE);
      unitPriceTextField.requestFocus();
      return;
}
if (dao.sMenuByName(menu[1]) != null) {
      JOptionPane.showMessageDialog(null, "该菜品已经存在！", "友情提示",
                  JOptionPane.INFORMATION_MESSAGE);
      nameTextField.requestFocus();
      return;
}
int row = tableModel.getRowCount();                            //获得当前拥有的菜品数量
Vector newMenuV = new Vector();
newMenuV.add(row + 1);                                         //添加序号
for (int i = 0; i < menu.length; i++) {
      newMenuV.add(menu[i]);                                   //添加菜品信息
}
```

```
            tableModel.addRow(newMenuV);                               //将新菜品添加到表格中
            table.setRowSelectionInterval(row, row);                   //选中新添加的菜品
            Vector sortVector = (Vector) dao.sSortByName(menu[3]).get(0); //获得所属菜系
            menu[3] = sortVector.get(1).toString();                    //设置菜系主键
            dao.iMenu(menu);                                           //将新菜品信息保存到数据库
            JDBC.closeConnection();                                    //关闭数据库连接
        }
});
addButton.setText("添加");
```

代码贴士

❶ getDeclaredFields()：该方法返回一个 Field 型数组，在数组中包含调用类的所有属性，包括公共、保护、默认（包）访问和私有字段，但不包括继承的字段。

❷ getType()：该方法返回一个 Class 对象，它标识了此属性的类型，如果只想对类型为 JTextField 的属性进行操作，可以通过代码“getType().equals(JTextField.class)”查看属性的类型是否为 JTextField。

❸ setAccessible(boolean accessible)：在默认情况下通过 Java 反射是不允许访问私有属性的，如果通过该方法将 accessible 属性设置为 true，则允许访问私有属性。

❹ get(Object obj)：该方法用来返回指定对象上此 Field 表示的字段的值。如果该值为基本类型，自动将其包装为封装类型。MenuDialog.this 代表获得本类中此 Field 表示的字段的值。

❺ getName()：该方法用来获得组件的名称，主要是为增强软件的人性化特点而设计的。例如这里就利用这个人性化的设计，很方便地弹出了准确的提示信息。

❻ requestFocus()：该方法用来为组件请求获得焦点，主要是为增强软件的人性化特点而设计的。例如这里就利用这个人性化的设计，很方便地令不符合条件的文本框获得焦点。

（2）实现删除菜品的功能。在执行删除菜品操作前，首先要判断是否存在被选中的菜品；然后弹出提示以确认是否真的删除；最后，如果删除的不是表格的最后一行，还要修改要删除菜品的序号。关键代码如下：

例程 43　代码位置：mr\04\DrinkeryManage\src\com\mwq\manage\MenuDialog.java

```
final JButton delButton = new JButton();
delButton.addActionListener(new ActionListener() {
    public void actionPerformed(ActionEvent e) {
❶       int row = table.getSelectedRow();                          //获得选中的菜品
        String delMenuName = table.getValueAt(row, 2).toString();
        String info = "确定要删除菜品“" + delMenuName + "”？";
        int j = JOptionPane.showConfirmDialog(null, info, "友情提示",
                JOptionPane.YES_NO_OPTION);                        //弹出确认提示框
        if (j == 0) {                                              //确认删除
❷           tableModel.removeRow(row);                             //从表格中移除菜品信息
            int rowCount = table.getRowCount();                    //获得删除后拥有的菜品数
            if (rowCount > 0) {                                    //还拥有菜品
                if (row < table.getRowCount()) {                   //删除的不是位于表格最后的菜系
                    for (int i = row; i < table.getRowCount(); i++) {
                        table.setValueAt(i + 1 + "", i, 0);        //修改位于删除菜系之后的序号
                    }
```

```
                    table.setRowSelectionInterval(row, row);  //设置上移到删除行索引的菜系为被选中
                } else {
                    table.setRowSelectionInterval(row - 1, row - 1); //设置当前位于表格最后的菜系被选中
                }
            }
            dao.dMenuByName(delMenuName);                    //从数据库中删除菜品
            JDBC.closeConnection();                          //关闭数据库连接
        }
    }
});
delButton.setText("删除");
```

代码贴士

❶ getSelectedRow()：该方法用来获得表格中选中行的索引，返回值为 int 型。如果没有选中行，则返回-1；如果有多行被选中，则返回所有选中行中索引值最小的索引。

❷ removeRow(int rowIndex)：该方法用来从表格中移除位于指定索引位置的行，表格的行索引从 0 开始。

4.11.4　单元测试

当测试菜品管理功能时，在不填写任何菜品信息的情况下直接单击“添加”按钮，弹出如图 4.42 所示的提示信息。

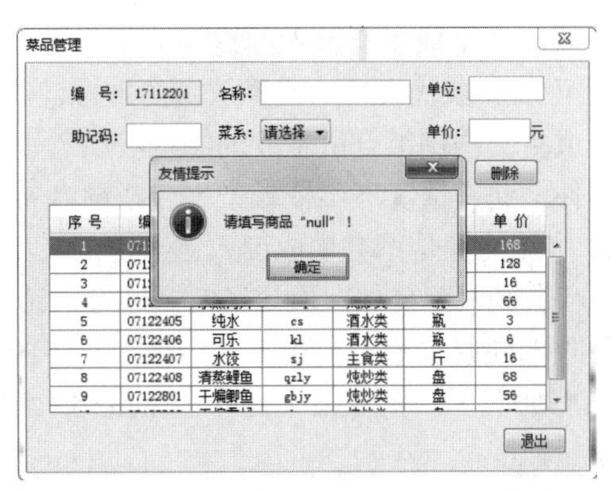

图 4.42　通过 Java 反射验证是否为空弹出的错误提示

这是因为没有为文本框组件设置标识名称，默认情况下文本框组件的标识名称为空，所以在通过文本框组件的 getName()方法获得文本框组件的标识名称时才是“null”，解决的办法是通过 setName(String name)方法为文本框组件设置标识名称。关键代码如下：

例程 44　代码位置：mr\04\DrinkeryManage\src\com\mwq\manage\MenuDialog.java

```
nameTextField = new JTextField();                    //创建“名称”文本框对象
nameTextField.setName("名称");                       //为“名称”文本框设置标识名称
codeTextField = new JTextField();                    //创建“助记码”文本框对象
codeTextField.setName("助记码");                     //为“助记码”文本框设置标识名称
unitTextField = new JTextField();                    //创建“单位”文本框对象
unitTextField.setName("单位");                       //为“单位”文本框设置标识名称
```

```
unitPriceTextField = new JTextField();                    //创建“单价”文本框对象
unitPriceTextField.setName("单价");                        //为“单价”文本框设置标识名称
```

4.12　开发技巧与难点分析

作为一个软件开发人员，在设计开发应用软件的过程中，要时刻从软件使用者的角度出发，力求开发出一款功能实用、界面简单、操作人性化并且智能化的产品，只有这样的产品，才更容易被用户接受。

笔者在开发本系统的过程中，就是严格按照这些要求实施的。主要有以下几点。

1．通过输入少量内容就可以快速获取相关产品

通过 KeyListener 监听器，可以很方便地捕获各种键盘事件。KeyListener 监听器通过 3 个接口方法捕获 3 种不同类型的键盘事件：keyPressed(KeyEvent e)方法用来捕获键盘中的某个按键被按下的事件，当某个按键被按下时，将执行该方法；keyReleased(KeyEvent e)方法用来捕获键盘中的某个按键被释放的事件，当某个按键被释放时，将执行该方法；keyTyped(KeyEvent e)方法用来捕获键入键盘中的某个键的事件，当键入某个键时，将执行该方法。

“按下键”和“释放键”事件是低级别事件，它们依赖于平台和键盘布局。只要按下或释放按键就会生成这些事件，这些事件是获取不生成字符输入的键（如动作键、组合键等）的唯一方式。通过 KeyEvent 类的 getKeyCode()方法可以获取代表按下或释放键的虚拟键码，虚拟键码用于报告按下了键盘上的哪个键，而不是通过一个或多个击键组合所生成的字符（如 A 是由 Shift+a 生成的）。

“键入键”事件是高级别事件，通常情况下不依赖于平台或键盘布局。在输入 Unicode 字符时会生成此类事件，不生成 Unicode 字符的键是不会生成键入键事件的（如动作键、组合键等）。最简单的情况是按下单个键（如 a）将产生键入键事件，但是经常是通过一系列按键（如 Shift+a）来产生字符，并且按下键事件和键入键事件的映射关系可能是多对一或多对多的。键释放时通常情况下不需要生成一个键入键事件，但是在某些情况下，释放某个键才会生成键入键事件（如在 Windows 中通过 Alt-Numpad 方法来输入 ASCII 序列）。

利用组件的 addKeyListener(KeyListener keyListener)方法可以将该监听器对象注册到组件中，这样在按下、释放或键入键生成键盘事件时，将调用监听器对象中的相关方法，并传递过来一个 KeyEvent 对象。

2．人性化控制商品数量 focusLost(FocusEvent e)

通过 FocusListener 监听器，可以很方便地捕获关于焦点的事件。FocusListener 监听器通过两个接口方法捕获两种不同类型的焦点事件：focusGained(FocusEvent e)方法用来捕获组件获得焦点的事件，当其监听的组件获得焦点时，将执行该方法；focusLost(FocusEvent e)方法用来捕获组件失去焦点的事件，当其监听的组件失去焦点时，将执行该方法。

焦点事件分为两个级别，分别是持久性的和暂时性的。如果焦点直接从一个组件移动到另一个组件，如通过调用 requestFocus()方法，或者用户通过 Tab 键遍历组件时，则为持久性焦点更改事件。如

果是由于另一个操作间接引起的组件暂时失去焦点，如释放窗口或拖动滚动条，则为暂时性焦点更改事件。在这种情况下，一旦该操作结束，将自动恢复到原始焦点状态。对于释放窗口的情况，只要重新激活窗口就能恢复到原始焦点状态。持久性焦点事件和暂时性焦点事件通过 FOCUS_GAINED 和 FOCUS_LOST 区分，可以通过 isTemporary()方法判断事件的级别。

利用组件的 addFocusListener(FocusListener focusListener)方法可以将该监听器对象注册到组件中，这样在组件获得或失去焦点时，将调用监听器对象中的相关方法，并传递过来一个 FocusEvent 对象。

3. 系统自动结账

通过 TableModelListener 监听器，可以很方便地捕获由表格模型发生变化产生的事件，包括向表格模型中添加行、从表格模型中移除行，以及修改某一单元格的值。TableModelListener 监听器只提供了一个接口方法 tableChanged(TableModelEvent e)。通过 TableModelEvent 对象可以判断触发此次事件的具体原因，例如通过 getType()方法的返回值判断是由向表格模型中添加行触发的，还是由从表格模型中移除行或修改某一单元格的值触发的，当返回值为静态常量 INSERT 时，说明是由向表格模型中添加行触发的；当返回值为静态常量 UPDATE 时，说明是由从表格模型中移除行触发的；当返回值为静态常量 DELETE 时，则是由修改某一单元格的值触发的。

利用组件的 addTableModelListener (TableModelListener tableModelListener)方法可以将该监听器对象注册到组件中，这样在表格模型发生变化时，将调用监听器对象中的 tableChanged(TableModelEvent e)方法，并传递过来一个 TableModelEvent 对象。

4.13　本章小结

本章通过一个典型的酒店管理系统，既为读者展示了酒店管理系统的业务流程，又为读者展示了酒店管理系统的基本开发思路和实施方法。通过对本章的学习，读者可以了解到 Java 应用程序的开发流程，酒店管理系统的业务流程和软件结构，快速获取商品的实现方法，人性化控制商品数量的实现方法，系统自动结账的实现方法；另外，在本系统中还提供了典型的结账报表功能。

第 5 章

图书馆管理系统

（Swing+SQL Server 2014 实现）

进入 21 世纪以来，信息技术从根本上推动了图书馆的飞速发展，计算机和计算机管理系统已成为图书馆进行图书管理的主要设备和系统。虽然目前很多大型的图书馆已经有一整套比较完善的管理系统，但是在一些中小型的图书馆中，大部分工作仍需手工完成，工作起来效率比较低，不便于动态、及时地调整图书结构。为了更好地适应当前图书馆的管理需求，解决手工管理中存在的弊端，越来越多的中小型图书馆正在逐步向计算机信息化管理转变。图书馆管理系统将先进的信息技术运用到图书馆管理和服务中，从而改变了图书馆的传统管理模式。

通过阅读本章，可以学习到：

- 掌握图书馆管理系统的开发过程
- 掌握使用 PowerDesigner 建模
- 掌握在系统开发中实现 Action 接口
- 掌握如何在菜单栏中添加图标
- 掌握如何使用格式化文本框

5.1　开 发 背 景

××高校拥有一个小型图书馆，为全校师生提供一个阅读、学习的空间。近年来，随着生源不断扩大，图书馆的规模也随之扩大，图书数量也相应地大量增加，有关图书的各种信息成倍增加。面对如此庞大的信息量，校领导决定使用一套合理、有效、规范、实用的图书馆管理系统，对校内图书资料进行统一、集中的管理。

笔者受该高校的委托，开发一个图书馆管理系统，开发宗旨是实现图书管理的系统化、规范化和自动化，达成图书资料集中、统一管理的目标。

5.2　需 求 分 析

图书馆管理系统是图书馆管理工作中不可缺少的部分，对于图书馆的管理者和使用者来说都非常重要。但长期以来，人们使用传统的手工方式或性能较低的图书馆管理系统管理图书馆的日常事务，操作流程比较烦琐，效率相当低。而一个成功的图书馆管理系统应提供快速的图书信息检索功能、快捷的图书借阅、归还流程，为管理者与读者提供充足的信息和快捷的数据处理手段。笔者通过对一些典型图书馆管理系统的考察，从读者与图书馆管理员的角度出发，本着以读者借书、还书快捷方便的原则，要求本系统应具有以下特点。

☑　具有良好的系统性能，友好的用户界面。
☑　较高的处理效率，便于使用和维护。
☑　采用成熟技术开发，使系统具有较高的技术水平和较长的生命周期。
☑　系统尽可能简化图书馆管理员的重复工作，提高工作效率。
☑　简化数据查询、统计难度。

5.3　系 统 设 计

5.3.1　系统目标

根据以上的需求分析以及与用户的沟通，该系统应达到以下目标。

☑　界面设计友好、美观。
☑　数据存储安全、可靠。
☑　信息分类清晰、准确。
☑　强大的查询功能，保证数据查询的灵活性。
☑　操作简单易用、界面清晰大方。
☑　系统安全、稳定。
☑　开发技术先进、功能完备、扩展性强。
☑　占用资源少、对硬件要求低。

☑ 提供灵活、方便的权限设置功能，使整个系统的管理分工明确。

5.3.2 系统功能结构

图书馆管理系统分为 4 大功能模块，分别为基础数据维护、图书借阅管理、新书订购管理和系统维护管理。本系统各个部分及其包括的具体功能模块如图 5.1 所示。

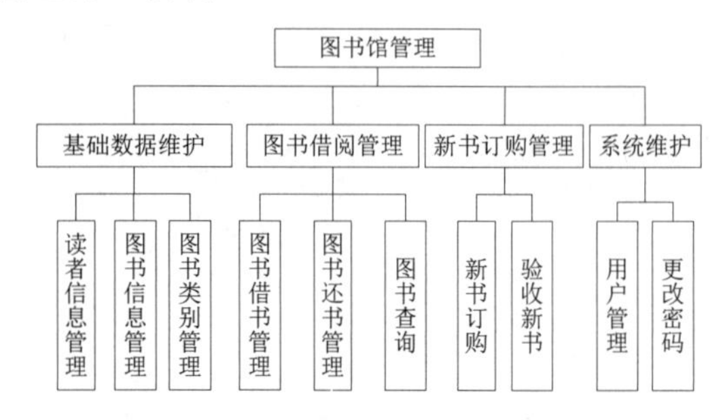

图 5.1 图书馆管理系统功能结构

5.3.3 系统流程图

图书馆管理系统的系统流程如图 5.2 所示。

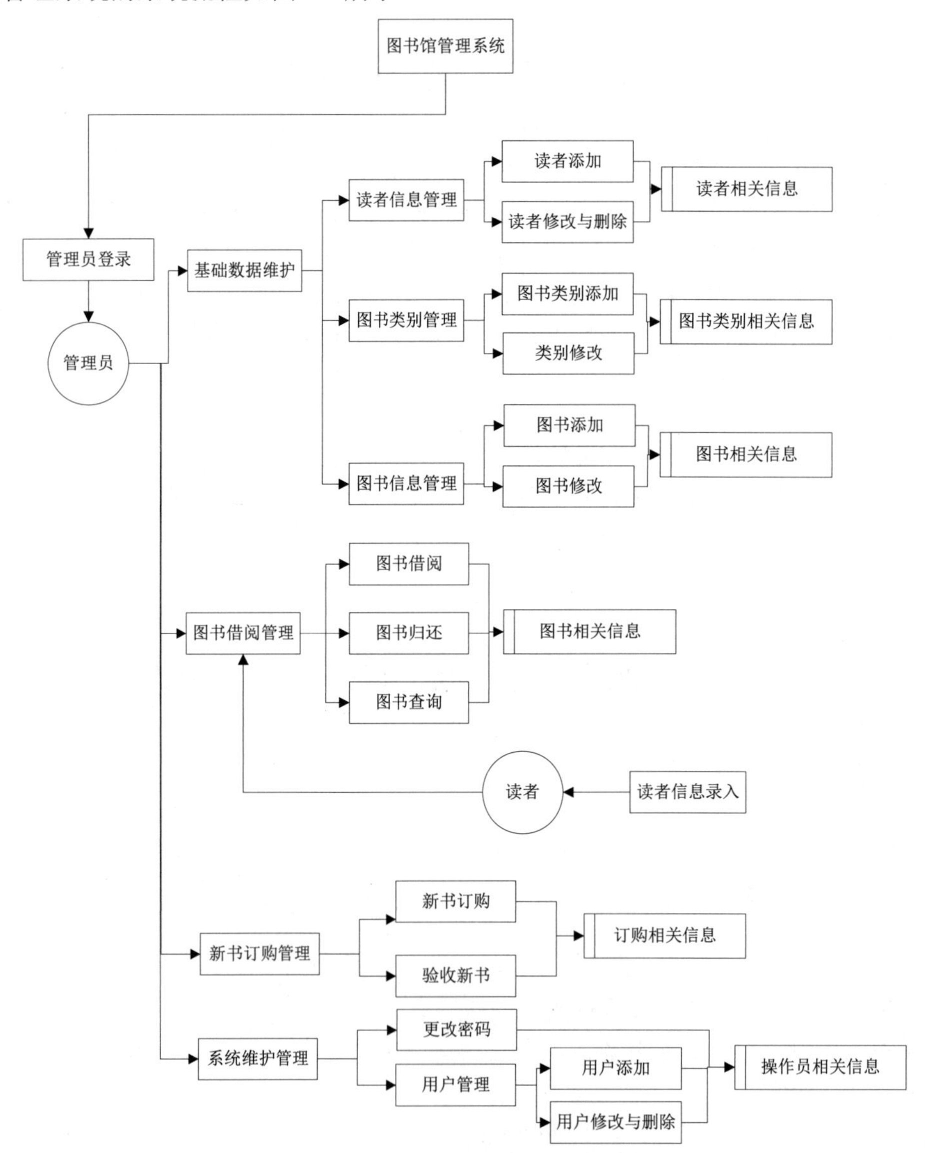

图 5.2 图书馆管理系统流程图

5.3.4　系统预览

图书馆管理系统由多个程序界面组成，下面仅列出几个典型界面，其他界面请读者参见资源包中的源程序。

读者相关信息添加界面如图 5.3 所示，该界面用于将读者相关信息添加至数据表中。读者信息修改与删除界面如图 5.4 所示，该界面用于展示读者相关信息，并且提供了修改与删除功能。

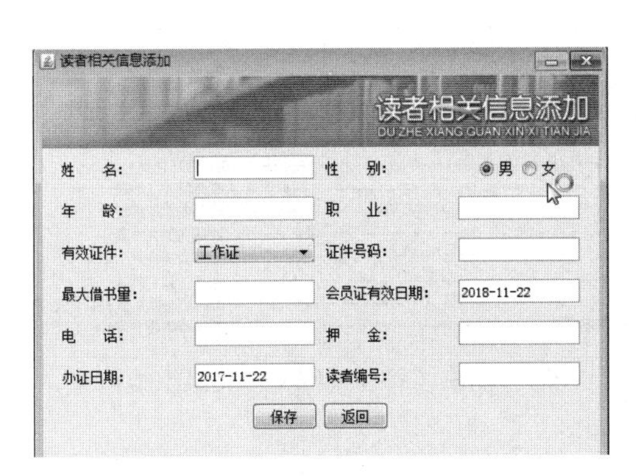

图 5.3　读者相关信息添加界面

（资源包\…\readerAddIFrame.java）

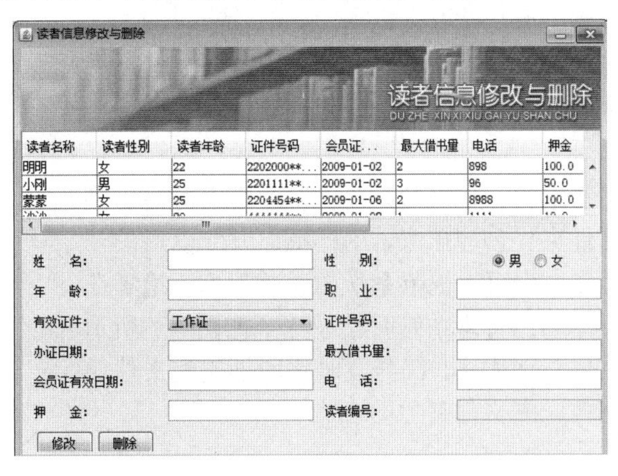

图 5.4　读者信息修改与删除界面

（资源包\…\readerModAndDelIFrame.java）

新书订购管理界面如图 5.5 所示，主要实现新书订购功能。图书验收界面如图 5.6 所示，主要实现新书验收功能。

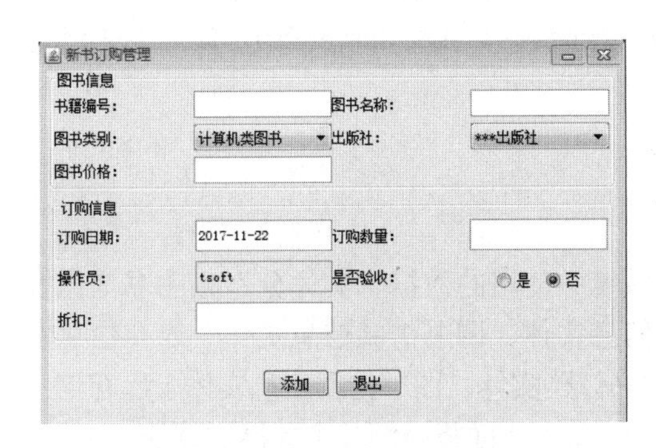

图 5.5　新书订购管理界面

（资源包\…\newBookOrderIFrame.java）

图 5.6　图书验收界面

（资源包\…\newBookCheckIFrame.java）

说明　由于路径太长，因此省略了部分路径，省略的路径是“TM\05\library Manager\src\com\wsy\iframe”。

5.3.5 构建开发环境

在开发图书馆管理系统时，需要具备下面的开发环境。

☑ 操作系统：Windows 7 以上。

☑ Java 开发包：JDK 8 以上。

☑ 数据库：SQL Server 2014。

☑ 开发工具：Eclipse。

5.3.6 文件夹组织结构

在编写代码之前，可以将系统中可能用到的文件夹先创建出来，这样不但方便以后的开发工作，也可以规范系统的整体架构。笔者在开发图书馆管理系统时，设计了如图 5.7 所示的文件夹架构图。在开发时将所创建的文件保存在相应的文件夹中即可。

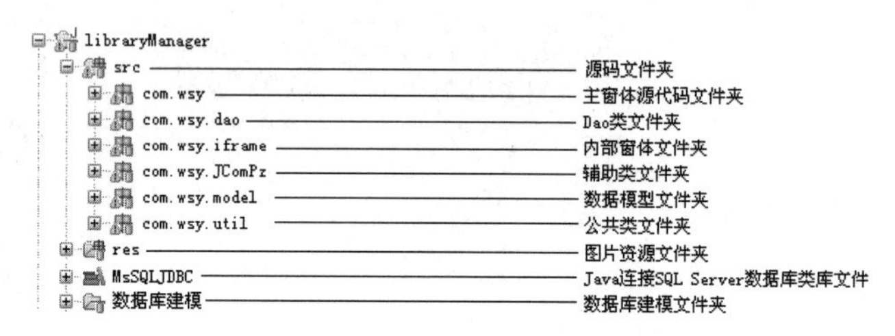

图 5.7　图书馆管理系统文件夹组织结构

5.4 数据库设计

5.4.1 数据库分析

SQL Server 2014 具有很强的完整性与可伸缩性，具有较低的价格比与性能比，考虑到本系统的稳定性与可靠性以及开发程序与用户需求，笔者决定在设计该系统时选择 SQL Server 2014 数据库来满足系统的需求。

5.4.2 数据库概念设计

根据以上对系统所作的需求分析、系统设计，规划出本系统中使用的数据库实体分别为图书信息实体、图书分类实体、图书订购实体、读者信息实体、操作员信息实体、图书借阅信息实体、库存信息实体。其中，图书信息实体与图书订购实体、图书分类实体、图书订购实体、图书借阅信息实体、库存信息实体都具有关系，而读者信息实体与图书借阅信息实体同样具有关系。下面将介绍几个关键实体的 E-R 图。

（1）图书信息实体

图书信息实体包括图书编号、图书类别编号、书名、作者、译者、出版社、价格、出版时间等属性。其中，图书编号为图书信息实体的主键，图书类别编号为图书信息实体的外键，与图书类别实体具有外键关系。图书信息实体的 E-R 图如图 5.8 所示。

（2）读者信息实体

读者信息实体包括条形码、姓名、性别、年龄、电话、押金、生日、职业、证件类型、办证日期、

最大借书数量、证件号码等属性。条形码作为本实体的唯一标识。其中，在性别属性标识信息中，“1”代表此读者为男性，“2”代表此读者为女性；最大借书数量属性设置默认值为 3；而在证件属性标识信息中，“0”代表身份证，“1”代表军人证，“2”代表学生证，“3”代表工作证。读者信息实体的 E-R 图如图 5.9 所示。

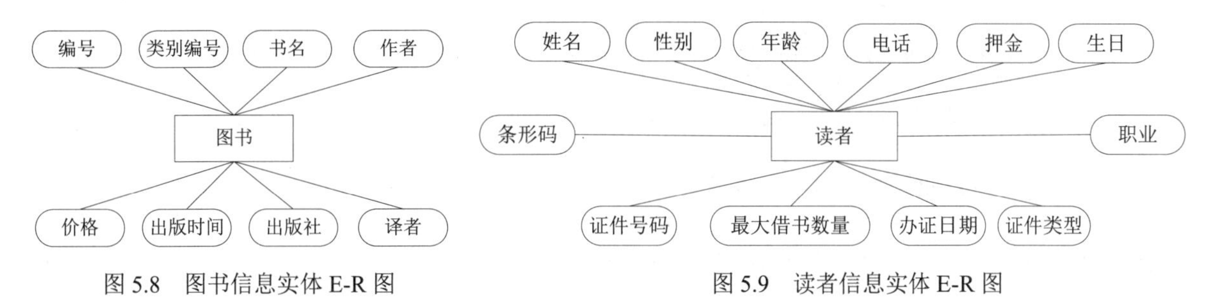

图 5.8　图书信息实体 E-R 图　　图 5.9　读者信息实体 E-R 图

（3）图书借阅信息实体

图书借阅信息实体包括编号、图书编号、读者编号、操作员编号、是否归还、借阅日期、归还日期等属性。编号作为图书借阅信息实体的唯一标识，它包括两个外键，分别为图书编号与读者编号，图书借阅信息实体以这两个外键与图书信息实体、读者信息实体建立了关系。图书借阅信息实体的 E-R 图如图 5.10 所示。

（4）图书分类实体

图书分类实体包括编号、类别名称等属性。图书分类实体与图书信息实体以图书类别编号建立了关系。图书分类实体的 E-R 图如图 5.11 所示。

（5）图书订购实体

图书订购实体主要包括图书编号、订购日期、订购数量、操作员、是否验收和折扣等属性。图书订购实体以图书编号与图书信息实体建立了关系。图书订购实体的 E-R 图如图 5.12 所示。

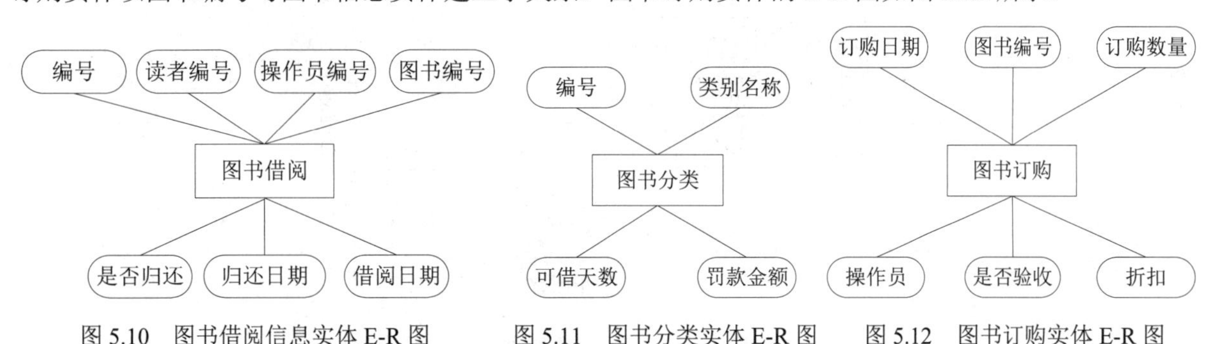

图 5.10　图书借阅信息实体 E-R 图　　图 5.11　图书分类实体 E-R 图　　图 5.12　图书订购实体 E-R 图

（6）操作员信息实体

操作员信息实体主要包括编号、姓名、性别、年龄、身份证号、工作日期、电话、是否为管理员和密码等属性。其中，性别属性信息中，“1”代表男性，“2”代表女性；是否为管理员属性信息中，“0”代表当前用户不是管理员，“1”代表当前用户是管理员。操作员信息实体的 E-R 图如图 5.13 所示。

（7）库存信息实体

库存信息实体主要包括编号、库存数量等属性。库存信息实体以库存编号与图书信息实体建立了关系。库存信息实体的 E-R 图如图 5.14 所示。

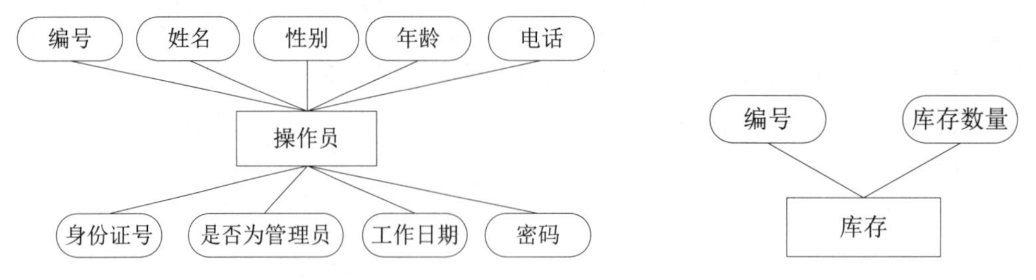

图 5.13　操作员信息实体 E-R 图　　　　图 5.14　库存信息实体 E-R 图

5.4.3　使用 PowerDesigner 建模

在数据库概念设计中已经分析了本系统中主要的数据库实体对象，通过这些实体可以得出数据表结构的基本模型，最终这些实体将被创建成数据表，形成完整的数据结构。

笔者使用 PowerDesigner 软件对数据进行了建模操作，创建完成的数据库模型如图 5.15 所示。

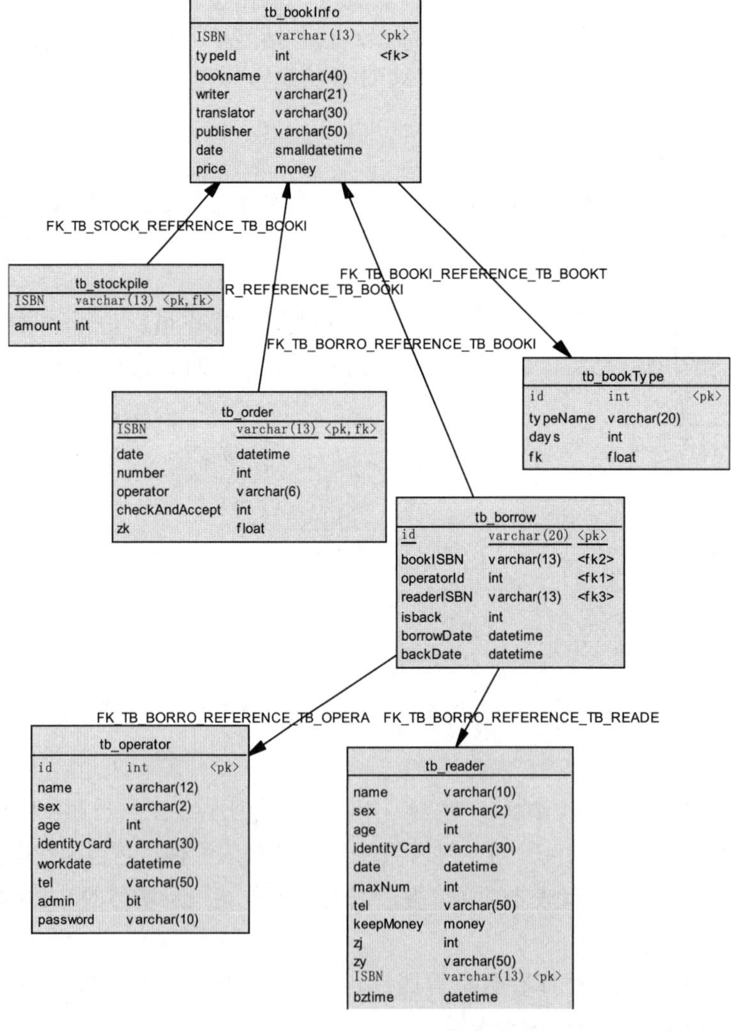

图 5.15　图书馆管理系统的数据库模型

5.5　公共模块设计

在开发过程中，经常会用到一些公共模块，如数据库连接及操作的类、限制文本框输入长度的类以及描述组合框索引与内容的类等，因此在开发系统前首先需要设计这些公共模块。下面将具体介绍图书馆管理系统中公共模块的设计过程。

5.5.1　数据库连接及操作类的编写

数据库连接及操作类通常包括连接数据库的方法 getConnection()、执行查询语句的方法 executeQuery()、执行更新操作的方法 executeUpdate()、关闭数据库连接的方法 close()。下面将详细介绍如何编写图书馆管理系统中的数据库连接及操作的类 Dao.java，步骤如下。

（1）指定类 Dao.java 保存的包，并导入所需的类包，本例将其保存到 com.wsy.dao 包中。关键代码如下：

例程 01　代码位置：TM\05\src\com\wsy\dao\Dao.java

```
package com.wsy.dao;                      //指定类的包名称
import java.sql.Connection;               //导入进行数据库连接时所使用的 java.sql.Connection 类
import java.sql.DriverManager;            //导入进行数据库连接时所使用的 java.sql.DriverManager 类
import java.sql.ResultSet;                //导入进行数据表查询时所使用的 java.sql.ResultSet 类
import java.sql.SQLException;             //导入进行数据库操作时捕捉异常使用的 java.sql.SQLException 类
```

注意　包语句以关键字 package 后面紧跟一个包名称，然后以分号“;”结束；包语句必须出现在 import 语句之前；一个.java 文件只能有一个包语句。

（2）在 Dao.java 类的构造方法中创建数据库连接操作。在此类中首先定义数据库连接驱动包名、数据库连接路径、数据库连接用户名、密码等静态变量，然后在构造函数中实现数据库连接操作。在数据库连接代码中需要添加 try...catch 关键字，捕捉数据库连接时可能抛出的异常。关键代码如下：

例程 02　代码位置：TM\05\src\com\wsy\dao\Dao.java

```
//定义驱动包名称
protected static String dbClassName = "com.microsoft.jdbc.sqlserver.SQLServerDriver";
protected static String dbUrl = "jdbc:microsoft:sqlserver://localhost:1433;"
        + "DatabaseName=db_library;SelectMethod=Cursor";          //定义数据库连接路径
protected static String dbUser = "sa";                            //定义数据库连接用户名
protected static String dbPwd = "";                               //定义数据库连接密码
protected static String second = null;
private static Connection conn = null;                            //定义一个数据库连接
private Dao() {
    try {                                                         //捕捉数据库连接异常
        if (conn == null) {                                       //如果连接为空
            Class.forName(dbClassName).newInstance();             //装载 SQL Server 驱动
```

```
                conn = DriverManager.getConnection(dbUrl, dbUser, dbPwd);   //获取数据库连接
            }
            else                                                            //如果连接不为空
                return;                                                     //返回
        } catch (Exception ee) {
            ee.printStackTrace();                                           //捕捉数据库连接异常
        }
}
```

（3）创建执行查询语句的方法 executeQuery()，其返回值为 ResultSet 结果集。首先需要初始化 Dao 对象，调用构造函数，从而获取数据库连接。有一点值得注意，就是在创建数据库连接前首先判断数据库连接是否为空，如果为空再创建数据库连接，避免造成程序资源的浪费。executeQuery()方法的关键代码如下：

例程 03 代码位置：TM\05\src\com\wsy\dao\Dao.java

```
private static ResultSet executeQuery(String sql) {
        try {                                                           //捕捉数据库操作异常
            if(conn==null)                                              //数据库连接如果为空
❶               new Dao();
            return
        conn.createStatement(
❷                       ResultSet.TYPE_SCROLL_SENSITIVE,
❸                       ResultSet.CONCUR_UPDATABLE).executeQuery(sql);  //返回一个 ResultSet 结果集
        } catch (SQLException e) {
            e.printStackTrace();                                        //捕捉异常
            return null;
        } finally {
        }
}
```

代码贴士

❶ 调用构造函数创建数据库连接。

❷ ResultSet.TYPE_SCROLL_SENSITIVE: 常量允许记录指针向前或向后移动，且当 ResultSet 对象变动记录指针时，会影响记录指针的位置。这种类型的设置使结果集受到其他用户所作更改的影响。例如当一个用户正在浏览记录时，其他用户的操作使数据库中的数据发生了变化，这时当前用户所获取的记录集中的数据也会同步发生改变。

❸ ResultSet.CONCUR_UPDATABLE：这种类型的设置支持对 ResultSet 的动态更新。

（4）创建执行更新操作的方法 executeUpdate()，它的返回值为 int 型的整数，此返回值代表数据表更新操作是否成功，返回 1 代表成功，返回-1 代表没有成功。executeUpdate ()方法的关键代码如下：

例程 04 代码位置：TM\05\src\com\wsy\dao\Dao.java

```
private static int executeUpdate(String sql) {
        try {                                                           //捕捉数据库操作异常
            if(conn==null)                                              //如果数据库连接为空
                new Dao();                                              //获取数据库连接
            return conn.createStatement().executeUpdate(sql);           //进行数据库更新操作
        } catch (SQLException e) {
```

```
            System.out.println(e.getMessage());                    //打印捕捉的异常
            return -1;                                             //返回-1
        } finally {
        }
}
```

（5）为了避免运行程序时资源的浪费，优化项目运行速度，需要在完成数据库操作后，关闭数据库连接，所以笔者在 Dao.java 类中创建了关闭数据库连接的方法 close()。为了使数据库连接在程序结束后确定会被关闭，在 close()方法中加入了 finally 字段，在 finally 块中将数据库连接置空。关键代码如下：

例程 05　代码位置：TM\05\src\com\wsy\dao\Dao.java

```
public static void close() {
        try {                                                      //捕捉异常
            conn.close();                                          //关闭数据库连接
        } catch (SQLException e) {
            e.printStackTrace();                                   //捕捉异常
        }finally{
            conn = null;                                           //在最终执行块中将数据库连接置空
        }
}
```

5.5.2 MenuActions 类的编写

通常激活同一个命令有多种方式，用户可以通过工具栏中按钮、菜单选择特定的功能。在本系统中，最常用的命令就是弹出内部窗体，笔者将本系统中需要弹出的内部窗体命令统一放入 MenuActions 类中，这样触发任何一种组件事件时，都会按照统一的方式处理。

Swing 包提供了一个非常有用的机制，用来封装命令，并将其连接到多个事件源，这种机制就是 Action 接口。Action 接口有如下方法。

☑　public void actionPerformed(ActionEvent e)。
☑　public Object getValue(String key)。
☑　public void putValue(String key, Object value)。
☑　public boolean isEnabled()。
☑　public void setEnabled(boolean b)。
☑　public void addPropertyChangeListener(PropertyChangeListener listener)。
☑　public void removePropertyChangeListener(PropertyChangeListener listener)。

其中第一个方法在实现 ActionListener 接口的程序中经常看到，实际上 Action 接口扩展了 ActionListener 接口。

getValue()与 putValue()方法用来存储与提取动作对象的预定义名称与值。例如：

```
action.putValue(Action.SMALL_ICON,new ImageIcon("*.gif"));        //将图标存储到动作对象中
```

表 5.1 列举了几种常用的动作对象的预定义名称。

表 5.1　动作对象的预定义名称

名　　称	值	名　　称	值
NAME	名称，显示在按钮或菜单上	SHORT_DESCRIPTION	简单提示说明，当鼠标放在按钮或菜单上时出现提示
SMALL_ICON	小图标，显示在按钮或菜单上	LONG_DESCRIPTION	详细提示说明

setEnabled()方法用于开启或禁用动作对象，isEnabled()方法用于检查动作是否启用。

实现 Action 接口需要将接口中的所有方法都实现，所以在通常情况下都使用实现该接口的 AbstractAction 类，本系统中的 MenuActions 类正是继承了 AbstractAction 类，在 MenuActions 类中只要重写 AbstractAction 类中的 actionPerformed()方法即可。

下面以系统中的“更改密码”菜单项为例说明 MenuActions 类的编写。以下代码是在 MenuActions 类中创建一个内部类，这个内部类用于创建菜单栏中“更改密码”菜单项的动作对象，在此类的构造函数中创建组件的提示说明，在 actionPerformed()方法执行“更改密码”窗体的弹出操作。关键代码如下：

例程 06　代码位置：TM\05\src\com\wsy\MenuActions.java

```
private static class PasswordModiAction extends AbstractAction {
    PasswordModiAction() {
        putValue(Action.NAME,"更改密码");                    //将菜单项名称设置为“更改密码”
        putValue(Action.LONG_DESCRIPTION, "修改当前用户密码");
        putValue(Action.SHORT_DESCRIPTION, "更换密码");      //在“更改密码”菜单项显示的提示文字
        //putValue(Action.SMALL_ICON,CreatecdIcon.add("bookAddtb.jpg"));
        //将图标存储到动作对象中
        //setEnabled(false);                                  //使动作禁用
    }
    public void actionPerformed(ActionEvent e) {
        if (!frames.containsKey("更改密码")||frames.get("更改密码").isClosed()) {
            GengGaiMiMa iframe=new GengGaiMiMa();             //初始化更改密码内部窗体
            frames.put("更改密码", iframe);
            Library.addIFame(frames.get("更改密码"));          //将内部窗体添加到外部窗体中
        }
    }
}
```

将此内部类的对象作为 MenuActions 类的成员变量，然后再使用 static 定义一个静态区域进行初始化。类在被加载时，首先执行 static 定义的静态区域内部的代码，且只会被执行一次。关键代码如下：

```
public static PasswordModiAction MODIFY_PASSWORD;          //修改密码窗体动作
static {
    MODIFY_PASSWORD = new PasswordModiAction();             //初始化修改密码内部类对象
}
```

同理，菜单栏中其他菜单项与子菜单中的菜单项也是以相同方式被封装到 MenuActions 类中的。当某个组件需要使用这个动作对象时，以按钮为例，可以使用如下代码实现：

```
JButton button=new JButton(MenuActions.MODIFY_PASSWORD);
```

5.5.3　限制文本框长度类的编写

在 Swing 语言创建的窗体中，当 JTextField 组件创建时，可以指定文本框的宽度。例如：

```
JPanel panel=new JPanel();                                          //创建面板
JTextField textField=new JTextField(20);                            //创建文本框
panel.add(textField);                                               //将文本框添加到面板中
```

但在 JTextField 的构造器中设定的宽度并不是用户能输入的字符个数上限，用户可以在文本框中输入一个更长的字符串，此时需要限制用户输入字符串的长度，笔者创建了限制文本框输入长度的类 MyDocument.java。创建此类的步骤如下。

（1）创建 MyDocument.java 类，此类继承 PlainDocument 类。关键代码如下：

例程 07　代码位置：TM\05\src\com\wsy\util\MyDocument.java

```
public class MyDocument extends PlainDocument{
}
```

（2）在 MyDocument.java 类中创建两个构造函数，其中一个是有参数的，另一个是无参数的。关键代码如下：

例程 08　代码位置：TM\05\src\com\wsy\util\MyDocument.java

```
public MyDocument(int newMaxLength){                                //设置文本框的最大长度
    super();                                                        //执行父类构造方法
    maxLength = newMaxLength;                                       //将参数赋予类成员变量
}
public MyDocument(){                                                //无参的构造函数
    this(10);                                                       //将数值 10 赋予类成员变量
}
```

（3）重载父类方法 insertString()，在此方法中限定文本框允许输入的字符串长度。关键代码如下：

例程 09　代码位置：TM\05\src\com\wsy\util\MyDocument.java

```
public void insertString(int offset, String str, AttributeSet a)
        throws BadLocationException {
    if (getLength() + str.length() > maxLength) {                   //这里假定限制长度为 10
        return;                                                     //返回
    } else {
        super.insertString(offset, str, a);
    }
}
```

（4）在程序设计中，当需要限制用户输入字符串长度时，可以使用如下代码：

```
JTextField textField = new JTextField("请输入 13 位书号",13);       //初始化文本框
textField.setDocument(new MyDocument(13));                          //设置“书号”文本框最大输入值为 13 位
```

5.5.4 描述组合框索引与内容类的编写

在程序编写的过程中，经常会遇到组合框组件的应用。有时要在窗体中的组合框中显示具体内容，通常需要在数据库中存储此组合框的索引值，这时便需要使用一种数据结构将组合框中的内容与索引值联系在一起。java.util.Map 形式是比较好的选择，可以使用 Map 接口中的 put()方法将索引值与具体内容放入集合中，当得到索引值时获取具体内容可以使用 Map 接口中的 get(key)方法。描述组合框索引与内容类的编写步骤如下。

（1）创建组合框组件的索引值与其所对应的内容的 Item.java 类，这个类中不仅包含代表组合框索引的成员变量 id 和代表组合框内容的成员变量 name，还包括这两个成员变量的 setXXX()、getXXX()方法。关键代码如下：

例程 10　代码位置：TM\05\src\com\wsy\JComPz\Item.java

```
package com.wsy.JComPz;
public class Item {
❶    public String id;                                      //组合框索引值
❷    public String name;                                    //组合框内容
     public String getId() {                                //id 对应的 getXXX() 方法
          return id;
     }
     public void setId(String id) {                         //id 对应的 setXXX() 方法
          this.id = id;
     }
     public String getName() {                              //name 对应的 getXXX() 方法
          return name;
     }
     public void setName(String name) {                     //name 对应的 setXXX() 方法
          this.name = name;
     }
     public String toString() {                             //重写 Object 类中的 toString() 方法
          return getName();
     }
}
```

代码贴士

❶ id：表示组合框中索引值的变量。

❷ name：表示组合框中具体内容的变量。

（2）创建 MapPz.java 类，使用 Map 关联组合框的索引与组合框的具体内容。这里以图书类别编号与图书类别创建组合框为例，首先在此类中初始化 Map 集合，取图书类别相关内容，将图书类别相关内容放入 Item 类中；然后将图书类别编号与图书类别名称放入 Map 集合中，可以使用 put()方法；最后返回类型为 Map 的集合。关键代码如下：

例程 11　代码位置：TM\05\src\com\wsy\JComPz\MapPz.java

```
package com.wsy.JComPz;
public class MapPz {
     static Map map = new HashMap();                        //初始化 Map 接口
```

```
	public static Map getMap() {
		List list = Dao.selectBookCategory();				//获取图书类别相关内容
		for (int i = 0; i < list.size(); i++) {				//循环操作
			BookType booktype = (BookType) list.get(i);		//取得集合中的值
			Item item = new Item();							//初始化 Item 对象
			item.setId(booktype.getId());					//将图书类别编号放入 Item 类中
			item.setName(booktype.getTypeName());			//将图书类别名称放入 Item 类中
			map.put(item.getId(), item);					//将图书类别编号与 item 对象放入 map
		}
		return map;											//返回集合
	}
}
```

（3）上述代码中用到了 Dao.java 类中的 selectBookCategory()方法，此方法用于查询图书类别相关信息，首先将数据库查询的相关信息放入 JavaBean 中，然后将 JavaBean 对象添加到 list 集合中，最终将结果以 List 形式返回。关键代码如下：

例程 12　代码位置：TM\05\src\com\wsy\dao\Dao.java

```
public static List selectBookCategory() {
	List list=new ArrayList();								//初始化 List 对象
❶	String sql = "select * from tb_bookType";				//查询图书类别表 SQL 语句
❷	ResultSet rs = Dao.executeQuery(sql);					//执行 SQL 语句，返回 ResultSet 对象
	try {
		while (rs.next()) {									//循环结果集
❸			BookType bookType=new BookType();				//初始化 BookType 对象
			bookType.setId(rs.getString("id"));				//将数据库中查询 id 值赋予到 JavaBean 中
			//将数据库中查询 typeName 值赋予到 JavaBean 中
			bookType.setTypeName(rs.getString("typeName"));
			bookType.setDays(rs.getString("days"));		//将数据库中查询 days 值赋予到 JavaBean 中
			bookType.setFk(rs.getString("fk"));				//将数据库中查询 fk 值赋予到 JavaBean 中
			list.add(bookType);								//将 JavaBean 对象添加到 list 中
		}
	} catch (Exception e) {
		e.printStackTrace();								//捕捉异常
	}
	Dao.close();											//关闭数据库连接
	return list;											//将集合返回
}
```

代码贴士

❶ sql：查询 tb_bookType（图书类别表）的全部内容。

❷ rs：执行 SQL 语句后返回的 ResultSet 结果集。

❸ bookType：实例化 BookType 类对象。

5.5.5　在 JLable 上添加图片类的编写

为了美化窗体，通常需要在窗体上添加图片。一般情况下使用如下方式添加图片。

☑　在窗体上添加 Jpanel。

☑ 在 JPanel 上添加 Jlable。

☑ 将图片初始化为 ImageIcon 对象。

☑ 使用 JLabel.setIcon(ImageIcon)代码实现在窗体上添加图片功能。

在这里笔者将上述操作封装在公共类中，命名为 CreatecdIcon.java 类，在此类中定义一个返回 ImageIcon 类对象的方法，此方法以当前图片的文件名称为参数初始化一个 ImageIcon 类对象。关键代码如下：

例程 13　代码位置：TM\05\src\com\wsy\dao\Dao.java

```
package com.wsy.util;
public class CreatecdIcon {
    public static ImageIcon add(String ImageName){                    //返回 ImageIcon 类型的对象
        URL IconUrl = Library.class.getResource("/"+ImageName); //当前图片的路径
        ImageIcon icon=new ImageIcon(IconUrl);                   //将路径封装到 ImageIcon 对象中
        return icon;                                             //返回 icon 对象
    }
}
```

说明 Library.class.getResource("/1.jpg")指代的图片为项目名称下 res 文件下的图片，实际上“/”指代的路径为项目名称中的 res 文件。

当需要在 JLable 中添加图片时，可以使用如下代码：

```
final JLabel headLogo = new JLabel();                          //创建 Jlable 对象
//使用 CreadedIcon 类中的 add()方法返回一个 ImageIcon 对象
ImageIcon bookModiAndDelIcon=CreatecdIcon.add("bookModiAndDel.jpg");
headLogo.setIcon(bookModiAndDelIcon);                          //设置 Jlable 图片
```

视频讲解

5.6　主窗体设计

5.6.1　主窗体概述

管理员通过系统登录模块的验证后，可以登录到图书馆管理系统的主窗体。系统主窗体主要包括菜单栏、工具栏。用户在菜单栏中选择任一菜单项即可执行相应的功能；工具栏为用户提供了经常使用的功能按钮。主窗体的运行效果如图 5.16 所示。

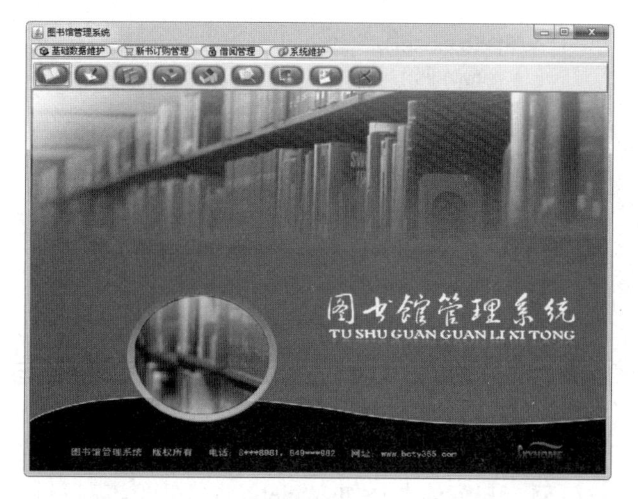

图 5.16　图书馆管理系统主窗体的运行效果

5.6.2　主窗体技术分析

系统主窗体主要包括菜单栏与工具栏。

选择窗体顶端的菜单栏中的某一菜单项，可以打开下拉菜单，其中包含菜单项与子菜单项。当用户选择下拉菜单中某一菜单项时，窗体中所有的菜单都会被关闭。图 5.17 展示了一个典型的菜单栏。

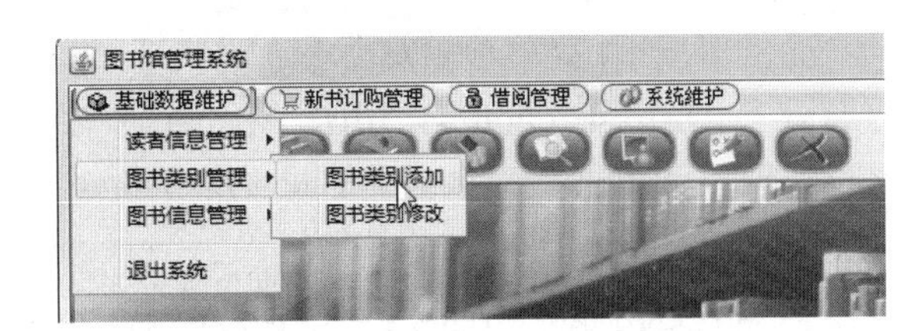

图 5.17　主窗体的菜单栏

在主窗体的设计中，需要创建菜单栏与工具栏，此时用到了 JMenuBar 类与 JToolBar 类来创建菜单栏与工具栏。

菜单栏的创建比较简单，使用 JMenuBar 的构造函数初始化菜单栏即可。一般情况下将菜单栏显示在框架顶部。例如：

```
JMenuBar menuBar=new JMenuBar();                    //创建菜单栏
frame.setJMenu=new JMenu(menuBar);                  //将菜单栏放入顶层框架
```

对于每个菜单，需要创建一个对象，实际上就是菜单项名称。例如：

```
JMenu editMenu=new JMenu("图书类别管理");             //在菜单栏中创建顶层菜单
```

最后将顶层菜单添加到菜单栏中，可以使用 JMenuBar 类的 add()方法进行添加。例如：

```
menuBar.add(editMenu);                              //将顶层菜单添加到菜单栏中
```

可以在顶层菜单中添加菜单项、分割符与子菜单。其中，菜单项可以使用 JMenuItem 类的构造函数进行初始化，然后使用 JMenuBar 类的 add()方法进行添加；分割符可以使用 JMenuBar 类的 addSeparator()方法进行添加；子菜单栏实质上也是一个菜单栏，与顶层菜单栏创建方式相同，可以使用 JMenuBar 类的 add()方法将子菜单项添加到顶层菜单中。例如：

```
JMenuItem exit=new JMenuItem("退出");                //在菜单栏中创建菜单项
editMenu.add(exit);                                 //将菜单项添加到顶层菜单中
editMenu.addSeparator();                            //添加分割符
JMenu bookTypeAdd=new JMenu("图书添加");              //创建子菜单
editMenu.add(bookTypeAdd);                          //在顶层菜单中添加子菜单
```

当用户选择一个菜单时，会引发一个动作事件，需要为每个菜单项添加监听器，重写 ActionListener 接口中的 actionPerformed()方法，在此方法中为菜单栏添加业务逻辑。例如：

```
exit.addActionListener(new ActionListener{
    public void actionPerformed(final ActionEvent e) {//实现 ActionListener 接口中的 actionPerformed()方法
    }
});
```

注意　这里为菜单项添加监听事件的代码使用了匿名内部类的形式，其优点是可以简化编码，而且在内部类中可以轻易使用外部类定义的局部变量，否则需要将这些局部变量声明为 final 类型的变量；而其缺点是程序的可读性较差，作为初学者可以不必使用匿名内部类形式创建组件事件。

通常情况下，菜单项触发命令通过实现 Action 接口即可。这里笔者设计了公共类 MenuAction.java，它继承了 AbstractAction 类，由于 AbstractAction 类实现了 Action 接口，所以继承 AbstractAction 类就等于实现了 Action 接口，因此这里使菜单栏添加 MenuAction 类对象即可。例如：

```
JMenu sysManageMenu = new JMenu();                          //系统维护
JMenu userManageMItem = new JMenu("用户管理");               //用户管理
sysManageMenu.add(MenuActions.MODIFY_PASSWORD);              //添加修改密码动作对象
```

主窗体中工具栏的创建也非常简单。工具栏为系统提供了迅速访问常用命令的一系列按钮。可以使用如下代码创建工具栏：

```
JToolBar bar=new JToolBar();
```

完成主窗体中工具栏的创建后同样需要添加 MenuActions 类对象实现工具栏事件，由于需要在工具栏中添加图标，所以将动作对象添加到按钮组件中，然后为按钮设置图标。例如：

```
//将图书信息修改对象附加给按钮组件
JButton bookModiAndDelButton=new JButton(MenuActions.BOOK_MODIFY);
ImageIcon bookmodiicon=CreatecdIcon.add("bookModiAndDeltb.jpg");    //创建图标方法
bookModiAndDelButton.setIcon(bookmodiicon)                          //为按钮设置图标
```

由于这些动作对象在 MenuActions 类中设计时有名称，所以使用如下代码可以使按钮只显示图标，不显示文字。例如：

```
bookModiAndDelButton.setHideActionText(true);                      //使按钮文字隐藏
```

最后将按钮添加到工具栏中，例如：

```
toolBar.add(bookModiAndDelButton);
```

5.6.3 主窗体实现过程

主窗体的实现步骤如下。

（1）创建 Library 类，在它的构造函数中设置主窗体相关属性，如窗体大小、窗体标题等相关属性，还可以为窗体设置背景图片，并调用创建菜单栏与工具栏的方法，在主窗体中创建菜单栏与工具栏。关键代码如下：

例程 14　代码位置：TM\05\src\com\wsy\Library.java

```
public Library() {
    super();                                                   //调用父类构造函数
    //将窗体关闭
    setDefaultCloseOperation(WindowConstants.EXIT_ON_CLOSE);
    setLocationByPlatform(true);
    setSize(800, 600);                                         //设置主窗体大小
    setTitle("图书馆管理系统");                                   //设置窗体标题
```

```
❶      JMenuBar menuBar = createMenu();                              //调用创建菜单栏的方法
❷      setJMenuBar(menuBar);                                         //在主窗体中添加菜单栏
❸      JToolBar toolBar = createToolBar();                           //调用创建工具栏的方法
       getContentPane().add(toolBar, BorderLayout.NORTH);            //以 BorderLayout 布局添加工具栏
       final JLabel label = new JLabel();                            //初始化背景标签
//为桌面面板添加组件监听事件
DESKTOP_PANE.addComponentListener(new ComponentAdapter() {
           public void componentResized(final ComponentEvent e) {    //重写组件大小更改时的方法
               Dimension size = e.getComponent().getSize();          //获取当前组件的大小
               label.setSize(e.getComponent().getSize());            //将背景标签设置为组件的大小
               //将图片放置在背景标签中
               label.setText("<html><img width=" + size.width + " height="
                           + size.height + " src='"
                           + this.getClass().getResource("/backImg.jpg")
                           + "'></html>");
           }
       });
       DESKTOP_PANE.add(label,new Integer(Integer.MIN_VALUE));       //将背景标签添加到背景面板中
       getContentPane().add(DESKTOP_PANE);                           //将背景面板添加到窗体中
}
```

代码贴士

❶ menuBar：实例化一个 MenuBar 类对象，创建菜单栏。

❷ setJMenuBar()：在主窗体中添加菜单栏的方法。

❸ toolBar：实例化一个 ToolBar 类对象，创建工具栏。

（2）编写创建菜单栏方法，可以初始化 JMenuBar 类对象创建顶层菜单，并在顶层菜单上添加相关菜单项与子菜单，然后为菜单栏添加图标，为菜单栏添加图标可以使用 JMenu 类中的 setIcon()方法进行添加。关键代码如下：

例程 15　代码位置：TM\05\src\com\wsy\Library.java

```
private JMenuBar createMenu() {                                              //创建菜单栏的方法
       JMenuBar menuBar = new JMenuBar();                                    //创建菜单栏
       JMenu bookOrderMenu = new JMenu();                                    //初始化新书订购管理菜单
       bookOrderMenu.setIcon(CreatecdIcon.add("xsdgcd.jpg"));                //为新书订购菜单栏添加图片
       bookOrderMenu.add(MenuActions.NEWBOOK_ORDER);           //添加新书订购动作对象，弹出新书订购窗体
       bookOrderMenu.add(MenuActions.NEWBOOK_CHECK_ACCEPT);//添加新书验收动作对象，弹出新书订购窗体
       JMenu baseMenu = new JMenu();                                         //初始化基础数据维护菜单
       baseMenu.setIcon(CreatecdIcon.add("jcsjcd.jpg"));                     //为基础维护菜单栏添加图片
       {
           JMenu readerManagerMItem = new JMenu("读者信息管理");//添加“读者信息管理”子菜单项
           readerManagerMItem.add(MenuActions.READER_ADD);           //添加弹出读者添加窗体动作对象
           readerManagerMItem.add(MenuActions.READER_MODIFY);   //添加弹出读者修改与删除窗体对象
           JMenu bookTypeManageMItem = new JMenu("图书类别管理");//添加“图书类别管理”子菜单项
           bookTypeManageMItem.add(MenuActions.BOOKTYPE_ADD);//添加弹出图书类别添加窗体动作对象
           //添加弹出图书类别修改与删除窗体动作对象
           bookTypeManageMItem.add(MenuActions.BOOKTYPE_MODIFY);
           JMenu menu = new JMenu("图书信息管理");                          //添加“图书信息管理”子菜单项
```

```
        menu.add(MenuActions.BOOK_ADD);                         //添加弹出图书添加动作对象
        menu.add(MenuActions.BOOK_MODIFY);                      //添加弹出图书修改与删除动作对象
        baseMenu.add(readerManagerMItem);                       //在顶层菜单中添加“读者信息管理”子菜单
        baseMenu.add(bookTypeManageMItem);                      //在顶层菜单中添加“图书类别管理”子菜单
        baseMenu.add(menu);                                     //在顶层菜单中添加“图书信息管理”子菜单
        baseMenu.addSeparator();                                //添加分割符
        baseMenu.add(MenuActions.EXIT);                         //在顶层菜单中添加退出菜单项
    }
    JMenu borrowManageMenu = new JMenu();                       //借阅管理菜单
    borrowManageMenu.setIcon(CreatecdIcon.add("jyglcd.jpg"));   //为菜单添加图标
    borrowManageMenu.add(MenuActions.BORROW);                   //添加图书借阅动作对象
    borrowManageMenu.add(MenuActions.GIVE_BACK);                //添加图书归还动作对象
    borrowManageMenu.add(MenuActions.BOOK_SEARCH);              //添加图书搜索动作对象
    JMenu sysManageMenu = new JMenu();                          //系统维护菜单
    sysManageMenu.setIcon(CreatecdIcon.add("jcwhcd.jpg"));      //为菜单添加图标
    JMenu userManageMItem = new JMenu("用户管理");              //初始化“用户管理”子菜单项
    userManageMItem.add(MenuActions.USER_ADD);                  //添加用户添加动作对象
    userManageMItem.add(MenuActions.USER_MODIFY);               //添加用户修改与删除动作对象
    sysManageMenu.add(MenuActions.MODIFY_PASSWORD);             //添加更改密码动作对象
    sysManageMenu.add(userManageMItem);                         //将子菜单添加到顶层菜单中
    menuBar.add(baseMenu);                                      //添加基础数据维护菜单到菜单栏
    menuBar.add(bookOrderMenu);                                 //添加新书订购管理菜单到菜单栏
    menuBar.add(borrowManageMenu);                              //添加借阅管理菜单到菜单栏
    menuBar.add(sysManageMenu);                                 //添加系统维护菜单到菜单栏
    return menuBar;                                             //返回菜单栏
    }
```

（3）编写创建工具栏的方法，创建工具栏可以使用 JToolBar 类，创建工具栏后将所有的图标添加至工具栏中，可以为每个图标添加提示信息。由于在创建 MenuActions 类时已经为每个内部窗体动作添加了提示信息，所以这里可以不为图标添加提示信息。关键代码如下：

例程 16 代码位置：TM\05\src\com\wsy\Library.java

```
private JToolBar createToolBar() {                              //创建工具栏的方法
    JToolBar toolBar = new JToolBar();                          //创建工具栏
    toolBar.setFloatable(false);                                //取消工具栏浮动（不能拖动到别的位置）
    toolBar.setBorder(new BevelBorder(BevelBorder.RAISED));     //设置工具栏的边框
    //为按钮添加图书添加动作对象
    JButton bookAddButton=new JButton(MenuActions.BOOK_ADD);
    //添加工具栏图标
    ImageIcon icon=new ImageIcon(Library.class.getResource("/bookAddtb.jpg"));
    bookAddButton.setIcon(icon);                                //为按钮添加图标
    bookAddButton.setHideActionText(true);                      //使按钮上的文字隐藏
    toolBar.add(bookAddButton);                                 //在工具栏中添加此按钮
    //为按钮添加图书修改与删除动作对象
    JButton bookModiAndDelButton=new JButton(MenuActions.BOOK_MODIFY);
    ImageIcon bookmodiicon=CreatecdIcon.add("bookModiAndDeltb.jpg");//创建图标方法
    bookModiAndDelButton.setIcon(bookmodiicon);                 //为按钮添加图标
    bookModiAndDelButton.setHideActionText(true);               //使按钮上的文字隐藏
    toolBar.add(bookModiAndDelButton);                          //在工具栏中添加此按钮
```

```
//为按钮添加图书类别添加动作对象
JButton bookTypeAddButton=new JButton(MenuActions.BOOKTYPE_ADD);
//创建图标方法
ImageIcon bookTypeAddicon=CreatecdIcon.add("bookTypeAddtb.jpg");
bookTypeAddButton.setIcon(bookTypeAddicon);                    //为按钮添加图标
bookTypeAddButton.setHideActionText(true);                     //使按钮上的文字隐藏
toolBar.add(bookTypeAddButton);                                //在工具栏中添加此按钮
//为按钮添加图书借阅动作对象
JButton bookBorrowButton=new JButton(MenuActions.BORROW);
//创建图标方法
ImageIcon bookBorrowicon=CreatecdIcon.add("bookBorrowtb.jpg");
bookBorrowButton.setIcon(bookBorrowicon);                      //为按钮添加图标
bookBorrowButton.setHideActionText(true);                      //使按钮上的文字隐藏
toolBar.add(bookBorrowButton);                                 //在工具栏中添加此按钮
//为按钮添加图书订购动作对象
JButton bookOrderButton=new JButton(MenuActions.NEWBOOK_ORDER);
//创建图标方法
ImageIcon bookOrdericon=CreatecdIcon.add("bookOrdertb.jpg");
bookOrderButton.setIcon(bookOrdericon);                        //为按钮添加图标
bookOrderButton.setHideActionText(true);                       //使按钮上的文字隐藏
toolBar.add(bookOrderButton);                                  //在工具栏中添加此按钮
//为按钮添加图书验收动作对象
JButton bookCheckButton=new JButton(MenuActions.NEWBOOK_CHECK_ACCEPT);
//创建图标方法
ImageIcon bookCheckicon=CreatecdIcon.add("newbookChecktb.jpg");
bookCheckButton.setIcon(bookCheckicon);                        //为按钮添加图标
bookCheckButton.setHideActionText(true);                       //使按钮上的文字隐藏
toolBar.add(bookCheckButton);                                  //在工具栏中添加此按钮
//为按钮添加读者添加动作对象
JButton readerAddButton=new JButton(MenuActions.READER_ADD);
ImageIcon readerAddicon=CreatecdIcon.add("readerAddtb.jpg");   //创建图标方法
readerAddButton.setIcon(readerAddicon);                        //为按钮添加图标
readerAddButton.setHideActionText(true);                       //使按钮上的文字隐藏
toolBar.add(readerAddButton);                                  //在工具栏中添加此按钮
//为按钮添加读者修改与删除动作对象
JButton readerModiAndDelButton=new JButton(MenuActions.READER_MODIFY);
ImageIcon readerModiAndDelicon=CreatecdIcon.add("readerModiAndDeltb.jpg");//创建图标方法
readerModiAndDelButton.setIcon(readerModiAndDelicon);          //为按钮添加图标
readerModiAndDelButton.setHideActionText(true);                //使按钮上的文字隐藏
toolBar.add(readerModiAndDelButton);                           //在工具栏中添加此按钮
//为按钮添加退出动作对象
JButton ExitButton=new JButton(MenuActions.EXIT);
ImageIcon Exiticon=CreatecdIcon.add("exittb.jpg");             //创建图标方法
ExitButton.setIcon(Exiticon);                                  //为按钮添加图标
ExitButton.setHideActionText(true);                            //使按钮上的文字隐藏
toolBar.add(ExitButton);                                       //在工具栏中添加此按钮
return toolBar;                                                //返回工具栏
}
```

（4）在 Library.java 类中的主函数中调用登录窗体，如果登录成功，初始化 Library.java 对象；如果登录失败，则弹出提示对话框。关键代码如下：

例程 17　代码位置：TM\05\src\com\wsy\Library.java

```
public static void main(String[] args) {
    try {
        UIManager.setLookAndFeel(UIManager
                .getSystemLookAndFeelClassName());
        new BookLoginIFrame();                                  //初始化登录窗体
    } catch (Exception ex) {
        ex.printStackTrace();                                   //捕捉异常
    }
}
```

视频讲解

5.7　登录模块设计

5.7.1　登录模块概述

登录模块是图书馆管理系统的入口，在运行本系统后，首先进入的便是登录窗体。在该窗体中，系统管理员可以通过输入正确的管理员名称与密码登录到系统，当用户没有输入管理员名称或密码时，系统将会弹出相应的提示信息。系统登录模块的运行效果如图 5.18 所示。

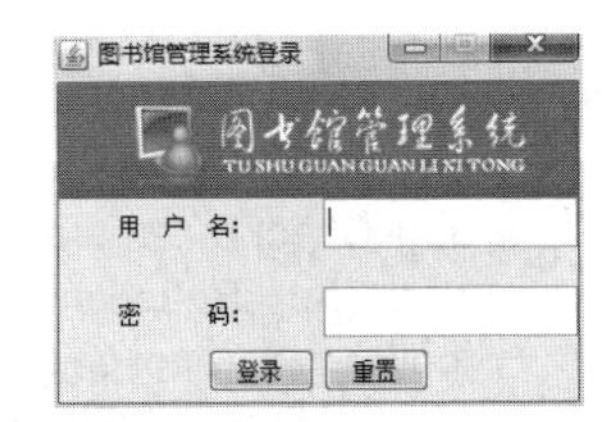

图 5.18　图书馆管理系统登录窗体

注意　在实现系统登录前，需要在 SQL Server 数据库中手动添加一条系统管理员的数据（管理员名为 tsoft、密码为 111、拥有所有权限），即在操作员信息表 tb_operator 中各添加一条数据。SQL 语句代码如下：

```
#添加管理员信息
INSERT INTO tb_operator (name, password) VALUES ('tsoft', '111')
```

5.7.2　登录模块技术分析

在本系统中，登录模块窗体继承了 JFrame 类。在设计登录窗体前，需要初始化 JPanel 组件，然后设置 JPanel 的布局。依据登录模块的整体布局，笔者在登录窗体中使用了 BorderLayout 布局管理器。

BorderLayout 布局管理器是 JFrame 的默认布局管理器，它可以让程序员选择每个组件的摆放位置，可以选择将组件放在窗体的北部、中部、南部、东部或者西部。例如：

```
class Mypanel extends JPanel{
    setLayout(new BorderLayout());
```

```
    add(button,BorderLayout.SOUTH);
}
```

笔者将放置图片的 JLable 摆放在面板的北部，装载登录文本框的面板放置在中部，南部放置装载按钮的面板，中部的面板使用 GridLayout 布局管理器。GridLayout 布局管理器按照行列来排列所有的组件。可以使用如下代码设置网格初始化网格布局管理器：

```
panel.setLayout(new GridLayout(5,4));                    //在初始化时分别指定网格的行数与列数
```

在南部的面板中使用 FlowLayout 布局管理器。

中部的面板放置用户名标签、“用户名”文本框与密码标签、“密码”文本框，其中“用户名”文本框使用 JTextField 组件，“密码”文本框使用 JPasswordField 组件，可以在初始化文本框时指定文本框的列数与文本框中的初始值。例如：

```
JTextField textField=new JTextField("Default input",20)  //指定文本框列数与初始值
JPasswordField password = new JPasswordField(20);        //初始化“密码”文本框
```

为了增加登录窗体的美观，将“密码”文本框的回显字符设置为“*”。可以使用如下代码进行设置：

```
password.setEchoChar('*');                               //设置“密码”文本框的回显字符
```

当窗体设计完成后，需要进行管理员登录验证操作，这时需要为“登录”按钮添加按钮监听事件。可以将按钮监听事件写入内部类中，它实现 ActionListener 接口，在内部类中重写 actionPerformed()方法实现登录验证操作。

5.7.3　登录模块的实现过程

开发登录模块的具体步骤如下。

（1）在 BookLoginIFrame 类构造函数中设计登录窗体的整体布局，包括添加窗体关闭按钮、最小化按钮、设置窗体大小等相关属性。关键代码如下：

例程 18　代码位置：TM\05\src\com\wsy\iframe\BookLoginIFrame.java

```
public BookLoginIFrame() {
❶   super();
❷   final BorderLayout borderLayout = new BorderLayout();   //初始化 BorderLayout 布局管理器
❸   setDefaultCloseOperation(JFrame.EXIT_ON_CLOSE);        //设置窗体关闭形式
❹   getContentPane().setLayout(borderLayout);              //面板使用 BorderLayout 布局管理器
❺   setTitle("图书馆管理系统登录");                          //设置窗体标题
    final JPanel panel_2 = new JPanel();
    final GridLayout gridLayout = new GridLayout(0, 2);    //初始化网格布局管理器
    gridLayout.setHgap(5);                                 //设置水平间距
    gridLayout.setVgap(20);                                //设置垂直间距
    panel_2.setLayout(gridLayout);                         //设置面板使用网格布局管理器
    final JLabel label = new JLabel();                     //创建放置用户名文字的标签
    label.setHorizontalAlignment(SwingConstants.CENTER);   //将标签中的文字设置在标签中间
    panel_2.add(label);                                    //在面板中添加标签
```

```
    label.setText("用    户    名：");                              //设置标签上的文字为"用户名"
    username = new JTextField(20);                                 //初始化"用户名"文本框
    panel_2.add(username);                                         //在面板中添加此文本框
    final JLabel label_1 = new JLabel();
    label_1.setHorizontalAlignment(SwingConstants.CENTER);
    panel_2.add(label_1);
    label_1.setText("密           码：");                           //设置标签文字为"密码"
    password = new JPasswordField(20);                             //初始化"密码"文本框
    password.setEchoChar('*');                                     //设置"密码"文本框的回显字符
    panel_2.add(password);                                         //在面板中添加"密码"文本框
    final JPanel panel_1 = new JPanel();
    panel.add(panel_1, BorderLayout.SOUTH);                        //设置在南部面板的布局
    login=new JButton();                                           //初始化"登录"按钮
    login.addActionListener(new BookLoginAction());                //为"登录"按钮添加监听事件
    login.setText("登录");                                          //为按钮赋予名称
    panel_1.add(login);                                            //在面板中添加按钮
    reset=new JButton();                                           //初始化"重置"按钮
    reset.addActionListener(new BookResetAction());                //为"重置"按钮添加监听事件
    reset.setText("重置");                                          //为按钮赋予名称
    panel_1.add(reset);                                            //在面板中添加"重置"按钮
    final JLabel tupianLabel = new JLabel();
❻   ImageIcon loginIcon=CreatecdIcon.add("login.JPG");            //在北部面板中添加图片
❼   tupianLabel.setIcon(loginIcon);                                //将图片放置在背景标签中
    setVisible(true);                                              //设置窗体可视
}
```

代码贴士

❶ super：调用父类的构造函数。

❷ borderLayout：实例化 BorderLayout 类，初始化边界布局管理器。

❸ setDefaultCloseOperation(JFrame.EXIT_ON_CLOSE)：设置窗体关闭的方式。

❹ getContentPane().setLayout(borderLayout)：设置容器使用边界布局管理器。

❺ setTitle()：设置窗体标题。

❻ loginIcon：调用 CreatecdIcon 类的 add()方法返回 ImageIcon 类对象。

❼ Label.setIcon(loginIcon)：使用 JLable 类中 setIcon()方法将图片放置在背景标签中，作为窗体背景。

（2）为方便在登录验证时取值传值，需要创建一个对应于 tb_operator 表字段的 JavaBean，这个类除了以数据表字段命名的成员变量外，还创建与成员变量相对应的 setXXX()、getXXX()方法。关键代码如下：

例程 19　代码位置：TM\05\src\com\wsy\model\Operater.java

```
public class Operater {
    private String id;                                             //操作员编号
    private String name;                                           //名称
    private String grade;                                          //级别
    private String password;                                       //密码
    public String getGrade() {                                     //grade 对应的 getXXX()方法
        return grade;
```

```
    }
    public void setGrade(String grade) {                //grade 对应的 setXXX()方法
        this.grade = grade;
    }
    public String getId() {                             //id 对应的 getXXX()方法
        return id;
    }
    public void setId(String id) {                      //id 对应的 setXXX()方法
        this.id = id;
    }
    public String getName() {                           //name 对应的 getXXX()方法
        return name;
    }
    public void setName(String name) {                  //name 对应的 setXXX()方法
        this.name = name;
    }
    public String getPassword() {                       //password 对应的 getXXX()方法
        return password;
    }
    public void setPassword(String password) {          //password 对应的 setXXX()方法
        this.password = password;
    }
}
```

（3）为了在其他窗体中取得当前登录用户名称，需要在 BookLoginIFrame.java 类中创建一个 Operater 类型的成员变量，同时创建对应的 setXXX()与 getXXX()方法，这样在其他窗体中如果需要显示当前登录用户的名称，只需要使用 BookLoginIFrame.java 类中的 getXXX()方法取得 Operater 类型的对象即可。关键代码如下：

例程 20　代码位置：TM\05\src\com\wsy\iframe\BookLoginIFrame.java

```
private static Operater user;                           //Operater 对象
public static Operater getUser() {                      //getXXX()方法
    return user;
}
public static void setUser(Operater user) {             //setXXX()方法
    BookLoginIFrame.user = user;
}
```

（4）分别为“登录”按钮与“重置”按钮设置监听事件。在“登录”按钮监听事件中，首先判断“用户名”与“密码”文本框是否为空，如果为空，说明用户没有输入，此时需要弹出提示对话框；当用户输入用户名与密码后，需要以这两个文本框的值作为参数调用 Dao 类中的验证管理员登录的方法，如果验证成功，进入系统；如果失败，弹出提示对话框。“重置”按钮监听事件实现起来相对比较简单，只要将“用户名”文本框的值与“密码”文本框的值置空即可。关键代码如下：

例程 21　代码位置：TM\05\src\com\wsy\iframe\BookLoginIFrame.java

```
class BookLoginAction implements ActionListener {
    public void actionPerformed(final ActionEvent e) {
```

```
            user = Dao.check(username.getText(), password.getText());      //调用 Dao 类中验证登录方法
            if (user.getName() != null) {                                   //如果验证成功
                try {
                    Library frame = new Library();                          //初始化系统主窗体
                    frame.setVisible(true);                                 //使主窗体可视
                    BookLoginIFrame.this.setVisible(false);                 //使本窗体隐藏
                } catch (Exception ex) {
                    ex.printStackTrace();                                   //捕捉异常
                }
            } else {
            //如果没有验证成功，弹出对话框
                JOptionPane.showMessageDialog(null, "只有管理员才可以登录！");
                username.setText("");                                       //将“用户名”文本框置空
                password.setText("");                                       //将“密码”文本框置空
            }
        }
    }
    private class BookResetAction implements ActionListener {
        public void actionPerformed(final ActionEvent e){
            username.setText("");                                           //将“用户名”文本框置空
            password.setText("");                                           //将“密码”文本框置空

        }
    }
```

（5）在 Dao 类中创建登录验证方法，在此方法中查询文本框中输入字符串是否与操作员数据表数据匹配，并且是否为管理员，以上条件都满足，登录验证才成功。关键代码如下：

例程 22　代码位置：TM\05\src\com\wsy\dao\Dao.java

```
public static Operater check(String name, String password) {
    int i = 0;
    Operater operater=new Operater();                                      //初始化 Operater 类对象
❶  String sql = "select *  from tb_operator where name='" + name
            + "' and password='" + password + "'and admin=1";              //管理员登录验证 SQL 语句
❷  ResultSet rs = Dao.executeQuery(sql);                                   //执行 SQL 语句
    try {
        while (rs.next()) {                                                //循环结果集
            String names = rs.getString(2);                        //将数据库中名称存入变量 names 中
            operater.setId(rs.getString("id"));                    //将数据库中取出的值放入 JavaBean 中
            operater.setName(rs.getString("name"));
            operater.setGrade(rs.getString("admin"));
            operater.setPassword(rs.getString("password"));
            if (names != null) {                                           //如果变量 names 值不为空
                i = 1;                                                     //将变量 i 赋值为 1
            }
        }
    } catch (Exception e) {
        e.printStackTrace();                                               //捕捉异常
    }
```

```
❸      Dao.close();                                    //关闭数据库连接
       return operater;                                //将 operater 对象返回
}
```

代码贴士

❶ sql：查询数据表 tb_operator（管理员信息），验证输入的用户名和密码以及是否为管理员与表中相符。

❷ Dao.executeQuery(sql)：执行 SQL 语句，并返回 ResultSet 类型的结果集。

❸ Dao.close()：关闭数据库连接。

5.8　图书信息管理模块设计

5.8.1　图书信息管理模块概述

图书信息管理模块主要包括图书信息添加、图书信息修改两个功能。

在图书信息添加窗体中管理员可以输入图书相关信息，包括名称、类别、图书条形码等。

进入图书信息修改窗体后首先在表格中显示所有图书的相关信息，管理员可以选择表格中需要修改的某一行数据，这时在窗体下方的文本框中显示相应的内容。

图书信息添加包括图书相关信息的添加，其中“出版社”与“类别”相关信息使用组合框组件在窗体中体现，比较特别的是“类别”组合框中的值是由数据库中的图书分类表取得的，除此之外其余图书相关信息字段以文本框的形式在窗体中体现，等待用户输入相关信息。同时在“添加”按钮监听事件中，限制用户输入非法字符串等操作，如果用户没有在窗体必添文本框中输入字符串而单击“添加”按钮，系统会弹出错误提示对话框。

图书信息修改主要实现图书相关信息的修改，首先查询图书信息表中的内容，放置到表格中，在表格监听事件中将表格内容放置在相应文本框中，用户可以通过修改文本框的内容修改图书相关信息。

图书信息添加与修改窗体的运行效果如图 5.19 和图 5.20 所示。

图 5.19　图书信息添加窗体

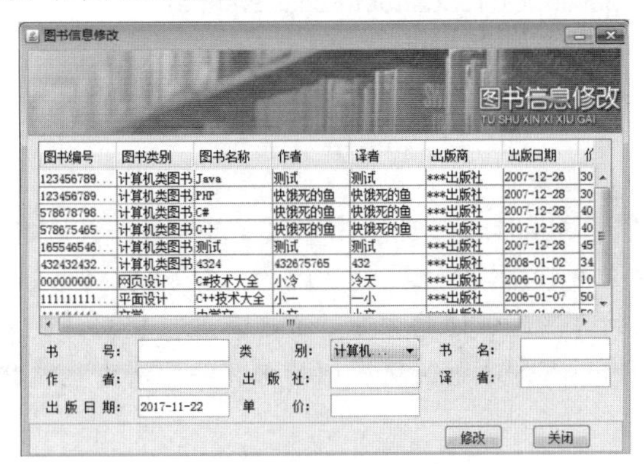

图 5.20　图书信息修改窗体

5.8.2　图书信息管理模块技术分析

设计图书信息管理窗体首先设计窗体布局。图书信息添加窗体中主要包括文本框与组合框以及

按钮图片背景标签，布局比较简单，可以使用 BorderLayout 布局管理器。首先将图片背景标签放在窗体北部，将承载着图书信息文本框的面板放在窗体中部，最后将承载着按钮群的面板放置在窗体南部。

图书信息修改窗体比较复杂，除了图书相关信息文本框之外，窗体中还需要摆放一个带滚动条的表格。在这里窗体同样使用 BorderLayout 布局管理器，首先将背景图片标签摆放到窗体北部，在窗体的中部摆放一个面板，面板中放置表格与图书相关信息文本框，最后将按钮放在窗体的南部。

设计窗体布局后，需要进行事件处理。在本模块设计中，除了为“修改”按钮添加监听事件之外，还需要为表格添加鼠标监听事件。按钮监听事件的语法读者可以参看主窗体技术分析章节，添加鼠标监听事件可以使用如下代码：

```
table.addMouseListener(new MouseAdapter() {                                    //鼠标监听事件
      public void mouseClicked(final MouseEvent e) {
            …//可以进行相关操作
      }
});
```

在添加图书信息时，需要对用户输入的字符串进行限制，包括字符串位数、字符串内容等，这时需要为相关文本框添加键盘监听事件。可以使用如下代码：

```
ISBN.addKeyListener(new KeyAdapter() {                                         //键盘监听事件
      public void keyPressed(final KeyEvent e) {
            …//相关操作
      }
});
```

在添加图书信息时，为了避免用户添加相同的图书条形码，引发异常，需要在用户输入图书条形码后与数据库中图书信息表中的条形码进行比较，这时需要在“图书条形码”文本框中添加焦点监听事件。可以使用如下代码：

```
ISBN.addFocusListener(new FocusAdapter(){                                      //焦点监听事件
      public void focusLost(FocusEvent e){
            …//相关操作
      }
});
```

注意 这里鼠标监听事件与键盘监听事件并没有实现 MouseListener 接口与 KeyListener 接口，而是继承这两个接口的相应的适配器，分别为 MouseAdapter 类与 KeyAdapter 类。适配器定义了接口中所有的方法，但这些方法什么也不做，使用适配器的目的是为了节约时间，因为实现接口需要将接口中的所有方法都实现，但其中有些方法可能是程序中不需要实现的。

5.8.3 图书信息管理模块实现过程

1. 图书信息添加

图书信息添加模块的开发步骤如下。

（1）创建图书信息添加窗体，可以在构造函数中对此窗体进行布局，由于需要在主窗体内部弹出图书信息添加窗体，所以这里使用内部框架的机制，BookAddIFrame.java 类继承了 JInternalFrame 类。关键代码如下：

例程 23　代码位置：TM\05\src\com\wsy\iframe\BookAddIFrame.java

```
public class BookAddIFrame extends JInternalFrame {
    public BookAddIFrame() {
        super();
        final BorderLayout borderLayout = new BorderLayout();
        getContentPane().setLayout(borderLayout);
        setIconifiable(true);                              //设置窗体可最小化
        setClosable(true);                                 //设置窗体可关闭
        setTitle("图书信息添加");                           //设置窗体标题
        setBounds(100, 100, 396, 260);                     //设置窗体位置和大小
        …//部分代码省略
❶       ISBN = new JTextField("请输入 13 位书号",13);      //初始化“图书条形码”文本框
❷       ISBN.setDocument(new MyDocument(13));              //设置“书号”文本框最大输入值为 13
❸       ISBN.addKeyListener(new ISBNkeyListener());        //为“图书条形码”文本框添加键盘监听事件
❹       ISBN.addFocusListener(new ISBNFocusListener());//为“图书条形码”文本框添加焦点监听事件
        panel.add(ISBN);                                   //将“图书条形码”文本框添加到面板中
        bookType = new JComboBox();                        //初始化组合框
        //将组合框转换为 DefaultComboBoxModel 形式
        bookTypeModel= (DefaultComboBoxModel)bookType.getModel();
❺       List list=Dao.selectBookCategory();               //从数据库中取出图书类别
        for(int i=0;i<list.size();i++){                    //循环结果集
            BookType booktype=(BookType)list.get(i);       //将数据库读取内容放入图书类别 JavaBean 中
            Item item=new Item();                          //初始化 Item 对象
❻           item.setId((String)booktype.getId());          //将图书类别编号放入 Item 类中
            //将图书类别名称放入 Item 类中
❼           item.setName((String)booktype.getTypeName());
            //将 Item 对象添加到组合框中，在组合框中显示 Item 类中定义的 toString() 方法中的内容
❽           bookTypeModel.addElement(item);
        }
        …//省略部分代码
        publisher = new JComboBox();                       //初始化“出版社”组合框
        //将出版社信息放入 array 数组中
        String[]array=new String[]{"***出版社","**信息出版社","**大型出版社","***小型出版社"};
        //将数组内容添加到组合框中
        publisher.setModel(new DefaultComboBoxModel(array));
        …//省略部分代码
        //初始化日期格式
❾       SimpleDateFormat myfmt=new SimpleDateFormat("yyyy-MM-dd");
        //将文本框格式化为指定日期格式
❿       pubDate= new JFormattedTextField(myfmt.getDateInstance());
        pubDate.setValue(new java.util.Date());            //将当前日期赋予到文本框中
        price= new JTextField();
        price.setDocument(new MyDocument(5));              //设置“单价”文本框只能输入 5 位
        price.addKeyListener(new NumberListener());        //限制“单价”文本框只能输入数字
```

```
        …//省略部分代码
        buttonadd= new JButton();                              //初始化按钮
        //添加按钮监听事件
        buttonadd.addActionListener(new addBookActionListener());
        …//省略部分代码
        //初始化背景图片
        ImageIcon bookAddIcon=CreatecdIcon.add("newBookorderImg.jpg");
        label_5.setIcon(bookAddIcon);                          //在背景标签中添加图片
        label_5.setPreferredSize(new Dimension(400, 80));      //设置图片大小
        setVisible(true);                                      //显示窗体可关闭
    }
}
```

代码贴士

❶ ISBN：创建“图书条形码”文本框，通过实例化 JTextField 类。
❷ setDocument(new MyDocument(13))：调用 setDocument()方法，设置“图书条形码”文本框的最大长度为 13。
❸ addKeyListener()：为“图书条形码”文本框添加监听事件。
❹ addFocusListener()：为“图书条形码”文本框添加失去焦点事件。
❺ selectBookCategory()：查询图书类别表中的内容。
❻ setId()：将图书类别表中的编号放入 Item 类中的 setId()方法中。
❼ setName()：将图书类别表中的内容放入 Item 类中的 setName()方法中。
❽ bookTypeModel.addElement(item)：将 Item 类对象添加到组合框模型中。
❾ myfmt：创建 SimpleDateFormat 类对象，格式化日期格式为 yyyy-MM-dd 格式。
❿ new JFormattedTextField(myfmt.getDateInstance())：实例化 JFormattedTextField 文本框，格式化日期文本框。

（2）在图书信息添加窗体中添加按钮监听事件，在事件中的 actionPerformed()方法中进行图书信息添加操作，可以将图书信息添加方法在 Dao 类中编写。关键代码如下：

例程 24　代码位置：TM\05\src\com\wsy\dao\Dao.java

```
public static int Insertbook(String ISBN,String typeId,String bookname,String writer,String translator,String
publisher,Date date,Double price){
    int i=0;
    try{
        //图书信息添加 SQL 语句
        String sql="insert into tb_bookInfo(ISBN,typeId,bookname,writer,translator,publisher,date,price)values
('"+ISBN+"','"+typeId+"','"+bookname+"','"+writer+"','"+translator+"','"+publisher+"','"+date+"','"+price+"')";
    i=Dao.executeUpdate(sql);                              //执行 SQL 语句
    }catch(Exception e){
        System.out.println(e.getMessage());                //显示异常字符串
    }
    Dao.close();                                           //关闭数据库连接
    return i;                                              //将执行结果返回
}
```

在 Dao 类中编写添加图书信息操作方法后，此方法可以在按钮事件的 actionPerformed()方法中调用。关键代码如下：

例程 25　代码位置：TM\05\src\com\wsy\iframe\BookAddIFrame.java

```
class addBookActionListener implements ActionListener {          //添加按钮的单击事件监听器
    public void actionPerformed(final ActionEvent e) {
    if(ISBN.getText().length()==0){                              //判定图书条形码是否为空
            //如果为空，弹出提示对话框
            JOptionPane.showMessageDialog(null, "书号文本框不可以为空");
            return;                                              //返回，不进行以下代码操作
        }
        if(ISBN.getText().length()!=13){                         //如果图书条形码位数小于 13 位
            //弹出提示对话框
            JOptionPane.showMessageDialog(null, "书号文本框输入位数为 13 位");
            return;                                              //返回，不进行以下代码操作
        }
        if(bookName.getText().length()==0){                      //判定“书名”文本框是否为空
            //弹出提示对话框
            JOptionPane.showMessageDialog(null, "图书名称文本框不可以为空");
            return;                                              //返回，不进行以下代码操作
        }
        if(writer.getText().length()==0){                        //判定“作者”文本框是否为空
            JOptionPane.showMessageDialog(null, "作者文本框不可以为空");
            return;                                              //返回，不进行以下代码操作
        }
        if(pubDate.getText().length()==0){                       //判定“出版日期”文本框是否为空
            //弹出提示对话框
            JOptionPane.showMessageDialog(null, "出版日期文本框不可以为空");
            return;                                              //返回，不进行以下代码操作
        }
        if(price.getText().length()==0){                         //判定“单价”文本框是否为空
            //弹出提示对话框
            JOptionPane.showMessageDialog(null, "单价文本框不可以为空");
            return;                                              //返回，不进行以下代码操作
        }
        String ISBNs=ISBN.getText().trim();                      //获取“图书条形码”文本框中的内容
        Object selectedItem = bookType.getSelectedItem();        //获取图书分类组合框中的内容
        if (selectedItem == null)                                //如果组合框中没有内容
            return;                                              //返回，不进行以下代码操作
        Item item = (Item) selectedItem;                         //将组合框中内容强制转换为 Item 类
        String bookTypes=item.getId();                           //获取图书分类编号
        String translators=translator.getText().trim();          //获取“译者”文本框内容
        String bookNames=bookName.getText().trim();              //获取“书名”文本框内容
        String writers=writer.getText().trim();                  //获取“作者”文本框内容
        String publishers=(String)publisher.getSelectedItem();   //在组合框中获取出版社名称
        String pubDates=pubDate.getText().trim();                //获取“出版日期”文本框内容
        String prices=price.getText().trim();                    //获取“单价”文本框内容
        int i=Dao.Insertbook(ISBNs,bookTypes, bookNames, writers, translators, publishers,
java.sql.Date.valueOf(pubDates),Double.parseDouble(prices)); //执行 Dao 类中的插入图书信息操作
        if(i==1){
            //如果添加成功，弹出提示对话框
            JOptionPane.showMessageDialog(null, "添加成功");
```

```
                doDefaultCloseAction();                          //关闭当前窗口
            }
        }
}
```

（3）除了“添加”按钮监听事件外，还要控制“图书条形码”文本框只能输入数字字符串的键盘监听事件，在重写的 keyTyped()方法中，定义管理员允许输入的字符，如果用户输入字符与上述字符不匹配，将销毁当前输入字符。关键代码如下：

例程 26 代码位置：TM\05\src\com\wsy\iframe\BookAddIFrame.java

```
class NumberListener extends KeyAdapter {
    public void keyTyped(KeyEvent e) {                            //键盘输入监听事件
        String numStr="0123456789."+(char)8;         //定义键盘可以输入的字符，其中 char(8)是 Enter 键
        if(numStr.indexOf(e.getKeyChar())<0){                     //如果当前输入字符不在定义字符串中
            e.consume();                                          //将当前输入字符销毁
        }
    }
}
```

在 BookAddIFrame.java 类中定义完成键盘监听事件后，“图书条形码”文本框可以使用如下代码调用事件：

```
ISBN.addKeyListener(new ISBNkeyListener());
```

（4）为“关闭”按钮添加按钮监听事件，主要将当前窗口关闭。关键代码如下：

例程 27 代码位置：TM\05\src\com\wsy\iframe\BookAddIFrame.java

```
class CloseActionListener implements ActionListener {            //添加“关闭”按钮的事件监听器
    public void actionPerformed(final ActionEvent e) {
        doDefaultCloseAction();                                   //关闭当前窗口
    }
}
```

2. 图书信息修改

图书信息修改模块的开发步骤如下。

（1）与图书信息添加窗体设计相同，图书信息修改窗体也继承了内部框架，同样在构造函数中初始化窗体属性、设计布局。关键代码如下：

例程 28 代码位置：TM\05\src\com\wsy\iframe\BookModiAndDelIFrame.java

```
public BookModiAndDelIFrame() {
    super();
    …//省略部分代码
    final JButton button = new JButton();                        //初始化“修改”按钮
    button.addActionListener(new addBookActionListener());       //为“修改”按钮添加监听事件
    …//省略部分代码
    final JButton button_1 = new JButton();                      //初始化“关闭”按钮
    button_1.addActionListener(new ActionListener() {            //为“关闭”按钮添加监听事件
```

```
        public void actionPerformed(final ActionEvent e) {      //重写 actionPerformed() 方法
            doDefaultCloseAction();                              //关闭当前窗口
        }
    });
    final JLabel headLogo = new JLabel();                        //初始化背景图片标签
    //创建背景图片
    ImageIcon bookModiAndDelIcon=CreatecdIcon.add("bookModiAndDel.jpg");
    headLogo.setIcon(bookModiAndDelIcon);                        //将背景图片添加到背景标签
    …//省略部分代码
    Object[][] results=getFileStates(Dao.selectBookInfo());      //初始化一个二维数组
    columnNames = new String[]{"图书编号", "图书类别", "图书名称", "作者", "译者", "出版商", "出版日期",
            "价格"};                                             //将表格标题放置在一个一维数组中
    table = new JTable(results,columnNames);                     //初始化表格
    table.setAutoResizeMode(JTable.AUTO_RESIZE_OFF); //设置表格宽自动改变关闭
    //鼠标单击表格中的内容产生事件，将表格中的内容放入文本框中
    table.addMouseListener(new TableListener());
    scrollPane.setViewportView(table);                           //使表格具有滚动条
    …//省略部分代码
    setVisible(true);                                            //显示窗体可关闭
}
```

（2）初始化窗体表格组件。首先创建为图书信息修改窗体中表格组件内容赋值的方法，此方法的参数是 List 类型的集合。在 Dao 类中创建查询图书相关信息的方法返回 List 集合可以作为此方法的参数，这个方法返回一个二维数组。关键代码如下：

例程 29　代码位置：TM\05\src\com\wsy\iframe\BookModiAndDelIFrame.java

```
private Object[][] getFileStates(List list){
    Object[][]results=new Object[list.size()][columnNames.length]; //初始化二维数组
    for(int i=0;i<list.size();i++){
        BookInfo bookinfo=(BookInfo)list.get(i);                 //将 List 集合中的数据强制转换为 BookInfo 对象
        results[i][0]=bookinfo.getISBN();                        //将图书条形码内容放入二维数组中
        results[i][1]=bookinfo.getTypeid();                      //将图书类别编号内容放入二维数组中
        results[i][2]=bookinfo.getBookname();                    //将图书名称内容放入二维数组中
        results[i][3]=bookinfo.getWriter();                      //将作者内容放入二维数组中
        results[i][4]=bookinfo.getTranslator();                  //将译者内容放入二维数组中
        results[i][5]=bookinfo.getPublisher();                   //将出版社内容放入二维数组中
        results[i][6]=bookinfo.getDate();                        //将图书出版日期内容放入二维数组中
        results[i][7]=bookinfo.getPrice();                       //将图书价格内容放入二维数组中
    }
    return results;                                              //返回二维数组
}
```

在 Dao 类中创建查询图书相关信息的方法。关键代码如下：

例程 30　代码位置：TM\05\src\com\wsy\dao\Dao.java

```
public static List selectBookInfo(String ISBN) {
    List list=new ArrayList();                                   //初始化 List 类型对象
    //查询图书相关信息 SQL 语句
```

```
        String sql = "select *  from tb_bookInfo where ISBN='"+ISBN+"'";
        ResultSet rs = Dao.executeQuery(sql);                //执行 SQL 语句
        try {
            while (rs.next()) {                              //循环查询结果集
                BookInfo bookinfo=new BookInfo();            //创建与图书信息表字段相关的 JavaBean
                bookinfo.setISBN(rs.getString("ISBN"));      //将数据库中取得的图书条形码放入 JavaBean 中
                bookinfo.setTypeid(rs.getString("typeid")); //将数据库中取得的图书类别编号放入 JavaBean 中
                bookinfo.setBookname(rs.getString("bookname"));//将数据库中取得的图书名称放入 JavaBean 中
                bookinfo.setWriter(rs.getString("writer"));  //将数据库中取得的图书作者放入 JavaBean 中
                bookinfo.setTranslator(rs.getString("translator")); //将数据库中取得的图书译者放入 JavaBean 中
                bookinfo.setPublisher(rs.getString("publisher"));  //将数据库中取得的出版社放入 JavaBean 中
                bookinfo.setDate(rs.getDate("date"));        //将数据库中取得的出版日期放入 JavaBean 中
                bookinfo.setPrice(rs.getDouble("price"));    //将数据库中取得的图书价格放入 JavaBean 中
                list.add(bookinfo);                          //将 JavaBean 对象添加到 list 集合中
            }
        } catch (Exception e) {
            e.printStackTrace();                             //捕捉异常
        }
        Dao.close();                                         //关闭数据库连接
        return list;
    }
```

创建完成窗体内表格组件后，需要为表格组件添加鼠标监听事件，以便用户单击表格中某一行记录后，相应地将表格中的数据放置在文本框中。关键代码如下：

例程 31　代码位置：TM\05\src\com\wsy\iframe\BookModiAndDelIFrame.java

```
class TableListener extends MouseAdapter {
    public void mouseClicked(final MouseEvent e) {
        String ISBNs, typeids, bookNames,writers,translators,publishers,dates,prices;
        //返回第一个选定行的索引，如果没有选定，返回-1
        int selRow = table.getSelectedRow();
        ISBNs = table.getValueAt(selRow, 0).toString().trim();      //获取选定行第 1 列的值
        typeids = table.getValueAt(selRow, 1).toString().trim();    //获取选定行第 2 列的值
        bookNames = table.getValueAt(selRow, 2).toString().trim();  //获取选定行第 3 列的值
        writers = table.getValueAt(selRow, 3).toString().trim();    //获取选定行第 4 列的值
        translators = table.getValueAt(selRow, 4).toString().trim(); //获取选定行第 5 列的值
        publishers = table.getValueAt(selRow, 5).toString().trim(); //获取选定行第 6 列的值
        dates = table.getValueAt(selRow, 6).toString().trim();      //获取选定行第 7 列的值
        prices = table.getValueAt(selRow, 7).toString().trim();     //获取选定行第 8 列的值
        ISBN.setText(ISBNs);                                        //将表格第 1 列的值放入“图书编号”文本框
❶      bookTypeModel.setSelectedItem(map.get(typeids));           //将图书类别名称内容放入组合框中
        bookName.setText(bookNames);                                //将图书名称信息放入文本框中
        writer.setText(writers);                                    //将作者信息放入文本框中
        translator.setText(translators);                            //将译者信息放入文本框中
        publisher.setText(publishers);                              //将出版社信息放入文本框中
        pubDate.setText(dates);                                     //将出版日期信息放入文本框中
        price.setText(prices);                                      //将图书价格信息放入文本框中
    }
}
```

代码贴士

❶ map.get(typeids)：将图书类别编号与图书类别名称放入 Map 数据结构中，所以此处根据图书类别编号返回图书类别名称。

（3）为“修改”按钮添加按钮监听事件。首先需要在 Dao 类中创建修改图书相关信息的方法。关键代码如下：

例程 32　代码位置：TM\05\src\com\wsy\dao\Dao.java

```
public static int Insertbook(String ISBN,String typeId,String bookname,String writer,String translator,String
publisher,Date date,Double price){
	int i=0;
	try{
		//创建数据库插入语句
		String sql="insert into tb_bookInfo(ISBN,typeId,bookname,writer,translator,publisher,date,price)
values('"+ISBN+"','"+typeId+"','"+bookname+"','"+writer+"','"+translator+"','"+publisher+"','"+date+"',"+price+")";
		i=Dao.executeUpdate(sql);				//执行数据库插入语句
	}catch(Exception e){
		System.out.println(e.getMessage());			//将捕捉异常打印
	}
	Dao.close();						//关闭数据库连接
	return i;						//将执行结果返回
}
```

在 BookModiAndDelIFrame 类中为“修改”按钮添加按钮监听事件，实现 ActionListener 接口中的 actionPerformed()方法，在这个方法中不仅需要调用 Dao 类中的图书修改方法，还要限制所有文本框字符串的非法输入，同时为了使图书信息表修改完成后，在窗体中的表格即时显示修改内容，需要将表格模型重新赋予表格中。关键代码如下：

例程 33　代码位置：TM\05\src\com\wsy\iframe\BookModiAndDelIFrame.java

```
class addBookActionListener implements ActionListener {
	public void actionPerformed(final ActionEvent e) {
		//修改图书信息表
		if(ISBN.getText().length()==0){				//如果图书条形码为空
			//弹出提示对话框
			JOptionPane.showMessageDialog(null, "书号文本框不可以为空或者输入数字不可以大于 13 个");
			return;
		}
		…//部分代码省略
		int i=Dao.Updatebook(ISBNs, bookTypes, bookNames, writers, translators, publishers,
Date.valueOf(pubDates), Double.parseDouble(prices));		//执行图书相关信息修改操作
		if(i==1){						//如果修改成功
			JOptionPane.showMessageDialog(null, "修改成功");	//弹出修改成功对话框
			Object[][] results=getFileStates(Dao.selectBookInfo());	//初始化二维数组
			table.setModel(model);				//将模型重新赋予表格
			model.setDataVector(results, columnNames);		//将修改完成的数据放入模型中
		}
	}
}
```

5.8.4 单元测试

图书条形码作为图书相关信息表的主键，在图书添加的过程中由管理员输入，如果管理员输入的图书条形码在数据库中已经存在，根据主键规则，会发生以下异常，如图 5.21 所示。

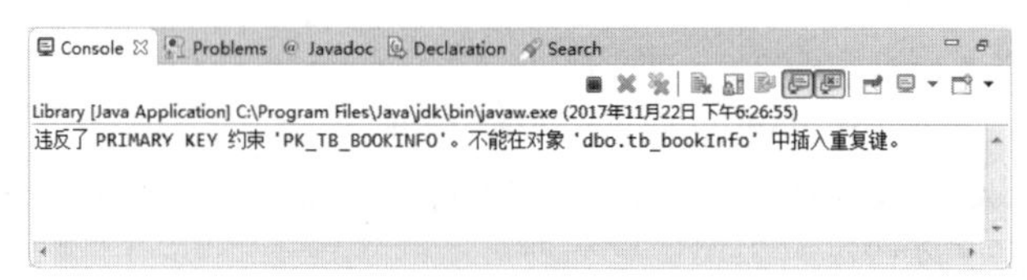

图 5.21 主键重复引发异常

这时需要为“书号”文本框添加焦点事件，重写 focusLost()方法，此方法为失去焦点方法，可以在此方法中判断用户输入的字符串是否与数据库中的图书条形码重复，实质上就是在用户鼠标焦点离开“图书条形码”文本框时进行判断。判断操作可以在 Dao 类中创建数据库查询方法。关键代码如下：

例程 34 代码位置：TM\05\src\com\wsy\dao\Dao.java

```
public static List selectBookInfo(String ISBN) {
    List list=new ArrayList();                                              //初始化 List 类型集合
    String sql = "select *  from tb_bookInfo where ISBN='"+ISBN+"'";        //创建 SQL 语句
    ResultSet rs = Dao.executeQuery(sql);                                   //执行 SQL 语句
    try {
        while (rs.next()) {                                                 //循环结果集
            BookInfo bookinfo=new BookInfo();                               //初始化 BookInfo 对象
            //将数据库中获取内容相应地放入 BookInfo 中
            …//部分代码省略
            list.add(bookinfo);                                             //将 BookInfo 对象添加到 list 集合中
        }
    } catch (Exception e) {
        e.printStackTrace();                                                //捕捉异常
    }
    Dao.close();                                                            //关闭数据库连接
    return list;                                                            //返回集合
}
```

然后在焦点事件中的 focusLost()方法中查询用户输入的条形码是否与数据库中的数据重复，如果重复则弹出相应提示对话框。关键代码如下：

例程 35 代码位置：TM\05\src\com\wsy\iframe\BookAddIFrame.java

```
class ISBNFocusListener extends FocusAdapter {
    public void focusLost(FocusEvent e){
        if(!Dao.selectBookInfo(ISBN.getText().trim()).isEmpty()){//如果用户输入的字符串与数据库中的值重复
            JOptionPane.showMessageDialog(null, "添加书号重复！"); //弹出提示对话框
            return;                                                         //返回，不执行以下代码
        }
    }
}
```

5.9 图书借阅、归还模块设计

5.9.1 图书借阅、归还模块概述

图书借阅模块主要用于管理读者借阅图书的信息。管理员输入读者条形码、图书条形码后，在读者相关信息文本框以及图书相关信息文本框中相应显示此读者和书籍的相关内容，这时在窗体表格组件中显示读者信息、图书信息以及借书日期、还书日期等相关字段，当管理员单击“借出当前图书”按钮，此读者与图书将被存放到借阅表中。

图书归还模块主要实现读者还书功能。当读者需要还书时，管理员输入读者条形码，按 Enter 键，在窗体表格中显示读者借阅图书的相关信息，在表格中单击某一行数据，在罚款相关文本框中会显示相应的内容等，最后管理员单击“图书归还”按钮，完成图书归还操作。

图书借阅模块的运行效果如图 5.22 所示，图书归还模块的运行效果如图 5.23 所示。

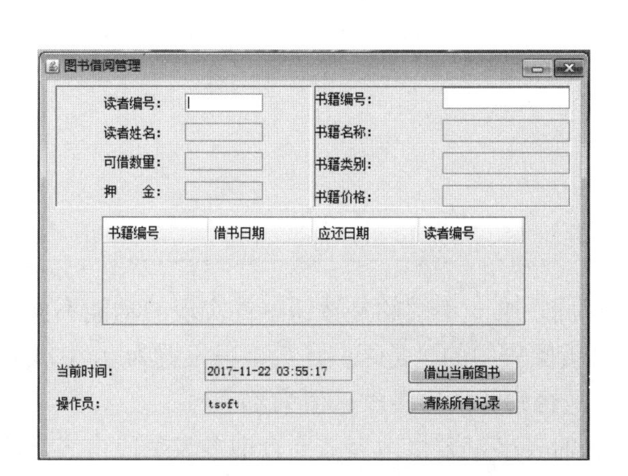

图 5.22　图书借阅管理窗体

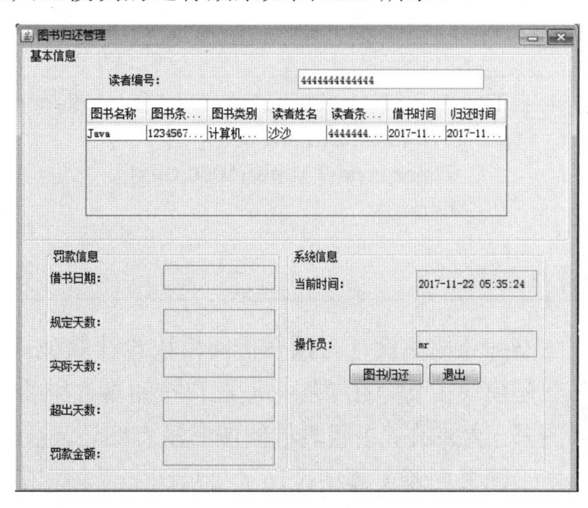

图 5.23　图书归还管理窗体

5.9.2 图书借阅、归还模块技术分析

图书借阅模块主要用到了键盘监听事件的 keyTyped()方法，重写此方法，使用 KeyEvent 类中的 getKeyChar()方法获取当前按键的键值，如果是 Enter 键，查询此读者的相关内容，同理可以查询图书的相关内容。例如：

```
class ISBNListenerlostFocus extends KeyAdapter {
    public void keyTyped(KeyEvent e) {
        if (e.getKeyChar() == '\n') {                              //判断是否按 Enter 键
            …//进行相关操作
        }
}
```

获取读者与图书的相关信息后，在“借出当前图书”按钮监听事件中将相关信息插入图书借阅表中。这里存在一个难点，就是如何获取应还日期。在图书类别表中可以获取此类图书允许借阅的天数，将当前借阅时间加上此类图书允许借阅的天数，即可得到图书应还的时间。在这里使用 Date 类中的 getDate()方法获取当前时间是某月的某一天，然后将此数值与此类图书允许借阅的天数求和后再使用 setDate()方法获取应还时间。例如：

```
java.util.Date date = new java.util.Date();
date.setDate(date.getDate() + Integer.parseInt(days));
```

图书借阅模块窗体中设置了一个清除表格内容的按钮——“清除所有记录”，在此按钮的监听事件中，可以使用如下代码将表格中的内容删除：

```
model.removeRow(table.getRowCount()-1);
```

其中，table.getRowCount()是获取表格行数的方法。

在图书借阅模块窗体中还设置了一个显示当前时间的文本框，文本框中的时间是动态变化的。这里使用了 Timer 类机制，将 Timer 对象放入文本框的监听事件中即可。例如：

```
class TimeActionListener implements ActionListener{
    public TimeActionListener(){
        Timer t=new Timer(1000,this);
        t.start();
    }
}
```

图书归还模块设计与图书借阅模块设计原理基本相同，唯一不同的是按钮事件实现的功能不同，图书归还模块主要是在“图书归还”按钮事件中将图书借阅表中的“是否归还”字段设置为 0，0 代表借阅图书已经归还，1 代表借阅图书没有归还，表中“是否归还”字段默认值为 1。

由于图书归还窗体中设计了显示图书借阅相关信息的表格，表格内容需要查询多表字段内容，所以需要应用内联接机制进行查询。

内联接用于返回所有连接表中具有匹配值的行，而排除所有其他的行。其语法格式如下：

```
SELECT fieldlist
FROM      table1 [INNER] JOIN table2
ON table1.column=table2.column
```

5.9.3 图书借阅、归还模块实现过程

1. 图书借阅

开发图书借阅模块的步骤如下。

（1）在类构造函数中创建窗体布局以及相关属性。关键代码如下：

例程 36　代码位置：TM\05\src\com\wsy\iframe\BookBorrowIFrame.java

```
public class BookBorrowIFrame extends JInternalFrame {
    public BookBorrowIFrame() {
        …//省略部分代码
❶       table = new JTable();                                   //初始化表格
❷       table.setModel(model);                                  //将模型添加到表格中
        …//省略部分代码
        readerISBN = new JTextField();                          //初始化“读者条形码”文本框
        readerISBN.setDocument(new MyDocument(13));      //使“读者条形码”文本框只能输入 13 位
❸       readerISBN.addKeyListener(new ISBNListenerlostFocus()); //为“读者条形码”文本框添加监听事件
        …//省略部分代码
        final JButton buttonBorrow = new JButton();             //初始化按钮
        buttonBorrow.setText("借出当前图书");
        buttonBorrow.addActionListener(new BorrowActionListener()); //为按钮添加事件
        final JButton buttonClear = new JButton();              //初始化按钮
        buttonClear.setText("清除所有记录");
        buttonClear.addActionListener(new ClearActionListener(model)); //为按钮添加事件
        setVisible(true);
}
```

代码贴士

❶ table：实例化 table 类创建表格。

❷ table.setModel(model)：将模型赋予到表格中。

❸ addKeyListener()：为“读者条形码”文本框添加监听事件。

（2）为“读者条形码”文本框添加键盘监听事件。当用户输入读者条形码，按 Enter 键后，触发“读者条形码”文本框键盘监听事件。在 keyTyped()方法中，调用 Dao 类中的查询读者相关信息方法，如果在数据库中没有查询到相关信息，弹出相应提示对话框；如果查询到结果，最后将查询结果放入相应文本框中。关键代码如下：

例程 37　代码位置：TM\05\src\com\wsy\iframe\BookBorrowIFrame.java

```
class ISBNListenerlostFocus extends KeyAdapter {
    public void keyTyped(KeyEvent e) {
        if (e.getKeyChar() == '\n') {                           //判断是否按 Enter 键
            String ISBNs = readerISBN.getText().trim();         //获取读者条形码
            List list = Dao.selectReader(ISBNs);                //查询读者信息
            if (list.isEmpty() && !ISBNs.isEmpty()) {           //如果没有查询到结果
                JOptionPane.showMessageDialog(null,             //弹出相应对话框
                        "此读者编号没有注册，查询输入读者编号是否有误！");
            }
            for (int i = 0; i < list.size(); i++) {             //循环结果集
                Reader reader = (Reader) list.get(i);     //将结果放入与数据库相对应的 JavaBean 中
                readerName.setText(reader.getName());           //将读者名称放入 JavaBean 中
                number.setText(reader.getMaxNum());             //将读者最大借书量放入 JavaBean 中
                //将读者押金放入 JavaBean 中
```

```
                keepMoney.setText(reader.getKeepMoney() + "");
            }
        }
    }
}
```

（3）同理，在“图书条形码”文本框键盘监听事件中获取“图书条形码”文本框内容，调用 Dao 类中的查询图书相关信息的方法，将图书信息放入相应的文本框中，同时需要将读者信息、图书信息、还书时间、借书时间放入表格中。关键代码如下：

例程 38　代码位置：TM\05\src\com\wsy\iframe\BookBorrowIFrame.java

```
class bookISBNListenerlostFocus extends KeyAdapter {
    public void keyTyped(KeyEvent e) {
        if (e.getKeyChar() == '\n') {                              //判断是否按 Enter 键
            String ISBNs = bookISBN.getText().trim();              //获取图书条形码
            List list = Dao.selectBookInfo(ISBNs);                 //查询图书相关信息
            for (int i = 0; i < list.size(); i++) {                //循环结果集
                BookInfo book = (BookInfo) list.get(i);            //将结果放入数据库相对应的 JavaBean 中
                bookName.setText(book.getBookname());              //将图书名称放入 JavaBean 中
                //将图书类别编号放入 JavaBean 中
                bookType.setText(String.valueOf(map.get(book.getTypeid())));
                price.setText(String.valueOf(book.getPrice()));   //将图书价格放入 JavaBean 中
            }
            String days = "0";
            //查询图书类别表的相关内容
            List list2 = Dao.selectBookCategory(bookType.getText().trim());
            for (int j = 0; j < list2.size(); j++) {               //循环结果集
                BookType type = (BookType) list2.get(j);           //将结果放入数据库相对应的 JavaBean 中
                days = type.getDays();                             //获取本类图书允许借阅的时间
            }
            String readerISBNs = readerISBN.getText().trim();
            List list5 = Dao.selectReader(readerISBNs);            //查询此读者是否在 tb_reader 表中
            List list4 = Dao.selectBookInfo(ISBNs);                //查询此书是否在 tb_bookInfo 表中
            if (!readerISBNs.isEmpty() && list5.isEmpty()) {       //如果没有查询出结果，弹出相应对话框
                JOptionPane.showMessageDialog(null,
                        "此读者编号没有注册，查询输入读者编号是否有误！");
                return;                                            //返回，不再执行以下代码
            }
            if (list4.isEmpty() && ! ISBNs.isEmpty()) {            //如果没有查询出结果，弹出相应对话框
                JOptionPane.showMessageDialog(null,
                        "本图书馆没有此书，查询输入图书编号是否有误！");
                return;                                            //返回，不再执行以下代码
            }
            if (Integer.parseInt(number.getText().trim()) <= 0) {  //如果统计借书量的数字为 0
                //弹出超过最大借书量对话框
                JOptionPane.showMessageDialog(null, "借书量已经超过最大借书量！");
                return;
            }
```

```
                add();                                          //调用添加表格行方法
                number.setText(String.valueOf(Integer.parseInt(number.getText()
                        .trim()) - 1));                         //表格每次添加一行，可借书数量减 1
            }
        }
    }
```

（4）在 BookBorrowIFrame 类中创建一个表格行添加的方法 add()，在“图书条形码”文本框键盘监听事件中调用，实现在管理员输入完图书条形码后，按 Enter 键，在窗体表格中添加一行数据的功能。在 add()方法中，将图书条形码、读者条形码、当前时间、应还时间放入数组中，最后将数组添加到表格模型中作为表格新增的一行数据。关键代码如下：

例程 39　代码位置：TM\05\src\com\wsy\iframe\BookBorrowIFrame.java

```
public final void add() {
    String str[] = new String[4];                               //初始化数组
    str[0] = bookISBN.getText().trim();                         //获取图书条形码
    str[1] = String.valueOf(myfmt.format(new java.util.Date()));    //获取当前时间
    str[2] = getBackTime().toLocaleString();                    //获取归还时间
    str[3] = readerISBN.getText().trim();                       //获取读者条形码
    model.addRow(str);                                          //将数组添加到表格模型中
}
```

（5）这里需要创建取得应还时间的方法。在 Dao 类中定义一个取得当前书籍允许借阅时间的方法，取得当前书籍允许借阅的最大天数，取当前时间与此天数的加和，即可返回应还时间。关键代码如下：

例程 40　代码位置：TM\05\src\com\wsy\iframe\BookBorrowIFrame.java

```
public Date getBackTime() {                                     //获取还书时间
    String days = "0";
    List list2 = Dao.selectBookCategory(bookType.getText().trim()); //查询图书类别方法
    for (int j = 0; j < list2.size(); j++) {
        BookType type = (BookType) list2.get(j);
        days = type.getDays();                                  //获取当前图书允许借阅的天数
    }
    java.util.Date date = new java.util.Date();
    date.setDate(date.getDate() + Integer.parseInt(days));      //获取图书应还时间
    return date;                                                //返回书籍应还时间
}
```

（6）最后在“借出当前图书”按钮监听事件中，将相关信息存入图书借阅表中，如果操作成功，提示相应对话框。关键代码如下：

例程 41　代码位置：TM\05\src\com\wsy\iframe\BookBorrowIFrame.java

```
class BorrowActionListener implements ActionListener {
    public void actionPerformed(final ActionEvent e) {
        …//省略部分代码
        int i=Dao.InsertBookBorrow(bookISBNs, readerISBNs, operatorId,
java.sql.Timestamp.valueOf(borrowDate), java.sql.Timestamp.valueOf(backDate))
```

```
//将借阅相关信息插入图书借阅表中
        if(i==1){                                                       //如果插入成功
            //弹出相应对话框
            JOptionPane.showMessageDialog(null, "图书借阅完成！");
            doDefaultCloseAction();                                     //关闭当前窗口
        }
    }
}
```

2. 图书归还

实现图书归还模块的具体步骤如下。

（1）需要实现管理员输入读者条形码后，在窗体表格中显示相关内容的查询方法。这个方法与其他数据库操作方法相同，同样在 Dao 类中进行定义。由于需要查询的内容不在数据库中同一数据表中，所以需要利用表关系进行内联接查询。其中用到的表包括 tb_borrow（图书借阅信息表）、tb_reader（读者信息表）、tb_bookInfo（图书信息表），这 3 个表的关系如图 5.24 所示。

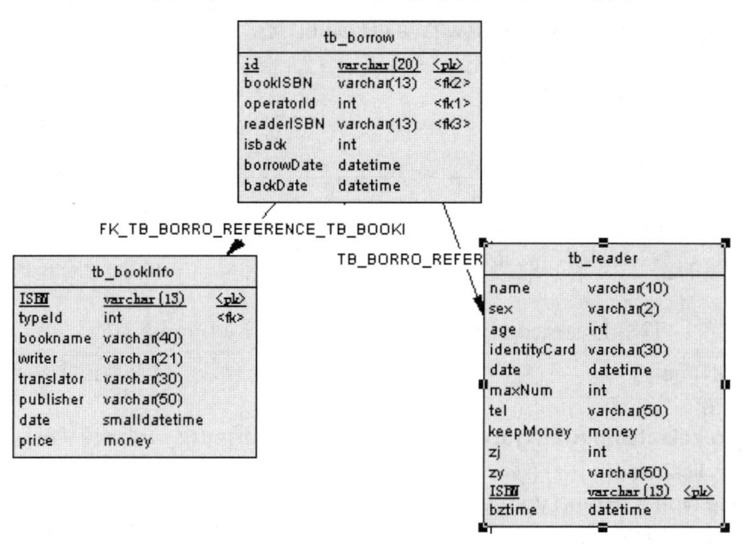

图 5.24　图书借阅表、图书信息表、读者信息表关系图

从图 5.24 中可以看出，图书信息表与读者信息表中的主键是图书借阅表中的两个外键，如果需要取得这 3 个表中的字段内容，可以使用外键关系进行查询。关键代码如下：

例程 42　代码位置：TM\05\src\com\wsy\iframe\BookBackIFrame.java

```
public static List selectBookBack(String readerISBN) {
    List list=new ArrayList();                                          //初始化 list 集合
❶   String sql = "SELECT a.ISBN AS bookISBN, a.bookname, a.typeId,b.operatorId, b.borrowDate,
b.backDate, c.name AS readerName, c.ISBN AS readerISBN FROM tb_bookInfo a INNER JOIN tb_borrow
b ON a.ISBN = b.bookISBN INNER JOIN tb_reader c ON b.readerISBN = c.ISBN WHERE (c.ISBN =
'"+readerISBN+"' and isback=1)";
    ResultSet rs = Dao.executeQuery(sql);                               //执行 SQL 语句
    try {
        while (rs.next()) {                                             //循环结果集
```

```
                Back back=new Back();                              //初始化 Back 类对象
                back.setBookISBN(rs.getString("bookISBN"));        //将查询内容放入 Back 类中
                …//省略部分代码
                list.add(back);                                    //将 Back 对象添加到 list 集合中
            }
        } catch (Exception e) {
            e.printStackTrace();                                   //捕捉异常
        }
        Dao.close();                                               //关闭数据库连接
        return list;                                               //返回结果集
    }
```

代码贴士

❶ 将 tb_bookInfo 取别名为 a，将 tb_borrow 取别名为 b，将 tb_reader 取别名为 c，首先使 a 表与 b 表进行内联接操作，取满足条件 a.ISBN=b.bookISBN 的所有记录，然后此记录再与 c 表进行内联接操作，取满足条件 c.ISBN=b.readerISBN 的所有记录，并且在 c 表中取当前用户没有归还书籍的相关记录。

定义完成上述方法后，可以在 BookBackIFrame 类中定义一个创建表格的 add()方法，在此方法中调用 Dao 类中的查询方法，然后在“读者条形码”文本框中添加监听事件，在 actionPerformed()方法中调用 add()方法，实现将查询结果添加到表格中的功能。关键代码如下：

例程 43　代码位置：TM\05\src\com\wsy\iframe\BookBackIFrame.java

```
public final void add() {
    System.out.println("testadd");
    String readerISBNs=readerISBN.getText().trim();               //获取读者条形码
    List list=Dao.selectBookBack(readerISBNs);                    //调用 Dao 类查询方法
    for(int i=0;i<list.size();i++){                               //循环结果集
        Back back=(Back)list.get(i);                              //将结果放入 Back 类中
        String str[] = new String[7];                             //初始化一维数组
        str[0] =back.getBookname();                               //将图书名称的值赋予到数组中
        str[1] =back.getBookISBN();                               //将图书条形码赋予到数组中
❶       str[2]=String.valueOf(MapPz.getMap().get(back.getTypeId()+""));  //将图书类别赋予到数组中
        str[3] =back.getReaderName();                             //将读者姓名赋予到数组中
        str[4] =back.getReaderISBN();                             //将读者条形码赋予到数组中
        str[5] =back.getBorrowDate();                             //将读者借书时间赋予到数组中
        str[6]=back.getBackDate();                                //将读者还书时间赋予到数组中
        model.addRow(str);                                        //将数组添加到表格模型中
    }
}
```

代码贴士

❶ MapPz.getMap().get(back.getTypeId()+"")：在数据库中取得图书类别编号，可以使用 MapPz.get()方法取得图书类别名称。

（2）在设计窗体时，需要实现用户单击表格中的某一行，在相应文本框中显示此书借阅的罚款信息。可以设置表格的鼠标监听事件，在 mouseClicked()方法中实现上述操作。关键代码如下：

例程 44 代码位置：TM\05\src\com\wsy\iframe\BookBackIFrame.java

```
class TableListener extends MouseAdapter {
    public void mouseClicked(final MouseEvent e) {
        java.util.Date date=new java.util.Date();
        String fk="";
        String days1="";
        int selRow=table.getSelectedRow();                    //取得当前表格选中的行
        //获取图书类别表中的罚款信息
        List list =Dao.selectBookTypeFk(table.getValueAt(selRow, 2).toString().trim());
        for(int i=0;i<list.size();i++){                        //循环查询结果集
            BookType booktype=(BookType)list.get(i);           //将查询结果放入 BookType 类中
            fk=booktype.getFk();                               //取得罚款信息
            days1=booktype.getDays();                          //取得此类书籍允许的借阅天数
        }
        //将借阅日期放入相应的文本框中
        borrowDate.setText(table.getValueAt(selRow, 5).toString().trim());
❶       int days2,days3;
        borrowdays.setText(days1+"");              //将此类书籍允许的借阅天数放入相应的文本框中
❷       days2=date.getDate()-java.sql.Timestamp.valueOf(table.getValueAt(selRow,  5).toString().trim()).
getDate();
        realdays.setText(days2+"");
❸       days3=days2-Integer.parseInt(days1);
        if(days3>0){                                           //如果读者借书超出规定时间
            ccdays.setText(days3+"");                          //将超出的规定时间放入相应的文本框中
            Double zfk=Double.valueOf(fk)*days3;               //计算读者应交的罚款金额
            fkmoney.setText(zfk+"元");                         //将罚款金额放入相应的文本框中
        }
        else{                                                  //如果读者借书没有超过规定时间
            ccdays.setText("没有超过规定天数");                //将指定信息放入到罚款金额文本框中
        }
    }
}
```

代码贴士

❶ days2：实际借阅天数。days3：超出规定天数。

❷ 获取当前时间与读者归还时间的差即为实际借阅天数。

❸ 获取实际借阅天数与规定天数的差即为超出规定天数。

（3）为“图书归还”按钮添加监听事件，图书归还操作主要是将图书借阅表中的“是否归还”字段内容设置为 0，此操作可以在 Dao 类中完成，然后在监听事件的 actionPerformed()方法中调用。关键代码如下：

例程 45 代码位置：TM\05\src\com\wsy\iframe\BookBackIFrame.java

```
class BookBackActionListener implements ActionListener{
    public void actionPerformed(ActionEvent e) {
        if(bookISBNs.isEmpty()||readerISBNs.isEmpty()){        //如果表格中没有借阅的相关信息
            JOptionPane.showMessageDialog(null, "请选择所要归还的图书！"); //弹出相应对话框
            return;                                            //返回，不进行以下代码
        }
```

```
            int i=Dao.UpdateBookBack(bookISBNs, readerISBNs);      //执行图书归还操作
            if(i==1){                                               //如果执行成功
                JOptionPane.showMessageDialog(null, "还书操作完成！");  //弹出相应的对话框
                int selectedRow = table.getSelectedRow();           //取表格当前行
                model.removeRow(selectedRow);                       //在模型中将此行删除
            }
        }
}
```

5.9.4　单元测试

在图书借阅模块开发过程中，笔者在“读者条形码”文本框与“图书条形码”文本框中添加的是焦点监听事件，在 focusLost()方法中查询读者相关信息与图书相关信息，然后在“图书条形码”文本框的 focusLost()方法中设置将图书相关信息放入表格中。这样的设置存在一个弊端，当管理员向“图书条形码”文本框中输入字符串后，引发“图书条形码”文本框失去焦点事件，此时会将相关内容放入窗体表格中进行显示，由于管理员并没有向“读者条形码”文本框中输入任何字符串，所以在窗体表格中没有读者相关信息显示。同时，使用焦点监听事件也会误导管理员操作系统。

当管理员直接在“图书条形码”文本框中输入图书条形码后，没有向“读者条形码”文本框输入字符串，而在触发文本框失去焦点事件时，就会出现如图 5.25 所示的异常。

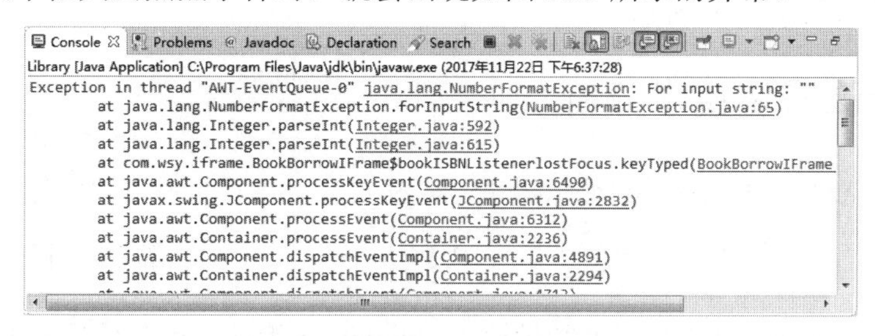

图 5.25　异常提示

在这种情况下，为了避免出现上述问题，需要在触发“图书条形码”文本框失去焦点事件时，首先判断管理员是否在“读者条形码”文本框中输入字符串，如果“读者条形码”文本框为空，则弹出提示对话框。同时为了避免误导管理操作本系统，将失去焦点事件改为键盘按 Enter 键事件。关键代码如下：

例程 46　代码位置：TM\05\src\com\wsy\iframe\BookBorrowIFrame.java

```
class bookISBNListenerlostFocus extends KeyAdapter {
    public void keyTyped(KeyEvent e) {
        if (e.getKeyChar() == '\n') {                               //判断是否按 Enter 键
            if (readerISBN.getText().trim().length()!=0 //如果“读者条形码”和“图书条形码”文本框不为空
                    && bookISBN.getText().trim().length()!=0) {
                String ISBNs = bookISBN.getText().trim();
                List list = Dao.selectBookInfo(ISBNs);              //进行查询操作
                …//省略部分代码
                else                                                //如果查询为空
```

```
                        JOptionPane.showMessageDialog(null, "请输入读者条形码！");
                    }
                }
            }
}
```

5.10 图书查询模块设计

5.10.1 图书查询模块概述

图书查询窗体主要包括条件查询与全部查询。窗体整个布局使用 BorderLayout 布局管理器，在窗体中部放置了 JTabbedPane 组件，分别在 JTabbedPane 组件的两个标签中放置了一个面板，一个面板用于放置条件查询结果集，另一个面板用于放置查询全部图书信息的结果集。在条件查询面板中，用户可以在组合框中选择需要查询的字段，然后在条件文本框中输入需要查询的字符串；在全部查询面板中，用户选择“显示图书全部信息”选项卡，即可查看所有图书相关信息。图书查询模块运行效果如图 5.26 所示。

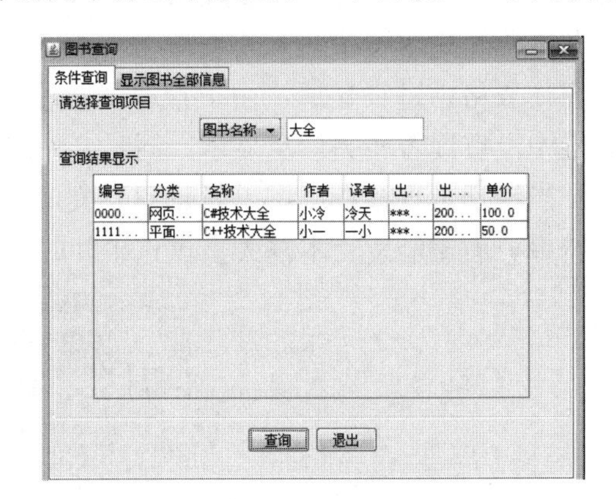

图 5.26　图书查询窗体

5.10.2 图书查询模块技术分析

图书查询窗体主要包括按条件查询功能与全部图书查询功能，这时需要在窗体中使用选项卡，可以使用 JTabbedPane 组件。

在窗体中使用 JTabbedPane 组件需要初始化 JTabbedPane 组件，可以使用如下代码：

```
final JTabbedPane tabbedPane = new JTabbedPane();
tabbedPane.setPreferredSize(new Dimension(0, 50));
getContentPane().add(tabbedPane);
```

然后在选项卡中添加选项卡名称，例如：

```
tabbedPane.addTab("条件查询", null, panel_1, null);
```

图书查询主要实现将查询结果集放入表格中，所以需要初始化表格。

初始化表格首先是将表头信息放入数组中，分别为图书名称、类别、作者等相关信息。然后初始化表格数据，可以在 Dao 类中将图书相关信息查询出来，放入二维数组中。其中，查询包括全部信息查询与条件查询。在这里条件查询使用模糊查询，在 SQL Server 2014 中实现模糊查询可以使用带有 like 关键字的 SQL 语句，使用 like 的 SQL 语句可以确定给定的字符串是否与指定的模式匹配。模式可以包含常规字符和通配符。模式匹配过程中，常规字符必须与字符串中指定的字符完全匹配。然而，可使用字符串的任意片段匹配通配符。与使用“=”和“!=”字符串比较运算符相比，使用通配符可使 like

运算符更加灵活。可以使用如下 SQL 语句对图书信息表进行模糊查询：

```
select * from tb_bookInfo where bookname like '%computer%'
```

在 Dao 类查询图书相关信息后，可以将数据放入二维数组中，然后使用表头数组与表文数组初始化表格。Swing 中的表格初始化有多种形式。以下是 JTable 类的所有构造函数。

☑ JTable()。
☑ JTable(int numRows,int numColumns)。
☑ JTable(Object[][] rowData,Object[] columnNames)。
☑ JTable(TableModel dm)。
☑ JTable(TableModel dm,TableColumnModel cm)。
☑ JTable(TableModel dm,TableColumnModel cm,ListSelectionModel sm)。
☑ JTable(Vector rowData,Vector columnNames)。

在这里笔者使用第 3 个构造函数创建表格，其中第一个参数是表格内容，第二个参数是表头。

5.10.3 图书查询模块实现过程

图书查询模块的实现步骤如下。

（1）在 Dao 类中定义两个查询方法，分别为条件查询与全部查询，其中条件查询使用了模糊查询机制，查询完毕后将查询结果放入 JavaBean 中，然后将 JavaBean 对象添加到 list 中。关键代码如下：

例程 47 代码位置：TM\05\src\com\wsy\dao\Dao.java

```
public static List selectbookserch() {
	List list=new ArrayList();                          //初始化 list 集合
❶	String sql = "select *  from tb_bookInfo";          //查询全部图书相关信息
❷	ResultSet s = Dao.executeQuery(sql);                //执行 SQL 语句
	try {
		while (s.next()){                               //循环结果集
			BookInfo bookinfo=new BookInfo();           //初始化 BookInfo 对象
			…//省略部分代码
			list.add(bookinfo);                         //将 BookInfo 对象添加到结果集
		}
	} catch (Exception e) {
		e.printStackTrace();                            //抛出异常
	}
❸	Dao.close();                                        //关闭数据库连接
	return list;                                        //将 list 集合返回
}
```

代码贴士

❶ sql：查询图书信息表的全部内容。
❷ Dao.executeQuery(sql)：调用 Dao 类中的 executeQuery()方法，执行 SQL 语句，返回结果集。
❸ Dao.close()：调用 Dao 类中的 close()方法，关闭数据库连接。

在 Dao 类中定义条件查询的代码如下：

例程 48　代码位置：TM\05\src\com\wsy\dao\Dao.java

```
public static List selectbookmohu(String bookname){
	List list=new ArrayList();                                        //初始化 list 集合
	//模糊查询 SQL 语句
❶	String sql="select * from tb_bookInfo where bookname like '%"+bookname+"%'";
❷	ResultSet s=Dao.executeQuery(sql);                                //执行 SQL 语句
	try {
		while(s.next()){                                              //循环结果集
			BookInfo bookinfo=new BookInfo();
			…//省略部分代码
			list.add(bookinfo);                                       //将对象添加到 list 集合中
		}
	} catch (SQLException e) {
		e.printStackTrace();                                          //捕捉抛出异常
	}
❸	Dao.close();
❹	return list;                                                      //将结果集返回
}
```

代码贴士

❶ sql：使用模糊查询语句查询图书信息表的全部内容。

❷ Dao.executeQuery(sql)：调用 Dao 类中的 executeQuery()方法，执行 SQL 语句，返回结果集。

❸ Dao.close()：调用 Dao 类中的 close()方法，关闭数据库连接。

❹ return list：将结果以集合的形式返回。

（2）在 BookSearchIFrame 类中创建表格。首先在一维数组中定义表头，然后在二维数组中定义表格内容，在定义表格内容过程中可以调用步骤（1）中提到的 Dao 类中的查询图书相关信息方法。关键代码如下：

例程 49　代码位置：TM\05\src\com\wsy\iframe\BookSearchIFrame.java

```
//定义表格头部
String booksearch[] = { "编号", "分类", "名称", "作者", "出版社", "译者", "出版日期", "单价" };
//创建获取表文的方法，返回二维数组
private Object[][] getselect(List list) {
	Object[][] s = new Object[list.size()][8];                        //初始化二维数组
	for (int i = 0; i < list.size(); i++) {                           //循环结果集
		BookInfo book = (BookInfo) list.get(i);                       //将结果集内容放入 BookInfo 对象中
		s[i][0] = book.getISBN();                                     //将图书相关信息放入二维数组中
	…//省略部分代码
	}
	return s;                                                         //将二维数组返回
}
```

初始化表格的表头与表文后，可以在窗体中创建表格。关键代码如下：

例程 50　代码位置：TM\05\src\com\wsy\iframe\BookSearchIFrame.java

```
table_2 = new JTable(results,booksearch);
```

（3）在“查询”按钮中添加监听事件，重写 actionPerformed()方法，在此方法中调用 Dao 类中的查询方法。关键代码如下：

例程 51　代码位置：TM\05\src\com\wsy\iframe\BookSearchIFrame.java

```
class SearchListener implements ActionListener {
    public void actionPerformed(ActionEvent arg0) {
        String name=(String)choice.getSelectedItem();                   //获取组合框中选择的查询字段
        if(name.equals("图书名称")){                                      //如果管理员选择“图书名称”
            //以图书名称为条件进行查询
            Object[][] results=getselect(Dao.selectbookmohu(textField_1.getText()));
            table_2 = new JTable(results,booksearch);                   //初始化表格
            scrollPane_1.setViewportView(table_2);                      //将表格添加到滚动条中
        }
        else if(name.equals("图书作者")){                                 //如果管理员选择“图书作者”
            //以图书作者为条件进行查询
            Object[][] results=getselect(Dao.selectbookmohuwriter(textField_1.getText()));
            table_2 = new JTable(results,booksearch);                   //初始化表格
            scrollPane_1.setViewportView(table_2);                      //将表格添加到滚动条中
        }
    }
}
```

5.11　新书订购管理模块设计

视频讲解

5.11.1　新书订购管理模块概述

新书订购管理窗体主要用于录入新图书信息。窗体整个布局使用 FlowLayout 布局管理器，在窗体中部放置了两个面板，并用带有标题的边框 TitledBorder 进行区分。两个面板分别用于录入图书信息和订购信息。新书订购管理窗体运行效果如图 5.27 所示。

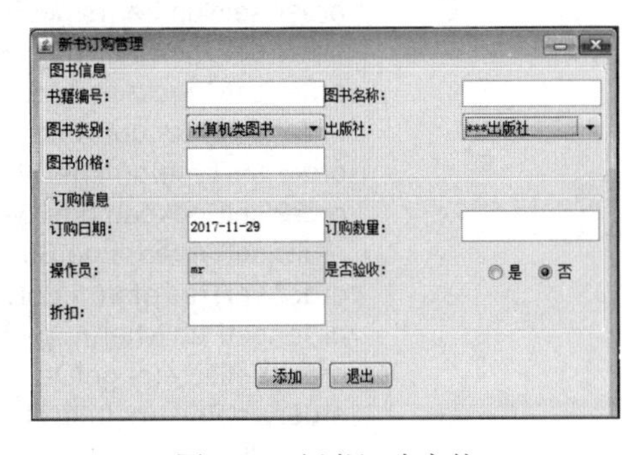

图 5.27　新书订购窗体

5.11.2　新书订购管理模块技术分析

新书订购管理窗体主要用于录入新图书信息，这样就需要多个文本框记录图书相关信息。因为文本框不像表格那样自带行列布局，所以需要手动给面板添加布局。本窗体采用流布局，控制好面板大小之后，面板会自动调整文本框等组建的位置。面板添加流布局的方法如下：

```
final JPanel panel = new JPanel();
panel.setLayout(new FlowLayout());
panel.setPreferredSize(new Dimension(0, 240));
```

然后将此面板用于主容器中，例如：

```
getContentPane().add(panel);;
```

用户输入完所有图书信息之后，单击“添加”按钮首先会对输入的信息进行校验，各项内容不能为空，如果为空则提示，如果不为空则将这些信息录入到数据库中。这个功能可以通过按钮的动作监听实现。

而将数据录入数据库可以在 Dao 中创建插入数据的方法，将窗体中文本框、下拉列表框等信息插入到后台 tb_order 表中。可以使用如下 SQL 语句将图书信息插入表中：

```
insert into tb_order(ISBN,date,number,operator,checkAndAccept,zk) values('ISBN','date','number','operator',
checkAndAccept,'zk')"'
```

5.11.3 新书订购管理模块实现过程

新书订购管理模块的实现步骤如下。

（1）在 Dao 类中定义两个查询方法，分别为条件查询与全部查询，查询完毕后将查询结果放入 JavaBean 中，然后将 JavaBean 对象添加到 list 中。关键代码如下：

例程 52　代码位置：TM\05\src\com\wsy\dao\Dao.java

```
public static List selectBookOrder() {
	List list=new ArrayList();
	String sql = "SELECT * FROM tb_order a INNER JOIN tb_bookInfo b ON a.ISBN = b.ISBN";
	ResultSet rs = Dao.executeQuery(sql);
	try {
		while (rs.next()) {
			OrderAndBookInfo order=new OrderAndBookInfo();
			order.setISBN(rs.getString(1));
			order.setOrderdate(rs.getDate(2));
			order.setNumber(rs.getString(3));
			order.setOperator(rs.getString(4));
			order.setCheckAndAccept(rs.getString(5));
			order.setZk(rs.getDouble(6));
			order.setTypeId(rs.getString(8));
			order.setBookname(rs.getString(9));
			order.setWriter(rs.getString(10));
			order.setTraslator(rs.getString(11));
			order.setPublisher(rs.getString(12));
			order.setDate(rs.getDate(13));
			order.setPrice(rs.getDouble(14));
			list.add(order);
		}
	} catch (Exception e) {
		e.printStackTrace();
	}
	Dao.close();
	return list;
}
```

在 Dao 类中定义条件查询的代码如下：

例程 53 代码位置：TM\05\src\com\wsy\dao\Dao.java

```
public static List selectBookOrder(String ISBN) {
    List list=new ArrayList();
    String sql = "SELECT * FROM tb_order where ISBN='"+ISBN+"'";
    ResultSet rs = Dao.executeQuery(sql);
    try {
        while (rs.next()) {
            Order order=new Order();
            order.setISBN(rs.getString("ISBN"));
            order.setDate(rs.getDate("date"));
            order.setNumber(rs.getString("number"));
            order.setOperator(rs.getString("operator"));
            order.setZk("zk");
            order.setCheckAndAccept("checkAndAccept");
            list.add(order);

        }
    } catch (Exception e) {
        e.printStackTrace();
    }
    Dao.close();
    return list;
}
```

（2）在 newBookOrderIFrame 类中定义文本框和下拉框等组件。这些组件用于收集用户输入的新书信息。关键代码如下：

例程 54 代码位置：TM\05\src\com\wsy\iframe\newBookOrderIFrame.java

```
public class newBookOrderIFrame extends JInternalFrame {
    private JTextField bookName;                              //图书名称
    private JTextField zk;                                    //折扣
    private ButtonGroup buttonGroup = new ButtonGroup();
    private JComboBox cbs;                                    //出版社
    private JTextField price;                                 //图书价格
    private JComboBox bookType;                               //图书类别
    private JTextField operator;                              //操作员
    private JTextField orderNumber;                           //订单数量
    private JTextField ISBN;                                  //图书编号
    private JFormattedTextField orderDate;
    DefaultComboBoxModel bookTypeModel;                       //图书类别数据模型
    DefaultComboBoxModel cbsModel;                            //出版社数据模型
    JRadioButton radioButton1;                                //是否验收：是
    JRadioButton radioButton2;                                //是否验收：否

    //省略部分代码...
}
```

（3）在窗体中创建一个“添加”按钮，单击此按钮之后会先校验用户输入图书信息，如果图书信

息无误则将这些信息录入数据中。按钮实现了 ButtonAddLisenter 监听事件。关键代码如下：

```
final JButton buttonAdd = new JButton();
buttonAdd.setText("添加");
buttonAdd.addActionListener(new ButtonAddLisenter());
panel_2.add(buttonAdd);
```

（4）在“添加”按钮中添加监听事件，重写 actionPerformed()方法，在此方法中调用 Dao 类中的插入方法。关键代码如下：

例程 55　代码位置：TM\05\src\com\wsy\iframe\newBookOrderIFrame.java

```
class ButtonAddLisenter implements ActionListener{
    public void actionPerformed(final ActionEvent e) {
        if(orderDate.getText().isEmpty()){
            JOptionPane.showMessageDialog(null, "订书日期文本框不可为空");
            return;
        }
        if(ISBN.getText().isEmpty()){
            JOptionPane.showMessageDialog(null, "图书编号文本框不可为空");
            return;
        }
        if(orderNumber.getText().isEmpty()){
            JOptionPane.showMessageDialog(null, "订书数量文本框不可为空");
            return;
        }
        if(operator.getText().isEmpty()){
            JOptionPane.showMessageDialog(null, "操作员文本框不可为空");
            return;
        }

        if(price.getText().isEmpty()){
            JOptionPane.showMessageDialog(null, "价格文本框不可为空");
            return;
        }
        if(!Dao.selectBookOrder(ISBN.getText().trim()).isEmpty()){
            JOptionPane.showMessageDialog(null, "添加书号重复！");
            return;
        }

        String checkAndAccept="0";
        if(radioButton2.isSelected()){
            checkAndAccept="1";
        }
        System.out.println(checkAndAccept);

        Double zks=Double.valueOf(zk.getText())/10;

        try{
            int i=Dao.InsertBookOrder(ISBN.getText().trim(), java.sql.Date.valueOf(orderDate.getText(). trim()),
orderNumber.getText().trim(), operator.getText().trim(), checkAndAccept,zks);
```

```
                System.out.println(i);
                if(i==1){
                    JOptionPane.showMessageDialog(null, "添加成功！");
                }
            }catch(Exception ex){
                System.out.println(ex.getMessage());
            }
        }
    }
```

5.12　开发技巧与难点分析

5.12.1　窗体中单选按钮即时显示

在图书验收模块开发中，进入窗体后，首先将图书订购信息显示在表格中，当管理员单击表格中某一行数据后，在窗体相应文本框中即时显示相关内容。这里存在一个难点，就是“是否验收”单选按钮的即时显示。

Swing 中单选按钮组件被选择的语句如下：

```
radioButton.setSelected(true);
```

当从表格中获取“是否验收”字段内容时，在表格鼠标监听事件中根据字段内容判断应该使哪个单选按钮被选中，其中“是否验收”字段内容为 0 时代表图书已经验收，内容为 1 时代表图书没有验收。可以使用如下代码设置单选按钮的即时显示：

例程 56　代码位置：TM\05\src\com\wsy\iframe\newBookCheckIFrame.java

```
if(table.getValueAt(selRow, 4).toString().trim().equals("否"))//1 代表没有验收
    radioButton2.setSelected(true);
else
    radioButton1.setSelected(true);
```

5.12.2　格式化的文本框

在 Swing 中，当限制文本框中只能输入数字，而不是其他字符时，可以为文本框添加键盘监听事件，并且在键盘按下事件方法中销毁所有非法字符。虽然这种方法被广泛使用，但这种方法存在某种弊端，当用户使用 Ctrl+V 快捷键将文本复制粘贴到文本框中，并没有触发键盘按键事件，这时同样可以输入非法字符而系统并不能进行相应处理。为了处理格式化文本框，Swing 的设计者提供了 JFormattedTextField 类，该类不仅能用于数字的输入，还能用于日期的输入。

1. 使用 JFormattedTextField 限制整型数字输入

初始化一个格式化文本框有几种方式，Java API 中提供了如下 6 个构造函数。

- ☑ JFormattedTextField()。
- ☑ JFormattedTextField(Format format)。
- ☑ JFormattedTextField(JFormattedTextField.AbstractFormatter formatter)。
- ☑ JFormattedTextField(JFormattedTextField.AbstractFormatterFactory factory)。
- ☑ JFormattedTextField(JFormattedTextField.AbstractFormatterFactory factory,Object currentValue)。
- ☑ JFormattedTextField(Object value)。

在这里使用第二种方式，代码如下：

```
JFormattedTextField intField=new JFormattedTextField(NumberFormat.getInstance());
```

其中，NumberFormat 类中的 getInstance()方法返回 Format 对象，实现将字符串格式化为整型，当在窗体中创建了此格式化文本框，如果用户输入非数字型字符，将会返回文本框默认值。

2. 使用 JFormattedTextField 限制日期输入

格式化文本框不仅可以格式化整型数字，还可以格式化日期型数据。Java 中格式化日期通常使用 SimpleDateFormat 类，它继承自 java.text.DateFormat 类，而 java.text.DateFormat 类继承自 java.text.Format 类，DateFormat 类中的 getDateInstance()方法返回 DateFormat 对象，所以在 JFormattedTextField 文本框中可以使用 SimpleDateFormat 类格式化日期。

这里使用 SimpleDateFormate(String pattern)方法初始化 SimpleDateFormat 类对象。例如：

```
SimpleDateFormat myfmt=new SimpleDateFormat("yyyy-MM-dd hh:mm:ss");
```

其中，yyyy 代表年，MM 代表月，dd 代表天，hh 代表小时，mm 代表分钟，ss 代表秒。

说明 为了区分月份和分钟，使用大写的 M 与小写的 m 进行区分。

格式化完成日期，可以将 Format 对象放入格式化文本框中。例如：

```
pubDate= new JFormattedTextField(myfmt.getDateInstance());
```

这时如果用户在文本框中输入与字符串格式不同的时间，系统会自动将文本框置为默认值。

5.13 本 章 小 结

本章运用软件工程的设计思想，通过一个完整的图书馆管理系统带领读者走完一个系统的开发流程。同时，在程序的开发过程中，采用了 Swing 机制，使整个系统的设计思路更加清晰。通过本章的学习，读者不仅可以了解一般系统的开发流程，而且还应该对 Swing 语言有比较深入的了解，同时读者可以掌握在 Swing 项目中使用实现 Action 接口的开发模式，掌握如何创建菜单栏与工具栏以及如何格式化窗体中的文本框等技术，为今后应用 Swing 语言开发程序奠定了坚实的基础。

第 6 章

学生成绩管理系统

（Swing+SQL Server 2014 实现）

随着教育的不断普及，各个学校的学生人数也越来越多。传统的管理方式并不能适应时代的发展。为了提高管理效率，减少学校开支，使用软件管理学生信息已成为必然。本章将开发一个学生成绩管理系统。

通过阅读本章，可以学习到：

- Swing 控件的使用
- 内部窗体技术的使用
- JDBC 技术连接数据库
- 批处理技术的使用

6.1 学生成绩管理系统概述

校园学生信息管理工作一直被视为校园管理中的一个瓶颈，积极寻求适应时代要求的校园学生信息管理模式已经成为当前校园管理工作的当务之急，学生信息管理是一门系统的、普遍的科学，它是管理科学与教育科学中相互交融的综合性应用科学。学生信息管理范畴主要包括学籍管理、科学管理、课外活动管理、学生成绩管理、生活管理等。传统的人力管理模式既浪费校园人力，同时又使得管理效果不够明显，当将计算机管理系统深入校园学生信息管理工作时，学生信息管理工作中的数据信息被处理得更加精确，同时计算机管理为实际学生管理工作提供了强有力的数据信息，校方可以根据这些数据信息及时对各项工作做出调整，使学生管理工作更加具有人性化。由于篇幅有限，本章主要设计校园学生信息管理中的学生成绩管理系统。

6.2 系统分析

6.2.1 需求分析

需求分析是系统项目开发的开端，经过与客户需求的沟通与协调，以及实际的调查与分析，本系统应该具有以下功能。

☑ 简单、友好的操作窗体，以方便管理员的日常管理工作。

☑ 整个系统的操作流程简单，易于操作。

☑ 完备的学生成绩管理功能。

☑ 全面的系统维护管理，方便系统日后维护工作。

☑ 强大的基础信息设置功能。

6.2.2 可行性研究

学生成绩管理系统是学生信息管理工作中的一部分，它一直以来是人们衡量学校优劣的一项重要指标，计算机管理系统深入学生成绩管理工作提高了对学生成绩管理工作的效率，更加有利于学校及时掌握学生的学习成绩、个人自然成长状况等一系列数据信息，通过这些实际数据，学校可以及时调整整个学校的学习管理工作。

6.3 系统设计

6.3.1 系统目标

通过对学生成绩管理工作的调查与研究，要求本系统设计完成后将达到以下目标。

☑ 窗体界面设计友好、美观，方便管理员的日常操作。
☑ 基本信息的全面设置，数据录入方便、快捷。
☑ 数据检索功能强大、灵活，提高了日常数据的管理工作。
☑ 具有良好的用户维护功能。
☑ 最大限度地实现了系统易维护性和易操作性。
☑ 系统运行稳定、系统数据安全可靠。

6.3.2　系统功能结构

学生成绩管理系统的功能结构，如图 6.1 所示。

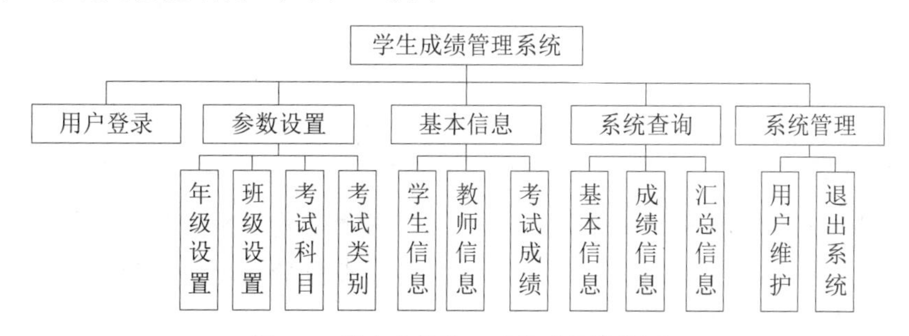

图 6.1　学生成绩管理系统功能结构图

6.3.3　系统预览

学生成绩管理系统由多个窗体组成，下面仅列出几个典型窗体，其他窗体参见资源包中的源程序。系统登录窗体的运行效果如图 6.2 所示，主要用于限制非法用户进入到系统内部。

系统主窗体的运行效果如图 6.3 所示，主要功能是调用执行本系统的所有功能。

图 6.2　登录窗体运行效果

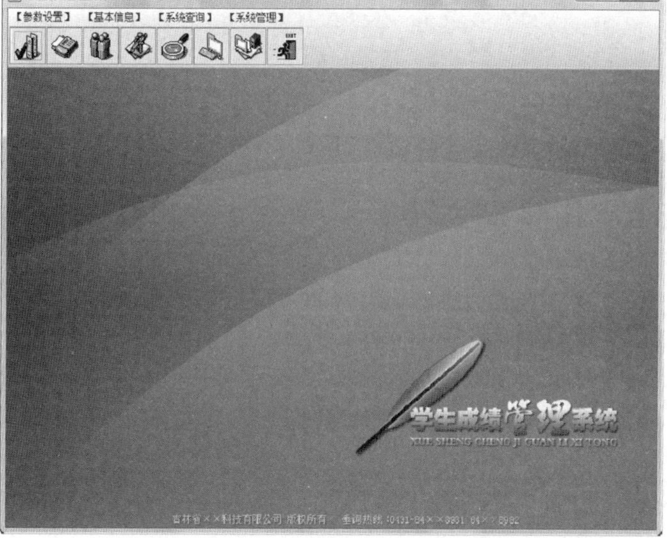

图 6.3　主窗体运行效果

年级信息设置窗体的运行效果如图 6.4 所示，主要功能是对年级的信息进行增、删、改操作。

学生基本信息管理窗体的运行效果如图 6.5 所示，主要功能是对学生基本信息进行增、删、改操作。

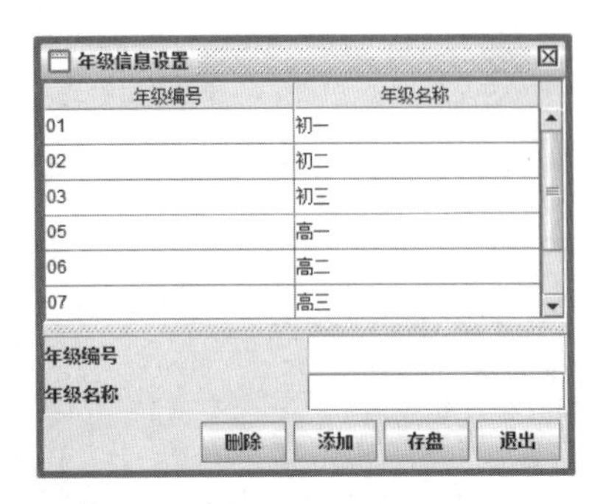

图 6.4　年级信息设置窗体运行效果

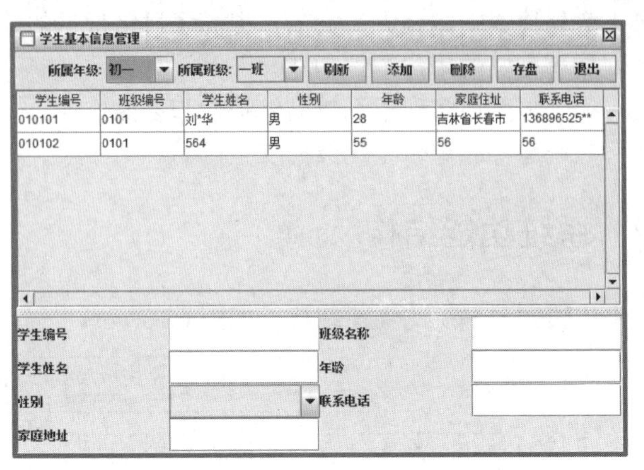

图 6.5　学生基本信息管理窗体运行效果

基本信息数据查询窗体的效果如图 6.6 所示，主要功能是查询学生的基本信息。

用户数据信息维护窗体的效果如图 6.7 所示，主要功能是完成用户信息的增加、修改和删除。

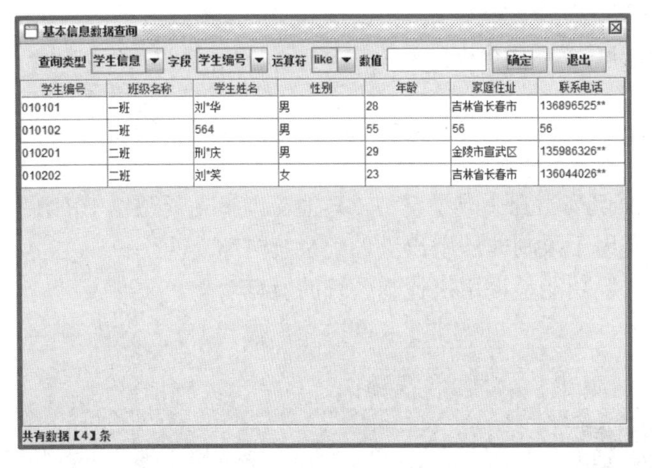

图 6.6　基本信息数据查询窗体运行效果

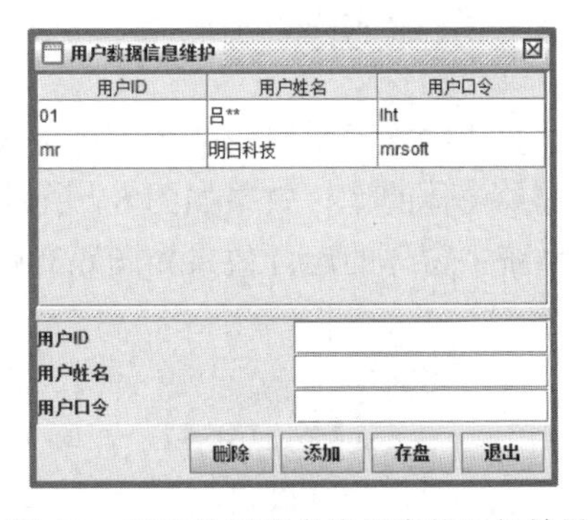

图 6.7　用户数据信息维护窗体运行效果

6.3.4　构建开发环境

在开发企业快信时，需要具备下面的软件环境。

☑　操作系统：Windows 7 以上。

☑　Java 开发包：JDK 8 以上。

☑　数据库：SQL Server 2014。

6.3.5　文件夹组织结构

在进行系统开发前，需要规划文件夹组织结构，即建立多个文件夹，对各个功能模块进行划分，

实现统一管理。这样做的好处为易于开发、管理和维护。本系统的文件夹组织结构如图 6.8 所示。

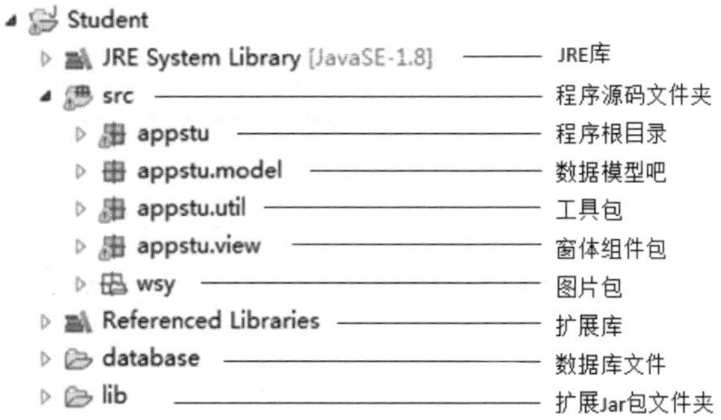

Student
- JRE System Library [JavaSE-1.8] —— JRE库
- src —— 程序源码文件夹
  - appstu —— 程序根目录
  - appstu.model —— 数据模型吧
  - appstu.util —— 工具包
  - appstu.view —— 窗体组件包
  - wsy —— 图片包
- Referenced Libraries —— 扩展库
- database —— 数据库文件
- lib —— 扩展Jar包文件夹

图 6.8　学生成绩管理系统文件夹组织结构

6.4　数据库设计

6.4.1　数据库分析

学生管理系统主要用于管理整个学校的各方面信息，因此除了基本的学生信息表之外，还要设计教师信息表、班级信息表。根据学生的学习成绩结构，设计科目表、考试种类表和考试科目成绩表。

6.4.2　数据库概念设计

本系统数据库采用 SQL Server 2014 数据库，系统数据库名称为 DB_Student，共包含 8 张表。本系统数据表树型结构如图 6.9 所示，该数据表树型结构图包含系统所有数据表。

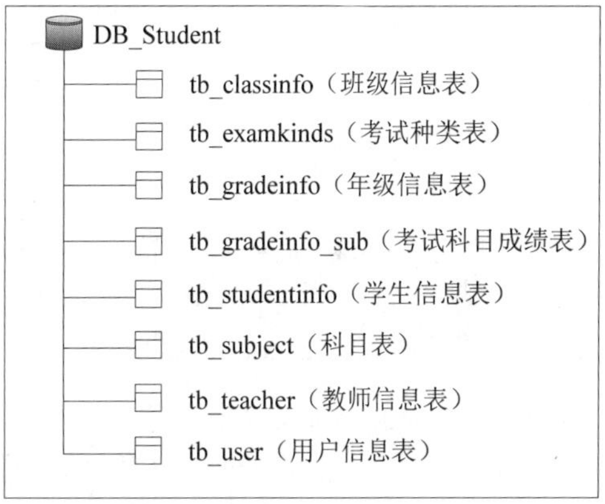

DB_Student
- tb_classinfo（班级信息表）
- tb_examkinds（考试种类表）
- tb_gradeinfo（年级信息表）
- tb_gradeinfo_sub（考试科目成绩表）
- tb_studentinfo（学生信息表）
- tb_subject（科目表）
- tb_teacher（教师信息表）
- tb_user（用户信息表）

图 6.9　数据表树型结构图

6.4.3　数据库逻辑结构设计

图 6.9 中各个表的详细说明如下。

（1）tb_classinfo（班级信息表）

班级信息表主要用于保存班级信息，其结构如表 6.1 所示。

表 6.1　tb_classinfo 表

字段名称	数据类型	长　度	是否主键	描　述
classID	varchar	10	是	班级编号
gradeID	varchar	10		年级编号
className	varchar	20		班级名称

（2）tb_examkinds（考试种类表）

考试种类表主要用来保存考试种类信息，其结构如表 6.2 所示。

表 6.2　tb_examkinds 表

字段名称	数据类型	长度	是否主键	描述
kindID	varchar	20	是	考试类别编号
kindName	varchar	20		考试类别名称

（3）tb_gradeinfo（年级信息表）

年级信息表用来保存年级信息，其结构如表 6.3 所示。

表 6.3　tb_gradeinfo 表

字段名称	数据类型	长度	是否主键	描述
gradeID	varchar	10	是	年级编号
gradeName	varchar	20		年级名称

（4）tb_gradeinfo_sub（考试科目成绩表）

考试科目成绩表用来保存考试科目成绩信息，其结构如表 6.4 所示。

表 6.4　tb_gradeinfo_sub 表

字段名称	数据类型	长度	是否主键	描述
stuid	varchar	10	是	学生编号
stuname	varchar	50		学生姓名
kindID	varchar	10	是	考试类别编号
code	varchar	10	是	考试科目编号
grade	float	8		考试成绩
examdate	datetime	8		考试日期

（5）tb_studentinfo（学生信息表）

学生信息表用来保存学生信息，其结构如表 6.5 所示。

表 6.5　tb_ studentinfo 表

字段名称	数据类型	长度	是否主键	描述
stuid	varchar	10	是	学生编号
classID	varchar	10		班级编号
stuname	varchar	20		学生姓名
sex	varchar	10		学生性别
age	int	4		学生年龄
addr	varchar	50		家庭住址
phone	varchar	20		联系电话

（6）tb_subject（科目表）

科目表主要用来保存科目信息，其结构如表 6.6 所示。

表 6.6　tb_subject 表

字段名称	数据类型	长　度	是否主键	描　述
code	varchar	10	是	科目编号
subject	varchar	40		科目名称

（7）tb_teacher（教师信息表）

教师信息表用于保存教师的相关信息，其结构如表 6.7 所示。

表 6.7　tb_teacher 表

字段名称	数据类型	长　度	是否主键	描　述
teaid	varchar	10	是	教师编号
classID	varchar	10		班级编号
teaname	varchar	20		教师姓名
sex	varchar	10		教师性别
knowledge	varchar	20		教师职称
knowlevel	varchar	20		教师等级

（8）tb_user（用户信息表）

用户信息表主要用来保存用户的相关信息，其结构如表 6.8 所示。

表 6.8　tb_teacher 表

字段名称	数据类型	长　度	是否主键	描　述
userid	varchar	50	是	用户编号
username	varchar	50		用户姓名
pass	varchar	50		用户口令

6.5　公共模块设计

实体类对象主要使用 JavaBean 来结构化后台数据表，完成对数据表的封装。在定义实体类时需要设置与数据表字段相对应的成员变量，并且需要为这些字段设置相应的 get 与 set 方法。

6.5.1　各种实体类的编写

在项目中通常会编写相应的实体类，下面笔者以学生实体类为例说明实体类的编写。它的设计步骤如下。

（1）在 Eclipse 中，创建类 Obj_student.java，在类中创建与数据表 tb_studentinfo 字段相对应的成员变量。

（2）在 Eclipse 中的菜单栏中选择“源代码”→“生成 Getter 与 Setter”命令。

这样 Obj_student.java 实体类就创建完成。关键代码如下：

例程 01　代码位置：mr\06\Student\src\appstu\Obj_student.java

```
public class Obj_student {
    private String stuid;                    //定义学生信息编号变量
    private String classID;                  //定义班级编号变量
    private String stuname;                  //定义学生姓名变量
    private String sex;                      //定义学生性别变量
    private int age;                         //定义学生年龄变量
    private String address;                  //定义学生地址变量
    private String phone;                    //定义学生电话变量
    public String getStuid() {
        return stuid;
    }
    public String getClassID() {
        return classID;
    }
    public String getStuname() {
        return stuname;
    }
    public String getSex() {
        return sex;
    }
    public int getAge() {
        return age;
    }
    public String getAddress() {
        return address;
    }
    public String getPhone() {
        return phone;
    }
    public void setStuid(String stuid) {
        this.stuid = stuid;
    }
    public void setClassID(String classID) {
        this.classID = classID;
    }
    public void setStuname(String stuname) {
        this.stuname = stuname;
    }
    public void setSex(String sex) {
        this.sex = sex;
    }
    public void setAge(int age) {
```

```
            this.age = age;
        }
        public void setAddress(String address) {
            this.address = address;
        }
        public void setPhone(String phone) {
            this.phone = phone;
        }
}
```

其他实体类的设计与学生实体类的设计相似，所不同的就是对应的后台表结构有所区别，读者在这里可以参考本书资源包中的源文件来完成。

6.5.2　操作数据库公共类的编写

1．连接数据库的公共类 CommonaJdbc.java

数据库连接在整个项目开发中占据着非常重要的位置，如果数据库连接失败，功能再强大的系统都不能运行。笔者在 appstu.util 包中建立类 CommonalJdbc.java 文件，在该文件中定义一个静态类型的类变量 connection 用来建立数据库的连接，这样在其他类中就可以直接访问这个变量。关键代码如下：

例程 02　代码位置：mr\06\Student\src\appstu\util\CommonaJdbc t.java

```
public class CommonaJdbc {
    public static Connection conection = null;
    public CommonaJdbc() {
        getCon();
    }
    private Connection getCon() {
        try {
            Class.forName("com.microsoft.sqlserver.jdbc.SQLServerDriver");
            conection = DriverManager.getConnection("jdbc:sqlserver://localhost:1433;DatabaseName=
DB_Student ", "sa",
                    "123456");
        } catch (java.lang.ClassNotFoundException classnotfound) {
            classnotfound.printStackTrace();
        } catch (java.sql.SQLException sql) {
            new appstu.view.JF_view_error(sql.getMessage());
            sql.printStackTrace();
        }
        return conection;
    }
}
```

2．操作数据库的公共类 JdbcAdapter.java

在 util 包下建立公共类 JdbcAdapter.java 文件，该类封装了对所有数据表的添加、修改、删除操作，前台业务中的相应功能都是通过这个类来完成的，它的设计步骤如下。

（1）该类通过在 6.5.1 节中设计的各种实体对象作为参数，进而执行类中的相应方法。为了保证数据操作的准确性，需要定义一个私有的类方法 validateID()来完成数据的验证功能，这个方法首先通过数据表的主键判断数据表中是否存在这条数据：如果存在，则生成数据表的更新语句；如果不存在，则生成表的添加语句。下面请读者来看一下这个方法的关键代码：

例程 03　代码位置：mr\06\Student\src\appstu\util\JdbcAdapter.java

```
private boolean validateID(String id, String tname, String idvalue) {
    String sqlStr = null;
    sqlStr = "select count(*) from " + tname + " where " + id + " = '" + idvalue + "'";   //定义 SQL 语句
    try {
        con = CommonaJdbc.conection;                                 //获取数据库连接
        pstmt = con.prepareStatement(sqlStr);                        //获取 PreparedStatement 实例
        java.sql.ResultSet rs = null;                                //获取 ResultSet 实例
        rs = pstmt.executeQuery();                                   //执行 SQL 语句
        if (rs.next()) {
            if (rs.getInt(1) > 0)                                    //如果数据表中有值
                return true;                                         //返回 true 值
        }
    } catch (java.sql.SQLException sql) {                            //如果产生异常
        sql.printStackTrace();                                       //输出异常
        return false;                                                //返回 false 值
    }
    return false;                                                    //返回 false 值
}
```

（2）定义一个私有类方法 AdapterObject()用来执行数据表的所有操作，方法参数为生成的 SQL 语句。该方法的关键代码如下：

例程 04　代码位置：mr\06\Student\src\appstu\util\JdbcAdapter.java

```
private boolean AdapterObject(String sqlState) {
    boolean flag = false;
    try {
        con = CommonaJdbc.conection;                                 //获取数据库连接
        pstmt = con.prepareStatement(sqlState);                      //获取 PreparedStatement 实例
        pstmt.execute();                                             //执行该 SQL 语句
        flag = true;                                                 //将标识量修改为 true
        JOptionPane.showMessageDialog(null, infoStr + "数据成功!!!", "系统提示",
                        JOptionPane.INFORMATION_MESSAGE); //弹出相应提示对话框
    } catch (java.sql.SQLException sql) {
        flag = false;
        sql.printStackTrace();
    }
    return flag;                                                     //将标识量返回
}
```

（3）由于在这个类中封装了所有的表操作，其实现方法都是一样的，因此这里仅以操作学生表的 InsertOrUpdateObject()方法为例进行详细讲解，其他方法的编写读者参考资源包中的源代码。

InsertOrUpdateObject()方法的关键代码如下：

例程 05　代码位置：mr\06\Student\src\appstu\util\JdbcAdapter.java

```
public boolean InsertOrUpdateObject(Obj_student objstudent) {
    String sqlStatement = null;
    if (validateID("stuid", "tb_studentinfo", objstudent.getStuid())) {
        sqlStatement = "Update tb_studentinfo set stuid = '" + objstudent.getStuid() + "',classID = '"
                    + objstudent.getClassID() + "',stuname = '" + objstudent.getStuname() + "',sex = '"
                    + objstudent.getSex() + "',age = '" + objstudent.getAge() + "',addr = '" + objstudent.
getAddress()
                    + "',phone = '" + objstudent.getPhone() + "' where stuid = '" + objstudent.getStuid().trim() + "'";
        infoStr = "更新学生信息";
    } else {
        sqlStatement = "Insert tb_studentinfo(stuid,classid,stuname,sex,age,addr,phone) values ('"
                    + objstudent.getStuid() + "','" + objstudent.getClassID() + "','" + objstudent.getStuname() + "','"
                    + objstudent.getSex() + "','" + objstudent.getAge() + "','" + objstudent.getAddress() + "','"
                    + objstudent.getPhone() + "')";
        infoStr = "添加学生信息";
    }
    return AdapterObject(sqlStatement);
}
```

（4）定义一个公共方法 InsertOrUpdate_Obj_gradeinfo_sub()，用来执行学生成绩存盘操作。这个方法的参数为学生成绩对象 Obj_gradeinfo_sub 数组变量，定义一个 String 类型变量 sqlStr，然后在循环体中调用 stmt 的 addBatch()方法，将 sqlStr 变量放入到 Batch 中，最后执行 stmt 的 executeBatch()方法。关键代码如下：

例程 06　代码位置：mr\06\Student\src\appstu\util\JdbcAdapter.java

```
public boolean InsertOrUpdate_Obj_gradeinfo_sub(Obj_gradeinfo_sub[] object) {
    try {
        con = CommonaJdbc.conection;
        stmt = con.createStatement();
        for (int i = 0; i < object.length; i++) {
            String sqlStr = null;
            if (validateobjgradeinfo(object[i].getStuid(), object[i].getKindID(), object[i].getCode())) {
                sqlStr = "update tb_gradeinfo_sub set stuid = '" + object[i].getStuid() + "',stuname = '"
                        + object[i].getSutname() + "',kindID = '" + object[i].getKindID() + "',code = '"
                        + object[i].getCode() + "',grade = " + object[i].getGrade() + ",examdate = '"
                        + object[i].getExamdate() + "' where stuid = '" + object[i].getStuid() + "' and kindID = '"
                        + object[i].getKindID() + "' and code = '" + object[i].getCode() + "'";

            } else {
                sqlStr = "insert   tb_gradeinfo_sub(stuid,stuname,kindID,code,grade,examdate)   values ('"
                        + object[i].getStuid() + "','" + object[i].getSutname() + "','" + object[i].getKindID() + "','"
                        + object[i].getCode() + "'," + object[i].getGrade() + ",'" + object[i].getExamdate() + "')";
            }
            System.out.println("sqlStr = " + sqlStr);
```

```
                stmt.addBatch(sqlStr);
            }
            stmt.executeBatch();
            JOptionPane.showMessageDialog(null, "学生成绩数据存盘成功!!!", "系统提示",
                                    JOptionPane.INFORMATION_MESSAGE);
        } catch (java.sql.SQLException sqlerror) {
            new appstu.view.JF_view_error("错误信息为：" + sqlerror.getMessage());
            return false;
        }
        return true;
    }
```

（5）定义一个公共方法 Delete_Obj_gradeinfo_sub()，用来删除学生成绩。该方法的设计与方法 InsertOrUpdate_Obj_gradeinfo_sub()类似，通过循环控制来生成批处理语句，然后执行批处理命令，所不同的就是该方法所生成的语句是删除语句。Delete_Obj_gradeinfo_ sub()方法的关键代码如下：

例程 07　代码位置：mr\06\Student\src\appstu\util\JdbcAdapter.java

```
public boolean Delete_Obj_gradeinfo_sub(Obj_gradeinfo_sub[] object) {
    try {
        con = CommonaJdbc.conection;
        stmt = con.createStatement();
        for (int i = 0; i < object.length; i++) {
            String sqlStr = null;
            sqlStr = "Delete From tb_gradeinfo_sub   where stuid = '" + object[i].getStuid() + "' and kindID = '"
                    + object[i].getKindID() + "' and code = '"+ object[i].getCode() + "'";
            System.out.println("sqlStr = " + sqlStr);
            stmt.addBatch(sqlStr);
        }
        stmt.executeBatch();
        JOptionPane.showMessageDialog(null, "学生成绩数据数据删除成功!!!", "系统提示",
                        JOptionPane.INFORMATION_MESSAGE);
    } catch (java.sql.SQLException sqlerror) {
        new appstu.view.JF_view_error("错误信息为：" + sqlerror.getMessage());
        return false;
    }
    return true;
}
```

（6）定义一个删除数据表的公共类方法 DeleteObject()，用来执行删除数据表的操作，关键代码如下：

例程 08　代码位置：mr\06\Student\src\appstu\util\JdbcAdapter.java

```
public boolean DeleteObject(String deleteSql) {
    infoStr = "删除";
    return AdapterObject(deleteSql);
}
```

3．检索数据的公共类 RetrieveObject.java

数据的检索功能在整个系统中占有重要位置，系统中的所有查询都是通过该公共类实现的，该公共类通过传递的查询语句调用相应的类方法，查询满足条件的数据或者数据集合。笔者在这个公共类中定义了 3 种不同的方法来满足系统的查询要求。

（1）定义一个类的公共方法 getObjectRow()，用来检索一条满足条件的数据，该方法返回值类型为 Vector。关键代码如下：

例程 09　代码位置：mr\06\Student\src\appstu\util\RetrieveObject.java

```
public Vector getObjectRow(String sqlStr) {
    Vector vdata = new Vector();                                  //定义一个集合
    connection = CommonaJdbc.conection;                           //获取一个数据库连接
    try {
        rs = connection.prepareStatement(sqlStr).executeQuery();  //获取一个 ResultSet 实例
        rsmd = rs.getMetaData();                                  //获取一个 ResultSetMetaData 实例
        while (rs.next()) {
            for (int i = 1; i <= rsmd.getColumnCount(); i++) {
                vdata.addElement(rs.getObject(i));                //将数据库结果集中的数据添加到集合中
            }
        }
    } catch (java.sql.SQLException sql) {
        sql.printStackTrace();
        return null;
    }
    return vdata;                                                 //将集合返回
}
```

（2）定义一个类的公共方法 getTableCollection()，用来检索满足条件的数据集合，该方法返回值类型为 Collection。关键代码如下：

例程 10　代码位置：mr\06\Student\src\appstu\util\RetrieveObject.java

```
public Collection getTableCollection(String sqlStr) {
    Collection collection = new Vector();
    connection = CommonaJdbc.conection;
    try {
        rs = connection.prepareStatement(sqlStr).executeQuery();
        rsmd = rs.getMetaData();
        while (rs.next()) {
            Vector vdata = new Vector();
            for (int i = 1; i <= rsmd.getColumnCount(); i++) {
                vdata.addElement(rs.getObject(i));
            }
            collection.add(vdata);
        }
    } catch (java.sql.SQLException sql) {
        new appstu.view.JF_view_error("执行的 SQL 语句为:\n" + sqlStr + "\n 错误信息为：" + sql.getMessage());
        sql.printStackTrace();
```

```
            return null;
        }
        return collection;
}
```

（3）定义类方法 getTableModel()用来生成一个表格数据模型，该方法返回类型为 DefaultTableModel，该方法中一个数组参数 name 用来生成表模型中的列名。方法 getTableModel()的关键代码如下：

例程 11　代码位置：mr\06\Student\src\appstu\util\RetrieveObject.java

```
public DefaultTableModel getTableModel(String[] name, String sqlStr) {
        Vector vname = new Vector();
        for (int i = 0; i < name.length; i++) {
            vname.addElement(name[i]);
        }
        DefaultTableModel tableModel = new DefaultTableModel(vname, 0); //定义一个 DefaultTableModel 实例
        connection = CommonaJdbc.conection;
        try {
            rs = connection.prepareStatement(sqlStr).executeQuery();
            rsmd = rs.getMetaData();
            while (rs.next()) {
                Vector vdata = new Vector();
                for (int i = 1; i <= rsmd.getColumnCount(); i++) {
                    vdata.addElement(rs.getObject(i));
                }
                tableModel.addRow(vdata);                                   //将集合添加到表格模型中
            }
        } catch (java.sql.SQLException sql) {
            sql.printStackTrace();
            return null;
        }
        return tableModel;                                                  //将表格模型实例返回
}
```

4．产生流水号的公共类 ProduceMaxBh.java

在 appstu.util 包下建立公共类文件 ProduceMaxBh.java，在这个类定义一个公共方法 getMaxBh()，该方法用来生成一个最大的流水号码，首先通过参数来获得数据表中的最大号码，然后根据这个号码产生一个最大编号。关键代码如下：

例程 12　代码位置：mr\06\Student\src\appstu\util\ProduceMaxBh.java

```
public String getMaxBh(String sqlStr, String whereID) {
        appstu.util.RetrieveObject reobject = new RetrieveObject();
        Vector vdata = null;
        Object obj = null;
        vdata = reobject.getObjectRow(sqlStr);
        obj = vdata.get(0);
        String maxbh = null, newbh = null;
        if (obj == null) {
```

```
            newbh = whereID + "01";
        } else {
            maxbh = String.valueOf(vdata.get(0));
            String subStr = maxbh.substring(maxbh.length() - 1, maxbh.length());
            subStr = String.valueOf(Integer.parseInt(subStr) + 1);
            if (subStr.length() == 1)
                subStr = "0" + subStr;
            newbh = whereID + subStr;
        }
        return newbh;
}
```

6.6　系统登录模块设计

6.6.1　系统登录模块概述

系统用户登录主要用来验证用户的登录信息，完成用户的登录功能。系统登录模块的运行结果如图 6.2 所示。

6.6.2　系统登录模块技术分析

系统登录模块使用的主要技术是如何让窗体居中显示。为了让窗体居中显示，首先要获得显示器的大小。使用 Toolkit 类的 getScreenSize()方法可以获得屏幕的大小，该方法的声明如下：

```
public abstract Dimension getScreenSize() throws HeadlessException
```

但是 Toolkit 类是一个抽象类，不能够使用 new 获得其对象。该类中定义的 getDefaultToolkit()方法可以获得 Toolkit 类型的对象，该方法的声明如下：

```
public static Toolkit getDefaultToolkit()
```

在获得了屏幕的大小之后，通过简单的计算即可让窗体居中显示。

6.6.3　系统登录模块实现过程

名片夹管理使用的主要数据表： tb_type、tb_personnel

1. 界面设计

登录窗体的界面设计比较简单，它的具体设计步骤如下。

（1）在 Eclipse 中的“包资源管理器”视图中选择项目，在项目的 src 文件夹上单击鼠标右键，在弹出的快捷菜单中选择“新建”→“其他”命令，弹出“新建”对话框，在其中的“输入过滤文本”

文本框中输入“JFrame”，然后选择 WindowBuilder→Swing Designer→JFrame 节点。

（2）在 New JFrame 对话框中，输入包名为 appstu.view，类名为 JF_login，单击“完成”按钮。该文件继承 javax.swing 包下面的 JFrame 类，JFrame 类提供了一个包含标题、边框和其他平台专用修饰的顶层窗口。

（3）创建类完成后，选择编辑器左下角的 Designer 选项卡，打开 UI 设计器，设置布局管理器类型为 BorderLayout。

（4）在 Palette 控件托盘中的 Swing Containers 区域中单击 JPanel 按钮，将该控件拖曳到 contentPane 控件中，此时该 JPanel 默认放置在整个容器的中部，可以在 Properties 选项卡中的 constraints 对应的属性中修改该控件的布局。同时在 Palette 托盘中选择两个 JLabel、一个 JTextFiled 控件和一个 JPasswordField 控件放置到 JPanel 容器中。设置这两个 JLabel 的 text 属性为“用户名”和“密码”。

（5）以相同的方式从 Palette 控件托盘中选择一个 JPanel 容器拖曳到 contentPane 控件中，设置该面板位于布局管理器的北部，然后在该面板中放置一个 JLabel 控件。然后再选择一个 JPanel 容器拖曳到 contentPane 控件中，使该面板位于布局管理器的南部，选择两个 JButton 控件放置在该面板中。

根据以上几个步骤就完成了整个用户登录的窗体设计，具体的 UI 设计器的 Property Editor 窗口效果图如图 6.10 所示。

图 6.10　JF_login 类中控件的名称

2. 代码设计

登录窗体的具体设置步骤如下。

（1）当用户输入用户名、密码后，按 Enter 键，系统校验该用户是否存在。在公共方法 jTextField1_keyPressed()中，定义一个 String 类型变量 sqlSelect 用来生成 SQL 查询语句，然后再定义一个公共类 RetrieveObject 类型变量 retrieve，调用 retrieve 的 getObjectRow()方法，其参数为 sqlSelect，用来判断该用户是否存在。jTextField1_keyPressed()方法的关键代码如下：

例程 13　代码位置：mr\06\Student\src\appstu\view\JF_login.java

```
public void jTextField1_keyPressed(KeyEvent keyEvent) {
    if (keyEvent.getKeyCode() == KeyEvent.VK_ENTER) {
        String sqlSelect = null;
        Vector vdata = null;
        //根据该用户输入的用户查询在数据库中是否存在
        sqlSelect = "select username from tb_user where userid = '" + jTextField1.getText().trim() + "'";
        RetrieveObject retrieve = new RetrieveObject();
        vdata = retrieve.getObjectRow(sqlSelect);                    //调用 getObjectRow()方法执行该 SQL 语句
        if (vdata.size() > 0) {
            jPasswordField1.requestFocus();                          //焦点放置在密码框中
        } else {
            //如果该用户名不存在，则弹出相应提示对话框
            JOptionPane.showMessageDialog(null, "输入的用户 ID 不存在，请重新输入!!!", "系统提示",
                                                        JOptionPane.ERROR_MESSAGE);
```

```
            jTextField1.requestFocus();                                  //焦点放置在“用户名”文本框中
        }
    }
}
```

（2）如果用户存在，再输入对应的口令，输入的口令正确时，单击“登录”按钮，进入系统。公共方法 jBlogin_actionPerformed()的设计与 jTextField1_keyPressed()方法的设计相似。关键代码如下：

例程 14　代码位置：mr\06\Student\src\appstu\view\JF_login.java

```
public void jBlogin_actionPerformed(ActionEvent e) {
    if (jTextField1.getText().trim().length() == 0 || jPasswordField1.getPassword().length == 0) {
        JOptionPane.showMessageDialog(null, "用户密码不允许为空", "系统提示",
                                                        JOptionPane.ERROR_MESSAGE);
        return;
    }
    String pass = null;
    pass = String.valueOf(jPasswordField1.getPassword());
    String sqlSelect = null;
    sqlSelect = "select count(*) from tb_user where userid = '" + jTextField1.getText().trim() + "' and pass = '"
                                                                    + pass + "'";
    Vector vdata = null;
    appstu.util.RetrieveObject retrieve = new appstu.util.RetrieveObject();
    vdata = retrieve.getObjectRow(sqlSelect);                              //执行 SQL 语句
    if (Integer.parseInt(String.valueOf(vdata.get(0))) > 0) {             //如果验证成功
        AppMain frame = new AppMain();                                     //实例化系统主窗体
        this.setVisible(false);                                            //设置该主窗体不可见
    } else {                                                               //如果验证不成功
        JOptionPane.showMessageDialog(null, "输入的口令不正确，请重新输入!!!", "系统提示",
                                        JOptionPane.ERROR_MESSAGE);        //弹出相应消息对话框
        jTextField1.setText(null);                                         //将“用户名”文本框置空
        jPasswordField1.setText(null);                                     //将“密码”文本框置空
        jTextField1.requestFocus();                                        //将焦点放置在“用户名”文本框中
        return;
    }
}
```

视频讲解

6.7　主窗体模块设计

6.7.1　主窗体模块概述

用户登录成功后，进入系统主界面，在主界面中主要完成对学生成绩信息的不同操作，其中包括各种参数的基本设置，学生/教师基本信息的录入、查询，成绩信息的录入、查询等功能。主窗体运行效果如图 6.3 所示。

6.7.2 主窗体模块技术分析

主窗体模块用到的主要技术是 JDesktopPane 类的使用。JDesktopPane 类用于创建多文档界面或虚拟桌面的容器。用户可创建 JInternalFrame 对象并将其添加到 JDesktopPane。JDesktopPane 扩展了 JLayeredPane，以管理可能的重叠内部窗体。它还维护了对 DesktopManager 实例的引用，这是由 UI 类为当前的外观（L&F）所设置的。注意，JDesktopPane 不支持边界。

此类通常用作 JInternalFrames 的父类，为 JInternalFrames 提供一个可插入的 DesktopManager 对象。特定于 L&F 的实现 installUI 负责正确设置 desktopManager 变量。JInternalFrame 的父类是 JDesktopPane 时，它应该将其大部分行为（关闭、调整大小等）委托给 desktopManager。

本模块使用了 JDesktopPane 类继承的 add()方法，它可以将指定的控件增加到指定的层次上，该方法的声明如下：

```
public Component add(Component comp,int index)。
```

☑ comp：要添加的控件。
☑ index：添加的控件的层次位置。

6.7.3 主窗体模块实现过程

1. 界面设计

主界面的设计不是十分复杂，主要工作是在代码设计中完成。这里主要给出 UI 控件结构图，如图 6.11 所示。

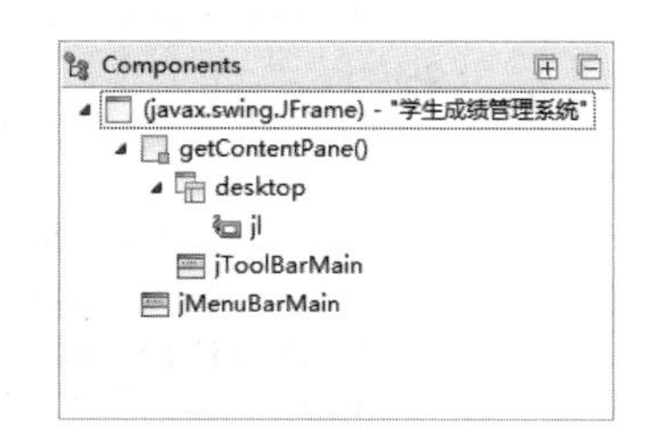

图 6.11 AppMain 类中控件的名称

2. 代码设计

在登录窗体中分别定义以下几个类的实例变量和公共方法：变量 JmenuBar 和 JToolBar（用来生成主界面中的主菜单和工具栏）、变量 MenuBarEvent（用来响应用户操作）和变量 JdesktopPane（用来生成放置控件的桌面面板）。定义完实例变量之后，开始定义创建主菜单的私有方法 BuildMenuBar()和创建工具栏的私有方法 BuildToolBar()。关键代码如下：

例程 15 代码位置：mr\06\Student\src\appstu\view\AppMain.java

```
public class AppMain extends JFrame {
    //省略部分代码
    public static JDesktopPane desktop = new JDesktopPane();
    MenuBarEvent _MenuBarEvent = new MenuBarEvent();              //自定义事件类处理
    JMenuBar jMenuBarMain = new JMenuBar();                       //定义界面中的主菜单控件
    JToolBar jToolBarMain = new JToolBar();                       //定义界面中的工具栏控件
    private void BuildMenuBar() {                                 //定义生成主菜单的公共方法
    }
    private void BuildToolBar() {                                 //定义生成工具栏的公共方法
    }
```

```
    //省略部分代码
}
```

下面分别详细讲述设置菜单栏与工具栏的方法。

（1）生成菜单的私有方法 BuildMenuBar()实现过程：首先定义菜单对象数组用来生成整个系统中的业务主菜单，然后定义主菜单中的子菜单项目，用来添加到主菜单中，为子菜单实现响应用户的单击的操作方法。关键代码如下：

例程 16　代码位置：mr\06\Student\src\appstu\view\AppMain.java

```
private void BuildMenuBar() {
    JMenu[] _jMenu = { new JMenu("【参数设置】"), new JMenu("【基本信息】"), new JMenu("【系统查询】"),
new JMenu("【系统管理】") };
    JMenuItem[] _jMenuItem0 = { new JMenuItem("【年级设置】"), new JMenuItem("【班级设置】"),
                                new JMenuItem("【考试科目】"), new JMenuItem("【考试类别】") };
    String[] _jMenuItem0Name = { "sys_grade", "sys_class", "sys_subject", "sys_examkinds" };
    JMenuItem[] _jMenuItem1 = { new JMenuItem("【学生信息】"), new JMenuItem("【教师信息】"),
                                new JMenuItem("【考试成绩】") };
    String[] _jMenuItem1Name = { "JF_view_student", "JF_view_teacher", "JF_view_gradesub" };
    JMenuItem[] _jMenuItem2 = { new JMenuItem("【基本信息】"), new JMenuItem("【成绩信息】"),
                               new JMenuItem("【汇总查询】") };
    String[] _jMenuItem2Name = { "JF_view_query_jbqk", "JF_view_query_grade_mx", "JF_view_query_grade_hz" };
    JMenuItem[] _jMenuItem3 = { new JMenuItem("【用户维护】"), new JMenuItem("【系统退出】") };
    String[] _jMenuItem3Name = { "sys_user_modify", "JB_EXIT" };
    Font _MenuItemFont = new Font("宋体", 0, 12);
    for (int i = 0; i < _jMenu.length; i++) {
        _jMenu[i].setFont(_MenuItemFont);
        jMenuBarMain.add(_jMenu[i]);
    }
    for (int j = 0; j < _jMenuItem0.length; j++) {
        _jMenuItem0[j].setFont(_MenuItemFont);
        final String EventName1 = _jMenuItem0Name[j];
        _jMenuItem0[j].addActionListener(_MenuBarEvent);
        _jMenuItem0[j].addActionListener(new ActionListener() {
            @Override
            public void actionPerformed(ActionEvent e) {
                _MenuBarEvent.setEventName(EventName1);
            }
        });
        _jMenu[0].add(_jMenuItem0[j]);
        if (j == 1) {
            _jMenu[0].addSeparator();
        }
    }
    for (int j = 0; j < _jMenuItem1.length; j++) {
        _jMenuItem1[j].setFont(_MenuItemFont);
        final String EventName1 = _jMenuItem1Name[j];
        _jMenuItem1[j].addActionListener(_MenuBarEvent);
        _jMenuItem1[j].addActionListener(new ActionListener() {
```

```
            @Override
            public void actionPerformed(ActionEvent e) {
                _MenuBarEvent.setEventName(EventName1);
            }
        });
        _jMenu[1].add(_jMenuItem1[j]);
        if (j == 1) {
            _jMenu[1].addSeparator();
        }
    }
    for (int j = 0; j < _jMenuItem2.length; j++) {
        _jMenuItem2[j].setFont(_MenuItemFont);
        final String EventName2 = _jMenuItem2Name[j];
        _jMenuItem2[j].addActionListener(_MenuBarEvent);
        _jMenuItem2[j].addActionListener(new ActionListener() {
            @Override
            public void actionPerformed(ActionEvent e) {
                _MenuBarEvent.setEventName(EventName2);
            }
        });
        _jMenu[2].add(_jMenuItem2[j]);
        if ((j == 0)) {
            _jMenu[2].addSeparator();
        }
    }
    for (int j = 0; j < _jMenuItem3.length; j++) {
        _jMenuItem3[j].setFont(_MenuItemFont);
        final String EventName3 = _jMenuItem3Name[j];
        _jMenuItem3[j].addActionListener(_MenuBarEvent);
        _jMenuItem3[j].addActionListener(new ActionListener() {
            @Override
            public void actionPerformed(ActionEvent e) {
                _MenuBarEvent.setEventName(EventName3);
            }
        });
        _jMenu[3].add(_jMenuItem3[j]);
        if (j == 0) {
            _jMenu[3].addSeparator();
        }
    }
}
```

（2）界面的主菜单设计完成之后，通过私有方法 BuildToolBar()进行工具栏的创建。定义 3 个 String 类型的局部数组变量，为工具栏上的按钮设置不同的数值，定义 JButton 控件，添加到实例变量 JToolBarMain 中。关键代码如下：

例程 17　代码位置：mr\06\Student\src\appstu\view\AppMain.java

```
private void BuildToolBar() {
    String ImageName[] = { "科目设置.GIF", "班级设置.gif", "添加学生.gif", "录入成绩.GIF", "基本查询.GIF",
```

```
                                "成绩明细.GIF", "年级汇总.GIF", "系统退出.GIF" };
    String TipString[] = { "成绩科目设置", "学生班级设置", "添加学生", "录入考试成绩", "基本信息查询",
                                "考试成绩明细查询", "年级成绩汇总", "系统退出" };
    String ComandString[] = { "sys_subject", "sys_class", "JF_view_student", "JF_view_gradesub",
                    "JF_view_query_jbqk", "JF_view_query_grade_mx","JF_view_query_grade_hz", "JB_EXIT" };
    for (int i = 0; i < ComandString.length; i++) {
        JButton jb = new JButton();
        ImageIcon image = new ImageIcon(".\\images\\" + ImageName[i]);
        jb.setIcon(image);
        jb.setToolTipText(TipString[i]);
        jb.setActionCommand(ComandString[i]);
        jb.addActionListener(_MenuBarEvent);
        jToolBarMain.add(jb);
    }
}
```

6.8　班级信息设置模块设计

6.8.1　班级信息设置模块概述

班级信息设置模块用来维护班级的基本情况，包括对班级信息的添加、修改和删除等操作。在系统菜单栏中选择“参数设置”→“班级设置”命令，进入班级设置模块，其运行结果如图 6.12 所示。

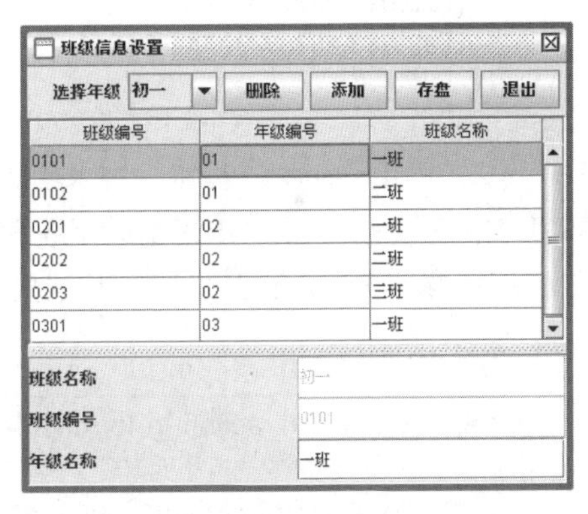

图 6.12　班级信息设置模块效果图

6.8.2　班级信息设置模块技术分析

班级信息设置模块用到的主要技术是内部窗体的创建。通过继承 JInternalFrame 类，可以创建一个内部窗体。JInternalFrame 提供很多本机窗体功能的轻量级对象，这些功能包括拖动、关闭、变成图标、调整大小、标题显示和支持菜单栏。通常，可将 JInternalFrame 添加到 JDesktopPane 中。UI 将特定于外观的操作委托给由 JDesktopPane 维护的 DesktopManager 对象。

JInternalFrame 内容窗格是添加子控件的地方。为了方便地使用 add()方法及其变体，已经重写了 remove 和 setLayout，以在必要时将其转发到 contentPane。这意味着可以编写：

```
internalFrame.add(child);
```

子级将被添加到 contentPane。内容窗格实际上由 JRootPane 的实例管理，它还管理 layoutPane、glassPane 和内部窗体的可选菜单栏。

6.8.3 班级信息设置模块实现过程

1. 界面设计

班级信息设置模块设计的窗体 UI 结构图如图 6.13 所示。

图 6.13　JF_view_sysset_class 类中控件的名称

2. 代码设计

（1）通过调用上文中讲解的公共类 JdbcAdapter.java，完成对班级表 tb_grade 的相应操作。执行该模块程序，首先从数据表中检索出班级的基本信息，如果存在数据用户单击某一条数据之后可以对其进行修改、删除等操作。定义一个 boolean 实例变量 insertflag，用来标志操作数据库的类型，然后定义一个私有方法 buildTable()，用来检索班级数据。关键代码如下：

例程 18　代码位置：mr\06\Student\src\appstu\util\JdbcAdapter.java

```
private void buildTable() {
    DefaultTableModel tablemodel = null;                    //设置表格模型变量
    String[] name = { "班级编号", "年级编号", "班级名称" }; //设置表头数组
    String sqlStr = "select * from tb_classinfo";           //定义 SQL 语句
    appstu.util.RetrieveObject bdt = new appstu.util.RetrieveObject();
    tablemodel = bdt.getTableModel(name, sqlStr);           //调用 getTableModel()方法获取一个表格模型实例
    jTable1.setModel(tablemodel);                           //将表格模型放置在表格中
    jTable1.setRowHeight(24);                               //设置表格的行高为 24
}
```

（2）单击“添加”按钮，用来增加一条新的数据信息。在公共方法 jBadd_actionPerformed()中定义局部字符串变量 sqlgrade，用来生成年级 SQL 的查询语句，然后调用公共类 RetrieveObject 的 getObjectRow()方法，其参数为 sqlgrade，将返回结果数据解析后添加到 jComboBox1 控件中。关键代码如下：

例程 19　代码位置：mr\06\Student\src\appstu\view\JF_view_sysset_class.java

```
public void jBadd_actionPerformed(ActionEvent e) {
    //获得年级名称
    if (jComboBox1.getItemCount() <= 0)
        return;
    int index = jComboBox1.getSelectedIndex();
    String gradeid = gradeID[index];
    String sqlStr = null, classid = null;
    sqlStr = "SELECT MAX(classID) FROM tb_classinfo where gradeID = '" + gradeid + "'";
    ProduceMaxBh pm = new appstu.util.ProduceMaxBh();
    System.out.println("我在方法 item 中" + sqlStr + "; index = " + index);
    classid = pm.getMaxBh(sqlStr, gradeid);
    jTextField1.setText(String.valueOf(jComboBox1.getSelectedItem()));
    jTextField2.setText(classid);
    jTextField3.setText("");
```

```
        jTextField3.requestFocus();
}
```

（3）用户单击表格上的某条数据后，程序会将这条数据填写到 jPanel2 面板上的相应控件上，以方便用户进行相应的操作，在公共方法jTable1_mouseClicked()中定义一个String类型的局部变量sqlStr，用来生成 SQL 查询语句，然后调用公共类 RetrieveObject 的 getObjectRow()方法，进行数据查询，如果找到数据则将该数据解析显示给用户。关键代码如下：

例程 20　代码位置：mr\06\Student\src\appstu\view\JF_view_sysset_class.java

```
public void jTable1_mouseClicked(MouseEvent e) {
    insertflag = false;
    String id = null;
    String sqlStr = null;
    int selectrow = 0;
    selectrow = jTable1.getSelectedRow();                         //获取表格选定的行数
    if (selectrow < 0)
        return;                                                   //如果该行数小于 0，则返回
    id = jTable1.getValueAt(selectrow, 0).toString();             //返回第 selectrow 行，第一列的单元格值
    //根据编辑号内连接查询班级信息表与年级信息表中的基本信息
    sqlStr = "SELECT c.classID, d.gradeName, c.className FROM tb_classinfo c INNER JOIN " + "
tb_gradeinfo d ON c.gradeID = d.gradeID"
            + " where c.classID = '" + id + "'";
    Vector vdata = null;
    RetrieveObject retrive = new RetrieveObject();
    vdata = retrive.getObjectRow(sqlStr);                         //执行 SQL 语句返回一个集合
    jComboBox1.removeAllItems();
    jTextField1.setText(vdata.get(0).toString());
    jComboBox1.addItem(vdata.get(1));
    jTextField2.setText(vdata.get(2).toString());
}
```

（4）当对年级列表选择框 jComboBox1 进行赋值时，会自动触发 itemStateChanged 事件，为了解决对列表框的不同赋值操作（如浏览和删除），用到了实例变量 insertflag 进行判断。编写公共方法 jComboBox1_itemStateChanged()的关键代码如下：

例程 21　代码位置：mr\06\Student\src\appstu\view\JF_view_sysset_class.java

```
public void jComboBox1_itemStateChanged(ItemEvent e) {
    if (insertflag) {
        String gradeID = null;
        gradeID = "0" + String.valueOf(jComboBox1.getSelectedIndex() + 1);
        ProduceMaxBh pm = new appstu.util.ProduceMaxBh();
        String sqlStr = null, classid = null;
        sqlStr = "SELECT MAX(classID) FROM tb_classinfo where gradeID = '" + gradeID + "'";
        classid = pm.getMaxBh(sqlStr, gradeID);
        jTextField1.setText(classid);
    } else {
```

```
            jTextField1.setText(String.valueOf(jTable1.getValueAt(jTable1.getSelectedRow(), 0)));
        }
}
```

（5）单击“删除”按钮，删除某一条班级数据信息。在公共方法 jBdel_actionPerformed()中定义字符串类型的局部变量 sqlDel，用来生成班级的删除语句，然后调用公共类 JdbcAdapter 的 DeleteObject()方法。关键代码如下：

例程 22 代码位置：mr\06\Student\src\appstu\view\JF_view_sysset_class.java

```
public void jBdel_actionPerformed(ActionEvent e) {
    int result = JOptionPane.showOptionDialog(null, "是否删除班级信息数据?", "系统提示",
        JOptionPane.YES_NO_OPTION, JOptionPane.QUESTION_MESSAGE, null, new String[] {"是", "否" },
"否");
    if (result == JOptionPane.NO_OPTION)
        return;
    String sqlDel = "delete tb_classinfo where classID = '" + jTextField2.getText().trim() + "'";
    JdbcAdapter jdbcAdapter = new JdbcAdapter();
    if (jdbcAdapter.DeleteObject(sqlDel)) {
        jTextField1.setText("");
        jTextField2.setText("");
        jTextField3.setText("");
        buildTable();
    }
}
```

（6）单击“存盘”按钮，将数据保存在数据表中。在方法 jBsave_actionPerformed()中定义实体类对象 Obj_classinfo，变量名为 objclassinfo，然后通过 set 方法为 objclassinfo 赋值，然后调用公共类 JdbcAdapter 的 InsertOrUpdateObject()方法完成存盘操作，其参数为 objclassinfo。关键代码如下：

例程 23 代码位置：mr\06\Student\src\appstu\view\JF_view_sysset_class.java

```
public void jBsave_actionPerformed(ActionEvent e) {
    int result = JOptionPane.showOptionDialog(null, "是否存盘班级信息数据?", "系统提示",
        JOptionPane.YES_NO_OPTION, JOptionPane.QUESTION_MESSAGE, null, new String[] {"是", "否" },
"否");
    if (result == JOptionPane.NO_OPTION)
        return;
    int index = jComboBox1.getSelectedIndex();
    String gradeid = gradeID[index];
    appstu.model.Obj_classinfo objclassinfo = new appstu.model.Obj_classinfo();
    objclassinfo.setClassID(jTextField2.getText().trim());
    objclassinfo.setGradeID(gradeid);
    objclassinfo.setClassName(jTextField3.getText().trim());
    JdbcAdapter jdbcAdapter = new JdbcAdapter();
    if (jdbcAdapter.InsertOrUpdateObject(objclassinfo))
        buildTable();
}
```

6.9　学生基本信息管理模块设计

视频讲解

6.9.1　学生基本信息管理模块概述

学生基本信息管理模块用来管理学生基本信息，包括学生信息的添加、修改、删除、存盘等功能。在菜单栏中选择“基本信息”→“学生信息”命令，进入该模块，其运行结果如图 6.14 所示。

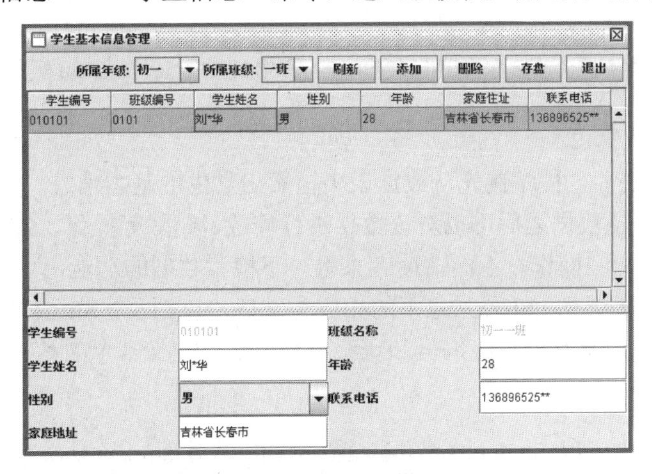

图 6.14　学生基本信息管理界面

6.9.2　学生基本信息管理模块技术分析

学生基本信息管理模块中用到的主要技术是 JSplitPane 的使用。JSplitPane 用于分隔两个（只能是两个）Component。两个 Component 图形化分隔以外观实现为基础，并且这两个 Component 可以由用户交互式调整大小。使用 JSplitPane.HORIZONTAL_SPLIT 可让分隔窗格中的两个 Component 从左到右排列，或者使用 JSplitPane.VERTICAL_SPLIT 使其从上到下排列。改变 Component 大小的首选方式是调用 setDividerLocation，其中 location 是新的 x 或 y 位置，具体取决于 JSplitPane 的方向。要将 Component 调整到其首选大小，可调用 resetToPreferredSizes。

当用户调整 Component 的大小时，Component 的最小大小用于确定 Component 能够设置的最大/最小位置。如果两个控件的最小的大小大于分隔窗格的大小，则分隔条将不允许用户调整其大小。当用户调整分隔窗格大小时，新的空间以 resizeWeight 为基础在两个控件之间分配。默认情况下，值为 0 表示右边/底部的控件获得所有空间，而值为 1 表示左边/顶部的控件获得所有空间。

6.9.3　学生基本信息管理模块实现过程

1. 界面设计

学生基本信息管理模块设计的窗体 UI 结构如图 6.15 和图 6.16 所示。

图 6.15　JF_view_student 类中控件的名称（上半部分）

图 6.16　JF_view_student 类中控件的名称（下半部分）

2．代码设计

（1）用户进入该模块后，程序首先从数据表中检索出学生的基本信息，如果检索到学生的基本信息，那么用户在单击某一条数据之后可以对该数据进行修改、删除等操作，公共类 JdbcAdapter 是对学生表 tb_studentinfo 进行相应操作。下面请读者来看一下检索数据的功能，单击 JF_view_student 类的 Source 代码编辑窗口，首先导入 util 公共包下的相应类文件，定义两个 String 类型的数组变量 gradeID，classID 其初始值为 null，用来存储年级编号和班级编号，然后定义一个的私有方法 initialize()用来检索班级数据。关键代码如下：

例程 24　代码位置：mr\06\Student\src\appstu\view\JF_view_student.java

```
public void initialize() {
    String sqlStr = null;
    sqlStr = "select gradeID,gradeName from tb_gradeinfo";
    RetrieveObject retrieve = new RetrieveObject();
    java.util.Collection collection = null;
    java.util.Iterator iterator = null;
    collection = retrieve.getTableCollection(sqlStr);
    iterator = collection.iterator();
    gradeID = new String[collection.size()];
    int i = 0;
    while (iterator.hasNext()) {
        java.util.Vector vdata = (java.util.Vector) iterator.next();
        gradeID[i] = String.valueOf(vdata.get(0));
        jComboBox1.addItem(vdata.get(1));
        i++;
    }
}
```

（2）用户选择年级列表框（jComboBox1）数据后，系统会自动检索出年级下面的班级数据，并放入到班级列表框（jComboBox2）中，在公共方法 jComboBox1_itemStateChanged()中，定义一个 String 类型变量 sqlStr，用来存储 SQL 查询语句，执行公共类 RetrieveObject 的方法 getTableCollection()，其参数为 sqlStr，将返回值放入到集合变量 collection 中，然后将集合中的数据存放到班级列表框控件中。关键代码如下：

例程 25　代码位置：mr\06\Student\src\appstu\view\JF_view_student.java

```
public void jComboBox1_itemStateChanged(ItemEvent e) {
    jComboBox2.removeAllItems();
    int Index = jComboBox1.getSelectedIndex();
    String sqlStr = null;
    sqlStr = "select classID,className from tb_classinfo where gradeID = '" + gradeID[Index] + "'";
    RetrieveObject retrieve = new RetrieveObject();
    java.util.Collection collection = null;
    java.util.Iterator iterator = null;
    collection = retrieve.getTableCollection(sqlStr);
    iterator = collection.iterator();
    classID = new String[collection.size()];
    int i = 0;
    while (iterator.hasNext()) {
        java.util.Vector vdata = (java.util.Vector) iterator.next();
        classID[i] = String.valueOf(vdata.get(0));
        jComboBox2.addItem(vdata.get(1));
        i++;
    }
}
```

（3）用户选择班级列表框（jComboBox2）数据后，系统自动检索出该班级下的所有学生数据。方法 jComboBox2_itemStateChanged()的关键代码如下：

例程 26　代码位置：mr\06\Student\src\appstu\view\JF_view_student.java

```
public void jComboBox2_itemStateChanged(ItemEvent e) {
    if (jComboBox2.getSelectedIndex() < 0)
        return;
    String cid = classID[jComboBox2.getSelectedIndex()];
    DefaultTableModel tablemodel = null;
    String[] name = { "学生编号", "班级编号", "学生姓名", "性别", "年龄", "家庭住址", "联系电话" };
    String sqlStr = "select * from tb_studentinfo where classid = '" + cid + "'";
    appstu.util.RetrieveObject bdt = new appstu.util.RetrieveObject();
    tablemodel = bdt.getTableModel(name, sqlStr);
    jTable1.setModel(tablemodel);
    jTable1.setRowHeight(24);
}
```

（4）用户单击表格中的某条数据后，系统会将学生的信息读取到面板 jPanel1 的控件上来，以供用户进行操作。关键代码如下：

例程 27　代码位置：mr\06\Student\src\appstu\view\JF_view_student.java

```
public void jTable1_mouseClicked(MouseEvent e) {
    String id = null;
    String sqlStr = null;
    int selectrow = 0;
    selectrow = jTable1.getSelectedRow();
    if (selectrow < 0)
```

```
            return;
        id = jTable1.getValueAt(selectrow, 0).toString();
        sqlStr = "select * from tb_studentinfo where stuid = '" + id + "'";
        Vector vdata = null;
        RetrieveObject retrive = new RetrieveObject();
        vdata = retrive.getObjectRow(sqlStr);
        String gradeid = null, classid = null;
        String gradename = null, classname = null;
        Vector vname = null;
        classid = vdata.get(1).toString();
        gradeid = classid.substring(0, 2);
        vname = retrive.getObjectRow("select className from tb_classinfo where classID = '" + classid + "'");
        classname = String.valueOf(vname.get(0));
        vname = retrive.getObjectRow("select gradeName from tb_gradeinfo where gradeID = '" + gradeid + "'");
        gradename = String.valueOf(vname.get(0));
        jTextField1.setText(vdata.get(0).toString());
        jTextField2.setText(gradename + classname);
        jTextField3.setText(vdata.get(2).toString());
        jTextField4.setText(vdata.get(4).toString());
        jTextField5.setText(vdata.get(6).toString());
        jTextField6.setText(vdata.get(5).toString());
        jComboBox3.removeAllItems();
        jComboBox3.addItem(vdata.get(3).toString());
}
```

（5）单击“添加”按钮，进行学生的录入操作，这里我们主要看一下最大流水号的生成，其中公共方法 jBadd_actionPerformed()的关键代码如下：

例程 28　代码位置：mr\06\Student\src\appstu\view\JF_view_student.java

```
public void jBadd_actionPerformed(ActionEvent e) {
    String classid = null;
    int index = jComboBox2.getSelectedIndex();
    if (index < 0) {
        JOptionPane.showMessageDialog(null, "班级名称为空，请重新选择班级", "系统提示",
                                                        JOptionPane.ERROR_MESSAGE);
        return;
    }
    classid = classID[index];
    String sqlMax = "select max(stuid) from tb_studentinfo where classID = '" + classid + "'";
    ProduceMaxBh pm = new appstu.util.ProduceMaxBh();
    String stuid = null;
    stuid = pm.getMaxBh(sqlMax, classid);
    jTextField1.setText(stuid);
    jTextField2.setText(jComboBox2.getSelectedItem().toString());
    jTextField3.setText("");
    jTextField4.setText("");
    jTextField5.setText("");
    jTextField6.setText("");
    jComboBox3.removeAllItems();
    jComboBox3.addItem("男");
```

```
        jComboBox3.addItem("女");
        jTextField3.requestFocus();
}
```

（6）单击“删除”按钮，删除学生信息，其中公共方法 jBdel_actionPerformed()的关键代码如下：

例程 29　代码位置：mr\06\Student\src\appstu\view\JF_view_student.java

```
public void jBdel_actionPerformed(ActionEvent e) {
    if (jTextField1.getText().trim().length() <= 0)
        return;
    int result = JOptionPane.showOptionDialog(null, "是否删除学生的基本信息数据?", "系统提示",
        JOptionPane.YES_NO_OPTION, JOptionPane.QUESTION_MESSAGE, null, new String[] {"是", "否" },
"否");
    if (result == JOptionPane.NO_OPTION)
        return;
    String sqlDel = "delete tb_studentinfo where stuid = '" + jTextField1.getText().trim() + "'";
    JdbcAdapter jdbcAdapter = new JdbcAdapter();
    if (jdbcAdapter.DeleteObject(sqlDel)) {
        jTextField1.setText("");
        jTextField2.setText("");
        jTextField3.setText("");
        jTextField4.setText("");
        jTextField5.setText("");
        jTextField6.setText("");
        jComboBox1.removeAllItems();
        jComboBox3.removeAllItems();
        ActionEvent event = new ActionEvent(jBrefresh, 0, null);
        jBrefresh_actionPerformed(event);
    }
}
```

（7）单击“存盘”按钮，进行对学生数据进行存盘操作，公共方法 jBsave_actionPerformed()的关键代码如下：

例程 30　代码位置：mr\06\Student\src\appstu\view\JF_view_student.java

```
public void jBsave_actionPerformed(ActionEvent e) {
    int result = JOptionPane.showOptionDialog(null, "是否存盘学生基本数据信息?", "系统提示",
        JOptionPane.YES_NO_OPTION, JOptionPane.QUESTION_MESSAGE, null, new String[] { "是", "否" }, "否");
    if (result == JOptionPane.NO_OPTION)
        return;
    appstu.model.Obj_student object = new appstu.model.Obj_student();
    String classid = classID[Integer.parseInt(String.valueOf(jComboBox2.getSelectedIndex()))];
    object.setStuid(jTextField1.getText().trim());
    object.setClassID(classid);
    object.setStuname(jTextField3.getText().trim());
    int age = 0;
    try {
        age = Integer.parseInt(jTextField4.getText().trim());
```

```
    } catch (java.lang.NumberFormatException formate) {
        JOptionPane.showMessageDialog(null, "数据录入有误，错误信息:\n" + formate.getMessage(), "系统提示", JOptionPane.ERROR_MESSAGE);
        jTextField4.requestFocus();
        return;
    }
    object.setAge(age);
    object.setSex(String.valueOf(jComboBox3.getSelectedItem()));
    object.setPhone(jTextField5.getText().trim());
    object.setAddress(jTextField6.getText().trim());
    appstu.util.JdbcAdapter adapter = new appstu.util.JdbcAdapter();
    if (adapter.InsertOrUpdateObject(object)) {
        ActionEvent event = new ActionEvent(jBrefresh, 0, null);
        jBrefresh_actionPerformed(event);
    }
}
```

6.10　学生考试成绩信息管理模块设计

6.10.1　学生考试成绩信息管理模块概述

学生考试成绩信息管理模块主要是对学生成绩信息进行管理，包括修改、添加、删除、存盘等。在菜单栏中选择“基本信息”→“考试成绩”命令，进入学生考试成绩信息管理窗口，界面运行结果如图 6.17 所示。

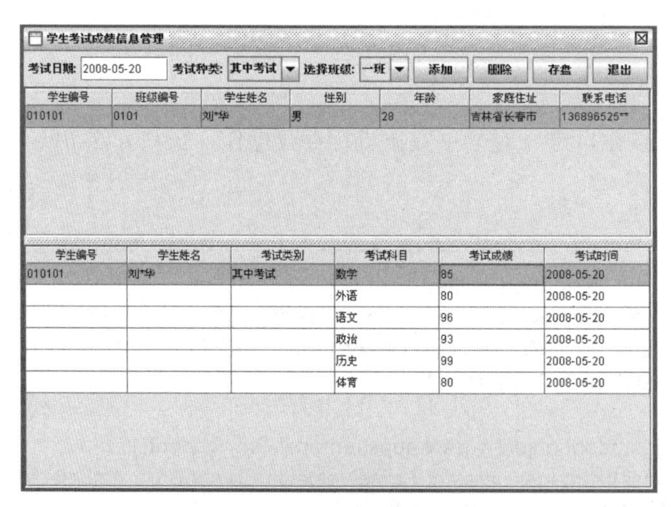

图 6.17　学生考试成绩管理窗体

6.10.2　学生考试成绩信息管理模块技术分析

学生考试成绩信息管理模块使用的主要技术是 Vector 类的应用。Vector 类可以实现长度可变的对象数组。与数组一样，它包含可以使用整数索引进行访问的控件。但是，Vector 的大小可以根据需要增大或缩小，以适应创建 Vector 后进行添加或移除项的操作。

每个 Vector 对象会试图通过维护 capacity 和 capacityIncrement 来优化存储管理。capacity 始终至少与 Vector 的大小相等；这个值通常比后者大些，因为随着将控件添加到 Vector 中，其存储将按 capacityIncrement 的大小增加存储块。应用程序可以在插入大量控件前增加 Vector 的容量；这样就减少了增加的重分配的量。

6.10.3 学生考试成绩信息管理模块实现过程

1. 界面设计

学生考试成绩信息管理模块设计的窗体 UI 结构如图 6.18 所示。

图 6.18　JF_view_gradesub 类中控件的名称

2. 代码设计

（1）执行学生考试成绩信息管理模块程序，首先通过调用上面讲解的公共类 JdbcAdapter，从学生成绩表 tb_gradeinfo_sub 中检索出班级的基本信息，用户选择班级后，程序检索出该班级对应的学生数据。单击 JF_view_gradesub 类的 Source 代码编辑窗口进行代码编写。导入 util 公共包下的相应类文件，定义一个 boolean 实例变量 insertflag，用来标志操作的数据库的类型，然后定义一个的私有方法 buildTabl()，用来检索班级数据。关键代码如下：

例程 31　代码位置：mr\06\Student\src\appstu\view\JF_view_gradesub.java

```
public void initialize() {
    RetrieveObject retrieve = new RetrieveObject();
    java.util.Vector vdata = new java.util.Vector();
    String sqlStr = null;
    java.util.Collection collection = null;
    java.util.Iterator iterator = null;
    sqlStr = "SELECT * FROM tb_examkinds";
    collection = retrieve.getTableCollection(sqlStr);
    iterator = collection.iterator();
    examkindid = new String[collection.size()];
    examkindname = new String[collection.size()];
    int i = 0;
    while (iterator.hasNext()) {
        vdata = (java.util.Vector) iterator.next();
        examkindid[i] = String.valueOf(vdata.get(0));
        examkindname[i] = String.valueOf(vdata.get(1));
        jComboBox1.addItem(vdata.get(1));
        i++;
    }
    sqlStr = "select * from tb_classinfo";
    collection = retrieve.getTableCollection(sqlStr);
    iterator = collection.iterator();
    classid = new String[collection.size()];
```

```
        i = 0;
        while (iterator.hasNext()) {
            vdata = (java.util.Vector) iterator.next();
            classid[i] = String.valueOf(vdata.get(0));
            jComboBox2.addItem(vdata.get(2));
            i++;
        }
        sqlStr = "select * from tb_subject";
        collection = retrieve.getTableCollection(sqlStr);
        iterator = collection.iterator();
        subjectcode = new String[collection.size()];
        subjectname = new String[collection.size()];
        i = 0;
        while (iterator.hasNext()) {
            vdata = (java.util.Vector) iterator.next();
            subjectcode[i] = String.valueOf(vdata.get(0));
            subjectname[i] = String.valueOf(vdata.get(1));

            i++;
        }
        long nCurrentTime = System.currentTimeMillis();
        java.util.Calendar calendar = java.util.Calendar.getInstance(new Locale("CN"));
        calendar.setTimeInMillis(nCurrentTime);
        int year = calendar.get(Calendar.YEAR);
        int month = calendar.get(Calendar.MONTH) + 1;
        int day = calendar.get(Calendar.DAY_OF_MONTH);
        String mm, dd;
        if (month < 10) {
            mm = "0" + String.valueOf(month);
        } else {
            mm = String.valueOf(month);
        }
        if (day < 10) {
            dd = "0" + String.valueOf(day);
        } else {
            dd = String.valueOf(day);
        }
        java.sql.Date date = java.sql.Date.valueOf(year + "-" + mm + "-" + dd);
        jTextField1.setText(String.valueOf(date));
}
```

（2）单击学生信息表格中的某个学生信息，如果该学生已经录入了考试成绩，检索出成绩数据信息，在公共方法 jTable1_mouseClicked()中定义一个 String 类型的局部变量 sqlStr，用来存储 SQL 的查询语句，然后调用公共类 RetrieveObject 的公共方法 getTableCollection()，其参数为 sqlStr，返回值为集合 Collection，然后将集合中数据存放到表格控件中。公共方法 jTable1_mouseClicked()的关键代码如下：

例程 32　代码位置：mr\06\Student\src\appstu\view\JF_view_gradesub.java

```
public void jTable1_mouseClicked(MouseEvent e) {
    int currow = jTable1.getSelectedRow();
```

```
    if (currow >= 0) {
        DefaultTableModel tablemodel = null;
        String[] name = { "学生编号", "学生姓名", "考试类别", "考试科目", "考试成绩", "考试时间" };
        tablemodel = new DefaultTableModel(name, 0);
        String sqlStr = null;
        Collection collection = null;
        Object[] object = null;
        sqlStr = "SELECT * FROM tb_gradeinfo_sub where stuid = '" + jTable1.getValueAt(currow, 0)
                                    + "' and kindID = '"+ examkindid[jComboBox1.getSelectedIndex()] + "'";
        RetrieveObject retrieve = new RetrieveObject();
        collection = retrieve.getTableCollection(sqlStr);
        object = collection.toArray();
        int findindex = 0;
        for (int i = 0; i < object.length; i++) {
            Vector vrow = new Vector();
            Vector vdata = (Vector) object[i];
            String sujcode = String.valueOf(vdata.get(3));
            for (int aa = 0; aa < this.subjectcode.length; aa++) {
                if (sujcode.equals(subjectcode[aa])) {
                    findindex = aa;
                    System.out.println("findindex = " + findindex);
                }
            }
            if (i == 0) {
                vrow.addElement(vdata.get(0));
                vrow.addElement(vdata.get(1));
                vrow.addElement(examkindname[Integer.parseInt(String.valueOf(vdata.get(2))) - 1]);
                vrow.addElement(subjectname[findindex]);
                vrow.addElement(vdata.get(4));
                String ksrq = String.valueOf(vdata.get(5));
                ksrq = ksrq.substring(0, 10);
                System.out.println(ksrq);
                vrow.addElement(ksrq);
            } else {
                vrow.addElement("");
                vrow.addElement("");
                vrow.addElement("");
                vrow.addElement(subjectname[findindex]);
                vrow.addElement(vdata.get(4));
                String ksrq = String.valueOf(vdata.get(5));
                ksrq = ksrq.substring(0, 10);
                System.out.println(ksrq);
                vrow.addElement(ksrq);
            }
            tablemodel.addRow(vrow);
        }
        this.jTable2.setModel(tablemodel);
        this.jTable2.setRowHeight(22);
    }
}
```

（3）单击学生信息表格中的某个学生信息，如果没有检索到学生的成绩数据，单击“添加”按钮，进行成绩数据的添加，在公共方法 jBadd_actionPerformed()中定义一个表格模型 DefaultTableModel 变量 tablemodel，用来生成数据表格。定义一个 String 类型的局部变量 sqlStr，用来存放查询语句，调用公共类 RetrieveObject 的 getObjectRow()方法，其参数为 sqlStr，用返回类型 vector 生成科目名称，然后为 tablemodel 填充数据。关键代码如下：

例程 33　代码位置：mr\06\Student\src\appstu\view\JF_view_gradesub.java

```
public void jBadd_actionPerformed(ActionEvent e) {
    int currow;
    currow = jTable1.getSelectedRow();
    if (currow >= 0) {
        DefaultTableModel tablemodel = null;
        String[] name = { "学生编号", "学生姓名", "考试类别", "考试科目", "考试成绩", "考试时间" };
        tablemodel = new DefaultTableModel(name, 0);
        String sqlStr = null;
        Collection collection = null;
        Object[] object = null;
        Iterator iterator = null;
        sqlStr = "SELECT subject FROM tb_subject";                    //定义查询参数
        RetrieveObject retrieve = new RetrieveObject();               //定义公共类对象
        Vector vdata = null;
        vdata = retrieve.getObjectRow(sqlStr);
        for (int i = 0; i < vdata.size(); i++) {
            Vector vrow = new Vector();
            if (i == 0) {
                vrow.addElement(jTable1.getValueAt(currow, 0));
                vrow.addElement(jTable1.getValueAt(currow, 2));
                vrow.addElement(jComboBox1.getSelectedItem());
                vrow.addElement(vdata.get(i));
                vrow.addElement("");
                vrow.addElement(jTextField1.getText().trim());
            } else {
                vrow.addElement("");
                vrow.addElement("");
                vrow.addElement("");
                vrow.addElement(vdata.get(i));
                vrow.addElement("");
                vrow.addElement(jTextField1.getText().trim());
            }
            tablemodel.addRow(vrow);
            this.jTable2.setModel(tablemodel);
            this.jTable2.setRowHeight(23);
        }
    }
}
```

（4）输入完学生成绩数据后，单击“存盘”按钮，进行数据存盘。在公共方法 jBsave_actionPerformed()中定义一个类型为对象 Obj_gradeinfo_sub 数组变量 object，通过循环语句为 object 变量中的对象赋值，

然后调用公共类 jdbcAdapter 中的 InsertOrUpdate_Obj_ gradeinfo_sub()方法，其参数为 object，执行存盘操作。关键代码如下：

例程 34　代码位置：mr\06\Student\src\appstu\view\JF_view_gradesub.java

```
public void jBsave_actionPerformed(ActionEvent e) {
    int result = JOptionPane.showOptionDialog(null, "是否存盘学生考试成绩数据?", "系统提示",
        JOptionPane.YES_NO_OPTION, JOptionPane.QUESTION_MESSAGE, null, new String[] {"是", "否" }, "否");
    if (result == JOptionPane.NO_OPTION)
        return;
    int rcount;
    rcount = jTable2.getRowCount();
    if (rcount > 0) {
        appstu.util.JdbcAdapter jdbcAdapter = new appstu.util.JdbcAdapter();
        Obj_gradeinfo_sub[] object = new Obj_gradeinfo_sub[rcount];
        for (int i = 0; i < rcount; i++) {
            object[i] = new Obj_gradeinfo_sub();
            object[i].setStuid(String.valueOf(jTable2.getValueAt(0, 0)));
            object[i].setKindID(examkindid[jComboBox1.getSelectedIndex()]);
            object[i].setCode(subjectcode[i]);
            object[i].setSutname(String.valueOf(jTable2.getValueAt(i, 1)));
            float grade;
            grade = Float.parseFloat(String.valueOf(jTable2.getValueAt(i, 4)));
            object[i].setGrade(grade);
            java.sql.Date rq = null;
            try {
                String strrq = String.valueOf(jTable2.getValueAt(i, 5));
                rq = java.sql.Date.valueOf(strrq);
            } catch (Exception dt) {
                JOptionPane.showMessageDialog(null, "第【" + i + "】行输入的数据格式有误,请重新录入!!\n"
                                + dt.getMessage(), "系统提示", JOptionPane.ERROR_MESSAGE);
                return;
            }
            object[i].setExamdate(rq);
        }
        jdbcAdapter.InsertOrUpdate_Obj_gradeinfo_sub(object); //执行公共类中的数据存盘操作
    }
}
```

6.11　基本信息数据查询模块设计

6.11.1　基本信息数据查询模块概述

基本信息数据查询模块包括对学生信息查询和教师信息查询两部分，在菜单栏中选择“系统查询”→“基本信息”命令，进入该模块，界面运行结果如图 6.19 所示。

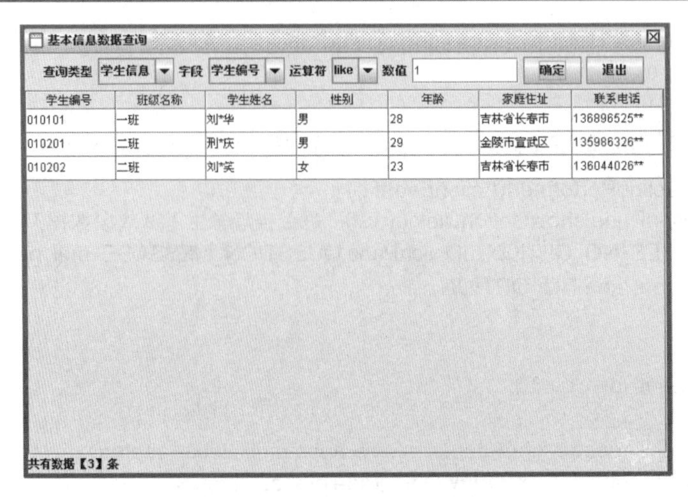

图 6.19　基本信息数据查询窗体

6.11.2　基本信息数据查询模块技术分析

在标准 SQL 中，定义了模糊查询。它是使用 like 关键字完成的。模糊查询的重点在于两个符号的使用：%和_。%表示任意多个字符，_表示任意一个字符。例如在姓名列中查询条件是“王%”，那么可以找到所有王姓同学；如果查询条件是“王_”，那么可以找到名的长度为 1 的王姓同学。

6.11.3　基本信息数据查询模块实现过程

1. 界面设计

基本信息数据查询模块设计的窗体 UI 结构图如图 6.20 所示。

图 6.20　JF_view_query_jbqk 类中控件的名称

2. 代码设计

（1）用户首先选择查询类型，也就是选择查询什么信息，然后根据系统提供的查询参数进行条件选择，输入查询数值之后，单击“确定”按钮，进行满足条件的数据查询。单击 source 页打开文件源代码，导入程序所需要的类包，定义不同的 String 类型变量，定义一个私有方法 initsize()用来初始化列表框中的数据，以供用户选择条件参数。关键代码如下：

例程 35　代码位置：mr\06\Student\src\appstu\view\JF_view_query_jbqk.java

```
public class JF_view_query_jbqk extends JInternalFrame {
    String tabname = null;
    String zdname = null;
    String ysfname = null;
    String[] jTname = null;
    private void initsize() {
        jComboBox1.addItem("学生信息");
        jComboBox1.addItem("教师信息");
```

```
            jComboBox3.addItem("like");
            jComboBox3.addItem(">");
            jComboBox3.addItem("=");
            jComboBox3.addItem("<");
            jComboBox3.addItem(">=");
            jComboBox3.addItem("<=");
        }
    }
```

（2）用户选择不同的查询类型系统时为查询字段列表框进行字段赋值，在公共方法 jComboBox1_itemStateChanged()中实现这个功能。关键代码如下：

例程 36　代码位置：mr\06\Student\src\appstu\view\JF_view_query_jbqk.java

```
public void jComboBox1_itemStateChanged(ItemEvent itemEvent) {
    if (jComboBox1.getSelectedIndex() == 0) {
        this.tabname = "SELECT s.stuid, c.className, s.stuname, s.sex, s.age, s.addr, s.phone FROM
                                    tb_studentinfo s,tb_classinfo c where s.classID = c.classID";
        String[] name = { "学生编号", "班级名称", "学生姓名", "性别", "年龄", "家庭住址", "联系电话" };
        jTname = name;
        jComboBox2.removeAllItems();
        jComboBox2.addItem("学生编号");
        jComboBox2.addItem("班级编号");
    }
    if (jComboBox1.getSelectedIndex() == 1) {
        this.tabname = "SELECT t.teaid, c.className, t.teaname, t.sex, t.knowledge, t.knowlevel FROM
                                    tb_teacher t INNER JOIN tb_classinfo c ON c .classID = t.classID";
        String[] name = { "教师编号", "班级名称", "教师姓名", "性别", "教师职称", "教师等级" };
        jTname = name;
        jComboBox2.removeAllItems();
        jComboBox2.addItem("教师编号");
        jComboBox2.addItem("班级编号");
    }
}
```

（3）用户选择不同的查询字段之后，程序为实例变量 zdname 进行赋值，其公共方法 jComboBox2_itemStateChanged()的关键代码如下：

例程 37　代码位置：mr\06\Student\src\appstu\view\JF_view_query_jbqk.java

```
public void jComboBox2_itemStateChanged(ItemEvent itemEvent) {
    if (jComboBox1.getSelectedIndex() == 0) {
        if (jComboBox2.getSelectedIndex() == 0)
            this.zdname = "s.stuid";
        if (jComboBox2.getSelectedIndex() == 1)
            this.zdname = "s.classID";
    }
    if (jComboBox1.getSelectedIndex() == 1) {
        if (jComboBox2.getSelectedIndex() == 0)
            this.zdname = "t.teaid";
        if (jComboBox2.getSelectedIndex() == 1)
```

```
                this.zdname = "t.classID";
        }
        System.out.println("zdname = " + zdname);
}
```

（4）同样，当用户选择不同的运算符之后程序为实例变量 ysfname 进行赋值，其公共方法 jComboBox3_itemStateChanged()的关键代码如下：

例程 38　代码位置：mr\06\Student\src\appstu\view\JF_view_query_jbqk.java

```
public void jComboBox3_itemStateChanged(ItemEvent itemEvent) {
        this.ysfname = String.valueOf(jComboBox3.getSelectedItem());
}
```

（5）用户输入检索数值之后，单击“确定”按钮，进行条件查询操作。在公共方法 jByes_actionPerformed()中，定义两个 String 类型局部变量 sqlSelect 与 whereSql，用来生成查询条件语句。通过公共类 RetrieveObject 的 getTableModel()方法，进行查询操作，其参数为 sqlSelect 和 whereSql。关键代码如下：

例程 39　代码位置：mr\06\Student\src\appstu\view\JF_view_query_jbqk.java

```
public void jByes_actionPerformed(ActionEvent e) {
        String sqlSelect = null, whereSql = null;
        String valueStr = jTextField1.getText().trim();
        sqlSelect = this.tabname;
        if (ysfname == "like") {
                whereSql = " and " + this.zdname + " " + this.ysfname + " '%" + valueStr + "%'";
        } else {
                whereSql = " and " + this.zdname + " " + this.ysfname + " '" + valueStr + "'";
        }
        appstu.util.RetrieveObject retrieve = new appstu.util.RetrieveObject();
        javax.swing.table.DefaultTableModel defaultmodel = null;
        defaultmodel = retrieve.getTableModel(jTname, sqlSelect + whereSql);
        jTable1.setModel(defaultmodel);
        if (jTable1.getRowCount() <= 0) {
                JOptionPane.showMessageDialog(null, "没有找到满足条件的数据!!!", "系统提示",
                                                                JOptionPane.INFORMATION_MESSAGE);
        }
        jTable1.setRowHeight(24);
        jLabel5.setText("共有数据【" + String.valueOf(jTable1.getRowCount()) + "】条");
}
```

视频讲解

6.12　考试成绩班级明细查询模块设计

6.12.1　考试成绩班级明细查询模块概述

考试成绩班级明细查询模块用来查询不同班级的学生考试明细信息，界面运行结果如图 6.21 所示。

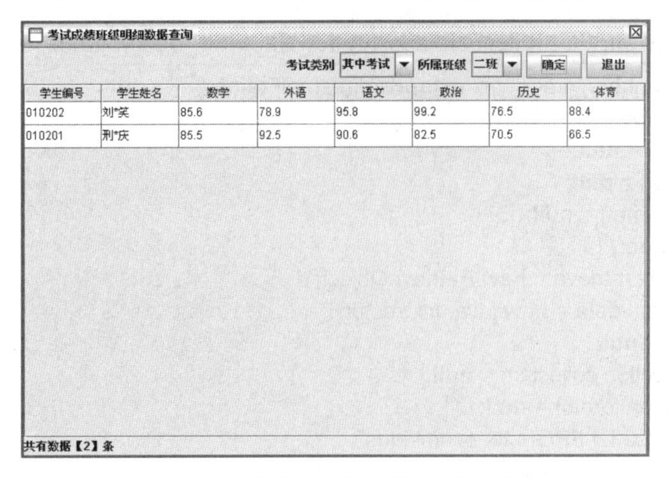

图 6.21　考试成绩班级明细查询窗体

6.12.2　考试成绩班级明显查询模块技术分析

在 Java 中，如果开发桌面应用程序，通常使用 Swing。Swing 中的控件大都有其默认的设置，例如 JTable 控件在创建完成后，表格内容的行高就有了一个固定值。如果修改了表格文字的字体，则可能影响正常显示。此时可以考虑使用 JTable 控件中提供的 setRowHeight()方法重新设置行高。该方法的声明如下：

```
public void setRowHeight(int rowHeight)
```

rowHeight：新的行高。

6.12.3　考试成绩班级明细查询模块实现过程

1. 界面设计

考试成绩班级明细查询模块设计的窗体 UI 结构图如图 6.22 所示。

图 6.22　JF_view_query_grade_mx 类中控件的名称

2. 代码设计

（1）定义一个私有方法 initsize()，用来初始化列表框中的数据，供用户选择条件参数。关键代码如下：

例程 40　代码位置：mr\06\Student\src\appstu\view\JF_view_query_grade_mx.java

```
public class JF_view_query_grade_mx extends JInternalFrame {
    String classid[] = null;
    String classname[] = null;
    String examkindid[] = null;
    String examkindname[] = null;
    public void initialize() {
        RetrieveObject retrieve = new RetrieveObject();
        java.util.Vector vdata = new java.util.Vector();
        String sqlStr = null;
        java.util.Collection collection = null;
        java.util.Iterator iterator = null;
        sqlStr = "SELECT * FROM tb_examkinds";
        collection = retrieve.getTableCollection(sqlStr);
        iterator = collection.iterator();
        examkindid = new String[collection.size()];
        examkindname = new String[collection.size()];
        int i = 0;
        while (iterator.hasNext()) {
            vdata = (java.util.Vector) iterator.next();
            examkindid[i] = String.valueOf(vdata.get(0));
            examkindname[i] = String.valueOf(vdata.get(1));
            jComboBox1.addItem(vdata.get(1));
            i++;
        }
        sqlStr = "select * from tb_classinfo";
        collection = retrieve.getTableCollection(sqlStr);
        iterator = collection.iterator();
        classid = new String[collection.size()];
        classname = new String[collection.size()];
        i = 0;
        while (iterator.hasNext()) {
            vdata = (java.util.Vector) iterator.next();
            classid[i] = String.valueOf(vdata.get(0));
            classname[i] = String.valueOf(vdata.get(2));
            jComboBox2.addItem(vdata.get(2));
            i++;
        }
    }
    //省略部分代码
}
```

（2）用户选择“考试类别”和“学生班级”后，单击“确定”按钮，进行成绩明细数据查询。在公共方法 jByes_actionPerformed()中，定义一个 String 类型的局部变量 sqlSubject，用来存储考试科目的查询语句；定义一个 String 类型数组变量 tbname，用来为表格模型设置列的名字。定义公共类 RetrieveObject 的变量 retrieve，然后执行 retrieve 的方法 getTableCollection()，其参数为 sqlSubject。当结果集中存在数据时，定义一个 String 变量 sqlStr，用来生成查询成绩的语句，通过一个循环语句为 sqlStr

赋值，再定义一个公共类 RetrieveObject 类型的变量 bdt，执行 bdt 的 getTableModel()方法，其参数为 sqlStr 和 tbname 变量。公共方法 jByes_actionPerformed()的关键代码如下：

例程 41　代码位置：mr\06\Student\src\appstu\view\JF_view_query_grade_mx.java

```
public void jByes_actionPerformed(ActionEvent e) {
    String sqlSubject = null;
    java.util.Collection collection = null;
    Object[] object = null;
    java.util.Iterator iterator = null;
    sqlSubject = "SELECT * FROM tb_subject";
    RetrieveObject retrieve = new RetrieveObject();
    collection = retrieve.getTableCollection(sqlSubject);
    object = collection.toArray();
    String strCode[] = new String[object.length];                    //定义数组存放考试科目代码
    String strSubject[] = new String[object.length];                 //定义数组存放考试科目名称
    String[] tbname = new String[object.length + 2];                 //定义数组存放表格控件的列名
    tbname[0] = "学生编号";
    tbname[1] = "学生姓名";
    String sqlStr = "SELECT stuid, stuname, ";
    for (int i = 0; i < object.length; i++) {
        String code = null, subject = null;
        java.util.Vector vdata = null;
        vdata = (java.util.Vector) object[i];
        code = String.valueOf(vdata.get(0));
        subject = String.valueOf(vdata.get(1));
        tbname[i + 2] = subject;
        if ((i + 1) == object.length) {
            sqlStr = sqlStr + " SUM(CASE code WHEN '" + code + "' THEN grade ELSE 0 END) AS '"
                                                                        + subject + "'";
        } else {
            sqlStr = sqlStr + " SUM(CASE code WHEN '" + code + "' THEN grade ELSE 0 END) AS '"
                                                                        + subject + "',";
        }
    }
    String whereStr = " where kind";
    //为变量 whereStr 进行赋值操作生成查询的 SQL 语句
    whereStr = " where kindID = '" + this.examkindid[jComboBox1.getSelectedIndex()] + "' and substring
(stuid,1,4) = '"
            + this.classid[jComboBox2.getSelectedIndex()] + "' ";
    //为变量 sqlStr 进行赋值操作生成查询的 SQL 语句
    sqlStr = sqlStr + " FROM tb_gradeinfo_sub " + whereStr + " GROUP BY stuid,stuname ";
    DefaultTableModel tablemodel = null;
    appstu.util.RetrieveObject bdt = new appstu.util.RetrieveObject();
    tablemodel = bdt.getTableModel(tbname, sqlStr); //通过对象 bdt 的 getTableModel()方法为表格赋值
    jTable1.setModel(tablemodel);
    if (jTable1.getRowCount() <= 0) {
        JOptionPane.showMessageDialog(null, "没有找到满足条件的数据!!!", "系统提示",
                                                JOptionPane.INFORMATION_MESSAGE);
```

```
    }
    jTable1.setRowHeight(24);
    jLabel1.setText("共有数据【" + String.valueOf(jTable1.getRowCount()) + "】条");
}
```

6.13 开发技巧与难点分析

学生成绩管理系统使用到了很多技术，它们在日常开发中非常常见，下面对这些技术进行简要说明。

（1）使用 JavaBean 来封装对象。对于对象具有多个属性，在传递对象属性时，单个传递容易出错，而且代码可读性差。如果使用 JavaBean 来将其封装，就能很好地解决这些问题。

（2）使用内部窗体开发桌面程序。在 Swing 中，也可以用内部窗体来开发程序，其好处是便于管理。

（3）使用 JDBC 操作数据库。JDBC 是 Java 操作数据库的基本方式，很多持久层其他框架如 Hibernate，都是在其基础上封装而成的。熟悉 JDBC 将能更好地理解持久层框架原理。

（4）批处理技术。如频繁使用 JDBC 操作数据库，会影响系统性能。使用批处理可以一次处理大量数据，可以提升性能。

6.14 本 章 小 结

本章从软件工程的角度，讲述开发软件的常规步骤。在学生成绩管理系统的开发过程中，读者应该掌握了使用 Java 的 Swing 技术进行开发的一般过程。此外，对于 JDBC 等常用技术也应该有更加深入的了解。

第 7 章

进销存管理系统

（Swing+SQL Server 2014 实现）

实现企业信息化管理是现代社会中小企业稳步发展的必要条件，它可以提高企业的管理水平和工作效率，最大限度地减少手工操作带来的失误。进销存管理系统正是一个信息化管理软件，可以实现企业的进货、销售、库存管理等各项业务的信息化管理。本章将介绍如何使用 Java Swing 技术和 SQL Server 2014 数据库开发跨平台的应用程序。

通过阅读本章，可以学习到：

- 如何进行项目的可行性分析
- 如何设计系统
- 如何进行数据库分析和数据库建模
- 企业进销存主要功能模块的开发过程
- 如何设计公共类
- 如何将程序打包

7.1 开发背景

加入 WTO 之后，随着国内经济的高速发展，中小型的商品流通企业越来越多，其所经营的商品种类繁多，难以管理，而进销存管理系统逐渐成为企业经营和管理中的核心环节，也是企业取得效益的关键。×××有限公司是一家以商业经营为主的私有企业，为了完善管理制度，增强企业的竞争力，公司决定开发进销存管理系统，以实现商品管理的信息化。现需要委托其他单位开发一个企业进销存管理系统。

7.2 系统分析

7.2.1 需求分析

通过与×××有限公司的沟通，要求系统具有以下功能。

☑ 操作简单，界面友好。
☑ 规范、完善的基础信息设置。
☑ 支持多人操作，要求有权限分配功能。
☑ 为了方便用户，要求系统支持多条件查询。
☑ 对销售信息提供销售排行。
☑ 支持销售退货和入库退货功能。
☑ 批量填写进货单及销售单。
☑ 支持库存价格调整功能。
☑ 当外界环境（停电、网络病毒）干扰本系统时，系统可以自动保护原始数据的安全。

7.2.2 可行性分析

根据《GB8567－88 计算机软件产品开发文件编制指南》中可行性分析的要求，制定的可行性研究报告如下。

1. 引言

（1）编写目的

以文件的形式给企业的决策层提供项目实施的参考依据，其中包括项目存在的风险、项目需要的投资和能够收获的最大效益。

（2）背景

×××有限公司是一家以商业经营为主的私有企业。为了完善管理制度、增强企业的竞争力、实现信息化管理，公司决定开发进销存管理系统。

2．可行性研究的前提

（1）要求

企业进销存管理系统必须提供商品信息、供应商信息和客户信息的基础设置；提供强大的多条件搜索功能和商品的进货、销售和库存管理功能；可以分不同权限、不同用户对该系统进行操作。另外，该系统还必须保证数据的安全性、完整性和准确性。

（2）目标

企业进销存管理系统的目标是实现企业的信息化管理，减少盲目采购，降低采购成本，合理控制库存，减少资金占用并提升企业市场竞争力。

（3）条件、假定和限制

为实现企业的信息化管理，必须对操作人员进行培训，而且将原有的库存、销售、入库等信息转换为信息化数据，需要操作员花费大量的时间和精力来完成。为了不影响企业的正常运行，进销存管理系统必须在两个月的时间内交付用户使用。

系统分析人员需要两天内到位，用户需要 5 天时间确认需求分析文档。去除其中可能出现的问题，例如用户可能临时有事，占用 6 天时间确认需求分析。那么程序开发人员需要在 1 个月零 15 天的时间内进行系统设计、程序编码、系统测试、程序调试和网站部署工作。其间，还包括了员工每周的休息时间。

（4）评价尺度

根据用户的要求，项目主要以企业进货、销售和查询统计功能为主，对于库存、销售和进货的记录信息应该及时、准确地保存，并提供相应的查询和统计。由于库存商品数量太多，不易盘点，传统的盘点方式容易出错，系统中的库存盘点功能要准确地计算出每种商品的损益数量，减少企业不必要的损失。

3．投资及效益分析

（1）支出

根据系统的规模及项目的开发周期（两个月），公司决定投入 7 个人。为此，公司将直接支付 9 万元的工资及各种福利待遇。在项目安装及调试阶段，用户培训、员工出差等费用支出需要 2 万元。在项目维护阶段预计需要投入 4 万元的资金。累计项目投入需要 15 万元资金。

（2）收益

用户提供项目资金 32 万元。对于项目运行后进行的改动，采取协商的原则根据改动规模额外提供资金。因此从投资与收益的效益比上，公司可以获得约 18 万元的利润。

项目完成后，会给公司提供资源储备，包括技术、经验的积累，其后再开发类似的项目时，可以极大地缩短项目开发周期。

4．结论

根据上面的分析，在技术上不会存在问题，因此项目延期的可能性很小。在效益上公司投入 7 个人、两个月的时间获利 18 万元，效益比较可观。在公司今后发展上，可以储备网站开发的经验和资源。因此认为该项目可以开发。

7.2.3　编写项目计划书

根据《GB8567－88 计算机软件产品开发文件编制指南》中的项目开发计划要求，结合单位实际情

况，设计项目计划书如下。

1. 引言

（1）编写目的

为了保证项目开发人员按时、保质地完成预定目标，更好地了解项目实际情况，按照合理的顺序开展工作，现以书面的形式将项目开发生命周期中的项目任务范围、项目团队组织结构、团队成员的工作责任、团队内外沟通协作方式、开发进度、检查项目工作等内容描述出来，作为项目相关人员之间的共识和约定以及项目生命周期内的所有项目活动的行动基础。

（2）背景

企业进销存管理系统是由×××有限公司委托我公司开发的大型管理系统，主要功能是实现企业进销存的信息化管理，包括统计查询、进货、销售、库存盘点及系统管理等功能。项目周期为两个月。项目背景规划如表 7.1 所示。

表 7.1　项目背景规划

项 目 名 称	项目委托单位	任务提出者	项目承担部门
企业进销存管理系统	×××有限公司	陈经理	策划部门 研发部门 测试部门

2. 概述

（1）项目目标

项目目标应当符合 SMART 原则，把项目要完成的工作用清晰的语言描述出来。企业进销存管理系统的项目目标如下。

企业进销存管理系统的主要目的是实现企业进销存的信息化管理，主要的业务就是商品的采购、销售和入库，另外还需要提供统计查询功能，其中包括商品查询、供应商查询、客户查询、销售查询、入库查询和销售排行等。项目实施后，能够降低采购成本、合理控制库存、减少资金占用并提升企业市场竞争力，整个项目需要在两个月的时间内交付用户使用。

（2）产品目标

时间就是金钱，效率就是生命。项目实施后，企业进销存管理系统能够为企业节省大量人力资源，减少管理费用，从而间接为企业节约成本，提高企业效益。

（3）应交付成果

☑ 在项目开发完后，交付内容有企业进销存管理系统的源程序、系统的数据库文件和系统使用说明书。

☑ 将开发的进销存管理系统打包并安装到企业的网络计算机中。

☑ 企业进销存管理系统交付用户之后，进行系统无偿维护和服务 6 个月，超过 6 个月进行系统有偿维护与服务。

（4）项目开发环境

操作系统为 Windows 7 以上，使用集成开发工具 Eclipse，数据库采用 SQL Server 2014，项目运行环境为 JDK 8。

（5）项目验收方式与依据

项目验收分为内部验收和外部验收两种方式。在项目开发完成后，首先进行内部验收，由测试人员根据用户需求和项目目标进行验收。项目在通过内部验收后，交给客户进行验收，验收的主要依据为需求规格说明书。

3. 项目团队组织

（1）组织结构

为了完成进销存管理系统的项目开发，公司组建了一个临时的项目团队，由公司副经理、项目经理、系统分析员、软件工程师、美工设计师和测试人员构成，如图 7.1 所示。

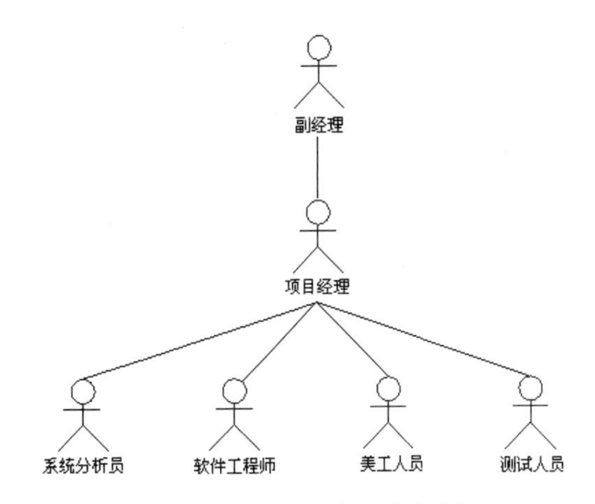

图 7.1　项目团队组织结构图

（2）人员分工

为了明确项目团队中每个人的任务分工，现制定人员分工，如表 7.2 所示。

表 7.2　人员分工

姓　名	技 术 水 平	所 属 部 门	角　色	工 作 描 述
陈××	MBA	经理部	副经理	负责项目的审批、决策的实施
侯××	MBA	项目开发部	项目经理	负责项目的前期分析、策划、项目开发进度的跟踪、项目质量的检查
钟××	高级系统分析员	项目开发部	系统分析员	负责系统功能分析、系统框架设计
李××	高级美术工程师	美工设计部	美术工程师	负责软件美术设计
梁××	高级软件工程师	项目开发部	系统分析员	负责软件设计与编码
马××	高级软件工程师	项目开发部	软件工程师	负责软件设计与编码
王××	中级软件工程师	软件评测部	测试人员	负责软件测试与评定

7.3　系 统 设 计

7.3.1　系统目标

根据需求分析的描述以及与用户的沟通，现制定系统实现目标如下。

☑　界面设计简洁友好、美观大方。

☑　操作简单、快捷方便。

☑　数据存储安全、可靠。

☑　信息分类清晰、准确。

☑　强大的查询功能，保证数据查询的灵活性。

☑ 提供销售排行榜，为管理员提供真实的数据信息。
☑ 提供灵活、方便的权限设置功能，使整个系统的管理分工明确。
☑ 对用户输入的数据，系统进行严格的数据检验，尽可能排除人为的错误。

7.3.2 系统功能结构

本系统包括进货管理、基础信息管理、销售管理、库存管理、查询统计、系统管理 6 大部分。系统结构如图 7.2 所示。

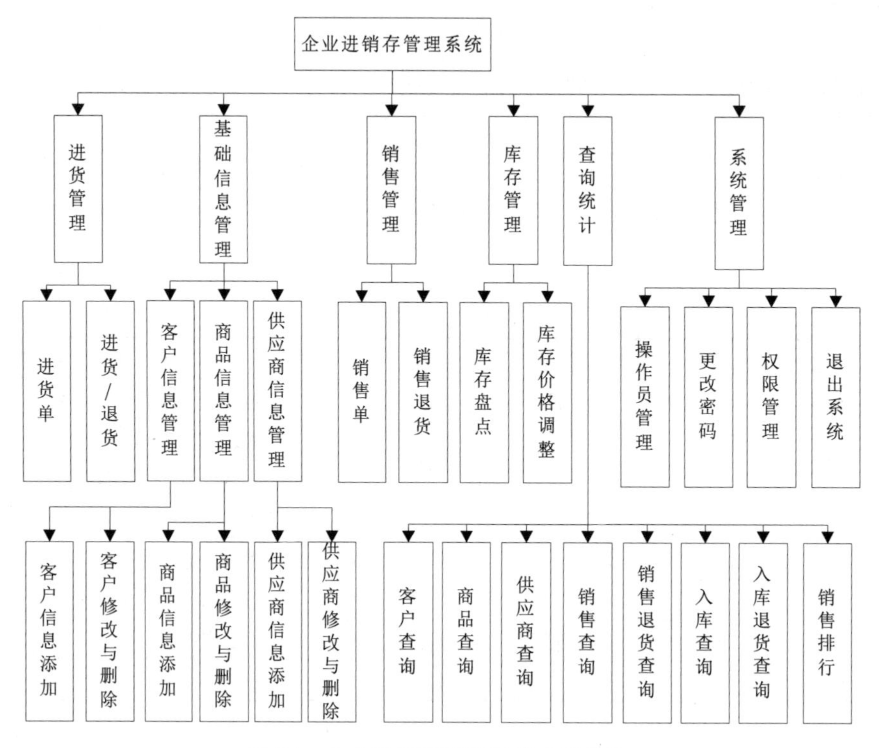

图 7.2 企业进销存管理系统功能结构

7.3.3 业务逻辑编码规则

遵守程序编码规则所开发的程序，代码清晰整洁、方便阅读，并且可以提高程序的可读性，要做到见其名知其意才能编写出优雅的程序代码。本节从数据库设计和程序编码两个方面介绍程序开发中的编码规则。

1. 数据库对象命名规则

（1）数据库命名规则

数据库命名以字母“db”（小写）开头，后面加数据库相关英文单词或缩写。下面将举例说明，如表 7.3 所示。

表 7.3　数据库命名

数据库名称	描　述	数据库名称	描　述
db_JXC	企业进销存管理系统数据库	db_library	图书馆管理系统数据库

注意　在设计数据库时，为使数据库更容易理解，数据库命名时要注意大小写。

（2）数据表命名规则

数据表以字母“tb”（小写）开头，后面加数据库相关英文单词或缩写和数据表名，多个单词间用“_”分隔。下面将举例说明，如表 7.4 所示。

表 7.4　数据表命名

数据表名称	描　述	数据表名称	描　述
tb_sell_main	销售主表	tb_sell_detail	销售明细表

（3）字段命名规则

字段一律采用英文单词或词组（可利用翻译软件）命名，如找不到专业的英文单词或词组可以用相同意义的英文单词或词组代替。下面将举例说明，如表 7.5 所示。

表 7.5　字段命名

字 段 名 称	描　述	字 段 名 称	描　述
ID	流水号	ProductInfo	商品信息
Name	名称		

注意　在命名数据表的字段时，应注意字母的大小写。

2．业务编码规则

（1）供应商编号

供应商的 ID 编号是进销存管理系统中供应商的唯一标识，不同的供应商可以通过该编号来区分。该编号是供应商信息表的主键。在本系统中对该编号的编码规则为：以字符串“gys”为编号前缀，加上 4 位数字作为编号的后缀，这 4 位数字从 1000 开始，如 gys1001。

（2）客户编号

和供应商编号类似，客户的 ID 编号也是客户的唯一标识，不同的客户将以该编号进行区分。该编号作为客户信息表的主键，有数据的、唯一性的约束条件，所以，在客户信息表中不可能有两个相同的客户编号。企业进销存管理系统对客户编号的编码规则为：以字符串“kh”为编号的前缀，加上 4 位数字作为编号的后缀，这 4 位数字从 1000 开始，如 kh1002。

（3）商品编号

商品编号是商品的唯一标识，它是商品信息表的主键，用于区分不同的商品。即使商品名称、单价、规格等信息相同，其 ID 编号也是不可能相同的，因为主键约束不可以存在相同的 ID 值。商品编号的编码规则和客户编号、供应商编号的编码规则相同，但是前缀使用了“sp”字符串，如 sp2045。

（4）销售票号

销售票号用于区分不同的销售凭据。销售票号的命名规则为：以“XS”字符串为前缀，加上销售单的销售日期，再以 3 位数字作为后缀，如 XS20071205001。

（5）进货票号

进货票号用于区分不同的商品入库信息。进货票号的命名规则为：以“RK”字符串为前缀，加上商品的入库日期，再以 3 位数字作为后缀，如 RK20071109003。

（6）退货票号

退货票号用于区分不同的入库退货信息。入库退货票号的命名规则为：以“RT”字符串为前缀，加上商品入库的退货日期，再以 3 位数字作为后缀，如 RT20071109001。

7.3.4 系统流程图

进销存管理系统的系统流程如图 7.3 所示。

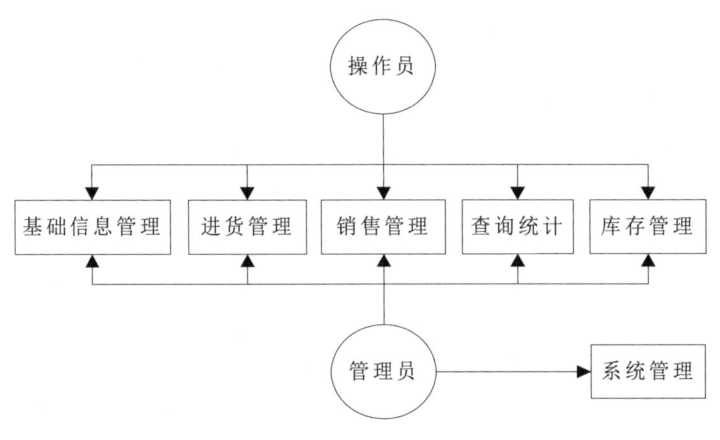

图 7.3 系统流程图

7.3.5 构建开发环境

在开发企业进销存管理系统时，使用了下面的软件环境。

☑ 操作系统：Windows 7。
☑ Java 开发包：JDK 8。
☑ 数据库：SQL Server 2014。

7.3.6 系统预览

企业进销存管理系统由多个程序界面组成，下面仅列出几个典型界面的预览，其他界面参见资源包中的源程序。

进销存管理系统的主界面如图 7.4 所示，该界面是所有功能模块的父窗体，其中包含调用所有功能模块的导航面板。商品进货单界面如图 7.5 所示，该界面将进货单数据添加到数据库中，其中进货单的编号由系统自动生成。

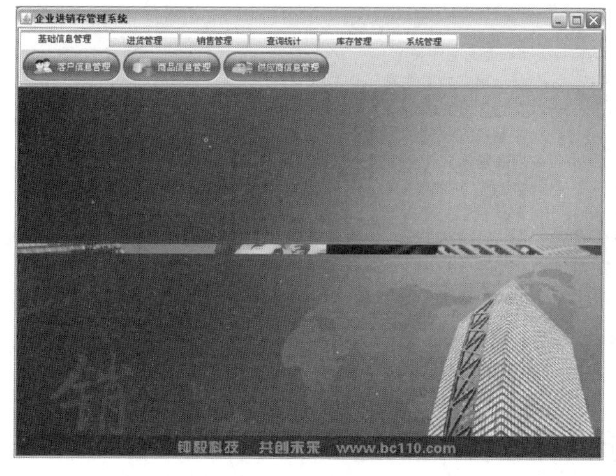

图 7.4　主窗体（资源包\…\com\lzw\JXCFrame.java）

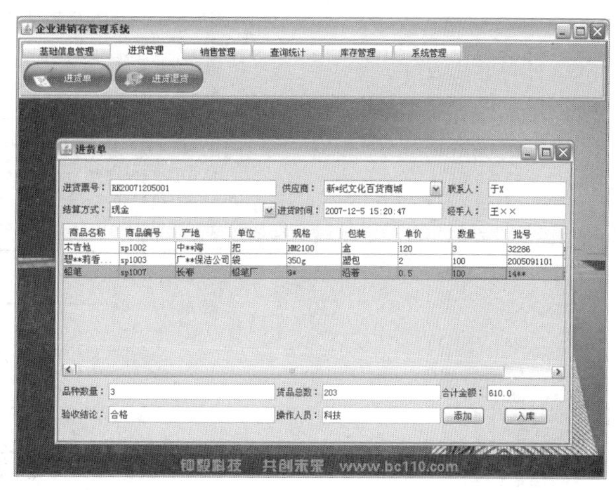

图 7.5　进货单界面（资源包\…\internalFrame\JinHuoDan.java）

操作员管理界面如图 7.6 所示，该界面由系统管理调用，主要用于操作员的添加、查看和删除。商品管理界面如图 7.7 所示，该界面包括商品的添加、修改和删除等功能。

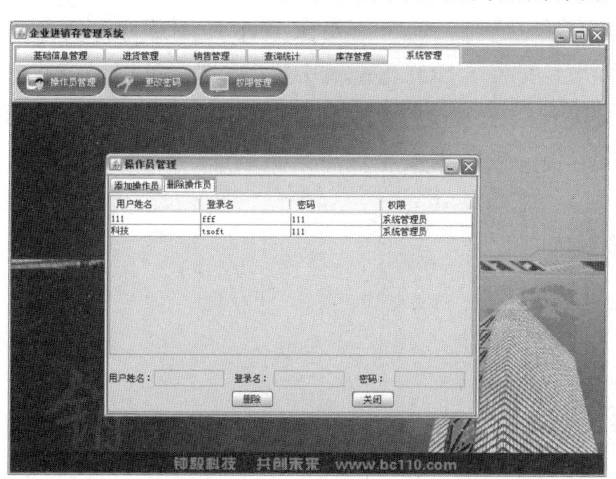

图 7.6　操作员管理界面（资源包\…\internalFrame\CzyGL.java）

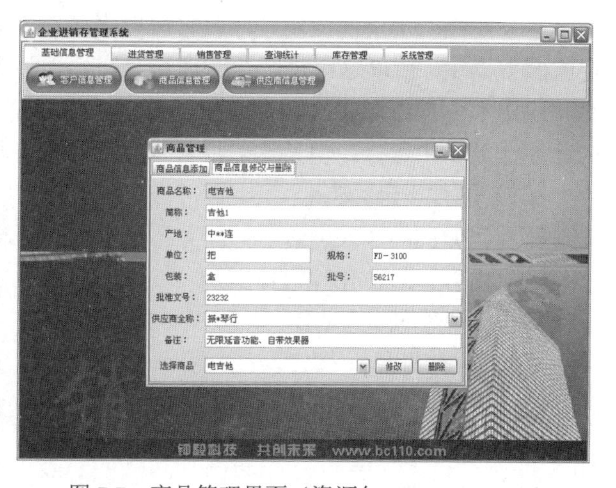

图 7.7　商品管理界面（资源包\…\internalFrame\ShangPinGuanLi.java）

由于路径太长，因此省略了部分路径，省略的路径是“TM\07\JXCManager\src”。

7.3.7　文件夹组织结构

在进行系统开发之前，需要规划文件夹组织结构，也就是说，建立多个文件夹，对各个功能模块

进行划分，实现统一管理。这样做的好处是易于开发、管理和维护。本系统的文件夹组织结构如图 7.8 所示。

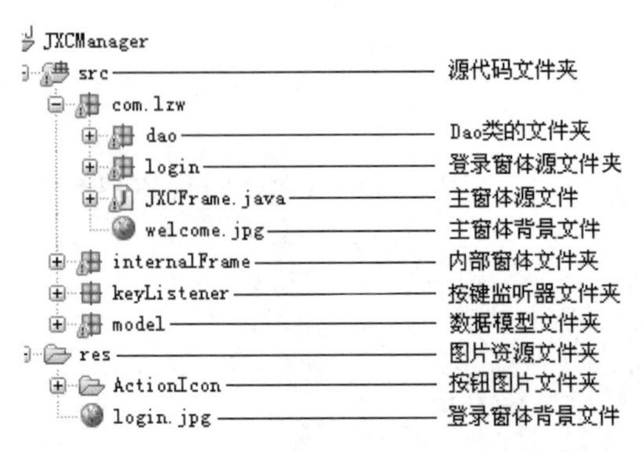

图 7.8　文件夹组织结构图

7.4　数据库设计

7.4.1　数据库分析

本系统是一个桌面应用程序，它可以直接在本地计算机运行，而不需要像 Web 应用那样部署到指定的服务器中，所以这个进销存管理系统在本地计算机上安装了 SQL Server 2014 数据服务器，将数据库和应用程序放在同一个计算机中，可以节省开销、提升系统安全性。另外，本系统也可以在网络内的其他计算机中运行，但是这需要将数据库对外开放，会降低数据安全性。其数据库运行环境如下。

（1）硬件平台

☑　CPU：P4 3.2GHz。

☑　内存：512MB 以上。

☑　硬盘空间：80GB。

（2）软件平台

☑　操作系统：Windows 7 以上。

☑　数据库：SQL Server 2014。

7.4.2　进销存管理系统的 E-R 图

企业进销存管理系统主要实现从进货、库存到销售的一体化信息管理，涉及商品信息、商品的供应商、购买商品的客户等多个实体。下面简单介绍几个关键的实体 E-R 图。

（1）客户实体 E-R 图

企业进销存管理系统将记录所有的客户信息，在执行销售、退货等操作时，将直接引用该客户的实体属性。客户实体包括编号、名称、简称、地址、电话、邮政编码、联系人、联系电话、传真、开户行和账号等属性。客户实体 E-R 图如图 7.9 所示。

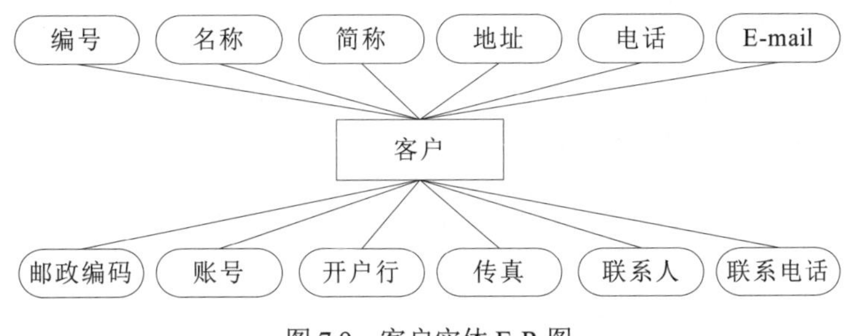

图 7.9　客户实体 E-R 图

（2）供应商实体 E-R 图

不同的供应商可以为企业提供不同的商品，在商品信息中将引用商品供应商的实体属性。供应商实体包括编号、名称、简称、地址、电话、邮政编码、传真、联系人、联系电话、开户行和 E-mail 属性。供应商实体 E-R 图如图 7.10 所示。

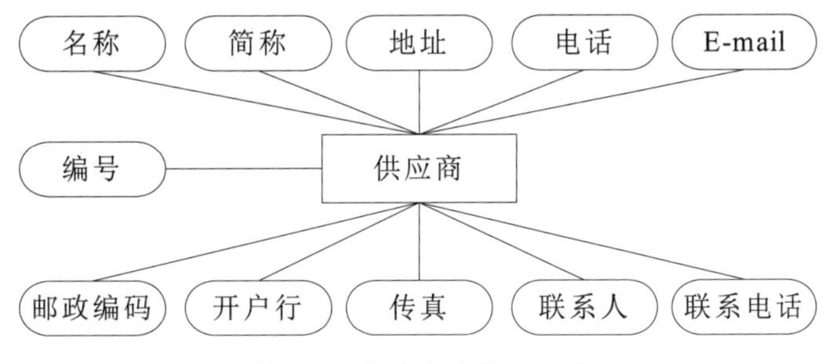

图 7.10　供应商实体 E-R 图

（3）商品实体 E-R 图

商品信息是进销存管理系统中的基本信息，系统将维护商品的进货、退货、销售、入库等操作。商品实体包括编号、名称、简称、产地、单位、规格、包装、批号、批准文号、简介和供应商属性。商品实体 E-R 图如图 7.11 所示。

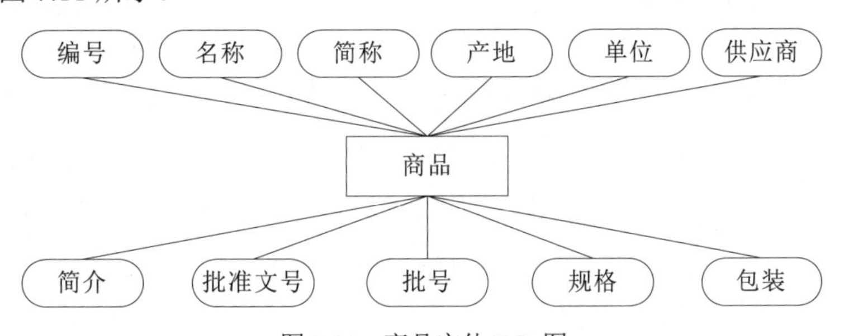

图 7.11　商品实体 E-R 图

7.4.3　数据库逻辑结构设计

根据进销存业务要求，再结合数据库 E-R 图，将在数据库中创建以下表：销售退货（v_xsthView）、供应商信息（tb_gysinfo）、客户信息（tb_khinfo）、库存（tb_kucun）、入库退货头表（tb_rkth_main）、入库退货明细（tb_rkth_detail）、入库单头表（tb_ruku_main）、入库单明细（tb_ruku_detail）、销售、头表（tb_sell_main）、销售单明细（tb_sell_detail）、商品信息表（tb_spinfo）、用户表（tb_userlist）、

销售退货头表（tb_xsth_main）、销售退货明细（tb_xsth_detail）、入库视图（v_rukuView）、销售单、图（v_sellView）、销售退货视图（v_xsthView）和入库退货视图（v_rkthView）。

这些数据库表结果如图 7.12 所示的数据模型。

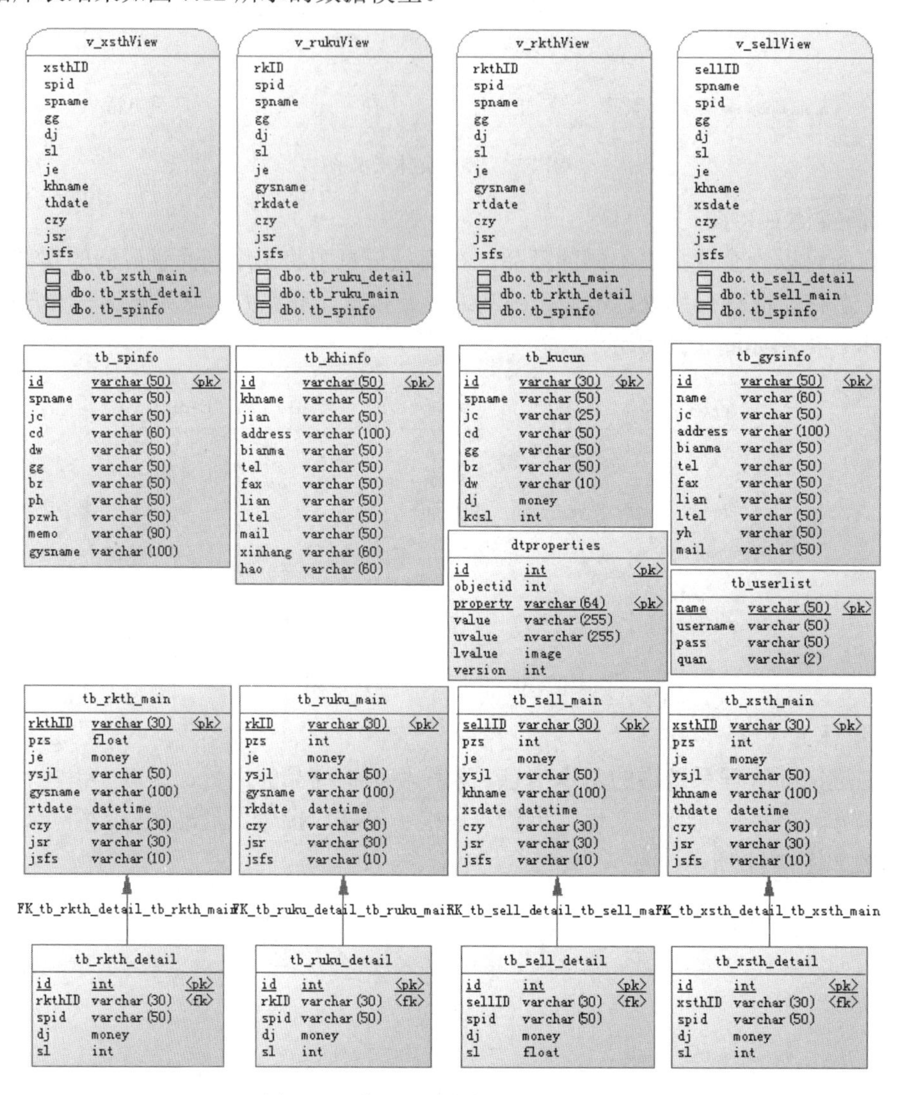

图 7.12　企业进销存管理系统的模型

7.5　主窗体设计

主窗体界面也是进销存管理系统的欢迎界面。应用程序的主窗体必须设计层次清晰的系统菜单和工具栏，其中系统菜单包含系统中所有功能的菜单项，而工具栏主要提供常用功能的快捷访问按钮。企业进销存管理系统采用导航面板综合了系统菜单和工具栏的优点，而且导航面板的界面更加美观，操作更快捷。主窗体的界面效果如图 7.13 所示。

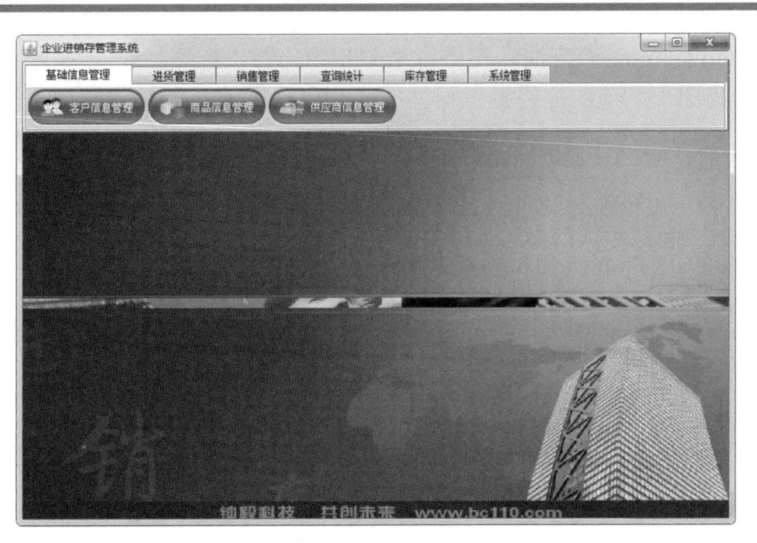

图 7.13　程序主窗体界面效果

7.5.1　创建主窗体

创建主窗体的步骤如下。

（1）创建 JXCFrame 类，在类中创建并初始化窗体对象，为窗体添加桌面面板，并设置背景图片。关键代码如下：

例程 01　代码位置：TM\07\JXCManager\src\com\lzw\JXCFrame.java

```
private JDesktopPane desktopPane;
private JFrame frame;
private JLabel backLabel;
private Preferences preferences;
//创建窗体的 Map 类型集合对象
private Map<String, JInternalFrame> ifs = new HashMap<String, JInternalFrame>();
public JXCFrame() {
    frame = new JFrame("企业进销存管理系统");                          //创建窗体对象
    frame.addComponentListener(new FrameListener());                   //添加窗体事件监听器
    frame.getContentPane().setLayout(new BorderLayout());              //设置布局管理器
    frame.setBounds(100, 100, 800, 600);                               //设置窗体位置和大小
    frame.setDefaultCloseOperation(JFrame.EXIT_ON_CLOSE);              //设置窗体默认的关闭方式
    backLabel = new JLabel();                                          //背景标签
    backLabel.setVerticalAlignment(SwingConstants.TOP);                //设置背景标签垂直对齐方式
    backLabel.setHorizontalAlignment(SwingConstants.CENTER);           //设置背景标签水平对齐方式
    updateBackImage();                                                 //调用初始化背景标签的方法
    desktopPane = new JDesktopPane();                                  //创建桌面面板
    desktopPane.add(backLabel, new Integer(Integer.MIN_VALUE));        //将背景标签添加到桌面面板中
    frame.getContentPane().add(desktopPane);                           //添加桌面面板到窗体中
    JTabbedPane navigationPanel = createNavigationPanel();             //创建导航面板
    frame.getContentPane().add(navigationPanel, BorderLayout.NORTH);   //添加导航面板到窗体中
    frame.setVisible(true);                                            //显示窗体
}
```

（2）编写 updateBackImage()方法，在该方法中初始化背景标签，背景标签使用 HTML 超文本语言设置了主窗体的背景图片，该图片将随主窗体的大小自动缩放。关键代码如下：

例程 02 代码位置：TM\07\JXCManager\src\com\lzw\JXCFrame.java

```
private void updateBackImage() {
    if (backLabel != null) {
        int backw = JXCFrame.this.frame.getWidth();
        int backh = frame.getHeight();
        backLabel.setSize(backw, backh);                        //初始化背景标签的大小
        backLabel.setText("<html><body><image width='" + backw
                + "' height='" + (backh - 110) + "' src="
                + JXCFrame.this.getClass().getResource("welcome.jpg")
                + "'></img></body></html>");                     //设置背景标签的图像
    }
}
```

（3）在类的静态代码段中设置进销存管理系统的外观样式。Swing 支持跨平台特性，它可以在不同的操作系统中保持一致的外观风格，但是本系统使用 UIManager 类的 setLookAndFeel()方法设置程序界面使用本地外观，这样可以使程序更像本地应用程序。关键代码如下：

例程 03 代码位置：TM\07\JXCManager\src\com\lzw\JXCFrame.java

```
static {
    try {
        UIManager.setLookAndFeel(UIManager.getSystemLookAndFeelClassName());
    } catch (Exception e) {
        e.printStackTrace();
    }
}
```

（4）编写主窗体的 main()入口方法，在该方法中创建登录窗体对象，登录窗体会验证登录信息，并显示主窗体界面。关键代码如下：

例程 04 代码位置：TM\07\JXCManager\src\com\lzw\JXCFrame.java

```
public static void main(String[] args) {
    SwingUtilities.invokeLater(new Runnable() {
        public void run() {
            new Login();
        }
    });
}
```

7.5.2 创建导航面板

创建导航面板的步骤如下。

（1）在 JXCFrame 类中编写 createNavigationPanel()方法，在该方法中创建 JTabbedPane 选项卡面板对象。为突出选项卡的立体效果，设置该选项卡使用 BevelBorder 边框效果，然后依次创建基础信息

管理、库存管理、销售管理、查询统计、进货管理和系统管理的选项卡。关键代码如下：

例程 05　代码位置：TM\07\JXCManager\src\com\lzw\JXCFrame.java

```
private JTabbedPane createNavigationPanel() {                                    //创建导航面板的方法
    JTabbedPane tabbedPane = new JTabbedPane();
    tabbedPane.setFocusable(false);
    tabbedPane.setBackground(new Color(211, 230, 192));
    tabbedPane.setBorder(new BevelBorder(BevelBorder.RAISED));
    JPanel baseManagePanel = new JPanel();                                       //基础信息管理面板
    baseManagePanel.setBackground(new Color(215, 223, 194));
    baseManagePanel.setLayout(new BoxLayout(baseManagePanel, BoxLayout.X_AXIS));
    baseManagePanel.add(createFrameButton("客户信息管理", "KeHuGuanLi"));
    baseManagePanel.add(createFrameButton("商品信息管理", "ShangPinGuanLi"));
    baseManagePanel.add(createFrameButton("供应商信息管理", "GysGuanLi"));
    JPanel depotManagePanel = new JPanel();                                      //库存管理面板
    depotManagePanel.setBackground(new Color(215, 223, 194));
    depotManagePanel.setLayout(new BoxLayout(depotManagePanel, BoxLayout.X_AXIS));
    depotManagePanel.add(createFrameButton("库存盘点", "KuCunPanDian"));
    depotManagePanel.add(createFrameButton("价格调整", "JiaGeTiaoZheng"));
    JPanel sellManagePanel = new JPanel();                                       //销售管理面板
    sellManagePanel.setBackground(new Color(215, 223, 194));
    sellManagePanel.setLayout(new BoxLayout(sellManagePanel, BoxLayout.X_AXIS));
    sellManagePanel.add(createFrameButton("销售单", "XiaoShouDan"));
    sellManagePanel.add(createFrameButton("销售退货", "XiaoShouTuiHuo"));
    JPanel searchStatisticPanel = new JPanel();                                  //查询统计面板
    searchStatisticPanel.setBounds(0, 0, 600, 41);
    searchStatisticPanel.setName("searchStatisticPanel");
    searchStatisticPanel.setBackground(new Color(215, 223, 194));
    searchStatisticPanel.setLayout(new BoxLayout(searchStatisticPanel, BoxLayout.X_AXIS));
    searchStatisticPanel.add(createFrameButton("客户信息查询", "KeHuChaXun"));
    searchStatisticPanel.add(createFrameButton("商品信息查询", "ShangPinChaXun"));
    searchStatisticPanel.add(createFrameButton("供应商信息查询","GongYingShangChaXun"));
    searchStatisticPanel.add(createFrameButton("销售信息查询", "XiaoShouChaXun"));
    searchStatisticPanel.add(createFrameButton("销售退货查询","XiaoShouTuiHuoChaXun"));
    searchStatisticPanel.add(createFrameButton("入库查询", "RuKuChaXun"));
    searchStatisticPanel.add(createFrameButton("入库退货查询", "RuKuTuiHuoChaXun"));
    searchStatisticPanel.add(createFrameButton("销售排行", "XiaoShouPaiHang"));
    JPanel stockManagePanel = new JPanel();                                      //进货管理面板
    stockManagePanel.setBackground(new Color(215, 223, 194));
    stockManagePanel.setLayout(new BoxLayout(stockManagePanel, BoxLayout.X_AXIS));
    stockManagePanel.add(createFrameButton("进货单", "JinHuoDan"));
    stockManagePanel.add(createFrameButton("进货退货", "JinHuoTuiHuo"));
    JPanel sysManagePanel = new JPanel();                                        //系统管理面板
    sysManagePanel.setBackground(new Color(215, 223, 194));
    sysManagePanel.setLayout(new BoxLayout(sysManagePanel, BoxLayout.X_AXIS));
    sysManagePanel.add(createFrameButton("操作员管理", "CzyGL"));
    sysManagePanel.add(createFrameButton("更改密码", "GengGaiMiMa"));
    sysManagePanel.add(createFrameButton("权限管理", "QuanManager"));
    //将所有面板添加到导航面板中
```

```
        tabbedPane.addTab("    基础信息管理    ", null, baseManagePanel, "基础信息管理");
        tabbedPane.addTab("    进货管理    ", null, stockManagePanel, "进货管理");
        tabbedPane.addTab("    销售管理    ", null, sellManagePanel, "销售管理");
        tabbedPane.addTab("    查询统计    ", null, searchStatisticPanel, "查询统计");
        tabbedPane.addTab("    库存管理    ", null, depotManagePanel, "库存管理");
        tabbedPane.addTab("    系统管理    ", null, sysManagePanel, "系统管理");
        return tabbedPane;
}
```

（2）编写 createFrameButton()方法，该方法负责创建 Action 对象，该对象用于创建并显示窗体对象。另外，它还包含图标、文本等属性，如果将 Action 对象添加到系统菜单栏或者工具栏中，会直接创建相应的菜单项和工具按钮，而且这些菜单项和工具按钮将显示 Action 对象中的文本和图标属性。本系统没有使用系统菜单，所以该方法直接创建按钮对象。关键代码如下：

例程 06 代码位置：TM\07\JXCManager\src\com\lzw\JXCFrame.java

```
private JButton createFrameButton(String fName, String cname) {    //为内部窗体添加 Action 的方法
        String imgUrl = "res/ActionIcon/" + fName + ".png";
        String imgUrl_roll = "res/ActionIcon/" + fName  + "_roll.png";
        String imgUrl_down = "res/ActionIcon/" + fName      + "_down.png";
        Icon icon = new ImageIcon(imgUrl);                          //创建按钮图标
        Icon icon_roll = null;
        if (imgUrl_roll != null)
                icon_roll = new ImageIcon(imgUrl_roll);             //创建鼠标经过按钮时的图标
        Icon icon_down = null;
        if (imgUrl_down != null)
                icon_down = new ImageIcon(imgUrl_down);             //创建按钮按下的图标
        Action action = new openFrameAction(fName, cname, icon);    //用 openFrameAction 类创建 Action 对象
        JButton button = new JButton(action);
❶      button.setMargin(new Insets(0, 0, 0, 0));
❷      button.setHideActionText(true);
❸      button.setFocusPainted(false);
❹      button.setBorderPainted(false);
❺      button.setContentAreaFilled(false);
        if (icon_roll != null)
❻              button.setRolloverIcon(icon_roll);
        if (icon_down != null)
❼              button.setPressedIcon(icon_down);
        return button;
```

代码贴士

❶ setMargin()：该方法用于设置按钮的四周边界大小。

❷ setHideActionText()：该方法用于设置按钮隐藏 Action 对象中的文本信息，例如一个只显示图标的按钮可以取消文本使按钮更加美观。

❸ setFocusPainted()：该方法用于设置按钮获取焦点时，是否绘制焦点样式。导航面板取消了这个焦点样式，因为它破坏了按钮图标美观性。

❹ setBorderPainted()：该方法设置是否绘制按钮的边框样式，导航面板取消了边框样式，因为按钮的图标需要覆盖整个按钮。

❺ setContentAreaFilled()：该方法设置是否绘制按钮图形，在不同的操作系统，甚至系统不同的皮肤样式中都有不同的图形。导航面板取消了按钮的图形效果，因为导航面板要使用图标绘制整个按钮。

❻ setRolloverIcon()：该方法用于设置鼠标经过按钮时，按钮所使用的图标。

❼ setPressedIcon()：该方法用于设置鼠标按下按钮时，按钮所使用的图标。

（3）编写内部类 openFrameAction，它必须继承 AbstractAction 类实现 Action 接口。该类用于创建导航按钮的 Action 对象，并为每个导航按钮定义创建并显示不同窗体对象的动作监听器，这个监听器在按钮被按下时，调用 getIFrame()方法获取相应的窗体对象，并显示在主窗体中。关键代码如下：

例程 07　代码位置：TM\07\JXCManager\src\com\lzw\JXCFrame.java

```
protected final class openFrameAction extends AbstractAction {          //主窗体菜单项的单击事件监听器
    private String frameName = null;
    private openFrameAction() {
    }
    public openFrameAction(String cname, String frameName, Icon icon) {
        this.frameName = frameName;
        putValue(Action.NAME, cname);                                    //设置 Action 的名称
        putValue(Action.SHORT_DESCRIPTION, cname);                       //设置 Action 的提示文本框
        putValue(Action.SMALL_ICON, icon);                               //设置 Action 的图标
    }
    public void actionPerformed(final ActionEvent e) {
        JInternalFrame jf = getIFrame(frameName);                        //调用 getIFrame() 方法
        //在内部窗体关闭时，从内部窗体容器 ifs 对象中清除该窗体
        jf.addInternalFrameListener(new InternalFrameAdapter() {
            public void internalFrameClosed(InternalFrameEvent e) {
                ifs.remove(frameName);
            }
        });
        if (jf.getDesktopPane() == null) {
            desktopPane.add(jf);                                         //将窗体添加到主窗体中
            jf.setVisible(true);                                         //显示窗体
        }
        try {
            jf.setSelected(true);                                        //使窗体处于被选择状态
        } catch (PropertyVetoException e1) {
            e1.printStackTrace();
        }
    }
}
```

（4）编写 getIFrame()方法，该方法负责创建指定名称的窗体对象，在方法中使用了 Java 的反射技术，调用不同窗体类的默认构造方法创建窗体对象。关键代码如下：

例程 08　代码位置：TM\07\JXCManager\src\com\lzw\JXCFrame.java

```
private JInternalFrame getIFrame(String frameName) {                    //获取内部窗体的唯一实例对象
    JInternalFrame jf = null;
    if (!ifs.containsKey(frameName)) {
        try {
```

```
                Class fClass = Class.forName("internalFrame." + frameName);
                Constructor constructor = fClass.getConstructor(null);
                jf = (JInternalFrame) constructor.newInstance(null);
                ifs.put(frameName, jf);
            } catch (Exception e) {
                e.printStackTrace();
            }
        } else
            jf = ifs.get(frameName);
        return jf;
}
```

视频讲解

7.6 公共模块设计

在本系统的项目空间中，有部分模块是公用的，或者是多个模块甚至整个系统的配置信息，它们被多个模块重复调用完成指定的业务逻辑，本节将这些公共模块提出来做单独介绍。

7.6.1 编写 Dao 公共类

Dao 类主要负责有关数据库的操作，该类在静态代码段中驱动并连接数据库，然后将所有的数据库访问方法定义为静态的。本节将介绍 Dao 类中有关数据库操作的关键方法。Dao 类的定义代码如下：

例程 09 代码位置：TM\07\JXCManager\src\com\lzw\dao\Dao.java

```
public class Dao {
❶   protected static String dbClassName = "com.microsoft.sqlserver.jdbc.SQLServerDriver ";
❷   protected static String dbUrl = " jdbc:sqlserver://localhost:1433;"
            + "DatabaseName=db_JXC;SelectMethod=Cursor";
❸   protected static String dbUser = "sa";
❹   protected static String dbPwd = "123456";
    protected static String second = null;
❺   public static Connection conn = null;
    static {
        try {
            if (conn == null) {
                Class.forName(dbClassName).newInstance();                      //加载数据库驱动类
                conn = DriverManager.getConnection(dbUrl, dbUser, dbPwd);  //获取数据库连接
            }
        } catch (Exception ee) {
            ee.printStackTrace();
        }
    }
}
```

代码贴士

❶ dbClassName：该成员变量用于定义数据库驱动类的名称。

❷ dbUrl：该成员变量用于定义访问数据库的 URL 路径。

❸ dbUser：该成员变量用于定义访问数据库的用户名称。

❹ dbPwd：该成员变量用于定义访问数据库的用户密码。

❺ conn：该成员变量用于定义连接数据库的对象。

1．addGys()方法

该方法用于添加供应商的基础信息，它接收供应商的实体类 TbGysinfo 作为方法参数，然后把实体对象中的所有属性存入供应商数据表中。关键代码如下：

例程 10　代码位置：TM\07\JXCManager\src\com\lzw\dao\Dao.java

```
//添加供应商信息的方法
public static boolean addGys(TbGysinfo gysInfo) {
    if (gysInfo == null)                                    //如果供应商实体对象为空
        return false;                                       //则返回 false
    return insert("insert tb_gysinfo values('" + gysInfo.getId() + "','"     //执行供应商添加
            + gysInfo.getName() + "','" + gysInfo.getJc() + "','"
            + gysInfo.getAddress() + "','" + gysInfo.getBianma() + "','"
            + gysInfo.getTel() + "','" + gysInfo.getFax() + "','"
            + gysInfo.getLian() + "','" + gysInfo.getLtel() + "','"
            + gysInfo.getMail() + "','" + gysInfo.getYh() + "')");
}
```

2．getGysInfo()方法

该方法将根据 Item 对象中封装的供应商 ID 编号和供应商名称获取指定供应商的数据，并将该供应商的数据封装到实体对象中，然后返回该实体对象。关键代码如下：

例程 11　代码位置：TM\07\JXCManager\src\com\lzw\dao\Dao.java

```
//读取指定供应商信息
public static TbGysinfo getGysInfo(Item item) {
    String where = "name='" + item.getName() + "' ";        //默认的查询条件以供应商名称为主
    if (item.getId() != null)                               //如果 Item 对象中存有 ID 编号
        where = "id='" + item.getId() + "' ";               //则以 ID 编号为查询条件
    TbGysinfo info = new TbGysinfo();
    ResultSet set = findForResultSet("select * from tb_gysinfo where "+ where);
    try {
        if (set.next()) {
            info.setId(set.getString("id").trim());         //封装供应商数据到实体对象中
            info.setAddress(set.getString("address").trim());
            info.setBianma(set.getString("bianma").trim());
            info.setFax(set.getString("fax").trim());
            info.setJc(set.getString("jc").trim());
            info.setLian(set.getString("lian").trim());
            info.setLtel(set.getString("ltel").trim());
```

```
                info.setMail(set.getString("mail").trim());
                info.setName(set.getString("name").trim());
                info.setTel(set.getString("tel").trim());
                info.setYh(set.getString("yh").trim());
            }
        } catch (SQLException e) {
            e.printStackTrace();
        }
        return info;                                                    //返回供应商实体对象
}
```

3．updateGys()方法

该方法用于更新供应商的基础信息，它接收供应商的实体类 TbGysinfo 作为方法参数，在方法中直接解析供应商实体对象中的属性，并将这些属性更新到数据表中。关键代码如下：

例程 12　代码位置：TM\07\JXCManager\src\com\lzw\dao\Dao.java

```
//修改供应商信息的方法
public static int updateGys(TbGysinfo gysInfo) {
    return update("update tb_gysinfo set jc='" + gysInfo.getJc()
                + "',address='" + gysInfo.getAddress() + "',bianma='"
                + gysInfo.getBianma() + "',tel='" + gysInfo.getTel()
                + "',fax='" + gysInfo.getFax() + "',lian='" + gysInfo.getLian()
                + "',ltel='" + gysInfo.getLtel() + "',mail='"
                + gysInfo.getMail() + "',yh='" + gysInfo.getYh()
                + "' where id='" + gysInfo.getId() + "'");
}
```

4．insertRukuInfo()方法

该方法负责完成入库单信息的添加，它涉及库存表、入库主表和入库详细表等多个数据表的操作。为保证数据的完整性，该方法将入库信息的添加操作放在事务中完成，方法将接收入库主表的实体类 TbRukuMain 作为参数，该实体类中包含了入库详细表的引用。关键代码如下：

例程 13　代码位置：TM\07\JXCManager\src\com\lzw\dao\Dao.java

```
public static boolean insertRukuInfo(TbRukuMain ruMain) {                   //在事务中添加入库信息
    try {
❶          boolean autoCommit = conn.getAutoCommit();
❷          conn.setAutoCommit(false);                                        //取消自动提交模式
            insert("insert into tb_ruku_main values('" + ruMain.getRkId()    //添加入库主表记录
                    + "','" + ruMain.getPzs() + "'," + ruMain.getJe() + ",'"
                    + ruMain.getYsjl() + "','" + ruMain.getGysname() + "','"
                    + ruMain.getRkdate() + "','" + ruMain.getCzy() + "','"
                    + ruMain.getJsr() + "','" + ruMain.getJsfs() + "')");
            Set<TbRukuDetail> rkDetails = ruMain.getTabRukuDetails();
            for (Iterator<TbRukuDetail> iter = rkDetails.iterator(); iter.hasNext();) {
                TbRukuDetail details = iter.next();
                insert("insert into tb_ruku_detail values('" + ruMain.getRkId()   //添加入库详细表记录
```

```
                    + "','" + details.getTabSpinfo() + "'," + details.getDj() + "," + details.getSl() + ")");
            Item item = new Item();
            item.setId(details.getTabSpinfo());
            TbSpinfo spInfo = getSpInfo(item);
            if (spInfo.getId() != null && !spInfo.getId().isEmpty()) {
                TbKucun kucun = getKucun(item);
                if (kucun.getId() == null || kucun.getId().isEmpty()) {        //添加或修改库存表记录
                    insert("insert into tb_kucun values('" + spInfo.getId()
                            + "','" + spInfo.getSpname() + "','"+ spInfo.getJc() + "','" + spInfo. getCd()
                            + "','" + spInfo.getGg() + "','"+ spInfo.getBz() + "','" + spInfo.getDw()
                            + "'," + details.getDj() + ","+ details.getSl() + ")");
                } else {
                    int sl = kucun.getKcsl() + details.getSl();
                    update("update tb_kucun set kcsl=" + sl + ",dj="+ details.getDj() + " where id='"+ kucun.
getId() + "'");
                }
            }
        }
❸       conn.commit();                                                //提交事务
        conn.setAutoCommit(autoCommit);                               //恢复自动提交模式
    } catch (SQLException e) {
        try {
❹           conn.rollback();                                          //如果出错，回退事务
        } catch (SQLException e1) {
            e1.printStackTrace();
        }
        e.printStackTrace();
    }
    return true;
}
```

代码贴士

❶ getAutoCommit()：该方法用于获取事务的自动提交模式。

❷ setAutoCommit()：该方法用于设置事务的自动提交模式。

❸ commit()：该方法用于执行事务提交。

❹ rollback ()：该方法在事务执行失败时，执行回退操作。

5．getKucun()方法

该方法用于获取指定商品 ID 编号或名称的库存信息。方法接收一个 Item 对象作为参数，该对象中封装了商品的 ID 编号和商品名称信息，如果库存表中存在该商品的库存记录，就获取该记录并将记录中的数据封装到库存表的实体对象中，然后将该实体对象作为方法的返回值。关键代码如下：

例程 14　代码位置：TM\07\JXCManager\src\com\lzw\dao\Dao.java

```
//获取库存商品信息
public static TbKucun getKucun(Item item) {
    String where = "spname='" + item.getName() + "'";
```

```
    if (item.getId() != null)
        where = "id='" + item.getId() + "'";
    ResultSet rs = findForResultSet("select * from tb_kucun where " + where);
    TbKucun kucun = new TbKucun();
    try {
        if (rs.next()) {
            kucun.setId(rs.getString("id"));
            kucun.setSpname(rs.getString("spname"));
            kucun.setJc(rs.getString("jc"));
            kucun.setBz(rs.getString("bz"));
            kucun.setCd(rs.getString("cd"));
            kucun.setDj(rs.getDouble("dj"));
            kucun.setDw(rs.getString("dw"));
            kucun.setGg(rs.getString("gg"));
            kucun.setKcsl(rs.getInt("kcsl"));
        }
    } catch (SQLException e) {
        e.printStackTrace();
    }
    return kucun;
}
```

7.6.2 编写 Item 类

Item 类是系统的公共类之一，主要用于封装和传递参数信息，这是典型命令模式的实现。在 Dao 类中经常使用该类作为方法参数，另外，在各个窗体界面中也经常使用该类作为组件数据，其 toString() 方法将返回 name 属性值，所以显示到各个组件上的内容就是 Item 类的对象所代表的商品、供应商或者客户等信息中的名称。定义该类的关键代码如下：

例程 15 代码位置：TM\07\JXCManager\src\internalFrame\guanli\Item.java

```
public class Item {
    public String id;                          //定义 ID 属性
    public String name;                        //定义名称属性
    public String getId() {                    //定义暴露 ID 属性的方法
        return id;
    }
    public void setId(String id) {
        this.id = id;
    }
    public String getName() {                  //定义暴露名称属性的方法
        return name;
    }
    public void setName(String name) {
        this.name = name;
    }
    public String toString() {                 //定义该类的字符串表现形式
```

```
            return getName();
        }
}
```

7.7　基础信息模块设计

基础信息模块用于管理企业进销存管理系统中的客户、商品和供应商信息，其功能主要是对这些基础信息进行添加、修改和删除。

7.7.1　基础信息模块概述

企业进销存管理系统中的基础信息模块主要包括客户管理、商品管理和供应商管理 3 部分，由于它们的实现方法基本相似，本节将以供应商管理部分为主，介绍基础信息模块对本系统的意义和实现的业务逻辑。

1. 供应商添加

供应商添加功能主要负责为系统添加新的供应商记录。在企业进销存管理系统中，商品是主要的管理对象，而系统中所有的商品都由不同的供应商提供，这就需要把不同的供应商信息添加到系统中，在商品信息中会关联系统中对应的供应商信息。供应商添加功能的程序界面如图 7.14 所示。

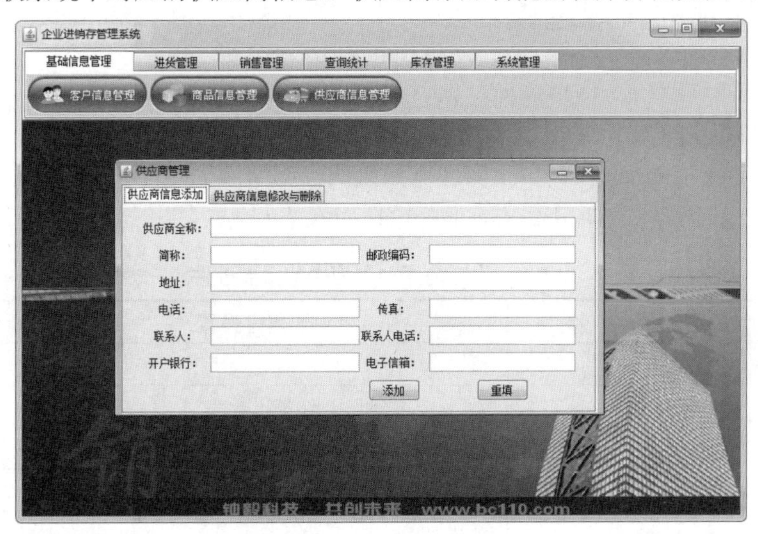

图 7.14　供应商添加界面

2. 供应商修改与删除

供应商的修改与删除功能主要用于维护系统中的供应商信息。在供应商的联系方式发生改变时，必须更新系统中的记录，以提供供应商的最新信息。另外，当不再与某家供应商合作时，需要从系统中删除供应商的记录信息。程序运行界面如图 7.15 所示。

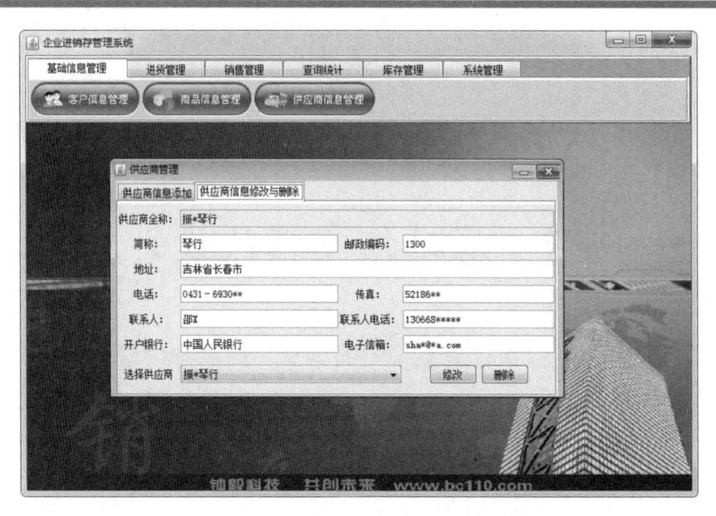

图 7.15　供应商修改与删除功能界面

7.7.2　基础信息模块技术分析

基础信息模块中使用了 Java Swing 的 JTabbedPane 选项卡面板组件分别为客户信息管理、商品信息管理和供应商信息管理提供多个操作界面，例如供应商信息管理中分别存在供应商添加和供应商修改与删除界面，而这两个界面都存在于一个窗体中，可以通过选择顶部的两个选项卡，在不同的界面之间来回切换。

7.7.3　供应商添加的实现过程

供应商添加使用的数据表：tb_gysinfo

开发供应商添加的步骤如下。

（1）创建 GysTianJiaPanel 类，用于实现本系统的供应商添加功能。该类将在界面中显示多个用于输入供应商信息的文本框。界面中定义的主要控件如表 7.6 所示。

表 7.6　供应商添加界面中的主要控件

控 件 类 型	控 件 名 称	主要属性设置	用　　途
JtextField	quanChengF	无	供应商全称
	JianChengF	无	简称
	BianMaF	无	邮政编码
	DiZhiF	无	地址
	DianHuaF	无	电话
	ChuanZhenF	无	传真
	LianXiRenF	无	联系人
	lianXiRenDianHuaF	无	联系人电话
	YinHangF	无	开户银行
	EmailF	无	电子信箱

续表

控件类型	控件名称	主要属性设置	用　途
Jbutton	TjButton	设置按钮文本为“添加”，设置动作监听器为 TjActionListener 类的实例对象	添加
	ResetButton	设置按钮文本为“重填”，设置动作监听器为 ResetActionListener 类的实例对象	重填

（2）创建 ResetActionListener 类，该类是“重填”按钮的事件监听器，它必须实现 ActionListener 接口，并在 actionPerformed()方法中清除界面中的所有文本框内容。关键代码如下：

例程 16　代码位置：TM\07\JXCManager\src\internalFrame\gysGuanLi\GysTianJiaPanel.java

```
❶  class ResetActionListener implements ActionListener {         // “重填”按钮的事件监听类
❷      public void actionPerformed(
❸                                  final ActionEvent e) {
           diZhiF.setText("");                                   //将文本框中的内容设置为空字符串
           bianMaF.setText("");
           chuanZhenF.setText("");
           jianChengF.setText("");
           lianXiRenF.setText("");
           lianXiRenDianHuaF.setText("");
           EMailF.setText("");
           quanChengF.setText("");
           dianHuaF.setText("");
           yinHangF.setText("");
       }
   }
```

代码贴士

❶ ActionListener：该接口是控件的动作监听器接口，实现该接口的类可以成为按钮和菜单项等控件的监听器。

❷ actionPerformed()：该方法是监听器 ActionListener 接口定义的方法，当事件产生时，将调用监听器实现类的 actionPerformed()方法处理相应的业务逻辑。

❸ ActionEvent：该类是动作事件类，当用户单击按钮时，将产生该事件，这个事件会被监听器捕获并执行相应的业务逻辑。

（3）创建 TjActionListener 类，该类是“添加”按钮的事件监听器，它必须实现 ActionListener 接口，并在 actionPerformed()方法中实现用户输入的验证和供应商信息的保存。关键代码如下：

例程 17　代码位置：TM\07\JXCManager\src\internalFrame\gysGuanLi\GysTianJiaPanel.java

```
class TjActionListener implements ActionListener {              // “添加”按钮的事件监听类
    public void actionPerformed(final ActionEvent e) {
        if (diZhiF.getText().equals("") || quanChengF.getText().equals("") //验证用户输入
                    || chuanZhenF.getText().equals("")|| jianChengF.getText().equals("")
                    || yinHangF.getText().equals("")|| bianMaF.getText().equals("")
                    || diZhiF.getText().equals("")|| lianXiRenF.getText().equals("")
                    || lianXiRenDianHuaF.getText().equals("")
                    || EMailF.getText().equals("")|| dianHuaF.getText().equals("")) {
            JOptionPane.showMessageDialog(GysTianJiaPanel.this, "请填写全部信息");
```

```
                return;
            }
            try {                                                    //验证是否存在同名供应商
                ResultSet haveUser = Dao.query("select * from tb_gysinfo where name='"
                                + quanChengF.getText().trim() + "'");
                if (haveUser.next()) {
                    JOptionPane.showMessageDialog(GysTianJiaPanel.this,
                            "供应商信息添加失败，存在同名供应商", "供应商添加信息",
                            JOptionPane.INFORMATION_MESSAGE);
                    return;
                }
                ResultSet set = Dao.query("select max(id) from tb_gysinfo");    //获取供应商的最大 ID 编号
                String id = null;
                if (set != null && set.next()) {                     //创建新的供应商编号
                    String sid = set.getString(1).trim();
                    if (sid == null)
                        id = "gys1001";
                    else {
                        String str = sid.substring(3);
                        id = "gys" + (Integer.parseInt(str) + 1);
                    }
                }
                TbGysinfo gysInfo = new TbGysinfo();                 //创建供应商实体对象
                gysInfo.setId(id);                                   //初始化供应商对象
                gysInfo.setAddress(diZhiF.getText().trim());
                gysInfo.setBianma(bianMaF.getText().trim());
                gysInfo.setFax(chuanZhenF.getText().trim());
                gysInfo.setYh(yinHangF.getText().trim());
                gysInfo.setJc(jianChengF.getText().trim());
                gysInfo.setName(quanChengF.getText().trim());
                gysInfo.setLian(lianXiRenF.getText().trim());
                gysInfo.setLtel(lianXiRenDianHuaF.getText().trim());
                gysInfo.setMail(EMailF.getText().trim());
                gysInfo.setTel(dianHuaF.getText().trim());
                Dao.addGys(gysInfo);                                 //调用 addGys()方法存储供应商
                JOptionPane.showMessageDialog(GysTianJiaPanel.this, "已成功添加客户",
                        "客户添加信息", JOptionPane.INFORMATION_MESSAGE);
                resetButton.doClick();                               //触发“重填”按钮的单击动作
            } catch (SQLException e1) {
                e1.printStackTrace();
            }
        }
}
```

7.7.4 供应商修改与删除的实现过程

供应商修改与删除使用的数据表：tb_gysinfo

开发供应商修改与删除的步骤如下。

（1）创建 GysXiuGaiPanel 类，用于实现本系统的供应商修改功能。在程序界面中有多个用于输入供应商信息的文本框，这些文本框的内容会根据所选供应商自动填充内容，修改部分或全部内容后，单击“修改”按钮将修改供应商数据。界面中定义的主要控件如表 7.7 所示。

表 7.7 供应商修改与删除界面中的主要控件

控件类型	控件名称	主要属性设置	用途
JtextField	quanChengF	无	供应商全称
	jianChengF	无	简称
	bianMaF	无	邮政编码
	diZhiF	无	地址
	dianHuaF	无	电话
	chuanZhenF	无	传真
	lianXiRenF	无	联系人
	lianXiRenDianHuaF	无	联系人电话
	yinHangF	无	开户银行
	EMailF	无	电子信箱
JcomboBox	Gys	设置初始大小为（230, 21），调用 initComboBox()方法初始化下拉列表，设置组件的选择事件调用 doGysSelectAction()方法	选择供应商
Jbutton	tjButton	设置按钮文本为“修改”，设置动作监听器为 ModifyActionListener 类的实例对象	修改供应商信息
	resetButton	设置按钮文本为“删除”，设置动作监听器为 DelActionListener 类的实例对象	删除供应商信息

（2）编写 initComboBox()方法，用于初始化选择供应商的下拉列表框。该方法调用 Dao 类的 getGysInfos()方法获取数据库中所有的供应商信息，然后将供应商的 ID 编号和供应商名称封装成 Item 对象并添加到选择供应商的下拉列表框中，在下拉列表框中 Item 的 toString()方法将显示供应商的名称。initComboBox()方法的关键代码如下：

例程 18 代码位置：TM\07\JXCManager\src\internalFrame\gysGuanLi\GysXiuGaiPanel.java

```
public void initComboBox() {                                    //初始化供应商下拉列表框的方法
    List gysInfo = Dao.getGysInfos();                           //调用 getGysInfos()方法获取供应商列表
    List<Item> items = new ArrayList<Item>();                   //创建 Item 列表
    gys.removeAllItems();                                       //清除下拉列表框中原有的选项
    for (Iterator iter = gysInfo.iterator(); iter.hasNext();) {
        List element = (List) iter.next();
        Item item = new Item();                                 //封装供应商信息
        item.setId(element.get(0).toString().trim());
        item.setName(element.get(1).toString().trim());
        if (items.contains(item))                               //如果 Item 列表中包含该供应商的封装对象
            continue;                                           //跳出本次循环
        items.add(item);
```

```
            gys.addItem(item);                                    //否则添加该对象到下拉列表框中
        }
        doGysSelectAction();                                      //doGysSelectAction() 方法
}
```

（3）编写 doGysSelectAction()方法，它在更改下拉列表框中的供应商信息时被调用，主要用于根据选择的供应商名称，把供应商的其他信息填充到相应的文本框中。关键代码如下：

例程 19　代码位置：TM\07\JXCManager\src\internalFrame\gysGuanLi\GysXiuGaiPanel.java

```
private void doGysSelectAction() {                                //处理供应商选择事件
        Item selectedItem;
        if (!(gys.getSelectedItem() instanceof Item)) {
            return;
        }
        selectedItem = (Item) gys.getSelectedItem();              //获取 Item 对象
        TbGysinfo gysInfo = Dao.getGysInfo(selectedItem);//通过 Item 对象调用 getGysInfo() 方法获取供应商信息
        quanChengF.setText(gysInfo.getName());                    //填充供应商信息到文本框中
        diZhiF.setText(gysInfo.getAddress());
        jianChengF.setText(gysInfo.getJc());
        bianMaF.setText(gysInfo.getBianma());
        dianHuaF.setText(gysInfo.getTel());
        chuanZhenF.setText(gysInfo.getFax());
        lianXiRenF.setText(gysInfo.getLian());
        lianXiRenDianHuaF.setText(gysInfo.getLtel());
        EMailF.setText(gysInfo.getMail());
        yinHangF.setText(gysInfo.getYh());
}
```

（4）创建 ModifyActionListener 类，该类是"修改"按钮的事件监听器，它必须实现 ActionListener 接口，并在 actionPerformed()方法中获取所有文本框的内容，其中包括修改后的信息，并通过调用 updateGys()方法将这些供应商信息更新到数据库中。关键代码如下：

例程 20　代码位置：TM\07\JXCManager\src\internalFrame\gysGuanLi\GysXiuGaiPanel.java

```
class ModifyActionListener implements ActionListener {            // "修改" 按钮的事件监听器
        public void actionPerformed(ActionEvent e) {
            Item item = (Item) gys.getSelectedItem();
            TbGysinfo gysInfo = new TbGysinfo();                  //创建供应商实体对象
            gysInfo.setId(item.getId());                          //初始化供应商实体对象
            gysInfo.setAddress(diZhiF.getText().trim());
            gysInfo.setBianma(bianMaF.getText().trim());
            gysInfo.setFax(chuanZhenF.getText().trim());
            gysInfo.setYh(yinHangF.getText().trim());
            gysInfo.setJc(jianChengF.getText().trim());
            gysInfo.setName(quanChengF.getText().trim());
            gysInfo.setLian(lianXiRenF.getText().trim());
            gysInfo.setLtel(lianXiRenDianHuaF.getText().trim());
            gysInfo.setMail(EMailF.getText().trim());
            gysInfo.setTel(dianHuaF.getText().trim());
```

```
            if (Dao.updateGys(gysInfo) == 1)                                    //更新供应商信息
                JOptionPane.showMessageDialog(GysXiuGaiPanel.this, "修改完成");
            else
                JOptionPane.showMessageDialog(GysXiuGaiPanel.this, "修改失败");
        }
    }
```

（5）创建 DelActionListener 类，该类是“删除”按钮的事件监听器，它必须实现 ActionListener 接口，并在 actionPerformed()方法中获取当前选择的供应商，然后调用 Dao 类的 delete()方法从数据库中将该供应商删除。关键代码如下：

例程 21　代码位置：TM\07\JXCManager\src\internalFrame\gysGuanLi\GysXiuGaiPanel.java

```
class DelActionListener implements ActionListener {                          // “删除”按钮的事件监听器
    public void actionPerformed(ActionEvent e) {
        Item item = (Item) gys.getSelectedItem();                            //获取当前选择的供应商
        if (item == null || !(item instanceof Item))
            return;
        int confirm = JOptionPane.showConfirmDialog(                        //弹出确认删除对话框
                GysXiuGaiPanel.this, "确认删除供应商信息吗？");
        if (confirm == JOptionPane.YES_OPTION) {                            //如果确认删除
            int rs = Dao.delete("delete tb_gysInfo where id='"              //调用 delete()方法
                    + item.getId() + "'");
            if (rs > 0) {
                JOptionPane.showMessageDialog(GysXiuGaiPanel.this,           //显示删除成功对话框
                        "供应商：" + item.getName() + "。删除成功");
                gys.removeItem(item);
            } else {
                JOptionPane.showMessageDialog(GysXiuGaiPanel.this,
                        "无法删除客户：" + item.getName() + "。");
            }
        }
    }
}
```

7.7.5　单元测试

在现代软件开发过程中，测试不再作为一个独立的生命周期，单元测试成为与编写代码同步进行的开发活动。单元测试能够提高程序员对程序的信心，保证程序的质量，加快软件开发速度，使程序易于维护。

1．单元测试概述

单元测试是在软件开发过程中要进行的最低级别的测试活动，在单元测试活动中，软件的独立工作单元将在与程序的其他部分相隔离的情况下进行测试。

在一种传统的结构化编程语言中，如 Java 语言，要进行测试的工作单元一般是方法。在像 C++这样的面向对象的语言中，要进行测试的基本单元是类。单元测试不仅仅是作为无错编码的一种辅助手

段在一次性的开发过程中使用，单元测试还必须是可重复的，无论是在软件修改或是移植到新的运行环境的过程中。因此，所有的测试都必须在整个软件系统的生命周期中进行。

2. 什么是单元测试

（1）它是一种验证行为

程序中的每一项功能都可以通过单元测试来验证其正确性。它为以后的开发提供支持。就算是开发后期，也可以轻松地增加功能或更改程序结构，而不用担心这个过程中会破坏重要的东西。而且它为代码的重构提供了保障。这样，开发者就可以更自由地对程序进行改进。

（2）它是一种设计行为

编写单元测试将使开发者从调用者的角度观察、思考。特别是先写测试（test-first），迫使开发者把程序设计成易于调用和可测试的，即迫使解除软件中的耦合。

（3）它是一种编写文档的行为

单元测试是一种无价的文档，它是展示函数或类如何使用的最佳文档。这份文档是可编译、可运行的，它永远保持与代码同步。

3. 越到项目后期，单元测试为何越难进行

在很多项目的初期，项目中的大部分程序员都能够自觉地编写单元测试。随着项目的进展、任务的加重，离交付时间越来越近，不能按时完成项目的风险越来越大，单元测试就往往成为牺牲品了。项目经理因为进度的压力也不重视了，程序员也因为编码的压力和无人看管而不再为代码编写单元测试了。笔者亲身经历的项目都或多或少地发生过类似这样的事情。越是在项目的后期，能够坚持编写单元测试的程序员在整个项目组中所占比例越来越低。

为了追赶项目进度，多数程序员将没有经过任何测试的程序代码上传到版本控制系统，项目经理也不再追问，照单全收。这样做的结果就是在项目后期，技术骨干人员只好加班加点进行系统集成。集成完了之后，下发给测试人员测试时，Bug 的报告数量翻倍增长。程序员开始修改 Bug，但有非常多的 Bug 隐藏得很深，一直潜伏到生产环境中去。

视频讲解

7.8 进货管理模块设计

进货管理模块是进销存管理系统中不可缺少的重要组成部分，它主要负责为系统记录进货单及其退货信息，相应的进货商品会添加到库存管理中。

7.8.1 进货管理模块概述

企业进销存管理系统中的进货管理模块主要包括进货单和进货退货两个部分。由于它们的实现方法基本相似，本节将以进货单功能为主，介绍进货管理模块对本系统的意义和实现的业务逻辑。

1. 进货单

进货单功能主要负责记录企业的商品进货信息，可以单击“添加”按钮，在商品表中添加进货的

商品信息。在“供应商”下拉列表框中选择不同的供应商，将会改变商品表中可以添加的商品。进货单的程序界面如图 7.16 所示。

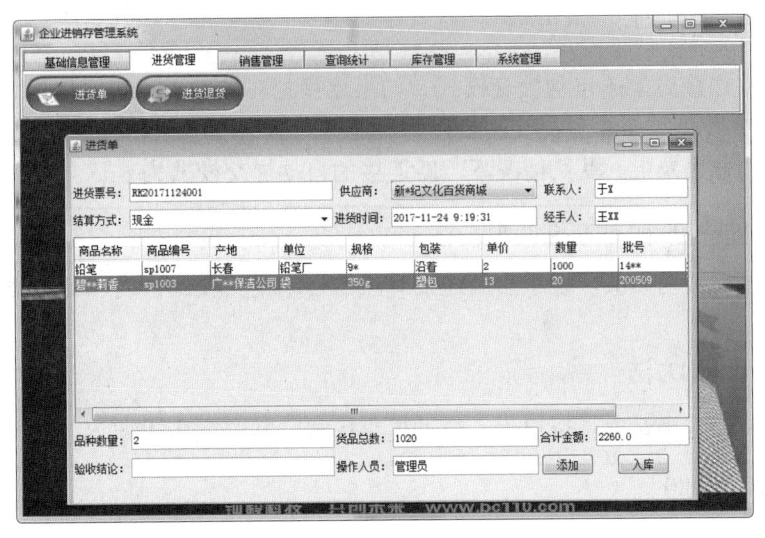

图 7.16　进货单程序界面

2. 入库退货

入库退货功能主要负责记录进货管理中的退货信息，界面效果如图 7.17 所示。在选择了退货的商品后，单击“退货”按钮，将把表格中的商品退货信息更新到数据库中。

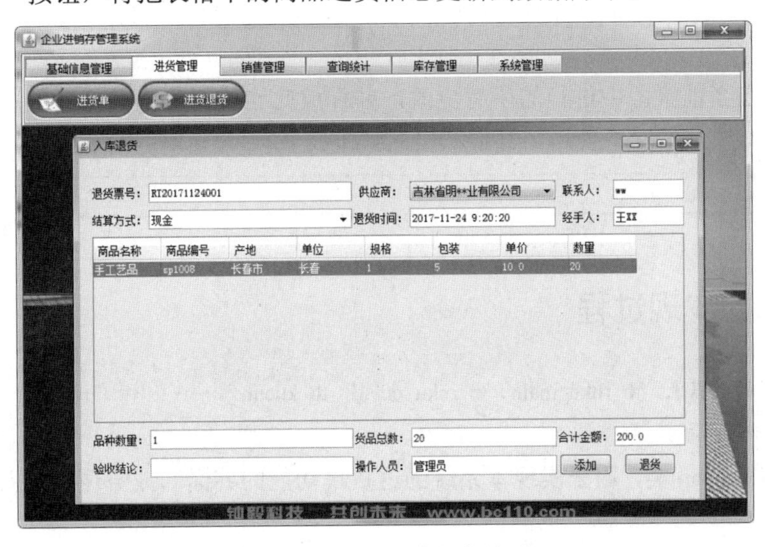

图 7.17　入库退货程序界面

7.8.2　进货管理模块技术分析

进货管理模块使用 JDBC 实现事务操作，因为进货和退货的业务逻辑涉及 3 个数据表，为保证数据的完整性，将 3 个数据表的操作放在事务中实现，如果对任何一个数据表的操作出现错误或是不可执行的操作，那么整个事务中的所有操作都将取消，并恢复到事务执行之前的数据状态；否则 3 个数据表的操作全部执行。下面介绍使用 JDBC 实现事务操作的关键方法。

1．setAutoCommit()方法

该方法用于设置连接对象的自动提交模式。如果连接处对象的自动提交模式为 true，则它的所有 SQL 语句将被执行并作为单个事务提交；否则，该连接对象的 SQL 语句将聚集到事务中，直到调用 commit()或 rollback()方法为止。默认情况下，新连接的自动提交模式为 true。其语法格式如下：

```
void setAutoCommit(boolean autoCommit)
```

autoCommit：该参数为 true，表示启用连接对象的自动提交模式；为 false，表示禁用连接对象的自动提交模式。

2．getAutoCommit()方法

该方法用于判断此连接对象是否启用了自动提交模式。其语法格式如下：

```
boolean getAutoCommit()
```

3．commit()方法

该方法将执行提交 SQL 语句执行数据库操作，并释放此连接对象当前持有的所有数据库锁。此方法只在禁用自动提交模式情况下使用。其语法格式如下：

```
void commit()
```

4．rollback()方法

该方法将取消在当前事务中进行的所有更改，并释放此连接对象当前持有的所有数据库锁。此方法只在禁用自动提交模式情况下使用。其语法格式如下：

```
void rollback()
```

7.8.3　进货单的实现过程

进货单使用的数据表：tb_ruku_main、tb_ruku_detail、tb_kucun

开发进货单的步骤如下。

（1）创建 JinHuoDan 类，用于实现本系统的进货单功能的界面和业务逻辑。界面中定义的主要控件如表 7.8 所示。

表 7.8　进货单界面中的主要控件

控件类型	控件名称	主要属性设置	用　途
JTextField	PiaoHao	设置该控件不接受输入焦点	进货单票号
	Pzs	设置该控件不接受输入焦点	品种数
	Hpzs	设置该控件不接受输入焦点	货品总数

续表

控件类型	控件名称	主要属性设置	用　途
JTextField	Hjje	设置该控件不接受输入焦点	合计金额
	Ysjl	无	验收结论
	Czy	设置该控件不接受输入焦点	操作员
	Jhsj	设置该控件不接受输入焦点	进货时间
	Jsr	无	经手人
	Lian	设置该控件不接受输入焦点	联系人
JComboBox	Jsfs	添加“现金”和“支票”两个下拉列表项	结算方式
	Gys	从数据库中获取供应商并添加到下拉列表中	供应商
	Sp	从数据库中获取商品并添加到下拉列表中	商品
JTable	Table	调用 initTable()方法初始化表格，取消表格列大小的自动调整	商品表格
Jbutton	TjButton	设置按钮文本为“添加”，设置动作监听器为 TjActionListener 类的实例对象	添加
	RkButton	设置按钮文本为“入库”，设置动作监听器为 RkActionListener 类的实例对象	入库

（2）编写 initTable()方法，该方法用于初始化商品表格的表头、列编辑器等。设置表格中第一个列的编辑器，使用下拉列表框样式的编辑器，通过该编辑器选择商品的名称，其他的商品信息将自动填充。关键代码如下：

例程 22　代码位置：TM\07\JXCManager\src\internalFrame\JinHuoDan.java

```
private void initTable() {                                          //初始化表格
    String[] columnNames = {"商品名称", "商品编号", "产地", "单位", "规格", "包装", "单价",
            "数量", "批号", "批准文号"};
    ((DefaultTableModel) table.getModel())
            .setColumnIdentifiers(columnNames);                     //设置表格的表头
    TableColumn column = table.getColumnModel().getColumn(0);       //获取第一个表格列
    final DefaultCellEditor editor = new DefaultCellEditor(sp);     //创建表格列编辑器
    editor.setClickCountToStart(2);
    column.setCellEditor(editor);
}
```

（3）编写 initSpBox()方法，该方法用于初始化表格中的商品下拉列表框。它首先调用 Dao 类的 query()方法获取指定供应商所提供的所有商品信息，然后将这些商品信息封装成商品对象，并把这些对象添加到商品下拉列表框中。关键代码如下：

例程 23　代码位置：TM\07\JXCManager\src\internalFrame\JinHuoDan.java

```
private void initSpBox() {                                          //初始化商品下拉列表框
    List list = new ArrayList();
    ResultSet set = Dao.query("select * from tb_spinfo where gysName='"
            + gys.getSelectedItem() + "'");                         //调用 query()方法
    sp.removeAllItems();
```

```
        sp.addItem(new TbSpinfo());
        for (int i = 0; table != null && i < table.getRowCount(); i++) {
            TbSpinfo tmpInfo = (TbSpinfo) table.getValueAt(i, 0);
            if (tmpInfo != null && tmpInfo.getId() != null)
                list.add(tmpInfo.getId());
        }
        try {
            while (set.next()) {
                TbSpinfo spinfo = new TbSpinfo();                          //创建商品对象
                spinfo.setId(set.getString("id").trim());                  //初始化商品对象
                //如果表格中已存在同样商品，商品下拉列表框中就不再包含该商品
                if (list.contains(spinfo.getId()))
                    continue;
❶               spinfo.setSpname(set.getString("spname").trim());          //封装商品信息
❷               spinfo.setCd(set.getString("cd").trim());
❸               spinfo.setJc(set.getString("jc").trim());
❹               spinfo.setDw(set.getString("dw").trim());
❺               spinfo.setGg(set.getString("gg").trim());
❻               spinfo.setBz(set.getString("bz").trim());
❼               spinfo.setPh(set.getString("ph").trim());
❽               spinfo.setPzwh(set.getString("pzwh").trim());
❾               spinfo.setMemo(set.getString("memo").trim());
❿               spinfo.setGysname(set.getString("gysname").trim());
                sp.addItem(spinfo);                                        //将商品对象添加到下拉列表框
            }
        } catch (SQLException e) {
            e.printStackTrace();
        }
    }
```

代码贴士

❶ setSpname()：该方法用于设置商品实体类的商品名称。
❷ setCd()：该方法用于设置商品实体类的商品产地。
❸ setJc()：该方法用于设置商品实体类的商品简称。
❹ setDw()：该方法用于设置商品实体类的商品单位。
❺ setGg()：该方法用于设置商品实体类的商品规格。
❻ setBz()：该方法用于设置商品实体类的商品包装。
❼ setPh()：该方法用于设置商品实体类的商品批号。
❽ setPzwh()：该方法用于设置商品实体类的商品批准文号。
❾ setMemo()：该方法用于设置商品实体类的商品简介信息。
❿ setGysname()：该方法用于设置商品实体类的供应商名称。

（4）编写“入库”按钮的事件监听器 RkActionListener 类，该类必须实现 ActionListener 接口和接口中的 actionPerformed()方法，并在 actionPerformed()方法中获取界面中的商品表格数据，然后将这些数据封装到进货数据表的实体对象中，最后调用 Dao 类的 insertRukuInfo()方法在事务中保存进货单数据。关键代码如下：

例程 24　代码位置：TM\07\JXCManager\src\internalFrame\JinHuoDan.java

```
class RkActionListener implements ActionListener {                          // “入库”按钮的事件监听器
    public void actionPerformed(ActionEvent e) {
        stopTableCellEditing();                                              //结束表格中没有编写的单元
        clearEmptyRow();                                                     //清除空行
        String hpzsStr = hpzs.getText();                                     //货品总数
        String pzsStr = pzs.getText();                                       //品种数
        String jeStr = hjje.getText();                                       //合计金额
        String jsfsStr = jsfs.getSelectedItem().toString();                  //结算方式
        String jsrStr = jsr.getText().trim();                                //经手人
        String czyStr = czy.getText();                                       //操作员
        String rkDate = jhsjDate.toLocaleString();                           //入库时间
        String ysjlStr = ysjl.getText().trim();                              //验收结论
        String id = piaoHao.getText();                                       //票号
        String gysName = gys.getSelectedItem().toString();                   //供应商名称
        if (jsrStr == null || jsrStr.isEmpty()) {
            JOptionPane.showMessageDialog(JinHuoDan.this, "请填写经手人");
            return;
        }
        if (ysjlStr == null || ysjlStr.isEmpty()) {
            JOptionPane.showMessageDialog(JinHuoDan.this, "添写验收结论");
            return;
        }
        if (table.getRowCount() <= 0) {
            JOptionPane.showMessageDialog(JinHuoDan.this, "添加入库商品");
            return;
        }
        TbRukuMain ruMain = new TbRukuMain(id, pzsStr, jeStr, ysjlStr,
                gysName, rkDate, czyStr, jsrStr, jsfsStr);                   //创建入库主表实体对象
        Set<TbRukuDetail> set = ruMain.getTabRukuDetails();                  //获取入库主表的详细表集合
        int rows = table.getRowCount();
        for (int i = 0; i < rows; i++) {
            TbSpinfo spinfo = (TbSpinfo) table.getValueAt(i, 0);             //获取商品对象
            String djStr = (String) table.getValueAt(i, 6);                  //获取商品的单价
            String slStr = (String) table.getValueAt(i, 7);                  //获取商品的数量
            Double dj = Double.valueOf(djStr);
            Integer sl = Integer.valueOf(slStr);
            TbRukuDetail detail = new TbRukuDetail();                        //创建商品详细表实体对象
            detail.setTabSpinfo(spinfo.getId());                             //初始化商品详细表对象
            detail.setTabRukuMain(ruMain.getRkId());
            detail.setDj(dj);
            detail.setSl(sl);
            set.add(detail);
        }
        boolean rs = Dao.insertRukuInfo(ruMain);                             //调用 insertRukuInfo()方法保存进货单
        if (rs) {
            JOptionPane.showMessageDialog(JinHuoDan.this, "入库完成");
            DefaultTableModel dftm = new DefaultTableModel();
            table.setModel(dftm);
```

```
                initTable();
                pzs.setText("0");
                hpzs.setText("0");
                hjje.setText("0");
            }
        }
}
```

7.8.4 进货退货的实现过程

进货单使用的数据表：tb_ruku_main、tb_spinfo、tb_gysinfo

开发进货退货业务的步骤如下。

（1）创建 JinHuoTuiHuo 类，用于实现本系统的进货退货的界面和业务逻辑。界面中定义的主要控件如表 7.9 所示。

表 7.9 进货单界面中的主要控件

控件类型	控件名称	主要属性设置	用途
JTextField	jhsj	无	进货时间
	jsr	无	经手人
	lian	无	联系人
	piaoHao	无	票号
	pzs	无	品种数量
	hpzs	无	货品总数
	hjje	无	合计金额
	ysjl	无	验收结论
	czy	默认值为用户名	操作员
JComboBox	jsfs	添加“现金”和“支票”两个下拉列表项	结算方式
	gys	从数据库中获取供应商并添加到下拉列表中	供应商
	Sp	从数据库中获取商品并添加到下拉列表中	商品
JTable	Table	调用 initTable()方法初始化表格，取消表格列大小的自动调整	商品表格
Jbutton	tjButton	设置按钮文本为“添加	添加商品
	rkButton	设置按钮文本为“退货”	退货

（2）编写 JinHuoTuiHuo()构造方法，该方法用于初始化所有窗体组件。在初始化按钮组件的同时，还为“添加”按钮、“退货”按钮和商品下拉列表框添加动作监听。关键代码如下：

例程 25 代码位置：TM\07\JXCManager\src\internalFrame\JinHuoTuiHuo.java

```
public JinHuoTuiHuo() {
    super();
    setMaximizable(true);
    setIconifiable(true);
```

```
setClosable(true);
getContentPane().setLayout(new GridBagLayout());
setTitle("入库退货");
setBounds(50, 50, 700, 400);

setupComponet(new JLabel("退货票号："), 0, 0, 1, 0, false);
piaoHao.setFocusable(false);
setupComponet(piaoHao, 1, 0, 1, 140, true);

setupComponet(new JLabel("供应商："), 2, 0, 1, 0, false);
gys.setPreferredSize(new Dimension(160, 21));
//供应商下拉选择框的选择事件
gys.addActionListener(new ActionListener() {
	public void actionPerformed(ActionEvent e) {
		doGysSelectAction();
	}
});
setupComponet(gys, 3, 0, 1, 1, true);

setupComponet(new JLabel("联系人："), 4, 0, 1, 0, false);
lian.setFocusable(false);
lian.setPreferredSize(new Dimension(80,21));
setupComponet(lian, 5, 0, 1, 0, true);

setupComponet(new JLabel("结算方式："), 0, 1, 1, 0, false);
jsfs.addItem("现金");
jsfs.addItem("支票");
jsfs.setEditable(true);
setupComponet(jsfs, 1, 1, 1, 1, true);

setupComponet(new JLabel("退货时间："), 2, 1, 1, 0, false);
jhsj.setFocusable(false);
setupComponet(jhsj, 3, 1, 1, 1, true);

setupComponet(new JLabel("经手人："), 4, 1, 1, 0, false);
setupComponet(jsr, 5, 1, 1, 1, true);

sp = new JComboBox();
sp.addActionListener(new ActionListener() {
	public void actionPerformed(ActionEvent e) {
		TbKucun info = (TbKucun) sp.getSelectedItem();
		//如果选择有效就更新表格
		if (info != null && info.getId() != null) {
			updateTable();
		}
	}
});

table = new JTable();
```

```
table.setAutoResizeMode(JTable.AUTO_RESIZE_OFF);
initTable();
//添加事件完成品种数量、货品总数、合计金额的计算
JScrollPane scrollPanel = new JScrollPane(table);
scrollPanel.setPreferredSize(new Dimension(380, 200));
setupComponet(scrollPanel, 0, 2, 6, 1, true);

setupComponet(new JLabel("品种数量："), 0, 3, 1, 0, false);
pzs.setFocusable(false);
setupComponet(pzs, 1, 3, 1, 1, true);

setupComponet(new JLabel("货品总数："), 2, 3, 1, 0, false);
hpzs.setFocusable(false);
setupComponet(hpzs, 3, 3, 1, 1, true);

setupComponet(new JLabel("合计金额："), 4, 3, 1, 0, false);
hjje.setFocusable(false);
setupComponet(hjje, 5, 3, 1, 1, true);

setupComponet(new JLabel("验收结论："), 0, 4, 1, 0, false);
setupComponet(ysjl, 1, 4, 1, 1, true);

setupComponet(new JLabel("操作人员："), 2, 4, 1, 0, false);
czy.setFocusable(false);
setupComponet(czy, 3, 4, 1, 1, true);

//单击“添加”按钮在表格中添加新的一行
JButton tjButton = new JButton("添加");
tjButton.addActionListener(new ActionListener() {
    public void actionPerformed(ActionEvent e) {
        //初始化票号
        initPiaoHao();
        //结束表格中没有编写的单元
        stopTableCellEditing();
        //如果表格中还包含空行，就不再添加新行
        for (int i = 0; i < table.getRowCount(); i++) {
            TbKucun info = (TbKucun) table.getValueAt(i, 0);
            if (info == null || info.getId().isEmpty())
                return;
        }
        DefaultTableModel model = (DefaultTableModel) table.getModel();
        model.addRow(new Vector());
        initSpBox();
    }
});
setupComponet(tjButton, 4, 4, 1, 1, false);

//单击“入库”按钮保存进货信息
JButton rkButton = new JButton("退货");
```

```
rkButton.addActionListener(new ActionListener() {
    public void actionPerformed(ActionEvent e) {
        //结束表格中没有编写的单元
        stopTableCellEditing();
        //清除空行
        clearEmptyRow();
        String hpzsStr = hpzs.getText();                        //货品总数
        String pzsStr = pzs.getText();                          //品种数
        String jeStr = hjje.getText();                          //合计金额
        String jsfsStr = jsfs.getSelectedItem().toString();     //结算方式
        String jsrStr = jsr.getText().trim();                   //经手人
        String czyStr = czy.getText();                          //操作员
        String rkDate = jhsjDate.toLocaleString();              //入库时间
        String ysjlStr = ysjl.getText().trim();                 //验收结论
        String id = piaoHao.getText();                          //票号
        String gysName = gys.getSelectedItem().toString();      //供应商名字
        if (jsrStr == null || jsrStr.isEmpty()) {
            JOptionPane.showMessageDialog(JinHuoTuiHuo.this, "请填写经手人");
            return;
        }
        if (ysjlStr == null || ysjlStr.isEmpty()) {
            JOptionPane.showMessageDialog(JinHuoTuiHuo.this, "填写验收结论");
            return;
        }
        if (table.getRowCount() <= 0) {
            JOptionPane.showMessageDialog(JinHuoTuiHuo.this, "填加退货商品");
            return;
        }
        TbRkthMain rkthMain = new TbRkthMain(id, pzsStr, jeStr, ysjlStr,
                gysName, rkDate, czyStr, jsrStr, jsfsStr);
        Set<TbRkthDetail> set = rkthMain.getTbRkthDetails();
        int rows = table.getRowCount();
        for (int i = 0; i < rows; i++) {
            TbKucun kucun = (TbKucun) table.getValueAt(i, 0);
            String djStr = (String) table.getValueAt(i, 6);
            String slStr = (String) table.getValueAt(i, 7);
            Double dj = Double.valueOf(djStr);
            Integer sl = Integer.valueOf(slStr);
            TbRkthDetail detail = new TbRkthDetail();
            detail.setSpid(kucun.getId());
            detail.setTbRkthMain(rkthMain.getRkthId());
            detail.setDj(dj);
            detail.setSl(sl);
            set.add(detail);
        }
        boolean rs = Dao.insertRkthInfo(rkthMain);
        if (rs) {
            JOptionPane.showMessageDialog(JinHuoTuiHuo.this, "退货完成");
            DefaultTableModel dftm = new DefaultTableModel();
```

```
                    table.setModel(dftm);
                    initTable();
                    pzs.setText("0");
                    hpzs.setText("0");
                    hjje.setText("0");
                }
            }
        });
        setupComponet(rkButton, 5, 4, 1, 1, false);
        //添加窗体监听器，完成初始化
        addInternalFrameListener(new initTasks());
    }
}
```

（3）编写窗体初始化的监听器 initTasks 类，该类必须实现 InternalFrameAdapter 接口和接口中的 internalFrameActivated()方法，并在 actionPerformed()方法中实现 4 个主要逻辑：启动时间线程、初始化供应商、初始化票号和初始化商品列表。关键代码如下：

例程 26　代码位置：TM\07\JXCManager\src\internalFrame\JinHuoTuiHuo.java

```
private final class initTasks extends InternalFrameAdapter {
    public void internalFrameActivated(InternalFrameEvent e) {
        super.internalFrameActivated(e);
        initTimeField();                                  //启动进货时间线程
        initGysField();                                   //初始化供应商字段
        initPiaoHao();                                    //初始化票号
        initSpBox();                                      //初始化商品列表
    }
    private void initGysField() {                         //初始化供应商字段
        List gysInfos = Dao.getGysInfos();
        for (Iterator iter = gysInfos.iterator(); iter.hasNext();) {
            List list = (List) iter.next();
            Item item = new Item();
            item.setId(list.get(0).toString().trim());
            item.setName(list.get(1).toString().trim());
            gys.addItem(item);
        }
        doGysSelectAction();
    }
    private void initTimeField() {                        //启动进货时间线程
        new Thread(new Runnable() {
            public void run() {
                try {
                    while (true) {
                        jhsjDate = new Date();            //当前时间
                        jhsj.setText(jhsjDate.toLocaleString());
                        Thread.sleep(1000);               //休眠 1 秒
                    }
                } catch (InterruptedException e) {
```

```
                        e.printStackTrace();
                    }
                }
            }).start();                                     //启动线程
        }
}
```

7.9　查询统计模块设计

查询统计模块是进销存管理系统中不可缺少的重要组成部分，它主要包括基础信息、进货信息、销售信息、退货信息的查询和销售排行功能。

7.9.1　查询统计模块概述

企业进销存管理系统中的查询统计模块包括客户查询、商品查询、供应商查询、销售查询、销售退货查询、入库查询、入库退货查询和销售排行功能。由于本书的篇幅所限，本节将以销售查询功能为主，介绍查询统计模块对本系统的意义和实现的业务逻辑。

销售查询功能主要用于查询系统中的销售信息，其查询方式可以按照客户全称、销售票号进行匹配查询和模糊查询。另外，还可以指定销售日期查询。程序界面如图 7.18 所示。

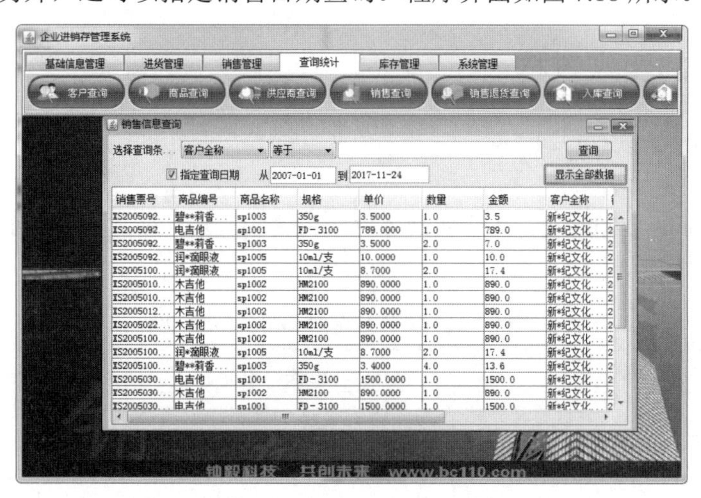

图 7.18　销售查询界面

7.9.2　查询统计模块技术分析

查询统计模块主要以丰富的查询条件为主要技术，当查询一个商品销售或者退货等信息时，需要提供按客户全称、销售票号、退货票号、指定日期等多种查询条件和查询对象进行普通查询或者模糊查询。对于普通查询条件可以简单地使用 SQL 语句的“=”进行判断，但是模糊查询稍微复杂一些，需要使用 SQL 语句中的 LIKE 关键字。LIKE 关键字需要使用通配符在字符串内查找指定的模式，所以读者需要了解通配符及其含义。通配符的含义如表 7.10 所示。

表 7.10　LIKE 关键字中的通配符及其含义

通　配　符	说　　明
%	由 0 个或更多字符组成的任意字符串
_	任意单个字符
[ ]	用于指定范围，例如[A～F]，表示 A～F 范围内的任何单个字符
[^]	表示指定范围之外的，例如[^ A～F]，表示 A～F 范围以外的任何单个字符

（1）“%”通配符

“%”通配符能匹配 0 个或更多个字符的任意长度的字符串。

（2）“_”通配符

“_”通配符表示任意单个字符，该符号只能匹配一个字符，利用“_”符号可以作为通配符组成匹配模式进行查询。

（3）“[ ]”通配符

在模糊查询中可以使用“[ ]”通配符来查询一定范围内的数据。“[ ]”符号用于表示一定范围内的任意单个字符，它包括两端数据。

（4）“[^]”通配符

在模式查询中可以使用“[^]”通配符来查询不在指定范围内的数据。“[^]”符号用于表示不在某范围内的任意单个字符，它包括两端数据。

7.9.3　销售查询的实现过程

销售查询使用的数据表：v_sellView

销售查询的开发步骤如下。

（1）创建 XiaoShouChaXun 类，用于实现本系统的销售查询功能界面和业务逻辑。界面中定义的主要控件如表 7.11 所示。

表 7.11　销售查询功能界面中的主要控件

控 件 类 型	控 件 名 称	主要属性设置	用　　途
JtextField	StartDate	设置文本内容为当年的 1 月 1 日	起始日期
	EndDate	设置文本内容为当前日期	截止日期
	Content	添加按键监听器，当按下 Enter 键时执行查询	查询内容
JcomboBox	Operation	添加“等于”和“包含”两项内容	条件方式
	Condition	添加“客户全称”和“销售票号”两项内容	查询条件
Jtable	Table	设置表头，取消表格列大小的自动调整	商品表格
Jbutton	queryButton	设置按钮文本为“查询”，设置动作监听器为 QueryActionListener 类的实例对象	查询
	showAllButton	设置按钮文本为“显示全部数据”，设置动作监听器为 ShowAllActionListener 类的实例对象	显示全部数据

（2）编写 updateTable()方法，用于更新表格数据。该方法必须接收一个 Iterator 迭代器对象，通过遍历该迭代器中的数据来初始化界面中的表格。关键代码如下：

例程 27　代码位置：TM\07\JXCManager\src\internalFrame\XiaoShouChaXun.java

```
private void updateTable(Iterator iterator) {                         //更新表格数据
    int rowCount=dftm.getRowCount();
    for(int i=0;i<rowCount;i++) {                                    //清除原内容
        dftm.removeRow(0);
    }
    while(iterator.hasNext()) {                                      //更新表格数据
        Vector vector=new Vector();
        List view=(List) iterator.next();
        vector.addAll(view);
        dftm.addRow(vector);
    }
}
```

（3）创建 ShowAllActionListener 类，使该类实现 ActionListener 接口，并实现该接口的 actionPerformed()方法。该方法在用户单击“显示全部数据”按钮时，执行无条件的数据查询，也就是说，该按钮将读取数据库中所有的销售信息，并显示到表格中。关键代码如下：

例程 28　代码位置：TM\07\JXCManager\src\internalFrame\XiaoShouChaXun.java

```
class ShowAllActoinListener implements ActionListener {           //“显示全部数据”按钮的动作监听器
    public void actionPerformed(final ActionEvent e) {
        content.setText("");
        List list=Dao.findForList("select * from v_sellView");    //调用 findForList()方法执行查询
        Iterator iterator=list.iterator();
        updateTable(iterator);                                    //调用 updateTable()方法更新表格
    }
}
```

（4）创建“查询”按钮的事件监听器 QueryActionListener 类，该类必须实现 ActionListener 接口，并实现该接口的 actionPerformed()方法。在该方法中编写查询销售信息的业务逻辑，并将查询结果更新到表格控件中，其查询条件由 condition、operation 下拉列表框和一个 content 文本框组成。关键代码如下：

例程 29　代码位置：TM\07\JXCManager\src\internalFrame\XiaoShouChaXun.java

```
class QueryActionListener implements ActionListener {
    public void actionPerformed(final ActionEvent e) {
        boolean selDate = selectDate.isSelected();
        if(content.getText().equals("")) {
            JOptionPane.showMessageDialog(getContentPane(), "请输入查询内容！");
            return;
        }
        if(selDate) {
            if(startDate.getText()==null||startDate.getText().equals("")) {
                JOptionPane.showMessageDialog(getContentPane(), "请输入查询的开始日期！");
```

```
                return;
            }
            if(endDate.getText()==null||endDate.getText().equals("")) {
                JOptionPane.showMessageDialog(getContentPane(), "请输入查询的结束日期！");
                return;
            }
        }
        List list=null;
        String con = condition.getSelectedIndex() == 0                  //获取查询字段
                ? "khname "
                : "sellId ";
        int oper = operation.getSelectedIndex();                        //定义查询方式
        String opstr = oper == 0 ? "= " : "like ";
        String cont = content.getText();                                //获取查询内容
        list = Dao.findForList("select * from v_sellView where "        //调用 findForList()方法查询数据
                + con
                + opstr
                + (oper == 0 ? "'"+cont+"'" : "'%" + cont + "%'")
                + (selDate ? " and xsdate>'" + startDate.getText()
                        + "' and xsdate<='" + endDate.getText()+" 23:59:59'" : ""));
        Iterator iterator = list.iterator();
        updateTable(iterator);                                          //调用 updateTable()方法更新表格
    }
}
```

视频讲解

7.10 库存管理模块设计

7.10.1 库存管理模块概述

企业进销存管理系统中的库存管理模块包括库存盘点和价格调整两个功能。由于本书的篇幅所限，本节将以价格调整功能为主，介绍库存管理模块对本系统的意义和实现的业务逻辑。

价格调整功能主要用于调整库存中指定商品的单价，当用户选择了指定的商品，价格调整功能的界面会显示该商品在库存中的单价、库存数量、库存金额、单位、产地等信息。程序界面如图 7.19 所示。用户可以修改商品价格并单击“确定”按钮，调整该商品在库存中的单价。

图 7.19　价格调整界面

7.10.2 库存管理模块技术分析

企业进销存管理系统中的库存管理模块包括库存盘点和价格调整两个功能，其中库存盘点涉及的技术比较简单，它将库存信息显示在表格中，由操作员输入盘点的商品数量，然后程序自动计算损益值。价格调整功能涉及下拉列表框的选择事件监听和事件处理技术，这在使用 Java Swing 技术进行程序开发的过程中非常重要。为防止用户的错误输入，程序界面经常需要将可枚举的输入内容封装在下拉列表框中，限制用户的输入。但是，要知晓下拉列表框的改变，还需要为下拉列表框添加相应的事件监听器。下面就来介绍相关的语法。

addItemListener()方法可以为下拉列表框添加 ItemListener 监听器。当更改下拉列表框中的选项时，将产生相应的事件，这个事件会被添加的 ItemListener 监听器捕获，并处理相应的业务逻辑。其语法格式如下：

```
public void addItemListener(ItemListener aListener)
```

aListener：要通知的 ItemListener 监听器。

7.10.3 价格调整的实现过程

价格调整使用的数据表：tb_kucun

价格调整的开发步骤如下。

（1）创建 JiaGeTiaoZheng 类，用于实现本系统的价格调整功能界面和业务逻辑。界面中定义的主要控件如表 7.12 所示。

表 7.12　价格调整功能界面中的主要控件

控 件 类 型	控 件 名 称	主要属性设置	用　　途
JTextField	KuCunJinE	取消编辑状态	库存金额
	KuCunShuLiang	取消编辑状态	库存数量
	DanJia	添加按键监听器，当输入改变时调用 updateJinE()方法更新库存金额	库存单价
JComboBox	ShangPinMingCheng	读取库存表数据并初始化该控件内容	商品名称
Jlabel	GuiGe	设置前景色为蓝色	规格
	ChanDi	设置前景色为蓝色	产地
	JianCheng	设置前景色为蓝色	简称
	BaoZhuang	设置前景色为蓝色	包装
	DanWei	设置前景色为蓝色	单位
Jbutton	OkButton	设置按钮文本为“确定”，设置动作监听器为 OkActionListener 类的实例对象	确定
	CloseButton	设置按钮文本为“关闭”，设置动作监听器为 CloseActionListener 类的实例对象	关闭

（2）编写 updateJinE()方法，用于更新库存金额。该方法将“单价”文本框的内容转换为 Double 类型，将“库存数量”文本框的内容转换为 Integer 类型，然后用它们的乘积更新“库存金额”文本框的内容。关键代码如下：

例程 30　代码位置：TM\07\JXCManager\src\internalFrame\JiaGeTiaoZheng.java

```
private void updateJinE() {                                          //更新库存金额的方法
    Double dj = Double.valueOf(danJia.getText());
    Integer sl = Integer.valueOf(kuCunShuLiang.getText());
    kuCunJinE.setText((dj * sl) + "");
}
```

（3）创建 ItemActionListener 类，它必须实现 ItemListener 接口和接口中的 itemStateChanged()方法，成为下拉列表框的事件监听器。当改变界面中选择的商品时，相应的 ItemEvent 事件会通知该监听器处理业务逻辑，也就是根据选择的商品名称更新其他的控件内容。关键代码如下：

例程 31　代码位置：TM\07\JXCManager\src\internalFrame\JiaGeTiaoZheng.java

```
❶ class ItemActionListener implements ItemListener {                 //商品选择事件监听器
❷     public void ItemStateChanged(
❸                             final ItemEvent e) {
          Object selectedItem = shangPinMingCheng.getSelectedItem();  //获取选择的商品对象
          if (selectedItem == null)
              return;
          Item item = (Item) selectedItem;
          kcInfo = Dao.getKucun(item);                                //调用 getKucun()方法
          if(kcInfo.getId()==null)
              return;
          int dj, sl;
          dj = kcInfo.getDj().intValue();
          sl = kcInfo.getKcsl().intValue();
          chanDi.setText(kcInfo.getCd());                             //更新界面控件的内容
          jianCheng.setText(kcInfo.getJc());
          baoZhuang.setText(kcInfo.getBz());
          danWei.setText(kcInfo.getDw());
          danJia.setText(kcInfo.getDj() + "");
          kuCunShuLiang.setText(kcInfo.getKcsl() + "");
          kuCunJinE.setText(dj * sl + "");
          guiGe.setText(kcInfo.getGg());
      }
  }
```

代码贴士

❶ ItemListener：下拉列表框的事件监听器必须实现的分接口。

❷ ItemStateChanged()：当下拉列表框的选中项发生改变时将触发该方法。

❸ ItemEvent：这是选项事件类，在用户更改带有多项选择内容的组件选项时，将产生该事件。例如下拉选择框组件。

（4）创建 OkActionListener 类，它必须实现 ActionListener 接口和接口中的 actionPerformed()方法，

在这个方法中获取新的库存商品价格，然后调用 Dao 类的 updateKucunDj()方法更新库存价格。关键代码如下：

例程 32　代码位置：TM\07\JXCManager\src\internalFrame\JiaGeTiaoZheng.java

```
class OkActionListener implements ActionListener {
    public void actionPerformed(final ActionEvent e) {
        kcInfo.setDj(Double.valueOf(danJia.getText()));
        kcInfo.setKcsl(Integer.valueOf(kuCunShuLiang.getText()));
        int rs = Dao.updateKucunDj(kcInfo);
        if (rs > 0)
            JOptionPane.showMessageDialog(getContentPane(), "价格调整完毕。",
                    kcInfo.getSpname() + "价格调整",
                    JOptionPane.QUESTION_MESSAGE);
    }
}
```

7.10.4　库存盘点的实现过程

价格调整的开发步骤如下。

（1）创建 JiaGeTiaoZheng 类，用于实现本系统的价格调整功能界面和业务逻辑。界面中定义的主要控件如表 7.13 所示。

表 7.13　价格调整功能界面中的主要控件

控 件 类 型	控 件 名 称	主要属性设置	用　　途
JTextField	pdsj	无	进货时间
	pzs	默认值为 0	品种数量
	hpzs	默认值为 0	货品总数
	kcje	默认值为 0	库存金额
	pdy	默认值为 0	盘点员
JTable	table	直接显示所有商品信息	确定

（2）编写 initTable()方法，用于初始化表格。该方法将所有商品从数据库中读出并放入表格中展示。创建盘点文本框，并为文本框添加键盘事件监听，用户只能在文本框中输入数字，输入之后会自动计算损益数量。关键代码如下：

例程 33　代码位置：TM\07\JXCManager\src\internalFrame\KuCunPanDian.java

```
private void initTable() {
    String[] columnNames = {"商品名称", "商品编号", "供应商", "产地", "单位", "规格", "单价",
            "数量", "包装", "盘点数量", "损益数量"};
    DefaultTableModel tableModel = (DefaultTableModel) table.getModel();
    tableModel.setColumnIdentifiers(columnNames);
    //设置盘点字段只接收数字输入
    final JTextField pdField = new JTextField(0);
```

```
pdField.setEditable(false);
pdField.addKeyListener(new KeyAdapter() {
    public void keyTyped(KeyEvent e) {
        if (("0123456789" + (char) 8).indexOf(e.getKeyChar() + "") < 0) {
            e.consume();
        }
        pdField.setEditable(true);
    }
    public void keyReleased(KeyEvent e) {
        String pdStr = pdField.getText();
        String kcStr = "0";
        int row = table.getSelectedRow();
        if (row >= 0) {
            kcStr = (String) table.getValueAt(row, 7);
        }
        try {
            int pdNum = Integer.parseInt(pdStr);
            int kcNum = Integer.parseInt(kcStr);
            if (row >= 0) {
                table.setValueAt(kcNum - pdNum, row, 10);
            }
            if (e.getKeyChar() != 8)
                pdField.setEditable(false);
        } catch (NumberFormatException e1) {
            pdField.setText("0");
        }
    }
});
JTextField readOnlyField = new JTextField(0);
readOnlyField.setEditable(false);
DefaultCellEditor pdEditor = new DefaultCellEditor(pdField);
DefaultCellEditor readOnlyEditor = new DefaultCellEditor(readOnlyField);
//设置表格单元为只读格式
for (int i = 0; i < columnNames.length; i++) {
    TableColumn column = table.getColumnModel().getColumn(i);
    column.setCellEditor(readOnlyEditor);
}
TableColumn pdColumn = table.getColumnModel().getColumn(9);
TableColumn syColumn = table.getColumnModel().getColumn(10);
pdColumn.setCellEditor(pdEditor);
syColumn.setCellEditor(readOnlyEditor);
//初始化表格内容
List kcInfos = Dao.getKucunInfos();
for (int i = 0; i < kcInfos.size(); i++) {
    List info = (List) kcInfos.get(i);
    Item item = new Item();
    item.setId((String) info.get(0));
    item.setName((String) info.get(1));
    TbSpinfo spinfo = Dao.getSpInfo(item);
```

```
            Object[] row = new Object[columnNames.length];
            if (spinfo.getId() != null && !spinfo.getId().isEmpty()) {
                row[0] = spinfo.getSpname();
                row[1] = spinfo.getId();
                row[2] = spinfo.getGysname();
                row[3] = spinfo.getCd();
                row[4] = spinfo.getDw();
                row[5] = spinfo.getGg();
                row[6] = info.get(2).toString();
                row[7] = info.get(3).toString();
                row[8] = spinfo.getBz();
                row[9] = 0;
                row[10] = 0;
                tableModel.addRow(row);
                String pzsStr = pzs.getText();
                int pzsInt=Integer.parseInt(pzsStr);
                pzsInt++;
                pzs.setText(pzsInt+"");
            }
        }
}
```

（3）编写 setupComponet ()方法，用于设置组件位置并添加到容器中。该方法创建了网格包布局，让组件能在相对位置随意摆放，并保证组件之间的是对齐的。关键代码如下：

例程 34　代码位置：TM\07\JXCManager\src\internalFrame\KuCunPanDian.java

```
private void setupComponet(JComponent component, int gridx, int gridy,
        int gridwidth, int ipadx, boolean fill) {
    final GridBagConstraints gridBagConstrains = new GridBagConstraints();
    gridBagConstrains.gridx = gridx;
    gridBagConstrains.gridy = gridy;
    if (gridwidth > 1)
        gridBagConstrains.gridwidth = gridwidth;
    if (ipadx > 0)
        gridBagConstrains.ipadx = ipadx;
    gridBagConstrains.insets = new Insets(5, 1, 3, 5);
    if (fill)
        gridBagConstrains.fill = GridBagConstraints.HORIZONTAL;
    getContentPane().add(component, gridBagConstrains);
}
```

7.10.5　单元测试

在价格调整界面中输入单价时，如果输入“1l33”，程序将抛出 NumberFormatException 异常，如图 7.20 所示。这是因为输入单价的数字格式不对，注意输入值“1l33”的第二个“l”字符并不是数字，而是英文字母 L 的小写形式，字母当然不能用作数字，所以产生了这个错误，导致程序无法执行价格调整。

图 7.20　非数字单价产生的错误

解决这一问题的方法是在执行价格调整前对输入的单价进行数字格式验证。但非要等操作员输入单价后，再验证输入单价的正确与否吗？如果利用按键监听器，监听“单价”文本框中的每一次按键，当按键是数字时，继续接收输入；反之，当按键不是数字或小数点时（那它就应该是字母或其他的什么，反正不是数字）就取消本次按键的输入。这样在用户输入时，就能够有效地屏蔽非数字格式的输入，它比之前的数字格式验证更有效。关键代码如下：

例程 35　代码位置：TM\07\JXCManager\src\internalFrame\JiaGeTiaoZheng.java

```
danJia.addKeyListener(new KeyAdapter() {                              //添加按键监听器
    public void keyTyped(KeyEvent e) {
        String numStr = "0123456789." + (char) 8;//数字格式的字符串，其中(char)8 是回退键用于删除字符
        if (numStr.indexOf(e.getKeyChar()) < 0)                       //如果按键字符不在数字格式字符串中
            e.consume();                                              //销毁按键对象
        else                                                          //否则
            updateJinE();                                             //更新库存金额
    }
});
```

视频讲解

7.11　系统打包发布

Java 应用程序可以打包成 JAR 文件，JAR 文件是一个简单的 ZIP 格式的文件，它包含程序中的类文件和执行程序的其他资源文件。在程序发布之前，需要将所有编译好的 Java 文件封装到一个程序打包文件中，然后将这个程序的打包文件提交给客户使用。一旦程序打包后，就可以使用简单的命令来执行它。另外，如果配置好 Java 环境或使用 JDK 的安装程序构建 Java 环境，那么就可以像运行本地可执行文件一样去执行 JAR 文件。本节将介绍如何使用 Eclipse 开发工具将程序打包成 JAR 文件。

（1）创建描述文件。JAR 文件需要一个描述文件，该文件以 MANIFEST.MF 命名，它描述了 JAR 的配置信息，如指定主类名称、类路径等。程序代码如下：

```
❶  Manifest-Version: 1.0                                              //指定描述文件的版本
❷  Main-Class: com.lzw.JXCFrame                                       //指定程序主类
❸  Class-Path: . lib\msbase.jar lib\mssqlserver.jar lib\msutil.jar    //配置类路径
❹                                                                     //添加空行结尾
```

代码贴士

❶ 描述文件的版本号是每个描述文件的基本信息。

❷ Main-Class：用于指定程序执行的主类。

❸ Class-Path：用于指定程序执行的类路径，多个路径使用空格符号分割。

❹ 在描述文件的结尾插入一个空行，这代表描述文件的结束。

注意　在“：”符号和后面的定义值之间一定要有一个空格作分隔符，否则程序会因为无法识别而导致程序出错。

（2）在 Eclipse 的资源包管理器中右击项目的 src 文件夹，在弹出的快捷菜单中选择 Export（导出）命令。

（3）在弹出的 Export（导出）对话框中单击 Java→JAR file（JAR 文件）子节点，单击 Next（下一步）按钮。

（4）在弹出的 JAR Export（JAR 导出）对话框中选择要导出的文件夹，本系统的程序代码都在 src 文件夹中，在步骤（2）中是右击 src 文件夹启动导出功能的，在该对话框中已经默认选择 src 文件夹中的所有内容，包括子文件夹。然后在 JAR file（JAR 文件）下拉列表框中输入生成的 JAR 文件名和路径，如图 7.21 所示。单击两次 Next（下一步）按钮。

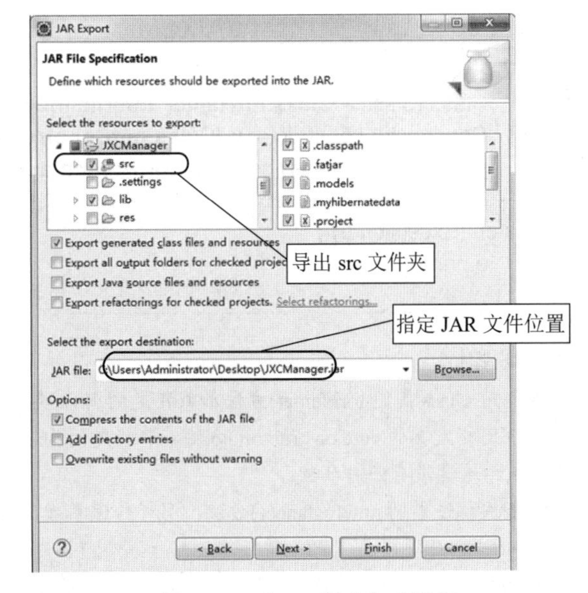

图 7.21　“JAR 导出”对话框

（5）在弹出的对话框中选中 Useexisting manifest from workspace（从工作空间中使用现有清单）单选按钮，在 Mainfest file（清单文件）文本框的右侧单击 Browse（浏览）按钮，选择步骤（1）建立的清单文件 MANIFEST.MF，单击 Finish（完成）按钮。

（6）现在 JAR 文件已经创建并保存在 C 盘 product 文件夹中，程序的清单描述文件中指定连接 SQL Server 2014 数据库的 JDBC 驱动包放在 lib 文件夹中，所以，必须在 product 文件夹中创建 lib 文件夹，然后将相应的类包复制到 lib 文件夹中，最后将本系统所用到的 res 图片资源文件夹复制到 product 文件夹中，就可以双击 JXCManager.jar 文件运行程序了。

7.12　开发技巧与难点分析

本系统使用的是 MDI 窗体模式开发的程序界面，它使用一个主窗体包含多个子窗体，子窗体只能在主窗体规定的范围内移动。这些子窗体由导航面板上的按钮调用，这些按钮需要添加事件监听器，

在单击某个按钮时，由事件监听器创建并初始化相应的子窗体，然后显示该子窗体。

如果为每个按钮创建新的事件监听器对象，那至少需要 20 个事件监听器类，因为导航面板上定义的按钮总数和子窗体的数量是对应的，而子窗体的数量正好是 20 个，所以需要定义相应数量的按钮和事件监听器，这些烦琐的工作会占用大量的程序开发时间，影响工程进度。

从不同的按钮监听器所实现的业务逻辑中不难发现，它们所完成的工作基本相同，都是创建并初始化子窗体，然后显示它们。如果它们能够使用同一个事件监听器类就可以实现代码重用，同时也节省了代码工作量，提高程序开发速度。

这样的开发思路存在很多优点，但是实现起来并不容易，子窗体的名称、类名都可以获取，但是如何根据指定的类名去创建子窗体对象呢？

Java 的反射功能为这个思路提供了可行性。在 java.lang.reflect 包中有 Field、Method 和 Constructor 3 个类，分别描述类的字段、方法和构造方法。这里需要的就是类的构造方法，只有调用类的构造方法才能创建该类的实例对象。可以通过 Class 类的 getConstructor()方法获取 Constructor 类的实例对象，然后调用该对象的 newInstance()方法创建类的实例对象。关键代码如下：

例程 36　代码位置：TM\07\JXCManager\src\com\lzw\JXCFrame.java

```
try {
❶     Class fClass = Class.forName("internalFrame." + frameName);
❷     Constructor constructor = fClass.getConstructor(null);
❸     jf = (JInternalFrame) constructor.newInstance(null);
      ifs.put(frameName, jf);
} catch (Exception e) {
      e.printStackTrace();
}
```

代码贴士

❶ 调用 Class 类的 forName()方法加载指定的 Java 类，该方法将返回该类的 Class 实例对象。

❷ 调用指定类的 getConstructor()方法获取指定的构造器。方法中使用 null 作参数，是调用该类的默认构造器，因为类的默认构造器没有任何参数。

❸ 调用构造器的 newInstance()方法，同样传递参数 null，这样就可以调用默认的构造方法创建子窗体对象。

7.13 本章小结

本章运用软件工程的设计思想，通过一个完整的企业进销存管理系统为读者详细讲解了一个系统的开发流程。通过本章的学习，读者可以了解 Java 应用程序的开发流程及 Java Swing 的窗体设计、事件监听等技术。另外，本章还介绍了 PowerDesigner 工具的数据库建模和逆向生成数据库 E-R 图以及 Java 应用程序的系统打包等技术，希望对读者日后的程序开发有所帮助。

第 8 章

神奇 Book——图书商城

（JSP+SQL Server 2014 实现）

在“提倡全民阅读，共建书香社会”的大背景下，每个人都会或多或少地购买一些图书。而网购图书以其方便、快捷等优点备受大家欢迎。因此，本章将使用 JSP 技术实现一个图书商城。

通过阅读本章，可以学习到：

- JavaSeript 的基本应用
- JSP 文件的编写
- Servlet 的配置
- JavvBean 的编写方法
- JDBC 数据库的连接方法

8.1 开 发 背 景

纵观当下，网络已经成为现代人生活中的一部分，网络购物已深入人心，越来越多的人喜欢在网上交易。对于图书销售行业也不例外，它已由传统的书店，渐渐向网上书店转化。与传统的书店相比，网上书店可以节省商场租金、书本上架、书本翻阅损耗和员工工资等很大一笔成本费用。降低成本后，体现在用户身上便是低价格。这就带来更多的用户群体，从而给网上书店的发展带来了更大的优势。

8.2 系 统 分 析

8.2.1 需求分析

神奇 Book——图书商城系统是基于 B/S 模式的电子商务网站，用于满足不同人群的购书需求，笔者通过对现有的商务网站的考察和研究，从经营者和消费者的角度出发，以高效管理、满足消费者需求为原则，要求本系统满足以下要求。

- ☑ 统一友好的操作界面，具有良好的用户体验。
- ☑ 图书分类详尽，可按不同类别查看图书信息。
- ☑ 最新上架图书和打折图书的展示。
- ☑ 会员信息的注册及验证。
- ☑ 用户可通过关键字搜索指定的产品信息。
- ☑ 用户可通过购物车一次购买多件商品。
- ☑ 实现收银台的功能，用户选择商品后可以在线提交订单。
- ☑ 提供简单的安全模型，用户必须先登录，才允许购买商品。
- ☑ 用户可查看自己的订单信息。
- ☑ 设计网站后台，管理网站的各项基本数据。
- ☑ 系统运行安全稳定、响应及时。

8.2.2 可行性分析

传统渠道销售图书，经常出现以下情况。

- ☑ 需要开设实体店铺，租金昂贵。
- ☑ 需要顾客主动进入书店购书。
- ☑ 需要店员手动记录日记账，工作量大。
- ☑ 店铺不仅需要开设电子支付，还要准备零钱和 POS 机。
- ☑ 由于商品量较大，经常出现错登记与漏登记的情况。
- ☑ 实体书店需要对图书进行分类摆放。
- ☑ 只能通过现场清点商品进行了解库存信息。

☑　对库存、人员、采购等内容都是分类统计，不利于管理。

因此，从经营者的角度来看，将销售图书的渠道转移到互联网上，不仅可以节省成本，还更方便于用户查找。这样以少量的人力资源、高效的工作效率、最低的误差进行管理，将使图书销售做得更好，让顾客更信赖商家。

8.3　系统设计

8.3.1　系统目标

根据电商平台要求，制定图书商城目标如下。

☑　灵活的人机交互界面，操作简单方便，界面简洁美观。

☑　对采购信息进行统计分析。

☑　对超市基本档案进行管理，并提供类别统计功能。

☑　实现各种查询，如多条件查询、模糊查询等。

☑　提供日历功能，方便用户查询日期。

☑　提供超市人员管理功能。

☑　系统运行稳定、安全可靠。

8.3.2　系统功能结构

神奇 Book——图书商城共分为两个部分：前台和后台。前台主要实现图书展示及销售；后台主要是对商城中的图书信息、会员信息，以及订单信息进行有效的管理等。其详细功能结构如图 8.1 所示。

8.3.3　系统流程图

在开发神奇 Book——图书商城前，需要先了解图书商城的业务流程。根据对其他图书商城的业务分析，并结合自己的需求，设计出如图 8.2 所示的神奇 Book——图书商城的系统业务流程图。

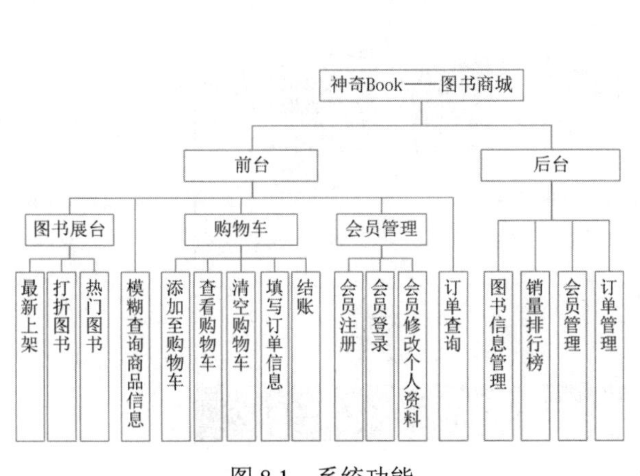

图 8.1　系统功能

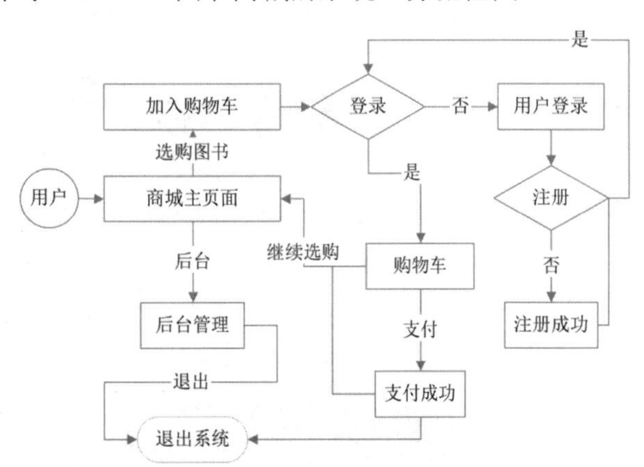

图 8.2　业务流程图

8.3.4 系统预览

作为电商平台，神奇 Book——图书商城提供了非常丰富的页面，根据功能模块分类如下。

图书商城的主页面如图 8.3 所示。单击具体图书链接之后可以打开图书的详细信息页面，如图 8.4 所示。

图 8.3　主首页（资源包\…\front\index.jsp）

图 8.4　查看图书详细信息页面（资源包\…\front\bookDetail.jsp）

如果用户想要购买图书，需要先登录图书商城，登录页面如图 8.5 所示。如果用户没有账号的话，需要先注册，注册页面如图 8.6 所示。

登录之后，可以查看自己的购物车，购物车页面如图 8.7 所示。确定完订单之后使用支付宝支付，可以看到如图 8.8 所示的对话框。

图 8.5　会员登录页面（资源包\…\front\register.jsp）

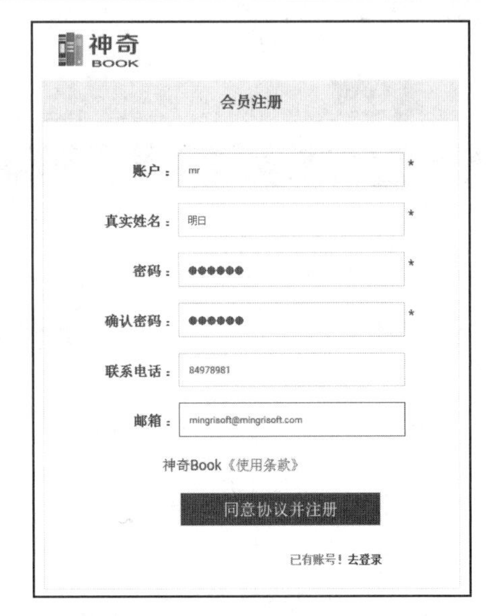

图 8.6　会员注册页面（资源包\…\front\login.jsp）

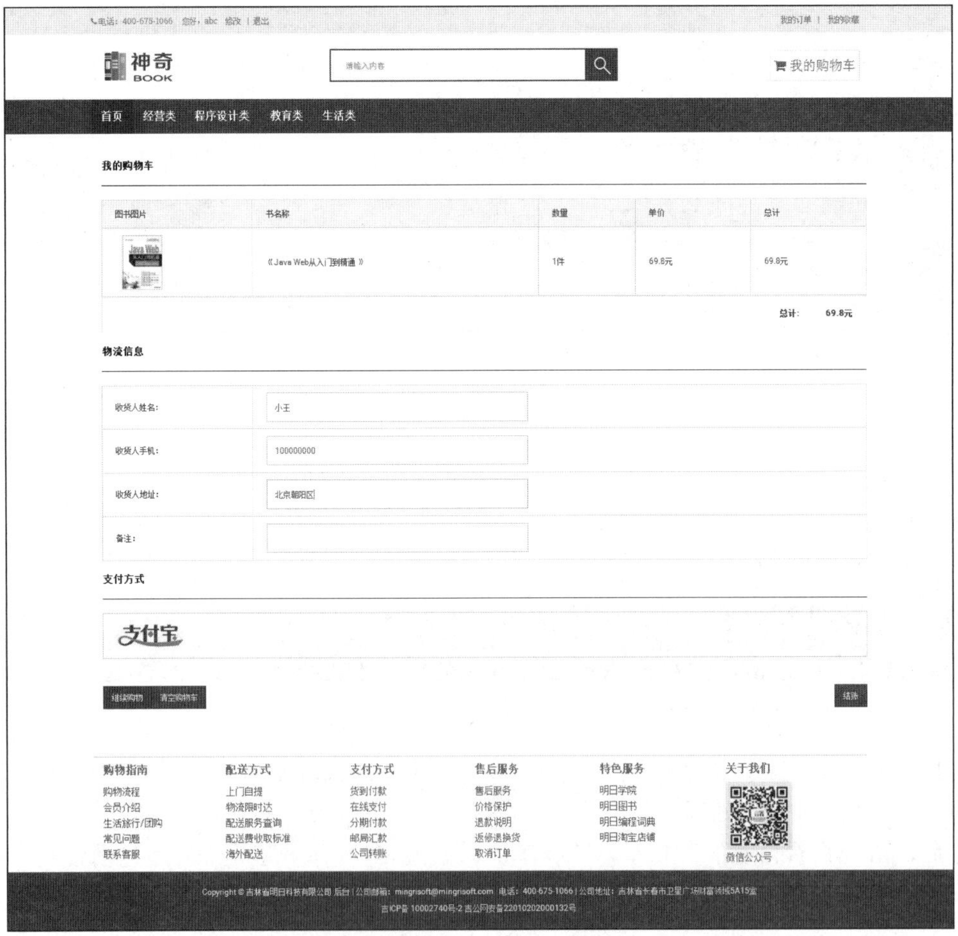

图 8.7　查看购物车页面（资源包\…\front\cart_see.jsp）

后台管理员可以对商城商品进行更新维护，管理员登录界面如图 8.9 所示，登录之后的首页如图 8.10 所示。

图 8.8　支付对话框

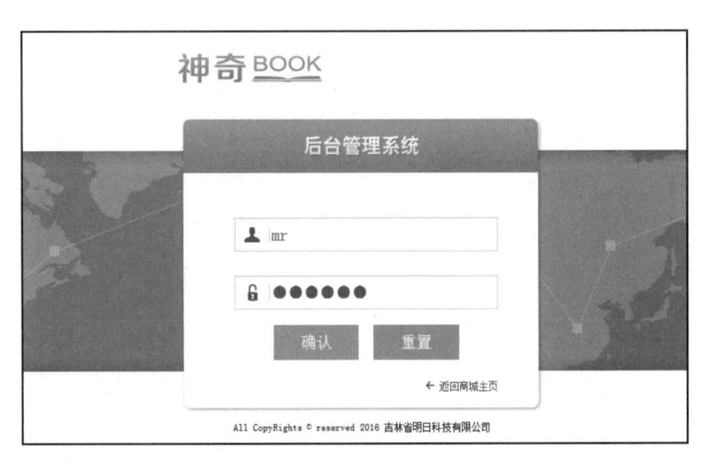

图 8.9　后台登录页面（资源包\…\manage\login_M.jsp）

图 8.10　后台首页（资源包\…\manage\index.jsp）

管理员可以在后台查看图书销量排行，效果如图 8.11 所示，还可以对商城订单进行处理，效果如图 8.12 所示。

由于路径太长，因此省略了部分路径，省略的路径是“TM\BookShop\WebContent”。

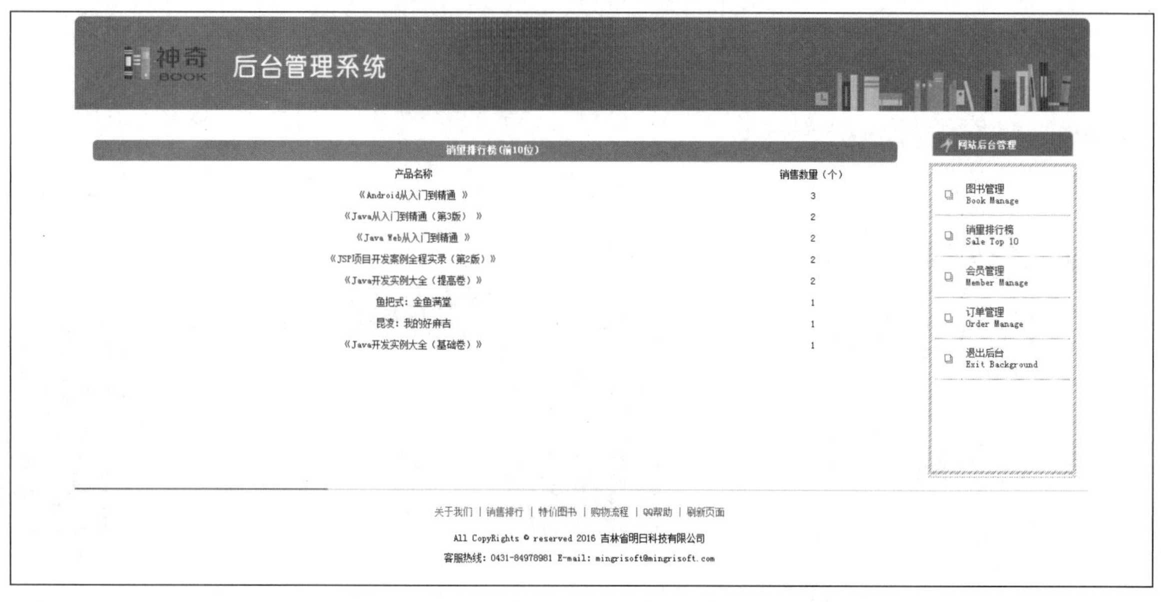

图 8.11 销量排行榜页面（资源包\…\manage\topmanage.jsp）

图 8.12 订单管理模块首页（资源包\…\manage\ordermanage.jsp）

8.3.5 文件夹组织结构

在编写代码之前，可以把系统中可能用到的文件夹先创建出来（例如，创建一个名为 Images 的文件夹，用于保存网站中所使用的图片），这样不但可以方便以后的开发工作，也可以规范网站的整体架构。笔者在开发神奇 Book——图书商城时，设计了如图 8.13 所示的文件夹架构图。在开发时，只需要将所创建的文件保存在相应的文件夹中就可以了。

```
◢ 04
  ▷ Deployment Descriptor: 04
  ▷ JAX-WS Web Services
  ◢ Java Resources
    ◢ src
      ▷ com.dao ——— 数据库操作类
      ▷ com.model ——— 模型类类
      ▷ com.tools ——— 工具类
    ▷ Libraries
  ▷ JavaScript Resources
  ▷ build
  ◢ WebContent ——— 保存 Web 文件
    ▷ front ——— 保存前台文件
    ◢ images
      ▷ book ——— 保存图书封面图片文件
    ▷ manage ——— 保存后台文件
    ▷ META-INF
    ◢ WEB-INF
      ▷ lib ——— 保存 Jar 包文件
```

图 8.13　神奇 Book——图书商城的文件夹架构图

8.4　数据库设计

视频讲解

8.4.1　数据库分析

为防止数据访问量增加使系统资源不足而导致系统崩溃，本程序采用了独立 SQL Server 数据服务器，将数据库单独放在一个服务器中。这样即使服务器系统崩溃了，数据库服务器也不会受到影响；另外一个好处就是能够更快、更好地处理更多的数据。其数据库运行环境如下。

（1）硬件平台

☑　CPU：P4 3.2GHz。

☑　内存：2GB 以上。

☑　硬盘空间：160GB。

（2）软件平台

☑　操作系统：Windows 7 以上。

☑　数据库：SQL Server 2014。

8.4.2　数据库概念设计

神奇 Book——图书商城使用的是 SQL Server 2014 数据库，数据库名称为 db_book，共用到了 7 张数据表，其结构如图 8.14 所示。

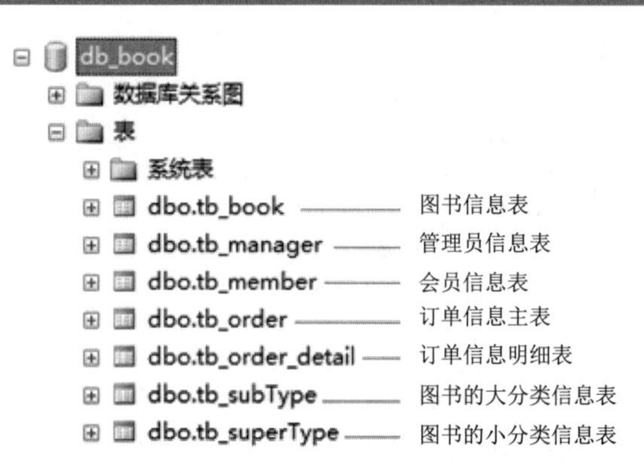

图 8.14　神奇 Book——图书商城的数据库结构图

8.4.3　数据库逻辑结构设计

神奇 Book——图书商城的各数据表的结构如下。

1. 会员信息表

会员信息表（tb_member）主要用来保存注册的会员信息，其结构如表 8.1 所示。

表 8.1　tb_member 表结构

字　段　名	数 据 类 型	是否 Null 值	默认值或绑定	描　　述
ID	int(4)	No		ID（自动编号）
userName	varchar(20)	Yes		账户
trueName	varchar(20)	Yes		真实姓名
passWord	varchar(20)	Yes		密码
city	varchar(20)	Yes		城市
address	varchar(100)	Yes		地址
postcode	varchar(6)	Yes		邮编
cardNO	varchar(24)	Yes		证件号码
cardType	varchar(20)	Yes		证件类型
grade	int(4)	Yes	0	等级
Amount	money	Yes	0	消费金额
tel	varchar(20)	Yes		联系电话
email	varchar(100)	Yes		E-mail
freeze	int(4)	Yes	0	是否冻结

2. 图书的大分类信息表

大分类信息表（tb_superType）主要用来保存图书的大分类信息，也就是父分类，其结构如表 8.2 所示。

表 8.2　tb_superType 表结构

字　段　名	数 据 类 型	是否 Null 值	默认值或绑定	描　　述
ID	int	No		ID 号
TypeName	varchar(50)	No		分类名称

3. 图书的小分类信息表

小分类信息表（tb_subType）主要用来保存图书的小分类信息，也就是子分类，其结构如表 8.3 所示。

表 8.3　tb_subType 表结构

字　段　名	数 据 类 型	是否 Null 值	默认值或绑定	描　　述
ID	int	No		ID 号
superType	int	No		父类 ID 号
TypeName	varchar(50)	No		分类名称

4. 图书信息表

图书信息表（tb_book）主要用来保存图书信息，图书信息表的结构如表 8.4 所示。

表 8.4　tb_book 表结构

字　段　名	数 据 类 型	是否 Null 值	默认值或绑定	描　　述
ID	bigint	No		图书 ID
typeID	int	No		类别 ID
bookName	varchar(200)	No		图书名称
introduce	text	Yes		图书简介
price	money	No		定价
nowPrice	money	Yes		现价
picture	varchar(100)	Yes		图片文件
INTime	datetime	Yes	getdate()	录入时间
newBook	int	No	0	是否新书，1 为是，默认 0
sale	int	Yes	0	是否特价，1 为是，默认 0
hit	int	Yes	0	浏览次数

5. 订单信息主表

订单信息主表（tb_order）用来保存订单的概要信息，其结构如表 8.5 所示。

表 8.5　tb_order 表结构

字　段　名	数 据 类 型	是否 Null 值	默认值或绑定	描　　述
OrderID	bigint	No		订单编号
bnumber	smallint	Yes		品种数
username	varchar(15)	Yes		用户名

续表

字 段 名	数 据 类 型	是否 Null 值	默认值或绑定	描 述
recevieName	varchar(15)	Yes		收货人
address	varchar(100)	Yes		收货地址
tel	varchar(20)	Yes		联系电话
OrderDate	smalldatetime	Yes	(getdate())	订单日期
bz	varchar(200)	Yes		备注

6．订单信息明细表

订单信息明细表（tb_order_detail）用来保存订单的详细信息，其结构如表 8.6 所示。

表 8.6　tb_order_detail 表结构

字 段 名	数 据 类 型	是否 Null 值	默认值或绑定	描 述
ID	bigint	No		ID 号
orderID	bigint	No		与 tb_Order 表的 OrderID 字段关联
bookID	bigint	No		图书 ID
price	money	No		价格
number	int	No		数量

7．tb_manager（管理员信息表）

管理员信息表用来保存管理员信息，其结构如表 8.7 所示。

表 8.7　tb_manager 表结构

字 段 名	数 据 类 型	是否 Null 值	默认值或绑定	描 述
ID	int	No		ID 号
manager	varchar(30)	No		管理员名称
PWD	varchar(30)	No		密码

视频讲解

8.5　公共类设计

在开发程序时，经常会遇到在不同的方法中进行相同处理的情况，例如数据库连接和字符串处理等，为了避免重复编码，可将这些处理封装到单独的类中，通常称这些类为公共类或工具类。在开发本网站时，用到以下公共类：数据库连接及操作类和字符串处理类，下面分别进行介绍。

8.5.1　数据库连接及操作类的编写

数据库连接及操作类通常包括连接数据库的方法 getConnection()、执行查询语句的方法 executeQuery()、执行更新操作的方法 executeUpdate()和关闭数据库连接的方法 close()。下面将详细介绍如何编写神奇

Book——图书商城的数据库连接及操作的类 ConnDB。

（1）创建用于进行数据库连接及操作的类 ConnDB，并将其保存到 com.mingrisoft.core 包中，同时定义该类中所需的全局变量，在这里会指定数据库驱动类的类名、连接数据库的 URL 地址、登录 SQL Server 的用户名和密码等。关键代码如下：

例程 01　代码位置：TM\BookShop\src\com\tools\ConnDB.java

```
package com.tools;
public class ConnDB {
    public Connection conn = null;                          //数据库连接对象
    public Statement stmt = null;                           //Statement 对象，用于执行 SQL 语句
    public ResultSet rs = null;                             //结果集对象
    //驱动类的类名
    private static String dbClassName = "com.microsoft.sqlserver.jdbc.SQLServerDriver";
    private static String dbUrl="jdbc:sqlserver://127.0.0.1:1433;DatabaseName=db_book";
    private static String dbUser = "sa";                    //登录 SQL Server 的用户名
    private static String dbPwd = "";                       //登录 SQL Server 的密码
}
```

（2）创建连接数据库的方法 getConnection()，用于根据指定的数据库驱动获取数据库连接对象，如果连接失败，则输出异常信息。该方法返回一个数据库连接对象。getConnection()方法的关键代码如下：

例程 02　代码位置：TM\BookShop\src\com\tools\ConnDB.java

```
public static Connection getConnection() {
    Connection conn = null;                                  //声明数据库连接对象
    try {                                                    //捕捉异常
        Class.forName(dbClassName).newInstance();            //装载数据库驱动
        conn = DriverManager.getConnection(dbUrl, dbUser, dbPwd); //获取数据库连接对象
    } catch (Exception ee) {                                 //处理异常
        ee.printStackTrace();                                //输出异常信息
    }
    if (conn == null) {
        System.err.println("DbConnectionManager.getConnection():"
                + dbClassName + "\r\n :" + dbUrl + "\r\n " + dbUser + "/"
                + dbPwd);                                    //输出连接信息，方便调试
    }
    return conn;                                             //返回数据库连接对象
}
```

（3）编写查询数据的方法 executeQuery()。在该方法中，首先调用 getConnection()方法获取数据库连接对象，然后通过该对象的 createStatement()方法创建一个 Statement 对象，并且调用该对象的 executeQuery()方法执行指定的 SQL 语句，从而实现查询数据的功能。关键代码如下：

例程 03　代码位置：TM\BookShop\src\com\tools\ConnDB.java

```
public ResultSet executeQuery(String sql) {
    try {                                                    //捕捉异常
        conn = getConnection(); //调用 getConnection()方法构造 Connection 对象的一个实例 conn
        stmt = conn.createStatement(ResultSet.TYPE_SCROLL_INSENSITIVE,
```

```
                    ResultSet.CONCUR_READ_ONLY);
        rs = stmt.executeQuery(sql);
    } catch (SQLException ex) {
        System.err.println(ex.getMessage());            //输出异常信息
    }
    return rs;                                          //返回结果集对象
}
```

（4）编写执行更新数据的方法 executeUpdate()，返回值为 int 型的整数，代表更新的行数。executeQuery()方法的关键代码如下：

例程 04　代码位置：TM\BookShop\src\com\tools\ConnDB.java

```
public int executeUpdate(String sql) {
    int result = 0;                                     //定义保存更新行数的变量
    try {                                               //捕捉异常
        conn = getConnection(); //调用 getConnection()方法构造 Connection 对象的一个实例 conn
        stmt = conn.createStatement(ResultSet.TYPE_SCROLL_INSENSITIVE,
                ResultSet.CONCUR_READ_ONLY);
        result = stmt.executeUpdate(sql);               //执行更新操作
    } catch (SQLException ex) {
        result = 0;                                     //将保存更新行数的变量赋值为 0，表示更新失败
    }
    return result;                                      //返回保存更新行数的变量
}
```

（5）编写用于实现更新数据后获取生成的自动编号的 executeUpdate_id()方法，在该方法中，首先获取数据库连接对象，然后执行 SQL 语句插入一条数据，再执行一条特定的 SQL 语句，用于获取刚刚生成的自动编号，最后返回获取的结果。executeUpdate_id()方法的关键代码如下：

例程 05　代码位置：TM\BookShop\src\com\tools\ConnDB.java

```
public int executeUpdate_id(String sql) {
    int result = 0;
    try {                                               //捕捉异常
        conn = getConnection();                         //获取数据库连接
        //创建用于执行 SQL 语句的 Statement 对象
        stmt = conn.createStatement(ResultSet.TYPE_SCROLL_INSENSITIVE, ResultSet.CONCUR_READ_
ONLY);
        result = stmt.executeUpdate(sql);               //执行 SQL 语句
        String ID = "select @@IDENTITY as id";          //定义用于获取刚刚生成的自动编号的 SQL 语句
        rs = stmt.executeQuery(ID);                     //获取刚刚生成的自动编号
        if (rs.next()) {                                //如果存在数据
            int autoID = rs.getInt("id");               //把获取到的自动编号保存到变量 autoID 中
            result = autoID;
        }
    } catch (SQLException ex) {                         //处理异常
        result = 0;
    }
    return result;                                      //返回获取结果
}
```

（6）编写关闭数据库连接的方法 close()。在该方法中，首先关闭结果集对象，然后关闭 Statement 对象，最后再关闭数据库连接对象。关键代码如下：

例程 06　代码位置：TM\BookShop\src\com\tools\ConnDB.java

```
public void close() {
    try {                                   //捕捉异常
        if (rs != null) {                   //当 ResultSet 对象的实例 rs 不为空时
            rs.close();                     //关闭 ResultSet 对象
        }
        if (stmt != null) {                 //当 Statement 对象的实例 stmt 不为空时
            stmt.close();                   //关闭 Statement 对象
        }
        if (conn != null) {                 //当 Connection 对象的实例 conn 不为空时
            conn.close();                   //关闭 Connection 对象
        }
    } catch (Exception e) {
        e.printStackTrace(System.err);      //输出异常信息
    }
}
```

8.5.2　字符串处理类

字符串处理的 JavaBean 是解决程序中经常出现的字符串处理问题的类。它包括两个方法：一个是将数据库和页面中有中文问题的字符串进行正确的显示和存储的方法 chStr()；另一个是将字符串中的回车换行、空格及 HTML 标签正确显示的方法 convertStr()。下面将详细介绍如何编写神奇 Book——图书商城中的字符串处理的 JavaBean“ChStr”。

（1）编写解决输出中文乱码问题的方法 chStr()，这里主要是指定的字符串转换为 UTF-8 编码。由于默认的 ISO-8859-1 不支持中文，所以需要转换为 UTF-8 编码。ChStr 的关键代码如下：

例程 07　代码位置：TM\BookShop\src\com\tools\ChStr.java

```
public class ChStr {
    public String chStr(String str) {
        if (str == null) {                  //当变量 str 为 null 时
            str = "";                       //将变量 str 赋值为空
        } else {
            try {                           //捕捉异常
                str = (new String(str.getBytes("iso-8859-1"), "GBK")).trim();//将字符串转换为 GBK 编码
            } catch (Exception e) {         //处理异常
                e.printStackTrace(System.err);      //输出异常信息
            }
        }
        return str;                         //返回转换后的变量 str
    }
    public String convertStr(String str1) {
        if (str1 == null) {
            str1 = "";
```

```
            } else {
                try {
                    str1 = str1.replaceAll("<", "&lt;");//替换字符串中的"<"和">"字符，保证 HTML 标记的正常输出
                    str1 = str1.replaceAll(">", "&gt;");
                    str1 = str1.replaceAll(" ", " ");
                    str1 = str1.replaceAll("\r\n", "<br>");
                } catch (Exception e) {
                    e.printStackTrace(System.err);
                }
            }
            return str1;
        }
}
```

（2）编写显示文本中的回车换行、空格及保证 HTML 标记的正常输出的方法 convertStr()，这里主要是为了解决显示字符串内容时，HTML 标签中的字符将被作为 HTML 标签被浏览器解析，而不是原样显示的问题。convertStr()方法的关键代码如下：

例程 08　代码位置：TM\BookShop\src\com\tools\ChStr.java

```
public static String convertStr(String source){
    String changeStr="";
    changeStr=source.replaceAll("&","&amp;");                    //转换字符串中的“&”符号
    changeStr=changeStr.replaceAll(" "," ");                 //转换字符串中的空格
    changeStr=changeStr.replaceAll("<","&lt;");                   //转换字符串中的“<”符号
    changeStr=changeStr.replaceAll(">","&gt;");                   //转换字符串中的“>”符号
    changeStr=changeStr.replaceAll("\r\n","<br>");                //转换字符串中的回车换行
    return changeStr;
}
```

8.6　会员注册模块设计

8.6.1　会员注册模块概述

运行程序，首先进入系统登录窗体。为了使窗体中的各个组件摆放得更加随意美观，笔者采用了绝对布局方式，并在窗体中添加了时钟面板来显示时间。

8.6.2　创建会员对应的模型类 Member

创建会员对应的模型类 Member，将该类保存到 com.model 包中。创建模型类的具体方法如下。

（1）在 com.model 中创建一个名称为 Member 的 Java 类，然后在该类中创建一些属性，这些属性通常是与会员信息表的字段相对应的。关键代码如下：

例程 09　代码位置：TM\BookShop\src\com\model\Member.java

```
public class Member {
    private Integer ID = Integer.valueOf("-1");           //定义会员 ID 属性
    private String username = "";                          //定义账户属性
    private String truename = "";                          //定义真实姓名属性
    private String pwd = "";                               //定义密码属性
    private String city = "";                              //定义所在城市属性
    private String address = "";                           //定义地址属性
    private String postcode = "";                          //定义邮编属性
    private String cardno = "";                            //定义证件号码属性
    private String cardtype = "";                          //定义证件类型属性
    private String tel = "";                               //定义联系电话属性
    private String email = "";                             //定义邮箱属性
}
```

（2）在 Member.java 文件中，为各个属性创建对应的赋值方法和获取值的方法，具体方法如下。

① 在页面中最后一个“}”之前单击鼠标右键，在弹出的快捷菜单中选择 Source→Generate Getters and setters 命令，如图 8.15 所示。

② 在打开的 Generate Getters and Setters 对话框中，选中全部复选框，其他采用默认，如图 8.16 所示。

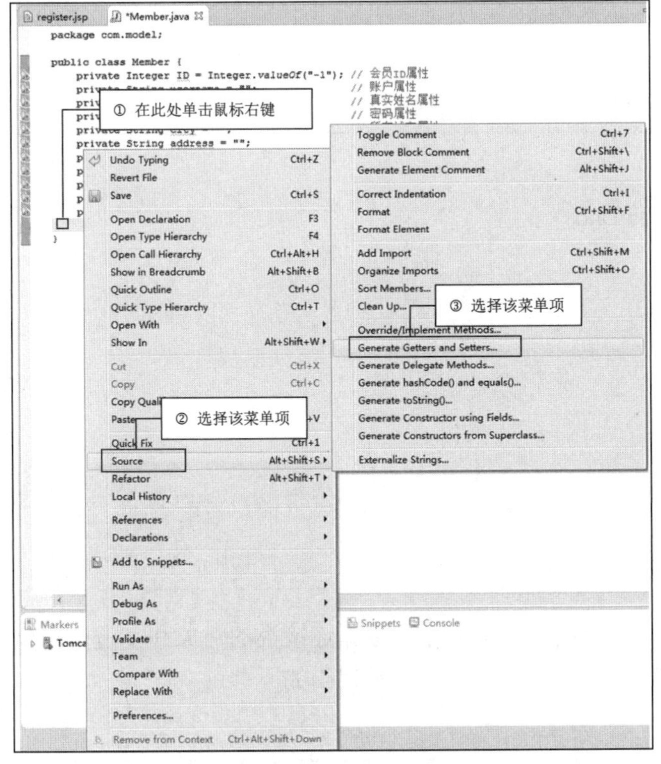

图 8.15　创建赋值方法和获取值的方法

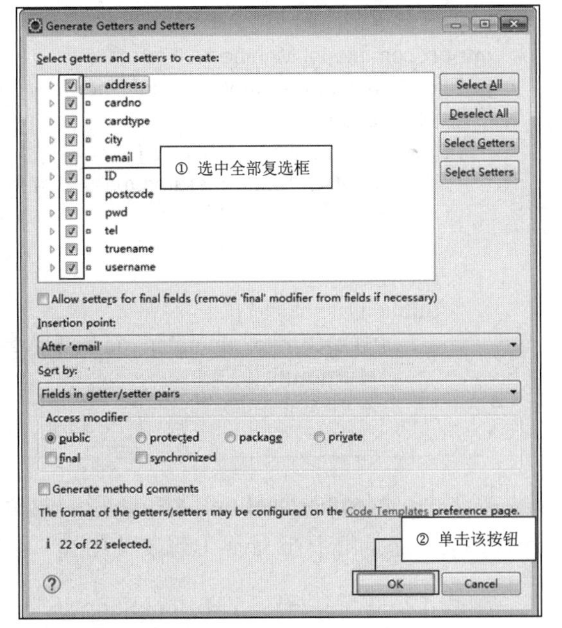

图 8.16　Generate Getters and Setters 对话框

（3）按 Ctrl+S 快捷键保存文件。此时，Member 类就创建完毕了。

8.6.3 创建会员对应的数据库操作类

创建会员对应的数据库操作类，位于 com.dao 包中。主要通过创建并实现接口来完成的，具体步骤如下。

（1）在 com.dao 包中创建一个名称为 MemberDao 的接口，并且在该接口的接口体中定义一个 insert()方法（用于保存会员信息）和一个 select()方法（用于查询会员信息）。需要注意的是，这里只进行方法的定义，没有具体的实现。关键代码如下：

例程 10 代码位置：TM\BookShop\src\com\dao\MemberDao.java

```
import java.util.List;                                    //导入 List 类
import com.model.Member;                                  //导入会员模型类
public interface MemberDao {
    public int insert(Member m);                          //保存会员信息
    public List select();                                 //查询会员信息
}
```

（2）创建接口后，还必须实现该接口。在 com.dao 包上创建一个 MemberDao 接口的实现类，名称为 MemberDaoImpl，此时 Eclipse 会自动添加要实现的 inset()和 select()两个接口方法。自动生成的代码如下：

例程 11 代码位置：TM\BookShop\src\com\dao\MemberDaoImpl.java

```
import java.util.List;
import com.model.Member;
public class MemberDaoImpl implements MemberDao {
    @Override
    public int insert(Member m) {
        //TODO Auto-generated method stub
        return 0;
    }
    @Override
    public List select() {
        //TODO Auto-generated method stub
        return null;
    }
}
```

（3）在 MemberDaoImpl 类中，声明两个成员变量，用于创建数据库连接类的对象和字符串操作类的对象。这是由于在 Java 中想要使用类，必须先创建它的对象。关键代码如下：

例程 12 代码位置：TM\BookShop\src\com\dao\MemberDaoImpl.java

```
private ConnDB conn = new ConnDB();                       //创建数据库连接类的对象
private ChStr chStr = new ChStr();                        //创建字符串操作类的对象
```

（4）在自动生成的 insert()方法中，编写向数据库保存会员信息的代码。这里主要是是通过 SQL

语言中的 Inset into 语句实现向数据库中保存数据的。在执行完插入操作后，不要忘记关闭数据库的连接。关键代码如下：

例程 13　代码位置：TM\BookShop\src\com\dao\MemberDaoImpl.java

```
public int insert(Member m) {
    int ret = -1;                                          //用于记录更新记录的条数
    try {                                                  //捕捉异常
        String sql = "Insert into tb_Member (UserName,TrueName,PassWord,City,address,postcode,"
                + "CardNO,CardType,Tel,Email) values('"
                + chStr.chStr(m.getUsername()) + "','" + chStr.chStr(m.getTruename()) + "','"
                + chStr.chStr(m.getPwd()) + "','" + chStr.chStr(m.getCity()) + "','"
                + chStr.chStr(m.getAddress())
                + "','" + chStr.chStr(m.getPostcode()) + "','" + chStr.chStr(m.getCardno())
              + "','"+ chStr.chStr(m.getCardtype()) + "','" + chStr.chStr(m.getTel()) + "','"
                + chStr.chStr(m.getEmail())
                + "')";                                    //用于实现保存会员信息的 SQL 语句
        ret = conn.executeUpdate(sql);                     //执行 SQL 语句实现保存会员信息到数据库
    } catch (Exception e) {                                //处理异常
            e.printStackTrace();                           //输出异常信息
            ret = 0;                                       //设置变量的值为 0，表示保存会员信息失败
    }
    conn.close();                                          //关闭数据库的连接
    return ret;
}
```

（5）在自动生成的 select()方法中，编写从数据库查询会员信息的代码。这里主要是通过 Connection 对象的 executeQuery()方法执行一条执行查询操作的 SQL 语句实现的。另外还需要把查询结果保存到 List 集合对象中，方便以后使用。关键代码如下：

例程 14　代码位置：TM\BookShop\src\com\dao\MemberDaoImpl.java

```
public List select() {
    Member form = null;                                    //声明会员对象
    List list = new ArrayList();                           //创建一个 List 集合对象，用于保存会员信息
    String sql = "select * from tb_member";                //查询全部会员信息的 SQL 语句
    ResultSet rs = conn.executeQuery(sql);                 //执行查询操作
    try {                                                  //捕捉异常
        while (rs.next()) {
            form = new Member();                           //实例化一个会员对象
            form.setID(Integer.valueOf(rs.getString(1)));  //获取会员 ID
            list.add(form);                                //把会员信息添加到 List 集合对象中
        }
    } catch (SQLException ex) {                            //处理异常
    }
    conn.close();                                          //关闭数据库的连接
    return list;
}
```

8.6.4　设计会员注册页面

设计一个名称为 register.jsp 的首页，在该页面中主要通过 HTML 和 CSS 实现一个如图 8.17 所示的静态页面。在该页面中，最核心的代码就是用于收集会员注册信息的表单及表单元素。

图 8.17　静态的会员注册页面

8.6.5　实现保存会员信息页面

在实现会员注册时，需要给表单设置一个处理页，用来保存会员的注册信息。本项目中采用一个名称为 register_deal.jsp 的 JSP 文件作为处理页，该文件的具体实现步骤如下。

（1）在项目的 WebContent/front 节点中，创建一个名称为 register_deal.jsp 的 JSP 文件，在该文件中分别创建 ConnDB、MemberDaoImpl 和 Member 类的对象，并且通过"<jsp:setProperty name="member" property="*"/>"对 Member 类的所有属性进行赋值，用于获取用户填写的注册信息。关键代码如下：

例程 15　代码位置：TM\BookShop\WebContent\front\register_deal.jsp

```
<%--创建 ConnDB 类的对象--%>
<jsp:useBean id="conn" scope="page" class="com.tools.ConnDB" />
<%--创建 MemberDaoImpl 类的对象--%>
<jsp:useBean id="ins_member" scope="page" class="com.dao.MemberDaoImpl" />
<%--创建 Member 类的对象，并对 Member 类的所有属性进行赋值--%>
<jsp:useBean id="member" scope="request" class="com.model.Member">
    <jsp:setProperty name="member" property="*" />
</jsp:useBean>
```

（2）判断输入的账号是否存在，如果存在给予提示，否则调用 MemberDaoImpl 类的 insert()方法，将填写的会员信息保存到数据库中。关键代码如下：

例程 16　代码位置：TM\BookShop\WebContent\front\register_deal.jsp

```
<%
    request.setCharacterEncoding("UTF-8");                    //设置请求的编码为 UTF-8
    String username = member.getUsername();                   //获取会员账号
    ResultSet rs = conn.executeQuery("select * from tb_Member where username='"
     + username + "'");
    if (rs.next()) {                                          //如果结果集中有数据
        out.println("<script language='javascript'>alert('该账号已经存在，请重新注册！');"
                + "window.location.href='register.jsp';</script>");
    } else {
        int ret = 0;                                          //记录更新记录条数的变量
```

```
            ret = ins_member.insert(member);                    //将填写的会员信息保存到数据库
            if (ret != 0) {
                session.setAttribute("username", username);     //将会员账号保存到 Session 中
                out.println("<script language='javascript'>alert('会员注册成功！');"
                        + "window.location.href='index.jsp';</script>");
            } else {
                out.println("<script language='javascript'>alert('会员注册失败！');"
                        + "window.location.href='register.jsp';</script>");
            }
        }
%>
```

运行程序，在会员注册页面中填写如图 8.18 所示的会员信息，然后单击“同意协议并注册”按钮，即可将该信息保存到数据库中，同时显示如图 8.19 所示的提示框。

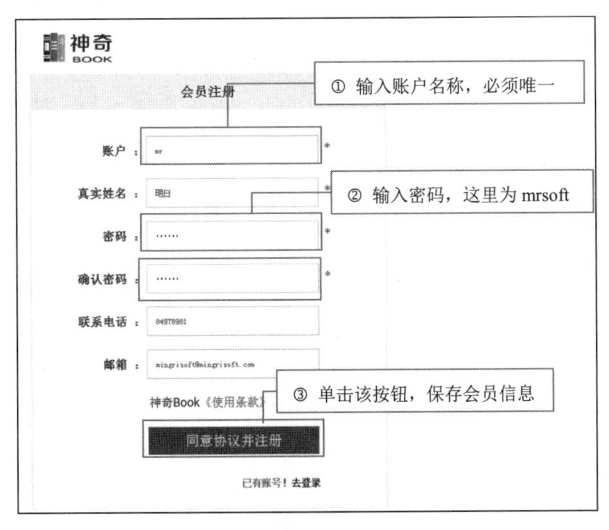

图 8.18　填写会员信息

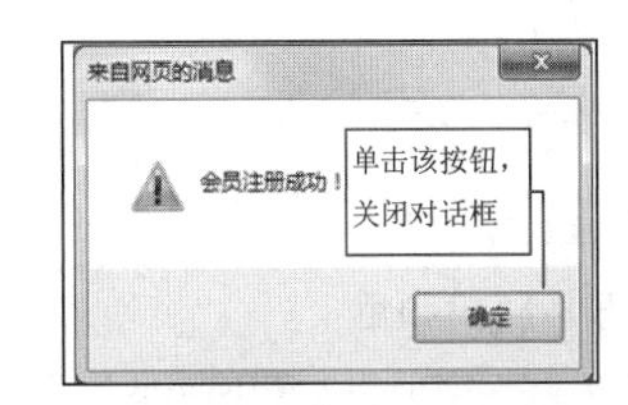

图 8.19　提示会员注册成功

8.7　会员登录模块设计

8.7.1　会员登录模块概述

会员登录模块主要用于实现网站的会员功能。在会员登录页面中，填写会员账户、密码和验证码（如果验证码看不清楚可以单击验证码图片刷新该验证码），如图 8.20 所示，单击“登录”按钮，即可实现会员登录。如果没有输入账户、密码或者验证码，都将给予提示。另外，验证码输入错误也将给予提示。

8.7.2　设计会员登录页面

设计一个名称为 login.jsp 的页面，在该页面中主要通过 HTML 和 CSS 实现一个如图 8.21 所示的

静态页面。在该页面中，最核心的代码就是用于收集会员登录信息的表单及表单元素。

图 8.20　会员登录页面

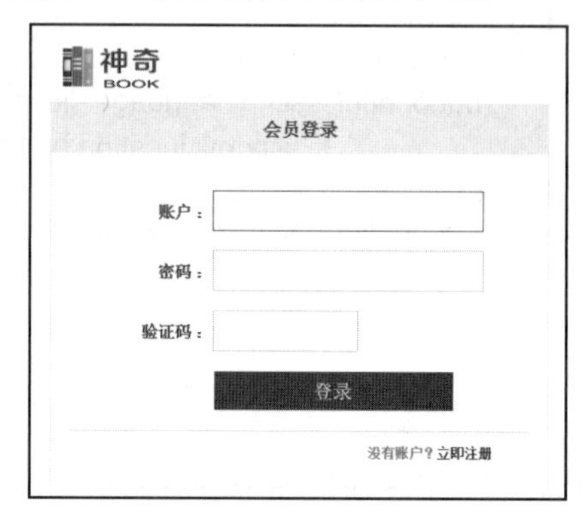

图 8.21　静态的会员登录页面

8.7.3　实现验证码

由于在神奇 Book——图书商城的会员登录页面中，需要提供验证码功能，防止恶意登录，所以需要在会员登录页面中添加验证码，大致可以分为以下 3 个步骤。

（1）创建一个用于生成验证码的 Servlet，名称为 CheckCode.java。在该文件中通过 Java 的绘图类提供的方法生成带干扰线的随机验证码。关键步骤如下。

由于在生成验证码的过程中，需要随机生成输出内容的颜色，所以需要编写一个用于随机生成 RGB 颜色的方法，该方法的名称为 getRandColor()，返回值为 java.awt.Color 类型的颜色。getRandColor()方法的关键代码如下：

例程 17　代码位置：TM\BookShop\src\com\tools\CheckCode.java

```
//获取随机颜色
public Color getRandColor(int s, int e) {
    Random random = new Random();
    if (s > 255) s = 255;
    if (e > 255) e = 255;
    int r = s + random.nextInt(e - s);          //随机生成 RGB 颜色中的 r 值
    int g = s + random.nextInt(e - s);          //随机生成 RGB 颜色中的 g 值
    int b = s + random.nextInt(e - s);          //随机生成 RGB 颜色中的 b 值
    return new Color(r, g, b);
}
```

在 service()方法中，设置响应头信息并指定生成的响应是 JPG 图片。关键代码如下：

例程 18　代码位置：TM\BookShop\src\com\tools\CheckCode.java

```
/**禁止缓存**/
response.setHeader("Pragma", "No-cache");
response.setHeader("Cache-Control", "No-cache");
response.setDateHeader("Expires", 0);
/**********/
response.setContentType("image/jpeg");          //指定生成的响应是图片
```

创建用于生成验证码的绘图类对象，并绘制一个填色矩形作为验证码的背景。关键代码如下：

例程 19　代码位置：TM\BookShop\src\com\tools\CheckCode.java

```
int width = 116;                                              //指定验证码的宽度
int height = 33;                                              //指定验证码的高度
BufferedImage image = new BufferedImage(width, height, BufferedImage.TYPE_INT_RGB);
Graphics g = image.getGraphics();                             //获取 Graphics 类的对象
Random random = new Random();                                 //实例化一个 Random 对象
Font mFont = new Font("宋体", Font.BOLD, 22);                 //通过 Font 构造字体
g.fillRect(0, 0, width, height);                              //绘制验证码背景
```

设置字体和颜色，随机绘制 100 条随机直线。关键代码如下：

例程 20　代码位置：TM\BookShop\src\com\tools\CheckCode.java

```
g.setFont(mFont);                                             //设置字体
g.setColor(getRandColor(180, 200));                           //设置颜色
//画随机的线条
for (int i = 0; i < 100; i++) {
      int x = random.nextInt(width - 1);
      int y = random.nextInt(height - 1);
      int x1 = random.nextInt(3) + 1;
      int y1 = random.nextInt(6) + 1;
   g.drawLine(x, y, x + x1, y + y1);                          //绘制直线
}
```

绘制一条折线，颜色为灰色，位置随机产生，线条粗细为 2f。关键代码如下：

例程 21　代码位置：TM\BookShop\src\com\tools\CheckCode.java

```
//创建一个供画笔选择线条粗细的对象
BasicStro ke bs=new BasicStroke(2f,BasicStroke.CAP_BUTT,BasicStroke.JOIN_BEVEL);
Graphics2D g2d = (Graphics2D) g;                    //通过 Graphics 类的对象创建一个 Graphics2D 类的对象
g2d.setStroke(bs);                                  //改变线条的粗细
g.setColor(Color.GRAY);                             //设置当前颜色为预定义颜色中的灰色
int lineNumber=4;                                   //指定端点的个数
int[] xPoints=new int[lineNumber];                  //定义保存 x 轴坐标的数组
int[] yPoints=new int[lineNumber];                  //定义保存 y 轴坐标的数组
//通过循环为 x 轴坐标和 y 轴坐标的数组赋值
for(int j=0;j<lineNumber;j++){
      xPoints[j]=random.nextInt(width - 1);
      yPoints[j]=random.nextInt(height - 1);
}
g.drawPolyline(xPoints, yPoints,lineNumber);        //绘制折线
```

随机生成由 4 个英文字母组成的验证码文字，并对文字进行随机缩放并旋转。关键代码如下：

例程 22　代码位置：TM\BookShop\src\com\tools\CheckCode.java

```
String sRand = "";
//输出随机的验证文字
```

```
for (int i = 0; i < 4; i++) {
    char ctmp = (char)(random.nextInt(26) + 65);                    //生成 A～Z 的字母
      sRand += ctmp;
      Color color = new Color(20 + random.nextInt(110), 20 + random
                .nextInt(110), 20 + random.nextInt(110));
      g.setColor(color);                                            //设置颜色
      /** **随机缩放文字并将文字旋转指定角度* */
      //将文字旋转指定角度
      Graphics2D g2d_word = (Graphics2D) g;
      AffineTransform trans = new AffineTransform();
      trans.rotate(random.nextInt(45) * 3.14 / 180, 22 * i + 8, 7);
      //缩放文字
      float scaleSize = random.nextFloat() +0.8f;
      if (scaleSize > 1f)     scaleSize = 1f;
      trans.scale(scaleSize, scaleSize);                            //进行缩放
      g2d_word.setTransform(trans);
      /** ********************** */
      g.drawString(String.valueOf(ctmp), width/6 * i+23, height/2); //绘制字符串
}
```

将生成的验证码保存到 Session 中，并输出生成后的验证码图片。关键代码如下：

例程 23　代码位置：TM\BookShop\src\com\tools\CheckCode.java

```
/**将生成的验证码保存到 Session 中***/
HttpSession session = request.getSession(true);
session.setAttribute("randCheckCode", sRand);
/*****************************/
g.dispose();                                                        //销毁绘图类的对象
ImageIO.write(image, "JPEG", response.getOutputStream());           //指定图片的格式为 JPEG
```

（2）打开 book/WebContent/WEB-INF/web.xml 文件，在该文件中配置生成验证码的 Servlet。在配置该 Servlet 时，主要是通过<servlet>标记先配置 Servlet 文件，然后再通过<servlet-mapping>标记配置一个映射路径，用于使用该 Servlet。关键代码如下：

例程 24　代码位置：TM\BookShop\WebContent\WEB-INF\web.xml

```
<servlet>
      <servlet-name>CheckCode</servlet-name>
      <servlet-class>com.tools.CheckCode</servlet-class>
</servlet>
<servlet-mapping>
      <servlet-name>CheckCode</servlet-name>
      <url-pattern>/CheckCode</url-pattern>
</servlet-mapping>
```

（3）在会员登录页面 login.jsp 的验证码文本框的右侧插入以下代码，用于使用<img>标记显示验证码，并且实现单击该验证码时重新获取一个验证码。

例程 25　代码位置：TM\BookShop\WebContent\front\login.jsp

```
<img src="../CheckCode" name="img_checkCode" onClick="myReload()" width="116"
     height="43" class="img_checkcode" id="img_checkCode" />
```

在上面的代码中，“onClick="myReload()"”的作用是调用 myReload()方法，实现单击验证码图片时，重新获取一个验证码。

8.7.4　编写会员登录处理页

同会员注册模块一样，在实现会员登录时，也需要给表单设置一个处理页，该处理页用来将输入的账户和密码与数据库中的进行匹配，并给出提示。在本项目中，会员登录处理页名称为 login_check.jsp。创建 login_check.jsp 文件的具体步骤如下。

（1）在项目的 WebContent/front 节点下创建一个名称为 login_check.jsp 的 JSP 文件，并且在该文件中添加以下代码。用于导入 java.sql 包中的 ResultSet 类，并且创建 ConnDB 类的对象。

例程 26　代码位置：TM\BookShop\WebContent\front\login_check.jsp

```
<%--导入 java.sql.ResultSet 类--%>
<%@ page import="java.sql.ResultSet"%>
<%--创建 ConnDB 类的对象--%>
<jsp:useBean id="conn" scope="page" class="com.tools.ConnDB" />
```

（2）获取输入的账号和密码，并将其与数据库中保存的账户和密码进行匹配，并且根据匹配结果给予相应的提示，并转到指定页面。关键代码如下：

例程 27　代码位置：TM\BookShop\WebContent\front\login_check.jsp

```
<%
String username = request.getParameter("username");                //获取账户
String checkCode = request.getParameter("checkCode");              //获取验证码
if (checkCode.equals(session.getAttribute("randCheckCode").toString())) {
    try {                                                          //捕捉异常
        ResultSet rs = conn.executeQuery("select * from tb_Member where username='"
                                        + username + "'");
        if (rs.next()) {                                           //如果找到相应的账号
            String PWD = request.getParameter("PWD");              //获取密码
            if (PWD.equals(rs.getString("password"))) {            //如果输入的密码和获取的密码一致
                //把当前的账户保存到 Session 中，实现登录
                session.setAttribute("username", username);
                response.sendRedirect("index.jsp");                //跳转到前台首页
            } else {
                out.println(
        "<script language='javascript'>alert('您输入的用户名或密码错误，请与管理员联系!');"
                        +"window.location.href='login.jsp';</script>");
            }
        } else {
```

```
                out.println(
                    "<script language='javascript'>alert('您输入的用户名或密码错误，或您的账户"+
                    "已经被冻结，请与管理员联系!');window.location.href='login.jsp';</script>");
                }
            } catch (Exception e) {                                    //处理异常
                out.println(
                        "<script language='javascript'>alert('您的操作有误!');"
                       +"window.location.href='login.jsp';</script>");
            }
            conn.close();                                              //关闭数据库连接
        } else {
            out.println("<script language='javascript'>alert('您输入的验证码错误!');history.back();</script>");
        }
%>
```

按 Ctrl+S 快捷键保存文件。在地址栏中输入“http://localhost:8080/shop/front/login.jsp”，并按 Enter 键，将显示会员登录页面，在该页面中输入已经注册好的会员账户和密码，如图 8.22 所示。然后单击“登录”按钮，如果输入的会员账户和密码正确，则直接转到前台首页 index.jsp 页面（由于暂时还没有编写该页面，所以会显示如图 8.23 所示的效果），否则给出相应的提示。

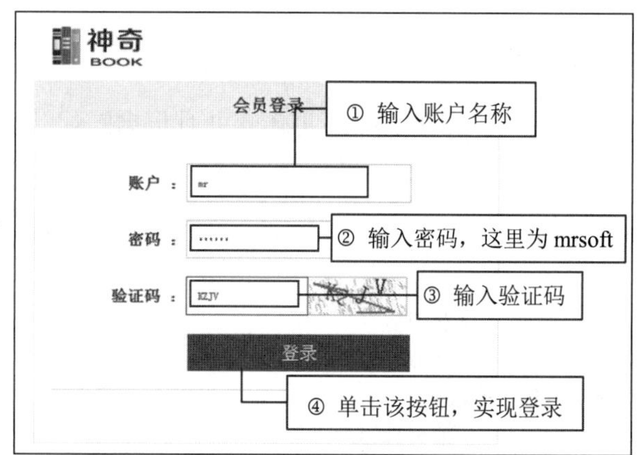

图 8.22　填写登录信息

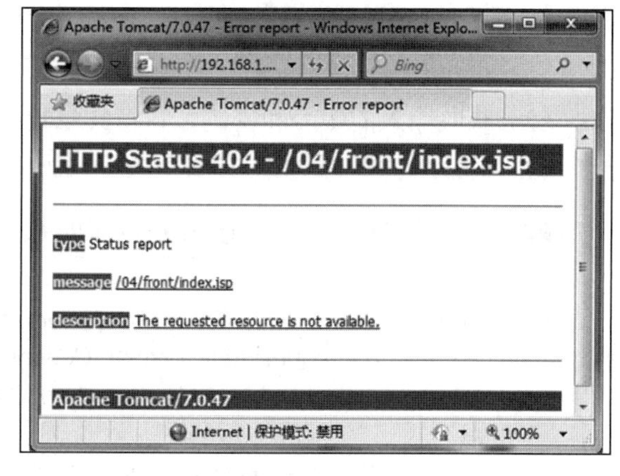

图 8.23　登录成功

8.8　首页模块设计

8.8.1　首页模块概述

当用户访问神奇 Book——图书商城时，首先进入的便是前台首页。前台首页设计的美观程度将直接影响用户的购买欲望。在神奇 Book——图书商城的前台首页中，用户不但可以查看最新上架、打折图书等信息，还可以及时了解大家喜爱的热门图书，以及商城推出的最新活动或者广告。神奇 Book——图书商城前台首页的运行结果如图 8.24 所示。

图 8.24　首页运行效果

8.8.2 设计首页界面

设计一个名称为 index.jsp 的首页，在该页面中主要通过 HTML 和 CSS 实现一个如图 8.25 所示的静态页面。在该页面中，最核心的代码就是用于收集会员登录信息的表单及表单元素。

在打开的神奇 Book——图书商城的首页中，主要有 3 个部分需要我们添加动态代码，也就是把图 8.25 所示的 3 个区域中的图书信息，通过 JSP 代码从数据库中读取，并应用循环显示在页面上。

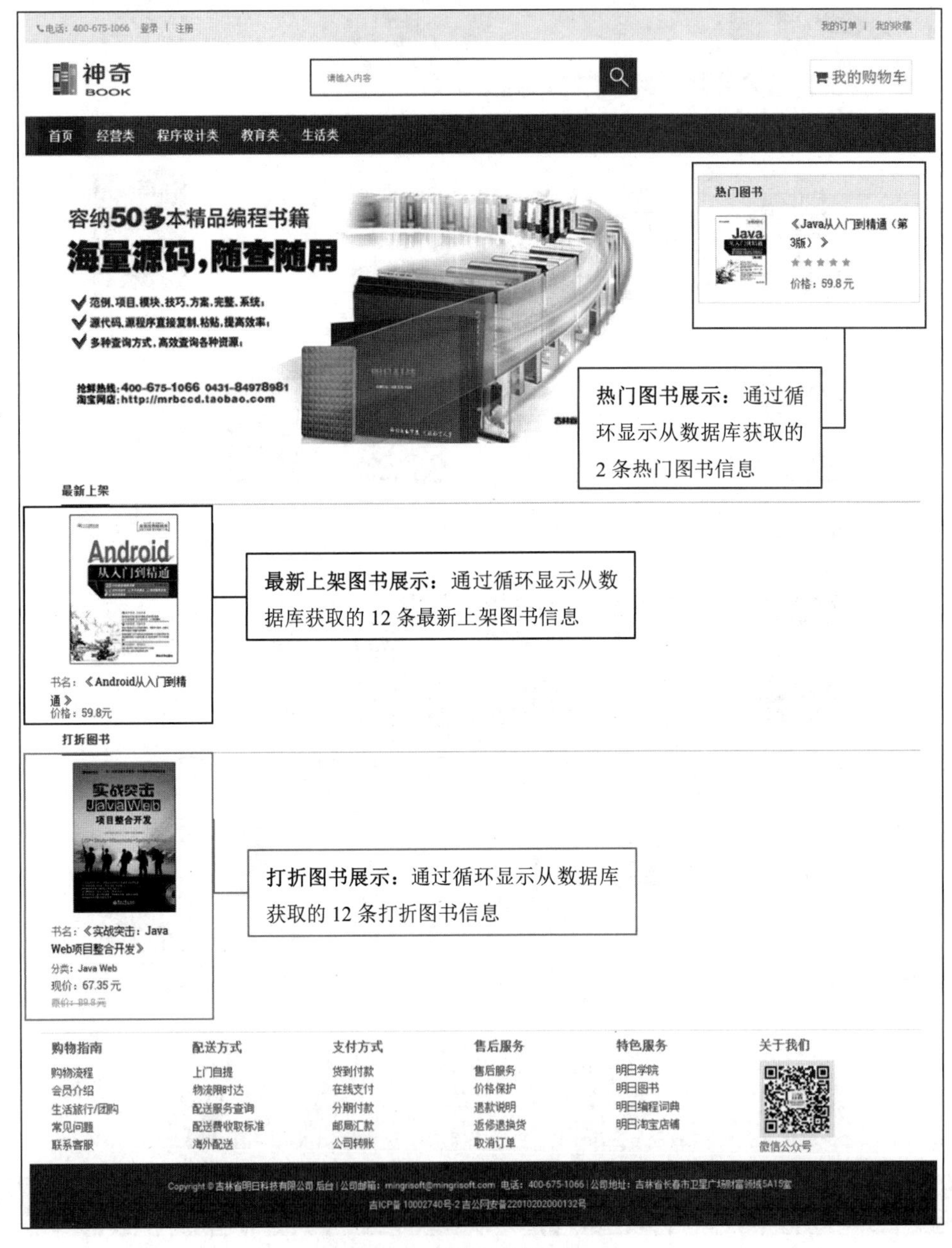

图 8.25 设计完成的首页

8.8.3　实现显示最新上架图书功能

打开首页文件 index.jsp，然后在该文件中添加用于显示最新上架图书的代码，具体步骤如下。

（1）由于在实现查询最新上架图书时，需要访问数据库，所以需要导入 java.sql.ResultSet 类并创建 com.tools.ConnDB 类的对象。关键代码如下：

例程 28　代码位置：TM\BookShop\WebContent\front\index.jsp

```
<%@ page import="java.sql.ResultSet"%>            <%--导入 java.sql.ResultSet 类--%>
<%--创建 com.tools.ConnDB 类的对象--%>
<jsp:useBean id="conn" scope="page" class="com.tools.ConnDB" />
```

（2）调用 ConnDB 类的 executeQuery()方法执行 SQL 语句，用于从数据表中查询最新上架图书。另外，还需要定义保存图书信息的变量。关键代码如下：

例程 29　代码位置：TM\BookShop\WebContent\front\index.jsp

```
<%
    /*最新上架图书信息*/
    ResultSet rs_new = conn.executeQuery(
            "select top 12 t1.ID, t1.BookName,t1.price,t1.picture,t2.TypeName "
            +"from tb_book t1,tb_subType t2 where t1.typeID=t2.ID and "
            +"t1.newBook=1 order by t1.INTime desc");         //查询最新上架图书信息
    int new_ID = 0;                                            //保存最新上架图书 ID 的变量
    String new_bookname = "";                                  //保存最新上架图书名称的变量
    float new_nowprice = 0;                                    //保存最新上架图书价格的变量
    String new_picture = "";                                   //保存最新上架图书图片的变量
    String typeName = "";                                      //保存图书分类的变量
%>
```

（3）将获取到的图书信息显示到页面的“最新上架图书展示区”，这里面需要设置一个 while 循环，用于循环获取并显示每一条图书信息。关键代码如下：

例程 30　代码位置：TM\BookShop\WebContent\front\index.jsp

```
<%
while (rs_new.next()) {                                        //设置一个循环
    new_ID = rs_new.getInt(1);                                 //获取最新上架图书的 ID
    new_bookname = rs_new.getString(2);                        //获取最新上架图书的图书名称
    new_nowprice = rs_new.getFloat(3);                         //获取最新上架图书的价格
    new_picture = rs_new.getString(4);                         //获取最新上架图书的图片
    typeName = rs_new.getString(5);                            //获取最新上架图书的类别
%>
……      <!--此处省略了将获取到的图书信息显示到指定位置的代码-->
<% } %>
```

运行程序，在首页中将显示如图 8.26 所示的最新上架图书。

最新上架

书名：《Android从入门到精通》 价格：59.8元
书名：《Java Web从入门到精通》 价格：69.8元
书名：《Java从入门到精通（第3版）》 价格：59.8元
书名：《Java项目开发全程实录(第三版)》 价格：69.8元
书名：《Java自学视频教程(配光盘)》 价格：69.8元
书名：《Java开发实例大全（提高卷）》 价格：128.0元

书名：《Java开发实例大全（基础卷）》 价格：128.0元
书名：《Java程序设计（慕课版）》 价格：49.8元
书名：《Java Web自学视频教程(配光盘)》 价格：79.8元
书名：《Java Web开发实例大全（提高卷）》 价格：128.0元
书名：《Java Web开发实例大全（基础卷）》 价格：128.0元
书名：《Java Web程序设计（慕课版）》 价格：49.8元

图 8.26　显示最新上架图书

8.8.4　实现显示打折图书功能

在 index.jsp 文件中添加用于显示打折图书的代码，具体步骤如下。

（1）调用 ConnDB 类的 executeQuery()方法执行 SQL 语句，用于从数据表中查询打折图书，这里也需要编写一个连接查询的 SQL 语句。另外，还需要定义保存图书信息的变量。关键代码如下：

例程 31　代码位置：TM\BookShop\WebContent\front\index.jsp

```
/*打折图书信息*/
ResultSet rs_sale = conn.executeQuery(
        "select top 12 t1.ID, t1.BookName,t1.price,t1.nowPrice,t1.picture,t2.TypeName "
        +"from tb_book t1,tb_subType t2 where t1.typeID=t2.ID and t1.sale=1 "
        +"order by t1.INTime desc");          //查询打折图书信息
int sale_ID = 0;                              //保存打折图书 ID 的变量
String s_bookname = "";                       //保存打折图书名称的变量
float s_price = 0;                            //保存打折图书的原价格的变量
float s_nowprice = 0;                         //保存打折图书的打折后价格的变量
String s_introduce = "";                      //保存打折图书简介的变量
String s_picture = "";                        //保存打折图书图片的变量
```

（2）将获取到的图书信息显示到页面的“打折图书展示区”，具体方法同 8.8.3 节的显示最新上架图书基本相同，这里不再赘述。

运行程序，将显示如图 8.27 所示的打折图书。

图 8.27　显示打折图书

8.8.5　实现显示热门图书功能

热门图书是指商城中点击率最高的图书，这里面获取并显示两个。在 index.jsp 文件中添加用于显示热门图书的代码，具体步骤如下。

（1）调用 ConnDB 类的 executeQuery()方法执行 SQL 语句，用于从数据表中查询点击率最高的两个图书，这里需要编写一个倒序排列的 SQL 语句。另外，还需要定义保存图书信息的变量。关键代码如下：

例程 32　代码位置：TM\BookShop\WebContent\front\index.jsp

```
/*热门图书信息*/
ResultSet rs_hot = conn
        .executeQuery("select top 2 ID,BookName,nowprice,picture "
        +"from tb_book order by hit desc");                    //查询热门图书信息
int hot_ID = 0;                                                //保存热门图书 ID 的变量
String hot_bookName = "";                                      //保存热门图书名称的变量
float hot_nowprice = 0;                                        //保存热门图书价格的变量
String hot_picture = "";                                       //保存热门图书图片的变量
```

（2）将获取到的图书信息显示到页面的“热门图书展示区”，具体方法同 8.8.3 节的显示最新上架图书基本相同，这里不再赘述。

运行程序，将显示如图 8.28 所示的热门图书。

图 8.28　显示热门图书

8.9 购物车模块

8.9.1 购物车模块概述

在神奇 Book——图书商城中，会员登录后，单击某图书可以进入到显示图书的详细信息页面（如图 8.29 所示）。在该页面中，单击“添加到购物车”按钮即可将该图书添加到购物车，然后填写物流信息（如图 8.30 所示），并单击“结账”按钮，将弹出如图 8.31 所示的“支付”对话框。如果已经申请到支付宝接口，并实现相应的编码，扫描对话框中的二维码即可使用支付宝进行支付（由于本项目中未提供连接支付宝接口的编码，所以无法真正支付）。最后单击“支付”按钮，生成订单并显示自动生成的订单号，如图 8.32 所示。

图 8.29 图书详细信息页面

图 8.30　查看购物车页面

图 8.31　“支付”对话框

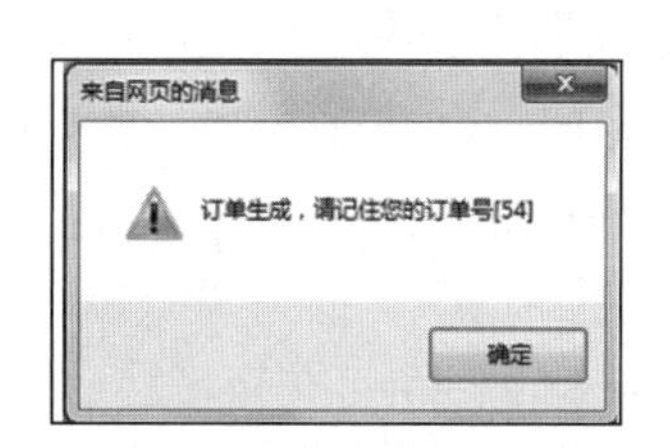

图 8.32　显示生成的订单号

8.9.2 实现显示图书详细信息功能

在首页单击任何图书名称或者图书图片时，都将显示该图书的详细信息页面。本项目中图书详细信息页面为 bookDetail.jsp。创建 bookDetail.jsp 文件的具体步骤如下。

（1）编写以下代码，用于导入 java.sql 包中的 ResultSet 类，并且创建 ConnDB 类的对象。

例程 33　代码位置：TM\BookShop\WebContent\front\bookDetail.jsp

```
<%@ page import="java.sql.ResultSet"%>                    <%--导入 java.sql.ResultSet 类--%>
<%--创建 com.tools.ConnDB 类的对象--%>
<jsp:useBean id="conn" scope="page" class="com.tools.ConnDB" />
```

（2）编写用于根据获取的图书 ID 查询图书信息的代码。具体的方法是：首先获取图书 ID，然后根据该图书 ID 从数据表中获取所需的图书信息，如果找到对应的图书，则将图书信息保存到相应的变量中，最后关闭数据库连接。关键代码如下：

例程 34　代码位置：TM\BookShop\WebContent\front\bookDetail.jsp

```
<%
    int typeSystem = 0;                                         //保存图书类型 ID 的变量
    int ID = Integer.parseInt(request.getParameter("ID"));      //获取图书 ID
    if (ID > 0) {
        ResultSet rs = conn.executeQuery("select ID,BookName,Introduce,nowprice,picture, "
        + " price,typeID from tb_book where ID=" + ID);         //根据 ID 查询图书信息
        String bookName = "";                                   //保存图书名称的变量
        float nowprice = (float) 0.0;                           //保存图书现价的变量
        float price = (float) 0.0;                              //保存图书原价的变量
        String picture = "";                                    //保存图书图片的变量
        String introduce = "";                                  //保存图书描述的变量
        if (rs.next()) {                                        //如果找到对应的图书信息
            bookName = rs.getString(2);                         //获取图书名称
            introduce = rs.getString(3);                        //获取图书描述
            nowprice = rs.getFloat(4);                          //获取图书现价
            picture = rs.getString(5);                          //获取图书图片
            price = rs.getFloat(6);                             //获取图书原价
            typeSystem = rs.getInt(7);                          //获取图书类别 ID
        }
        conn.close();                                           //关闭数据库连接
%>
```

（3）在图书信息显示完毕的位置编写以下代码。用于处理获取到的图书 ID 不合法的情况。具体的方法是通过 JavaScript 弹出一个提示框，并且返回到网站的首页。

例程 35　代码位置：TM\BookShop\WebContent\front\bookDetail.jsp

```
<%
    } else {                                                    //获取到的 ID 不合法
        out.println("<script language='javascript'>alert('您的操作有误');"
```

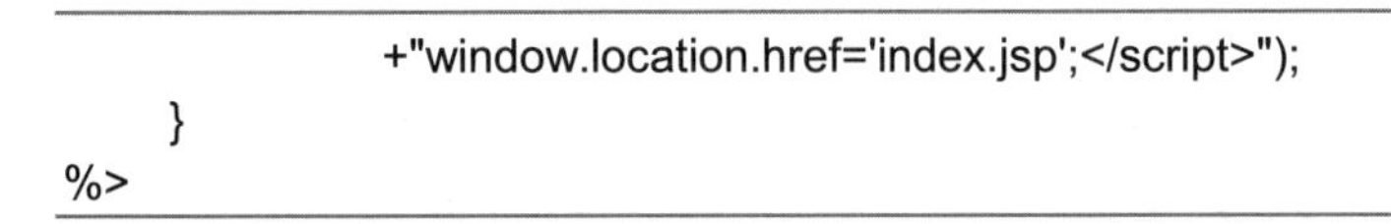

```
                +"window.location.href='index.jsp';</script>");
    }
%>
```

（4）在“添加到购物车”按钮的 onclick 属性中，调用了自定义的 JavaScript 函数 addCart()，用于验证图书数量是否合法，如果不合法则给出提示，并且返回，否则将页面转到添加到购物车页面。addCart()函数的关键代码如下：

例程 36　代码位置：TM\BookShop\WebContent\front\bookDetail.jsp

```
<script src="js/jquery.1.3.2.js" type="text/javascript"></script>
<script type="text/javascript">
    function addCart() {
        var num = $('#shuliang').val();                    //获取输入的图书数量
        //验证输入的数量是否合法
        if (num < 1) {                                     //如果输入的数量不合法
            alert('数量不能小于 1！');
            return;
        }
        //调用添加购物车页面，实现将该图书添加到购物车
        window.location.href="cart_add.jsp?bookID=<%=ID%>&num="+num;
    }
</script>
```

说明 在上面的代码段中，cart_add.jsp 文件就是用于将图书添加到购物车的处理页。后面的问号“?”，用于标识它后面的是要传递的参数，多个参数间用“&”分隔。

在已经运行的神奇 Book——图书商城的首页中，单击某个图书的名称（如“《Java Web 从入门到精通》”）或者图片，都将进入到如图 8.33 所示的显示该图书的详细信息页面。

图 8.33　显示图书详细信息页面

8.9.3　创建购物车图书模型类 Bookelement

在 com.model 包中，创建一个名称为 Bookelement 的 Java 类。在该类中，添加 3 个公有类型的属性，分别表示图书 ID、当前的价格和数量。Bookelement 类的关键代码如下：

例程 37　代码位置：TM\BookShop\src\com\model\Bookelement.java

```
public class Bookelement {
    public int ID;                                    //定义图书 ID 变量
    public float nowprice;                            //定义现价变量
    public int number;                                //定义数量变量
}
```

8.9.4　实现添加到购物车功能

在图 8.33 中，单击“添加到购物车”按钮，即可将该图书添加到购物车。实现将图书添加到购物车的页面是 cart_add.jsp，编写该文件的具体步骤如下。

（1）在项目的 WebContent/front 节点下，创建一个名称为 cart_add.jsp 的 JSP 文件，并且在该文件中添加以下代码，用于导入 java.sql 包中的 ResultSet 类、向量类以及图书模型类，并且创建 ConnDB 类的对象。

例程 38　代码位置：TM\BookShop\WebContent\front\cart_add.jsp

```
<%@ page import="java.sql.ResultSet"%>                       <%--导入 java.sql.ResultSet 类--%>
<%@ page import="java.util.Vector"%>                         <%--导入 Java 的向量类--%>
<%@ page import="com.model.Bookelement"%>                    <%--导入购物车图书模型类--%>
<jsp:useBean id="conn" scope="page" class="com.tools.ConnDB"/> <%--创建 ConnDB 类的对象--%>
```

（2）实现添加购物车功能。首先获取会员账号和图书量，并判断是否登录，如果没有登录，则重定向到会员登录页要求登录，然后将图书基本信息保存到模型类的对象 mybookelement 中，再把该图书添加到购物车中，最后将页面跳转到查看购物车页，显示购物车内的图书。关键代码如下：

例程 39　代码位置：TM\BookShop\WebContent\front\cart_add.jsp

```
<%
    String username=(String)session.getAttribute("username");      //获取会员账号
    String num = (String) request.getParameter("num");              //获取图书数量
    //如果没有登录，将跳转到登录页面
    if (username == null || username == "") {
        response.sendRedirect("login.jsp");                          //重定向页面到会员登录页面
        return;                                                      //返回
    }
    int ID = Integer.parseInt(request.getParameter("bookID"));       //获取图书 ID
    String sql = "select * from tb_book where ID=" + ID;//定义根据图书 ID 查询图书信息的 SQL 语句
    ResultSet rs = conn.executeQuery(sql);                           //根据图书 ID 查询图书
    float nowprice = 0;                                              //定义保存图书价格的变量
```

```
    if (rs.next()) {                                    //如果查询到指定图书
        nowprice = rs.getFloat("nowprice");             //获取该图书的价格
    }
    //创建保存购物车内图书信息的模型类的对象 mybookelement
    Bookelement mybookelement = new Bookelement();
    mybookelement.ID = ID;                              //将图书 ID 保存到 mybookelement 对象中
    mybookelement.nowprice = nowprice;                  //将图书价格保存到 mybookelement 对象中
    mybookelement.number = Integer.parseInt(num);       //将购买数量保存到 mybookelement 对象中
    boolean Flag = true;                                //记录购物车内是否已经存在所要添加的图书
    Vector cart = (Vector) session.getAttribute("cart");  //获取购物车对象
    if (cart == null) {                                 //如果购物车对象为空
        cart = new Vector();                            //创建一个购物车对象
    } else {
        //判断购物车内是否已经存在所购买的图书
        for (int i = 0; i < cart.size(); i++) {
            Bookelement bookitem = (Bookelement) cart.elementAt(i);//获取购物车内的一个图书
            if (bookitem.ID == mybookelement.ID) {      //如果当前要添加的图书已经在购物车中
                //直接改变购物数量
                bookitem.number = bookitem.number + mybookelement.number;
                cart.setElementAt(bookitem, i);         //重新保存到购物车中
                Flag = false;                   //设置标记变量 Flag 为 false，代表购物车中存在该图书
            }
        }
    }
    if (Flag)                                           //如果购物车内不存在该图书
        cart.addElement(mybookelement);                 //将要购买的图书保存到购物车中
    session.setAttribute("cart", cart);                 //将购物车对象添加到 Session 中
    conn.close();                                       //关闭数据库的连接
    response.sendRedirect("cart_see.jsp");              //重定向页面到查看购物车页面
%>
```

说明　由于添加到购物车页面是一个处理页，主要是把一些信息进行保存的，所以没有呈现结果。

8.9.5　实现查看购物车功能

在将图书添加到购物车后，需要把页面跳转到查看购物车页面，用于显示已经添加到购物车中的图书。查看购物车页面为 cart_see.jsp。该文件的具体实现步骤如下。

（1）在项目的 WebContent/front 节点下，创建一个名称为 cart_see.jsp 的 JSP 文件，添加下面的代码。用于判断是否登录，如果没有登录，则进入登录页面进行登录，否则，获取购物车对象，并且根据获取结果进行显示。

例程 40　代码位置：TM\BookShop\WebContent\front\cart_ see.jsp

```
<%
    String username = (String) session.getAttribute("username");//获取会员账号
    //如果没有登录，将跳转到登录页面
```

```
    if (username == "" || username == null) {
        response.sendRedirect("login.jsp");                      //重定向页面到会员登录页面
        return;                                                  //返回
    } else {
        Vector cart = (Vector) session.getAttribute("cart");     //获取购物车对象
        if (cart == null || cart.size() == 0) {                  //如果购物车为空
            response.sendRedirect("cart_null.jsp");              //重定向页面到购物车为空页面
        } else {
%>
```

（2）滚动到页面的最底部，添加以下代码，用于结束步骤（1）中的两个 if 语句。

```
<%        }
    } %>
```

（3）遍历购物车中的图书，并获取要显示的信息。具体的实现方法是：首先根据购物车中保存的图书 ID，从图书信息表中获取其详细信息（主要是图书名称和图书封面图片），并保存到相应的变量中，最后不要忘记关闭数据库连接。关键代码如下：

例程 41　代码位置：TM\BookShop\WebContent\front\cart_ see.jsp

```
<%
    float sum = 0;
    DecimalFormat fnum = new DecimalFormat("##0.0");             //定义显示金额的格式
    int ID = -1;                                                 //保存图书 ID 的变量
    String bookname = "";                                        //保存图书名称的变量
    String picture = "";                                         //保存图书图片的变量
    //遍历购物车中的图书
    for (int i = 0; i < cart.size(); i++) {
        Bookelement bookitem = (Bookelement) cart.elementAt(i); //获取一个图书
        sum = sum + bookitem.number * bookitem.nowprice;         //计算总计金额
        ID = bookitem.ID;                                        //获取图书 ID
        if (ID > 0) {
            ResultSet rs_book = conn.executeQuery("select * from tb_book where ID=" + ID);
            if (rs_book.next()) {
                bookname = rs_book.getString("bookname");        //获取图书名称
                picture = rs_book.getString("picture");          //获取图书封面图片
            }
            conn.close();                                        //关闭数据库的连接
    }
%>
```

（4）在购物车信息显示完毕的位置插入以下代码，用于结束步骤（3）中的 for 循环，以及格式化总计金额。格式化后的格式为“##0.0”，即小数点后保留一位小数。

```
<%
    }
    String sumString = fnum.format(sum);                         //格式化总计金额
%>
```

8.9.6　实现调用支付宝完成支付功能

在查看购物车页面中，单击“结账”按钮，首先会弹出“支付”对话框，在该对话框中，扫描二维码将调用支付宝完成支付功能。实现在网站中加入支付功能的基本方法如下。

1．注册支付宝企业账户

进入支付宝开发平台（蚂蚁金服开放平台）。单击“注册”超链接，进入到“注册－支付宝”页面，在该页面中选择“企业账户”选项卡，然后按照向导进行操作即可。

2．完成支付宝实名认证

注册支付宝企业账户后，会要求进行实名认证。准备以下资料后，单击“企业实名信息填写”按钮，按照向导完成实名认证。

☑　营业执照影印件。

☑　对公银行账户，可以是基本户或一般户。

☑　法宝代表人的身份证影印件。

说明　如果是代理人，除以上资料外，还需要准备身份证影印件和企业委托书，必须盖有公司公章或者账务专用章。

3．申请支付套餐

支付宝提供了多种支付套餐。一般情况下，我们可以选择“即时到账”套餐。该套餐可以让用户在线向开发的支付宝账号支付资金，并且交易资金即时到账。要申请“即时到账”套餐，可以直接在浏览器的地址栏中输入 URL 地址“https://b.alipay.com/order/productDetail.htm?productId=2015110218012942”，在进入的页面中，直接单击“在线申请”按钮，然后按照向导进行操作。

申请好套餐后，会有一个审核阶段，审核通过才能使用该接口。通常情况下，2～5 天会有申请结果。

4．生成与配置密钥

进行开发时，需要提供商户的私钥和支付宝的公钥，这些内容也可以到支付宝开发平台中获取，对应的 URL 地址为“https://doc.open.alipay.com/docs/doc.htm?spm=a219a.7629140.0.0.ulCjKD&treeId=193&articleId=105310&docType=1”。在该页面根据提示进行操作即可。

5．下载 demo

前面的工作准备就绪后，就可以开发测试支付功能了。这时，可以下载支付宝开发平台提供的即时到账交易接口的 Demo，然后根据 Demo 中的说明进行开发测试即可。

说明　限于篇幅，关于调用支付宝完成支付功能的详细步骤请参照资源包中提供的名称为“调用支付宝完成支付的具体方法.doc”文档。具体请参照“资源包/附录二：调用支付宝完成支付的具体方法.pdf”文档。

8.9.7 实现保存订单功能

单击“结账”按钮，即可保存该订单。保存订单页面为 cart_order.jsp，在该页面中实现保存订单功能。首先判断购物车是否为空，不为空时，再判断会员账户是否合法，只有会员账户合法时，才保存订单。在保存订单信息时，需要分别向订单主表和订单明细表插入数据。关键代码如下：

例程 42　代码位置：TM\BookShop\WebContent\front\cart_ order.jsp

```
<%
    if (session.getAttribute("cart") == "") {                           //判断购物车对象是否为空
        out.println(
                "<script language='javascript'>alert('您还没有购物!');"
                +"window.location.href='index.jsp';</script>");
    }
    String Username = (String) session.getAttribute("username");          //获取输入的账户名称
    if (Username != "") {
        try {                                                              //捕捉异常
            ResultSet rs_user = conn.executeQuery("select * from tb_Member where username='"
            + Username + "'");
            if (!rs_user.next()) {  //如果获取的账户名称在会员信息表中不存在（表示非法会员）
                session.invalidate();//销毁 Session
                out.println(
                        "<script language='javascript'>alert('请先登录后，再进行购物!'); "
                        +"window.location.href='index.jsp';</script>");
                return;                                                    //返回
            } else {                                                       //如果合法会员，则保存订单
                //获取输入的收货人姓名
                String recevieName = chStr.chStr(request.getParameter("recevieName"));
                //获取输入的收货人地址
                String address = chStr.chStr(request.getParameter("address"));
                String tel = request.getParameter("tel");                  //获取输入的电话号码
                String bz = chStr.chStr(request.getParameter("bz")); //获取输入的备注
                int orderID = 0;                                           //定义保存订单 ID 的变量
                Vector cart = (Vector) session.getAttribute("cart");       //获取购物车对象
                int number = 0;                                            //定义保存图书数量的变量
                float nowprice = (float) 0.0;                              //定义保存图书价格的变量
                float sum = (float) 0;                                     //定义图书金额的变量
                float Totalsum = (float) 0;                                //定义图书件数的变量
                boolean flag = true;                                       //标记订单是否有效，为 true 表示有效
                int temp = 0;                                              //保存返回自动生成的订单号的变量
                int ID = -1;
                //插入订单主表数据
                float bnumber = cart.size();
                String sql = "insert into tb_Order(bnumber,username, recevieName,address, "
                        +"tel,bz) values("+ bnumber + ",'" + Username + "','" + recevieName
                        + "','" + address + "','" + tel+ "','" + bz + "')";
                temp = conn.executeUpdate_id(sql);                         //保存订单主表数据
                if (temp == 0) {                                           //如果返回的订单号为 0，表示不合法
                    flag = false;
                } else {
```

```
                    orderID = temp;                             //把生成的订单号赋值给订单 ID 变量
                }
                String str = "";                                //保存插入订单详细信息的 SQL 语句
                //插入订单明细表数据
                for (int i = 0; i < cart.size(); i++) {
                    //获取购物车中的一个图书
                    Bookelement mybookelement = (Bookelement) cart.elementAt(i);
                    ID = mybookelement.ID;                      //获取图书 ID
                    nowprice = mybookelement.nowprice;          //获取图书价格
                    number = mybookelement.number;              //获取图书数量
                    sum = nowprice * number;                    //计算图书金额
                    str = "insert into tb_order_Detail (orderID,bookID,price,number)"
                            +" values(" + orderID + ","+ ID + "," + nowprice + ","
                            + number + ")";                     //插入订单明细的 SQL 语句
                    temp = conn.executeUpdate(str);             //保存订单明细
                    Totalsum = Totalsum + sum;                  //累加合计金额
                    if (temp == 0) {                            //如果返回值为 0，表示不合法
                        flag = false;
                    }
                }
                if (!flag) {                                    //如果订单无效
                    out.println("<script language='javascript'>alert('订单无效');"
                                +"history.back();</script>");
                } else {
                    session.removeAttribute("cart");            //清空购物车
                    out.println("<script language='javascript'>alert('订单生成，请记住您"
                            +"的订单号[" + orderID
                    + "]');window.location.href='index.jsp';</script>");//显示生成的订单号
                }
                conn.close();                                   //关闭数据库连接
            }
        } catch (Exception e) {                                 //处理异常
            out.println(e.toString());                          //输出异常信息
        }
    } else {
        session.invalidate();                                   //销毁 Session
        out.println(
                "<script language='javascript'>alert('请先登录后，再进行购物!');"
                +"window.location.href='index.jsp';</script>");
    }
%>
```

8.10 后台功能模块

8.10.1 后台功能模块概述

后台功能是网站管理员使用的功能。管理员可以在网站后台修改商城中的图书信息，包括图书的

描述、种类、价格等，还能将图书设为特价商品。除了可以修改商品信息以外，管理员还可以查看所有的会员资料和订单信息，除此之外还可以导出图书销量排行榜。

8.10.2　后台登录模块设计

在网站前台首页的底部提供了后台管理员入口，通过该入口可以进入到后台登录页面。在该页面，管理人员通过输入正确的用户名和密码即可登录到网站后台。当用户没有输入用户名或密码，系统都将通过 JavaScript 进行判断并给予提示信息，否则进入到管理员登录处理页进行登录验证。

（1）登录页面使用提交表单的方式，进行账号验证。关键代码如下：

例程 43　代码位置：TM\BookShop\WebContent\manage\Login_M.jsp

```
<%@ page contentType="text/html; charset=GBK" language="java"%>
<html>
<head>
<title>后台管理!</title>
<meta http-equiv="Content-Type" content="text/html; charset=GBK">
<link href="CSS/style.css" rel="stylesheet">
<script src="JS/check.js"></script>
<style type="text/css">
body{
	margin: 0px;
}
</style>
</head>

<body>
 <table width="100%" height="545" border="0" cellpadding="0" cellspacing="0">
   <tr>
     <td style="background-image:url(images/managerlogin_bg.png);"> <form name="form1" method="post"
action="Login_M_deal.jsp" onSubmit="return checkM(form1)">
      <table width="448" height="345"  border="0" align="center"  style="margin-top:170px;" cellpadding="0"
cellspacing="0" background="images/managerlogin_dialog.png">
        <tr>
          <td height="60" colspan="2" align="center"> </td>
        </tr>

        <tr>
          <td width="55" height="280" align="center" valign="top"> </td>
          <td width="436" align="left" valign="top">
          <table style="margin-top:30px" width="88%" height="240"  border="0" cellpadding="0" cellspacing="0">
            <tr>
              <td width="99%" height="74" align="center"><input name="manager" type="text" id="manager"
size="24" style="background:url('images/manager.png');background-repeat: no-repeat;background-position: left;
font-size:18px;padding-left:44px;height:44px;width:300px;"></td>
            </tr>
            <tr>
              <td height="30" align="center"><span class="word_white">
```

```
                <input name="PWD" type="password" id="PWD" size="24" style="background:url('images/
manager_pwd.png');background-repeat: no-repeat;background-position: left;padding-left:44px;height:44px;width:
300px;font-size:18px;">
              </span></td>
            </tr>
            <tr>
              <td height="57" align="center"><input name="Submit" type="submit" class="login_ok" value="确认">
                 
                <input name="Submit2" type="reset" class="login_reset" value="重置">
            </tr>
            <tr>
              <td height="35" align="right">
                <a href="../front/index.jsp"><img src="images/back.png"> 返回商城主页</a></td>
            </tr>
          </table></td>
        </tr>
</table>
      <table width="491" height="39" border="0" align="center" cellpadding="0" cellspacing="0">
        <tr>
          <td align="center" >All CopyRights &copy; reserved 2016 吉林省明日科技有限公司</td>
        </tr>
      </table>
    </form></td>
  </tr>
</table>
</body>
</html>
```

（2）登录页面中调用 javascript 脚本中的 checkM()方法进行输入验证，这个方法写在 check.js 文件中。关键代码如下：

例程 44　代码位置：TM\BookShop\WebContent\manage\JS\check.js

```
function checkM(myform){
    if(myform.manager.value==""){
        alert("请输入管理员名!");myform.manager.focus();return;
    }
    if(myform.PWD.value==""){
        alert("请输入密码!");myform.PWD.focus();return;
    }
    myform.submit();
}
```

（3）当输入信息无误之后，需要对用户的账户和密码与数据库做比对。登录页面会跳转到 Login_M_deal.jsp 页面，该页面会审核用户账号、密码，如果通过则跳转到后台首页，否则提示用户密码错误。关键代码如下：

例程 45　代码位置：TM\BookShop\WebContent\manage\Login_M_deal.jsp

```
<%@ page contentType="text/html; charset=GBK" language="java" import="java.sql.*" errorPage="" %>
<jsp:useBean id="chStr" scope="page" class="com.tools.ChStr"/>
```

```
<jsp:useBean id="conn" scope="page" class="com.tools.ConnDB"/>
<%
String manager=chStr.chStr(request.getParameter("manager"));
                                        //此处必须进行编码转换，否则输入中文用户名时将出现乱码
try{
    ResultSet rs=conn.executeQuery("select * from tb_manager where manager='"+manager+"'");
    if(rs.next()){
        String PWD=request.getParameter("PWD");
        if(PWD.equals(rs.getString("PWD"))){
            session.setAttribute("manager",manager);
            response.sendRedirect("index.jsp");
        }else{
            out.println("<script  language='javascript'>alert('您输入的管理员或密码错误!');window.location.
href='../index.jsp';</script>");
        }
    }else{
            out.println("<script  language='javascript'>alert('您输入的管理员或密码错误!');window.location.
href='../index.jsp';</script>");
    }
}catch(Exception e){
    out.println("<script language='javascript'>alert('您的操作有误!');window.location.href='../index.jsp';</script>");
}
%>
```

后台登录页面运行结果如图 8.34 所示。

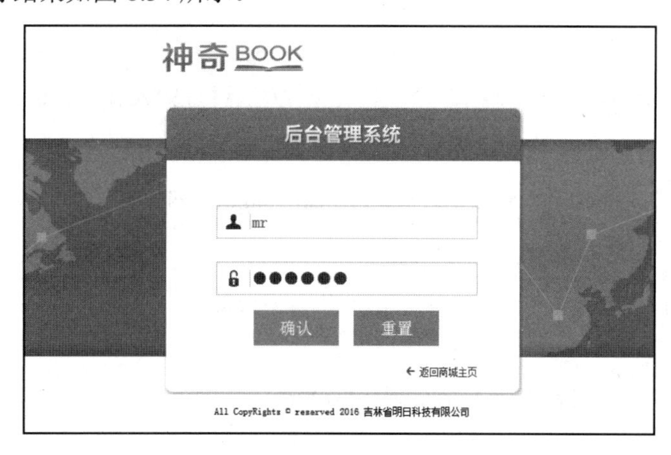

图 8.34　后台登录页面运行结果

8.10.3　图书管理模块设计

神奇 Book——图书商城的图书管理模块主要实现对图书信息的管理，包括分页显示图书信息、添加图书信息、修改图书信息和删除图书信息等功能。下面分别进行介绍。

1．分页显示图书信息

图书管理模块的首页主要用于分页显示图书信息。它可以将图书信息表中的图书信息以列表的方

式显示，并为之添加“修改”和“删除”功能，方便用户对图书信息进行修改和删除。显示图书信息的页面就是后台登录之后显示的首页。关键代码如下：

例程 46　代码位置：TM\BookShop\WebContent\manage\index.jsp

```
<%
ResultSet rs=conn.executeQuery("select * from tb_book order by INTime Desc");
%>
<html>
<head>
<title>神奇 Book——后台管理</title>
<meta http-equiv="Content-Type" content="text/html; charset=GBK">
<link href="CSS/style.css" rel="stylesheet">
</head>

<body>
<jsp:include page="banner.jsp"/>
<table width="1280" height="288"   border="0" align="center" cellpadding="0" cellspacing="0" bgcolor="#FFFFFF">
  <tr>

    <td align="center" valign="top"><table width="100%"   border="0" cellpadding="0" cellspacing="0">
      <tr>
        <td width="18" height="45" align="right"> </td>
        <td  colspan="3"  class="tableBorder_B_dashed"><img  src="images/manage_ico1.GIF"  width="11"
height="11"> <a  href="superType.jsp">  [大分类信息管理]</a>   <img  src="images/
manage_ico2.GIF"  width="11"  height="11"> <a  href="subType.jsp">[小分类信息管理]</a>  
 <img src="images/manage_ico3.GIF" width="12" height="12"> <a href="book_add.jsp">[添加图书
信息]</a></td>
        <td width="24"> </td>
      </tr>
      <tr>
        <td align="right"> </td>
        <td height="10" colspan="3"> </td>
        <td> </td>
      </tr>
      <tr>
        <td height="29" align="right"> </td>
        <td width="10" background="images/manage_leftTitle_left.GIF"> </td>
        <td  width="989"  align="center"  background="images/manage_leftTitle_mid.GIF"  class="word_white">
<b>图书列表</b></td>
        <td width="10" background="images/manage_leftTitle_right.GIF"> </td>
        <td> </td>
      </tr>
    </table>
     <!---->
    <table width="92%" height="192"   border="0" cellpadding="0" cellspacing="0">
        <tr>
          <td valign="top">
```

```
<table width="100%" height="14"   border="0" cellpadding="0" cellspacing="0">
                <tr>
                  <td height="13" align="center"> </td>
                </tr>

              </table>
                <table width="100%" height="60"   border="1" cellpadding="0" cellspacing="0" bordercolor="#FFFFFF"
bordercolordark="#FFFFFF" bordercolorlight="#E6E6E6">
                  <tr bgcolor="#eeeeee">
                    <td width="40%" height="24" align="center">书名称</td>
                    <td width="22%" align="center">价格</td>
                    <td width="11%" align="center">是否新品</td>
                    <td width="11%" align="center">是否特价</td>
                    <td width="8%" align="center">修改</td>
                    <td width="8%" align="center">删除</td>
                  </tr>
<%
String str=(String)request.getParameter("Page");
if(str==null){
        str="0";
}
int pagesize=10;
rs.last();
int RecordCount=rs.getRow();
int maxPage=0;
maxPage=(RecordCount%pagesize==0)?(RecordCount/pagesize):(RecordCount/pagesize+1);

int Page=Integer.parseInt(str);
if(Page<1){
        Page=1;
}else{
        if(Page>maxPage){
                Page=maxPage;
        }
}
rs.absolute((Page-1)*pagesize+1);
for(int i=1;i<=pagesize;i++){
            int ID=rs.getInt("ID");
            String bookName=rs.getString("bookName");
            String introduce=rs.getString("introduce");
            float nowPrice=rs.getFloat("nowPrice");
            String newbook=rs.getInt("newbook")==0 ? "否":"是";
            String sale=rs.getInt("sale")==0 ? "否":"是";
            %>
                        <tr style="padding:5px;">
                          <td  height="20"  align="center"><a  href="book_detail.jsp?ID=<%=ID%>"><%=bookName%>
</a></td>
                          <td align="center" ><%=nowPrice%>元</td>
```

```
                    <td align="center"><%=newbook%></td>
                    <td align="center"><%=sale%></td>
                    <td align="center"><a href="book_modify.jsp?ID=<%=ID%>"><img src="images/modify.gif"
width="19" height="19"></a></td>
                    <td align="center"><a href="book_del.jsp?ID=<%=ID%>"><img src="images/del.gif" width=
"20" height="20"></a></td>
                  </tr>
<%
    try{
        if(!rs.next()){break;}
        }catch(Exception e){}
}
%>
                </table>
<table width="100%"  border="0" cellspacing="0" cellpadding="0">
  <tr>
    <td height="30" align="right">当前页数：[<%=Page%>/<%=maxPage%>] 
     <%if(Page>1){%>
     <a href="index.jsp?Page=1">第一页</a>  <a href="index.jsp?Page=<%=Page-1%>">上一页</a>
     <%
     }
     if(Page<maxPage){
     %>
       <a href="index.jsp?Page=<%=Page+1%>">下一页</a>  <a href="index.jsp?Page=<%=maxPage%>">
最后一页 </a>
     <%}
     %>
     </td>
  </tr>
</table></td>
          </tr>
        </table>
        <!---->
</td>
              <td width="182" valign="top"><table width="100%" height="431"  border="0" cellpadding="0"
cellspacing="0">
        <tr>
          <td width="199" valign="top" bgcolor="#FFFFFF"><jsp:include page="navigation.jsp"/></td>
        </tr>
      </table></td>
  </tr>
</table>
<jsp:include page="copyright.jsp"/>
</body>
</html>
```

图书管理模块首页的运行结果如图 8.35 所示。

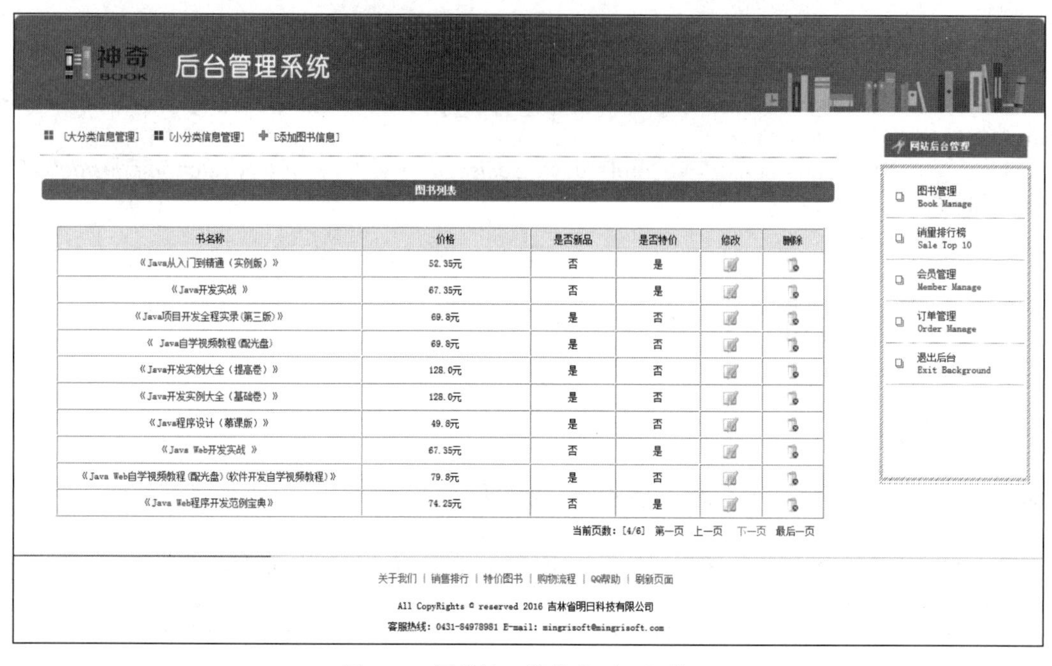

图 8.35　图书管理模块首页运行结果

2．添加图书信息

在图书管理首页中单击“添加图书信息”按钮即可进入到添加图书信息页面。添加图书信息页面主要用于向数据库中添加新的图书信息。关键代码如下：

例程 47　代码位置：TM\BookShop\WebContent\manage\book_add.jsp

```
<%
ResultSet rs_super=conn.executeQuery("select ID,superType from V_type group by ID,superType");
int superID=-1;
String superName="";
if(rs_super.next()){
	superID=rs_super.getInt(1);
}else{
	out.println("<script language='javascript'>alert('请先录入类别信息!');window.location.href='index.jsp';</script>");
	return;
}
%>
<html>
<head>
<title>神奇 Book——后台管理</title>
<meta http-equiv="Content-Type" content="text/html; charset=GBK">
<link href="CSS/style.css" rel="stylesheet">
<script language="javascript" src="JS/jquery.min.js"></script>
<script language="javascript">
/****************************调用函数*************************/
$(document).ready(function(){
```

```
        selSubType(<%=superID%>);
});

function selSubType(val){

$.get("selSubType.jsp",
            {superID:val},
            function(data){
                $("#subType").html(data);            //显示获取到的小分类
});
}
</script>
</head>
<script language="javascript">
function mycheck(){
        if (form1.bookName.value==""){
            alert("请输入书名称！");form1.bookName.focus();return;
        }
        if (form1.picture.value==""){
            alert("请输入图片文件的路径！");form1.picture.focus();return;
        }
        if (form1.price.value==""){
            alert("请输入图书的定价！");form1.price.focus();return;
        }
        if (isNaN(form1.price.value)){
            alert("您输入的定价错误，请重新输入！");form1.price.value="";form1.price.focus();return;
        }
        if (form1.introduce.value==""){
            alert("请输入图书简介！");form1.introduce.focus();return;
        }
        form1.submit();
}
</script>
<body>
<jsp:include page="banner.jsp"/>
<table width="1280" height="288"   border="0" align="center" cellpadding="0" cellspacing="0" bgcolor="#FFFFFF">
  <tr>
    <td align="center" valign="top"><table width="100%"   border="0" cellpadding="0" cellspacing="0">
      <tr>
        <td width="10" height="38" align="right"> </td>
        <td  colspan="3"  class="tableBorder_B_dashed"><img  src="images/manage_ico1.GIF"  width="11"
height="11"> <a  href="superType.jsp">  [大分类信息管理]</a>   <img  src="images/
manage_ico2.GIF" width="11" height="11"> <a href="subType.jsp">[小分类信息管理]</a>  
 <img src="images/manage_ico3.GIF" width="12" height="12"> <a href="book_add.jsp">[添加图书
信息]</a></td>
        <td width="12"> </td>
      </tr>
```

```
        <tr>
          <td align="right"> </td>
          <td height="10" colspan="3"> </td>
          <td> </td>
        </tr>
        <tr>
          <td height="29" align="right"> </td>
          <td width="10" background="images/manage_leftTitle_left.GIF"> </td>
          <td width="1089" align="center" background="images/manage_leftTitle_mid.GIF" class="word_white">
<b>添加图书信息</b></td>
          <td width="10" background="images/manage_leftTitle_right.GIF"> </td>
          <td> </td>
        </tr>
      </table>
       <!---->
                                            <form action="book_add_deal.jsp" method="post" name="form1">
                          <table width="94%"  border="0" align="center" cellpadding="0" cellspacing="0" bordercolordark=
"#FFFFFF">
                          <tr>
                            <td width="14%" height="27"> 书名称：</td>
                            <td height="27" colspan="3"> 
                              <input name="bookName" type="text" class="Sytle_text" id="bookID2" size="50"> 
    </td>
                          </tr>
                          <tr>
                            <td height="27"> 所属大类：</td>
                            <td width="31%" height="27"> 
                              <select  name="supertype"  class="textarea"  id="supertype"  onChange="selSubType
(this.value)">
                                <%rs_super.first();
                                do{
                                      superID=rs_super.getInt(1);
                                      superName=rs_super.getString(2);
                                %>
                                <option value="<%=superID%>"><%=superName%></option>
                                <%}while(rs_super.next());%>
                              </select></td>
                            <td width="13%" height="27">  所属小类：</td>
                            <td width="42%" height="27" id="subType">正在调用小分类信息……</td>
                          </tr>
                          <tr>
                            <td height="41"> 图片文件：</td>
                            <td height="41"> 
                                  <input name="picture" type="text" class="Style_upload" id="picture">
                            </td>
                            <td height="41"> 定      价：</td>
                            <td height="41">
```

```
                    <span style="float:left;"><input name="price" type="text" class="Sytle_text" id="price">
</span><span   style="float:left;padding-top:10px;"> (元)</span></td>
                    </tr>
                    <tr>
                      <td height="45"> 是否新品：</td>
                      <td>  <input name="newBook" type="radio" class="noborder" value="1" checked>
是
  <input name="newBook" type="radio" class="noborder" value="0">
否</td>
                      <td> 是否特价：</td>
                      <td><input name="sale" type="radio" class="noborder" value="1" checked>
是
  <input name="sale" type="radio" class="noborder" value="0">
否</td>
                    </tr>
                    <tr>
                      <td height="103"> 图书简介：</td>
                      <td colspan="3"><span class="style5">  </span>
                          <textarea  name="introduce"  cols="60"  rows="5"  style="height:180px;"  id="introduce">
</textarea></td>
                    </tr>
                    <tr>
                      <td height="38" colspan="4" align="center">
                          <input  name="Button"  type="button"  class="btn_bg_short"  value="保存"  onClick=
"mycheck()">
 
<input name="Submit2" type="reset" class="btn_bg_short" value="重置">
                           
                          <input  name="Submit3"  type="button"  class="btn_bg_short"  value="返回"  onClick=
"JScript:history.back(-1)">
                      </td>
                    </tr>
                  </table>
                  </form>
        <!---->
</td>
          <td  width="182"  valign="top"><table  width="100%"  height="431"   border="0"  cellpadding="0"
cellspacing="0">
        <tr>
          <td width="199" valign="top" bgcolor="#FFFFFF"><jsp:include page="navigation.jsp"/></td>
        </tr>
      </table></td>
  </tr>
</table>
<jsp:include page="copyright.jsp"/>
</body>
</html>
```

添加图书信息页面的运行结果如图 8.36 所示。

图 8.36　添加图书信息页面的运行结果

3. 修改图书信息

在图书管理首页中单击想要修改的图书信息后面的修改图标，即可进入到修改图书信息页面。修改图书信息页面主要用于修改指定图书的基本信息。因为修改图书信息页面布局和功能与添加图书信息页面基本类似，所以本节不做详细的代码介绍。修改图书信息页面的运行结果如图 8.37 所示。

图 8.37　修改图书信息页面的运行结果

8.10.4　销量排行榜模块设计

单击后台导航条中的“销量排行榜”按钮即可进入到销量排行榜页面。在该页面中将以表格的形式对销量排在前十名的图书信息进行显示，方便管理员及时了解各种图书的销量情况，从而根据该结果做出相应的促销活动。程序中使用 SQL 语句直接从数据库中读出已经排好序的图书信息，然后直接展示在页面当中。关键代码如下：

例程 48　代码位置：TM\BookShop\WebContent\manage\topmanage.jsp

```
<%
    String sql="select top 10 t2.bookName,sum(t1.number) as num"+
    " from tb_order_detail t1,tb_book t2 "+
    " where t1.bookID=t2.ID "+
    " group by t2.bookName "+
    " order by num desc";
     ResultSet rs = conn.executeQuery(sql);
     String bookName = "";
     int num = 0;
%>
<html>
<head>
<title>神奇 Book——后台管理</title>
<meta http-equiv="Content-Type" content="text/html; charset=GBK">
<link href="CSS/style.css" rel="stylesheet">
</head>
<body>
<!--省略部分代码-->
<table width="96%" height="48"   border="1" cellpadding="10" cellspacing="0" bordercolor="#FFFFFF"
bordercolordark="#CCCCCC" bordercolorlight="#FFFFFF">
                    <tr align="center">
                      <td width="80%">产品名称</td>
                      <td width="20%">销售数量（个）</td>
                    </tr>
<%
     while (rs.next()) {
          bookName = rs.getString("bookName");
          num = rs.getInt("num");
%>
          <tr align="center">
            <td><%=bookName%></td>
            <td><%=num%></td>
          </tr>
<%
     }
%>
      </table>
</td>
        <!--此处省略部分代码-->
```

```
</table>
<jsp:include page="copyright.jsp"/>
</body>
</html>
```

销量排行榜页面的运行效果如图 8.38 所示。

图 8.38　销量排行榜页面的运行效果

8.10.5　会员管理模块设计

单击后台导航条中的“会员管理”按钮即可进入到会员信息管理首页。对于会员信息的管理主要是查看会员基本信息，但对于会员密码管理员是无权查看的。会员管理页面核心代码如下：

例程 49　代码位置：TM\BookShop\WebContent\manage\membermanage.jsp

```
<%
ResultSet rs=conn.executeQuery("select * from tb_Member");
%>
<html>
<head>
<title>神奇 Book——后台管理</title>
<meta http-equiv="Content-Type" content="text/html; charset=GBK">
<link href="CSS/style.css" rel="stylesheet">
</head>
<body>
<jsp:include page="banner.jsp"/>
<!--省略部分代码-->
<table width="100%" height="14"   border="0" cellpadding="0" cellspacing="0">
            <tr>
              <td height="13" align="center"> </td>
            </tr>
      </table>
            <table width="96%" height="48"   border="1" cellpadding="0" cellspacing="0" bordercolor="#FFFFFF"
bordercolordark="#CCCCCC" bordercolorlight="#FFFFFF">
```

```
                    <tr>
                      <td width="14%" height="27" align="center">
                        用户名</td>
                      <td width="14%" align="center">真实姓名</td>

                      <td width="14%" align="center">电话</td>
                      <td width="26%" align="center">Email</td>
                      <td width="10%" align="center">销费额</td>
                      <%--<td width="11%" align="center">冻结/解冻</td>
                    --%></tr>
<%
String str=(String)request.getParameter("Page");
if(str==null){
    str="0";
}
int pagesize=10;
rs.last();
int RecordCount=rs.getRow();
int maxPage=0;
maxPage=(RecordCount%pagesize==0)?(RecordCount/pagesize):(RecordCount/pagesize+1);
int Page=Integer.parseInt(str);
if(Page<1){
    Page=1;
}else{
    if(((Page-1)*pagesize+1)>RecordCount){
        Page=maxPage;
    }
}
rs.absolute((Page-1)*pagesize+1);
for(int i=1;i<=pagesize;i++){
        int ID=rs.getInt("ID");
        String username=rs.getString("username");
        String Truename=rs.getString("Truename");
        String city=rs.getString("city");
        String CardNO=rs.getString("CardNO");
        String CardType=rs.getString("CardType");
        float Amount=rs.getFloat("Amount");
        String Tel=rs.getString("Tel");
        String Email=rs.getString("Email");
        int freeze=rs.getInt("freeze");
        %>
                    <tr style="padding:5px;">
                      <td  height="24"  align="center"><a  href="member_detail.jsp?ID=<%=ID%>"><%=username%>
</a> </td>
                      <td align="center"><%=Truename%> </td>

                      <td align="center"><%=Tel%> </td>
                      <td align="center"><%=Email%> </td>
                      <td align="center"><%=Amount%></td>
```

```
                </tr>
<%
        try{
            if(!rs.next()){break;}
            }catch(Exception e){}
}
%>
        </table>
<table width="100%"  border="0" cellspacing="0" cellpadding="0">
  <tr>
    <td height="27" align="right">当前页数：[<%=Page%>/<%=maxPage%>] 
     <%if(Page>1){%>
     <a href="membermanage.jsp?Page=1">第一页</a>  <a href="membermanage.jsp?Page=<%=Page-1%>">
上一页</a>
     <%
     }
     if(Page<maxPage){
     %>
       <a href="membermanage.jsp?Page=<%=Page+1%>">下一页</a>  <a href="membermanage.jsp?Page=<%=
maxPage%>">最后一页 </a>
     <%}
     %>  </td>
  </tr>
</table>
</td>
     <!--省略部分代码-->
</table>
<jsp:include page="copyright.jsp"/>
</body>
</html>
```

会员信息管理页面的运行效果如图 8.39 所示。

图 8.39　会员信息管理页面的运行结果

8.10.6　订单管理模块设计

单击后台导航条中的“订单管理”按钮即可进入到订单信息管理首页。对于订单的管理主要是显示订单列表，以及按照订单编号查询指定的订单。关键代码如下：

例程 50　代码位置：TM\BookShop\WebContent\manage\ordermanage.jsp

```
<%
    StringBuffer sql = new StringBuffer();
    sql.append("select * from tb_order t1,tb_order_detail t2,tb_book t3 where 1=1 and t1.OrderID=t2.orderID
and t3.ID=t2.bookID ");
    String orderId=request.getParameter("orderId");
    if(orderId!=null && !orderId.equals("0") && !orderId.equals("")){
        sql.append(" and t1.OrderID ="+Integer.parseInt(orderId)+"   ");
    }

    System.out.println("SQL="+sql.toString());
    ResultSet rs = conn.executeQuery(sql.toString());
    int orderID = 0;
    String username = "";
    String bookName = "";
    int bnumber = 0;
    String recevieName = "";
    String address = "";
    String tel = "";
    String orderDate = "";
    String bz = "";
    //int enforce = 0;
%>
<html>
<head>
<title>神奇 Book——后台管理</title>
<meta http-equiv="Content-Type" content="text/html; charset=GBK">
<link href="CSS/style.css" rel="stylesheet">
<script src="JS/jquery.min.js"></script>
</head>
<body>
<jsp:include page="banner.jsp"/>
<table width="1280" height="288"   border="0" align="center" cellpadding="0" cellspacing="0" bgcolor="#FFFFFF">
  <tr>
    <td align="center" valign="top"><table width="100%"   border="0" cellpadding="0" cellspacing="0">
      <tr>
        <td align="right"> </td>
        <td height="10" colspan="3"> </td>
        <td> </td>
      </tr>
                              <tr>
```

```
                                    <td align="right">
                                         
                                    </td>
                                    <td height="10" colspan="3">
                                        <form action="ordermanage.jsp" method="get" onsubmit="return
search();" >
                                            <input type="text" placeholder="根据订单号查询" name="orderId"
id="orderId" />
                                            <input type="submit" value="查询" />
                                        </form>
                                    </td>
                                    <td>
                                         
                                    </td>
                                </tr>
                                <tr>
        <td height="29" align="right"> </td>
        <td width="10" background="images/manage_leftTitle_left.GIF"> </td>
        <td width="1089" align="center" background="images/manage_leftTitle_mid.GIF" class="word_white">
<b>订单列表</b></td>
        <td width="10" background="images/manage_leftTitle_right.GIF"> </td>
        <td> </td>
      </tr>
      <%
    String str = (String) request.getParameter("Page");
    if (str == null) {
        str = "0";
    }
    int pagesize = 10;
    rs.last();
    int RecordCount = rs.getRow();
    if(RecordCount==0){
        %>
      <tr>
        <td height="29" align="right"> </td>
        <td width="10"> </td>
        <td width="1089" align="center" style="color:#000" class="word_white"><b>没有记录!</b></td>
        <td width="10"> </td>
        <td> </td>
      </tr>
    </table>
        </td>
            <td width="182" valign="top">

          <table width="100%" height="431"  border="0" cellpadding="0" cellspacing="0">
      <tr>
        <td width="199" valign="top" bgcolor="#FFFFFF"><jsp:include page="navigation.jsp"/></td>
      </tr>
```

```
        </table></td>
    </tr>
</table>
            <jsp:include page="copyright.jsp"/>
</body><%
            return;
        }
        %>

        <!---->
    <table  width="96%"  height="48"   border="1"  cellpadding="0"  cellspacing="0"  bordercolor="#FFFFFF"
bordercolordark="#CCCCCC" bordercolorlight="#FFFFFF">
                            <tr align="center">
                              <td width="8%" height="30">订单号</td>
                              <td width="20%">产品名称</td>
                              <td width="8%">数量</td>
                              <td width="10%">收货人</td>
                              <td width="15%">电话</td>
                              <td width="26%">下单日期</td>
                            </tr>
<%
        int maxPage = 0;
        maxPage = (RecordCount % pagesize == 0) ? (RecordCount / pagesize)
                    : (RecordCount / pagesize + 1);
        int Page = Integer.parseInt(str);
        if (Page < 1) {
            Page = 1;
        } else {
            if (((Page - 1) * pagesize + 1) > RecordCount) {
                Page = maxPage;
            }
        }
        rs.absolute((Page - 1) * pagesize + 1);
        for (int i = 1; i <= pagesize; i++) {
            orderID = rs.getInt("orderID");
            bnumber = rs.getInt("bnumber");
            recevieName = rs.getString("recevieName");
            bookName =rs.getString("bookName");
            bookName =rs.getString("bookName");
            tel =rs.getString("tel");
            orderDate = rs.getString("orderDate");
            orderDate=orderDate.substring(0,16);
%>
            <tr align="center">
              <td height="24"><a href="order_detail.jsp?ID=<%=orderID%>"><%=orderID%></a></td>
               <td><%=bookName%></td>
               <td><%=bnumber%></td>
              <td><%=recevieName%></td>
```

```
                <td><%=tel%></td>
                <td><%=orderDate%></td>

            </tr>
<%
        try {
                if (!rs.next()) {
                    break;
                }
            } catch (Exception e) {
            }
        }
%>
        </table>
<table width="100%"   border="0" cellspacing="0" cellpadding="0">
  <tr>
    <td height="24" align="right">当前页数：[<%=Page%>/<%=maxPage%>] 
     <%
            if (Page > 1) {
     %>
     <a href="ordermanage.jsp?Page=1">第一页</a>   <a href="ordermanage.jsp?Page=<%=Page - 1%>">上
一页</a>
     <%
            }
            if (Page < maxPage) {
     %>
       <a href="ordermanage.jsp?Page=<%=Page + 1%>">下一页</a>   <a href="ordermanage.jsp?Page=
<%=maxPage%>">最后一页 </a>
     <%
            }
     %>  </td>
  </tr>
</table>
<!--省略部分代码-->
</body>
<script>
function search(){
        var z= /^[0-9]*$/;
        if(!z.test($('#orderId').val())){
            alert('订单号为数字格式！');
            return false;
        }

        return true;
}
</script>
</html>
```

订单管理模块首页运行结果如图 8.40 所示。

图 8.40　订单管理模块首页运行结果

8.11　开发技巧与难点分析

1. 前台页面和后台页面的区分

很多前台页面和后台页面具有相同的功能，所以在命名上可能会发生冲突，例如登录页面的名字通常叫“login”，但前台和后台都有登录功能，使用的页面却不一样，这种情况下有两种解决思路：一种是给页面文件命名为详细功能，例如“login_front”“login_manage”；另一种是将前台页面和后台页面放在不同的路径下分别管理，本程序就采取了第二种方法，效果如图 8.41 所示。

图 8.41　将前台页面和后台页面分别放在两个文件夹中

2. 将网页的头部和尾部写成单独的页面文件

jsp 提供<jsp:include>和<%include%>两种语法在一个页面文件中加载其他页面文件。将网页中固定的头部和尾部单独两个页面文件，然后让每个不同页面调用，这样就保证了页面不断切换的同时保证头尾内容不发生变化，效果如图 8.42 和图 8.43 所示。在页面中调用头部网页和尾部页面的关键代码如下：

```
<body>
    <jsp:include page="index-loginCon.jsp" />
```

```
        <!-- 网站头部 -->
        <%@ include file="common-header.jsp"%>
        <!-- //网站头部 -->
<div>
        省略网页中的内容……
</div>
        <!-- 版权栏 -->
        <%@ include file="common-footer.jsp"%>
        <!-- //版权栏 -->
</body>
```

图 8.42　网站头部位置

图 8.43　网站尾部位置

8.12　本 章 小 结

本项目主要分为前台功能和后台功能两大模块。前台功能主要是面向网站客户，并提供了注册、登陆和购物车等功能。前台功能以美观、实用为主，功能中包含了 JavaBean 技术、servlet 技术，在购物车中又实现了数据库自动生成编号、调用支付宝接口等技术。后台功能主要面向网站的维护人员，这里提供的功能以数据维护和展示报表为主。后台功能大部分都是数据处理，所以涉及很多 SQL 语句的编写，但不要求界面美观，只要做到数据展示简介明了即可。

第 9 章

企业门户网站

（JSP+JavaBean+SQL Server 2014 实现）

随着计算机与电子技术的飞速发展以及网络越来越普及，国内外很多大中小企业都意识到网络信息传递带给企业的效益是任何其他传递方式不可比拟的，网络在某种程度上可以大大提高员工的办事效率，提升整个企业的竞争力，所以很多企业选择通过互联网为企业做宣传、树立企业良好形象以及提高企业知名度等。本章通过一个小型企业门户网站介绍如何使用JSP+JavaBean+SQL Server 2014快速开发一个企业门户网站。

通过阅读本章，可以学习到：

- **如何进行网站的需求分析**
- **如何进行系统设计**
- **如何进行数据库分析与数据库建模**
- **如何配置 Tomcat 连接池**
- **如何在 JSP 中创建过滤器**

9.1 开 发 背 景

××公司是一家以经营电子产品为主的小型企业，大多数中小企业都不愿意花费巨额的经费去做广告宣传，××公司也不例外，企业领导人深知网络宣传具有低投入、高回报的特点，所以委托笔者制作一个企业门户网站，意在为自己的企业进行网络宣传。这里所谓的网络宣传并不仅是简单的网站展示建设，或通过网络媒介做一些广告宣传，它还包括利用网络在企业之间、企业内部以及企业和用户之间传递信息，以达到用户更深入地了解企业及企业商品的目的。

9.2 需 求 分 析

成功的企业门户网站需要一个高质量的前台页面和可以提升企业信息延续性和扩展性的后台管理系统。这里所说的高质量的前台页面不仅具有美观、动态的特点，它还需要具有网站信息传输的高效性、安全性、可靠性等优势，并确保网站中商业信息不被丢失。为了实现网站功能具有较高的延续性和可扩展性，使网站的建设紧跟企业发展的需求，就需要一个网站后台管理系统。同时考虑到企业所能承担的成本，决定使用 JSP+JavaBean 开发模式，这种模式更加适合中小型项目的开发。

通过实际调查，要求企业门户网站具有以下功能。

☑ 门户网站前台页面设计美观、大方，凸显企业商品、新闻、文化信息等。
☑ 门户网站后台页面简洁，应具有企业新闻、商品、用户管理等功能模块。
☑ 前后台设计明确，并保证前后台的安全性。
☑ 充分考虑架设网站平台时节约企业的成本，应用 JSP+JavaBean+SQL Server 2014 开发模式。

9.3 系 统 设 计

9.3.1 系统目标

开发企业门户网站的最终目的是为企业提供一个简单、易用、开放、可扩展的企业信息门户平台。通过需求分析以及与客户的沟通，现制定网站实现目标如下。

☑ 网站使用人性化设计，界面友好、安全、实用。
☑ 网站操作便捷并具有高度信息延续性、可扩展性。
☑ 提供建立在关系型数据库系统上的数字信息组织、管理、查询等功能。
☑ 对用户输入的数据进行严格的数据检索，尽可能地排除人为错误。
☑ 最大限度地实现网站易维护性和易操作性。

9.3.2 系统功能结构

根据企业门户网站的特点，可以将网站分为前台、后台两个部分。前台部分主要实现企业与客户

交互，后台部分主要实现网站相关信息管理功能。

1．网站前台

网站前台部分主要包括企业新闻展示、产品信息介绍、公司文化、技术支持、管理员登录等功能模块。网站前台功能结构如图 9.1 所示。

2．网站后台

网站后台部分主要包括企业新闻管理、商品管理、管理员注销等功能模块。网站后台功能结构如图 9.2 所示。

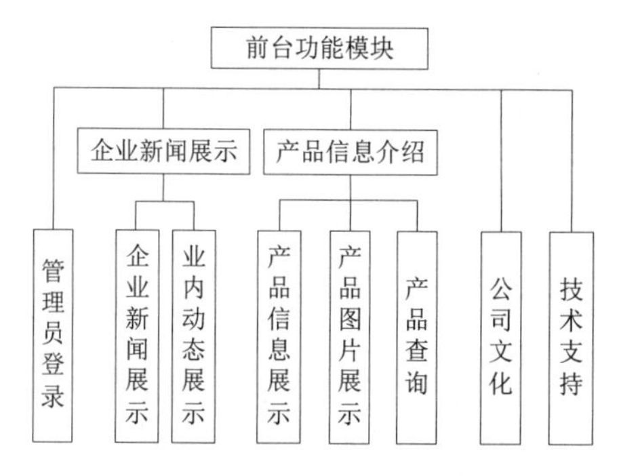

图 9.1　网站前台功能结构

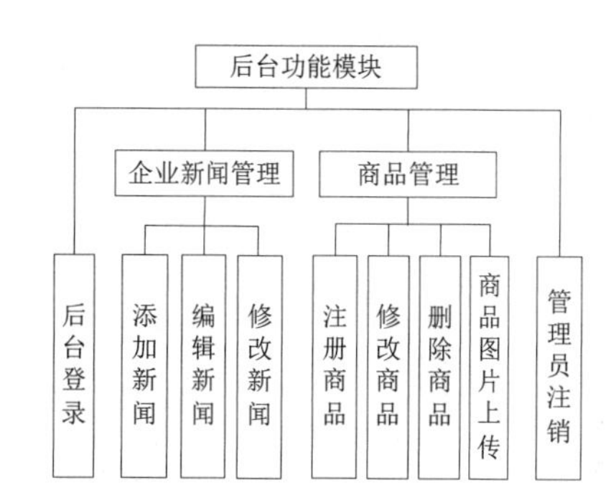

图 9.2　网站后台功能结构图

9.3.3　业务流程图

企业门户网站业务流程如图 9.3 所示。

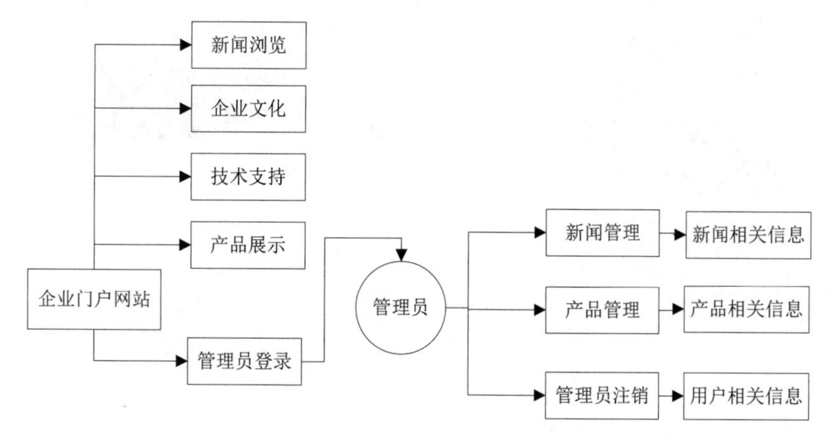

图 9.3　企业门户网站业务流程

9.3.4　系统预览

企业门户网站由多个页面组成，下面列出几个典型页面，其他页面参见本书资源包中的源程序。

企业新闻页面如图 9.4 所示，该页面用于实现企业新闻展示等功能。公司文化展示页面如图 9.5 所示，主要用于展示企业文化。

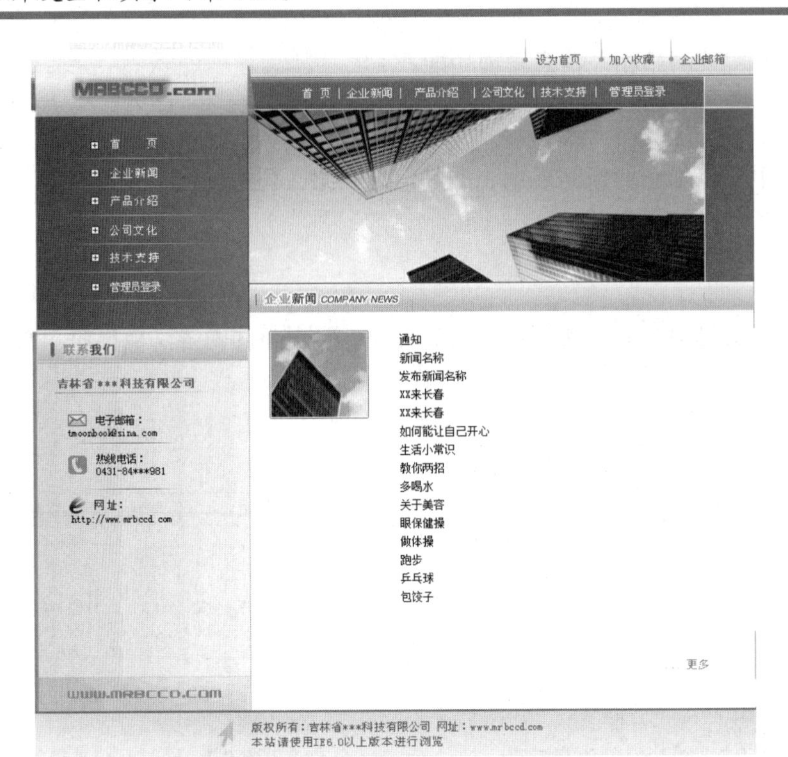

图 9.4　企业新闻页面（TM\09\net\WebRoot\qyxw.jsp）

图 9.5　公司文化页面（TM\09\net\WebRoot\qywh.jsp）

技术支持页面如图 9.6 所示，该页面用于向用户提供联系方式等功能。产品介绍页面如图 9.7 所示，

主要用于实现商品添加、商品删除、商品图片上传等功能。

图 9.6　技术支持页面（TM\09\net\WebRoot\jszc.jsp）

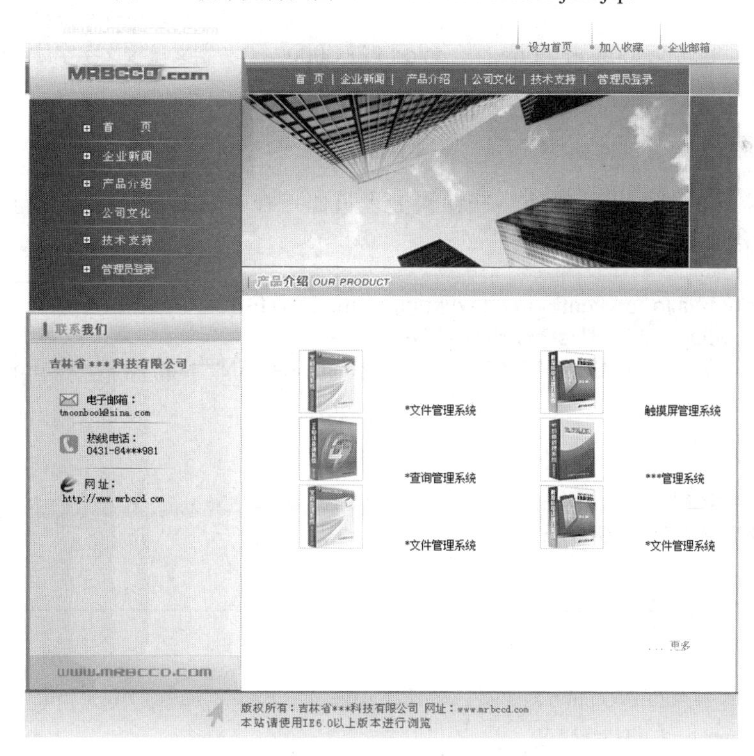

图 9.7　产品介绍页面（TM\09\net\WebRoot\cpjs.jsp）

9.3.5 构建开发环境

1. Eclipse 中配置 Tomcat 服务器

Eclipse 提供了与各种 Java Web 服务器的连接方式，经过设置后，可以直接在 Eclipse 中启动 Tomcat 服务器，这样便可以在 Eclipse 中控制服务器的启动和停止。本系统的运行环境采用的是 Tomcat 9.0。

2. 构建页面风格

网站的前台页面是网站建设中不可忽略的，美观的网页除了美工的设计外，还需要定义一个良好的 CSS 样式文件，命名为 style.css。关键代码如下：

```
.zi {                                         //定义名为 zi 的样式，字体大小为 12px，颜色为#FF6501
    font-size: 12px;
    color: #FF6501;
}
input{                                        //定义网页中文本框的样式
    font-size: 9pt;                           //字体大小为 9pt
    color: #333333;                           //颜色为#333333
    border: 1px solid #999999;                //边框颜色、粗细
}
a:hover {                                     //定义鼠标经过链接文字时的样式
    font-size: 9pt;   color: #FF0000;         //定义字体与颜色
}
a {                                           //定义链接文字的样式
    font-size: 9pt;   text-decoration: none;   color: #FFC000;   //定义链接文字字体与颜色
}
```

3. 错误处理页面

当 JSP 页面发生异常时，需要创建一些错误处理页面。在本网站建设中，创建一个错误页面，命名为 error.jsp。关键代码如下：

```
<%@ page language="java" contentType="text/html; charset=UTF-8"
❶        pageEncoding="UTF-8" isErrorPage="true"%>
<!DOCTYPE html PUBLIC "-//W3C//DTD HTML 4.01 Transitional//EN" "http://www.w3.org/TR/html4/loose.dtd">
<html>
<!--省略部分代码-->
<body>
程序中发生了以下的错误：
❷    <%=exception.getMessage()%>
</body>
</html>
```

代码贴士

❶ isErrorPage="true"：当使用 exception 对象时，必须在 page 指令中指定 isErrorPage="true"。

❷ exception.getMessage()：打印错误信息。

当 JSP 文件需要使用错误页面时，需要使用以下代码：

```
<%@ page language="java" contentType="text/html; charset=UTF-8"
    pageEncoding="UTF-8"    errorPage="../error.jsp"%>          //在 JSP 页面中引用错误页面
```

当一个使用错误页面的 JSP 文件出现错误时，系统会自动调用 error.jsp 页面。

9.3.6　文件夹组织结构

在开发项目前，将可能用到的文件夹创建出来，可以方便以后的开发工作，还可以规范网站的整体架构。本网站的文件夹组织结构如图 9.8 所示。

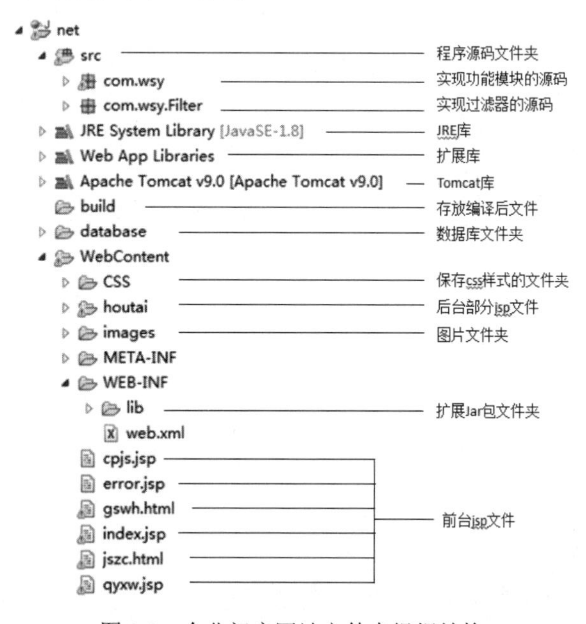

图 9.8　企业门户网站文件夹组织结构

9.4　数据库设计

9.4.1　数据库需求分析

企业门户网站的数据库访问量是比较大的，开发企业门户网站使用的数据库不仅应能承载巨大的数据量，而且还需要具有强大的稳定性和可靠性。考虑到节约网站开发成本，笔者决定使用 SQL Server 2014 数据库。

SQL Server 2014 是一种客户/服务器模式的关系型数据库。它具有很强的数据完整性、可伸缩性、可管理性、可编程性；具有均衡与完备的功能；性价比较高。SQL Server 2014 数据库提供了复制服务、数据转换服务、报表服务，并支持 XML 语言。使用 SQL Server 2014 数据库可以大容量地存储数据，并对数据进行合理的逻辑布局，应用数据库对象可以对数据进行复杂的操作。

9.4.2 数据库概念设计

通过对系统进行的需求分析、系统流程设计以及系统功能结构的确定，规划出本系统中使用的主要数据库实体对象分别为新闻实体、商品实体、商品类别实体和用户实体。其中，商品实体与商品类别实体需要以外键进行联系。

（1）新闻实体对象

新闻实体对象包括新闻标题、新闻内容、新闻作者、提交时间及新闻编号等属性。这几个属性均为新闻实体的基本信息，其中，新闻编号为新闻实体对象的唯一标识，设置为自动增长类型。新闻实体 E-R 图如图 9.9 所示。

（2）商品实体对象

商品实体对象包括商品编号、商品名称、商品样图、商品描述、商品类别、提交时间等属性。其中，商品编号为商品实体对象的唯一标识，设置为自动增长类型；商品样图存储商品样图的文件名称；商品提交时间属性设置为 datetime 类型。商品实体 E-R 图如图 9.10 所示。

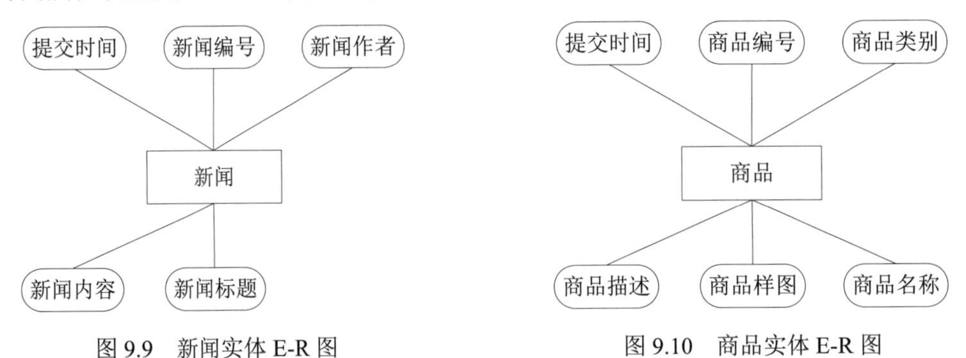

图 9.9　新闻实体 E-R 图　　图 9.10　商品实体 E-R 图

（3）商品类别实体对象

商品类别实体对象包括商品类别名称、商品类别编号、提交时间等属性。其中，商品类别编号属性为商品类别实体对象的唯一标识，设置为自动增长类型。商品类别实体 E-R 图如图 9.11 所示。

（4）用户实体对象

用户实体对象包括用户名称、用户编号、用户密码等属性。其中，用户编号属性为用户实体对象的唯一标识，设置为自动增长类型。用户实体 E-R 图如图 9.12 所示。

图 9.11　商品类别实体 E-R 图　　图 9.12　用户实体 E-R 图

9.4.3 数据库逻辑结构设计

根据在数据库概念设计中给出的数据库实体 E-R 图，可以设计数据表结构。本网站包括以下数据表。

（1）tb_business（企业商品表）

企业商品表主要用于存放企业商品信息。tb_business 表结构如图 9.13 所示。

列名	数据类型	长度	允许空	描述
id	int	4		商品ID
name	varchar	50	✓	商品名称
img	varchar	50	✓	商品样图
ms	varchar	100	✓	商品描述
category	varchar	20	✓	商品类别
submittime	datetime	8	✓	商品提交时间

图 9.13　企业商品表结构

（2）tb_usertable（用户表）

用户表主要保存用户的相关信息。tb_usertable 表结构如图 9.14 所示。

列名	数据类型	长度	允许空	描述
id	int	4		用户编号
name	varchar	50	✓	用户名
password	varchar	50	✓	用户密码

图 9.14　用户表结构

（3）tb_category（商品类别表）

商品类别表主要用于保存商品类别的相关信息。tb_category 表结构如图 9.15 所示。

列名	数据类型	长度	允许空	描述
id	int	4		商品类别编号
categoryname	varchar	50	✓	商品类别名称
submittime	datetime	8	✓	提交时间

图 9.15　商品类别表结构

（4）tb_news（企业新闻表）

企业新闻表主要用于存放企业新闻的相关信息。tb_news 表结构如图 9.16 所示。

列名	数据类型	长度	允许空	描述
id	int	4		新闻编号
title	varchar	50	✓	新闻名称
content	varchar	100	✓	新闻内容
author	varchar	20	✓	新闻作者
submittime	datetime	8	✓	提交时间

图 9.16　企业新闻表结构

9.5　公共模块设计

9.5.1　定义 connsqlserver 类

为了使连接数据库的代码高度重用，在这里笔者将数据库连接操作封装到 JavaBean 中，命名为 connsqlserver.java，作为公用类使用。创建 connsqlserver.java 文件的步骤如下。

（1）创建数据库连接方法。关键代码如下：

例程 01　代码位置：TM\09\net\src\com\wsy\connsqlserver.java

```
private void getConnection() {                                    //打开数据库连接
    try {
```

```
            cn = DriverManager.getConnection(url, username, password);          //创建连接
        } catch (SQLException e) {
            e.printStackTrace();
        }
}
```

（2）connsqlserver.java 文件中除了设置数据库连接方法外，还要设置数据库查询方法。关键代码如下：

例程 02　代码位置：TM\09\net\src\com\wsy\connsqlserver.java

```
public ResultSet executeQuery(String sql) {
        getConnection();                                              //打开数据库连接
        try {
            //返回从数据库中获取的数据集合
            return cn.createStatement(ResultSet.TYPE_SCROLL_SENSITIVE, ResultSet.CONCUR_ UPDATABLE).
executeQuery(sql);
        } catch (SQLException e) {
            e.printStackTrace();
            return null;
        }
}
```

（3）创建数据表更新方法。关键代码如下：

例程 03　代码位置：TM\09\net\src\com\wsy\connsqlserver.java

```
public int executeUpdate(String sql) {
        getConnection();                                              //打开数据库连接
        try {
            //执行 SQL，并返回受影响的行数
            return cn.createStatement().executeUpdate(sql);
        } catch (SQLException e) {
            e.printStackTrace();
            return -1;
        }
}
```

（4）创建数据库连接关闭方法。尽管程序开发使用了连接池这种高效的数据库连接方式，但如果一个数据库连接不被关闭，还是很容易使数据库连接枯竭，抛出异常，实际上在这里使用的数据库关闭方法不是真正地销毁一个数据库连接，而是将数据库连接返回到连接池中。数据库连接关闭的关键代码如下：

例程 04　代码位置：TM\09\net\src\com\wsy\connsqlserver.java

```
public void close() {
        try {
            cn.close();                                                   //关闭数据库连接
        } catch (SQLException e) {
            e.printStackTrace();                                          //捕捉异常
        }finally{
            cn = null;                                                    //最终将连接置空
        }
}
```

9.5.2　创建 Web 应用过滤器

Web 应用中过滤器可以获取客户端的请求，并对请求做相应的处理，例如可以验证用户是否来自可信网络，对用户提交的数据进行重新编码等。在实际的开发中可以对 Web 应用组件配置多个过滤器，每个过滤器执行不同的功能。创建 Web 应用过滤器的步骤如下。

（1）在“项目名称\WebRoot\WEB-INF”路径下找到 web.xml 文件，将以下配置过滤器代码添加到 web.xml 文件中的<web_app></web_app>标签之间。

例程 05　代码位置：TM\09\net\WebRoot\WEB-INF\web.xml

```
<filter>
<filter-name>modifycode</filter-name>                <!--过滤器名称-->
<filter-class>com.wsy.Filter.ModifyCode</filter-class>   <!--配置过滤器类所在的位置-->
<init-param>
    <param-name>code</param-name>                    <!--在过滤器中配置参数名称-->
    <param-value>UTF-8</param-value>                 <!--赋予参数 code 值-->
</init-param>
</filter>
<filter-mapping>
<filter-name>modifycode</filter-name>                <!--过滤器名称，与<filter-name>标签中的配置相同-->
<url-pattern>/*</url-pattern>                        <!--过滤器对应的 URL，表示所有网页都会使用到过滤器-->
<dispatcher>REQUEST</dispatcher>                     <!--当用户提出请求动作时，才会通过此过滤器-->
<dispatcher>FORWARD</dispatcher>                     <!--当用户发出转发动作时，才会通过此过滤器-->
<dispatcher>INCLUDE</dispatcher>                     <!--当用户发出包含文件动作时，才会通过此过滤器-->
<dispatcher>ERROR</dispatcher>                       <!--当用户使用错误机制时，才会通过此过滤器-->

</filter-mapping>
```

（2）创建字符编码过滤器。如果开发一个过滤器，必须实现 Filter 接口。Filter 接口定义如下方法。

☑　init()方法：当一个过滤器被加载时，首先执行 init()方法，一般在这里做初始化操作。

☑　doFilter(ServletRequest,ServletReponse,FilterChain chain)方法：这个方法有 3 个参数，前两个参数是 request、response 对象，最后一个参数是 FilterChain 对象，它使用 doFilter()方法将 request、response 对象传递到下一个过滤器。

☑　destroy()方法：销毁过滤器方法。

创建过滤器类 com.wsy.Filter.ModifyCode.java。关键代码如下：

例程 06　代码位置：TM\09\net\src\com\wsy\Filter\ModifyCode.java

```
public class ModifyCode implements Filter{
    protected FilterConfig filterConfig;
    private String targetEncoding="UTF-8";
    public void init(FilterConfig config)throws ServletException{          //init()方法
        this.filterConfig=config;
❶       this.targetEncoding=config.getInitParameter("code");        //获取 web.xml 中参数 code 的值
    }
```

```
    public void doFilter(ServletRequest request,ServletResponse response,FilterChain chain)throws Servlet
Exception{
        HttpServletRequest srequest=(HttpServletRequest)request;
        try{
❷           srequest.setCharacterEncoding(this.targetEncoding); //进行转码操作
            chain.doFilter(request, response);               //将 request、response 对象传递给下一个过滤器
        }catch(Exception e){
            e.printStackTrace();                              //捕捉异常
        }
    }
    public void destroy(){                                    //销毁过滤器
        this.filterConfig=null;                               //置空
    }
}
```

代码贴士

❶ targetEncoding：获取在 web.xml 中定义的 code 参数的值。

❷ srequest.setCharacterEncoding(this.targetEncoding)：将页面的编码统一修改为此编码。

9.5.3 构建转码类

在项目开发过程中，数据库的编码通常是 ISO-8859-1，而项目编码往往是 UTF-8、GBK、GB2312 等，此时如果不在显示过程中对数据进行转码操作，页面上的中文就会出现乱码现象。

在本系统中，项目为 UTF-8 编码，所以笔者设计一个将 ISO-8859-1 与 UTF-8 编码之间互相转换的 com.wsy.StringTrans.java 类。其中包括将 ISO-8859-1 编码转换为 UTF-8 的方法。关键代码如下：

例程 07 代码位置：TM\09\net\src\com\wsy\StringTrans.java

```
public static String tranC(String chB){
    String result=null;
    byte temp[];
    try{
      temp=chB.getBytes("iso-8859-1");                 //将字符串以 byte 形式初始化 temp 数组
      result=new String(temp,"UTF-8");                 //将 temp 数组初始化为 UTF-8 编码的字符串
    }catch(UnsupportedEncodingException e){
      System.out.println(e.toString());                //捕捉异常
    }
    return result;                                     //返回转换后的字符串
}
```

视频讲解

9.6 网站首页设计

9.6.1 首页概述

现今的网站多得数不胜数，且网站的主题有的也大同小异，吸引浏览者的将不再只是网站所承载

的信息，而是其美观、和谐的页面设计。在进行网站首页设计时，不但要求网站布局合理，而且还应该通过网站首页的主要功能模块充分体现出网站所要体现的主题内容，从而给浏览者留下更深刻的印象。

本企业门户网站主要包括信息栏、导航栏、企业信息展示和版权信息 4 部分。网站首页的运行效果如图 9.17 所示。

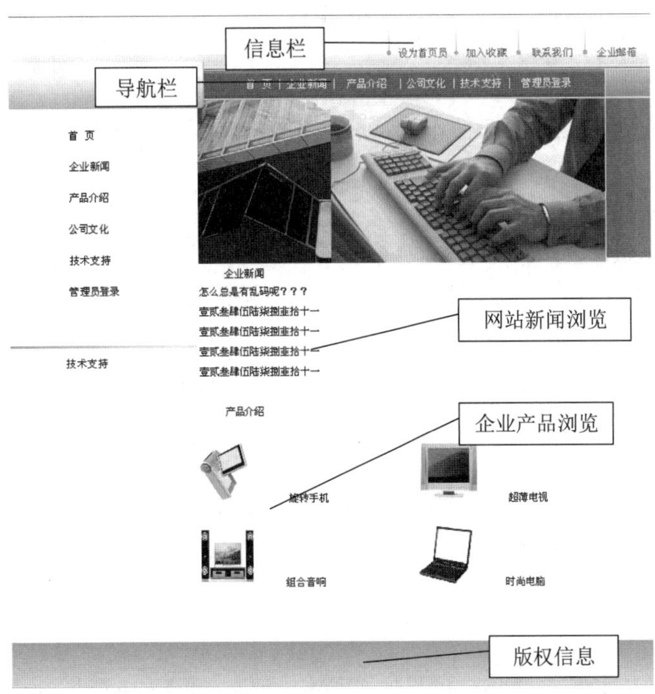

图 9.17　网站首页面

9.6.2　首页技术分析

网站首页主要包括企业新闻展示、产品介绍、公司文化、技术支持、管理员登录等功能链接。

在开发网站首页过程中，其中两个动态的部分分别为企业新闻信息浏览与企业商品信息浏览，管理员在后台管理系统中添加了网站新闻以及做了商品注册等操作，相应地将新闻与商品信息存入数据库中，在首页中只要调用对应的 JavaBean 中的数据库查询方法即可在首页显示新闻与商品的相关信息。另外，在网站首页中商品的展示位置需要在查询代码中使用分栏代码，将商品以分栏的格式进行显示。

同时在企业网站的首页中，通过图片热点超链接来实现图片链接。应用图片热点超链接实现图片链接，主要通过 HTML 的<map>标记为图片添加热点。语法格式如下：

```
<img src="file_name" usemap="#MapName">
<map name="MapName">
<area shape="value" coords="坐标" href="URL" alt="描述文字">
…
</map>
```

<map>标记的属性及说明如表 9.1 所示。

表 9.1　<map>标记的属性说明

属　性	说　明	属　性	说　明
name	图片热点的名称	href	设定区域的链接地址
shape	定义图片热点区域的形状	alt	设定区域链接的描述文字
coords	设定区域坐标		

在<map>标记中，属性 shape 的取值不同，相应坐标的设定也不同。下面介绍属性 shape 的 3 种取值以及相应坐标的设定。

（1）设定属性 shape 的属性值为 rect

属性 shape 取值为 rect，表示矩形区域，属性 coords 的坐标形式为“x1，y1，x2，y2”。其中，x1、y1 代表矩形左上角的 x 和 y 坐标，x2、y2 代表矩形右下角的 x 和 y 坐标。

（2）设定属性 shape 的属性值为 circle

属性 shape 取值为 circle，表示圆形区域，属性 coords 的坐标形式为“x，y，r”。其中，x、y 为圆心坐标，r 为圆的半径。

（3）设定属性 shape 的属性值为 poly

属性 shape 取值为 poly，表示多边形区域，属性 coords 的坐标形式为“x1，y1，x2，y2，…，xn，yn”。其中，xn，yn 代表构成多边形每一点的坐标值，n 的取值为 1，2，3，…，n，多边形有几个边就有几对 x、y 坐标。

注意　可以在<body>区域中的任一位置定义<mapname=mapname></map>标签，name 是图片热点的名称。

9.6.3　首页的实现过程

开发首页主要包括以下几个功能操作。

1．企业新闻信息展示

实现企业新闻信息展示功能的步骤如下。

（1）调用 JavaBean 中的企业新闻浏览方法，以集合的形式返回。关键代码如下：

例程 08　代码位置：TM\09\net\WebRoot\index.jsp

```
<%
    Collection temp2=sql.selectNews();              //调用 JavaBean 中的方法
    Iterator it2=temp2.iterator();                  //以 iterator 函数获得集合中的数据
    while(it2.hasNext()){                           //循环结果集
        news news=(news)it2.next();                 //将集合中的数据转换为 news.java 类输出
%>
<tr valign="top" >
```

```
                                          <!--在页面显示新闻标题-->
<td height="19" colspan="2" background="images/014.jpg" class="zczi"><%=news.getTitle() %></td>
</tr>
<%} %>
```

（2）在 JavaBean 中的企业新闻查询方法，主要用于实现在数据库中查询企业新闻的相关信息。由于前台首页位置要求，所以这里笔者只取出新闻表中的前 5 条数据。关键代码如下：

例程 09　代码位置：TM\09\net\src\com\wsy\selectsql.java

```
public Collection selectNews(){
    Collection ret=new ArrayList();                          //初始化 Collection 集合
    try{
        connsqlserver connsqlserver=new connsqlserver();     //新建数据库连接
❶       String sql="select top 5 * from tb_news";            //查询新闻表中信息的 SQL 语句
❷       ResultSet rs=connsqlserver.executeQuery(sql);        //执行 SQL 语句
        while(rs.next()){                                    //循环结果集
            String title=rs.getString(2);                    //将数据库信息取出
            String author=rs.getString(3);                   //获取作者信息
            String news=rs.getString(4);                     //获取新闻信息
            news news1=new news();                           //初始化 news 类
            news1.setTitle(title);                           //将数据添加到 news.java 这个 JavaBean 中
            news1.setContent(news);                          //将新闻信息放入 JavaBean 中
            news1.setAuthor(author);                         //将作者信息放入 JavaBean 中
            ret.add(news1);                                  //将 news.java 对象添加到集合中
        }
    }catch(Exception e){
        e.printStackTrace();
    }
❸   connsqlserver.close();                                   //关闭数据库连接
    return ret;                                              //将集合返回
}
```

代码贴士

❶ sql：取出新闻表中的前 5 条记录。

❷ rs：执行 SQL 语句返回 ResultSet 结果集。

❸ connsqlserver.close()：关闭数据库连接。

2．企业商品信息展示

（1）在 JavaBean 中创建查询企业商品信息的方法。关键代码如下：

例程 10　代码位置：TM\09\net\src\com\wsy\selectsql.java

```
public ResultSet selectbusiness(){
    ResultSet rs=null;
    try{
```

```
            connsqlserver connsqlserver=new connsqlserver();   //新建数据库连接
            String sql="select   * from tb_business";               //查询商品表
            rs=connsqlserver.executeQuery(sql);                     //执行 SQL 语句
            rs.last();                                              //将 rs 游标放置到队列尾部
        }catch(Exception e){
            e.printStackTrace();                                    //捕捉异常
        }
        connsqlserver.close();                                      //关闭数据库连接
        return rs;                                                  //返回 ResultSet
}
```

（2）在首页中需要将商品信息以分栏形式排列，分栏具有很高的灵活性，可以使商品信息更清晰、一目了然。本实例所实现的分栏并不是用表格分出来的，而是单纯地使用行和列输出信息，然后通过双重循环控制行、列的输出信息。循环行、列，以分栏的形式输出商品相关信息，关键代码如下：

例程 11　代码位置：TM\09\net\WebRoot\index.jsp

```
<!--分栏显示-->
<%
    int RowCount=4;                                   //显示数据总个数
    ResultSet Rs = sql.selectbusiness();              //调用 JavaBean 中的方法
    int HRow = RowCount/2;                            //预计分栏的行数
    if (RowCount%2>0)
    HRow++;
    for (int i = 0;i<HRow;i++){%>                     //循环行数
    <%
        for (int j=i*2+1;j<=(i+1)*2;j++){             //循环列数
        Rs.absolute(j);
        if (Rs.isAfterLast())                         //如果到最后一个记录
            break;                                    //终止程序运行
    %>
<!--显示商品的相关信息-->
<img src="images/spimg/<%=Rs.getString("img")%>" width="70" height="70"><%=Rs.getString("name")%>
<%}}%>
```

9.7　商品介绍模块设计

9.7.1　商品介绍模块概述

商品介绍模块主要用于实现企业商品展示功能，一个企业门户网站是否能将自身企业的优势展现给用户，丰富的商品资源是必不可少的因素，所以此模块在整个企业门户网站中占据着非常重要的地位，如何将商品合理安置在页面中是开发此模块时需要考虑的内容。兼顾整个企业网站页面风格，将商品以分栏方式罗列在商品介绍页面中。商品介绍页面如图 9.18 所示。

图 9.18　商品介绍页面

9.7.2　商品介绍模块技术分析

商品介绍模块主要是将数据库中企业的商品信息罗列到页面中，此时需要使用数据库查询语句。

无论是 Web 程序还是应用程序，当用户进行数据库查询时，都会对数据表中的数据进行显示，但是反馈给用户的记录数是不确定的。如果记录集中的记录较多或者兼顾前台页面相关信息的摆放位置，可以选择分页或者分栏进行数据显示。

在这里笔者选择了分栏显示商品信息的方式。分栏语句中不包含表格的行与列，而单纯地使用循环控制数据的摆放位置。

9.7.3　商品介绍模块实现过程

开发商品介绍模块的步骤如下。

（1）在 JavaBean 中创建商品信息查询方法。关键代码如下：

例程 12　代码位置：TM\09\net\src\com\wsy\selectsql.java

```
public ResultSet selectbusiness(){
    ResultSet rs=null;
    try{
        connsqlserver connsqlserver=new connsqlserver();            //创建数据库连接
        String sql="select  * from tb_business";                    //查询商品
        rs=connsqlserver.executeQuery(sql);                         //返回结果集
```

```
            rs.last();                                          //将游标放置在队列最后
        }catch(Exception e){
            e.printStackTrace();                                //捕捉异常
        }
        return rs;                                              //返回结果集
}
```

（2）在前台页面中使用分栏语句将商品信息放入页面中，由于需要分为 2 行 3 列，所以总个数设置为 6。关键代码如下：

例程 13　代码位置：TM\09\net\WebRoot\cpjs.jsp

```
<tr>
    <td rowspan="2" width="543" height="339" background="images/cpjs/5.gif" class="zczi">
    <!--分栏显示-->
    <%
        int RowCount=6;
❶       ResultSet Rs = sql.selectbusiness();                    //调用 JavaBean 中的方法
        int HRow = RowCount/2;                                  //获取行数
❷       if (RowCount%2>0)                                       //如果行数为双数行
            HRow++;                                             //行数自增
        for (int i = 0;i<HRow;i++){                             //循环每行
    %>
    <%
        for (int j=i*2+1;j<=(i+1)*2;j++){
        Rs.absolute(j);
        if (Rs.isAfterLast())                                   //如果游标到最后一行
            break;                                              //终止程序
    %>
<img src="images/spimg/<%=Rs.getString("img")%>" width="70" height="70"><%=Rs.getString("name")%>
    <%}%><%}%>
</td>
</tr>
```

代码贴士

❶ sql.selectbusiness(): 调用 JavaBean 方法，返回结果集。

❷ if (RowCount%2>0): 如果当前行数能整除数字 2，说明为双数行。

9.8　后台登录模块设计

9.8.1　后台登录模块概述

后台登录页面是进入企业门户网站后台管理的入口，在该页面中，系统管理员可以输入正确的用户名和密码登录到后台管理系统。当管理员没有输入用户名或密码时，系统会通过 JavaScript 脚本进行

判断，并给予提示信息。输入用户名和密码后，单击“提交”按钮，系统会将“用户名”和“密码”文本框放入提交表单中，然后在另一个页面获得表单中用户名与密码的值，使用 SQL 语句判断是否与数据库中的用户名、密码相符。后台登录页面如图 9.19 所示。

图 9.19　后台管理员登录页面

9.8.2　后台登录模块技术分析

后台登录模块使用 JavaBean 技术开发。JavaBean 往往封装了程序的页面逻辑，它是可重用的组件，通过使用 JavaBean 可以减少在 JSP 中脚本代码的使用，这样使得 JSP 易于维护、易于被非编程人员接受。

管理员进入后台管理页面必须通过系统登录页面进入，这是任何一个管理系统的保密性的需要。为了获取用户输入的用户名与密码文本框的值，首先将这两个文本框放入表单中，进行表单提交。这里笔者使用 JSP 页面接收表单中的值，在接收页面中使用“<jsp:useBean id="" class="" scope=""/>”标签引用 JavaBean。例如：

```
<jsp:useBean id="sql" class="com.wsy.selectsql" scope="page"/>
```

上述代码中的 id 元素为此 JavaBean 实例化的对象，名称为 sql；class 元素指明 JavaBean 所在的具体位置；scope 元素指明 JavaBean 的作用范围，这里指明 JavaBean 的作用范围为 page。

使用“<jsp:useBean id="" class="" scope=""/>”中元素 id 的值 sql 调用 JavaBean 中验证登录是否成功的方法，与此同时在这里用到了 com.wsy.connsqlserver.java 文件中的连接数据库方法、查询数据库方法、关闭数据库连接方法。

为了避免用户输入错误信息，这里笔者使用了 JavaScript 脚本代码验证用户名和密码文本框是否为空，如果为空，在页面中会弹出相应的错误提示。登录模块中 JavaScript 的关键代码如下：

例程 14　代码位置：TM\09\net\WebRoot\houtai\adminlogin.jsp

```
<script type="text/javascript">
<!--
function submit2(){
    if(document.all.name.value.length==0){          //判断表单中“用户名”文本框是否为空
        alert("请填写用户名!");                      //如果表单中“用户名”文本框为空，弹出错误提示
        return false;                                //返回 false
    }
    if(document.all.password.value.length==0){      //判断表单中“密码”文本框是否为空
        alert("请填写密码!");                        //如果表单中“密码”文本框为空，弹出错误提示
        return false;                                //返回 false
    }
    document.all.loginForm.submit();                 //提交表单
    return true;
}
</script>
```

9.8.3 后台登录模块实现过程

后台登录模块的实现步骤如下。

（1）创建后台登录页面 adminlogin.jsp 文件，将“用户名”与“密码”文本框放入表单中，提交到 houtaitest.jsp 文件。关键代码如下：

例程 15 代码位置：TM\09\net\WebRoot\houtai\adminlogin.jsp

```
<form action="houtaitest.jsp" name="loginForm">                <!--表单提交-->
<table width="527" height="356" border="0" align="center" cellpadding="0" cellspacing="0" id="__01">
…//省略部分代码
                                                               <!--“用户名”文本框-->
    <td width="58%" valign="baseline"><input type="text" name="name" size="20" maxlength="20"/></td>
  </tr>
  <tr>
    <td> </td>
                                                               <!--“密码”文本框-->
    <td valign="baseline"><input type="password" name="password" size="22" maxlength="20"/></td>
              <!--在页面中的图片按钮处做热点操作-->
              <img src="../images/ht03.gif" alt="" width="527" height="206" border="0" usemap="#Map"></td>
   </tr>
</table>
</form>
```

（2）为了获取表单中的值，需要一个承载表单中文本框属性的 JavaBean，命名为 user.java，此 JavaBean 除了 setXXX()方法与 getXXX()方法外还有两个属性，分别为 name 与 password。关键代码如下：

例程 16 代码位置：TM\09\net\src\com\wsy\user.java

```
public class user {
❶   String name;                                         //name 属性
❷   String password;                                     //password 属性
    public user(){
        name="";                                         //将 name 属性置空
        password="";                                     //将 password 属性置空
    }
    public String getName(){                             //name 属性的 getXXX() 方法
        return this.name;
    }
    public String getPassword(){                         //password 属性的 getXXX() 方法
        return this.password;
    }
    public void setName(String name){
        this.name=name;                                  //name 属性的 setXXX() 方法
    }
    public void setPassword(String password){
```

```
            this.password=password;                                  //password 属性的 setXXX() 方法
      }
}
```

代码贴士

❶ name：JavaBean 中的成员变量，name 为用户名。

❷ password：JavaBean 中的成员变量，password 为密码。

（3）在 houtaitest.jsp 文件中，使用“<jsp:setProperty property="*" name="user"/>”获取表单中的值。关键代码如下：

例程 17　代码位置：TM\09\net\WebRoot\houtai\houtaitest.jsp

```
<jsp:useBean id="user" scope="page" class="com.wsy.user"/>            <!--引用 JavaBean-->
<!--使用 JavaBean 中的 setXXX()方法为 JavaBean 中的属性值赋值-->
<jsp:setProperty property="*" name="user"/>
<%
String name=user.getName().trim();                                    <!--获取“用户名”文本框的值-->
String password=user.getPassword().trim();                            <!--获取“密码”文本框的值-->
%>
```

在上述代码中，使用了“<jsp:setProperty property="*" name="user"/>”，这个标签通常与<jsp:useBean/>标签结合使用，用于设置 JavaBean 中的属性值。当 property 属性被设置为“*”时（这是一种设置 JavaBean 属性的快捷方式），它自动将用户输入的值赋予 JavaBean 中的 setXXX()方法，这时如调用 getXXX()方法，即可取出用户在文本框中输入的值。

为了避免取出用户输入带有空格的值，需要使用 trim()方法，它可以将字符串中的空格去掉返回非空格的字符串。

注意　在使用“<jsp:setProperty property="*" name="user"/>”标签时，JavaBean 中的属性名称、类型必须与表单中的文本框名称相同。如果使用了 property="*"，JavaBean 中的属性没有必要按照表单中的顺序排序。

（4）在 com.wsy.selectsql.java 文件中添加登录验证方法——check()方法。关键代码如下：

例程 18　代码位置：TM\09\net\src\com\wsy\selectsql.java

```
public static int check(String name,String password){
      int i=0;
      String names="";
      String passwords="";
      try{
            //登录验证 SQL 语句
            String sql="select * from tb_usertable where name='"+name+"'and password='"+password+"'";
            rs=connsqlserver.executeQuery(sql);                        //执行 SQL 语句
            while(rs.next()){
                  names=rs.getString("name");
                  passwords=rs.getString("password");
```

```
                if(names!=null){
                    i=1;                                    //如果验证成功，给变量 i 赋值为 1
                }
            }
        }
        catch(Exception e){
            e.printStackTrace();                            //捕捉异常
        }
        connsqlserver.close();                              //关闭数据库连接
        return i;
}
```

（5）在 houtaitest.jsp 文件中引用 selectsql.java 文件，调用 check()方法。关键代码如下：

例程 19　代码位置：TM\09\net\WebRoot\houtai\houtaitest.jsp

```
<jsp:useBean id="sql" scope="page" class="com.wsy.selectsql"/>
<%
i=sql.check(name,password);                                 //调用表单验证方法
if(i==1){
    session.setAttribute("ok","ok");
    response.sendRedirect("index.jsp");                     //如果登录成功，则转到后台管理页面
}
if(i==0){                                                   //如果登录失败
%>
<script>
    javaScript:window.alert("登录失败");                    //弹出相应对话框
</script>
<%
    response.sendRedirect("adminlogin.jsp");                //转到登录页面
}
%>
```

9.8.4　单元测试

在设计登录功能模块时容易产生一个漏洞，这就是如果用户直接在浏览器地址栏中输入"http://localhost:8080/net/houtai/index.jsp"，则无须登录即可进入后台管理页面。为了避免这样的错误，笔者采用 session 进行控制。设计步骤如下。

（1）在登录验证成功处添加 session。关键代码如下：

例程 20　代码位置：TM\09\net\WebRoot\houtai\houtaitest.jsp

```
i=sql.check(name,password);                                 //调用表单验证方法
<%
if(i==1){
    session.setAttribute("ok","ok");
    response.sendRedirect("index.jsp");                     //如果登录成功，则转到后台管理页面
}
%>
```

（2）在后台管理页面开头添加接收 session 代码。关键代码如下：

例程 21　代码位置：TM\09\net\WebRoot\houtai\index.jsp

```
<%
    if(session.getAttribute("ok")!="ok")
     response.sendRedirect("adminlogin.jsp");                    //如果 session 值不同，转入登录页面
%>
```

进行如上控制后，即使用户在浏览器地址栏中输入“http://localhost/:8080/net/houtai/index.jsp”路径，系统依然会返回 adminlogin.jsp 页面。

9.9　商品管理模块设计

9.9.1　商品管理模块概述

管理员登录成功后，进入后台管理页面，单击左侧的“商品管理”超链接，即可进入商品管理页面。商品管理模块主要包括商品类别浏览、商品类别删除、商品类别修改、商品注册、商品浏览、商品删除等功能。其中，商品浏览添加了分页显示功能。商品注册页面如图 9.20 所示。

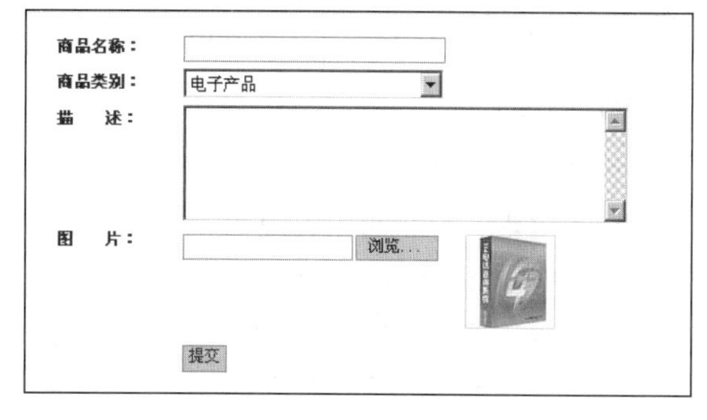

图 9.20　商品注册页面

9.9.2　商品管理模块技术分析

商品管理模块分为商品类别管理和商品管理，其中商品表与商品类别表具有外键联系。商品与商品类别管理主要包括添加、删除、修改、浏览等功能，其实现主要应用了以下技术。

（1）使用 Insert Into 语句

使用 Insert Into 语句实现商品类别与商品的添加，有关 Insert 语句的语法格式及参数说明可参见 9.10.2 节。

（2）使用 Update 语句

Update 语句主要用于更新单行上的一列或多列的值，或是更新单个表中选定的一些行上的多个列值。当然，为了在 Update 语句中修改指定表中的数据，必须有对表的 Update 访问权限。在本模块中主要应用 Update 语句实现对商品类别与商品的修改。Update 语句的语法格式如下：

```
UPDATE<table_name | view_name>
SET <column_name>=<expression>
     [….,<last column_name>=<last expression>]
[WHERE<search_condition>]
```

Update 语法中的参数说明如表 9.2 所示。

表 9.2　Update 语法中的参数说明

参　　数	描　　述
table_name	需要更新的表的名称。如果该表不在当前服务器或数据库中，或不为当前用户所有，这个名称可用链接服务器、数据库和所有者名称来限定
view_name	要更新的视图的名称。通过 view_name 引用的视图必须是可更新的
SET	指定要更新的列或变量名称的列表
column_name	含有要更改数据的列的名称。column_name 必须位于 Update 子句中所指定的表或视图中
expression	变量、表达式或加上括号返回单个值的 subSELECT 语句。expression 返回的值将替换 column_name 或@variable 中的现有值
WHERE	指定条件来限定所更新的行
<search_condition>	为要更新行指定需满足的条件

注意 一定要确保不要忽略 WHERE 子句，除非想要更新表中的所有行。

（3）使用 Delete 语句

商品管理模块主要应用 Delete 语句实现商品类别信息与商品的删除。Delete 语句的语法格式如下：

```
DELETE FROM <table_name >
[WHERE<search_condition>]
```

☑ FROM：是可选的关键字，可用在 Delete 关键字与目标 table_name、view_name 或 rowset_function_ limited 之间。

☑ table_name：是要删除数据的表的名称。

☑ <search_condition>：指定删除行的限定条件。

技巧 如果想要一次性删除数据表中的所有记录，也可以使用 TRUNCATE TABLE 语句。其语法如下：

```
TRUNCATE TABLE table
```

TRUNCATE TABLE 语句的执行过程不会记录于事务日志文件中，因此速度较快，但删除后就无法利用事务日志文件恢复了。

9.9.3　商品管理模块实现过程

1．商品类别管理

商品类别管理主要包括以下功能。

（1）商品类别添加

实现商品类别添加的步骤如下。

① 要实现商品类别添加功能，需要将类别文本框置于表单中。关键代码如下：

例程 22　代码位置：TM\09\net\WebRoot\houtai\categoryadd.jsp

```
<form action=categoryaddtest.jsp method="post">
    <p align=center class="lunzi"><Strong>商品类别-添加</strong></p>
<table width=75% border="0" cellspacing="0">
    <tr>
        <td width="42%" align="right"><font color="#663300" class="lunzi">商品类别名称:</font></td>
        <td width="58%">
            <input type="text" name="categoryname">        <!--商品类别文本框-->
            <input type="submit" value="保存">             <!--提交表单按钮，按钮名称为“保存”-->
        </td>
    </tr>
</table>
```

② 提交表单到相应的处理页面，此时可以获取表单中商品类别的值。关键代码如下：

例程 23　代码位置：TM\09\net\WebRoot\houtai\categoryaddtest.jsp

```
<%
    String additem=category.getCategoryname().trim();      <!--获取商品类别的值-->
    int i=sql.InsertCategory(a.tranC(additem));            <!--调用 JavaBean 中添加类别的方法-->
    response.sendRedirect("categoryBrowse.jsp");           <!--转入商品类别浏览页面-->
%>
```

③ 使用 Insert Into 语句将商品类别新增到数据库中，笔者将商品添加方法封装到 JavaBean 中。关键代码如下：

例程 24　代码位置：TM\09\net\src\com\wsy\selectsql.java

```
public int InsertCategory(String categoryname){
    int i=0;
    try{
        //数据库插入 SQL 语句
        String sql="insert into tb_category(categoryname) values('"+categoryname+"')";
        //执行 SQL 语句
        i=connsqlserver.executeUpdate(sql);
    }catch(Exception e){
        e.printStackTrace();                               //捕捉异常
    }
    connsqlserver.close();                                 //关闭数据库连接
    return i;                                              //将执行结果返回
}
```

（2）商品类别删除

当管理员单击商品类别浏览页面中的“删除”超链接时，会弹出商品删除对话框，询问管理员是否确认删除此项。在商品类别浏览页面做“删除”超链接时，需要将商品类别 id 传入商品类别删除处理页面。关键代码如下：

例程 25　代码位置：TM\09\net\WebRoot\houtai\categoryBrowse.jsp

```
out.println("<td><div align='center'><strong><a href='#'
onClick=window.open('categoryDelPage.jsp?catid="+category.getId()+"','newwindow','width=276,heigh
t=174,top=400,left=500')>删除</a></div></td>");                                   //弹出商品删除页面
```

说明 在页面中弹出窗口控制技术可参见 9.11.1 节，在此不再赘述。

在商品删除页面中，可以获取管理员需要删除的商品类别 id，以 id 作为参数调用 JavaBean 中商品类别删除方法，实现商品类别删除功能。商品类别删除方法的关键代码如下：

例程 26　代码位置：TM\09\net\src\com\wsy\selectsql.java

```
public int DelCategory(String id){
      int i=0;
      try{
❶           String sql="delete from tb_category where id='"+id+"'";     //商品类别删除的 SQL 语句
❷           i=connsqlserver.executeUpdate(sql);                          //执行 SQL 语句
      }catch(Exception e){
            e.printStackTrace();                                         //捕捉异常
      }
      connsqlserver.close();                                             //关闭数据库连接
      return i;
}
```

代码贴士

❶ sql：定义删除商品类别表的 SQL 语句。

❷ i：执行 SQL 语句，并将结果返回到变量 i 中。

（3）商品类别修改

当管理员单击商品类别浏览页面的“修改”超链接时，会转入商品类别修改页面，管理员将需要修改的内容添加到页面的文本框中，此时需要在文本框中取出修改前的商品类别名称，为了实现这个功能，需要在“修改”超链接处添加商品类别 id，在商品类别修改页面便可根据商品类别 id 调用商品类别查询方法显示未修改的商品类别名称。关键代码如下：

例程 27　代码位置：TM\09\net\WebRoot\houtai\categoryBrowse.jsp

```
out.println("<td><div align='center'><a
href='categoryEditPage.jsp?catid="+category.getId()+"&name="+category.getCategoryname()+"'>修改
</a></div></td>");
```

在商品类别修改页面，可以获取管理员修改的商品类别名称，调用 JavaBean 中商品类别修改方法，实现商品类别修改功能。JavaBean 中的关键代码如下：

例程 28　代码位置：TM\09\net\src\com\wsy\selectsql.java

```
public int UpdateCategory(String edititem,String id){
      int i=0;
      try{
```

```
        connsqlserver connsqlserver=new connsqlserver();  //获取数据库连接
        //定义数据库修改的 SQL 语句
        String sql="update tb_category set categoryname='"+edititem+"' where id='"+id+"'";
        //执行 SQL 语句
        connsqlserver.executeUpdate(sql);
    }catch(Exception e){
        e.printStackTrace();                              //捕捉异常
    }
    connsqlserver.close();                                //关闭数据库连接
    return i;                                             //将修改结果返回
}
```

2. 商品管理

1）商品注册

商品注册应用到 Insert Into 语句，将用户的注册信息添加到数据表中；另外，本模块中还实现了上传图片并根据上传文本框中的值即时更改页面中图片的功能。

（1）图片上传

在这里笔者使用 FileUpload 组件实现图片上传。步骤如下。

① 将 FileUpload 组件的 commons-fileupload-1.0.jar 放入项目路径下的 WEB-INF\lib 目录中，在 MyEclipse 中刷新项目，commons-fileupload-1.0.jar 会自动加载到项目中。

② 在商品添加页面添加 Form 表单，在表单属性中，方法必须是 Post，并且必须添加<ENCTYPE="multipart/form-data">属性，否则不能实现上传。关键代码如下：

例程 29　代码位置：TM\09\net\WebRoot\houtai\productadd.jsp

```
<form name="form1" method="post" action="save.jsp" ENCTYPE="multipart/form-data">
    <tr>
                                                    //上传文本框
        <td  width="213"  height="78"  valign="top"><input  type="file"  name="file"  onChange=
"showlogo()"></td>
        <SCRIPT language=javascript>
        //通过下拉列表选择头像时应用该函数
        function showlogo(){
                document.form1.img.src=document.form1.file.value;
        }
        </SCRIPT>
        <td width="231" valign="top"><img src="../images/spimg/11.bmp" width="70" height="70" id="img"></td>
    </tr>
</form>
```

③ 在文件上传接收页面中，使用 FileUpload 组件中的方法读取管理员上传的图片相关信息，将图片文件保存到相应的目录下。关键代码如下：

例程 30　代码位置：TM\09\net\WebRoot\houtai\save.jsp

```
<%
    DiskFileUpload fu=new DiskFileUpload();               //设置允许用户上传文件的大小，单位：字节
```

```
        List fileitems=fu.parseRequest(request);                    //开始读取上传信息
        String name2=null;
%>
<%
        Iterator iter=fileitems.iterator();                         //将结果集转换为迭代函数的形式
        while(iter.hasNext()){
            FileItem item = (FileItem) iter.next();
            if(!item.isFormField()){                                //如果是文件域，即使用<input type="file"/>标签
                String name1=item.getName();                        //读取文件域的名称
                long size=item.getSize();                           //获取上传文件的大小
❶               name1=name1.replace(':','-');                       //将“:”字符以“-”字符替换
❷               name1 = name1.replace('\\','-');                    //将“\\”字符以“-”字符替换
❸               String name[]=name1.split("-");                     //以“-”字符分割字符串返回 name 数组
❹               name2=name[name.length-1];                          //取数组中最后一个元素，即不带路径的文件名称
                //将文件保存到指定文件夹
                File path = new File("D:\\Upload");                 //声明 File 类型的对象
                if (!path.isDirectory()) {                          //如果本地硬盘不存在此路径
❺                   path.mkdir();                                   //创建此路径
                }
❻               item.write(new File(path + "\\" + name2));          //将文件保存在此路径下
            }
        }
%>
```

代码贴士

❶ name1 = name1.replace(':','-')：将字符串中的“:”字符以“-”字符替换。

❷ name1 = name1.replace('\\','-')：将字符串中的“\\”字符以“-”字符替换。

❸ String name[]=name1.split("-")：以“-”字符分割字符串返回 name 数组。

❹ name2=name[name.length-1]：取数组中最后一个字符赋予 name2 变量。

❺ path.mkdir()：创建目录。

❻ item.write(new File(path + "\\" + name2))：将文件保存在此目录中。

④ 以上代码是针对文件域，细心的读者也许会发现非文件域文本框的值在 save.jsp 文件中使用 request.getParameter()方法获取不到。这时有两种解决方案，分别为使用两个表单或使用 FileUpload 组件自带方法获取表单中非文件域文本框中的值。在这里笔者选择使用两个表单提交的方案。至于第二种方案，笔者会在 9.11.2 节中进行介绍。

在非文件域中再设置一个表单，名称为 form2，这个表单没有设置 action。关键代码如下：

例程 31　代码位置：TM\09\net\WebRoot\houtai\productadd.jsp

```
<form action="" name="form2"/>                                      <!--第二个表单-->
        <tr>
            <td width="91" class="lunzi">商品名称：</td>
            <td colspan="2"><input name="name" type="text" size="34"></td>
        </tr>
        <tr>
          <td class="lunzi">商品类别：</td>
```

```
<td colspan="2"><select name="category" style="width:200px ">
    <!--调用 JavaBean 在数据库中取出商品类别名称放入表单的下拉列表中-->
     <%
Collection temp=sql.selectCategoryAll();                           //查询商品类别
Iterator it=temp.iterator();
while(it.hasNext()){                                               //循环结果集
      category category=(category)it.next();                       //将结果放入 category 类中
 %>
<!--将数据查询结果放入下拉列表中-->
 <option value=<%=category.getCategoryname() %>><%=category.getCategoryname() %></option>
 <%} %>
  </select></td>
</tr>
<tr>
  <td class="lunzi">描        述：</td>
  <td colspan="2" rowspan="3"><textarea name="ms" cols="40" rows="5"></textarea></td>
</tr>
```

使用 JavaScript 代码设置两个表单提交到同一页面。关键代码如下：

例程 32　代码位置：TM\09\net\WebRoot\houtai\productadd.jsp

```
<SCRIPT>
    function ok(){
        var name = form2.name.value;                               <!--获取 form2 中的元素的值-->
        var category=form2.category.value;
        var ms= form2.ms.value;
        <!--将 form2 中的元素的值作为参数提交到 save.jsp 文件-->
        form1.action="save.jsp?name="+name+"&category="+category+"&ms="+ms;
        form1.submit();                                            <!--表单提交-->
    }
</SCRIPT>
```

最后再上传处理页面获取 form2 表单中的值，调用 JavaBean 中商品信息数据插入方法，实现商品注册功能。关键代码如下：

例程 33　代码位置：TM\09\net\WebRoot\houtai\save.jsp

```
<%
if((request.getParameter("name")!=null)&&(request.getParameter("category")!=null)&&(request.getParameter("ms")!=
null)){
    String productname=a.tranC(request.getParameter("name"));          //获取 form2 表单中的值
    String category=a.tranC(request.getParameter("category"));         //获取 form2 表单中的类别
    String ms=a.tranC(request.getParameter("ms"));                     //获取 form2 表单中的名称
    int i=sql.InsertBusiness(category,productname,ms,name2);           //执行数据库插入操作
    if(i==1){                                                          //如果插入成功，进行如下处理
%>
        <script language="JavaScript">
        window.alert("添加成功");                                       //弹出“添加成功”对话框
        window.close();                                                //关闭当前窗口
```

```
        </script>
<%
    }
}
%>
```

（2）根据上传文本框中的值更改页面中的图片

此功能主要通过 JavaScript 代码实现，实质上就是取得文件域文本框中的值赋予页面中图片的路径。关键代码如下：

例程 34　代码位置：TM\09\net\WebRoot\houtai\productadd.jsp

```
<SCRIPT language=javascript>
    //通过下拉列表选择头像时应用该函数
    function showlogo(){
        //将表单中文件域文本框中的值赋予表单中图片路径
        document.form1.img.src=document.form1.file.value;
    }
</SCRIPT>
```

在文件域文本框中调用上述 JavaScript 代码。关键代码如下：

```
<input type="file" name="file" onChange="showlogo()">          <!--在 file 文本框中调用 JavaScript 代码-->
```

2）商品浏览

商品浏览功能主要调用 JavaBean 中商品浏览方法实现。由于此页面添加了分页功能，所以 JavaBean 的方法中使用的 SQL 语句比一般的查询语句复杂一些。关键代码如下：

例程 35　代码位置：TM\09\net\src\com\wsy\selectsql.java

```
Public Collection selectBusinessFy(int page){                    //参数 page 为当前页
    Collection ret=new ArrayList();                              //实例化一个集合对象
    DownTable down=new DownTable();                              //初始化 DownTable 对象
    try{
        connsqlserver connsqlserver=new connsqlserver();         //新建数据库连接
        String sql="select top 10 * from tb_business where id not in(select top "+down.getPageSize()*
page+" id from tb_business order by id)order by id";             //分页查询语句
        ResultSet rs=connsqlserver.executeQuery(sql);            //执行 SQL 语句
        while(rs.next()){
            product product=new product();
            product.setId(rs.getString("id"));//将数据库中的值放入 product.java 类中的 setXXX() 方法中
            product.setImg(rs.getString("img"));                 //将商品图片名称放入 JavaBean 中
            product.setMsg(rs.getString("ms"));                  //将商品描述放入 JavaBean 中
            product.setName(rs.getString("name"));               //将商品名称放入 JavaBean 中
            product.setSubmittime(rs.getString("submittime"));   //将提交时间放入 JavaBean 中
            product.setCategory(rs.getString("category"));       //将商品类别放入 JavaBean 中
            ret.add(product);                                    //将对象添加到集合中
        }
```

```
    }catch(Exception e){
        e.printStackTrace();                                    //捕捉异常
    }
    connsqlserver.close();                                      //关闭数据库连接
    return ret;                                                 //将集合返回
}
```

在上述代码中引用到了一个 JavaBean，名为 product.java，它的作用在于承载商品相关信息，其属性与商品相关信息相互对应，除此之外，JavaBean 还有与这些属性相对应的 setXXX()与 getXXX()方法。关键代码如下：

例程 36　代码位置：TM\09\net\src\com\wsy\product.java

```
public class product {
    private String id;                                          //商品编号
    private String name;                                        //商品名称
    private String img;                                         //商品图片
    private String msg;                                         //商品描述
    private String category;                                    //商品类别
    private String submittime;                                  //商品提交时间
    public String getCategory() {                               //商品类别 getXXX()方法
        return category;
    }
    public void setCategory(String category) {                  //商品类别 setXXX()方法
        this.category = category;
    }
    public String getId() {                                     //商品编号 getXXX()方法
        return id;
    }
    public void setId(String id) {                              //商品编号 setXXX()方法
        this.id = id;
    }
    public String getImg() {                                    //商品图片 getXXX()方法
        return img;
    }
    public void setImg(String img) {                            //商品图片 setXXX()方法
        this.img = img;
    }
    public String getMsg() {                                    //商品描述 getXXX()方法
        return msg;
    }
    public void setMsg(String msg) {                            //商品描述 setXXX()方法
        this.msg = msg;
    }
    public String getName() {                                   //商品名称 getXXX()方法
        return name;
    }
    public void setName(String name) {                          //商品名称 setXXX()方法
        this.name = name;
```

```
    }
    public String getSubmittime() {                          //商品提交时间 getXXX()方法
        return submittime;
    }
    public void setSubmittime(String submittime) {           //商品提交时间 setXXX()方法
        this.submittime = submittime;
    }
}
```

除了 Selectsql.java 类与 Product.java 类之外，实现分页功能还需要一个分页辅助类，用于计算所要查询表的相关信息。关键代码如下：

例程 37　代码位置：TM\09\net\src\com\wsy\DownTable.java

```
public class DownTable {
    int totalPages=1;                                        //总页数
    int pageSize=10;                                         //每页显示行数
    int currentPage=1;                                       //当前页
    ResultSet rs=null;
    int totalRows;                                           //总行数
❶   public int getTotalPage(){                               //获取总页数
❷       if(getRows()%getPageSize()==0)                       //如果总行数可以整除每页显示的行数
            return getRows()/getPageSize();                  //返回总行数与每页显示记录个数的商
        else
            return getRows()/getPageSize()+1;                //如果不可以整除，返回两者的商加 1
    }
    public void setpageSize(int size){                       //每页显示的行数属性的 setXXX()方法
        this.pageSize=size;
    }
    public int getPageSize(){                                //每页显示的行数属性的 getXXX()方法
        return pageSize;
    }
    public void setCurrentPage(int current){                 //当前页属性的 setXXX()方法
        this.currentPage=current;
    }
    public int getCurrentPage(){                             //当前页属性的 getXXX()方法
        return currentPage;
    }
    public int getRows(){
        connsqlserver con=new connsqlserver();               //获取数据库连接
        try{
            //查询商品表的总个数
❸           rs=con.executeQuery("select count(*) from tb_business");
            if(rs.next()){
❹               totalRows=rs.getInt(1);                      //将总行数赋予 totalRows 变量
            }
        }
        catch(Exception e){
        }
```

```
❺          con.close();                                 //关闭数据库连接
           return totalRows;                            //返回总行数
      }
}
```

代码贴士

❶ getTotalPage()：自定义获取总页数的方法。

❷ getRows()%getPageSize()==0：判断数据表的总行数是否能整除数据表的总记录数。其中，getRows()方法与getPageSize()方法为自定义方法，分别为取表格的总行数与总记录数。

❸ executeQuery("select count(*) from tb_business")：查询 tb_business 表的总个数。

❹ totalRows=rs.getInt(1)：获取表格中数据总行数赋予变量 totalRows。

❺ con.close()：关闭数据库连接。

在商品浏览页面设置了分页链接，使用 JavaScript 代码控制页面显示。关键代码如下：

例程 38　代码位置：TM\09\net\WebRoot\houtai\productadd.jsp

```
function gotoPage(pagenum){
      document.PageForm.current.value=pagenum;  //PageForm 为表单名称，current 为分页下拉列表名称
      document.PageForm.submit();               //进行表单提交
      return;
}
<td width=19%><div align="center" class="whitezi"><a href="javascript:gotoPage(1)">首页</a></div></td>
<td width=22%><div align="center" class="whitezi">
//其中 down 为 Downtable 类的对象，调用获取当前页的方法
<a href="javascript:gotoPage(<%=down.getCurrentPage()-1 %>)">上一页</a></div></td>
<td width=22% align="center"><span class="whitezi"><a href="javascript:gotoPage(<%=down.getCurrent
Page()+1 %>)">下一页</a></span></td>
<td width=18% align="center"><span class="whitezi"><a href="javascript:gotoPage(<%=down.getTotalPage() %>)">
尾页</a></span></td>
```

在商品浏览页面，除了添加“上一页”“下一页”“首页”“尾页”等超链接外，还添加了分页跳转下拉列表。将上述两个控件放入表单中，表单使用 JavaScript 代码设置提交到本页面，提交后根据当前的页数在页面中显示相应的数据集。关键代码如下：

例程 39　代码位置：TM\09\net\WebRoot\houtai\productadd.jsp

```
function Jumping(){
      document.PageForm.submit();                 //提交表单
      return;
}
<select name="current" onChange="Jumping()">
<%for(int i=1;i<=down.getTotalPage();i++){       //根据总页数显示下拉列表
      if(i==down.getCurrentPage()){
%>
<option selected value=<%=i %>><%=i %></option> //将页码放入下拉列表中
<%}else{ %>
<option value=<%=i %>><%=i %></option>
<%}} %>
```

最后在页面中获取分页跳转下拉列表值，以此值作为参数调用 JavaBean 中的分页方法实现分页功能。关键代码如下：

例程 40　代码位置：TM\09\net\WebRoot\houtai\productadd.jsp

```
<%
    if(request.getParameter("current")==null){              //第一次进入页面无表单提交时赋予 current 为 1
        current=1;
}
else{
        current=Integer.parseInt(request.getParameter("current"));       //获取提交过来的 current 的值
}
if(current>=MaxPage){                                        //如果当前页码大于数据表最大行数
        current=MaxPage;                                     //如果当前页大于最大页数，则将最大页数赋予当前页
}
if(current<=MinPage){
        current=MinPage;                                     //如果当前页小于最小页数，则将最小页数赋予当前页
}
<%

Collection temp=sql.selectBusinessFy(current-1);            //调用分页方法
Iterator it=temp.iterator();
int count=0;
while(it.hasNext())                                          //循环结果集
{
        product product=(product)it.next();                  //将集合中的数据转换为 product.java 形式
        if(count%2==0)
        out.println("<tr bordercolor='#FFFFCC' bgcolor='#CCFFFF'>");
        else
        out.println("<tr bgcolor='#CCCCFF'>");
        //显示商品名称
        out.println("<td><div align='center' class='zczi'>"+product.getName()+"</td>");
        //显示商品信息
        out.println("<td colspan='3'><div align='center'   class='zczi'>"+product.getMsg()+"</div></td>");
        //做商品删除链接
        out.println("<td><div align='center'><a href='#'
onclick=window.open('productDelPage.jsp?catid="+product.getId()+"&name="+product.getName()+"','n
ewwindow','width=276,height=174,top=400,left=500')>删除</a></td>");
        //做商品修改链接
        out.println("<td><div align='center'><a href='#'
onclick=window.open('productview.jsp?catid="+product.getId()+"','newwindow','width=600,height=350,
top=300,left=300')>查看</a></td>");
        out.println("</tr>");
        count++;
}
%>
```

3）商品删除

商品删除功能与商品类别删除功能实现基本相同，唯一不同的是在商品删除处理页面调用了 JavaBean 中的商品删除方法。此方法的关键代码如下：

例程 41　代码位置：TM\09\net\src\com\wsy\selectsql.java

```
public int DelBusiness(String id){
    int i=0;
    try{
        connsqlserver connsqlserver=new connsqlserver();                //创建数据库连接
❶           String sql="delete from tb_business where id='"+id+"'";    //删除商品 SQL 语句
❷           i=connsqlserver.executeUpdate(sql);                         //执行 SQL 语句
        }catch(Exception e){
            e.printStackTrace();
        }
        connsqlserver.close();                                          //关闭数据库连接
        return i;                                                       //将删除结果返回
}
```

代码贴士

❶ sql：定义用户在数据表中选择需要删除行的 SQL 语句。

❷ i：调用 executeUpdate()方法，执行 SQL 语句，将结果返回给变量 i。

9.10　新闻管理模块设计

9.10.1　新闻管理模块概述

进入系统后台管理页面后，单击左侧的“网页新闻管理”超链接，即可进入新闻管理页面。新闻管理模块主要包括新闻添加、新闻删除、新闻修改、新闻浏览等功能。

新闻添加页面如图 9.21 所示。

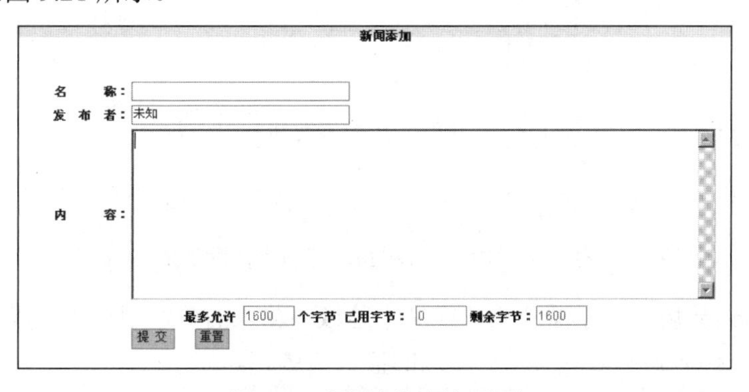

图 9.21　网站新闻添加页面

9.10.2　新闻管理模块技术分析

1. 新闻添加

新闻添加主要实现网页新闻添加，为了获取新闻相关信息，需要将这些信息的文本框放入表单中，提交到其他页面调用 JavaBean 中新闻添加的方法进行操作。新闻添加功能主要用到如下两种技术。

（1）使用 Insert Into 语句实现向指定的数据表中插入数据信息。其语法格式如下：

```
INSERT INTO table_name [(column_list)] Values(data_values)
```

☑ table_name：要添加记录的数据表名称。
☑ column_list：表中的字段列表，表示向表中哪些字段插入数据。如果是多个字段，字段之间用逗号分隔。不指定 column_list，默认向数据表中所有字段插入数据。
☑ data_values：要添加的数据列表，各个数据之间使用逗号分隔。数据列表中的数据个数、数据类型必须和字段列表中的字段个数、数据类型一致。

注意 对于省略的字段，SQL Server 按下列顺序进行处理。

① 如果字段为计算字段、标识字段，则自动产生其值。

② 如果不能自动产生其值，但字段设置了默认值，则填入默认值。

③ 如果该字段不能自动产生值，又没有设置默认值，但字段允许空值，则填入 NULL。

④ 如果字段不能自动产生值，又没有设置默认值，并且字段不允许空值，则显示错误提示信息，不输入任何数据。

在创建新闻信息表时，笔者将 submittime 字段默认值设置为 getdate()，它的作用是在添加数据时自动添加当前时间，如图 9.22 所示。

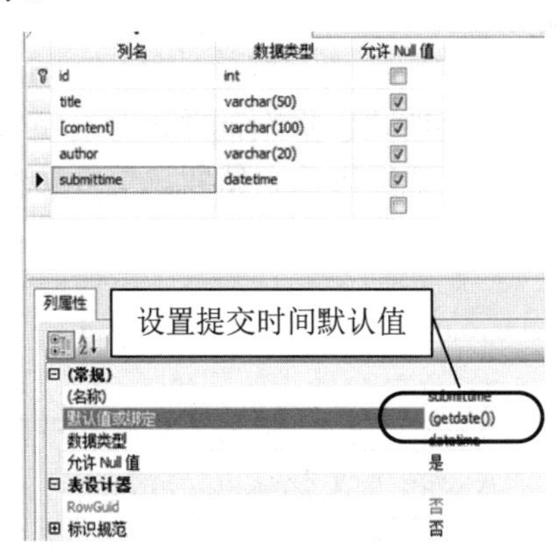

图 9.22　SQL Server 2014 设置字段默认值

（2）使用 JavaScript 脚本为了避免用户在文本区域中输入的数值超过数据库中定义的数据长度，所以在页面中使用 JavaScript 脚本控制用户输入的值。关键代码如下：

例程 42　代码位置：TM\09\net\WebRoot\houtai\news.jsp

```
<SCRIPT language=JavaScript>
var LastCount =0;
function CountStrByte(Message,Total,Used,Remain){
  var ByteCount = 0;
  var StrValue = Message.value;                          //取文本区域字符串的内容
  var StrLength = Message.value.length;                  //取文本区域字符串的长度
  var MaxValue = Total.value;                            //取总字数
```

```
if(LastCount != StrLength){                                   //如果总字数不等于当前字数
      for (i=0;i<StrLength;i++){
      ByteCount   = (StrValue.charCodeAt(i)<=256) ? ByteCount + 1 : ByteCount + 2;
        if (ByteCount>MaxValue) {
                Message.value = StrValue.substring(0,i);
      alert("留言内容最多不能超过 " +MaxValue+ " 个字节！\n 注意：一个汉字为两字节。");
            ByteCount = MaxValue;
            break;                                            //跳出循环
        }
      }
    Used.value = ByteCount;                                   //将当前字数赋予已经写入的字数文本框
    Remain.value = MaxValue - ByteCount;                      //将总字数减去当前的字数为可以输入的字数
    LastCount = StrLength;
  }
}
</SCRIPT>
```

2. 新闻浏览

新闻浏览实现将数据库中的新闻相关信息显示在页面中，当用户单击后台管理页面左侧的“新闻信息浏览”超链接时，在右侧主页中将显示网站新闻的相关信息。

在新闻浏览页面中调用 JavaBean 的数据表查询方法，返回 Collection 集合，使用 iterator 函数将新闻相关信息取出。为了实现此功能，需要用到用于承载新闻相关信息的 JavaBean，此 JavaBean 为 news.java 文件，它的属性为新闻相关信息，名称、类型必须与 JSP 页面表单中的字段名称严格保持一致。

3. 新闻删除

新闻删除实现将数据库中的新闻删除，它同样需要调用操作数据库的 JavaBean，根据 id 值使用 delete 语句将新闻信息表中某一行信息删除。

4. 新闻修改

新闻修改主要实现将数据库中的新闻某个字段的内容修改，它同样需要调用操作数据库的 JavaBean，根据 id 值使用 update 语句将新闻信息表中某一个行信息进行修改。

9.10.3 新闻管理模块实现过程

1. 新闻添加

实现新闻添加功能的步骤如下。

（1）为了避免用户输入的文字个数大于数据表中设定的长度，在新闻添加页面的文本区域调用 9.10.2 节中新闻添加所描述的 JavaScript 代码。关键代码如下：

例程 43　代码位置：TM\09\net\WebRoot\houtai\news.jsp

```
<textarea name="content" cols="70" rows="10" wrap="VIRTUAL" id="content"
onkeydown="CountStrByte(this.form.content,this.form.total,this.form.used,this.form.remain);" onkeyup=
"CountStrByte(this.form.content,this.form.total,this.form.used,this.form.remain);"></textarea>
```

在文本区域设置 3 个文本框，分别用于显示最多字数、已用字数、剩余字数，为了使这 3 个文本框为只读，可以使用如下代码：

```
<input name="used" type="text" disabled class="noborder" id="used"   value="0" size="4" class="zczi">
```

（2）将新闻相关信息文本框放入表单中，提交到相应的逻辑处理页面。关键代码如下：

例程 44　代码位置：TM\09\net\WebRoot\houtai\news.jsp

```
<form name="form1" method="post" action="insert.jsp">
<table width="80%" border="0" align="center" cellpadding="0" cellspacing="1" class="tableBorder">
<%
  String test=(String)session.getAttribute("test");       //在逻辑处理页面返回一个 session，在此进行判断
  if(test!=null){
%>
     <tr>
          <th colspan="2" class="lunzi">恭喜，添加成功！</th>      //如果添加成功，在页面显示相应文字
     </tr>
<%}
     session.removeAttribute("test");                              //删除 session
%>
     <tr>
          <th colspan="2" class="whitezi"><p class="lunzi">新闻添加</p>
          <p> </p></th>
     </tr>
     <tr>
          <td width="17%" height="22" align="right"><span class="lunzi">名   
        称：</span></td>
          <td width="83%"><font color="navy" face="Arial">
               <input name="title" size="37"><!--新闻标题文本框-->
          </font>
          </td>
     </tr>
     <tr>
          <td  height="22"  align="right"  class="lunzi"><span  class="lunzi"> 发      布
    者</span>：</td>
               <!--新闻作者文本框-->
          <td><input name="author" type="text" id="author" value="未知" size="37">
          </td>
     </tr>
     <tr>
          <td height="22" align="right" class="lunzi">内         
   容：</td>
          <td align="left">
          <!--文本区域调用 JavaScript 代码-->
❶     <textarea name="content" cols="70" rows="10" wrap="VIRTUAL" id="content"
onkeydown="CountStrByte(this.form.content,this.form.total,this.form.used,this.form.remain);"
onkeyup="CountStrByte(this.form.content,this.form.total,this.form.used,this.form.remain);"></textarea>
```

```
            </td>
        </tr>
        <tr>
            <td colspan="2" id="upid"> </td>
        </tr>
        <tr><td colspan="2" align="center" class="lunzi">
❷           最多允许 <input name="total" type="text" disabled class="noborder" id="total"  value="1600"
size= "4" class="zczi"> 个字节 已用字节： 
❸       <input name="used" type="text" disabled class="noborder" id="used" value="0" size="4" class=
"zczi">
❹       剩余字节：<input name="remain" type="text" disabled class="noborder" id="remain" value="1600"
size="4" class="zczi">
            </td>
        </tr>
        <tr>
            <td height="22" align="right"> </td>
            <td align="left" class="forumRow">
            <input type=Submit class=button value="提 交" name=Submit>        <!--“提交”按钮-->
            <input type=reset name=Submit2 class=button value="清 除">        <!--“重置”按钮-->
            </td>
        </tr>
</table>
</form>
```

代码贴士

❶ <textarea name="content">：定义文本区域，调用 JavaScript 代码。

❷ <input name="total">：定义总字数文本框，给定 value 值。

❸ <input name="used">：定义已经在文本区域中写入的字数的文本框，其值会随着字符的输入数字增加。

❹ <input name="remain">：定义还剩下多少字数可以输入的文本框，它会随着字符的输入数字减少。

（3）实现新闻添加操作，需要调用 JavaBean 中的数据库插入方法。关键代码如下：

例程 45　代码位置：TM\09\net\src\com\wsy\selectsql.java

```
public int Insert(String title,String author,String news){
    int i=0;
    try{
        //数据库插入语句
        String sql="insert into tb_news(title,author,content) values('"+title+"','"+author+"','"+news+"')";
        i=connsqlserver.executeUpdate(sql);                    //执行 SQL 语句
    }catch(Exception e){
        e.printStackTrace();                                   //捕捉异常
    }
    connsqlserver.close();                                     //关闭数据库连接
    return i;                                                  //将执行结果返回
}
```

（4）在 insert.jsp 页面中，获取表单提交过来的数据，调用 JavaBean 中的数据库插入方法，将新闻相关信息添加到数据库中。关键代码如下：

例程 46　代码位置：TM\09\net\WebRoot\houtai\insert.jsp

```
<%
    String title=news.getTitle().trim();                                    //分别获取表单中的值
    String author=news.getAuthor().trim();
    String content=news.getContent().trim();
    if(title!=null&&author!=null&&content!=null){                        //如果表单中的值不为空
        int i=sql.Insert(s.tranC(title),s.tranC(author),s.tranC(content));   //进行数据库插入操作
        String x=null;
        if(i==1){
            x="恭喜，添加完毕！";                                           //如果插入成功，做"成功"的 session
        }
        else{
            x="添加失败";                                                   //如果插入失败，做"失败"的 session
        }
        session.setAttribute("test",x);                                     //做名称为 test 的 session
        response.sendRedirect("news.jsp");                                  //转入新闻添加页面
    }
%>
```

2．新闻浏览

实现新闻浏览功能的步骤如下。

（1）在实现新闻浏览功能时，需要一个承载新闻相关信息的 JavaBean，名为 news.java。关键代码如下：

例程 47　代码位置：TM\09\net\src\com\wsy\news.java

```
public class news {
    String title;                                                           //新闻标题
    String author;                                                          //新闻作者
    String content;                                                         //新闻内容
    String id;                                                              //新闻编号
    String submittime;                                                      //新闻提交时间
    public news(){                                                          //构造函数
        title=null;
        author=null;
        content=null;
        id=null;
        submittime=null;
    }
    public String getAuthor() {                                             //新闻作者 getXXX()方法
        return author;
    }
    public void setAuthor(String author) {                                  //新闻作者 setXXX()方法
        this.author = author;
    }
    public String getContent() {                                            //新闻内容 getXXX()方法
        return content;
    }
```

```
    public void setContent(String content) {                //新闻内容 setXXX()方法
        this.content = content;
    }
    public String getId() {                                  //新闻编号 getXXX()方法
        return id;
    }
    public void setId(String id) {                           //新闻编号 setXXX()方法
        this.id = id;
    }
    public String getSubmittime() {                          //提交时间 getXXX()方法
        return submittime;
    }
    public void setSubmittime(String submittime) {           //提交时间 setXXX()方法
        this.submittime = submittime;
    }
    public String getTitle() {                               //新闻标题 getXXX()方法
        return title;
    }
    public void setTitle(String title) {                     //新闻标题 setXXX()方法
        this.title = title;
    }
```

（2）在 selectsql.java 文件中，添加一个查询新闻相关信息的方法。关键代码如下：

例程 48　代码位置：TM\09\net\src\com\wsy\selectsql.java

```
public Collection selectNewsAll(){
    Collection ret=new ArrayList();                          //初始化一个 Collection 对象
    try{
❶       String sql="select * from tb_news";                  //定义查询新闻相关信息的 SQL 语句
❷       ResultSet rs=connsqlserver.executeQuery(sql);        //执行 SQL 语句
        while(rs.next()){
❸           news news1=new news();                           //实例化 news 对象
            news1.setId(rs.getString("id"));     //将数据库中的数值赋予 news.java 中的 setXXX()方法
            news1.setTitle(rs.getString("title"));
            news1.setContent(rs.getString("content"));
            news1.setAuthor(rs.getString("author"));
            news1.setSubmittime(rs.getString("submittime"));
❹           ret.add(news1);                                  //在 Collection 中添加 news 对象
        }
    }catch(Exception e){
        e.printStackTrace();                                 //捕捉异常
    }
❺   connsqlserver.close();                                   //关闭数据库连接
    return ret;                                              //返回 Collection 对象
}
```

代码贴士

❶ sql：查询新闻表的全部信息的 SQL 语句。

❷ connsqlserver.executeQuery(sql)：执行 SQL 语句。

❸ news1：实例化 news 类对象。
❹ ret.add(news1)：将当前对象添加到集合中。
❺ connsqlserver.close()：调用 close()方法关闭数据库连接。

（3）在新闻浏览页面中取得新闻相关信息。关键代码如下：

例程 49　代码位置：TM\09\net\WebRoot\houtai\newsbrowse.jsp

```
<%
Collection temp=sql.selectNewsAll();                    //取出新闻相关信息
Iterator it=temp.iterator();                             //将集合作为 iterator 函数显示
int count=0;
while(it.hasNext()){
    news newsl=(news)it.next();                          //将集合的值转换为 news.java 形式表示
    if(count%2==0)
    out.println("<tr bordercolor='#FFFFCC' bgcolor='#CCFFFF'>"); //双数行背景颜色为 #CCFFFF
    else
    out.println("<tr bgcolor='#CCCCFF'>");               //单数行背景颜色为 #CCCCFF
    out.println("<td><div align='center' class='zczi'>"+newsl.getTitle()+"</div></td>");
    //设置“修改”链接，转入新闻修改页面，参数为新闻 id
    out.println("<td><div align='center'><strong><a href='newsEdit.jsp?id="+newsl.getId()+"' class='zczi'>
修改</a></div></td>");
    out.println("<td><div align='center'><strong>
    //设置“删除”链接，弹出新闻删除页面，参数为新闻 id
    <a href='#'
onclick=window.open('newsDel.jsp?id="+newsl.getId()+"','newwindow','width=276,height=174,top=400,l
eft=500') class='zczi'>删除</a></div></td>");
    out.println("</tr>");
    count++;                                             //count 自增
}
%>
```

3．新闻删除

新闻删除功能主要实现删除新闻表中某一行中的新闻信息。使用 delete 语句，可以在新闻删除页面调用 JavaBean 的数据表删除方法。关键代码如下：

例程 50　代码位置：TM\09\net\WebRoot\houtai\newsDeltest.jsp

```
<%
    String id=(String)session.getAttribute("id");      //id 从 newsDel.jsp 中所得
    int i=0;
    i=sql.delNews(id);                                 //调用数据库删除方法
%>
```

在 JavaBean 中数据表删除方法的关键代码如下：

例程 51　代码位置：TM\09\net\src\com\wsy\selectsql.java

```
public int delNews(String id){
    int i=0;
```

```
    try{
        String sql="delete from tb_news where id='"+id+"'";          //删除新闻表中数据的 SQL 语句
        i=connsqlserver.executeUpdate(sql);                          //执行 SQL 语句
    }catch(Exception e){
            e.printStackTrace();                                     //捕捉异常
    }
    connsqlserver.close();                                           //关闭数据库连接
    return i;                                                        //将删除结果返回
}
```

4．新闻修改

新闻修改功能主要实现修改新闻表中的某一行。使用 update 语句，可以在新闻修改页面获取用户输入的修改后的数值，然后调用 JavaBean 的数据表修改方法。关键代码如下：

例程 52　代码位置：TM\09\net\WebRoot\houtai\newsEdit.jsp

```
<%
String id=news.getId().trim();                                       //获取表单中的值
String title=news.getTitle().trim();
String content=news.getContent().trim();
String author=news.getAuthor().trim();
int i=sql.updateNews(s.tranC(title),s.tranC(content),s.tranC(author),id);  //数据表修改 SQL 语句
if(i==1){                                                            //如果修改成功
%>
    <script language="javascript">
    alert("修改成功!");                                               //弹出成功对话框
    window.close();                                                  //关闭窗口
    </script>
<%
    response.sendRedirect("newsBrowse.jsp");                         //转入新闻浏览页面
}
 %>
```

在 JavaBean 中数据表修改方法的关键代码如下：

例程 53　代码位置：TM\09\net\src\com\wsy\selectsql.java

```
public int updateNews(String title,String content,String author,String id){
    int i=0;
    try{
        //数据表修改 SQL 语句
        String sql="UPDATE tb_news SET title = '"+title+"', content = '"+content+"', author =
'"+author+"' WHERE (id = '"+id+"')";                                  //更新数据表的 SQL 语句
        i=connsqlserver.executeUpdate(sql);                          //执行 SQL 语句
    }catch(Exception e){
        e.printStackTrace();
    }
    connsqlserver.close();                                           //关闭数据库连接
```

```
    return i;                                                    //将修改结果返回
}
```

9.11 开发技巧与难点分析

9.11.1 页面弹出窗口控制

在实现新闻管理模块设计的新闻删除功能中，用到了页面弹出技术，这种弹出窗口在网站中经常会用到，如人尽皆知的弹出式网站公告或广告、打开新窗口显示公告的详细内容等。下面将通过具体实例介绍如何控制弹出窗口。

新闻删除功能中弹出页面主要是应用 JavaScript 脚本的 window 对象的 open()方法实现的。在 JavaScript 中，window 对象代表的是一个 Web 浏览器窗口或者窗口中的一个框架，可以使用 window 对象来实现对 Web 浏览器窗口或者窗口中的框架进行控制。window 对象的常用方法如表 9.3 所示。

表 9.3 window 对象的常用方法

方　法	描　述
alert()	弹出一个警告对话框
close()	关闭被引用的窗口
confirm()	弹出确认对话框
focus()	将被引用的窗口放在所有打开窗口的前面
open()	打开新浏览器窗口并且显示由 URL 或名字引用的文档，并设置创建窗口的属性
prompt()	弹出一个提示对话框
print()	打印窗口或框架中的内容
resizeTo(x,y)	将窗口的大小设置为（x,y），x、y 分别为宽度和高度
resizeBy(offsetx,offsety)	按照指定的位移量设置窗口的大小，当 offsetx、offsety 的值大于 0 时为扩大，小于 0 时为缩小

下面将对本实例中应用的 open()方法进行详细介绍。

window 对象的 open()方法用于打开浏览器窗口。使用 window 对象打开窗口的语法格式如下：

```
windowVar=window.open(url,windowname[,location]);
```

☑ windowVar：当前打开窗口的句柄。如果 open()方法执行成功，则 windowVar 的值为一个 window 对象的句柄，否则 windowVar 的值是一个空值。

☑ url：目标窗口的 URL。如果 URL 是一个空字符串，则浏览器将打开一个空白窗口，允许用 write()方法创建动态 HTML。

☑ windowname：window 对象的名称。

☑ location：对窗口属性进行设置，其可选参数如表 9.4 所示。

表 9.4　对窗口属性进行设置的可选参数

可选参数	说　明	可选参数	说　明
width	窗口的宽度	toolbar	浏览器工具条，包括后退及前进按钮等
height	窗口的高度	menubar	菜单条，一般包括文件、编辑及其他一些条目
scrollbars	是否显示滚动条	location	定位区，也叫地址栏，是可以输入 URL 的浏览器文本区
resizable	设定窗口大小是否固定	direction	更新信息的按钮

可以使用如下代码实现在网页中弹出新页面：

```
<script language="javascript">
<!--
window.open("ad.htm","advertise","width=620,height=130,top=10,left=20");
-->
</script>
```

9.11.2　FileUpload 组件获取表单中的值

通常添加<ENCTYPE="multipart/form-data">属性的表单使用 request.getParameter()方法获取不到表单中的值，FileUpload 组件提供了获取表单中值的方法。关键代码如下：

```
Iterator iter=fileitems.iterator();
while(iter.hasNext()){
      FileItem item = (FileItem) iter.next();
      if(item.isFormField()){                          //判断为表单中的非文件域的控件
            String name=item.getFieldName();           //表单中控件的名称
            String value=item.getString();             //表单中控件的值
      }
}
```

9.12　本 章 小 结

本章运用软件工程的设计思想，开发了一个完整的企业门户网站。在开发过程中，采用了 JavaBean+JSP 开发模式，使整个网站的设计思路更为清晰。通过本章的学习，读者不仅可以了解一般网站的开发流程，而且还对 JavaBean+JSP 开发模式有了比较深入的了解，为以后实际项目开发奠定了坚实的基础。

第10章

棋牌游戏系统之网络五子棋

（Swing+Socket 实现）

五子棋是起源于中国古代的传统黑白棋种之一。五子棋不仅能增强思维能力，提高智力，而且富含哲理，有助于修身养性。五子棋既有现代休闲的明显特征“短、平、快”，又有古典哲学的高深学问“阴阳易理”；既具有简单易学的特性，为人们所喜爱，又有深奥的技巧和高水平的国际性比赛。五子棋文化源远流长，具有东方的神秘和西方的直观；既有“场”的概念，亦有“点”的连接。五子棋起源于中国古代，发展于日本，风靡于欧洲，可以说五子棋是中西方文化的交流点，是古今哲学的结晶。在本章中，笔者将介绍曾经为XXX公司开发的一个网络五子棋，它是该公司游戏平台的棋牌游戏系统的一部分。

通过阅读本章，可以学习到：

- 如何进行项目的可行性分析
- 如何进行系统设计
- 绘制半透明的登录界面
- 游戏记录回放
- 绘制可以调整大小的五子棋棋盘
- 网络连接状态检测

10.1　开发背景

网络游戏是目前最大的游戏市场，各类游戏程序层出不穷，其中×××游戏大厅是由×××有限公司主导开发的一款休闲类游戏社区，其中包括棋牌、网游、对战平台等很多游戏种类，而且日后可以不断扩充。现阶段任务是完善棋牌类游戏的开发工作，开发顺序以五子棋、象棋、飞行棋……的排序为依据。

五子棋，相信是每个人都会的游戏，当游戏的一方构成 5 颗连续的棋子，无论是水平方向、垂直方向，还是斜对角线方向，就表示获胜了。在游戏开发过程中，有很多功能需要严格测试，避免出现缺陷。为保持测试的方便性，项目要求具有独立性，可以脱离服务器进行测试，然后由×××有限公司技术支持部门对核心模块进行提取，整合到平台中。

10.2　需求分析

通过与×××有限公司的沟通和需求分析，要求开发的五子棋游戏具有以下功能。

☑　系统操作简单，界面友好。
☑　界面灵活缩放，可随窗体大小绘制游戏界面。
☑　实现多种界面特效，使界面美观绚丽。
☑　支持游戏悔棋与游戏回放功能。
☑　提供游戏背景更换功能，避免视疲劳。
☑　支持聊天功能，增强游戏沟通能力。

10.3　系统设计

10.3.1　系统目标

根据需求分析的描述以及与用户的沟通，现制定系统实现目标如下。

☑　界面设计简洁、美观、支持背景更换，要吸引游戏者的眼球。
☑　提供游戏棋局的回放功能，让用户找出失败或胜利的关键。
☑　人性化的悔棋功能，在双方同意的情况下可以悔棋。
☑　提供聊天功能，让游戏者保持沟通。
☑　支持悔棋与认输，给予游戏者放弃的权利，不浪费游戏时间。
☑　支持和棋，友谊第一，比赛第二。
☑　对导致游戏结束的 5 颗棋子做明显标注。

10.3.2　系统功能结构

网络五子棋游戏项目包括聊天室、游戏操作、游戏回放、更换背景 4 大部分。其中，聊天室与游戏操作部分又可细分为几个子功能。系统结构如图 10.1 所示。

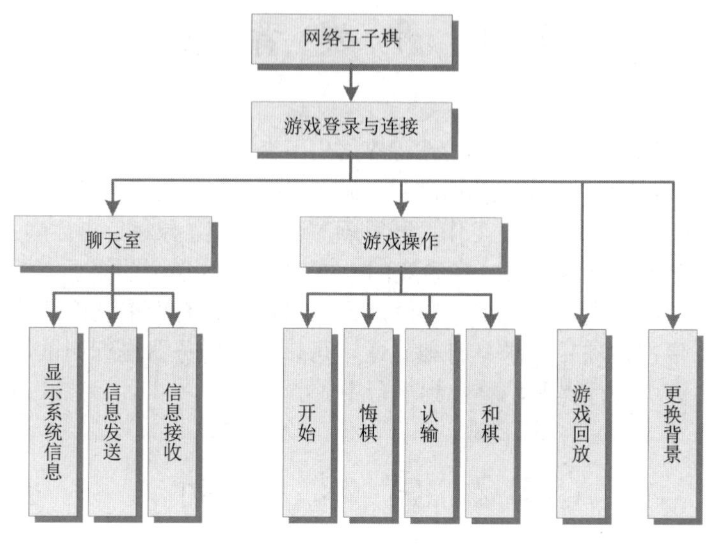

图 10.1　网络五子棋功能结构

10.3.3　系统流程图

网络五子棋的系统流程如图 10.2 所示。

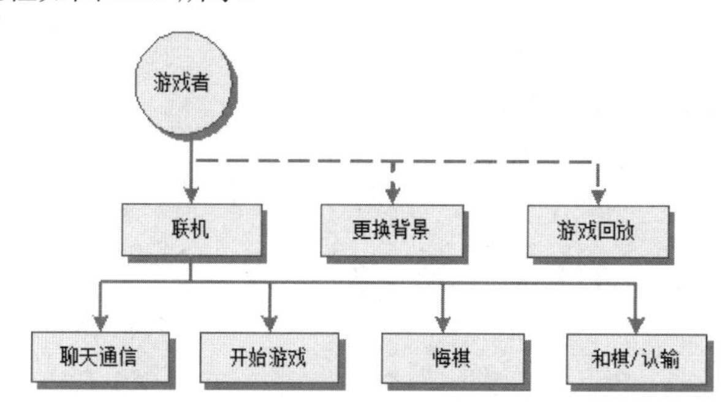

图 10.2　网络五子棋系统流程图

10.3.4　构建开发环境

在开发网络五子棋系统时，使用了下面的软件环境。

☑　操作系统：Windows Server 2003（SP1）以上。

☑　Java 开发包：JDK 1.6 以上。

☑　开发工具：Eclipse 3.5 以上。

☑　数据库：SQL Server 2000。

☑　分辨率：最佳效果为 1024×768 像素。

注意　SP（Service Pack）为 Windows 操作系统补丁。

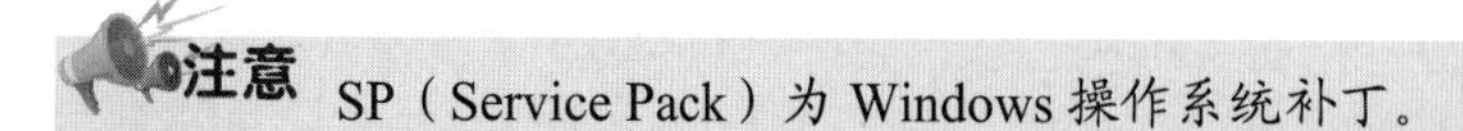

10.3.5　系统预览

程序运行以后，首先显示登录界面，这个登录界面使用半透明效果将主窗体遮罩，然后显示登录界面，用户必须输入自己的昵称和对方主机的 IP 地址才能登录。程序运行效果如图 10.3 所示。

和对方建立网络连接后，会进入游戏主窗体。单击“开始”按钮将开始进行游戏。当自己头像下方有一盒棋子时，就轮到自己下棋，棋子的颜色和自己头像下方棋盒里的棋子颜色相同。游戏主窗体的运行效果如图 10.4 所示。

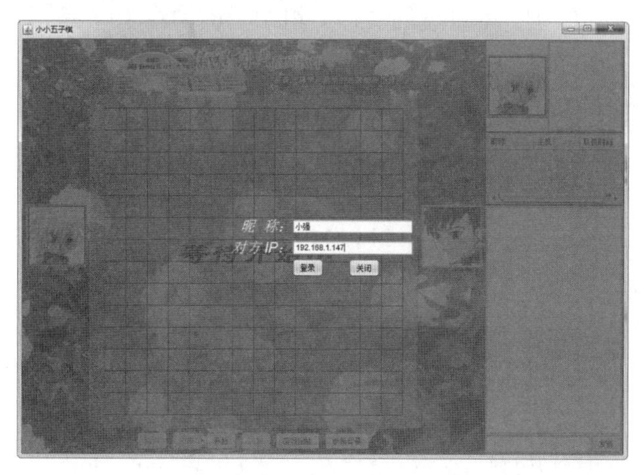

图 10.3　登录联机的程序界面（资源包\TM\10\Gobang\src\com\lzw\gobang\LoginPanel.java）

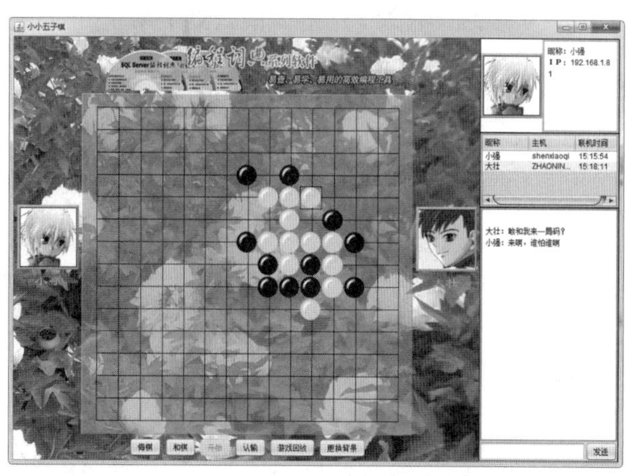

图 10.4　游戏主窗体效果（资源包\TM\10\Gobang\src\com\lzw\gobang\MainFrame.java）

当游戏的一方胜利时，程序界面将提示“对方胜利”，并且把对方的 5 颗连线棋子用星号标注，并禁止棋盘的落子行为。程序界面如图 10.5 所示。

当自己一方有 5 颗棋子连成一线时，将提示“你胜利了”的信息，并且将自己一方相连的 5 颗棋子用星号标注，效果如图 10.6 所示。

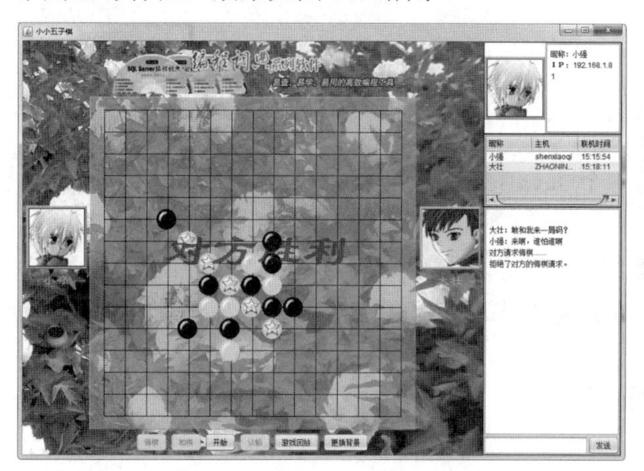

图 10.5　对方胜利后的效果（资源包\TM\10\Gobang\src\com\lzw\gobang\MainFrame.java）

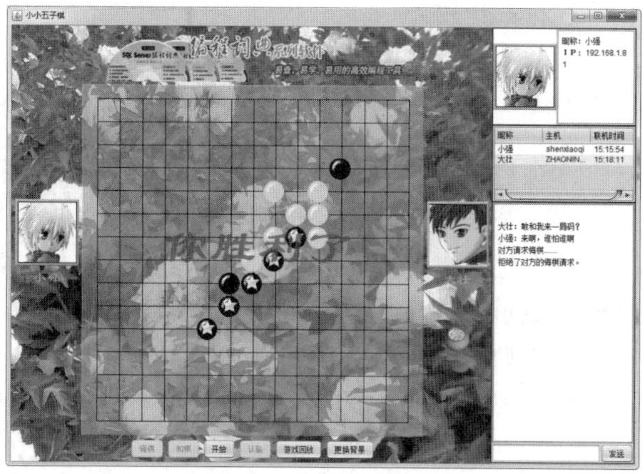

图 10.6　自己胜利后的界面（资源包\TM\10\Gobang\src\com\lzw\gobang\MainFrame.java）

游戏的开始、悔棋、和棋、游戏回放等动作，由棋盘下方的控制面板组成，该面板还包含一个“更换背景”按钮可以更换程序界面的背景图片。控制面板如图 10.7 所示。

图 10.7　控制按钮界面（资源包\TM\10\Gobang\src\com\lzw\gobang\ChessPanel.java）

10.3.6　文件夹组织结构

在进行系统开发前，需要规划文件夹组织结构，也就是说，建立多个文件夹，对各个功能模块进行划分，实现统一管理。这样做的好处是易于开发、管理和维护。本系统的文件夹组织结构如图 10.8 所示。

```
网络五子棋游戏
  src ———————————— 程序源码文件夹
    com.lzw.gobang ———— 项目类包
      ChessPanel.java ———— 下棋面板（包括控制面板）
      GobangModel.java ———— 承载棋牌棋子的数据模型
      GobangPanel.java ———— 棋盘面板
      LoginPanel.java ———— 登陆面板
      MainFrame.java ———— 主窗体
      ReceiveThread.java ———— 消息接收线程
      UserBean.java ———— 登陆用户实体
    res ———————————— 程序界面图片资源
    res.bg ———————————— 程序背景图片资源
  JRE System Library [jdk] ———— JRE库
```

图 10.8　文件夹组织结构图

10.4　公共模块设计

公共模块的设计是软件开发的一个重要组成部分，它既起到了代码重用的作用，又起到了规范代码结构的作用，尤其在团队开发的情况下，是解决重复编码的最好方法，这样对软件的后期维护也起到了积极的作用。

10.4.1　绑定属性的 JavaBean

本项目定义了棋盘模型类 GobangModel，它是一个 JavaBean，用于记录棋盘的当前棋子的布局，它使用一个二维数组保存所有棋子。

这个记录棋盘的棋子数据的 JavaBean 将棋子数组定义为绑定属性，当该属性被修改时会自动产生属性变更事件，并通知所有监听该属性的监听器。在棋盘类中就定义了一个监视该属性的监听器，它在棋盘模型的数据发生改变时立刻更新棋盘界面。

要实现 JavaBean 的绑定属性，必须实现以下两个机制。

（1）产生 PropertyChange 事件

无论任何情况，只要 JavaBean 中的绑定属性发生了变化，该 JavaBean 就必须发送一个 PropertyChange 属性改变事件给所有已经注册的事件监听器，棋盘模型 JavaBean 在设置棋盘数组属性的 setChessmanArray()方法中产生了该事件。关键代码如下：

例程 01　代码位置：mr\10\Gobang\src\com\lzw\gobang\GobangModel.java

```
private PropertyChangeSupport propertySupport;                    //定义属性工具类
private static GobangModel model;                                 //定义自身的变量
private byte[][] chessmanArray = new byte[15][15];                //定义棋子数组
public static final String PROP_CHESSMANARRAY = "chessmanArray";  //定义属性名称
…//省略部分代码
/**
 * 设置棋子数组的方法
* @param chessmanArray
 *            - 一个代表棋盘棋子的二维数组
 */
public void setChessmanArray(byte[][] chessmanArray) {
      this.chessmanArray = chessmanArray;
      propertySupport.firePropertyChange(PROP_CHESSMANARRAY, null,
              chessmanArray);                                     //通知所有已注册监听器属性被更新
}
```

（2）实现事件监听器的注册与注销

对棋盘数据模型 JavaBean 感兴趣的监听器必须通过该 JavaBean 提供的方法进行注册或注销，这两个方法分别是 addPropertyChangeListener()和 removePropertyChangeListener()。只有注册到该 JavaBean 的事件监听器才能监听 JavaBean 属性的改变事件。棋盘数据模型对这两个方法的关键代码如下：

例程 02　代码位置：mr\10\Gobang\src\com\lzw\gobang\GobangModel.java

```
/**
 * 添加事件监听器的方法
 *
 * @param listener
 *            - 事件监听器
 */
public void addPropertyChangeListener(PropertyChangeListener listener) {
      propertySupport.addPropertyChangeListener(listener);        //添加事件监听器
}

/**
 * 移除事件监听器的方法
 *
 * @param listener
 *            - 事件监听器
 */
public void removePropertyChangeListener(PropertyChangeListener listener) {
      propertySupport.removePropertyChangeListener(listener);     //移除事件监听器
}
```

10.4.2　在棋盘中绘制棋子

在设计网络五子棋时，需要在棋盘中绘制棋子，并且在窗口更新时保证棋子仍然在棋盘上。笔者采用的方式是定义一个二维数组，数组的大小与棋盘中表格的行和列相对应，描述棋盘中可以放置棋子的所有点。绘制棋子的界面效果如图 10.9 所示。

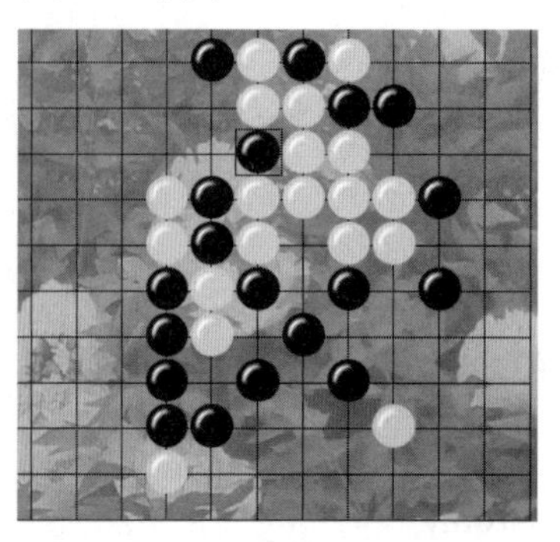

图 10.9　绘制棋子的界面效果

关键代码如下：

例程 03　代码位置：mr\10\Gobang\src\com\lzw\gobang\GobangPanel.java

```
byte[][] chessmanArray = gobangModel1.getChessmanArrayCopy();          //棋盘二维数组
for (int i = 0; i < chessmanArray.length; i++) {                      //遍历二维数组元素绘制棋子
    for (int j = 0; j < chessmanArray[i].length; j++) {
        byte chessman = chessmanArray[i][j];
        int x = i * chessWidth;
        int y = j * chessHeight;
        if (chessman != 0)
            System.out.println("chess is:" + chessman);
        if (chessman == WHITE_CHESSMAN) {                             //绘制白棋
            g.drawImage(white_chessman_img, x, y, chessWidth,
                    chessHeight, this);
        } else if (chessman == BLACK_CHESSMAN) {                      //绘制黑棋
            g.drawImage(black_chessman_img, x, y, chessWidth,
                    chessHeight, this);
        } else if (chessman == (WHITE_CHESSMAN ^ 3)) {                //绘制最近的白棋落子
            g.drawImage(white_chessman_img, x, y, chessWidth,
                    chessHeight, this);
            g.drawRect(x, y, chessWidth, chessHeight);
        } else if (chessman == (BLACK_CHESSMAN ^ 3)) {                //绘制最近的黑棋落子
            g.drawImage(black_chessman_img, x, y, chessWidth,
                    chessHeight, this);
            g.drawRect(x, y, chessWidth, chessHeight);
        } else if (chessman == ((byte) (WHITE_CHESSMAN ^ 8))) {       //绘制导致胜利的连线白棋
            g.drawImage(white_chessman_img, x, y, chessWidth,
                    chessHeight, this);
            g.drawImage(rightTop_img, x, y, chessWidth, chessHeight,
                    this);
        } else if (chessman == (BLACK_CHESSMAN ^ 8)) {                //绘制导致胜利的连线黑棋
            g.drawImage(black_chessman_img, x, y, chessWidth,
                    chessHeight, this);
```

```
                g.drawImage(rightTop_img, x, y, chessWidth, chessHeight,
                        this);
            }
        }
}
```

10.4.3　实现动态调整棋盘大小

在设计网络五子棋时，为了突出游戏的特点，允许用户在游戏进行的过程中调整窗口的大小，效果分别如图 10.10 和图 10.11 所示。

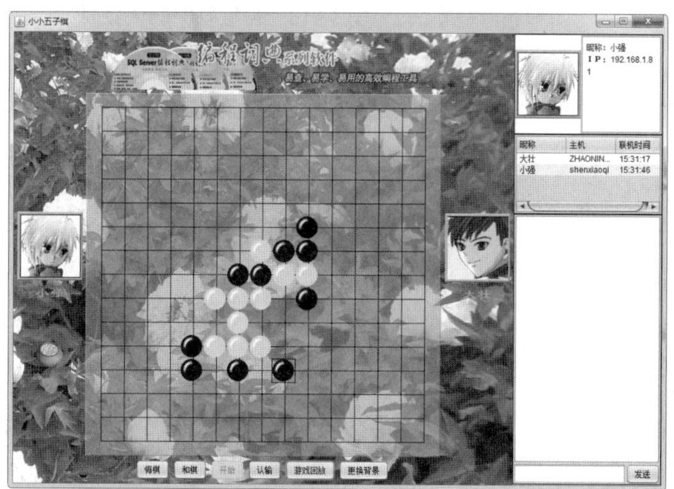

图 10.10　下棋窗口

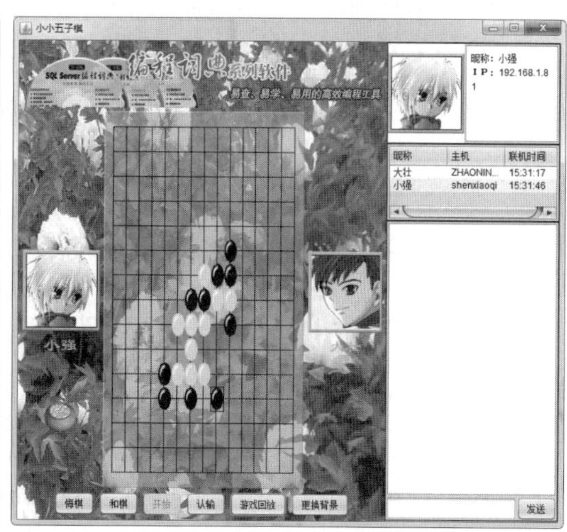

图 10.11　棋盘缩放

实现该功能的难点在于窗口调整大小后，棋盘和棋子的大小需要调整，棋盘表格的大小需要调整，棋盘中当前棋子的位置需要调整。笔者采用的方式是根据棋盘面板的宽度和高度计算棋格和棋子大小。然后使用计算出的棋格宽度和高度绘制棋盘、使用计算出的棋子高度与宽度绘制指定大小的棋子。绘制棋盘的关键代码如下：

例程 04　代码位置：mr\10\Gobang\src\com\lzw\gobang\GobangPanel.java

```
int w = getWidth();                                         //棋盘宽度
int h = getHeight();                                        //棋盘高度
int chessW = w / 15, chessH = h / 15;                       //棋子宽度和高度
int left = chessW / 2 + (w % 15) / 2;                       //棋盘左边界
int right = left + chessW * 14;                             //棋盘右边界
int top = chessH / 2 + (h % 15) / 2;                        //棋盘上边界
int bottom = top + chessH * 14;                             //棋盘下边界
for (int i = 0; i < 15; i++) {
    //画每条横线
    g.drawLine(left, top + (i * chessH), right, top + (i * chessH));
}
for (int i = 0; i < 15; i++) {
    //画每条竖线
```

```
        g.drawLine(left + (i * chessW), top, left + (i * chessW), bottom);
}
```

10.4.4　游戏悔棋

为了增加网络五子棋的交互性、灵活性，在本程序中设计了悔棋功能。当用户想要悔棋时，需要向对方发送悔棋请求，如果对方同意悔棋，则双方都进行悔棋操作，如图 10.12 所示。

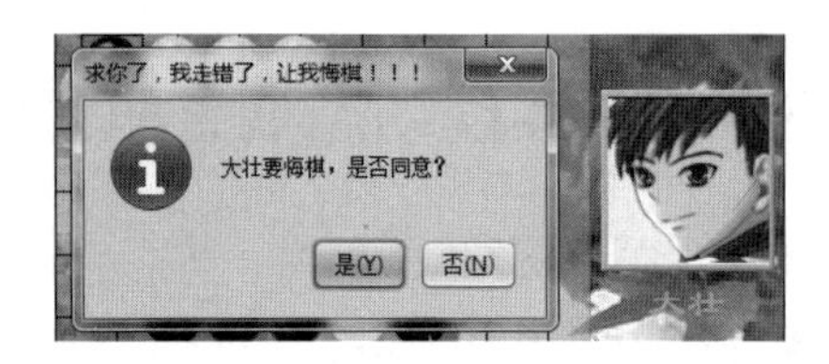

图 10.12　悔棋时的确认界面

五子棋游戏模块设计了一个存储下棋步骤的双向队列，要实现悔棋功能，需要从该队列中弹出两步落子动作，其中包括自己的下棋步骤和对方的下棋步骤。关键代码如下：

例程 05　代码位置：mr\10\Gobang\src\com\lzw\gobang\ChessPanel.java

```
/**
 * 悔棋的业务处理方法
 */
public synchronized void repentOperation() {

    Deque<byte[][]> chessQueue = gobangPanel1.getChessQueue();          //获取下棋队列
    if (chessQueue.isEmpty()) {
        return;
    }
    for (int i = 0; i < 2 && !chessQueue.isEmpty(); i++) {              //获取上两次走棋的棋谱
        byte[][] pop = chessQueue.pop();                                //废弃走棋步骤
    }
    if (chessQueue.size() < 1) {
        chessQueue.push(new byte[15][15]);
    }
    byte[][] pop = chessQueue.peek();
    GobangModel.getInstance().updateChessmanArray(pop);                 //更新棋盘的棋子布局
    repaint();
}
```

10.4.5　游戏回放

为了让游戏双方了解下棋的整个过程，网络五子棋模块设计了游戏回放功能。当游戏结束时，用户可以通过游戏回放了解整个下棋的过程，分析对方下棋的思路，总结成功与失败的经验。

五子棋游戏设计了一个存储下棋步骤的双向队列，要实现游戏回放功能，只需要把队列中记录的下棋步骤（每一个队列元素保存了下棋的每一步的棋谱）从头演示一遍即可。但是要注意，每个步骤需要停顿一秒，给玩家一个分析的时间。关键代码如下：

例程 06　代码位置：mr\10\Gobang\src\com\lzw\gobang\ChessPanel.java

```
/**
 * 游戏回放按钮的事件处理方法
```

```
 *
 * @param evt - 事件对象
 */
private void backplayToggleButtonActionPerformed(
        java.awt.event.ActionEvent evt) {
    //如果游戏进行中，提示用户游戏结束后再观看游戏回放
    if (gobangPanel1.isStart()) {
        JOptionPane.showMessageDialog(this, "请在游戏结束后，观看游戏回放。");
        backplayToggleButton.setSelected(false);
        return;
    }
    if (!backplayToggleButton.isSelected()) {
        backplayToggleButton.setText("游戏回放");
    } else {
        backplayToggleButton.setText("终止回放");
        new Thread() {                                  //开启新的线程播放游戏记录
            public void run() {
                Object[] toArray = gobangPanel1.getOldRec();
                if (toArray == null) {
                    JOptionPane.showMessageDialog(ChessPanel.this,
                            "没有游戏记录", "游戏回放", JOptionPane.WARNING_MESSAGE);
                    backplayToggleButton.setText("游戏回放");
                    backplayToggleButton.setSelected(false);
                    return;
                }
                //清除界面的结局文字，包括对方胜利、你胜利了、此战平局
                gobangPanel1.setTowardsWin(false);
                gobangPanel1.setWin(false);
                gobangPanel1.setDraw(false);
                for (int i = toArray.length - 1; !gobangPanel1.isStart()
                        && i >= 0; i--) {
                    try {
                        Thread.sleep(1000);             //线程休眠 1 秒
                    } catch (InterruptedException ex) {
                        Logger.getLogger(ChessPanel.class.getName()).log(
                                Level.SEVERE, null, ex);
                    }
                    GobangModel.getInstance().updateChessmanArray(
                            (byte[][]) toArray[i]);     //根据游戏记录更换每一步游戏的棋谱
                    gobangPanel1.repaint();             //重绘棋盘
                }
                backplayToggleButton.setSelected(false);
                backplayToggleButton.setText("游戏回放");
            }
        }.start();
    }
}
```

10.5　实现登录界面

主窗体的登录界面是五子棋模块的开始，它主要不是验证用户名与密码，而是定义自己游戏时的昵称和对方主机的 IP 地址。昵称将显示在游戏界面中，包括自己的和对家的昵称。IP 地址是确定对家的唯一条件，只有确定双方的 IP 地址，并且双方都运行了五子棋模块后，才能进行互联。

登录界面的登录面板实现了透明的效果，并且将登录面板下的主窗体用半透明遮罩效果变暗，而登录界面正常显示，这样，用户的注意力就会放在登录界面上。登录面板的运行效果如图 10.13 所示。

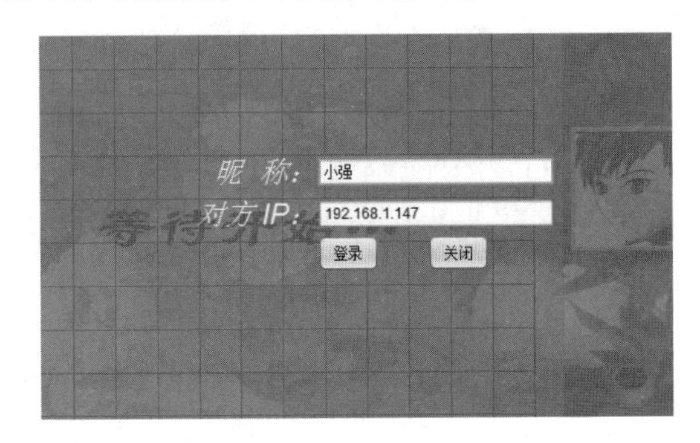

图 10.13　登录界面的背景半透明效果

实现登录界面的关键技术，使用了 GlassPane 面板，它位于窗体的最顶层，Swing 默认该面板为隐藏模式。本程序继承 JPanel 类编写了登录面板，其中包含登录信息的文本框和"登录"按钮等信息，然后调用 JFrame 窗体的 setGlassPane()方法将该面板设置为 GlassPanel 玻璃面板。

实现登录界面的关键步骤如下。

（1）继承 JPanel 类编写登录面板，重写 paintComponent()方法，在方法中获取 Java2D 的绘图对象，备份绘图的合成模式，然后设置新的 80%透明的合成模式，并使用矩形填充整个登录面板。关键代码如下：

例程 07　代码位置：mr\10\Gobang\src\com\lzw\gobang\LoginPanel.java

```
/**
 * 登录面板
 * @author Li Zhong Wei
 */
public class LoginPanel extends javax.swing.JPanel {
	private Socket socket;
	private UserBean user;
	protected boolean linked;
	/**
	 * 构造方法
	 */
	public LoginPanel() {
		initComponents();                                    //调用初始化界面的方法
	}
	/**
	 * 绘制组件界面的方法
	 * @see javax.swing.JComponent#paintComponent(java.awt.Graphics)
	 */
	@Override
	protected void paintComponent(Graphics g) {
```

```
        Graphics2D g2 = (Graphics2D) g;                          //获取 2D 绘图上下文
        Composite composite = g2.getComposite();                 //备份合成模式
        g2.setComposite(AlphaComposite.getInstance(AlphaComposite.SRC_OVER,
                0.8f));                                          //设置绘图使用透明合成规则
        g2.fillRect(0, 0, getWidth(), getHeight());              //使用当前颜色填充矩形空间
        g2.setComposite(composite);                              //恢复原有合成模式
        super.paintComponent(g2);                                //执行超类的组件绘制方法
    }
…//省略其他代码
}
```

（2）编写“登录”按钮的事件处理方法，在该方法中接收用户的昵称和对方主机信息，使用昵称和本机 IP 地址创建本地用户对象发送给对方主机。使用对方主机 IP 地址创建 Socket 连接对象，实现互联操作。关键代码如下：

例程 08　代码位置：mr\10\Gobang\src\com\lzw\gobang\LoginPanel.java

```
/**
 * “登录”按钮的事件处理方法
 *
 * @param evt
 *             - 按钮的事件对象
 */
private void loginButtonActionPerformed(java.awt.event.ActionEvent evt) {
    try {
        //获取主窗体的实例对象
        MainFrame mainFrame = (MainFrame) getParent().getParent();
        String name = nameTextField.getText();                   //获取用户昵称
        if (name.trim().isEmpty()) {
            JOptionPane.showMessageDialog(this, "请输入昵称");
            return;
        }
        String ipText = ipTextField.getText();                   //获取对方 IP 地址
        ipTextField.setEditable(true);
        InetAddress ip = InetAddress.getByName(ipText);
        socket = new Socket(ip, 9528);                           //创建 Socket 连接对方主机
        if (socket.isConnected()) {                              //如果连接成功
            user = new UserBean();                               //创建用户对象
            //获取当前时间对象
            Time time = new Time(System.currentTimeMillis());
            user.setName(name);                                  //初始化用户昵称
            user.setHost(InetAddress.getLocalHost());            //初始化用户 IP
            user.setTime(time);                                  //初始化用户登录时间
            socket.setOOBInline(true);                           //启用紧急数据的接收
            mainFrame.setSocket(socket);                         //设置主窗体的 Socket 连接对象
            mainFrame.setUser(user);                             //添加本地用户对象到主窗体对象
            mainFrame.send(user);                                //发送本地用户对象到对方主机
            setVisible(false);                                   //隐藏登录窗体
        }
```

```
    } catch (UnknownHostException ex) {
        Logger.getLogger(LoginPanel.class.getName()).log(Level.SEVERE,
                null, ex);
        JOptionPane.showMessageDialog(this, "输入的 IP 不正确");
    } catch (IOException e) {
        e.printStackTrace();
        JOptionPane.showMessageDialog(this, "对方主机无法连接");
    }
}
```

（3）在主窗体创建登录面板的实例对象，调用 setGlassPane()方法，设置登录面板为主窗体的 GlassPane 面板（即玻璃面板），调用登录面板的 setVisible()方法显示登录界面。关键代码如下：

例程 09　代码位置：mr\10\Gobang\src\com\lzw\gobang\MainFrame.java

```
loginPanel1 = new com.lzw.gobang.LoginPanel();                //创建登录面板的实例对象
/**
 * 主窗体的构造方法
 */
public MainFrame() {
    initComponents();                                          //初始化窗体界面
    setGlassPane(loginPanel1);                                 //设置登录面板为玻璃面板
    loginPanel1.setVisible(true);                              //显示登录面板
}
```

视频讲解

10.6　编写游戏主窗体

游戏的主窗体包括下棋面板、用户信息面板、用户列表和聊天面板，界面的运行效果如图 10.14 所示。

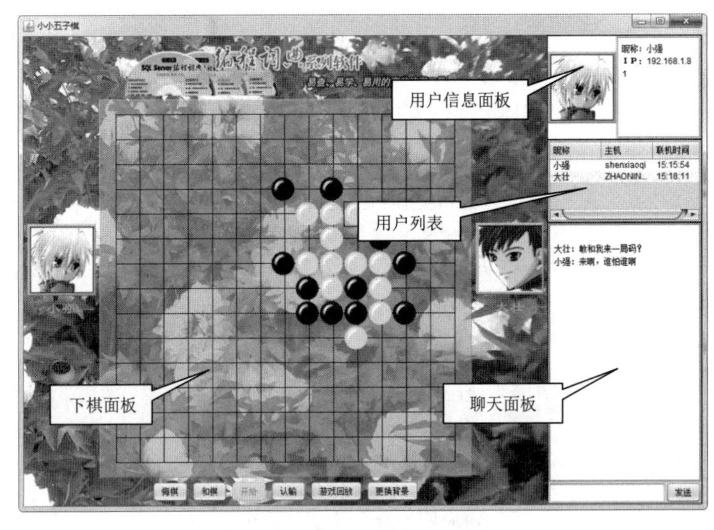

图 10.14　游戏主窗体界面

除了下棋面板以外，用户信息面板、用户列表和聊天面板都由游戏主窗体实现。本节将主要介绍这些内容，至于下棋面板将在后面的章节介绍。

实现游戏主窗体的关键步骤如下。

（1）编写 setSocket()方法，该方法曾在登录面板中调用，用于设置联机的 Socket 对象，但是该方法同时也初始化了 object 对象输出流。它用于发送字符串对象或其他对象到对方主机。关键代码如下：

例程 10　代码位置：mr\10\Gobang\src\com\lzw\gobang\MainFrame.java

```
/**
 * 设置 Socket 连接和初始化对象输出流的方法
 * @param chatSocketArg - Socket 对象
 */
public void setSocket(Socket chatSocketArg) {
    try {
        socket = chatSocketArg;
        OutputStream os = socket.getOutputStream();        //获取 Socket 的输出流
        objout = new ObjectOutputStream(os);               //创建对象输出流
    } catch (IOException ex) {
        Logger.getLogger(MainFrame.class.getName()).log(Level.SEVERE, null,
                ex);
    }
}
```

（2）编写 send()方法，该方法用于发送信息到对方主机，这个信息可以是文本字符串对象，也可以是其他类型的对象。在主类中调用该方法发送聊天的文本字符串信息，但是在其他面板类中，调用该方法发送用户对象、游戏指令、棋盘信息等内容，所以该方法的参数是 Object 类型。关键代码如下：

例程 11　代码位置：mr\10\Gobang\src\com\lzw\gobang\MainFrame.java

```
/**
 * 向对方发送信息的方法
 * @param message - 要发送的文本或其他类型的对象
 */
public void send(Object message) {
    try {
        objout.writeObject(message);                       //向对象输出流添加对象
        objout.flush();
    } catch (IOException ex) {
        Logger.getLogger(MainFrame.class.getName()).log(Level.SEVERE, null,
                ex);
    }
}
```

（3）编写聊天面板的“发送”按钮的事件处理方法，该方法将获取用户输入的聊天字符串，并把该字符串的内容追加到聊天记录的文本区域组件中，然后调用 send()方法将聊天信息发送给对方。关键代码如下：

例程 12　代码位置：mr\10\Gobang\src\com\lzw\gobang\MainFrame.java

```
/**
 * 聊天面板的“发送”按钮事件处理方法
 * @param evt - 事件对象
 */
private void sendButtonActionPerformed(java.awt.event.ActionEvent evt) {
    String message = (String) chatTextField.getText();     //获取文本信息
    if (message == null || message.isEmpty()) {
        return;
```

```
        }
        chatTextField.setText("");                          //清空文本框内容
        appendMessage(user.getName() + ":" + message);      //将发送的信息添加到聊天记录
        send(message);                                      //发送信息
}
```

（4）编写 appendMessage()方法，该方法用于向聊天面板的文本区域组件追加换行的聊天信息。关键代码如下：

例程 13　代码位置：mr\10\Gobang\src\com\lzw\gobang\MainFrame.java

```
/**
 * 添加聊天信息的方法
 * @param message - 聊天信息文本
 */
protected void appendMessage(final String message) {
        Runnable runnable = new Runnable() {                //创建线程对象
                @Override
                public void run() {
                        chatArea.append("\n" + message);    //向聊天文本区域组件追加换行文本
                }
        };
        if (SwingUtilities.isEventDispatchThread()) {
                runnable.run();                             //在事件队列线程中执行该线程对象
        } else {
                SwingUtilities.invokeLater(runnable);
        }
}
```

（5）编写启动 Socket 服务器的 startServer()方法，该方法将创建 ServerSocket 类的实例对象，该对象接收远程用户的连接。关键代码如下：

例程 14　代码位置：mr\10\Gobang\src\com\lzw\gobang\MainFrame.java

```
/**
 * 启动 Socket 服务器
 */
public void startServer() {
        try {
                //创建 Socket 服务器对象
                final ServerSocket chatSocketServer = new ServerSocket(9528);
                //创建接收信息的线程
                new ReceiveThread(chatSocketServer, this).start();
        } catch (IOException ex) {
                JOptionPane.showMessageDialog(this, "本程序禁止重复运行，只能同时存在一个实例。",
                                "你敢重复运行？", JOptionPane.ERROR_MESSAGE);
                System.exit(0);
                Logger.getLogger(MainFrame.class.getName()).log(Level.SEVERE, null, ex);
        }
}
```

（6）编写 setUser()方法，该方法用于设置本地用户信息，包括游戏下棋面板的本地用户昵称、用户列表中的本地用户和用户信息面板的内容等。关键代码如下：

例程 15　代码位置：mr\10\Gobang\src\com\lzw\gobang\MainFrame.java

```
/**
 * 设置用户信息的方法
 * @param user - 本地用户对象
 */
public void setUser(UserBean user) {
      this.user = user;
      //向用户信息面板添加昵称
      userInfoTextArea.setText("昵称：" + user.getName() + "\n");
      //添加 IP 信息
      userInfoTextArea.append("ＩＰ：" + user.getHost().getHostAddress() + "\n");
      //获取用户信息表格组件的数据模型对象
      DefaultTableModel model = (DefaultTableModel) userInfoTable.getModel();
      Vector dataVector = model.getDataVector();
      Vector row = new Vector();                          //使用用户信息创建单行数据的向量
      row.add(user.getName());
      row.add(user.getHost().getHostName());
      row.add(user.getTime());
      if (!dataVector.contains(row)) {
            model.getDataVector().add(row);               //把用户信息添加到表格组件中
      }
      //设置本地用户的昵称
      chessPanel1.leftInfoLabel.setText(user.getName());
      userInfoTable.revalidate();
}
```

（7）编写 setTowardsUser()方法，该方法和 setUser()方法功能类似，但是它用于设置对方信息。关键代码如下：

例程 16　代码位置：mr\10\Gobang\src\com\lzw\gobang\MainFrame.java

```
/**
 * 设置对方用户信息的方法
 * @param user - 对方通过网络发送来的用户对象
 */
public void setTowardsUser(UserBean user) {
      this.towardsUser = user;                            //对方用户对象
      //获取用户信息列表的表格数据模型
      DefaultTableModel model = (DefaultTableModel) userInfoTable.getModel();
      Vector row = new Vector();                          //创建承载表格单行数据的向量集合对象
      row.add(towardsUser.getName());                     //添加用户姓名
      row.add(towardsUser.getHost().getHostName());       //添加主机名称
      row.add(towardsUser.getTime());                     //添加用户登录时间
      Vector dataVector = model.getDataVector();
      if (!dataVector.contains(row)) {
            model.getDataVector().add(row);               //添加用户信息到表格中
```

```
        }
        //设置对方用户头像的昵称
        chessPanel1.rightInfoLabel.setText(towardsUser.getName());
        userInfoTable.revalidate();
}
```

10.7　编写下棋面板

下棋面板用于游戏的控制，包括游戏的开始、悔棋、和棋、认输、清屏、更改游戏背景图等，它还负责游戏开始时，为上方玩家分配棋子颜色等业务。程序界面如图 10.15 所示。

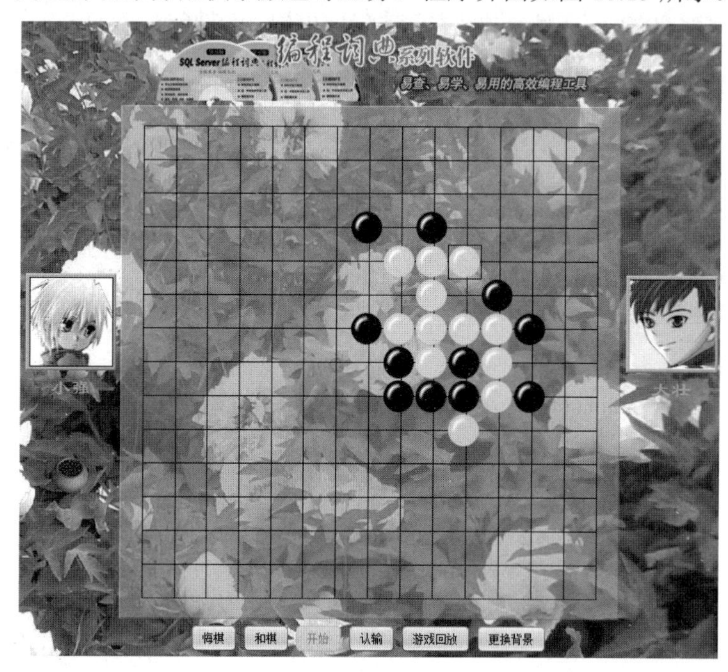

图 10.15　下棋面板的界面

实现下棋面板的关键步骤如下。

（1）继承 JPanel 自定义下棋面板类，在该类中定义各种指令的编码，这些编码将用于游戏的网络互动，它们包括悔棋命令、和棋命令、认输命令、开始命令、胜利代码等。关键代码如下：

例程 17　代码位置：mr\10\Gobang\src\com\lzw\gobang\ChessPanel.java

```
/**
 * 下棋面板
 * @author Li Zhong Wei
 */
public class ChessPanel extends javax.swing.JPanel {
      static ImageIcon WHITE_CHESS_ICON;
      static ImageIcon BLACK_CHESS_ICON;
```

```
    final static int OPRATION_REPENT = 0xEF;                //悔棋命令
    final static int OPRATION_NODE_REPENT = 0xCF;           //接受悔棋命令
    final static int OPRATION_DRAW = 0xFE;                  //和棋命令
    final static int OPRATION_NODE_DRAW = 0xEE;             //接受和棋命令
    final static int OPRATION_START = 0xFd;                 //开始命令
    final static int OPRATION_ALL_START = 0xEd;             //接受开始命令
    final static int OPRATION_GIVEUP = 0xFc;                //认输命令
    final static int WIN = 88;                              //胜利代码
…//省略部分代码
}
```

（2）在构造方法中初始化双方棋盒的图片和背景图片对象。另外，该构造方法负责调用初始化界面的 initComponents()方法完成界面布局。关键代码如下：

例程 18　代码位置：mr\10\Gobang\src\com\lzw\gobang\ChessPanel.java

```
/**
 * 下棋面板的构造方法
 */
public ChessPanel() {
    WHITE_CHESS_ICON = new javax.swing.ImageIcon(getClass().getResource(
            "/res/whiteChess.png"));                        //初始化白棋棋盒图片
    BLACK_CHESS_ICON = new javax.swing.ImageIcon(getClass().getResource(
            "/res/blackChess.png"));                        //初始化黑棋棋盒图片
    URL url = getClass().getResource("/res/bg/1.jpg");
    backImg = new ImageIcon(url).getImage();                //初始化背景图片
    initComponents();                                       //调用初始化界面的方法
}
```

（3）重写父类的 paintComponent()方法，在方法中绘制游戏的背景图片，从而定义新的组件界面。关键代码如下：

例程 19　代码位置：mr\10\Gobang\src\com\lzw\gobang\ChessPanel.java

```
/**
 * 重写 paintComponent 方法，绘制背景图片
 * @see javax.swing.JComponent#paintComponent(java.awt.Graphics)
 */
@Override
protected void paintComponent(Graphics g) {
    //绘制背景图片
    g.drawImage(backImg, 0, 0, getWidth(), getHeight(), null);
}
```

（4）编写设置棋盒颜色的 setChessColor()方法，该方法用于设置自己和对方头像下方的棋盒颜色。关键代码如下：

例程 20　代码位置：mr\10\Gobang\src\com\lzw\gobang\ChessPanel.java

```
/**
 * 设置棋子颜色的方法，以棋盒颜色为主
```

```
 * @param color - 指定颜色的棋盒图片
 */
public void setChessColor(ImageIcon color) {
	myChessColorLabel.setIcon(color);                          //设置本地用户的棋盒图标
	if (color.equals(WHITE_CHESS_ICON)) {                      //设置白棋
		gobangPanel1.setMyColor(GobangPanel.WHITE_CHESSMAN);
		towardsChessColorLabel.setIcon(BLACK_CHESS_ICON);
	} else if (color.equals(BLACK_CHESS_ICON)) {               //设置黑棋
		gobangPanel1.setMyColor(GobangPanel.BLACK_CHESSMAN);
		towardsChessColorLabel.setIcon(WHITE_CHESS_ICON);
	}
	revalidate();
}
```

（5）编写 setTurn()方法，该方法用于设置自己走棋的权限，如果没有走棋权限，不能在棋盘上任何位置落子。关键代码如下：

例程 21 代码位置：mr\10\Gobang\src\com\lzw\gobang\ChessPanel.java

```
/**
 * 设置轮回状态的方法
 *
 * @param turn
 *              - 是否获得走棋权利
 */
public void setTurn(boolean turn) {
	if (turn) {                                                //如果获得走棋权利
		myChessColorLabel.setVisible(true);                    //显示棋盒
		towardsChessColorLabel.setVisible(false);              //隐藏对方棋盒
	} else {                                                   //否则
		myChessColorLabel.setVisible(false);                   //隐藏自己的棋盒
		towardsChessColorLabel.setVisible(true);               //显示对方的棋盒
	}
}
```

（6）编写 repentOperation()方法，该方法用于执行悔棋动作，它首先从记录下棋动作的队列中取出两个走棋的记录（包含对方走棋和自己走棋），然后使用队列顶层的当前棋局更新棋盘上的棋子实现悔棋动作。关键代码如下：

例程 22 代码位置：mr\10\Gobang\src\com\lzw\gobang\ChessPanel.java

```
/**
 * 悔棋的业务处理方法
 */
public synchronized void repentOperation() {
	//获取下棋队列
	Deque<byte[][]> chessQueue = gobangPanel1.getChessQueue();
	if (chessQueue.isEmpty()) {
		return;
	}
```

```
	//获取上次走棋的棋谱
	for (int i = 0; i < 2 && !chessQueue.isEmpty(); i++) {
		byte[][] pop = chessQueue.pop();
	}
	if (chessQueue.size() < 1) {
		chessQueue.push(new byte[15][15]);
	}
	byte[][] pop = chessQueue.peek();
	GobangModel.getInstance().updateChessmanArray(pop);		//更新棋盘的棋子布局
	repaint();
}
```

（7）编写 fenqi()方法，该方法用于分配双方玩家棋子的颜色，区分规则是先开始的玩家使用白色棋子。关键代码如下：

例程 23　代码位置：mr\10\Gobang\src\com\lzw\gobang\ChessPanel.java

```
/**
 * 为双方玩家分配棋子的方法
 */
private void fenqi() {
	MainFrame frame = (MainFrame) getRootPane().getParent();	//获取主窗体对象
	//获取对家开始游戏的时间
	long towardsTime = frame.getTowardsUser().getTime().getTime();
	//获取自己开始游戏的时间
	long meTime = frame.getUser().getTime().getTime();
	//根据两个玩家开始游戏时间的先后，分配棋子的颜色
	if (meTime >= towardsTime) {
		frame.getChessPanel1().setChessColor(ChessPanel.WHITE_CHESS_ICON);
		frame.getChessPanel1().getGobangPanel1().setTurn(true);
	} else {
		frame.getChessPanel1().setChessColor(ChessPanel.BLACK_CHESS_ICON);
		frame.getChessPanel1().getGobangPanel1().setTurn(false);
	}
}
```

（8）编写 fillChessBoard()方法，该方法用于实现开始游戏时的刷屏动画，根据方法的参数决定使用哪个颜色的棋子填充棋盘，并最终调用该方法的代码，再次调用该方法，使用参数 0，清除棋盘上的所有棋子。关键代码如下：

例程 24　代码位置：mr\10\Gobang\src\com\lzw\gobang\ChessPanel.java

```
/**
 * 清屏、填充棋盘的方法。可以使用 1 或-1 指定填充棋盘的棋子，使用 0 清屏
 *
 * @param chessman
 *            - 填充棋盘的棋子的颜色代码
 */
private void fillChessBoard(final byte chessman) {
	try {
```

```
            Runnable runnable = new Runnable() {                //创建清屏的动画线程
                /**
                 * 线程的主体方法
                 *
                 * @see java.lang.Runnable#run()
                 */
                public void run() {
                    byte[][] chessmanArray = GobangModel.getInstance()
                            .getChessmanArray();            //获取棋盘数组
                    for (int i = 0; i < chessmanArray.length; i += 2) {
                        try {
                            Thread.sleep(10);               //动画间隔时间
                        } catch (InterruptedException ex) {
                            Logger.getLogger(ChessPanel.class.getName()).log(
                                    Level.SEVERE, null, ex);
                        }
                        //使用指定颜色的棋子填充数组的一列
                        Arrays.fill(chessmanArray[i], chessman);
                        Arrays.fill(chessmanArray[(i + 1) % 15], chessman);
                        GobangModel.getInstance().updateChessmanArray(
                                chessmanArray);             //更新棋盘上的棋子
                        gobangPanel1.paintImmediately(0, 0, getWidth(),
                                getHeight());               //立即重绘指定区域的棋盘
                    }
                }
            };
            //在事件队列中执行清屏
            if (SwingUtilities.isEventDispatchThread()) {
                runnable.run();
            } else {
                SwingUtilities.invokeAndWait(runnable);
            }
        } catch (Exception ex) {
            Logger.getLogger(ChessPanel.class.getName()).log(Level.SEVERE,
                    null, ex);
        }
}
```

（9）编写“开始”按钮的事件处理方法，该方法将初始化游戏状态并发送开始命令到对方，然后分配对方棋子的颜色，清除棋盘的棋子。关键代码如下：

例程 25　代码位置：mr\10\Gobang\src\com\lzw\gobang\ChessPanel.java

```
/**
 * “开始”按钮的事件处理方法
 *
 * @param evt
 *            - 事件对象
 */
private void startButtonActionPerformed(java.awt.event.ActionEvent evt) {
```

```
    //获取主窗体对象
    MainFrame mainFrame = (MainFrame) getRootPane().getParent();
    if (mainFrame.serverSocket == null) {
        JOptionPane.showMessageDialog(this, "请等待对方连接。");
        return;
    }
    if (gobangPanel1.isStart()) {
        return;
    }
    //设置各个按钮的可用状态
    startButton.setEnabled(false);
    giveupButton.setEnabled(true);
    heqiButton.setEnabled(true);
    backButton.setEnabled(true);
    gobangPanel1.setStart(true);                        //设置游戏的开始状态
    gobangPanel1.setTowardsWin(false);                  //设置对方胜利状态
    gobangPanel1.setWin(false);                         //设置自己胜利状态
    gobangPanel1.setDraw(false);                        //设置和棋状态
    send(OPRATION_START);                               //发送开始指令
    fenqi();                                            //分配双方棋子
    fillChessBoard(gobangPanel1.getMyColor());          //使用自己的棋子颜色清屏
    fillChessBoard((byte) 0);                           //使用空棋子清屏
    byte[][] data = new byte[15][15];                   //创建一个空的棋盘布局
    GobangModel.getInstance().setChessmanArray(data);   //设置棋盘使用空布局
}
```

（10）编写“认输”按钮的事件处理方法，该方法向对方发送一个认输的指令编码，并启动一个线程使“认输”按钮在 5 秒钟内处于禁用状态。关键代码如下：

例程 26　代码位置：mr\10\Gobang\src\com\lzw\gobang\ChessPanel.java

```
/**
 * “认输”按钮的事件处理方法
 *
 * @param evt
 *              - 按钮的事件对象
 */
private void giveupButtonActionPerformed(java.awt.event.ActionEvent evt) {
    if (!gobangPanel1.isTurn()) {                       //如果没到自己走棋，提示用户等待
        JOptionPane.showMessageDialog(this, "没到你走棋呢。", "请等待...",
                JOptionPane.WARNING_MESSAGE);
        return;
    }
    send(OPRATION_GIVEUP);                              //发送认输指令
    new Thread() {                                      //启动一个新的线程，使“认输”按钮 5 秒不可用
        @Override
        public void run() {
            try {
                giveupButton.setEnabled(false);
                sleep(5000);
```

```
                giveupButton.setEnabled(true);
            } catch (InterruptedException ex) {
                Logger.getLogger(ChessPanel.class.getName()).log(
                        Level.SEVERE, null, ex);
            }
        }
    }.start();
}
```

（11）编写“悔棋”按钮的事件处理方法，该方法将向对方发送一个悔棋命令的编码，并且该按钮 5 秒钟内处于禁用的状态。关键代码如下：

例程 27　代码位置：mr\10\Gobang\src\com\lzw\gobang\ChessPanel.java

```
/**
 * “悔棋”按钮的事件处理方法
 *
 * @param evt
 */
private void backButtonActionPerformed(java.awt.event.ActionEvent evt) {
    if (!gobangPanel1.isTurn()) {                    //如果没到自己走棋，提示用户
        JOptionPane.showMessageDialog(this, "没到你走棋呢。", "请等待...",
                JOptionPane.WARNING_MESSAGE);
        return;
    }
    send(OPRATION_REPENT);                           //发送悔棋命令
    new Thread() {                                   //开启新的线程，使“悔棋”按钮禁用 5 秒
        @Override
        public void run() {
            try {
                backButton.setEnabled(false);
                sleep(5000);
                backButton.setEnabled(true);
            } catch (InterruptedException ex) {
                Logger.getLogger(ChessPanel.class.getName()).log(
                        Level.SEVERE, null, ex);
            }
        }
    }.start();
}
```

（12）“和棋”按钮的事件处理方法将向对家发送和棋指令的编码，并且“和棋”按钮在 5 秒钟内不得使用。关键代码如下：

例程 28　代码位置：mr\10\Gobang\src\com\lzw\gobang\ChessPanel.java

```
/**
 * “和棋”按钮的事件处理方法
 *
 * @param evt
```

```
 *                - 按钮的 action 事件对象
 */
private void heqiButtonActionPerformed(java.awt.event.ActionEvent evt) {
    send(OPRATION_DRAW);                        //发送和棋指令
    new Thread() {                              //开启新的线程，使“和棋”按钮 5 秒不可用
        @Override
        public void run() {
            try {
                heqiButton.setEnabled(false);
                sleep(5000);
                heqiButton.setEnabled(true);
            } catch (InterruptedException ex) {
                Logger.getLogger(ChessPanel.class.getName()).log(
                        Level.SEVERE, null, ex);
            }
        }
    }.start();
}
```

（13）游戏面板包含一个广告标题栏，它位于棋盘的上方，如图 10.16 所示。当单击该广告栏时，相应的事件监听器会调用 bannerLabelMouseClicked()方法，该方法会调用 Desktop 类的 browse()方法使用本地的浏览器打开编程词典网站。关键代码如下：

图 10.16　游戏界面的广告标题栏

例程 29　代码位置：mr\10\Gobang\src\com\lzw\gobang\ChessPanel.java

```
/**
 * 广告图片的鼠标单击事件处理方法
 *
 * @param evt
 *                - 鼠标事件对象
 */
private void bannerLabelMouseClicked(java.awt.event.MouseEvent evt) {
    try {
        //调用 Desktop 类的 browse 方法浏览编程词典首页
        if (Desktop.isDesktopSupported()) {
            Desktop.getDesktop().browse(
                    new URL("http://www.mrbccd.com").toURI());
        } else {
            JOptionPane.showMessageDialog(this, "当前系统不支持该操作");
        }
    } catch (Exception ex) {
        Logger.getLogger(ChessPanel.class.getName()).log(Level.SEVERE,
```

```
                    null, ex);
        }
}
```

（14）游戏回放功能可以观看游戏的比赛记录，该功能将每间隔 1 秒钟根据棋谱的记录，演示双方的游戏过程。“游戏回放”按钮的事件处理方法由 backplayToggleButtonActionPerformed()方法实现。关键代码如下：

例程 30　代码位置：mr\10\Gobang\src\com\lzw\gobang\ChessPanel.java

```
/**
 * “游戏回放”按钮的事件处理方法
 *
 * @param evt
 */
private void backplayToggleButtonActionPerformed(
        java.awt.event.ActionEvent evt) {
    //如果游戏进行中，提示用户游戏结束后再观看游戏回放
    if (gobangPanel1.isStart()) {
        JOptionPane.showMessageDialog(this, "请在游戏结束后，观看游戏回放。");
        backplayToggleButton.setSelected(false);
        return;
    }
    if (!backplayToggleButton.isSelected()) {
        backplayToggleButton.setText("游戏回放");
    } else {
        backplayToggleButton.setText("终止回放");
        new Thread() {                                          //开启新的线程播放游戏记录
            public void run() {
                Object[] toArray = gobangPanel1.getOldRec();
                if (toArray == null) {
                    JOptionPane.showMessageDialog(ChessPanel.this,
                            "没有游戏记录", "游戏回放", JOptionPane.WARNING_MESSAGE);
                    backplayToggleButton.setText("游戏回放");
                    backplayToggleButton.setSelected(false);
                    return;
                }
                //清除界面的结局文字，包括对方胜利、你胜利了、此战平局
                gobangPanel1.setTowardsWin(false);
                gobangPanel1.setWin(false);
                gobangPanel1.setDraw(false);
                for (int i = toArray.length - 1; !gobangPanel1.isStart()
                        && i >= 0; i--) {
                    try {
                        Thread.sleep(1000);                    //线程休眠 1 秒
                    } catch (InterruptedException ex) {
                        Logger.getLogger(ChessPanel.class.getName()).log(
                                Level.SEVERE, null, ex);
                    }
                    GobangModel.getInstance().updateChessmanArray(
                            (byte[][]) toArray[i]);            //根据游戏记录更换每一步游戏的棋谱
```

```
                    gobangPanel1.repaint();                    //重绘棋盘
                }
                backplayToggleButton.setSelected(false);
                backplayToggleButton.setText("游戏回放");
            }
        }.start();
    }
}
```

（15）“更换背景”按钮的事件监听器由 ButtonActionListener 类定义，它实现了 ActionListener 接口和接口的 actionPerformed()方法，并在该方法中重新定义背景图片对象 backImg，然后调用 repaint()方法使用新的背景绘制界面。关键代码如下：

例程 31　代码位置：mr\10\Gobang\src\com\lzw\gobang\ChessPanel.java

```
/**
 * “更换背景”按钮的事件监听器
 *
 * @author Li Zhong Wei
 */
private class ButtonActionListener implements ActionListener {
    public void actionPerformed(final ActionEvent e) {
        backIndex = backIndex % 9 + 1;                         //获取 9 张背景图片的索引递增
        URL url = getClass().getResource("/res/bg/" + backIndex + ".jpg");
        backImg = new ImageIcon(url).getImage();               //初始化棋盘图片
        repaint();                                             //重新绘制下棋面板
    }
}
```

10.8　编写棋盘面板

视频讲解

棋盘面板和下棋面板是密不可分的，实际上是由这两个面板一同组成的下棋功能。棋盘面板负责五子棋游戏的落子和游戏规则，如图 10.17 所示。

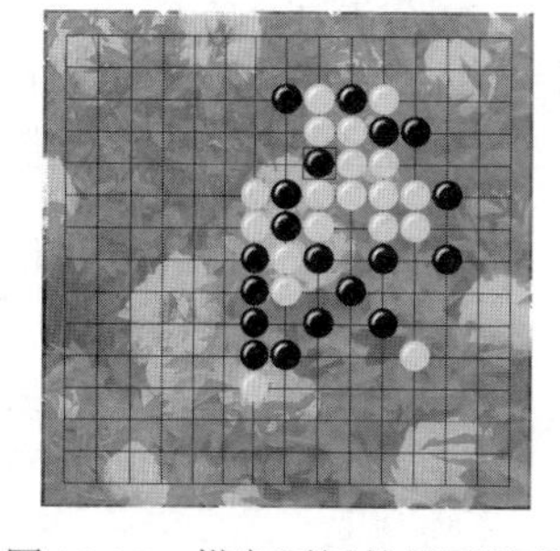
图 10.17　棋盘面板的界面效果

实现棋盘面板的关键步骤如下。

（1）继承 JPanel 类编写 GobangPanel 棋盘面板组件。在 GobangPanel 类中定义开始、胜利、和棋等游戏状态的控制变量、记录游戏过程的队列等变量，并在构造方法中初始化棋盘面板需要的图片对象。关键代码如下：

例程 32　代码位置：mr\10\Gobang\src\com\lzw\gobang\GobangPanel.java

```
/**
 * 棋盘面板
 * @author Li Zhong Wei
```

```
 */
public class GobangPanel extends javax.swing.JPanel {
    //黑白棋盒的图标对象和星号的图像对象以及背景图片对象
    private Image backImg, white_chessman_img, black_chessman_img,
            rightTop_img;
    int chessWidth, chessHeight;                                    //棋子宽度与高度
    public final static byte WHITE_CHESSMAN = 1, BLACK_CHESSMAN = -1;
    Dimension size;                                                 //棋盘面板的大小
    private boolean start = false;                                  //开始
    private Object[] oldRec;
    Deque<byte[][]> chessQueue = new LinkedList<byte[][]>();        //游戏的队列记录
    private boolean turn = false;                                   //是否到自己走棋
    private boolean towardsWin;                                     //对方胜利
    private boolean win;                                            //胜利
    private boolean draw;                                           //和棋
    private ChessPanel chessPanel;
    /**
     * 棋盘面板的构造方法
     */
    public GobangPanel() {
        URL white_url = getClass().getResource("/res/whiteChessman.png");
        URL black_url = getClass().getResource("/res/blackChessman.png");
        URL rightTop_url = getClass().getResource("/res/rightTop.gif");
        white_chessman_img = new ImageIcon(white_url).getImage(); //初始化白棋图片
        black_chessman_img = new ImageIcon(black_url).getImage(); //初始化黑棋图片
        rightTop_img = new ImageIcon(rightTop_url).getImage();     //初始化连成线的棋子上的星图
        size = new Dimension(getWidth(), getHeight());
        setPreferredSize(size);
        initComponents();
    }
…//省略部分代码
}
```

（2）重写父类的 paint()方法，该方法负责绘制组件的界面，本模块在棋盘面板的 paint()方法中绘制棋盘、棋子和游戏的提示信息。绘制棋子时又包含多种落子状态，例如分别绘制白棋、黑棋、绘制最近白棋或黑棋的落子（带边框的）、胜利后为连成线的棋子绘制五星等。关键代码如下：

例程 33　代码位置：mr\10\Gobang\src\com\lzw\gobang\GobangPanel.java

```
/**
 * 重写父类的 paint()方法，绘制自己的组件界面
 * @see javax.swing.JComponent#paint(java.awt.Graphics)
 */
@Override
public void paint(Graphics g1) {
    Graphics2D g = (Graphics2D) g1;
    super.paint(g);                                                 //调用父类的绘图方法
    if (chessPanel != null) {
        chessPanel.setTurn(turn);
```

```
}
Composite composite = g.getComposite();                    //备份合成模式
drawPanel(g);                                              //调用绘制棋盘的方法
g.translate(4, 4);
size = new Dimension(getWidth(), getHeight());             //获取棋盘面板的大小
chessWidth = size.width / 15;                              //初始化棋子宽
chessHeight = size.height / 15;                            //初始化棋子高
byte[][] chessmanArray = gobangModel1.getChessmanArrayCopy();
for (int i = 0; i < chessmanArray.length; i++) {           //遍历棋盘数据模型绘制棋子
    for (int j = 0; j < chessmanArray[i].length; j++) {
        byte chessman = chessmanArray[i][j];
        int x = i * chessWidth;
        int y = j * chessHeight;
        if (chessman != 0)
            System.out.println("chess is:" + chessman);
        if (chessman == WHITE_CHESSMAN) {                  //绘制白棋
            g.drawImage(white_chessman_img, x, y, chessWidth,
                    chessHeight, this);
        } else if (chessman == BLACK_CHESSMAN) {           //绘制黑棋
            g.drawImage(black_chessman_img, x, y, chessWidth,
                    chessHeight, this);
        } else if (chessman == (WHITE_CHESSMAN ^ 3)) {     //绘制最近的白棋落子
            g.drawImage(white_chessman_img, x, y, chessWidth,
                    chessHeight, this);
            g.drawRect(x, y, chessWidth, chessHeight);
        } else if (chessman == (BLACK_CHESSMAN ^ 3)) {     //绘制最近的黑棋落子
            g.drawImage(black_chessman_img, x, y, chessWidth,
                    chessHeight, this);
            g.drawRect(x, y, chessWidth, chessHeight);
        } else if (chessman == ((byte) (WHITE_CHESSMAN ^ 8))) {  //绘制导致胜利的连线白棋
            g.drawImage(white_chessman_img, x, y, chessWidth,
                    chessHeight, this);
            g.drawImage(rightTop_img, x, y, chessWidth, chessHeight,
                    this);
        } else if (chessman == (BLACK_CHESSMAN ^ 8)) {     //绘制导致胜利的连线黑棋
            g.drawImage(black_chessman_img, x, y, chessWidth,
                    chessHeight, this);
            g.drawImage(rightTop_img, x, y, chessWidth, chessHeight,
                    this);
        }
    }
}
if (!isStart()) {                                          //如果游戏不处于开始状态
    if (towardsWin || win || draw) {  //如果游戏处于胜利或和棋状态，绘制棋盘提示信息
        g.setComposite(AlphaComposite.SrcOver.derive(0.7f));  //设置 70%透明的合成规则
        String mess = "对方胜利";                          //定义提示信息
        g.setColor(Color.RED);                             //设置前景色为红色
        if (win) {                                         //如果是自己胜利
            mess = "你胜利了";                             //设置胜利提示信息
```

```
                g.setColor(new Color(0x007700));                        //设置绿色前景色
            } else if (draw) {                                          //如果是和棋状态
                mess = "此战平局";                                        //定义和棋提示信息
                g.setColor(Color.YELLOW);                               //设置和棋信息，使用黄色提示
            }
            //设置提示文本的字体为隶书、粗斜体、大小 72
            Font font = new Font("隶书", Font.ITALIC | Font.BOLD, 72);
            g.setFont(font);
            //获取字体渲染上下文对象
            FontRenderContext context = g.getFontRenderContext();
            //计算提示信息的文本所占用的像素空间
            Rectangle2D stringBounds = font.getStringBounds(mess, context);
            double fontWidth = stringBounds.getWidth();                 //获取提示文本的宽度
            g.drawString(mess, (int) ((getWidth() - fontWidth) / 2),
                    getHeight() / 2);                                   //居中绘制提示信息
            g.setComposite(composite);                                  //恢复原有合成规则
        } else {                                                        //如果当前处于其他未开始游戏的状态
            String mess = "等待开始…";                                   //定义等待提示信息
            Font font = new Font("隶书", Font.ITALIC | Font.BOLD, 48);
            g.setFont(font);                                            //设置 48 号隶书字体
            FontRenderContext context = g.getFontRenderContext();
            Rectangle2D stringBounds = font.getStringBounds(mess, context);
            double fontWidth = stringBounds.getWidth();                 //获取提示文本的宽度
            g.drawString(mess, (int) ((getWidth() - fontWidth) / 2),
                    getHeight() / 2);                                   //居中绘制提示文本
        }
    }
}
```

（3）编写绘制棋盘的 drawPanel()方法，该方法将利用半透明合成规则绘制透明背景的棋盘，另外，为了更好地支持棋盘缩放，使用户能自由调整棋盘大小，这里使用 drawLine()方法绘制了棋盘的网格。程序的界面如图 10.18 所示。

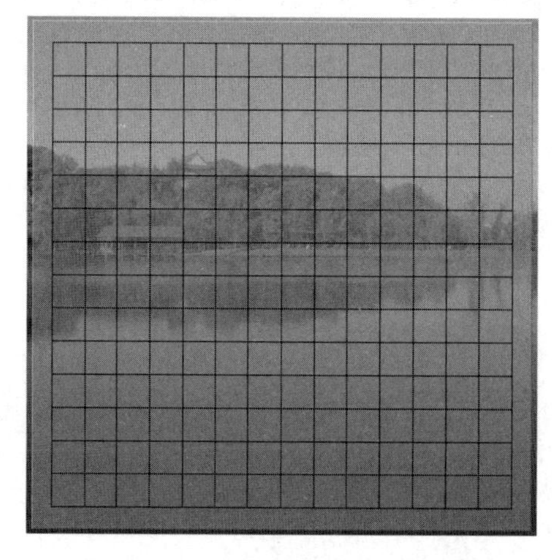

图 10.18　绘制半透明的棋盘效果

绘制棋盘方法的关键代码如下：

例程 34　代码位置：mr\10\Gobang\src\com\lzw\gobang\GobangPanel.java

```
/**
 * 绘制棋盘的方法
 *
 * @param g
 *            - 绘图对象
 */
private void drawPanel(Graphics2D g) {
	Composite composite = g.getComposite();                    //备份合成规则
	Color color = g.getColor();                                //备份前景颜色
	g.setComposite(AlphaComposite.SrcOver.derive(0.6f));       //设置透明合成
	g.setColor(new Color(0xAABBAA));                           //设置前景白色
	g.fill3DRect(0, 0, getWidth(), getHeight(), true);         //绘制半透明的矩形
	g.setComposite(composite);                                 //恢复合成规则
	g.setColor(color);                                         //恢复原来前景色
	int w = getWidth();                                        //棋盘宽度
	int h = getHeight();                                       //棋盘高度
	int chessW = w / 15, chessH = h / 15;                      //棋子宽度和高度
	int left = chessW / 2 + (w % 15) / 2;                      //棋盘左边界
	int right = left + chessW * 14;                            //棋盘右边界
	int top = chessH / 2 + (h % 15) / 2;                       //棋盘上边界
	int bottom = top + chessH * 14;                            //棋盘下边界
	for (int i = 0; i < 15; i++) {
		//画每条横线
		g.drawLine(left, top + (i * chessH), right, top + (i * chessH));
	}
	for (int i = 0; i < 15; i++) {
		//画每条竖线
		g.drawLine(left + (i * chessW), top, left + (i * chessW), bottom);
	}
}
```

10.9　实现游戏规则算法

视频讲解

arithmetic()方法是根据五子棋的游戏规则编写的计算方法，它根据当前棋子的类型和位置，计算是黑棋赢还是白棋赢，计算方法是以落子点为中心，向左右两边、上下两边、正斜两边、反斜两边查找同一类型的棋子，如果棋子数大于等于 5，则表示当前下棋者为赢家。游戏胜利和失败的界面如图 10.19 和图 10.20 所示。

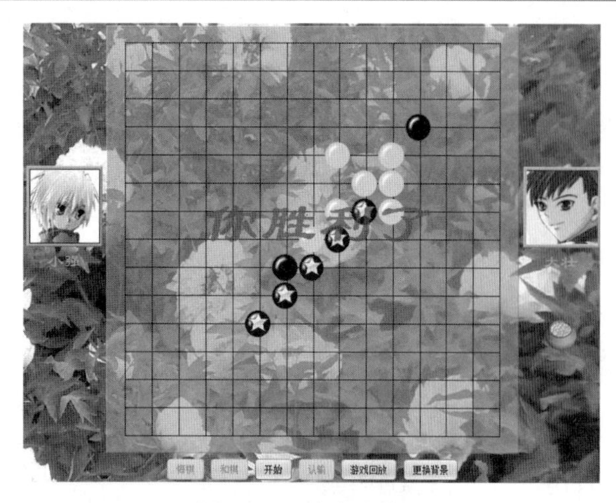

图 10.19　游戏胜利界面

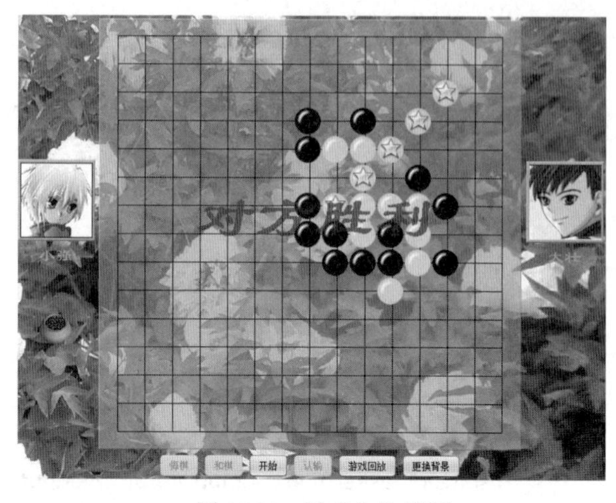

图 10.20　游戏失败界面

实现五子棋算法的关键代码如下：

例程 35　代码位置：mr\10\Gobang\src\com\lzw\gobang\GobangPanel.java

```
/**
 * 五子棋算法
 * @param n - 代表棋子颜色的整数
 * @param Arow     - 行编号
 * @param Acolumn - 列编号
 * @return      胜利一方的棋子颜色的整数
 */
public int arithmetic(int n, int Arow, int Acolumn) {
    int n3 = n ^ 3;
    byte n8 = (byte) (n ^ 8);
    byte[][] note = gobangModel1.getChessmanArrayCopy();
    int BCount = 1;
    //纵向查找
    boolean Lbol = true;
    boolean Rbol = true;
    BCount = 1;
    for (int i = 1; i <= 5; i++) {
        if ((Acolumn + i) > 14) {                                   //如果棋子超出最大列数
            Rbol = false;
        }
        if ((Acolumn - i) < 0) {                                    //如果棋子超出最小列数
            Lbol = false;
        }
        if (Rbol == true) {
            if (note[Arow][Acolumn + i] == n
                    || note[Arow][Acolumn + i] == n3) {             //如果横向向右有相同的棋子
                ++BCount;
                note[Arow][Acolumn + i] = n8;
            } else {
                Rbol = false;
```

```
            }
        }
        if (Lbol == true) {
            if (note[Arow][Acolumn - i] == n
                    || note[Arow][Acolumn - i] == n3) {        //如果横向向左有相同的棋子
                ++BCount;
                note[Arow][Acolumn - i] = n8;
            } else {
                Lbol = false;
            }
        }
        if (BCount >= 5) {                                      //如果同类型的棋子数大于等于 5 个
            note[Arow][Acolumn] = n8;
            gobangModel1.updateChessmanArray(note);
            repaint();
            return n;                                            //返回胜利一方的棋子
        }
    }
    //横向查找
    note = gobangModel1.getChessmanArrayCopy();
    boolean Ubol = true;
    boolean Dbol = true;
    BCount = 1;
    for (int i = 1; i <= 5; i++) {
        if ((Arow + i) > 14) {                                   //如果超出棋盘的最大行数
            Dbol = false;
        }
        if ((Arow - i) < 0) {                                    //如果超出棋盘的最小行数
            Ubol = false;
        }
        if (Dbol == true) {
            if (note[Arow + i][Acolumn] == n
                    || note[Arow + i][Acolumn] == n3) {        //如果向上有同类型的棋子
                ++BCount;
                note[Arow + i][Acolumn] = n8;
            } else {
                Dbol = false;
            }
        }
        if (Ubol == true) {
            if (note[Arow - i][Acolumn] == n
                    || note[Arow - i][Acolumn] == n3) {        //如果向下有同类型的棋子
                ++BCount;
                note[Arow - i][Acolumn] = n8;
            } else {
                Ubol = false;
            }
        }
        if (BCount >= 5) {                                      //如果同类型的棋子大于等于 5 个
```

```
                note[Arow][Acolumn] = n8;
                gobangModel1.updateChessmanArray(note);
                repaint();
                return n;                                       //返回胜利一方的棋子
            }
        }
        //正斜查找
        note = gobangModel1.getChessmanArrayCopy();
        boolean LUbol = true;
        boolean RDbol = true;
        BCount = 1;
        for (int i = 1; i <= 5; i++) {
            if ((Arow - i) < 0 || (Acolumn - i < 0)) {          //如果超出左面的斜线
                LUbol = false;
            }
            if ((Arow + i) > 14 || (Acolumn + i > 14)) {        //如果超出右面的斜线
                RDbol = false;
            }
            if (LUbol == true) {
                if (note[Arow - i][Acolumn - i] == n
                        || note[Arow - i][Acolumn - i] == n3) {  //如果左上斜线上有相同类型的棋子
                    ++BCount;
                    note[Arow - i][Acolumn - i] = n8;
                } else {
                    LUbol = false;
                }
            }
            if (RDbol == true) {
                if (note[Arow + i][Acolumn + i] == n
                        || note[Arow + i][Acolumn + i] == n3) {  //如果右下斜线上有相同类型的棋子
                    ++BCount;
                    note[Arow + i][Acolumn + i] = n8;
                } else {
                    RDbol = false;
                }
            }
            if (BCount >= 5) {                                  //如果同类型的棋子大于等于 5 个
                note[Arow][Acolumn] = n8;
                gobangModel1.updateChessmanArray(note);
                repaint();
                return n;                                       //返回胜利一方的棋子
            }
        }
        //反斜查找
        note = gobangModel1.getChessmanArrayCopy();
        boolean RUbol = true;
        boolean LDbol = true;
        BCount = 1;
        for (int i = 1; i <= 5; i++) {
```

```
            if ((Arow - i) < 0 || (Acolumn + i > 14)) {
                RUbol = false;
            }
            if ((Arow + i) > 14 || (Acolumn - i < 0)) {
                LDbol = false;
            }
            if (RUbol == true) {
                if (note[Arow - i][Acolumn + i] == n
                        || note[Arow - i][Acolumn + i] == n3) {          //如果左下斜线上有相同类型的棋子
                    ++BCount;
                    note[Arow - i][Acolumn + i] = n8;
                } else {
                    RUbol = false;
                }
            }
            if (LDbol == true) {
                if (note[Arow + i][Acolumn - i] == n
                        || note[Arow + i][Acolumn - i] == n3) {          //如果右上斜线上有相同类型的棋子
                    ++BCount;
                    note[Arow + i][Acolumn - i] = n8;
                } else {
                    LDbol = false;
                }
            }
            if (BCount >= 5) {                                          //如果同类型的棋子大于等于 5 个
                note[Arow][Acolumn] = n8;
                gobangModel1.updateChessmanArray(note);
                repaint();
                return n;                                               //返回胜利一方的棋子
            }
        }
        return 0;
}
```

10.10　编写棋盘模型

棋盘模型是一个 JavaBean，它主要用于记录棋盘上的棋子。如果该模型的数据被改变，那么它将通知所有监听该模型的事件监听器，棋盘面板就定义了一个这样的事件监听器。关键代码如下：

例程 36　代码位置：mr\10\Gobang\src\com\lzw\gobang\GobangPanel.java

```
gobangModel1 = new GobangModel();                                       //创建棋盘模型的实例对象
gobangModel1.addPropertyChangeListener(new PropertyChangeListener() {   //为棋盘添加事件监听器
    public void propertyChange(java.beans.PropertyChangeEvent evt) {
        gobangModel1PropertyChange(evt);                                //调用事件处理方法
    }
});
```

在这个事件监听器中将调用 gobangModel1PropertyChange()方法执行相应的业务逻辑，该方法将最新的棋盘数据压入队列中，然后根据新的棋盘数据重新绘制棋盘界面上的棋子。关键代码如下：

例程 37　代码位置：mr\10\Gobang\src\com\lzw\gobang\GobangPanel.java

```
/**
 * 棋盘数据模型的事件处理方法
 * @param evt
 */
private void gobangModel1PropertyChange(java.beans.PropertyChangeEvent evt) {
    chessQueue.push(gobangModel1.getChessmanArrayCopy());          //将新的棋盘布局压入队列
    repaint();                                                     //重回棋盘界面
}
```

在定义棋盘模型的 JavaBean 时，必须定义一个 PropertyChangeSupport 类的实例对象作为类的字段（全局变量），并将各种事件监听器的工作委托给它。关键代码如下：

例程 38　代码位置：mr\10\Gobang\src\com\lzw\gobang\GobangModel.java

```
/**
 * 承载棋盘棋子的数据模型 JavaBean
 * @author Li Zhong Wei
 */
public class GobangModel extends Object implements Serializable {
    private PropertyChangeSupport propertySupport;                  //定义属性工具类
    private static GobangModel model;                               //定义自身的变量
    private byte[][] chessmanArray = new byte[15][15];              //定义棋子数组
    public static final String PROP_CHESSMANARRAY = "chessmanArray"; //定义属性名称
    /**
     * 获取本类实例的方法
     * @return
     */
    public static GobangModel getInstance() {
        if (model == null) {
            model = new GobangModel();
        }
        return model;
    }
    /**
     * 棋盘模型的构造方法
     */
    public GobangModel() {
        propertySupport = new PropertyChangeSupport(this);          //初始化属性工具栏
        model = this;
    }
    /**
     * 获取棋盘的棋子数组的方法
     * @return - 代表棋子的数组
```

```
     */
    public byte[][] getChessmanArray() {
        return chessmanArray;                                  //返回棋子数组
    }
    /**
     * 设置棋子数组的方法
     * @param chessmanArray - 一个代表棋盘棋子的二维数组
     */
    public void setChessmanArray(byte[][] chessmanArray) {
        this.chessmanArray = chessmanArray;
        propertySupport.firePropertyChange(PROP_CHESSMANARRAY, null,
                chessmanArray);                                //报告所有已注册监听器的绑定属性更新
    }
    /**
     * 更新棋子数组的方法，不会产生更新事件
     * @param chessmanArray
     */
    public synchronized void updateChessmanArray(byte[][] chessmanArray) {
        this.chessmanArray = chessmanArray;
    }
    /**
     * 添加事件监听器的方法
     * @param listener - 事件监听器
     */
    public void addPropertyChangeListener(PropertyChangeListener listener) {
        propertySupport.addPropertyChangeListener(listener);    //添加事件监听器
    }
    /**
     * 移除事件监听器的方法
     * @param listener - 事件监听器
     */
    public void removePropertyChangeListener(PropertyChangeListener listener) {
        propertySupport.removePropertyChangeListener(listener);//移除事件监听器
    }
    /**
     * 获取棋盘上棋子数组的复制
     * @return - 棋子数组
     */
    byte[][] getChessmanArrayCopy() {
        byte[][] newArray = new byte[15][15];                  //创建一个二维数组
        for (int i = 0; i < newArray.length; i++) {
            //复制数组
            newArray[i] = Arrays.copyOf(chessmanArray[i], newArray[i].length);
        }
        return newArray;
    }
}
```

10.11 编写联机通讯类

本模块使用一个联机通讯类来接收对方发送的所有信息，包括游戏命令代码的接收与处理。这个联机通讯类 ReceiveThread 是一个线程类，它继承 Thread 类并重写类的 run()方法来处理联机业务。run()方法是线程的核心方法，本类在该方法中接收远程计算机的联机请求，根据对方的联机信息填充登录面板的 IP 地址文本框，从网络中读取 Java 对象，并根据对象的类型判断信息的种类是聊天信息、登录信息还是命令代码等，并做相应的业务处理。关键代码如下：

例程 39 代码位置：mr\10\Gobang\src\com\lzw\gobang\ReceiveThread.java

```
/**
 * 线程的主体方法
 * @see java.lang.Thread#run()
 */
@Override
public void run() {
	while (true) {
		try {
			frame.serverSocket = chatSocketServer.accept();                    //接收 Socket 连接
			Socket serverSocket = frame.serverSocket;
			host = serverSocket.getInetAddress().getHostName();                //获取对方主机信息
			String ip = serverSocket.getInetAddress().getHostAddress();        //获取对方 IP 地址
			int link = JOptionPane.showConfirmDialog(frame, "收到" + host
					+ "的联机请求，是否接受？");                                 //询问是否接受联机
			if (link == JOptionPane.YES_OPTION) {                              //如果接受联机
				LoginPanel loginPanel = (LoginPanel) frame.getRootPane()
						.getGlassPane();                                       //获取登录面板的实例
				loginPanel.setLinkIp(ip);                                      //设置登录面板的对方 IP
			}
			serverSocket.setOOBInline(true);                                   //启用紧急数据的接收
			InputStream is = serverSocket.getInputStream();                    //获取网络输入流
			ObjectInputStream objis = new ObjectInputStream(is);               //创建对象输入流
			while (frame.isVisible()) {
				serverSocket.sendUrgentData(255);                              //发送紧急数据
				Object messageObj = objis.readObject();                        //从对象输入流读取 Java 对象
				if (messageObj instanceof String) {                            //如果读取的对象是 String 类型
					String name = frame.getTowardsUser().getName();            //获取对方昵称
					//将字符串信息添加到通讯面板
					rame.appendMessage(name + ":" + messageObj);
				} else if (messageObj instanceof byte[][]) {                   //如果读取的是字节数组对象
					//将数组对象设置为棋盘模型数据
					obangModel.getInstance().setChessmanArray(
							(byte[][]) messageObj);
					frame.getChessPanel1().getGobangPanel1().setTurn(true);        //获得走棋权限
					byte myColor = frame.getChessPanel1().getGobangPanel1()
```

```
                    .getMyColor();                          //获取自己的棋子颜色
                frame.getChessPanel1().getGobangPanel1().zhengliBoard(
                    myColor);                               //整理棋盘
                frame.getChessPanel1().backButton.setEnabled(true);     //“悔棋”按钮可用
            } else if (messageObj instanceof Integer) {     //如果是整型对象
                oprationHandler(messageObj);                //命令代码的接收和处理方法
            } else if (messageObj instanceof UserBean) {    //如果是用户实体对象
                UserBean user = (UserBean) messageObj;
                frame.setTowardsUser(user);                 //设置对方信息
            }
        }
    } catch (SocketException ex) {
        Logger.getLogger(MainFrame.class.getName()).log(Level.SEVERE,
                null, ex);
        JOptionPane.showMessageDialog(frame, "连接中断");
    } catch (IOException ex) {
        Logger.getLogger(MainFrame.class.getName()).log(Level.SEVERE,
                null, ex);
    } catch (ClassNotFoundException ex) {
        Logger.getLogger(MainFrame.class.getName()).log(Level.SEVERE,
                null, ex);
    }
  }
}
```

在线程的 run()方法中接收到命令请求时，将调用 operationHandler()方法处理相应的业务逻辑，该方法将判断命令的类型，根据不同的命令执行不同的操作。关键代码如下：

例程 40　代码位置：mr\10\Gobang\src\com\lzw\gobang\ReceiveThread.java

```
/**
 * 处理远程命令的方法
 * @param messageObj - 命令代码
 */
private void oprationHandler(Object messageObj) {
    int code = (Integer) messageObj;                          //获取命令代码
    String towards = frame.getTowardsUser().getName();        //获取对方昵称
    int option;
    switch (code) {
    case ChessPanel.OPRATION_REPENT:                          //如果是悔棋请求
        System.out.println("请求悔棋");
        //询问玩家是否同意对方悔棋
        option = JOptionPane.showConfirmDialog(frame,
                towards + "要悔棋，是否同意？", "求你了，我走错了，让我悔棋！！！",
                JOptionPane.YES_NO_OPTION, JOptionPane.INFORMATION_MESSAGE);
        //在聊天面板添加悔棋信息
        frame.appendMessage("对方请求悔棋.......");
        if (option == JOptionPane.YES_OPTION) {               //如果同意悔棋
            frame.send(ChessPanel.OPRATION_NODE_REPENT);      //发送同意悔棋的消息
```

```
            frame.getChessPanel1().repentOperation();                          //执行本地的悔棋操作
            frame.appendMessage("接受对方的悔棋请求。");                         //添加悔棋信息到聊天面板
            frame.send(frame.getUser().getName() + "接受悔棋请求");
        } else {                                                               //如果不同意悔棋
            //添加不同意悔棋的信息到聊天面板
            frame.send(frame.getUser().getName() + "拒绝悔棋请求");
            frame.appendMessage("拒绝了对方的悔棋请求。");
        }
        break;
    case ChessPanel.OPRATION_NODE_REPENT:                                      //如果是同意悔棋命令
        System.out.println("同意悔棋命令");
        frame.getChessPanel1().repentOperation();                              //执行本地的悔棋操作
        frame.appendMessage("悔棋成功");                                        //把悔棋成功信息添加到聊天面板
        break;
    case ChessPanel.OPRATION_NODE_DRAW:                                        //如果是同意和棋命令
        System.out.println("同意和棋命令");
        frame.getChessPanel1().getGobangPanel1().setDraw(true);                //设置和棋状态为 true
        frame.getChessPanel1().reInit();                                       //初始化游戏状态变量
        frame.appendMessage("此战平局。");                                      //将和棋信息添加到聊天面板
        break;
    case ChessPanel.OPRATION_DRAW:                                             //如果是和棋请求
        System.out.println("请求和棋");
        //询问玩家是否同意和棋
        option = JOptionPane.showConfirmDialog(frame, towards
                + "请求和棋，是否同意？", "大哥，和棋吧！！！", JOptionPane.YES_NO_OPTION,
                JOptionPane.QUESTION_MESSAGE);
        frame.appendMessage("对方请求和棋.......");                              //添加信息到聊天面板
        if (option == JOptionPane.YES_OPTION) {                                //如果同意和棋
            frame.send(ChessPanel.OPRATION_NODE_DRAW);                         //发送接受和棋的消息
            frame.getChessPanel1().getGobangPanel1().setDraw(true);            //设置和棋状态为 true
            frame.getChessPanel1().reInit();                                   //初始化游戏状态变量
            frame.appendMessage("接受对方的和棋请求。");                         //添加信息到聊天面板
            frame.send(frame.getUser().getName() + "接受和棋请求");
        } else {                                                               //如果不同意和棋
            frame.send(frame.getUser().getName() + "拒绝和棋请求");             //发送拒绝信息
            frame.appendMessage("拒绝了对方的和棋请求。");
        }
        break;
    case ChessPanel.OPRATION_GIVEUP:                                           //如果是对方认输的请求
        System.out.println("对方认输");
        //询问玩家是否同意对方认输
        option = JOptionPane.showConfirmDialog(frame, towards
                + "请求认输，是否同意？", "对方认输", JOptionPane.YES_NO_OPTION);
        frame.appendMessage("对方请求认输.......");
        if (option == JOptionPane.YES_OPTION) {                                //如果同意对方认输
            frame.send(ChessPanel.WIN);                                        //发送胜利消息
            frame.getChessPanel1().getGobangPanel1().setWin(true);             //设置胜利状态为 true
            frame.getChessPanel1().reInit();                                   //初始化游戏的状态变量
```

```
                frame.appendMessage("接受对方的认输请求。");
            } else {
                frame.send(frame.getUser().getName() + "拒绝认输请求");
                frame.appendMessage("拒绝了对方的认输请求。");
            }
            break;
        case ChessPanel.OPRATION_START:                              //如果是开始游戏的请求
            System.out.println("请求开始");
            if (frame.getChessPanel1().getGobangPanel1().isStart()) {   //如果自己已经开始游戏
                frame.send((int) ChessPanel.OPRATION_ALL_START);        //发送全部开始命令
                frame.getChessPanel1().setTowardsStart(true);           //设置对方游戏开始状态为 true
            }
            break;
        case ChessPanel.OPRATION_ALL_START:                          //如果是回应开始请求
            System.out.println("回应开始请求");
            frame.getChessPanel1().setTowardsStart(true);               //设置对方为开始状态
            break;
        case ChessPanel.WIN:                                         //如果是胜利的命令代码
            System.out.println("对方胜利");
            //设置对方胜利状态为 true
            frame.getChessPanel1().getGobangPanel1().setTowardsWin(true);
            frame.getChessPanel1().reInit();                            //初始化游戏状态变量
            break;
        default:
            System.out.println("未知操作代码：" + code);
        }
}
```

10.12　系统打包发布

Java 应用程序可以打包成 JAR 文件，JAR 文件是一个简单的 ZIP 格式的文件，它包含程序中的类文件和执行程序的其他资源文件。在程序发布前，需要将所有编译好的 Java 文件封装到一个程序打包文件中，然后将这个程序的打包文件提交给客户使用。一旦程序打包之后，就可以使用简单的命令来执行它。另外，如果配置好 Java 环境或使用 JDK 的安装程序构建 Java 环境，那么就可以像运行本地可执行文件一样去执行 JAR 文件。在早期版本的 Eclipse 开发工具中，需要自行编写 MANIFEST.MF 描述文件，这个描述文件包含程序的配置信息，例如主类名称、类路径等。

本节将介绍如何使用 Eclipse 3.5 开发工具将程序打包成可执行的 JAR 文件。而且不需要编写任何描述文件，Eclipse 会自动完成。下面介绍关键步骤。

（1）在 Eclipse 的资源包管理器中右击项目的 src 文件夹，在弹出的快捷菜单中选择 Export 命令。

（2）在弹出的 Export 对话框中选择 Java→JAR file 子节点，如图 10.21 所示。单击 Next 按钮。

（3）在弹出的 JAR Export 对话框中选择要导出的项目文件，然后在 JAR file 文本框中输入要保存的可执行 JAR 文件的名称与路径，也可以通过单击右侧的 Browse 按钮来选择保存文件，如图 10.22 所

示。单击 Finish 按钮。

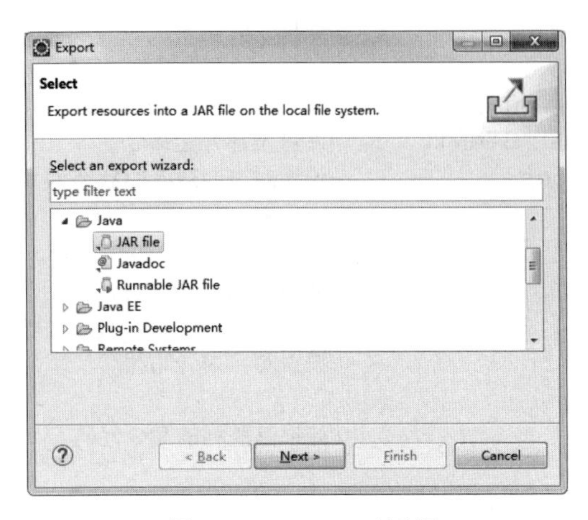

图 10.21　Export 对话框

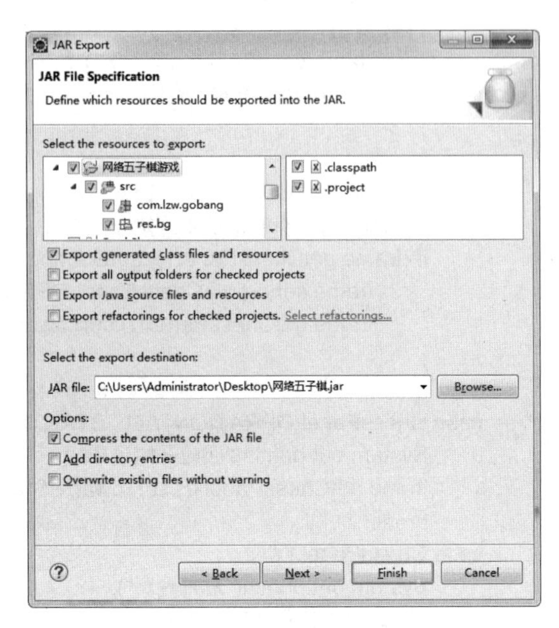

图 10.22　JAR Export 对话框

（4）在导出可运行的 JAR 文件后，如果程序的源代码中包含警告信息，那么这时会弹出对话框显示包含警告信息的源代码文件名称，如图 10.23 所示。单击 OK 按钮。

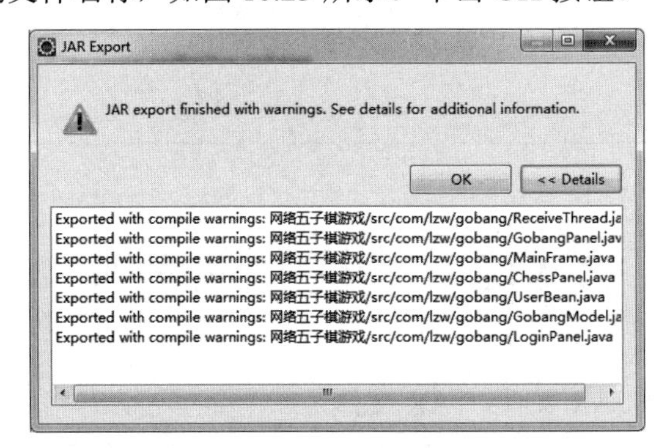

图 10.23　警告对话框

（5）如果指定的保存 JAR 文件已经存在，向导还会弹出询问对话框，让用户确认是否覆盖目标文件，用户也可以取消，然后重新指定目标 JAR 文件。

10.13　开发技巧与难点分析

在进行游戏的过程中，为了防止由于网络故障或某一方掉线使得游戏无法结束、无法重新开始游戏，在网络五子棋模块添加了网络状态检测功能。实现网络状态检测功能对于网络应用程序非常重要，本实例采用的网络状态检测方式是在建立网络连接后，调用 Socket 的 setOOBInline()方法启用紧急数据

接收，然后 Socket 的另一端会调用 sendUrgentData()方法向自己发送紧急数据，同时本地也会执行 Socket 类的 sendUrgentData()方法向对方发送紧急数据，如果对方网络有故障或者掉线了，那么该方法会抛出异常，说明网络连接断开。程序的运行效果如图 10.24 所示。

图 10.24　网络中断的提示界面

实现网络状态检测的关键代码如下：

例程 41　代码位置：mr\10\Gobang\src\com\lzw\gobang\ReceiveThread.java

```
try {
    serverSocket.setOOBInline(true);                              //启用紧急数据的接收
    InputStream is = serverSocket.getInputStream();               //获取网络输入流
    ObjectInputStream objis = new ObjectInputStream(is);          //创建对象输入流
    while (frame.isVisible()) {
        serverSocket.sendUrgentData(255);                         //发送紧急数据
        …//省略其他关键代码
    }
    …//省略其他关键代码
} catch (SocketException ex) {
    Logger.getLogger(MainFrame.class.getName()).log(Level.SEVERE,
            null, ex);
    JOptionPane.showMessageDialog(frame, "连接中断");             //提示用户网络错误
}
```

10.14　本 章 小 结

本章运用软件工程的设计思想，通过棋牌游戏系统中的五子棋程序为读者详细讲解了一个系统的开发流程。通过本章的学习，读者可以了解 Java 应用程序的开发流程及 Java Swing 的控件自定义、绘图特效、网络状态检测、事件监听等技术。